地质信息科学与技术丛书

固体矿产勘查信息系统

吴冲龙　张夏林　李章林　徐　凯　李俊杰　等　著

科学出版社

北　京

内 容 简 介

　　《固体矿产勘查信息系统》是作者团队撰写的地质信息科学与技术丛书的第三部。本书探讨并阐述固体矿产勘查信息化的理论、方法和技术体系。主要内容包括：固体矿产勘查信息化的途径、方法与技术体系；固体矿产勘查软件的全局概念模型、功能结构模型和逻辑结构模型；固体矿产勘查信息系统的数据采集、存储与管理；各类勘查数据的汇聚、转换、融合、处理与挖掘；固体矿产勘查图件编绘、三维可视化地质建模和空间分析；基于三维可视化环境的克里金法和传统方法的储量估算；基于大数据的矿产资源定量预测；固体矿产勘查数据的云服务。书中借鉴并融入了国内外地质信息科技及地理信息科技领域的最新研究成果，体现了系统性、先进性和创新性特色。

　　本书可作为从事各类地质矿产勘查的专业信息科技人员、研究生和本科生的参考书。

图书在版编目（CIP）数据

固体矿产勘查信息系统/吴冲龙等著. —北京：科学出版社，2019.12
（地质信息科学与技术丛书）

ISBN 978-7-03-063782-6

Ⅰ. ①固… Ⅱ. ①吴… Ⅲ. ①固体-矿产资源-地质勘探-信息系统-研究 Ⅳ. ①P624

中国版本图书馆 CIP 数据核字（2019）第 281518 号

责任编辑：罗　吉　黄　梅/责任校对：杨聪敏
责任印制：师艳茹/封面设计：许　瑞

科 学 出 版 社 出版
北京东黄城根北街 16 号
邮政编码：100717
http://www.sciencep.com
北京汇瑞嘉合文化发展有限公司 印刷
科学出版社发行　各地新华书店经销
＊
2019 年 12 月第 一 版　　开本：787×1092　1/16
2019 年 12 月第一次印刷　　印张：31 1/4
字数：741 000

定价：368.00 元
（如有印装质量问题，我社负责调换）

《固体矿产勘查信息系统》
作者名单

吴冲龙　张夏林　李章林　徐　凯　李俊杰

田宜平　张志庭　刘　刚　师志龙　张明林

孔春芳　翁正平　张军强　毛小平　何珍文

彭诗杰　陈麒玉　李新川　王利平　郭向群

丛 书 序

地质信息科学与技术是一个崭新的研究领域，它随着计算机科学和技术的兴起，地球空间信息学（geomatics）、地球信息学（geoinformatics）、地理信息科学（geographic information science）和地球信息科学（geo-information science）的出现和发展，以及多种信息技术在基础地质调查、矿产资源勘查和工程地质勘查中的应用而兴起，正吸引着越来越多研究者的关注和参与。

作为地质工作信息化的理论和方法基础，地质信息科学是关于地质信息本质特征及其运动规律和应用方法的综合性学科领域，主要研究在应用计算机硬软件技术和通信网络技术对地质信息进行记录、加工、整理、存储、管理、提取、分析、综合、模拟、归纳、显示、传播和应用过程中所提出的一系列理论、方法和技术问题。它既是地球信息科学的一个重要组成部分和支柱，也是地球信息科学与地质科学交叉的边缘学科。吴冲龙教授及其科研团队从 20 世纪 80 年代开始，就在这个领域进行探索性研究，先后承担并完成了多个国家级、省部级和大型企业重点科技项目的研究与开发任务，在实践中逐步形成了较为完整的思路、理论与方法，并且研发出了一套以主题式点源数据库为核心的三维可视化地质信息系统平台软件（QuantyView，原名 GeoView）。在该软件平台的基础上，还研发了一系列应用软件，在多家大型和特大型地矿企、事业单位推广应用。吴冲龙教授及其科研团队于 2005 年对上述研究和开发成果进行了归纳和概括，提出了地质信息科学的概念并对其理论体系、方法论体系和技术体系进行了初步探讨。

该系列丛书就是该团队近年来在地质信息科学的理论、方法论和技术体系框架下，所进行各种探索性研究的一次系统总结。丛书包括一部概论和四部分论。其中，概论从初步形成的地质信息科学概念及其理论、方法论和技术体系框架开始，介绍了地质信息系统的结构、组成和设计原理，地质数据的管理，地质图件机助编绘及地质模型的三维可视化建模，地质数据挖掘与勘查（察）决策支持，地质数据共享及地质信息系统集成的基本原理与方法；分论的内容涵盖了基础地质调查、固体矿产地质勘查、油气地质勘查和工程地质勘查专业领域。书中借鉴、参考和吸取了地球空间信息学、地球信息学、地理信息系统和地理信息科学，以及国内外地质信息科技领域的最新成果，体现了研究成果的系统性、先进性、实用性和实践性，以及学科交叉的特色。

随着地质工作信息化的深入发展，地质信息科技领域的研究方兴未艾，希望有更多研究者参与，以便共同推进这一学科的进一步发展。因此，该系列丛书的出版是十分必要而且适时的。

中国科学院院士

2013 年 8 月 26 日

序

  《固体矿产勘查信息系统》是吴冲龙教授团队"地质信息科学与技术丛书"的第三部。书中围绕固体矿产勘查信息系统的研发和建设，论述了固体矿产资源勘查工作全过程数字化、网络化、可视化和信息化的理论、方法和技术问题。

  固体矿产勘查工作与矿产地质信息的获取、处理、分析和应用密切相关。目前信息技术已经应用到固体矿产勘查工作的全过程，成为固体矿产勘查工作不可或缺的方法和技术。固体矿产勘查工作信息化的目标，是全面采用以计算机信息系统及计算机网络为代表的现代信息技术和工具，实现勘查区地质结构、自然地理、生态环境的数据采集、管理、处理、传输、图件编绘、三维建模、资源预测、储量估算、决策分析和服务应用的全过程机助化、网络化、数字化、可视化、智能化乃至智慧化，促进矿产资源勘查工作现代化，增强和提高相关企、事业单位和部门的决策能力、经营能力和工作效率。

  由于固体矿产勘查常常面对复杂的地质对象，其信息化目标的实现涉及一系列理论、方法、技术和政策问题的深入研究与解决，因此是一个长期而艰难的过程。该书较为全面地介绍了固体矿产勘查信息化概念，实施途径、方法与技术体系，软件系统分析和系统设计，以及系统概念模型、功能结构模型和逻辑结构模型。书中详细介绍了数据采集、数据存储、数据管理与数据处理模型和方法，还给出了多种软件应用技术与方法流程，比如固体矿产勘查图件编绘、三维可视化地质建模和空间分析、基于三维可视化环境的克里金法和传统方法储量估算、固体矿产勘查项目的综合管理、基于大数据的矿产资源定量预测方法和基于微服务建构的固体矿产勘查数据云服务。其中，结合大数据及人工智能发展新技术，兼收并蓄多源异质异构数据，把成因关系分析与关联关系分析等结合起来，进行固体矿产勘查信息分析，是一项具有探索性的工作。该书的出版对于地矿工作信息化理论、方法和技术的丰富与完善，推进固体矿产勘查信息系统建设和信息技术综合应用，无疑具有重要指导意义和参考价值。

中国科学院院士

国际地质科学联合会　主席

2019 年 12 月 15 日

前　　言

　　固体矿产资源勘查信息化，是地质工作信息化的重要组成部分，因而也是地质学定量化和地矿勘查工作智能化乃至智慧化的基础。大数据时代的到来，对地质工作信息化和地质信息科技发展而言，既是机遇也是挑战。大数据理论、方法和技术的深入应用，使得我们有可能更好地统合和利用各种来源、各种类型、各种维度、各种时态、各种尺度的全部地质时空大数据，但同时也对其中可能转化为结构化数据的部分，即传统的地质信息系统建设所涉及的内容，从采集、存储、管理、处理和应用等方面，提出了更高的要求。

　　固体矿产资源勘查工作本身就是矿产地质信息的获取、处理和分析工作。之所以强调矿产勘查信息化的概念，是因为尽管目前信息技术已经渗透到矿产勘查工作的全过程，成为矿产勘查工作新技术新方法应用的主流，但还没跟上信息科技发展的步伐。矿产勘查信息化包含基层单位业务工作信息化、主管部门管理工作信息化和勘查数据远程服务网络化 3 个方面。这是一项复杂的系统工程。其中，基层勘查单位的业务工作信息化是基础，因此本书把论述的重点放在基层勘查工作信息化方面。

　　矿产资源勘查工作信息化的目标是全面采用以计算机信息系统及计算机网络为代表的现代信息技术和工具，实现矿产资源勘查全过程机助化、网络化、数字化、可视化、智能化乃至智慧化，促进矿产资源勘查工作现代化。矿产资源勘查工作信息化的实现，涉及一系列理论、方法论、技术和政策问题的深入研究与解决，因此将是一个长期而艰难的过程。

　　地质时空大数据是一种科学大数据。从矿产资源勘查单位的实际情况看，这些数据的采集、存储、管理、处理和应用方式及方法并无根本改变，而且在短期内也不会有根本改变，因此其信息化建设目前仍以传统方式为主，但须按照大数据的工作方式、方法和技术进行改造。本书以传统地质信息系统建设所涉及的内容为主线，探讨并阐述固体矿产勘查信息化的理论、方法和技术体系。书中包括如下几个主题：①固体矿产勘查信息化概念的内涵及外延；②固体矿产勘查信息化的途径、方法与技术体系；③固体矿产勘查软件的系统分析和系统设计，以及全局概念模型、功能结构模型和逻辑结构模型；④固体矿产勘查信息系统的数据采集、存储与管理；⑤各类勘查数据的汇聚、转换、融合、处理与挖掘；⑥固体矿产勘查图件编绘、三维可视化地质建模和空间分析；⑦基于三维可视化环境的克里金法和传统方法储量估算；⑧基于大数据的矿产资源定量预测；⑨固体矿产勘查项目的综合管理；⑩固体矿产勘查数据的应用服务。本书着重就以下若干问题进行探讨和阐述：

　　（1）循着固体矿产资源勘查主流程的脉络，阐述固体矿产勘查系统研发和建设的总体架构和实现途径，以及系统原型和总体设计原理、方法；

　　（2）基于"地质点源信息系统"的设计思路，阐述以主题式点源数据库为核心的固体矿产勘查数据共享平台，以及勘查区数据综合管理技术；

（3）将数据流和信息流深度融入固体矿产勘查工作主流程中，阐述勘查全过程信息化的技术框架，基于 CS＋BS 模式的功能处理软件的研发，以及基于"多 S"集成的多源异构数据融合；

（4）基于平板电脑的野外数据采集，包含录入字段显示、录入字段字典、标准数据和关联数据提示、关键信息计算、班报数据传递、词条实时更新等钻孔数据的快速采集及与物化探和区域地质调查数据的集成与融合；

（5）以主题式点源数据库为核心的共用数据平台建设，包括勘查区地下-地上多源、多维、多类、多量、多尺度、多时态、多主题科学大数据的一体化管理、处理、应用、共享、协同、安全保障和修改痕迹动态跟踪；

（6）与数据库无缝挂接的图件、编录本和报告书机助编绘软件研发与应用，包括图式图例符合国家和行业标准的钻孔设计指示书、地质编录本、水文编录本、钻孔综合柱状图、勘探线剖面图及各类平面图的软件编制；

（7）三维可视化地质建模软件研发与应用，包括基于知识驱动与拓扑推理相结合，采用钻孔柱状图、地质剖面图或构造-地层平面图的地上下一体化的地质模型快速、动态、全息和精细三维可视化构建和空间分析；

（8）固体矿产储量的三维可视化动态估算和评价软件的研发与应用，其中包含传统估算方法和克里金估算方法，以及储量图件编绘、三维矿体建模、多时态储量动态估算、矿产资源评价，以及三维可视化表达与分析；

（9）基于 Java Web 的勘查项目管理和信息网络发布平台研发与建设，包括基于 Java SpringMVC 框架的服务器和基于 EasyUI 框架的界面，项目分类、分级、分层管理，以及基于云计算的矿产勘查数据网络化服务和共享；

（10）基于大数据及其理论和方法，兼收并蓄多源异质异构的全体数据与抽样数据、精确数据与非精确数据，把成因关系分析与关联关系分析、有模型预测方式与无模型预测方式结合起来，进行固体矿产资源预测的新探索；

（11）基于"多 S"集成的技术集成、数据集成、网络集成和应用集成，以及以主题式点源数据库为核心、功能结构与应用模型层叠式复合、具数据安全严格分级控制的固体矿产勘查区三维可视化信息系统的形成与应用。

固体矿产资源勘查信息化是一项复杂的系统工程，不仅涉及广阔的领域、复杂的对象，而且有许多高难度的问题亟待解决，需要有正确的理论体系、方法论体系和技术体系的指导。然而，迄今为止，这样的理论体系、方法论体系和技术体系还没有完全形成。这项工作还涉及大量传统工作方式、工作流程和工作习惯的革新，既需要有科学的顶层设计和高水平的软件研发，并且通过应用实践来检验、优化，还需要各方面付出长期艰苦的努力。因此，需要有更多的研究者投身其中。本书是作者们对自身在这个领域中的多年研究成果所进行的一次总结。由于作者们的认识水平和研发水平有限，书中疏漏必定有之，欢迎同行专家们批评指正。

在本书涉及内容的研究和开发过程中，先后有许多博士生和硕士生参与相关工作：孙卡、杨成杰、陈国旭、马小刚、刘志峰、魏振华、陈麒玉、彭诗杰、朱家成、刘祥、刘园园、陈茜、胡郑斌、陈俊良、付凡、黄玮、杨逢、闫龙、黄金鑫、沈再权、钟佛男、姚培、刘维安、童昊昕、曾祥武、杨牧、周骏、王利平、王鑫、左振坤、孙秀萍、周辉山、杨远、张丹、卢俊、周慧、朱福康、李宸、王林、廉颖、崔克强、祁强、王献勇、胡博、刘艳梅、刘元凤、田飞、孔凡敏、鞠霞、董志、刘树惠、徐兵、陈魏、祁强、刘光才、曹家玲、徐世聪等。

　　值本书出版之际，我们谨向所有参与研究与开发的博士生和硕士生，中国核工业地质局、北京中核大地矿业勘查开发有限公司、贵州省地质矿产勘查开发局、福建省地质矿产勘查开发局、内蒙古矿业开发有限责任公司、紫金矿业集团和中国煤炭地质总局等企、事业单位和部门的各级领导和技术人员，以及在相关研究和开发过程中给予支持、帮助的所有人员，致以诚挚的谢意。同时，还要感谢科学出版社的编辑同志们，他们认真细致，为本书的出版付出了巨大的劳动。

吴冲龙

2019 年 10 月 26 日

目　录

第一章　固体矿产勘查工作信息化概述

矿产资源勘查是传统地矿工作的主要部分，因此矿产勘查信息化既是地矿工作信息化的主要组成部分，也是最早开展地矿工作信息化理论体系、方法论体系和技术体系探索的领域（吴冲龙等，1992，1996；吴冲龙，1998）。矿产勘查信息化包含基层单位业务工作信息化、主管部门管理工作信息化和勘查数据远程服务网络化 3 个方面。这是一项复杂的系统工程，其实现涉及一系列理论、方法论和技术问题的深入研究与解决。据统计，在矿产勘查过程中，60%～70%的时间用于采集、加工相关的数据，20%～30%的时间用来进行分析研究，10%左右的时间用于领导层决策（黄少芳等，2016）。因此，本章将着重探讨和阐述基层单位业务工作信息化的基本概念、关键技术和工作流程，同时简要介绍主管部门管理工作信息化和勘查数据远程服务网络化所涉及的问题。后面各章的阐述也将据此展开。

1.1　固体矿产勘查大数据与信息化概念

固体矿产泛指以固态存在的各类金属、非金属矿产。在固体矿产资源勘查（简称固体矿产勘查或矿产勘查）工作流程中，从野外数据采集到室内综合整理、加工、入库、管理、处理、编图、解释、预测、评价，再到勘查报告编制、出版、印刷、保存、管理和使用，以及矿产勘查工作的科学管理与决策等诸多方面，无一不与地质信息科技紧密相连。从实质上看，矿产勘查工作本身就是矿产地质信息的获取、处理和分析工作。之所以强调实现矿产勘查信息化，是因为尽管信息技术已经渗透到矿产勘查的全过程，成为矿产勘查工作新技术新方法应用的主流，但还没有跟上目前信息科技发展的步伐。

固体矿产勘查数据是一种科学大数据。科学大数据通常具有高维（high dimension）、高度计算复杂性（high complexity）和高度不确定性（high uncertainty）特征。地质对象演化时间漫长、空间庞大，影响因素众多，过程曲折反复，而且地质体深埋于地下，使得"参数信息不完全、结构信息不完全、关系信息不完全和演化信息不完全"的特征表现得更为显著（吴冲龙等，2016）。矿产资源勘查大数据的多源、多类、多维、多量、多尺度、多时态和多主题特征，与社会生活大数据和商业活动大数据有一定差别，但贴合 4V 特征（Mayer-Schönberger and Cukier，2014），即体量大而完整（volume）、类型多且关联（variety）、聚集快却杂乱（velocity）和价值大但稀疏（value）。

固体矿产勘查数据是地质科学大数据的组成部分。它包括一切与找矿勘探有关的地质时空数据，形成于基础地质、矿产地质、水文地质、工程地质、环境地质等调查、勘查和矿产开发利用过程中，以及各种地质科学研究过程中。其基础（一次性）数据来自露头地质观测、勘查工程、地球物理探测、地球化学探测、遥感探测、物理测试、化学分析；而综合（二次性）数据来自图件编绘、地质空间分析、地质异常解释、矿床预测、矿体圈定和储量计算等。矿产资源勘查对象，就其形成机制、过程和分布状况而言，具有庞大的时间与空间范围和复杂的层次结构，所采集的各种数据，在时态特征上有静态和动态之分，在聚集方式上有间歇性集中积累和连续性分散积累之别。大数据的基本功能是预测，固体矿产勘查的任务除了矿体定量和定位预测外，还要进行矿床和矿体圈定、矿产储量估算和可利用性综合评价。在大数据方法和技术兴起的背景下，这些数据是开展数据融合、数据挖掘、知识发现、资源预测、矿体圈定、储量估算、勘查评价和科学研究的基本依据，具有很高的使用价值。因此，这些数据在今天仍不失为地质时空数据的核心组成。对这些多源多类异质异构大数据进行收集、统合和应用，将大大促进固体矿产勘查工作的信息化。

矿产勘查基层单位业务工作信息化，是矿产勘查整体信息化的基础。根据实际工作及其相关地质科学大数据的特点，矿产勘查基层单位业务工作信息化可归纳为：采用矿产勘查点源信息系统对工作主流程进行全面改造，让多源多类异质异构的地质矿产科学大数据在各道工序之间顺畅流转、充分共享、有机融合、深度挖掘，实现全流程机助化、网络化、数字化、可视化和智能化，并转化为生产力。

这里面包含着 3 项密切关联的内容：①建立以主题式点源数据库（包括空间数据库和属性数据库）为核心的共用数据平台和勘查点源信息系统，实现多源多类异质异构的地质矿产科学大数据核心部分的结构化转换；②基于功能结构与应用模型层叠式复合，进行"多 S"的技术集成、网络集成、应用集成和数据集成，使数据管理、处理、应用和服务的各个环节相互衔接，数据在其中顺畅流转、充分共享；③采用矿产勘查点源信息系统对矿产勘查工作主流程进行全面改造，实现从野外数据采集到室内综合整理、存储和管理，从数据融合、处理、编图和建模到数据挖掘、知识发现、资源预测和评价决策，再从成果保存、管理到汇交的全程机助化、网络化、数字化、可视化和智能化。

这 3 项内容既是建立地质信息技术体系、推进矿产勘查信息化所必需的工作内容，也是衡量基层勘查单位的信息化程度和水平的基本标志。在实践中，通过以主题式点源数据库为核心的矿产勘查点源信息系统的研发、建设和应用来体现。

所谓主题式点源数据库，是指建立于基层勘查单位，能包容多主题矿产勘查信息的数据库。主题式点源数据库的设计思路是以数据管理为核心，而不是以功能处理为核心，要求采用统一概念模型和数据模型，实行术语、代码标准化，兼顾地矿行业的当前与未来需求，通过系统分析和模型设计来形成与各种业务主题相关联的数据子集和数据集。固体矿产资源勘查点源信息系统的建设目标是：以主题式勘查点源数据库为核心，基于完全自主知识产权的三维可视化地质信息系统平台进行定制开发，使之具备高功能、高可用性、高普适性和高专业化水平，使勘查评价和决策的效率更高、表现手法更丰富、信息量更多，满足矿产勘查工作主流程的数字化、信息化、网络化和三维可视化的基本需求。该系统数据存储的代码术语、图件编绘的图式图例、数据处理的方法流程和储量计算的类型参数，都应当符合我国矿产勘探开发标准，并且能与矿产勘查主流程的各项技术方法有机融合。

至于主管部门管理工作信息化和勘查数据远程服务网络化，可以在基层单位的勘查点源信息系统建设的基础上，采用云技术建立分布式的地质信息服务系统——地质云来实现。通过云平台和云服务，可以实现多源多类异质异构地质时空大数据的远程交换、操作、融合和挖掘，进而实现从数据到信息，从信息到知识，再从知识到智慧的转换，为各级政府决策、科学研究、企业经营，以及社会公众服务。但是，如果没有基层单位的多主题勘查点源数据库系统[包括原始数据库、基础数据库、成果数据库和数据仓库（数据集市）系统]的建设基础，仅仅依靠汇交各类地质矿产勘查的"成果数据"，不能构成真正意义的地质矿产勘查大数据体系。要建立真正意义的地质大数据体系和地质云，一方面可利用数据湖的多源多类异质异构数据一体化存储、管理和应用等特性（Walker，2015），把点源数据库系统拓展到数据湖系统；另一方面可利用区块链的去中心化、不可篡改和保护隐私等特性（Nakamoto，2008），有效地汇聚和流转那些分散在个人或小组手中的"长尾数据"。

1.2　矿产资源勘查科学大数据管理

实现矿产勘查业务工作信息化的关键环节，是建立以主题式点源数据库为基础的共用数据平台。主题式点源数据库可将地质矿产勘查全过程数据采集、处理计算机化，与地质数据资料管理、检索计算机化、网络化这两大目标结合起来，为使国家地质信息服务系统具有支持政府决策和地质研究的双重功能提供必要保证（吴冲龙等，2014）。

1.2.1　数据库与共用数据平台构建问题

地质矿产勘查工作每日每时都在获取资料和数据。随着大批已发现的资源转入勘探和开采，要求在找矿难度较大的深部或新区有新的发现，同时，来自航天、航空和地面的不同尺度、不同类型的地球物理和地球化学探测，以及不同分辨率的多光谱高、光谱遥感探测的开展，地质数据急剧增加，成为名副其实的科学大数据。

1.2.1.1　构建主题式矿产勘查点源数据库的必要性

地质矿产勘查的数据资料由于具有反复使用、长期使用的价值，而具有长期保存的必要性；同时又由于获取时的代价昂贵和数据本身的多主题性，以及对于不同勘查对象、不同勘查目的和不同勘查阶段的通用性，而具有共享的必要性。这两种必要性的存在使得矿产勘查所获得的科学数据成为国家的宝贵财富，需要建设数据库来进行储存、管理并提供服务和共享。这些数据虽然具有多源多类异质异构的特征，但其中相当大部分可通过各种方式转化为结构化数据，便于进行各种专题的处理、分析和数据挖掘。

我国从 20 世纪 80 年代中后期开始，在各矿产勘查部门和单位先后建立了许多不同类型的数据库。由于种种原因，这些数据库多采用关系型应用数据库环境，其显著特点是：①以功能处理为核心，以功能软件为基础，设计依据是某个矿产勘查或研究单位的当前需求——为了存储或编制某些专用图件、解决某些专门问题、实现某些功能处理、分析某些地质规律或编写某些勘查设计与报告；②侧重于属性数据的采集、存储与管理，大量重要的历史数据成果，包括文本报告和图件，未经矢量化处理而仅用栅格数据结构加以存放，几乎所有的露头和岩心观察描述则用大段的文字存入一个字段中；③各单位分散开发，缺乏统一的概念模型、数据模型、数据标准、数据代码、软件平台和接口，许多数据杂乱存放在不同的关系数据管理平台中。随后，从 90 年代中后期开始的"数字国土"建设中，各矿产勘查部门按照"GIS"的思路与方法和数据汇交的要求，先后建立了大量不同类型的勘查成果空间数据库，实现了现实勘查空间数据（成果图件）的规范化、标准化存储、管理和汇交。然而，历史勘查成果（图件）并没有按照要求入库，属性数据和其他多源多类异质异构数据的管理则被忽略，或仍按照早期的应用数据库方式建设。严格地说，这些应用型数据库的数据既不完整又有冗余，无法实现交叉访问，增加了集成和融合的难度，很容易成为新的"信息孤岛"。这种数据库，难以支持未来的再开发、再提高，难以满足迅速增长的信息处理要求。因此，从总体上看，各类矿产勘查数据目前仍以碎片化状态存在着。

为了有效地管理并充分发挥矿产勘查科学大数据的价值，应当认真地考虑这些数据的特殊性并加以合理处理。首先，由于地质体、地质结构、地质资源的形成、发展和演变具有庞大的时空范围和众多的影响因素，为了研究并揭示其中隐含的地质作用和成矿作用机理和过程，需要实现对研究区地下-地上、地质-地理、空间-属性、前期-现势等全部数据的一体化采集、存储、管理和处理，以便从系统的观念出发，进行整体分析、关联分析、控制分析和动态分析。其次，地质体、地质结构和地质过程的极端复杂性、不可见性和数据采集的抽样方式，导致出现"结构信息不全、关系信息不全、参数信息不全、演化信息不全"的状况，需要对地质数据进行三维、动态、多尺度、多细节层次的可视化、全息和精细建模，以便直观、形象地感知地质对象并提高认知能力和水平。

因此，有必要基于地质信息科学方法论（吴冲龙等，2014），借助 SQL 和 NoSQL 等数据库管理技术，建立能够实现结构化、半结构化和非结构化数据一体化，静态数据与动态数据一体化，地质数据与地质模型一体化存储管理的主题式矿产勘查点源数据库系统，进而构建矿产勘查共享数据平台。然后，利用分布式并行时空索引（DPSI）多层次理论架构和基于间隔关系算子的并行时空索引（IPSI）方法（He et al，2013），突破高维度下树形索引层次结构的局限性，实现主从模式下的分布式并行时空索引（MSDPSI）和对等模式下的分布式并行时空索引（PPDPSI），建立时空数据库中分布式并行缓存机制、并行预调度与调度机制；同时采用类似 SAP、HAHA 和 Oracle 的 Exadata 等软硬件一体化的大数据分析工具，将以往存放在磁盘阵列中的数据压缩后调入内存实时检索，或将数据放在内存和闪存中分层调用，解决四维时空数据快速检索调度和大规模时空分析等一系列瓶颈问题。在此基础上，可采用云计算技术开展区域、行业乃至全国矿产勘查信息服务。

1.2.1.2 构建矿产勘查共享数据平台的基本思路

这些数据都是在固体矿产勘查过程的不同阶段，按照各种规范和标准所获取的各种定量和定性数据，其中，基础（一次性）数据是原始数据，而综合（二次性）数据是再生数据。由于矿产勘查工作是由粗到细、由浅入深分阶段逐步进行的，所以，"原始数据"和"再生数据"的关系是相对的。前一勘查阶段的"再生数据"，可能成为后一勘查阶段的"原始数据"。这些数据既有结构化的，也有半结构化的和非结构化的，长期以来多以文本、图形和图像方式呈碎片化状态堆积着。例如，在基层地矿勘查单位，海量的前期和现势的野外露头描述、岩心编录、测井曲线、探槽和探坑（硐）编录，各种物探、化探和遥感图形图像，各种地质调查和勘查文字报告，以及大量地质图件、素描和照片，长期以来都是以纸质形式存储和管理的，即便已经建立众多的关系数据库、空间数据库和对象-关系数据库，也主要是存储和管理那些表格化和矢量化了的结构化数据。由于缺乏一种能够有效地一体化存储和管理结构化、半结构化和非结构化数据的方式，有关的文字描述、记录、素描、照片、中间分析成果和总结文本等，都是以大字段的文本方式和栅格图形方式入库的，很少进行规范化处理和结构化转换。目前，我国各矿种勘查部门的基层勘查单位，按照规范和标准所构建的"原始数据库"，基本上都是以这样的非结构化方式存放前期数据的。

为了有效地存储野外原始（一次性）数据，需要加强点源主题式对象-关系数据库系统研发和应用；而为了有效地存储综合（二次性）数据，需要加强多主题对象-关系数据仓库的研发和应用。根据已有的经验和目前的发展，要摆脱前述矿产勘查数据库建设中存在的应用数据库缺陷，对于矿产勘查的各类结构化核心数据的存储、管理，应采用主题数据库（subject databases）的设计思路与方法，不是以功能处理为核心，而是以数据管理为核心；统一概念模型和数据模型，实行术语、代码标准化；兼顾地矿行业的当前与未来需求，通过系统分析和模型设计，形成与各种业务主题相关联的主题式点源关系数据库、空间数据库或对象关系数据库（吴冲龙等，2005a，2014，2016），然后在此基础上，采用各种异质异构数据的集成技术，构建以数据库为核心的固体矿产勘查数据共享平台。

这些多源多类异质异构数据的集成技术包括：基于数据仓库的数据集成技术（Chaudhuri and Dayal，1997）、基于中间件信息系统的数据集成技术（Busse et al.，1999）、基于 ODS（操作数据存储，operational data stores）的数据集成技术、基于网格基本数据管理功能的数据集成中间件技术（The University of Edinburgh，2009）和基于本体语义的数据集成等。对于国家、省区或矿业集团而言，可在此基础上，进一步采用云技术建立分布式的地质信息服务系统——地质云（何文娜和王永志，2014；陈建平等，2015；郑啸等，2015；谭永杰，2016a）。

数据和资料是科学研究的基础，也是矿产勘查信息化和地质学定量化的基础。在矿产勘查信息系统建设中，为了把实现矿产勘查主流程信息化、矿产预测评价信息化和矿产勘查数据服务网络化等目标结合起来，应当依照我国现行固体矿产勘查技术标准体系，构建面向多主题、多层次勘查区的统一共用数据平台。其重要意义如下：①能有效保证矿产勘查核心数据管理的科学性、统一性、一致性、实时性和实用性，实现勘查工作和勘查成果的规范化和标准化；②有利于矿产勘查核心数据的永久保存，可充分发挥数据的价值，提高各种数据资料的查询、处理、挖掘和分析水平；③有利于各单位、各机构和各工序之间多源多类异质异构地质科学大数据的汇聚、融合、交流与共享；④能促进数据采集、处理、分析、编图、建模、圈矿、储量计算和资源预测评价等主流程信息化，提高工作效率和工作质量；⑤可以为地质背景和成矿作用的分析、研究、决策和规划提供直观、方便和形象的三维可视化工具和操作平台；⑥有助于及时搜集和分析矿产勘查项目运行方面的数据，提高矿产勘查企业决策、管理和运行水平，以及地质学研究的定量化水平；⑦有利于实现固体矿产资源信息的社会化服务与共享。

为了实现海量地质时空大数据的高效管理、调度和应用，共享数据平台还需有高效的时空索引技术。在目前的时空数据库中，通常缺失并行时空索引的一体化与时空索引结构并行化，阻碍了时空数据库中分布式并行缓存机制、并行预调度与调度机制、四维时空数据快速检索调度、大规模时空分析等一系列瓶颈问题的解决。因此，加强具有可并行化结构的时空索引方法的探索研究，并开展对时空索引的分布式和并行化的一体化研究，是十分必要的。近期提出的分布式并行时空索引（DPSI）多层次理论架构和基于间隔关系算子的并行时空索引（IPSI）方法（He et al.，2013；郑祖芳，2014），突破了高维度下树形索引层次结构的局限性，实现了主从模式下的分布式并行时空索引（MSDPSI），以及对等模式下的分布式并行时空索引（PPDPSI）。实践表明，该成果显著提升了分布式并行计算环境下的数据并行时空索引性能，可推动地质时空大数据时空索引技术的发展。

同时，根据我国地质矿产勘查工作的部门分工和行政分级管理体制，为了有效地存储、管理地质矿产科学大数据，还应建立分布式的数据云存储、云管理和云服务体系。这样一来，就可以将基层单位业务工作信息化、主管部门管理工作信息化和勘查数据远程服务网络化3个方面密切结合起来，全面推进并实现全国矿产资源勘查信息化。

总之，采用大数据方法和技术，可以综合运用样本与全体、精确与混杂、结构化与非结构化数据，但科学大数据仍需以精确数据为基准，以结构化数据为核心。因此，在花费巨大代价来获取这些数据并力求提高其精确性的同时，一方面将其中与勘查任务对应的核心部分（结构化的和非结构化的）进行结构化转换，建立关系数据库、空间数据库或者对象-空间数据库，加以妥善存储和管理；另一方面将各种外围、辅助部分（结构化的和非结构化的）都先按照上述"原始数据库"方式进行存储和管理，并且在条件成熟时分别将其进行栅格化、矢量化或结构化转换，成为可支持融合和挖掘的数据资源。

1.2.2 勘查数据共享平台的分布形式

地质矿产勘查数据库有两个并行的发展方向，一个是大型集中式方向，一个是微型分布式方向。西方诸国早期建立的全国规模信息系统，以及我国早期建立的全国矿产储量数据库、全国1∶20万化探数据库、全国1∶100万和1∶20万重力数据库、全国石油探井数据库和全国煤质数据库等，基本上都是大型集中式的。大型集中式数据库都是建立在巨型和大、中型机上的，其优点是便于集中管理，缺点是不便于各地使用，而且也难于组织、容纳繁多的点源数据类别和复杂的数据结构，更难于应付不断增多的日常点源信息处理需求。微型分布式数据库是指建立于基层勘查单位的各种点源数据库系统（吴冲龙等，1996；吴冲龙，1998）。从某种意义上说，只有建立以点源数据库为核心的点源勘查信息系统，才能真正满足矿产勘查工作信息化的需求。20世纪90年代以来，随着微型机技术的普及和提高，分布式数据库建设提上了议程。特别是近年来网格技术和云技术的发展，使分散于各地的点源地矿信息资源的管理、交叉访问、数据互操作及远距离传输成为可能，分布式点源地矿信息系统的价值受到普遍的认同。这显然是一个值得重视的发展方向。

　　由于我国幅员辽阔，矿产勘查数据量庞大，以主题式点源数据库为基础的共用数据平台可以分级建设和管理，按中央（部委、集团公司）、省（厅局、矿务局、石油管理局）和地区（地区国土局、地质勘查队或勘查院、大型矿山、采油厂、大专院校）形成三级分布式结构。地区级共用数据平台存放除遥感信息外的所有点源数据，省级共用数据平台可存放部分综合数据和大型待开发矿床的原始数据，中央级共用数据平台可存放一些重要的综合数据和超大型待开发矿床或成矿带的原始数据。然后，采用分布式计算技术、网格计算技术或云计算技术，来实现数据的集成化管理、索引、调度、处理、应用和充分共享。

　　分布式计算的原意是把一个需要非常巨大的计算能力才能解决的问题分成许多小的部分，然后把这些部分分配给许多计算机进行处理，最后把这些计算结果综合起来得到最终的结果。在这里，除了解决大规模计算问题，还要解决分布式数据库的数据集成和一体化索引、调度和处理问题。网格计算是分布式计算的一种，它将高速互联网、高性能计算机、大型数据库、传感器、远程设备等融为一体，为科技人员和社会公众提供更多的资源、功能和交互性（Foster and Kesselman，1998）。中国地质调查局曾利用自己的网格平台建立了全国铁矿资源潜力预测评价应用示范系统，有效地利用分布于各省区的数据库，实现了典型成矿区、预测区铁矿资源量计算、不同区域级别的铁矿资源量统计汇总，以及数据集成显示、编辑、查询、结果返回、数据统计等服务（吕霞等，2012）。云计算是分布式计算、并行计算和网格计算的发展，也是这些计算机科学概念的商业实现。其核心思想，是将大量用网络连接的计算资源统一管理和调度，构成一个计算资源池，向用户按需服务。它既是一种信息基础设施及应用程序，又是建立在这种基础设施之上的计算应用（Boss et al.，2007）。

　　长期连续不断的地质勘查工作，积累了海量的基础地质数据。但多年来地质资料服务对象和服务领域主要集中在地矿行业和传统的地勘行业（冶金、有色、煤炭、石油等）。进入21世纪以后，地质工作与经济建设的关系比以往任何时期都更为密切，地质工作渗透到了社会经济生活的各个方面。农业地质、城市地质、灾害地质、环境地质、旅游地质等新领域的出现，极大地拓展了服务领域，与此同时，社会公众对地质信息的需求也越来越迫切。正是为了满足社会对地质资料的需求，中国地质调查局开展了"地质云"建设，将云计算等新技术引入地质领域，搭建地质云计算平台，提供松散耦合的、不同粒度的服务（何文娜和王永志，2014）。所谓"地质云"，就是充分利用历史的和现势的点源地质、地理、矿产、环境、地质灾害、地球物理、地球化学、遥感等结构化和非结构化数据，以应用和服务为主线，以新知识发现为目的，在数据采集、数据整合、数据传输、数据挖掘、知识发现等相关技术研发与集成基础上，基于专业局域网环境建立的分布式地质大数据交换与服务共享平台。目前的地质云平台构建，是基于云架构体系对已有的中国地质调查信息网格平台进行升级，即在网格技术、云计算技术综合研究的基础上，对中国地质调查信息网格平台的功能进行抽象、分类、细化和重用性包装（吕霞等，2015）。其总体框架（谭永杰，2016b）中包括5项基本任务：建设地质数据采集体系，推进地质数据快速规范采集；建设地质大数据汇聚体系，实现地质数据快速有效汇聚；建设地质数据与信息服务产品体系，丰富地质数据与信息社会化服务产品；建设地质数据与信息服务体系，推进地质数据与信息协同服务；建设地质大数据支撑平台（地质云），提升地质数据与信息服务的能力和水平。

在"地质云"平台的框架下，以中国地质调查局发展研究中心、中国地质调查局各专业中心、大区中心为骨干结点，可建成地质调查信息服务集群体系；以全国地质资料馆、省级地质资料馆为骨干结点，可建成地质资料服务集群体系。然后，开展数据整合与集成，形成布局合理、服务分级、上下联动的地质资料信息服务新局面。

1.2.3 勘查数据共享平台的逻辑结构

国内外已有的许多类似的共用空间数据平台，例如土地管理信息系统、管道网络信息系统、城市规划信息系统、区域地质调查信息系统和矿产勘查信息系统等数据平台，都是采用 GIS 来实现的。从本质上说，GIS 是地理领域的一种通用的点源空间数据管理和处理的技术。值得指出的是，地理与测绘领域从步入信息化道路的起点处，就采用了GIS 这种点源信息系统，随后又以 GIS 为平台来组建上述各种地域性或城域性的共用数据平台（李德仁和李清泉，1999），这是合理、正确的选择。GIS 本身具有较强的二维空间数据管理、处理能力和空间分析、区域评价能力。地矿领域引进 GIS 作为信息化软件平台是一种进步。但 GIS 难以单独面对多源、多类、多维和多主题地矿数据的存贮、管理和处理，难于支持复杂地矿信息的综合分析、综合解释和复杂地质问题的综合解决（吴冲龙等，2005a，2005b）。直接采用 GIS 来建立一个地区的专业化地矿共享数据平台，仍有许多问题难以解决。因此，研发适合于矿产勘查信息化共用数据平台的支撑软件，是十分必要的。

这样的矿产勘查共用数据平台的支撑软件，即主题式矿产勘查点源信息系统，应该具备勘查数据采集、勘查数据管理、勘查数据处理、勘查图件编绘和地矿资源预测评价 5 大功能。根据结构-功能一致性准则，该支撑软件的结构可分为内、中、外 3 层（图 1-1）。

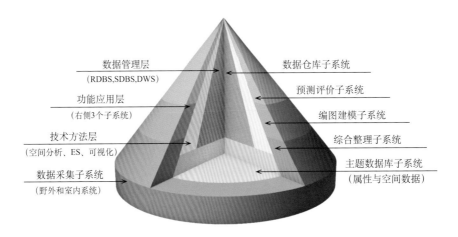

图 1-1   以数据管理为核心的矿产勘查点源信息系统逻辑结构（吴冲龙等，2014）

内层为数据管理层，由下部的主题式对象-关系数据库（简称主题数据库）子系统与上部的数据仓库组成，其职能是实现勘查数据组织、存贮、检索、转换、分析、综合、融合、传输和交叉访问；中层是技术方法层，包括各种高功能的硬、软件平台和空间分析技术、三维可视化技术、CAD 技术、人工智能技术；外层是功能应用层，由下而上分为数据综合整理、编图建模和资源预测评价 3 个层次，其职能是实现系统的全部功能处理和决策支持。

1.3　勘查工作主流程中的信息技术

地质科学时空大数据的基本特征，决定了其采集、存储、管理、处理和应用方式、方法的特殊性。为了充分发挥地质科学大数据的作用，一方面需要借鉴并采用一般大数据技术，建立矿产勘查工作主流程信息化体制及相应的体系架构；另一方面需要根据实际情况研发适用的专业信息技术，支持矿产勘查工作主流程信息化的实现。

1.3.1　一般大数据的借鉴、应用与改造

矿产勘查工作主流程各道工序涉及的信息技术，主要包括野外数据采集、数据管理、勘查图件机助或自动编绘、测井资料处理解释及参数机助分析、固体矿产资源综合评价与预测、多方法资源储量计算机辅助估算、固体矿产床和矿体三维可视化建模、空间与属性信息的查询和量算、勘查数据统计报表生成、项目综合信息化管理，以及固体矿产勘查与开发的多层次、多目标决策分析的数字化、信息化、网络化和三维可视化。其中，所涉及的地质科学大数据技术问题，主要包括结构化数据与非结构化数据、大数据与小数据、精确数据与非精确数据等的一体化采集、存储、管理和处理，以及勘查区、矿床和矿体的多尺度三维可视化建模和地质科学大数据的深度挖掘、广度聚联等几个方面。

由于地质科学大数据利用的研究起步较晚，目前还缺乏完善的工具软件，需要借鉴并引进一般大数据技术及其传统算法，并加以改造、开发和应用。对于传统地质数据处理方法的改造，需要从算法的任务可分解性、数据可分解性和数据流分段关联性 3 个方面着手，尽可能地发掘任务的并行性和数据的几何分解性，并降低数据流分段关联性，使其适应以分布式计算和高性能计算为主的大数据环境（图 1-2）。除了上面所说的大数据管理之外，还需要着重考虑并进行多源多类异质异构地质数据的采集、处理、编图、建模、预测、评价、传输和服务等专业化信息技术的研究开发及其框架体系的建立。

1.3.2　矿产勘查数据的数字化采集

矿产勘查数据的数字化采集，是实现矿产勘查工作信息化的首要步骤。矿产勘查数据的主要来源包括：前期勘查和研究成果、野外勘查工程和室内综合整理、地球物理勘探与遥感、地球化学勘探。目前，除了地球物理、遥感和部分地球化学勘探数据的采集是采用仪器和数字化方式采集之外，大多采集手段和方法仍以手工为主。除了数字化采集程度比较低之外，野外数据采集系统与室内数据管理系统的集成程度也比较低。

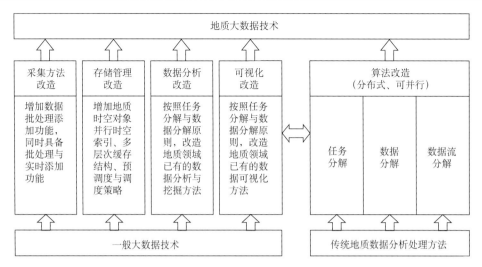

图 1-2 一般大数据技术借鉴与改造的技术路线

其中，**前期勘查和研究成果**即前述"原始数据库"存储管理的数据，通常包括：本次勘查工作开始之前，收集相关单位和个人在该勘查区所进行的各种勘查和研究所获得的全部地物化遥原始数据、勘查报告、成果图件和科学知识。这些前期勘查和研究成果，是开展现阶段勘查并提高工作效率的背景数据和知识基础，但由于大数据技术还没有被广泛认同和利用，而且传统作业方式和工作习惯一时也难以改变，这些数据的潜在价值还没有充分体现出来。**野外勘查工程数据**包括：露头观测记录、钻探岩心编录、浅井和槽探编录、坑探编录等野外勘查工程施工过程中所获取的原始（一次性）数据。**室内综合整理数据**包括：室内资料综合整理、室内岩矿分析测试、储量或资源量估算、室内成矿规律分析和成矿预测，以及室内图件编绘和勘查报告编写等过程中所获得的综合（二次性）数据。

由于数据类型、来源和特征的巨大差别，矿产勘查科学大数据与社会和商业大数据在数据采集方式、方法，以及数据处理信息感知、数据挖掘和知识发现的方法上，存在着巨大的差别。研发勘查数据采集软件时必须顾及这种情况。

为了有效地采集野外原始（一次性）和室内综合（二次性）数据，需要研究、开发并应用功能强劲且适用的野外勘查工程和室内综合整理数据采集系统。与此同时，还应当进一步加强数据采集内容的标准化、代码化和数据模式的通用性研究，建立一个完善的多源多类异质异构勘查数据采集的标准体系。而为了适应在不同地形地貌和地质背景下的野外勘查数据采集需要，应当加强基于便携计算机和平板计算机且操作方便的野外数据采集系统的研发和应用。只有在功能强劲且适用的野外勘查数据采集系统的基础上，才有可能集成数据库、GIS、RS、GPS 和数据仓库等系统，实现多源异构的野外空间数据和属性数据一体化采集、入库、管理和处理，从而有可能改变目前野外勘查工程和室内综合整理数据采集的落后面貌。

1.3.3　矿产勘查数据的日常处理

矿产勘查数据的日常计算机处理，是利用计算机的快速运算功能，来实现对各种数学模型的解算，压制干扰信息，突出有用信息，进而对有用信息进行分析和综合。其内容包括矿产储量或资源量的估算与统计、钻井（孔）设计、孔斜校正、地质编录及化探数据的统计分析和物探方法模型的正、反演计算等（吴冲龙，1998）。

能够被优先选择使用并进入矿产勘查工作主流程的日常数据处理的软件，是那些能够与数据库挂接，可以从数据库中直接检索和调用数据，并且具有图件和表格一体化生成能力，计算结果还可以返回数据库中的软件。其中，地质勘查人员常用的数据处理技术，包括矿产勘查数据的统计分析和矿产储量或资源量的估算。

从 20 世纪 70 年代开始，随着以地质矿产数据多元统计分析、地质统计学、复杂性-非线性和多重分形理论为基础的数学地质学迅速发展，以及矿产资源预测理论和方法的逐步完善（Agterberg，1974，2014；赵鹏大等，1983；侯景儒等，1990；成秋明，2006），各种类型的数理统计分析，已经成为矿产勘查数据日常处理和矿床定量预测的主流方法，并且涌现出大量功能较强的应用软件。但这些软件大多数是分散开发、分散应用的，多数没有数据库和可视化技术的支持，其数据模式和应用模式缺乏标准化，需要加以清理、完善并挂接到公用勘查数据平台上。必要时还应当以公用数据平台支撑软件为依托，重新编制这些数理统计软件并按专题进行技术集成和应用集成。只有这样，数理统计方法及其相关技术软件，才有可能真正地进入矿产勘查主流程的日常数据处理和矿床预测中。

矿产储量或资源量的估算与统计，既是矿产勘查工作必须完成的重要工作内容，也是开展矿产资源可利用性综合评价的基本依据。由于历史的原因，我国的储量计算一直采用传统的块段法和断面法。这两种计算方法是 20 世纪 50 年代从苏联引进的，在数学原理上属于几何计算法。几何计算法简单、直观且易于应用，也有一定的准确性和可靠性。因此，该方法成为我国的储量和资源量估算的国家标准方法。而且，在今后相当长的时间内，还将继续作为我国储量和资源量估算的国家标准方法继续使用下去。迄今为止已经有许多适用的软件被开发出来了，但是，不少软件基本上是在二维数据环境中完成计算的，且没有与勘查数据库挂接，不能实现储量计算和图表生成一体化，以及储量和资源量的动态估算。这种情况目前正在改变，已经出现不少能够与勘查数据库挂接，并能实现储量估算和图表生成一体化的三维可视化的传统方法和克里金方法估算软件。根据当前的发展情况，在那些完成了三维可视化地质建模的勘查区中，可以根据矿床的类型和特点，选择使用那些经过国家评估机构核准，并且适用的储量或资源量传统方法和克里金方法估算软件。

1.3.4　图件机助编绘与三维可视化

应用计算机图形学技术来编制地矿图件，既能保证质量、减少编图、制图和修编的工序和时间，又有利于图形的存贮、保管和使用，实现图形数据共享（刘刚等，2002）。正因为如此，矿产勘查图件的计算机辅助编绘，长期以来都是矿产勘查信息化领域的研究热点，并且已经成为改造矿产勘查工作主流程最显著的作业工序和信息化环节。迄今为止，国内外在这方面都已经取得重要进展，涌现出来的应用软件已经进入矿产勘查工作的主流程，完全可以实现包括柱状图、剖面图、平面图和曲线图等全部勘查图件的计算机辅助编绘。目前仍然存在的而又亟待解决的主要问题，是优化这些机助编图软件并大幅度地提高其功能和可操作性。特别是需要针对编图数据的提取、转换和成图自动化程度较低，以及地质结构表达形式仍以二维为主的情况，开展深入的研究与开发。

地质对象形成过程复杂而且深埋地下，存在着结构信息不全、关系信息不全和演化信息不全的情况，导致在认知上出现严重的不确定性，在目前的知识水平和技术水平下，实现完全自动编图的时机还不成熟。为了克服上述缺陷，可从以下几方面进行改进：其一是以公用数据平台支撑软件为依托，提高地矿图件编绘的数据库支持程度；其二是与"多 S"集成技术和本体论（ontology）相结合，提高矿产勘查信息提取、转换和成图的人机交互效率；其三是与 DEM、三维地质建模和三维图示技术结合，实现地质数据资料的拟三维表达和真三维立体透视；其四是采用参数化方式，并与智能计算方式相结合，提高成图的自动化程度。为了简化某些图件的编绘过程，在建立了三维可视化地质模型的勘查区，可考虑引入通过三维地质模型的剪切直接获取垂直剖面图或水平切面图的编图方式。这里的关键，是按照相关国家标准或行业标准，在软件中对各种剖面图或切面图的图式图例进行定制。只要解决了上述问题，便奠定了地质图件机助编绘技术向智能化发展的基础。

在进行地质异常、地质结构和地质过程分析，以及矿产资源预测和评价时，对于大量的不确定因素，通常依靠研究人员本身的知识和经验进行定性理解、定量估算和关系描述，同时也要采用一些有效的时空数据模型和分析模型，来进行辅助分析和辅助决策。从数学逻辑的角度看，这是一种半结构化或不良结构化甚至非结构化问题。实际经验表明，描述、表达和理解各种半结构化甚至非结构化问题的关系和模型的最佳方法和手段，是实现其数据可视化。正因为如此，地质科学领域比地理科学领域更加强调实现"体三维"可视化，即实现地质体内部的结构和成分的三维可视化（吴冲龙等，2011b）。由于地质工作对象特殊，地质数据可视化所涉及的内容也更为丰富，表现形式更为复杂。

值得指出的是，上述三维可视化地质模型不但是地质体、地质结构及其动态变化的形象表达，而且是一种地质时空大数据的集成化载体，即地质数据-地质模型的一体化存储，而其构建过程又在相当大的程度上实现了结构化、半结构化和非结构化数据一体化，以及静态数据与动态数据一体化。因此，目前世界各国正在大力开展的城市、矿山、油田和水电工程的三维地质信息系统建设，以及相应的三维地质建模和"玻璃地球"建设，正是实现地质科学大数据一体化和集成化存储、管理的重要途径和基本方式。

所谓"玻璃地球"，是一种地质信息和地理信息相结合、存储于计算机网络上、可供多用户访问和开展地质、资源和环境决策分析的三维可视化虚拟浅层地壳（吴冲龙和刘刚，2015）。"玻璃地球"与"数字地球"的主要差别在于后者管理和处理的对象主要是地下地质体及其空间数据与属性数据，而前者采用数据与模型一体化存储的构建方式，通过汇聚、整合、集成并管理相关的地质数据，进而全面、系统地描述和表达地壳浅层和深部的地质结构、矿物成分及其空间关系，同时提供各种地质数据分析与挖掘、地球科学研究、专业决策支持与社会公众服务。作为地质科学大数据的有效载体，"玻璃地球"

建设面临的首要问题，是实现海量多源多类异质异构地质数据一体化管理。

地质科学大数据的可视化，集中体现在多维地质模型构建和"玻璃地球"（Core，1998）建设上。"玻璃地球"的关键技术是地质体和地质结构的三维动态可视化建模（吴冲龙等，2012）。地质时空数据可视化从应用角度可分为表达三维可视化、分析三维可视化、过程三维可视化、设计三维可视化和决策三维可视化5类（吴冲龙等，2005b）。其中，表达三维可视化泛指原始数据和计算成果，以立体模型或图像形式在屏幕或其他介质上的显示，这是空间决策支持认知过程可视化的基础，贯穿于其他各类可视化之中；分析三维可视化泛指在可视化环境中进行的各种三维地质空间决策分析，是空间决策支持认知过程可视化的核心；过程三维可视化是指在体三维环境中开展各种地质过程的可视化动态模拟，以及地质作用的可视化虚拟仿真，因而是使三维静态地质模型转变为四维动态地质模型的关键步骤；设计三维可视化是指在体三维可视化环境中进行各种地质工程设计，是使地质工程设计从二维方式转变为三维方式的基础；决策三维可视化是指在体三维可视化环境中，进行矿床地质分析和资源可利用性综合评价，以及勘查开发方案的多目标比较选优等。只有实现了这五类可视化，"玻璃地球"才具有支持大数据挖掘的价值。

目前，上述各种面向对象、面向过程、具有空间认知能力的可视化技术，在国内外发展很快，已经开始应用于矿产资源勘查领域和矿山开发管理领域（吴立新等，2003；张夏林等，2010；李章林，2011；张志庭，2010），显著地提高了地矿资源的分析、评价、管理和辅助决策水平。今后的发展方向，是研发成矿带、矿集区、矿田、矿床和矿体等多尺度实体建模技术，以及三维动态显示技术和虚拟现实技术，提供具有沉浸感、动态、交互的环境和工具，进一步开展成矿地质过程的三维动态模拟和仿真，进而把基于各类地质调查、勘查和勘察数据所构建的三维静态地质模型，与那些来自各类资源开发、环境监测和对地遥感观测的动态地质模型耦合起来，再加上传感器、互联网、云计算和智能计算等技术，使"玻璃地球"和"玻璃国土"向"智慧地球"和"智慧国土"转化。

1.3.5　固体矿产的智能预测与评价

实现矿产资源的智能预测与评价，一直是矿床定量预测与评价领域所追求的目标。早期的人工智能预测与评价，是采用专家系统（expert system，ES）方法和技术进行的。所谓专家系统是由"知识库"和"推理机"两部分组成的，在知识库内凝聚有相当数量的权威性知识，并能根据用户提供的信息，运用所存储的专家知识，通过推理机以专家水平或接近专家的水平来对特定领域中的某个问题的是与非作出判断。这种系统只是一种简单的推理、判断系统。由于矿产勘查对象本身具有极端复杂性，成矿过程具有典型的非线性特征，其认知存在着显著的不确定性，难以使用简单的推理逻辑和判别准则进行推理和判别。尽管经过多年的研发，在基于专家系统的固体矿产预测评价方面，已经涌现出一批应用软件系统，但只能适应少数地质背景、成矿控制因素和成矿过程简单的矿床类型。对于多数地质背景、成矿控制因素和成矿过程复杂的矿床类型，利用这些软件来进行预测和评价是十分困难的。因此，基于专家系统的矿床预测软件无法进入矿产勘查工作的主流程中。

1.3.5.1　矿产资源的智能预测、评价与数据挖掘

随着大数据时代的到来，人们逐步意识到，采用数据密集型工作方法和时空数据挖掘技术，充分利用全体勘查数据进行知识发现，可能是进一步实现矿产资源预测评价智能化的根本途径。目前，基于地质时空大数据进行矿产预测评价，已经成为该领域理论研究和技术开发的重点（陈建平等，2014；吴冲龙等，2016）。预计循此方向进行努力，有可能解决矿产勘查的人工智能预测评价问题，并使之进入矿产勘查工作流程。

为了使矿床预测评价的人工智能系统进入矿产勘查工作主流程，需要与人工神经网络技术（artificial neural network，ANN）相结合（吴冲龙等，1996；吴冲龙，1998；阎继宁等，2011）。而为了使 ANN 具有求解不确定性、模糊性和随机性问题的能力，并解决矿床预测评价领域中的复杂空间分析问题，有必要把模糊数学、数理统计、拓扑几何、数据融合、演化计算和机器学习等方法结合到 ANN 的学习规则中，进而与"多 S"及可视化技术结合，并集成于矿产勘查数据共享平台上，甚至与三维可视化地质模型结合起来。

以金属矿产成矿预测为例。这是找矿勘探的一个必要步骤，对于降低投资风险，提高命中率有重要意义。矿床的类型繁多，其形成与一定的地质背景和地质作用相联系。地质背景包括地壳区域构造单元和地层单元、深部的上地幔和岩石圈状况，以及地表的古地理、古气候环境；地质作用包括构造作用、岩浆作用、沉积作用、变质作用、风化作用。这些地质背景和地质作用在广阔的空间范围内和漫长的地质历史中，是动态变化和反复叠加的，只有在多种条件都有利的情况下才能形成大型矿床。所形成的矿床同样也会经历多期次的改造，或者进一步叠加成矿，或者遭受改造与破坏。长期的地质科学研究和矿产勘查经验积累，形成了矿床学和成矿预测学学科，专业人员都是在一定的理论和方法指导下，凭借已有的知识和经验并采用定性或定量的方法进行预测找矿。

最初，无论是定性还是定量方法，都是根据某个典型矿床的勘探成果资料，从成矿规律研究揭示的因果关系理论出发，抽提出若干个特征性的"找矿标志"，形成一种"成因模型"或"成矿模式"，然后基于相似类比的方法，用这种"模型"进行矿床预测。这种方法是行之有效的，人们利用这种方法找到了许多重要的矿床。但是，随着许多浅表的、易于发现的矿床陆续被找到后，这些"成因模型"的局限性也逐步显露出来了，其预测的准确率不断降低。往往出现这样的情况，地质专业队伍在一些地方根据露头观测、物探、化探和遥感，甚至配合少量钻探，识别出了多种"找矿标志"，却始终没有找到预期的矿床。而在另一些地方，地质专业队伍在十几年乃至几十年内几进几出，花费了巨大的人力、物力和财力一无所获，最后却因为一个偶然的机会有了重大发现，取得了重大的突破。这种情况说明了，已有的理论、知识和"模型"存在着不足或缺陷之处。

为了弥补这些方法的不足或缺陷，人们开始从各自掌握的勘探成果和经验中进行总结，于是出现了大量不同的矿床"成因模型"，以致每个大型矿床都有自己的"成因模型"。结果可想而知，"成因模型"的价值受到了质疑，许多人又回到了由经验构成的"客观模型"或"存在模型"——用系列剖面图和平面图客观地展示矿床赋存的位置、形态和范围，围岩的岩性、岩相和分布，以及蚀变的类型和分布。这种"存在模型"对于为了扩大已知矿床范围而进行的就矿找矿无疑是有效的。但对于广阔的未知区而言，这种方法

显得无从下手。在这种情况下，追求"相关关系"而不追求"因果关系"的矿床统计预测方法（赵鹏大等，1983）和多重分析预测方法（Cheng，2004）等被提上了议程。人们还发现了一种特殊规律，即矿床平均品位越高者规模越小，而平均品位越低者规模越大，并通过统计分析得出了一系列矿种的"品位-吨位模型"，并用于矿床预测中。

随后的研究表明，矿床是地质异常的产物（赵鹏大等，1996）、矿床在混沌边缘分形生长（於崇文，2006），把求异和相似类比结合起来，把传统的成矿动力学和混沌动力学结合起来，是进一步解决矿床预测难题、提高矿床预测成效的可能途径。然而，如同郭华东等（2014）针对"胡焕庸线"的空间认知研究所指出的，这类问题的解决"势必需要建立一个巨型复杂非线性模型系统，其中包括各种过程的机理模型，各种模型的相互耦合，各种尺度上的模型相互作用，以及极其复杂的模型触发、传递、反馈机制"。

反观以往的矿床预测方法和预测模型，都是根据已有知识和经验，采用少量的特征参数构成的，而通过露头地质观测、物探、化探、遥感和钻探所获得的海量记录数据，都被过滤掉了。由于既有知识的不完善甚至错误，就造成了预测成功率不高的结果。特别是面对找矿的新领域、新类型和新深度，可用于建模的相关知识更加有限。为了发现新的知识，认识新的成矿规律，我们需要面对的是全部的原始记录数据，而不是人为抽取的少量特征数据。这样我们所要处理的将是超高维度、超高计算复杂性和超度不确定性的多尺度、多变量、多时态和多相关的空间和属性大数据。因此，成矿规律和成矿预测问题的进一步解决，必然要依托于"玻璃地球"承载的地质科学大数据系统，即在"玻璃地球"平台上对海量的地质时空数据和矿产资源开采数据进行虚拟汇聚和预处理，分别对各种矿床类型进行相关数据时空的表征和建模，然后采用适宜的大数据技术进行挖掘和分析。

数据挖掘是直接从大数据中发现知识的主要方法（Fayyad，1996；Han et al.，2012）。矿产资源勘查的科学大数据挖掘，是从各类多源异构的数据库或数据仓库中，寻找并抽取隐含的矿床或矿体信息及其时空关系，发现新的知识和规律的一种方法和技术。大数据技术以数据为中心，在全体数据中挖掘知识，可突破采样随机性和样本空间狭小而导致的仅凭少量观测数据和模式进行判断的限制，而且能基于数据库和数据仓库来实现。数据挖掘与数据分析的差别在于，其所面对的数据集是多源多类质异构的全体数据，而不是单纯的采样数据；数据量从 MB 级或 GB 级，转化为 TB 级甚至 PB 级；数据类型从结构化数据，扩大到文本、图像、图片等半结构化或非结构化数据；数据品质从精确数据，扩大到精确与非精确混杂数据；所预测、评价的前提，也从有假设条件或先验模型，过渡到没有明确假设条件或先验模型；而所发现的知识和规律，则具有先前未知性、客观性和可靠性。

大数据是一种客观事实。其特点在于，所处理的数据集合"不是随机样本，而是全体数据"，所容许的数据品质"不是精确性，而是混杂性"，所揭示的数据内涵"不是因果关系，而是相关关系"（Mayer-Schönberger and Cukier，2014）。这三个问题，正是长期困扰地质资源、地质环境和地质灾害预测、评价、管理、监控、预警和决策领域的难题和难点。大数据理论、方法和技术的引进，对于突破采样随机性和样品空间狭小、大量良莠难分的非结构化和半结构化数据无法利用，以及可靠的作用机理、因果关系和动力学模型缺乏，仅凭少量观测数据和固有模式进行判断、预测等限制，无疑有极大的好处。

地质时空大数据统合和利用，涉及科学研究的第四范式（邓仲华和李志芳，2013）和地质数据科学（赵鹏大，2014；郭华东等，2014）的一系列理论、方法和关键技术。其中包括：建立地质时空大数据的一体化空间参考体系；进行数据的空间基准、时态、尺度和语义的一致性处理和数据融合；探索对各类静态地质勘查数据的集成化、结构化、可视化转换，并与各类分布式动态地质观测数据进行一体化存储、管理的"玻璃地球"方式；研究地质时空大数据存储与智能处理及数据挖掘内容、方法和技术等。

1.3.5.2　矿产勘查数据挖掘的任务与内容

1. 矿产勘查数据挖掘的任务

矿产勘查数据挖掘的基本任务，是在不同的时间与空间概念层次上，挖掘出成矿或者含矿知识和规律，然后采用适当的知识表示方法设计出推理模型，为基层勘查单位、地质矿产勘查局、矿业集团公司、地质矿产研究机构等不同用户，提供矿产资源预测和评价的依据。所谓知识表示方法包括：基于规则、基于逻辑、基于关系、基于模型、基于本体、面向过程、面向对象，以及语义网络、脚本和模拟等多种类型。

矿产勘查数据挖掘的具体任务，是在地质时空数据库和数据仓库的基础上，利用统计学、模式识别、人工智能、集合论、模糊数学、云理论、机器学习、可视化、云计算等相关技术和方法，从海量多源多类异质异构的矿产勘查数据中，提取未知的、有用的和可理解的可靠知识，从而揭示出蕴含在矿产勘查大数据中间的各种相关关系和演化趋势，例如蚀变带与矿体之间、成矿元素与伴生元素之间、矿体与矿体之间等的相关关系，以及成矿作用和矿床分布的时空序列和演化趋势等，并且利用各种信息技术来实现这些新知识的自动或半自动获取，为各种固体矿产资源预测、发现和综合评价提供决策依据。

2. 矿产勘查数据挖掘的内容

矿产勘查大数据挖掘的内容，是指从各类矿产勘查数据库和数据仓库中可能发现的各种知识类型。矿产勘查数据存在多源多类异质异构的特征，其中既有结构化数据也有非结构化数据，还有半结构化数据，隐含着不同的知识类型。不同类型的数据存放于不同类型的数据库或数据仓库中，数据挖掘的内容和方法将因此而不同。

1）关系（属性）数据挖掘的内容

针对各类矿产勘查关系数据库和数据仓库，挖掘两个或两个以上变量的取值之间存在的某种关联关系和变化规律，进而找出关系数据库或数据仓库中隐藏的关联网，寻求并实现新的知识发现。关系数据库和数据仓库的数据挖掘内容如下：

（1）简单关联模式，例如主成矿元素与次成矿元素含量和比率的关联模式、蚀变现象与成矿作用的关联模式、蚀变作用与成矿作用的关联模式等；

（2）时序关联模式，例如蚀变带形成的时序关联模式、控矿构造形成的时序关联模式、矿床或矿体形成的时序关联模式，以及矿集区的成矿序列等；

（3）类型关联模式，例如蚀变带类型关联模式、矿床和矿体类型关联模式、成矿作用类型关联模式、成矿背景（构造、地层、岩体）类型关联模式等；

（4）异常分类规则，即利用训练数据集通过一定的算法而求得某种分类规则，例如物探异常分类规则、化探异常分类规则、地质异常分类规则等。

2）空间数据挖掘的内容

针对矿产勘查空间数据库和空间数据仓库，数据挖掘的内容如下：

（1）空间几何知识，包括构造、岩相、矿体和围岩等的几何度量及其统计规律；

（2）时空特征规则，包括矿床、矿体、矿化带和蚀变带各种特征出现的位置与拓扑关系；

（3）空间分布规律，包括成矿时间节律、空间韵律、矿体和蚀变分带性及其组合规律；

（4）时空趋势规则，包括矿床、矿体和矿化的时空变化趋势及其控制因素的变化规律；

（5）时空异常规则，包括地质异常、物探异常和化探异常的时空变化及其控制因素；

（6）时空分形规则，包括地质异常、物探异常和化探异常的奇异值、分形与多重分形；

（7）面向对象知识，包括矿体、蚀变现象等对象子类中表现出来的普遍性特征的知识；

（8）时空定位规则，包括矿床、矿体和蚀变带的布尔空间子集的时空协同定位规则；

（9）时空分类规则，包括地质时空中的矿床、矿体和蚀变带特征和属性差异的分类规则；

（10）时空聚类规则，包括成矿作用及矿床、矿体、矿化和蚀变带时空分布状态聚类规则；

（11）时空关联规则，包括各种成矿元素和不同类型矿体的时空共生条件及拓扑关系；

（12）时空依赖规则，包括矿床、矿体、矿化带和蚀变带及其属性之间，在空间分布和时间分布上的某种函数依赖关系及其变化规律；

（13）时空区分规则，包括矿床、矿体、矿化带和蚀变带在多维时空中的区分规则；

（14）时空演化规则，包括不同类型的矿床、矿体和蚀变带的空间分布随时间的变化规则；

（15）时空预测规则，包括基于地质异常、地球化学异常和地球物理异常等属性特征的时空差异性，进行矿床和矿体定位和定量预测的规则；

（16）时空决策规则，包括基于矿床和矿体的时空特征的勘查决策规则、矿产资源可利用性综合评价规则和矿产资源开发决策规则，以及应对复杂地质环境问题的规则。

3）文本数据的挖掘内容

文本数据挖掘简称文本挖掘（text mining，TM），是数据挖掘领域的一个重要分支。它以非结构化或半结构化的文本数据作为挖掘对象，利用定量计算和定性分析法，从中寻找信息的结构、模型、模式等具有潜在价值的知识的过程（Feldman and Dagan，1995）。海量的定性描述和文字记录的存在，是矿产勘查数据的一大特点。在以往的地质规律研究和矿产预测评价中，通常只从这些描述性数据中提取少量"特征参数"，并由此建立各种预测模式，然后凭借这些模式进行地质异常识别和矿床预测。采用文本挖掘，可突破数据量和认知模式的限制，在全部描述性记录中发现多主题知识，揭示文本中隐含的地质异常时空结构及其与矿床的相关关系，进而发现矿床和矿体的分布规律。

1.3.5.3 矿产勘查数据的挖掘方法

时空数据挖掘方法多种多样，在用于矿产勘查大数据的挖掘时，需根据实际情况进行选择和改造。所面对的难题是对地质对象的多尺度、多时态、多参数、多模态和不确定性特征的适应性、预处理和升维问题。其中的**适应性**是指数据挖掘的方法和平台从基于一般数据库和数据仓库转为基于 GIS，以及由基于 GIS 转为基于三维可视化地质信息系统平台；**预处理**是指对大数据集的差错、校正，以及数据清洗、数据转换、连续数据的离散化、空值的替代、数据子集的随机抽取和预挖掘模型的建立等；**升维**是指数据计算模型由 1 维转 2 维，由 2 维转 3 维，甚至由 3 维转 4 维。具体方法如下。

1. 空间数据的挖掘方法

1）基于概率论的数据挖掘法

这是针对属性空间分布的随机性和不确定性的数据挖掘方法。在矿产勘查对象空间中，各种地质作用、地质过程和地质现象，及其所呈现的、可被感知的特征，往往受概率法则支配和影响。在数学地质领域常用的数理统计方法（赵鹏大等，1983，2010；Agterberg，2014），都可用作空间数据挖掘的工具。其中包括：聚类分析法、回归分析法、因子分析法、判别分析法、趋势分析法、时间序列法、证据权法和克里金分析法等。

2）基于扩展集合论的数据挖掘法

矿产勘查空间对象的特征在许多方面具有显著的不确定性，仅利用基于传统集合论的各种数据挖掘方法，还不能满足要求。因此，需要发展一系列基于扩展集合论的空间数据挖掘方法。这方面的研究成果比较多，诸如模糊数学、粗糙集理论和云模型（邸凯昌等，1999）等。这些理论与方法，在地质空间数据挖掘方面的应用有很好的前景。

3）基于仿生学的数据挖掘法

这是模仿生物的智能行为和遗传规律的一种空间数据挖掘方法。实践表明，这类方法对于从复杂的地质数据中发现潜在的知识，实现对复杂成矿地质特征和规律的认知，具有重要的价值。主要方法有：人工神经网络法、蚁群算法和演化算法。

4）其他定量数据挖掘法

在利用数据挖掘进行地质异常定量识别和圈定时，还常用如下计算方法：地质复杂系数（C 值）法、组合熵（H 值）法、地质相似系数（S 值）法、分维（F 值）法、地质关联度（R 值）法、混沌特征提取法、块褶积滤波、计算几何、多重分形、决策树和机器学习等。

2. 文本数据的挖掘方法

在地质文本数据集合中，普遍存在着多源、多类、多时态、多尺度和多主题特性，需要综合应用多种挖掘技术进行挖掘。目前，地质文本数据挖掘已经开始应用于矿床和矿体的预测（陈建平等，2005），但其理论、方法和技术亟待进一步研发。

地质文本数据具有鲜明的多主题特征，需要在借鉴和采用现有成熟的文本挖掘软件工具的基础上，着重探索地质文本在进行多主题知识发现时遇到的问题和解决方案。例

如，针对 TextRank 算法在处理地质文本时遇到的主题提取不够完整的问题，需要综合
TF-IDF 算法和相关的词语词性，来改进词语初始权重赋值的算法；针对文本中的词语关
系，采用基于长短期记忆单元（long short-term memory，LSTM）的循环神经网络（recurrent
neural networks，RNN）模型训练文本，可得到损失值最小的词语词向量（word embedding）
表示，进而通过数值距离实现语义关系的表达，并通过建立基于 LSTM 的学习模型，解
决词语关系的聚类问题，可实现基于文本上下文获取关键词之间关系和基于词向量聚类
实现主题发现，然后在主题下细分出多个可扩充的子主题，可解决本体的扩展和复用
问题。

3. 可视化数据的挖掘方法

采用可视化方式来进行数据挖掘，是采用直观而形象的方式将空间数据所隐含的特
征显露出来，帮助人们通过视觉分析来寻找其中的结构、特征、模式、趋势、异常现象
或相关关系等空间知识（李德仁等，2013）。为了确保这种方法行之有效，必须设置功能
强大的三维可视化地质信息系统平台和矢量剪切、模型透视等辅助分析工具。

近期，时空数据挖掘已经开始从单机、单库挖掘向在线挖掘发展。这种在线数据挖
掘以多维视图为基础，强调通过网络执行效率和对用户命令的及时响应；以时空数据仓
库为直接数据源，通过在线时空数据查询及与联机分析处理（on-line analytical processing，
OLAP）、决策分析、数据挖掘等分析工具的配合，可完成地质结构、矿床和矿体等地质
时空信息提取、知识发现和勘查开发决策。这种在线数据挖掘技术对于国家和省部级地
勘管理决策机构，以及各级研究机构、基层勘查单位、矿山部门和矿业集团而言，都具
有重要的实际应用价值。特别是对于各级地勘管理决策机构、矿业集团和研究机构，应
用价值更大。其中，海量基础地质、矿产地质和物化探等时空数据的网络安全传输、互
操作和深度挖掘技术，亟待进一步研发和应用。

1.3.6　勘查数据的传输与云服务

矿产勘查数据的数字化传输和服务，是指通过互联网或物联网等数字通信网络来实
现的矿产勘查数据传输和服务，既包括将野外采集的数据向室内数据中心传输，也包括
在室内进行远程跨平台数据查询、交换和互操作。随着国家信息高速公路和通信网络的
建成，特别是近年来随着大数据时代的到来而开展的国家层面的地质云建设（谭永杰，
2016a），多源多类异质异构矿产勘查数据的远程共享和综合应用成为现实。

由于矿产勘查空间数据的海量特征，其传输不同于一般的事务数据和商务数据，需
要有国家空间数据基础设施的支持。国家空间数据基础设施包括：空间数据协调、管理
与分发体系和机构，空间数据交换网站，空间数据交换标准以及数字地球空间数据框架。
在 20 世纪 90 年代，我国以"金桥工程"为依托，实现了全国联网及国际联网，相关的
空间数据交换格式标准也已经制定，且完成了全国 1∶100 万、1∶25 万、1∶5 万和省市
区的 1∶1 万数字地球空间数据框架的建设，为开展空间信息远程传输与共享打下了良好
基础。中国地质调查局在此基础上建立了国家地质调查应用网格（national geology grid，
NGG）（唐宇等，2003），并针对地质空间数据的特点，重点研究并解决多源地质空间数

据共享与整合、地质空间信息一体化分析与处理、资源共享与服务等关键技术问题，建立了我国地质空间信息的共享与应用服务体系。该网格体系基于宽带传输和海量数据组织、空间分析处理、Web Services 等技术和基础支撑环境，是一个多层次的地质专业领域空间信息应用平台。在 NGG 中，空间信息的处理和应用是分布式、协作和智能化的，用户可以通过单一入口访问所有地质调查空间信息和资源。然而，该网格体系对于矿产勘查的数据检索、处理和资源预测评价而言并不完善，特别是面对大数据时代的密集型科学工作方式与方法，该网格的时空数据动态存储、动态索引、多源异构数据的融合、远程互操作等，亟待进一步优化。

信息网络领域的近期发展，包括云计算、物联网、工业互联网等技术的兴起，空间信息技术渗透方式、处理方法和应用模式的变革，使地质研究中多系统联合与结合成为可能，为地质云的架构奠定了基础。地质云的架构与应用，是在数据采集、资源整合、数据传输、信息提取、知识挖掘等相关技术研发与集成基础上，充分利用地壳表层各处的地质、矿产、地球物理、地球化学、遥感、地理、水文、灾害等结构化和非结构化数据，建设地质大数据环境和云平台，形成"从数据到信息，从信息到知识，从知识再到智慧"的数据链（赵鹏大，2013；陈建平等，2015），为国土资源科学化管理、找矿突破战略行动和社会化服务提供数据组织、管理、分析、挖掘等服务，开展适用于政府决策、科学研究、企业生产和社会公众对地质数据的多层次、多角度、多目标的应用。

1.4 矿产勘查工作主流程的改造

有了矿产勘查共用数据平台、各项支撑软件和信息服务网络，还需要根据系统的工作原理和特点，对传统的矿产勘查工作流程和信息处理流程，进行改造、重组、替换或优化（吴冲龙等，2005a）。只有这样，才能充分发挥矿产勘查信息系统的作用。这种改造、重组、替换或优化，涉及矿产勘查过程的各主要环节，需要根据勘查信息系统的整体架构一体化进行。在这个矿产勘查工作主流程的改造过程中，矿产勘查技术人员努力改变传统工作习惯，以及努力学习、适应新知识和新技术，也是十分重要的。

矿产勘查工作信息化既是实现"数字勘查"、"数字勘察"和"数字国土"的基础，也是地质学定量化的基础（吴冲龙和刘刚，2002，2019；吴冲龙等，2005b）。为了快速推进矿产勘查工作信息化和地质学定量化，应当重视并加强地质信息科学和矿产勘查工作信息化的理论框架、方法论和技术体系研究，同时还应加强各种集成化的技术开发。

加强各种集成化地质信息技术开发的目的，是为了实现矿产勘查工作主流程的彻底改造，以便最大限度地发挥各种信息技术的作用。其原则和出发点是：使各部分有机地组成一个整体，每个元素都要服从整体，追求整体最优化，而不是每个元素最优化；使各个信息处理和应用环节相互衔接，数据在其间顺畅地流转，实现充分共享。信息系统有了这样的整体性，就会实现1+1大于2的效果，即使在系统中有些元素并不十分完善，但通过内部的综合与协调，仍然能使整个系统发挥作用，达到较完善的程度。

从矿产勘查信息系统运行的流程看，系统集成的内容应包括：技术集成、网络集成、数据集成和应用集成（吴冲龙等，2014）。系统技术集成是指将系统建设中采用的"多S"

有机地组合成一个完整的功能系统，实现某种特定的功能需求。系统网络集成是指利用网络技术（包括硬件和软件），将地理上呈分布状态的各子系统或功能模块连接起来，达到信息共享和增强系统功能的目的。系统数据集成是指采用适当的技术方法，把多源多类异质异构的勘查大数据汇聚起来，进行数据融合和同化处理，为基于全部数据的挖掘奠定基础。系统应用集成是指把各种应用子系统或功能模块连接起来，按照工序和时序的规定分别完成相互承接的不同任务，实现勘查数据计算机处理的序列化。

这里，需要着重指出的是"多 S"的技术集成问题。矿产勘查信息系统所要管理和处理的是地质空间数据和属性数据，以及相关的地理空间数据。这些数据通常随着矿产勘查工作的进行而不断积累，并且经常被目的不同的用户同时使用，其管理和处理既要考虑关系数据库（RDBS）和空间数据库（SDBS 或 GIS）的集成，又要考虑面向数据分析和资源预测、评价和决策的模型库、方法库和数据仓库的构建，以及地下结构的三维可视化建模。因此，勘查信息系统的技术体系应实行"多 S（DBS、GIS、RS、GPS、CADs、ANNs、MIS 和 DDS 等）"结合与集成，成为一种以共用地矿数据平台为基础的综合技术系统。

综上所述，矿产勘查工作信息化是矿产勘查技术与信息技术结合的必然结果，代表了新世纪矿产勘查科学技术的发展趋势。随着大数据时代的到来和"智慧地球"概念的提出，世界各国的矿产勘查信息化掀起了新的高潮。与此同时，地质信息科学的研究也取得了许多新的成果，其理论体系、方法论体系和技术体系框架也初步建立。考虑到地质信息技术的研发和应用对固体矿产资源勘查的信息化具有一定的引领作用和实用价值，本书将着重介绍关于地质信息技术方面的研发思路和成果。

第二章 矿产勘查信息系统开发方法与总体架构

如前所述，矿产勘查信息系统有两个既有联系又有区别的类型。其中，一类是基层勘查单位和矿山为实现业务工作信息化而建设的，称为"地矿勘查点源信息系统"；另一类是上级管理部门为实现管理工作信息化和数据远程共享服务而建设的，称为"地质信息服务系统"。二者的服务对象、内容和目标都有较大的差别，因而在系统的架构、组成和开发内容、方法和模型上，也都有显著的差异。下面将分别加以介绍。

2.1 信息系统开发的一般方法

地质信息系统的开发与建设必须从系统观念出发，按照系统发展的客观规律进行。正确的开发策略和方法，是提高信息系统软件开发质量和成功率、降低开发费用的基本保证。在信息系统的发展过程中，曾经产生过多种开发方法，其中有代表性的是结构化生命周期法、快速原型法（刘鲁，1995；李之棠和李汉菊，1997）和二者结合的结构-原型法。对这些方法加以适当改造，可适用于地矿信息系统的开发与建设（吴冲龙等，2014）。

2.1.1 结构化生命周期法

结构化生命周期法是结构化分析、设计方法的简称，出现于 20 世纪 70 年代，是目前仍在普遍使用的成熟方法。这种方法的分析过程是一个自顶而下的功能分解过程，其设计过程是一个自下而上的功能合成过程。根据结构化生命周期法的原理，每一个分析和设计过程，都严格地划分为若干个阶段，并且预先规定了各个阶段的任务，要求依照准则按部就班地完成。该方法的特点和工作阶段划分如下。

2.1.1.1 结构化生命周期法的特点

1. 根据用户需求设计系统

结构化生命周期法强调系统设计应预先明确用户的要求，以用户需求为系统设计的依据和出发点，而不是以设计人员的主观想象为依据；在未明确用户需求之前，不得进行下一阶段的工作。需求的预先定义，使系统开发减少了盲目性。这既是结构化生命周期法的主要特点，也是相对于在它之前的各种开发方法的主要优点。

2. 自顶向下来设计或规划

结构化生命周期法着眼全局，从维护系统总体效益的角度来设计或规划系统，因此可以有效地保证系统内数据和信息的完整性和一致性。该方法关注系统内部或子系统之间的有机联系和信息（数据）交流，并且致力于防止系统内部数据的重复存储和处理，从而可以大大地减少数据的冗余量，保证所研发和建设的系统运行的有效性。

3. 严格按照阶段进行开发

该方法将系统开发的生命周期划分为若干个阶段，每个阶段都规定了明确的任务和目标，而每个阶段又划分为若干工作步骤。这种有序的安排，不仅条理清楚，便于管理和控制，又有利于后续工作的展开，不容易出现返工现象。

4. 工作文档标准化和规范化

文档既是现阶段系统设计和软件开发的重要成果，也是下一阶段软件开发和用户了解并使用软件的依据。为了保证对各子系统和功能应用模块之间通信内容的正确理解，必须保证开发人员和用户有共同语言，因此结构化生命周期法要求文档的编写必须采用标准化和规范化的格式、术语、图形、图表和代码体系。

5. 运用系统分解与综合技术

结构化生命周期法把信息系统看成是功能模块的集合，自顶而下地将一个复杂的大系统分解为若干相互联系又相对独立的子系统，甚至简单模块。这样做，可以使对象简单化，便于建模、设计、软件开发和系统实施，并且使系统的设计和实施过程成为一个自下而上的功能合成过程，将子系统及功能模块综合成完整的系统。

6. 强调阶段成果审定和检验

为了增强系统开发的有序性，结构化生命周期法要求加强阶段成果的审定和检验，及时发现并清除隐患，弥补各阶段工作的不足与过失。根据其建模原则，只有得到用户、管理人员和专家认可的阶段成果，才能作为下一阶段工作的依据。

2.1.1.2　基于结构化生命周期法的系统开发过程

该法的基本思想是将系统开发看作工程项目，有计划、按步骤地进行工作。尽管各行各业的具体信息系统处理内容不同，但信息系统的开发过程都可以划分为 6 个主要阶段（图 2-1），每个阶段还可以再细分为若干个工作步骤。

1. 系统开发准备阶段

在筹划建立地质信息系统或者现行系统不能适应新形势要求而着手开发新系统之前，用户单位通常需要选派有关人员进行初步调查，掌握国内外技术发展现状和趋势，然后组成系统开发领导小组，规定时间进度并制定开发计划。

2. 可行性研究阶段

系统分析员采用各种方式，调查用户的业务工作现状和数据现状，搞清系统的界限、组织分工、业务流程、资源及薄弱环节等，并用一系列相关图表加以表示。在此基础上，进行需求分析，同时结合经费来源、社会效益与经济效益、政策因素与法律约束、用户的组织机构和隶属关系等方面进行可行性分析。然后与用户协商讨论，提出对系统目标的初步设想和论证，编写并提交可行性报告。如果系统开发采用外包方式，本阶段还应包括招标和投标过程。有时候，可行性研究阶段也被合并到系统分析阶段中。

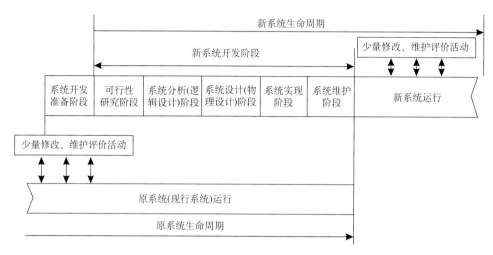

图 2-1　信息系统的生命周期（刘鲁，1995）

3. 系统分析阶段

系统分析是指在新系统开发前，从系统观念出发，应用各种技术方法和手段，对系统的目的、目标、结构、功能和信息工作流程等，进行全面而深入的分析和评价，找出存在的问题及其产生的原因，并根据建设需求、目标和所处环境条件，给定系统模型和可行性方案。系统分析阶段也称为系统的逻辑设计阶段，其具体步骤是：①进行目标分析，规定系统目标，明确所要解决的问题；②编制数据流程图，确定系统的输入、输出以及数据存储、管理与处理功能，做好各种数据和资料的收集和分析工作；③划分子系统及功能模块，建立系统的逻辑模型，确定最优方案并提交系统逻辑设计说明书。

4. 系统设计阶段

系统设计是信息系统开发的核心，其基本任务是把系统分析阶段提出的逻辑模型转变成系统的物理模型，即按照系统分析阶段所确定的目标和逻辑模型，具体地设计出运行效率高、适应性强、可靠性高且经济实用的系统实施方案和应用软件。因此，系统设计又称为系统的物理设计。系统设计阶段可分成总体设计和详细设计两个亚阶段。其步骤是：①总体设计，设计系统的工作平台，设计软件的总体结构、分解并定义物理模块，设计输入输出的格式、内容及使用频度，以及确定安全保密和操作控制规范；②详细设计，定义输入、输出介质，完成人-机过程、代码和通信网络设计，逐一制定每个功能模块的具体算法与数据结构。有些用户单位急于求成，把系统分析和系统设计都并入可行性研究，在立项时就要求提供系统总体设计。实际上，这样的总体设计只是初始原型设计。如果照此进行详细设计和编程实现，所得到的也只是原型的简单改进，不可能实现原定目标。

5. 系统实现阶段

系统实现阶段是一个把系统的物理模型付诸运行的实践过程。其任务是：①制定实施计划、组织实施队伍、购置硬软件及配套设施；②重新组织信息流程，修订业务规程；③程序编制与调试；④系统平台（硬软件）的安装与调试；⑤信息系统的整体调试；⑥培训上岗人员、整理数据；⑦数据库与数据文件的实际加载；⑧试运行、评价与验收。以上任务中，④⑤⑥⑦四项工作可以并行开展。系统实现阶段的输出文档，包括程序文档和系统实施报告两大类。其中，程序文档是今后系统维护、修改、扩充的主要详细技术依据，由程序设计报告、源程序清单及程序调试报告等组成，应该按照国家颁布的软件设计规范进行。系统实施报告是系统验收、审计、评价以及运行维护的依据，主要内容包括：①系统实现计划；②设备采购及安装验收报告；③业务规程及有关制度；④系统调试及试运行情况报告；⑤系统转换及验收报告；⑥系统的操作使用手册等。

6. 系统维护阶段

矿产勘查信息系统不仅结构复杂，而且时效性显著。任何一个基层勘查单位的业务活动与管理活动，总是随着系统的目标、环境及自身条件的变化而变化。为了适应这种变化，一方面在系统设计、开发时必须留下发展的余地，另一方面在系统运行时必须不断地进行维护和改进。系统维护的内容是多方面的，包括对系统处理过程、程序、文件、数据库的修改、补充、优化和更新，甚至某些设备和组织的变动。一旦旧的系统在总体上不能适应发展的需要，就要适时地组织和开展新一轮的系统调查、分析、设计、实现与维护。新旧系统的每一轮交替，就是一个新的信息系统生命周期的开始。

2.1.1.3　结构化生命周期法的局限性

结构化生命周期法在理论上较为严密，它要求系统开发人员和用户在开发初期就对系统的功能需求有全面认识，并要求制定出每一个阶段的计划和说明书，来规范随后的各项工作。其思想根源在于，认为任何系统都能在建立之前被充分理解。在 20 世纪 60～70 年代，信息系统的范围比较狭窄、规模有限，使用环境相对稳定，用户对这些系统的工作方式比较了解，系统开发人员与用户易于通过各种方式和渠道进行沟通，开发出的系统也易于满足用户要求。而且，系统一旦完成，也不用做很大变动。随着信息技术本身及其应用的发展，信息系统的开发已经成为一个行业，许多软件开发人员不具备用户专业领域的知识，难以理解地质工作信息化的复杂需求并进行合理建模。地质勘查技术人员又常因忙于自己的业务工作，而无暇与系统开发人员仔细讨论，交流需求和构想。于是，传统的结构化生命周期法便显得无能为力了，需要寻找一种便于和用户沟通的开发方法。

一般地，对于一个复杂系统来说，结构是相对稳定的，而行为则是相对不稳定的。结构化生命周期法用相对稳定的系统结构，来应对相对不稳定的行为（即功能操作），犹如刻舟求剑。另外，结构化生命周期法主要采用数据流程图（DFD），以及控制结构图（CSD）等图表工具来描述，一般只能表达顺序流程和平面结构，难以全面、精确地描述信息系统模型。从某种意义上来说，结构化生命周期法是从计算机软件开发人员的角度，来思考和设计要实现的信息系统，而不是从用户的角度来思考和设计要实现的信息系统。显然，这种信息系统开发方法，只与计算机应用初期的简单需求和应用环境相适应。

2.1.2 快速原型法

快速原型法是为了方便同用户交流，快速而正确理解用户要求，缩短系统开发周期，提高软件开发效率而提出来的。该方法一方面能让用户在大规模的系统开发展开之前，就较为完整地看到未来系统的全貌、功能和效果；另一方面能让开发人员及时修改、补充模型，为用户展示可供选择的新模型，直到用户满意并形成最终产品。

2.1.2.1 快速原型法的基本思想

快速原型法是从人本身灵活、多变、依经验行事的特点出发，而提出来的一种新的信息系统开发方法。该法的基本思想与结构化生命周期法有本质差异。

1. 并非所有需求都能预先定义

快速原型法认为，对信息系统需求的预先定义，虽然在某些情况下是可能的，但在更多的情况下却难以做到。第一，当系统面对的数据具有多源、多类、多维、多量、多尺度、多时态和多主题特点，而且需要做各种复杂处理时，其实体模型、概念模型和数据模型是难以用常规方式来建立的；第二，在信息系统开发初期，用户的要求往往是不清晰和变动的，有时甚至是模糊的和经常变动的；第三，最终用户对计算机能为他们做些什么事先并不完全了解，而软件人员又往往不熟悉用户的业务；第四，开发人员与用户之间经常因为存在着通信上的障碍，不能充分地传递信息和交换意见；第五，用户只有在看到一个具体的系统时，才能清楚自己的需要和发现系统的缺点；第六，每个信息系统开发项目的参加者通常都有自己的观点，他们对系统的理解和看法不会完全相同，等等。在这样的情况下，要概括和确认用户对系统的需求，是十分困难的，甚至是不可能的。

2. 反复修改是必要的、不可避免的

用户需求的多变，是结构化生命周期法实施中的最大困难。然而，为了方便进行信息系统开发和建设，结构化生命周期法在系统开发的早期就把用户需求加以"冻结"。由于按照结构化生命周期法开发出来的信息系统有很大的惰性，无法根据用户的进一步需求扩充其数据存储和处理功能，难以随着社会环境和客观条件的发展而继续发展。然而，为了使未来系统所提供的信息能够真正满足管理和决策的需要，系统的开发方法应当接受和鼓励用户不断提出更多、更高的新要求，并且要根据这些新的要求对系统进行反复修改。快速原型法正是基于这种思想，将系统的可修改性作为一项重要的功能指标。

3. 需要一个系统模型来作为系统开发的雏形

在系统开发初期，开发人员和用户都需要有一个能够说明系统结构和功能的模型。采用结构化生命周期法进行系统设计时，通常是用结构化的语言及图表来描述预先定义的系统模型——概念模型和数据模型。当用户的需求模糊或不能预先定义时，用这种结构化的语言及图表所描述的系统模型很难被用户理解和接受。因此，需要建立一个直观的可变更的系统模型。这个模型尽管不是完善的和最终的，但却是可以实际运行并易于为用户理解和接受的实验模型。更重要的是，这个模型必须是能够不断地根据实际情况和用户需求，进行修改和完善的，因而可以作为系统开发的雏形——系统初始原型。

4. 只要有合适的工具，就能够快速建造和修改原型

所建立的系统初始原型要能为用户所理解和接受，并且可以作为系统开发的雏形，就必须在立项初期甚至前期能被快速地建造出来，随后又能够根据用户的要求方便地进行修改。要做到这一点，需要有效的软件开发工具的支持，特别是要有高水平和高效率的计算机辅助软件工程技术的支持。换言之，只要有合适的工具，就能够快速建造和修改原型，弥补结构化生命周期法的缺陷。近年来，随着计算机硬件和软件技术的发展，支持原型化的工具软件和机助软件工程（CASE）技术发展十分迅速，不少集成化的软件工具已经进入市场。例如，对于属性数据库开发而言，第四代语言就是支持原型开发的代表性工具软件。该系统不仅带有大量通用的模块，而且有一个应用生成器（application generator），研发人员可以根据有关描述快速地生成应用程序。快速原型法大量采用并发展这些技术来强化自己，能够使开发人员摆脱繁重的手工编程作业，实现了系统原型的快速建造和修改。

2.1.2.2　快速原型法系统的开发过程

利用快速原型法开发信息系统，大致分为如下几个阶段。

1. 确定用户基本需求阶段

在这一阶段中，用户只需从系统输出的角度清楚地表达自己的基本要求——系统必须具备的基本功能和人-机界面的基本形式等。如果用户做不到这一点，则要求系统开发人员介入调查，并据此来确定哪些需求是近期的，哪些需求是远期，所需数据的来源、获取方式、数据类型以及存储、管理和处理方式，同时对开发成本做出估计。

2. 开发系统原型阶段

系统开发人员根据用户的基本需求，使用高效的软件工具，快速地构造出一个具有人-机交互功能的初始原型。该原型仅用于反映用户基本需求，只需易于演示和理解，并不要求完善。如果时间紧急，也可以直接在自己先期开发的类似系统的基础上，按用户的基本需求改造出新的原型。必要时，初始原型可作为初步设计参与投标。

3. 提炼用户需求阶段

用户通过初始原型演示或亲自使用，了解其信息化需求得到满足的程度以及存在的问题。开发人员一方面从用户口中获知系统的缺点与不足；另一方面借助初始原型来引导和启发用户，表达对系统的最终要求。在用户和开发人员的反复讨论过程中，进一步提炼用户需求，确定需要修改和变动之处，同时制定下一步工作计划。

4. 改进系统原型阶段

系统开发人员根据用户所提出的修改意见或存在问题，对系统初始原型进行修改、扩充和完善，使之成为工作原型。这个阶段与第三阶段是反复进行的，开发人员反复与用户接触并充分交换意见，一直到用户满意为止（图 2-2）。如果用户满意修改过的原型，则该初始原型便成为应用原型，成为应用系统开发的基础，甚至直接成为应用系统。

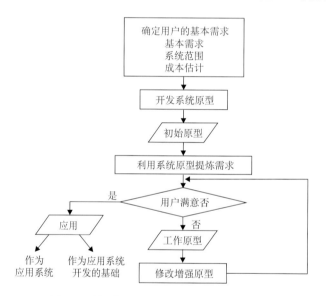

图 2-2　利用快速原型法开发信息系统的过程

2.1.2.3　系统原型的种类和构建方法

1. 系统原型的种类

从系统发展的观念上看，原型可以分为丢弃型和进化型两类；从系统应用的观念上看，原型可以分为研究型、试验型和进化型三类。

1）研究型原型

研究型原型也称为需求原型，在没有任何常规需求分析能够满意地识别和确认用户真正需求的时候，可用于强化需求定义和功能分析阶段的工作。研究型原型不仅能有效地帮助用户加深对系统功能的理解，而且能够激发用户的需求欲望和创造性，有利于迅速地将系统的初始原型（初始解）转化为系统的运行原型或应用系统（最终解）。

2）试验型原型

试验型原型是最终系统描述的一种补充或强化方式，可分为有系统整体试验型原型和局部试验型原型。试验原型在系统的各个开发阶段，用于对系统整体和局部的信息管理、处理功能，以及对系统的可行性和功能水平进行仿真试验。

研究型原型和试验型原型只在系统开发初期或开发过程中起作用，一旦完成系统设计便将被丢弃，因而都属于丢弃型原型。

3）进化型原型

进化型原型是快速原型法的最佳类型，它将随着系统开发的深入而被不断修正、改进和完善，并且成为应用系统的开发基础（即应用原型），甚至可以进化成最终的应用系统。该原型的提出和创建基于如下事实：①交互式应用系统的环境条件不断变化，新的需求不断地出现；②交互应用系统也改变着周围环境，并引起了新的需求。因此认为，进化型原型的建立和修改、完善的过程，就是快速原型法的实施过程。

2. 原型的构建方法

不同原型有不同的用途，其构建的思路和方法也不同。

1）研究型原型的构建

这类原型的构建没有规范的形式和规律。正是因为如此，使得该方法更具有创造力。由于用户对系统开发的期望会受到所提供的原型的影响，设计人员可以从用户需求的某一特定功能着手，设计出使用户易于理解的初始原型。用户通过运行这种初始原型，来评价解决方案的可行性，再由开发人员对反馈信息进行分析和提炼，直到用户满意为止。然后，由开发人员及时整理资料，提供系统设计参考，然后丢弃该研究型原型。通过开发人员与用户的密切协作，这个过程有可能需要 1～3 个月。

2）试验型原型的构建

试验型原型的构造方法，在很大程度上取决于试验目的和所选择的试验策略。具体方法有如下几种：①仿生人机界面仿真原型；②轮廓仿真原型；③局部功能仿真原型；④全局功能仿真原型。一个好的试验型原型的构造方法，应当成为最终系统的一种强化描述工具，其作用在于：补充系统用户需求描述；从已有的描述中，提炼主要的描述信息；作为介于描述和实现的一个中间阶段。

3）进化型原型的构建

这种原型的构造方法是采用一种进化中的近似问题解来表征原型系统，从而使初始原型成为进化中系统的核心。在进化型原型的每一个发展阶段，都会产生更多的系统特征。这就使得原型的构建过程，成为整个开发过程的一种代替，而原型最终也必然成为一种运行系统。其开发形式有递增式和进化式两种。

（1）递增式原型：适合于解决需要集成的复杂系统设计问题，其开发过程是一种缓慢的累积和扩展过程，大致可分为总体设计阶段和反复进行的功能模块实现阶段。在递增式原型的开发初期，需要先给出系统的总体框架，各模块的功能及结构也要清楚地表达出来，并且用一些演示数据来说明。在随后的开发过程中，通常需要采取类似计算机硬件的"插接策略"，逐个地完善这些模块。采用递增式原型进行系统开发的前提是，在开发过程中，系统组织机构和模块外部功能均保持相对稳定，不发生大的变化。

（2）进化式原型：适合于用户需求不清或一时难以搞清的系统设计。其开发过程是从设计到实现，再到评估，反复进行的周期过程。所开发的产品被看成是各阶段的版本序列。在进行初始原型开发时，不仅系统的总体框架无法给出，连各模块的功能-结构也难以全部清楚地表达出来。为了满足用户变化的需求，要求有一种既能严格计划与组织，又能根据实际情况随时改变的信息系统开发方法，这就是进化式原型构建法。在进化式原型的系统开发早期，通常混合使用研究型原型和试验型原型。一旦弄清了用户需求，便可以逐步地将研究型原型和试验型原型丢弃，只留下改进了的应用原型继续开发。

2.1.2.4 快速原型法的适用性

快速原型法采用设假求真的策略，显然比结构化生命周期法明智。其主要优点有：①开发周期短、费用相对较少；②用户的参与更及时、更直接、更富有建设性；③易于改进和优化，因而具有较强的生命力；④易学易用，用户培训时间较短。但是，快速原型法也有一些明显的缺陷，例如，开发过程管理困难，如果用户配合不好会拖延开发进程；软件人员易于用原型取代系统分析。从目前情况看，快速原型法比较适合于用户需求不清、管理及业务处理不稳定、需求经常变化、信息可以相对分散处理的用户。

矿产勘查信息系统是一种复杂的大系统。由于用户的专业领域和业务范围不同，所期望建立的矿产勘查信息系统在规模、级别、结构组成与功能需求方面会有显著差异。这些差异以及用户需求的不确定性，使得各种系统开发方法都显现出固有的局限性。在目前情况下，多种方法并用，取长补短可能是克服各种方法局限性的有效途径。

2.1.3 结构-原型法

综上所述，结构化生命周期法和快速原型法，是信息系统工程发展的历史产物，有各自的优缺点和不同的应用领域、适应范围和影响因素（表2-1）。在信息系统开发过程中，方法的选择应当以及时、真实、完整地反映用户需求为准则。从信息系统与使用者的关系看，结构化方法主要是从软件人员的视角出发来看待和处理问题，而快速原型法主要是从用户的视角出发来看待和处理问题。因此，前者离软件人员近一些，而后者离用户近一些。从系统建模的工作方式看，信息系统开发的这两种方法可以划分为两大类：结构化生命周期法属于预先严格定义类型，快速原型法属于非预先严格定义类型。在开展实际信息系统的研发时，通常是根据用户的具体情况和建设条件进行选择和应用的。

表 2-1 采用预先严格定义法和非预先严格定义法的影响因素

采用预先严格定义法的条件	采用非预先严格定义法的条件
用户要求定义明确，可以预先定义	用户需求不明确，难以预先定义
系统规模大且层次复杂	系统规模小且较为简单
要求数据管理与处理标准化	不要求数据管理与处理标准化
系统运行程序确定、结构化程度高	系统过程是非结构化的
系统的使用寿命较长	系统的使用寿命较短

续表

采用预先严格定义法的条件	采用非预先严格定义法的条件
开发过程要有严格的控制	系统要求在短期内实现
开发人员经验丰富且熟练程度高	开发人员缺乏该类系统的开发经验
用户环境与需求稳定	用户环境与需求易于改变
系统文档要求详细而且全面	拥有第四代语言或其他原型化工具

随着矿产勘查工作信息化不断向深度和广度拓展，所需要面对的问题越来越复杂，所需要管理和处理的数据越来越庞大，所涉及的子系统也越来越多。于是，上述两种方法都无法单独完成信息系统的设计，需要把它们结合起来，灵活地加以运用。矿产勘查信息系统开发的实践表明，快速原型法和结构化生命周期法虽然在指导思想和具体做法上不同，但并非互相排斥，而是可以互相补充的。例如，可以把快速原型法与结构化生命周期法对接起来，用快速构建的各种原型进行需求调查和需求分析，一旦需求完全清楚，就丢弃各种原型，转入结构化生命周期法的开发过程。或者，把快速原型法嵌入结构化生命周期法中，作为其需求定义阶段看待，当需求提炼出来以后完全采用结构化生命周期法进行开发（图 2-3）。这种以结构化生命周期法为主的组合方法，达到了扬长避短、取长补短的效果，既克服了两种方法的缺点，又发挥了两种方法的优点，可以简称为结构-原型法。

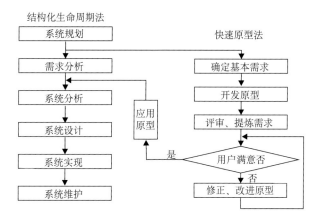

图 2-3　结构化生命周期法与快速原型法的结合方式（吴冲龙等，2007）

2.2　矿产勘查点源信息系统开发方法

矿产勘查点源信息系统是一种建立于基层勘查单位和矿山的基础信息系统。一个完整的矿产勘查点源信息系统，由勘查数据管理、勘查数据处理和地矿资源预测评价 3 大部分组成。它既是基层勘查单位对资料数据进行收集、存储、管理、处理和使用的综合性技术系统，也是上级主管部门（集团公司、省局和部委）组建地矿信息服务系统的基础。对于信息源所在处或基层地矿勘查单位而言，它们是功能强劲的微型工作站；而对于国家或省局级地质信息系统而言，它们是数据齐备的网络结点（吴冲龙，1998）。其核心是数据库及其管理系统的设计和开发。由于用户的专业领域和业务范围不同，对系统的规模、级别、结构和功能需求有显著差别，需遵从信息系统工程的思想和原则，并采用结构-原型法进行开发，凭主观想象进行数据库设计和信息系统开发的做法是不合适的。

2.2.1 矿产勘查点源信息系统设计思路

矿产勘查点源信息系统是一种在计算机硬软件的支持下，高效率地对矿产勘查数据进行收集、评价、存储、维护、检索、统计、分析、综合、显示、输出和发送、应用的综合性技术系统。开展这种信息系统的建设，需要开发出大量的应用软件并建立完善的、适合于不同服务环境和不同服务对象的系统工作平台，因而需要采用高效率的机助软件工程（CASE）技术和信息工程方法论体系，其中包括一般系统工程的理论、方法指导和适合于我国实际情况的系统设计思路（吴冲龙等，1996）。在我国一系列大型的矿产勘查点源信息系统开发过程中，所采取的设计思路可大致概括为以下 6 点：

（1）应当以支撑基层矿产勘查单位的地质工作信息化为目标，采用结构-原型法进行开发，严格地遵循以系统分析作为系统设计基础的原则，兼顾前期和现势勘查数据管理，以主题式点源数据库设计和建设为核心，并根据结构-功能一致性准则，进行各种功能处理软件研发，形成技术方法与应用模型层叠式复合的综合技术系统。

（2）根据地矿勘查的工作特点和流程，主题式点源地质数据库的设计应采用由下而上和由上而下相结合的设计方式，即先通过用户需求和数据现状调查，由下而上建立实体模型、数据模型和概念模型，再转化为物理模式，然后根据地矿勘查工作的当前模型和未来模型确定总体模型，由上而下分解实体集及其属性，建立数据模式。

（3）为了保证系统各组成部分之间相互协调以及整体目标的顺利实现，在地矿点源信息系统开发和构建过程中，必须运用系统工程和软件工程的理论和方法，对各组成部分统一进行系统分析和系统设计，不刻意追求个别软件功能的最优化，而努力追求系统整体功能的最优化，使之成为实现地质工作全程机助化的综合技术系统。

（4）为了使该系统具有数据共享和软件共享的双重性能，应当采用行业或部门统一的数据模型、标准的代码体系、规范的图式图例、约定的处理方式和通用的软件接口，应当着力开发友好的用户界面，并对系统进行集成化和商品化包装。

（5）尽量利用现有的基础软件和应用软件，在计算机技术与矿产勘查的结合点上下功夫，注重二次开发，并使所开发的应用软件同时成为新的开发平台，能支持用户按需要进行补充再开发，还能方便地移植到更新更强的基础软件平台上。

（6）借鉴地理信息科技成果，根据矿产勘查的特点和实际需要，采用面向对象技术、数据仓库技术、网络技术和系统集成技术，进行"多 S"集成，不断提高和强化数据管理和处理功能。

2.2.2 矿产勘查点源信息系统开发步骤

从一般系统工程的角度看，建立一个适合于基层矿产勘查单位和矿山使用的点源信息系统，大致要经过系统规划、系统分析、系统设计、系统实现和系统维护 5 个阶段（图 2-4）。下面仅简略介绍各阶段的工作要点，详细内容将在以后各个章节中介绍。

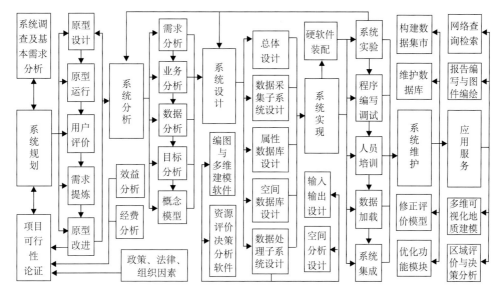

图 2-4　基于结构-原型法的矿产勘查点源信息系统开发、建造和应用的工作流程（吴冲龙等，2007）

2.2.2.1　系统规划

这是矿产勘查点源信息系统开发的第一阶段。开展规划的目的，是对用户单位点源信息系统的研发和建设规模、程度和范围进行设定和控制。其主要工作包括：①原有系统（如果有的话）概况调查；②用户需求概略调查；③新系统开发与建设规划；④建设项目可行性论证。对信息系统研发和建设的规划，需要根据该领域技术的国内外发展现状，以及本单位的实际需求和技术、经济条件，实事求是地进行。因此，在进行规划时，应当同时进行可行性论证。论证内容包括点源信息系统研发和建设的必要性和可能性、经费来源和经济效益、政策与法律因素等。系统规划的成果是本单位或主管部门决策层对该项工程的一种"顶层设计"，也是本单位实施机构对该项工程的监控依据。

2.2.2.2　系统分析

系统分析是系统设计的基础和前提，不论采用什么开发方法，它始终都是一个不可越过的工作过程。系统分析有两大任务：一是分析系统的需求和结构特征，具体了解并掌握系统的服务对象、设计目的、结构要素、性能指标、工作环境、工作流程及系统保护策略；二是分析系统的业务现状和数据现状，逐步建立系统的实体模型和概念模型（Mark，1992；吴冲龙，1998）。系统分析在系统规划和系统原型求真的基础上进行。在进行原型求真时，开发人员首先要根据新系统开发与建设整体规划，以及用户的基本需求，设计出一个初始原型并向用户展示，也可以将类似的已有系统作为原型提供给用户观看和比较，然后倾听用户的评价意见，从中提炼出用户真正的需求。这个过程必须反复进行，但也要适可而止，用户大致满意便可提交最终的应用原型。在完成原型求真并获得最终应用原型的基础上，系统分析大致包括如下内容：①用户需求分析；②地质工作的业务现状分析；③地质工作的数据现状分析；④业务发展趋势研究和系统动态分析；⑤信息系统功能目标分析；⑥地质实体模型研究；⑦地质概念模型（逻辑模型）研究；⑧系统安全保护策略与措施分析。系统分析的核心是需求分析、业务分析、数据分析、目标分析和概念模型研究。

2.2.2.3　系统设计

系统设计的基本任务是把系统分析阶段提出的逻辑模型变成系统的物理模型，即按照系统分析阶段所确定的目标和逻辑模型，具体地设计出运行效率高、适应性强、可靠性高且经济实用的系统实施方案和应用软件。系统设计分为总体设计和详细设计两个阶段。总体设计的依据是系统分析结果，而详细设计的依据是软件工程学。

在进行系统总体设计时，开发人员要勾画系统的总体轮廓，划分并确定勘查信息系统的软件和硬件结构、组成，厘定勘查系统的层次结构模型。矿产勘查点源信息系统可以分为数据采集-整理、数据管理-服务和数据处理-应用 3 个大的子系统，而每个子系统又可以再分解为若干个功能模块。开发单位的项目负责人，须根据系统分析得到的系统目标、概念模型、逻辑模型和物理模型进行规划，并定义物理模块、设计输入输出的格式和内容、确定安全保密和操作控制规范，还要对开发人员进行具体分工和培训。

2.2.2.4　系统实现

在系统实现阶段，用户与开发人员也需要密切配合。系统开发人员的主要任务是：①按照系统设计说明书的规定，编写并调试各个子系统的功能模块；②进行子系统调试和子系统之间的联合调试；③进行系统优化与集成，开发统一的用户界面；④协助用户重组信息流程，修订业务规程；⑤培训上岗人员，指导数据整理与数据输入；⑥制定系统维护方案和安全保护措施；⑦编写并提交高质量的程序文档和系统实施报告；⑧完成系统整体试运行，并交付评价与验收。与此相对应，用户的主要任务是：①组织实施队伍、选派人员接受培训，筹措硬件及配套设施；②在开发人员帮助下进行系统平台（硬软件）安装与调试；③整理数据并完成属性数据库和空间数据库的实际加载；④组织并参与系统整体试运行、系统评价与验收。勘查点源信息系统各子系统的功能设计，是围绕主题式点源数据库展开的，其功能只有在用户完成数据的实际加载之后，才能得到完全的体现。

2.2.2.5　系统维护

系统维护包括系统的日常管理、安全保护以及为了适应地矿勘查业务和信息管理需求变化所进行的修改、优化和完善工作。矿产勘查基层单位和矿山的业务与管理活动，总是随着社会经济的发展和科学技术的进步，以及系统的目标、环境及自身条件的变化而不断变化和发展的，这就要求矿产勘查点源信息系统做相应改进和更新。矿产勘查点源信息系统的具体维护工作，包括系统的数据处理过程及应用程序、软件设计文档、数据库结构、编图软件、资源评价模型和输入输出等方面的修改，有时也涉及某些基础软件、设备和人员组织的变动。当发现旧的系统在总体上不能适应发展的需要，甚至阻碍了业务工作和信息管理活动时，系统维护人员有责任及时而慎重地提交分析报告，请求开展全面的系统评价，以便决定是否结束该信息系统的生命周期，进行新一轮系统开发。

2.2.2.6　应用服务

矿产勘查点源信息系统的应用服务包括基于网络的数据查询检索、勘查报告编写、地质图件编绘、多维地质结构建模和提供支持区域矿产资源预测、评价和决策的多维可视化数据共享平台，以及各种类型的数据挖掘和决策分析工具。

上述基于结构-原型法的勘查点源信息系统开发、建造和应用的工作流程，是一般信息资源规划（infomation resource planning，IRP）的理念在地矿勘查领域的具体化，是使所建造的勘查点源信息系统满足矿产勘查单位整体信息化需求，并实现行业内数据充分共享的基础。开发和建造功能强大的勘查点源信息系统，涉及地质学和矿产勘查学的业务知识、经济理论、计算机科学、运筹学、统计学等多学科的理论和方法，必须坚持多学科协同、跨专业协作的原则，特别需要有一批既懂计算机又懂地质矿产勘查的复合型人才参与，做到软件开发人员、地质专业人员和复合型技术人员的密切配合。

2.2.3　矿产勘查点源信息系统开发模式

矿产勘查点源信息系统开发所依据的总体模型，是在对基层矿产勘查单位进行系统分析的基础上构建的，包括系统功能需求模型和系统信息处理流程模型两个主要部分。本系统开发的基本模式以三维可视化地质信息系统软件为平台，充分利用数据管理技术、空间分析技术、空间查询技术、过程模拟技术和网络技术，构建将数据采集、管理、分析、处理、显示和应用为一体的主题式矿产勘查点源信息系统。

2.2.3.1　系统功能需求模型

本系统功能需求模型源自系统分析阶段的需求调查和需求分析，包含以下几个方面。

1. 勘查区或矿区多源、多类数据管理需求

满足多源多类异质异构矿产勘查数据的管理需求，是本系统研发与建设的核心问题。具体地说，要求建立与矿床有关的勘查区或矿区点源数据库，妥善地存储和管理测绘、地质、地理、物探、化探、遥感、物化测试、工程条件、水文条件、环境条件、生产条件等数据和资料，提高各种数据处理、分析、查询、检索的速度和可视化水平，保证勘查数据的统一性、科学性、实时性、实用性和高效性。

2. 勘查区或矿区地表与地下一体三维可视化建模

三维可视化建模是开展矿床和矿体结构与成分空间分析的基础。要求在三维可视化的地质信息系统平台上，实现勘查区或矿区地表形貌与地下地质结构的一体三维可视化建模，形成含有复杂地质结构和矿物成分分布的三维数字矿床和矿体模型。

3. 矿体、矿床和复杂地质结构的三维空间分析

这是本系统功能处理的主要内容。要求研发出一套针对矿体和矿床结构、成分和形态的三维空间分析应用子系统，提供具有换算坐标、长度、体积、坡度和形态的三维可视化环境和灵活方便的操作平台，为开展地质分析、资源预测、勘探设计和综合评价，以及矿山规划和开采设计，提供三维可视化的实时空间分析工具。

4. 矿床和矿体储量或资源量的三维可视化估算

矿床和矿体储量或资源量，是矿产资源综合评价的重要依据。根据我国的标准，要求采用传统的块段法和断面法进行估算；而按照国际交流的标准，则要求采用克里金方法进行估算。因此，本系统应当同时具备这两种方法的估算功能，并且要求快速应对国际市场需求和价格动态变化，自动厘定矿床最低可采品位，实现其二维或三维可视化动态估算，为上级勘查管理部门和矿业公司实时提供勘探开发的决策支持。

5. 矿产勘查数据网络查询、检索与应用子系统

为了适应当前网络（Internet）迅速普及的形势，满足勘查单位内部及其与上级管理部门之间信息交流，以及广大公众通过 Internet 获取勘查信息的需要，系统应当具备方便快捷的勘查信息网络发布功能。通过网络进行的信息服务主要包括：①区域地质资料；②矿产地质概况；③工程与水文地质概况；④勘探与科研项目管理信息；⑤资源预测与评价资料和成果；⑥地质科学研究成果；⑦探矿权和采矿权范围。这些数据有不少是涉密的，需要慎重地按照保密条令进行脱密处理。对于特殊的授权用户，可能还需要在提供浏览器/服务器模式查询的基础上，进一步提供详细的勘探数据、储量或资源量估算资料和资源综合评价资料，并提供三维显示和基于 WebGIS 的立体漫游巡视功能。

2.2.3.2　矿产勘查信息处理流程模型

主题式矿产勘查点源信息系统由勘查数据采集子系统、勘查区主题式点源数据库子系统、数据处理与调用共享平台、地质图件机助编绘子系统、三维可视化地质建模子系统、储量三维可视化计算子系统、勘查报告辅助编制子系统、勘查项目管理子系统和勘查数据网络应用服务子系统组成。其工作流程大致如图 2-5 所示。在图 2-5 中，点线框内为点源信息系统主体，而虚线框内为挂接的一系列专用的功能处理和应用软件。

2.2.3.3　勘查点源信息系统开发模式

就网络应用模式而言，系统开发基于 Intranet 企业局域网，将企业范围内的网络、计算、处理、存储等连接在一起，实现企业内部的资源共享和便捷通信。从目前国内外信息系统开发的技术成熟度来看，客户机/服务器（client/server，C/S）体系结构应用于企业内部，技术完善且保密性能好，适用于内部业务处理和决策分析对数据的调度；浏览器/服务器（browser/server，B/S）模式是目前流行的体系结构，技术发展迅速且前景广阔，适用于脱密数据的社会化服务。为了取长补短，目前在许多大型应用软件系统的研发中，都将 C/S 结构和 B/S 结构嵌套起来，由 B/S 结构的浏览器及其载体来承担 C/S 结构中的客户端功能。于是，负荷被均衡地分配给了各个服务器，大大减轻了客户机的压力。这种结构不再需要专用的客户端软件，可使技术维护人员从繁重的安装、配置和升级等维护工作中解脱出来，把主要精力放在服务器程序的更新工作上。同时，由于使用了 Web 浏览器作为客户端软件，用户无须从头学习新开发的系统。由于采用了三层模式的 B/S 结构，从根本上弥补了传统的二层模式的 C/S 结构的缺陷，应用系统的体系结构发生了深刻的变革。因此，主题式矿产勘查点源信息系统的应用软件设计与开发，也适宜采用 C/S 结构和 B/S 结构嵌套（结合）的模式，并且可充分利用适合于网络开发和应用的数据库管理系统及前端开发工具。

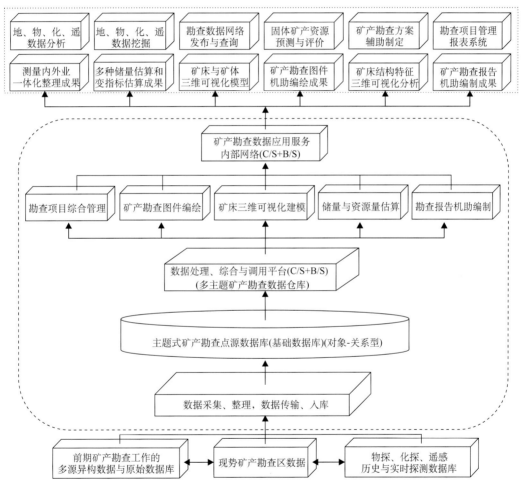

图 2-5　矿产资源勘查点源信息系统工作流程与功能结构图

（点线框内为点源信息系统主体；虚线框内下方为数据处理成果，上方为外挂的应用软件）

系统的硬件结构核心层即网络主干，是局域网络系统通信和互联的中枢，由服务器、交换机、路由器等主干设备组成，用于管理和监控整个网络的运行，管理数据库实体和各用户之间的信息交换。其中，网络设施可采用技术成熟、价格合理的快速以太网。系统的软件以主题式的对象-关系数据库为核心、以三维可视化地质信息系统平台为支撑，建立数据管理层/数据提供层/数据应用层的复合结构。其中，数据提供层为第一层（下层），负责数据管理；系统平台和服务器数据分发层、客户机浏览层构成第二层（中层），负责接收访问请求、数据索引、调度和提供；数据处理和应用为第三层（上层），负责业务处理和应用操作。矿产勘查点源信息系统硬件与软件的整体逻辑结构如图 2-6 所示。

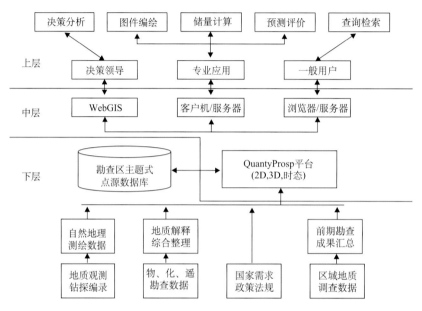

图 2-6　矿产勘查主题式点源信息系统硬件与软件的整体逻辑结构

2.2.4　点源信息系统开发的准则与标准

2.2.4.1　系统开发的准则

本系统的研究开发遵循科学性、实用性、实时性、开放性和安全性相结合的原则。

1. 科学性原则

系统设计与开发应当采用新思路、新技术和新方法，以对象-关系数据库、多主题数据仓库、大数据、网络、云计算、空间分析、数据挖掘、三维可视化等技术为基础，依据实际勘查工作和勘查数据管理的需要，进行勘查点源信息系统建设。

2. 实用性原则

"矿产勘查信息系统"的开发，需要充分考虑建成后在基层勘查单位和矿山日常工作中的需求，例如在勘查数据整理、图件编绘、储量计算、资源预测、评价及相关成矿规律研究中，对数据采集、存储、管理、处理中的实际应用需求。因此，应当注重方便、快捷、高效的单机和网络数据查询、检索和调度功能，同时还要提供脱密数据的社会化共享服务功能。系统模型应当兼容用户当前和未来一定时期内的发展需求。

3. 实时性原则

根据矿产勘查分析评价应用的需要，系统设计时应当充分顾及野外数据采集、整理、更新、分析、统计、传输和发布等环节的特点，设置合理的数据更新机制和更新周期，保证在各种情况下矿产勘查数据的实时性、动态性、准确性和完备性。

4. 开放性原则

矿产勘查信息系统的设计和开发应当具有开放性，使该系统具有可持续发展的可能。为此，在系统研发过程中，应充分考虑多源异构数据平台的对接、整合与传输方式。同时，还应考虑我国各类矿产勘查基层单位、各级主管部门和研究院所的整体信息化进程，以及其硬件设施和软件环境，力求使系统具有兼容性和扩充性。

5. 安全性原则

保证信息安全性和可靠性是矿产勘查信息系统开发和应用的关键点。为了使系统不被非法侵入和破坏、信息不被非法盗用，以及在发生不可预见性灾害时信息不丢失或损毁，系统设计需要采用先进的安全策略和保障该策略实现的成熟技术。

2.2.4.2　开发所依据的标准

为了消除信息孤岛，保证数据充分共享，并为构建国家地质信息服务系统奠定基础，矿产勘查点源信息系统设计须以下列国家标准和行业规范为依据。

《固体矿产勘查原始地质编录规程》 DZ/T 0078—2015；

《固体矿产勘查地质资料综合整理、综合研究规定》 DZ/T 0079—1993；

《侵入岩地质数据文件格式》 DZ/T 0146—1994；

《全数字式日期表示法》GB 2808—81；

《地质图用色标准及用色原则（1∶50000）》DZ/T 0179—1997；

《区域地质图图例》GB 958—2015；

《区域地质调查总则（1∶50000）》DZ/T 0001—91；

《国家基本比例尺地形图分幅和编号》GB/T 13989—2012；

《1∶50000 地质图地理底图编绘规范》DZ/T 0157—95；

《1∶200000 地质图地理底图编绘规范及图式》DZ/T 0160—95；

《固体矿产资源/储量分类》GB/T 17766—1999；

《固体矿产地质勘查规范总则》GB/T 13908—2002；

《地质矿产勘查测量规范》GB/T 18341—2001；

《矿区水文地质工程地质勘探规范》GB/T 12719—1991；

《铀矿地质勘查规范》DZ/T 0199—2015；

《磷矿地质勘查规范》DZ/T 0209—2002；

《固体矿产勘查/矿山闭坑地质报告编写规范》DZ/T 0033—2002D；

《固体矿产钻孔数据库工作指南》，中国地质调查局，2001；

《区域水文地质工程地质环境地质综合勘查规范（比例尺 1∶50000）》GB/T 14158—93；

《区域地球化学勘查规范（比例尺 1∶200000）》DZ/T 0167—1995；

《工程地质钻探规程》DZ/T 0017—1991；

《水文水井地质钻探规程》DZ/T 0148—2014；

《水文测井工作规范》DZ/T 0181—1997；

《浅层地震勘查技术规范》DZ/T 0170—1997；

《地热资源地质勘查规范》 GB/T 11615—2010；

《城乡规划工程地质勘察规范》 CJJ57—2012；

《城市地区区域地质调查工作技术要求（1∶50000）》DZ/T 0094—1994；

《城市地质调查工作指导意见》（征求意见稿）（2005 年 3 月）；

《城市地质调查工作指南》（征求意见稿）；

《城市环境地质调查评价规范》DD2008—03；

《城市地质调查遥感工作指南》（征求意见稿）；

《城市地质调查物探工作指南》（征求意见稿）；

《城市地质调查钻探编录工作细则》（征求意见稿）；

《城市环境地球化学调查与评价工作指南》（征求意见稿）；

《城市环境水文地质工作规范》 DZ 55—87；

《区域环境地质勘查遥感技术规定（1∶50000）》DZ/T 0190—2015；

《1∶250000 区域地质调查技术要求（暂行）》DD 001—02；

《区域环境地质调查总则（试行）》DD 2004—02；

《浅覆盖区区域地质调查细则（1∶50000）》DZ/T 0158—95；

《活动断层探测》DB/T 15—2009；

《中国地震动参数区划图》GB 18306—2015；

《供水水文地质勘察规范》GB 50027—2001；

《地下水动态监测规程》DZ/T 0133—94；

《地下水污染地质调查评价规范》DD 2008—01；

《地表水资源质量标准》SL 63—94；

《地下水质量标准》GB/T 14848—2017；

《地下水资源分类分级标准》GB 15218—94；

《工程地质调查规范（1∶2.5 万～1∶5 万）》DZ/T 0097—1994；

《城乡用地评定标准》CJJ 132—2009；

《中华人民共和国行政区划代码》GB/T 2260—2007；

《地质矿产术语分类代码（第 16 部分：矿床学）》GB/T 9649—2009；

《地质矿产术语分类代码（第 20 部分：水文地质学）》GB/T 9649.20—2009；

《地质矿产术语分类代码（第 21 部分：工程地质学）》GB/T 9649.21—2009；

《地质矿产术语分类代码（第 28 部分：地球物理勘查）》GB/T 9649.28—2009；

《地质矿产术语分类代码（第 29 部分：地球化学勘查）》GB/T 9649.29—2009；

《地质矿产术语分类代码（第 32 部分：固体矿产普查与勘探）》GB/T 9649.32—2009；

《岩石分类和命名方案（火成岩岩石的分类和命名方案）》GB/T 17412.1—1998；

《岩石分类和命名方案（沉积岩岩石的分类和命名方案）》GB/T 17412.2—1998；

《岩石分类和命名方案（变质岩岩石的分类和命名方案）》GB/T 17412.3—1998；

《地球化学勘查术语》GB/T 14496—93；

《地质钻孔（井）基本数据文件格式》DZ/T 0122—94；

《煤田地质钻孔数据文件格式》DZ/T 0125—94；

《固体矿产钻孔地质数据文件格式》DZ/T 0126—94；

《水文地质钻孔数据文件格式》DZ/T 0124—94；

《1∶5 万区域地质图空间数据库（分省）建设实施细则（2007 版）》中国地质调查局；

《1∶5 万重点城市及经济开发区水工环综合空间数据库建设工作指南》中国地质调查局；

《区域水文地质图空间数据库图层及属性文件格式标准》中国地质调查局；

《数字化地质图图层及属性文件格式》DZ/T 0197—1997；

《GIS 图层描述数据内容标准》DDB9702；

《地图符号库建立的基本规定》CH/T 4015—2001；

《地学数字地理底图数据交换格式》DZ/T 0188—1997；

《地质数据质量检查与评价》DD2006—07；

《地质信息元数据标准》DD2006—05；

《软件能力成熟度模型》SJ/T 11235—2001；

《地球化学勘查图图式、图例及用色标准》DZ/T 0075—93；

《基础地理信息标准数据基本规定》GB 21139—2007；

《标准化工作导则（第 1 部分：标准的结构和编写）》 GB/T 1.1—2009；

《摄影测量与遥感术语》GB/T 14950—2009；

《专题地图信息分类与代码》GB/T 18317—2009；

《基础地理信息数字产品数据文件命名规则》CH/T 1005—2000；

《基础地理信息要素分类与代码》GB/T 13923—2006；

《国土资源信息核心元数据标准》TD/T 1016—2003；

《地质图空间数据库建设工作指南 2.0》（中国地质调查局）；

《国家基本比例尺地形图分幅和编号》GB/T 13989—2012；

《遥感影像平面图制作规范》GB/T 15968—2008；

《地质矿产实验室测试质量管理规范》DZ/T 0130—2006；

《地球化学普查规范（1∶50000）》DZ/T 0011—2015；

《多目标区域地球化学调查规范（1∶250000）》DZ/T 0258—2014；

《地球化学勘查技术符号》GB/T 14839—93；

《地球物理勘查技术符号》GB/T 14499—93；

《区域地质及矿区地质图清绘规程》DZ/T 0156—95；

《地质图用色标准及用色原则（1∶50000）》DZ/T 0179—1997；

《信息技术 软件生存周期过程 配置管理》GB/T 20158—2006；

《信息技术 系统及软件完整性级别》GB/T 18492—2001；

《计算机软件测试规范》GB/T 15532—2008；

《信息技术 软件生存周期过程》GB/T 8566—2007；

《计算机软件文档编制规范》GB/T 8567—2006；

《计算机软件需求规格说明规范》GB/T 9385—2008；

《地质图空间数据库建设工作指南》中国地质调查局发展研究中心，2011

……

2.3 矿产勘查点源信息系统总体设计

系统设计的基本任务，是把系统规划和系统分析阶段提出的概念模型转化为逻辑模型，进而转化为系统的物理模型，再具体地设计出运行效率高、适应性强、可靠性高且经济实用的系统实施方案和应用软件。系统设计分为总体设计和详细设计两个阶段，前者是后者的基础。系统分析过程是一种"由下而上"的过程，而系统设计过程则是一种"由上而下"的过程。进行系统总体设计时，应先将系统分析确定的总体概念模型转化为以属性-空间数据库和数据仓库为核心的逻辑模型和系统总体架构，然后围绕数据库配置各种处理软件，再逐级分解实体集及其属性，以及功能处理子系统和模块。

2.3.1 矿产勘查点源信息系统的概念模型

主题式矿产勘查点源信息系统的概念模型，是矿产勘查工作实体模型的抽象、归纳和概括，用于描述各项勘查事务之间的内在联系、作业流程及其相应的信息处理内容，是构建主题式矿产勘查点源信息系统逻辑模型的依据。为了保证主题式矿产勘查点源信息系统的概念模型的系统性与合理性，首先要使所建立的数据库或数据仓库，能够全面而完整地采集、存储和管理矿产勘查的全部相关数据。矿产勘查概念模型的构建任务，包括确定系统整体架构、划分子系统及功能模块、划分数据库的主题、定义数据模型的基本类型和结构、确定描述这些模型的数据项及流程、查明各子模型间的垂向和横向联系。构建主题式矿产勘查点源信息系统概念模型，是系统分析的一项重要任务，需要认真对待。

2.3.1.1 矿产勘查总概念模型的结构与组成

一般地说，通过系统现状（静态）分析，可建立当前的矿产勘查实体模型；而通过系统未来可能发展（动态）及其功能目标分析，可建立未来的矿产勘查实体模型。这两类实体模型的综合和抽象，便是主题式矿产勘查点源信息系统的概念模型。主题式矿产勘查点源信息系统概念模型的核心，是数据库概念模型。概念模型及其各级子模型，均源自"实体模型"和"应用原型"以及地质主题的分解，其构建必须依据系统分析的结果由下而上进行。在概念模型构建过程中，要不断地将系统分析提供的信息，与生产实践的需要及将来发展的可能结合起来，进行修改、补充和完善。在具体构建时，应当首先从系统现状分析结果中提取矿产勘查工作的基本任务、分工、主题和内容，再按主题从数据现状分析结果中提取数据类型,了解数据来源、数据特点、数据用途和数据处理方法。然后,结合从各级各方用户补充调查获得的数据需求和功能需求,按地质分析主题构建概念模型。

这里需要强调的是,所谓主题是指按照矿产勘查工作任务划分的地质分析主题。每个大的主题都可能包含多个小的主题,而每个小的主题又可能包含着多个小小主题。主题如何划分,划分到哪个层次,应当从研究的需要出发。相应地,每一个大主题可概括出一个模型,每一个小主题可概括出一个子模型,每一个小小主题可以概括出一个小小模型,或称为孙模型。所谓按主题构建概念模型,就是按照地质工作的作业类型和任务构建模型,即把信息系统的概念模型构建在业务实体模型的基础上。这既是信息系统概念模型构建需要遵循的原则,也是地质数据库概念模型构建需要遵循的原则。

基层矿产勘查单位的基本任务有四,其一是开展日常勘查工作、完成实物工作量并采集各类地质数据;其二是研究工区地质特征、矿产赋存状况,进行储量计算和可利用性综合评价;其三是研究矿床形成分布规律并开展成矿预测;其四是开展矿产勘查工作的日常管理,以及勘查靶区的选优决策分析。每一项任务就是一个数据管理和处理主题,即"勘查工程主题"、"矿床地质主题"、"成矿预测主题"和"管理决策主题",可以形成"勘查工程概念模型"、"矿床地质概念模型"、"成矿预测概念模型"和"管理决策概念模型"(图 2-7)。而分解这 4 个概念模型,大致可得到相关的 12 个子概念模型。

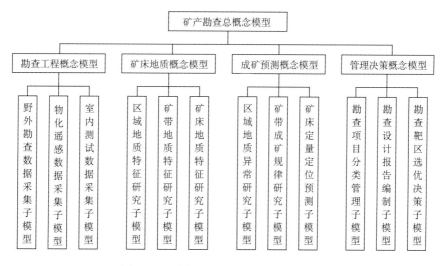

图 2-7 矿产勘查概念模型的结构与组成

在此框架中,采用由下而上的方式分别进行各子概念模型的设计。所谓由下而上,是指从实际的勘查工程、成矿预测、日常管理和矿产资源综合评价等工作的需要,以及所面临的任务主题和问题出发,研究各个任务主题可能涉及的内容、数据和处理方法,确定其实体(对象)和属性,然后逐级向上综合,先构成低级别子概念模型,再综合成高级别概念模型，最后汇总成为系统的总概念模型。在完成概念模型构建后，应当分别提交概念模型和总概念模型说明书，作为构建系统逻辑模型和开展系统设计的依据。

2.3.1.2 矿产勘查各概念模型及其参数集

下面对矿产勘查的 4 个概念模型及其子模型和参数集做个简要介绍。

1. 勘查工程概念模型及其参数集

勘查工程的主要工作是地质数据采集。因此，固体矿产勘查工程概念模型大致由野外勘查数据采集子模型、物化遥感数据采集子模型和室内测试数据采集子模型构成（图 2-7）。其中，物化遥感数据采集子模型和室内测试数据采集子模型面对的原始数据都是利用现代化的仪器仪表采集的结构化数据，已经有固有的规范化和标准化的采集模型和采集方式，本系统可直接挂接和利用，不必另外重新设计。有一些物探解释剖面图、平面图和遥感图像，通常作为非结构化数据，采用扫描矢量化方式采集并存储于"原始数据库"中备用。下面着重介绍野外勘查数据采集子模型的基础参数集。

野外勘查数据采集的主要工作内容，包括露头观测、钻探、槽探、井探和坑探等勘查工程的实施和数据资料的采集整理。各种勘查手段所涉及的数据通常分别采集和记录，但按成矿地质条件及其控矿作用进行分类整理和加工。这些分类是：构造参数、沉积参数、岩浆参数、变质参数、地热参数和成矿参数，简称为 6 大要素。

构造参数： 包括构造运动面与构造层、基底构造或先存古构造、同沉积或同成矿期构造、同期准同期岩浆活动、构造序次及其与成矿的关系（导矿、配矿、容矿）5 个次级参数。每一个次级参数又包含多项基本属性和时空分布特征，形成一系列描述子参数集。

沉积参数： 可分为岩石成因标志和宏观沉积特征两个子参数。其中，岩石成因标志包括原生沉积结构和沉积构造、生物与生态标志、成分和地球化学标志 3 个次级子参数；宏观沉积特征包括砂体形态特征、垂向与横向变化和成矿元素丰度 3 个次级子参数。对于沉积型金属、非金属矿产而言，沉积参数的探测和研究尤为重要。每一个次级参数又包含多项基本属性和时空分布特征，形成一系列描述次级子参数集。

岩浆参数： 包括岩浆岩期次、岩浆岩相带、原生结构与构造、形状-产状-时代、岩浆成分及地化标志、包裹体特征、成矿元素丰度及分布 7 项次级参数。同样，每一个次级参数又包含多项基本属性和时空分布特征，形成一系列描述子参数集。

变质参数： 包括变质作用类型与变质相系、含矿原岩建造及变质建造、变质岩的结构与构造和岩石成分及地化标志。对于各类变质型矿床或经历变质叠加的矿床而言，变质参数的探测和研究尤其重要。同样，变质参数的每一个次级参数，又包含着多项基本属性和时空分布特征，也可以转化成为一系列描述子参数集。

地热参数： 包括有机成熟度、矿物古温度标志（气液态包裹体、裂变径迹等）、居里等温面、现代地温与大地热流值、岩石或沉积物受热时间、沉积物埋深及与矿化关系 6 个子参数。其中，有机成熟度、矿物古温度标志和居里等温面 3 个参数，可以合并成为古地温参数。地热参数的每一个次级参数也包含多项基本属性和时空分布特征，形成了一系列描述次级子参数集。

成矿参数：大致可分为区域信息和矿床典型矿化特征两类子参数集。其中，区域信息包括遥感信息与矿化露头特征、重砂-物探-化探异常、控矿因素及其描述 3 个次级参数集；典型矿化特征包含矿体基本特征（类型、形状、产状、大小、分布及变化等）、成分-标型特征-结构-构造、矿物生成顺序及成矿期次、蚀变类型及时空变化、物化条件及地化标志、流体及矿质运移富集 6 个次级子参数集。成矿参数的每一个次级参数也包含着多项基本属性和时空分布特征，形成一系列描述子参数集。

2. 矿床地质概念模型及其参数集

矿床地质概念模型是在完成勘查工程实物工作量的基础上，对勘查区矿床地质特征及其控矿作用进行归纳和概括的结果。这是固体矿产勘查的第二层次工作，包括区域地质特征研究、矿带（矿集区）地质特征研究和矿床地质特征研究 3 个子概念模型。这 3 个子概念模型内容基本一致，只是层次级别和地域范围不同，都可按照勘查工程概念模型的 6 个参数集，即构造、沉积、岩浆、变质、地热、成矿等参数集进行归纳。

其中，构造参数，可以从不同级别的古构造应力场、构造演化及其对成矿作用控制的角度进行归纳，必要时可扩大至板块运动及构造、岩浆旋回；沉积参数，可以从沉积相、沉积体系、沉积演化及其对成矿作用控制的角度进行归纳；岩浆参数，可以从岩浆作用演化及其对成矿作用控制的角度进行归纳；变质参数，可以从变质作用演化及其对成矿作用控制的角度进行归纳；地热参数，可以从古今地热场演化及其对成矿作用控制的角度进行归纳；而成矿参数，则可以通过多种技术手段获取的多源信息的综合处理，并结合其他 5 大要素分析所得的区域地质特征和矿床（矿体）地质特征，进行总结、归纳和概括。

矿床地质概念模型既服务于矿产勘查评价的资料综合整理，也服务于矿床特征、成矿作用和成矿规律研究，以及矿床定量和定位预测。该概念模型也包括 3 个子模型，各子模型分别形成一个数据集。每个数据集都根据子模型的功能与结构特征，从勘查工程概念模型的 6 个数据集中选取，然后按照一定的逻辑关系组合而成。

3. 成矿预测概念模型及其参数集

现有的成矿预测工作，处于矿产资源勘查的第三层次，其主要内容包括：①区域地质背景、成矿条件和控制因素综合研究，以及矿体空间分布规律和成矿规律的归纳；②各级地质异常和相应找矿靶区分析，以及找矿靶区的圈定；③矿床成矿模式和区域成矿模式概括，以及勘查区外围和深部的矿床定量、定位预测。这 3 方面内容也可概括为区域地质异常研究、矿带成矿规律研究、矿床定量定位预测 3 个子概念模型，每个子模型采用的参数仍可形成 3 个子参数集，每一个子参数集也包含着一系列次级子参数集。这些内容是从不同角度对第二层次矿产资源勘查和研究工作结果的综合和总结，所选择和使用的参数仍然来自于上述矿产勘查工程概念模型的 6 个参数集。由于许多基础参数是共用的，因而在每个次级子参数集中所包含的基础参数有明显的重复。本层次的数据处理工作属于数据综合与数据融合，结果也会形成一些新的次级参数。其成果是对勘查区及其矿床成矿规律认知的升华，既是对第二层次所对应的矿床地质研究主题的总结，也是对第三层次成矿预测主题的归纳。

4. 管理决策概念模型及其参数集

这是对一个具体的矿产资源勘查区所开展的第四层次工作，主要内容可大致归纳为勘查项目分类管理、勘查设计与报告编制和勘查靶区选优决策 3 个方面。其中，勘查项目分类管理的具体内容，包括项目基本情况、项目主要成果和结论；勘查设计与报告编制的内容，包括研究区勘查设计、勘查成果报告、专题图件编绘和专题研究报告；勘查靶区选优决策的内容，包括矿产资源可利用性的地质、技术、经济和环境综合评价，拟进一步勘查的靶区的优选和分级。这 3 个方面的工作，也可以形成 3 个大的子模型及其 3 个子参数集。勘查靶区选优决策子模型的工作内容，是基于勘查工程概念模型、矿床地质概念模型和成矿预测概念模型的参数集，以及所获得的数据、成果，开展与勘查区外围和深部的找矿、勘探和矿产资源开采利用相关的决策分析，为开展下一阶段的资源勘查和开发提供决策支持。这些决策分析和决策支持可能是定性的，也可能是定量的。

2.3.1.3　固体矿产勘查总概念模型的构建

把上述 4 个概念模型及其子概念模型所涉及的参数集提取出来，并按照一定的结构层次加以组合，便形成用户单位地质信息系统的总概念模型。

在固体矿产勘查的资料分析与综合过程中，各种基础参数是按照固体矿产资源勘查评价的传统工作模式和工作流程（图 2-8），分层次引入并且经分析与综合后，逐步形成各层次的综合参数和结论。地质信息系统总概念模型，就体现了固体矿产勘查、预测和评价过程中的数据采集、调用、分析和综合过程。上一个层次是下一个层次的综合，但也可以是下几个层次的综合，换言之，高层次综合所采用的基础参数可能来自于下一个层次，也可能来自于更低的层次。层次越高，各种参数的综合程度也越高。同一层次的概念模型，所使用的基础参数可能有部分相同。实际勘查数据处理总概念模型，可以此为基础进行删减或补充。基于大数据挖掘进行矿床预测的工作模式和工作流程虽然与此不同，但其数据采集、存储、管理和矿床特征分析内容是相似的，系统的总概念模型仍可适用。

2.3.2　矿产勘查点源信息系统的逻辑模型

逻辑模型设计是固体矿产勘查点源信息系统总体设计的首要任务，必须根据系统规划和系统分析得到的系统目标和概念模型进行转化。在将概念模型转化为逻辑模型时，应当首先考察概念模型及其子模型内部和相互间的逻辑关系。

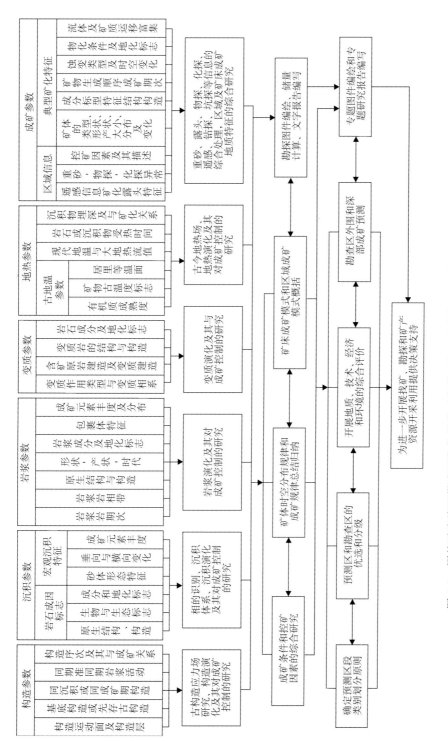

图 2-8 固体矿产资源勘查评价的传统工作模式和工作流程（据吴冲龙等，1996，修改）

2.3.2.1 系统的逻辑模型

逻辑模型虽然是通过概念模型转化而来的，但并不是概念模型的简单映像，而是概念模型内部逻辑关系的体现。从系统功能的角度看，矿产勘查点源信息系统的概念模型都可以分为两类子模型，即数据管理子概念模型和数据处理子概念模型。其对应的系统逻辑模型也可相应地分为两类，即数据管理子逻辑模型和数据处理子逻辑模型。数据管理子逻辑模型包括数据库系统子逻辑模型和数据仓库系统子逻辑模型两种，而数据处理子逻辑模型通常包括地质图件编绘模型、三维可视化建模模型、储量动态计算模型、资源预测评价模型、开采方案辅助设计模型、网络信息检索应用模型等。

1. 数据管理子逻辑模型

数据管理子逻辑模型体现了地质信息系统内数据采集和管理子系统的内部逻辑关系和数据流向。以对象-关系型数据库管理子系统为例，其结构分为三个层次：最底层是由商用关系数据库管理系统、前端关系数据库管理程序、自定义格式的空间数据和属性数据的管理程序构成的数据服务管理层；中间层是基于 OLE DB 结构体系的空间、属性数据统一提供程序；上层是一系列的数据操作工具程序和应用程序，主要包括数据录入、数据查询检索、数据动态调度、数据输出、数据文件交换、系统用户管理、数据库监控维护等。该对象-关系型数据库管理子系统的子逻辑模型如图 2-9 所示。

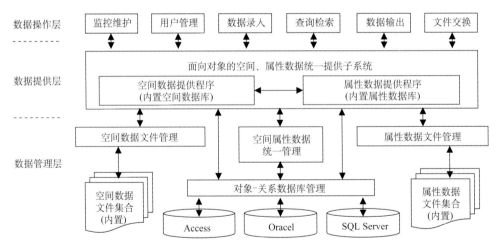

图 2-9 固体矿产勘查点源对象-关系型数据库管理子系统的子逻辑模型

2. 数据处理子逻辑模型

数据处理子逻辑模型体现了勘查信息系统内各数据处理子系统的内部逻辑关系和数据流向。以固体矿床三维地质建模子系统为例，其逻辑模型的结构分为三个逻辑层次：最底层与整个信息系统的主题式点源勘查数据库或者多主题数据仓库对接，构成数据服务管理层；中层是基于三维交互编辑模块和三维可视化引擎的地下-地上、地质-地理、

空间-属性一体化建模操作层；上层是基于地质-地理、空间-属性一体化三维模型的空间
分析和专题应用层（图 2-10）。各个层次之间的支承关系应当明确规定。

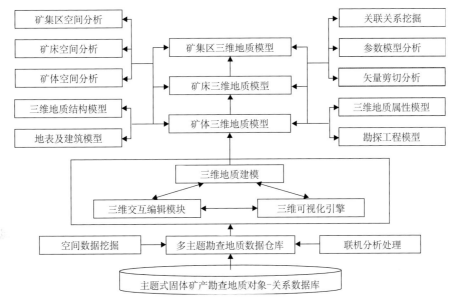

图 2-10　三维可视化多尺度矿床地质建模子逻辑模型

2.3.2.2　总体逻辑模型的构建

　　系统的总逻辑模型由数据管理子逻辑模型和数据处理子逻辑模型综合而成。根据对
多个金属矿产勘查区和矿山的调查和归纳，地质信息系统一般可分为 5 个逻辑层次，由
下而上依次是数据采集层、数据管理层、数据处理层、数据交换层和数据应用层。上下
层之间存在着支承关系，即下一层次是上一层次的数据来源，而上一层次是下一层次的
功能体现或应用，各层次间通过内部网或私有云连接。其整体逻辑模型如图 2-11 所示。

2.3.3　系统总体架构的设计

　　系统的总体架构是系统的软件员视图，用于整体工作部署、协调并指导各部分的开
发和集成工作。在系统总体逻辑模型的基础上，考虑与软硬件平台及网络系统的关系，
并对系统的功能进行分解和组合，便可以建立固体矿产勘查信息系统的总体架构。该总
体架构可大致分为数据采集-整理、数据管理-服务和信息处理-应用三个层次，每个层次
包含若干个子系统，而每个子系统又可能包含若干个模块和子模块（图 2-12）。固体矿
产勘查信息系统的构建，应当采用成熟的通用三维地质信息系统软件平台。
　　其中，信息处理-应用层次包括 5 个规模较大的子系统：①矿床地质分析子系统；
②勘查图件编绘子系统；③矿产预测评价子系统；④勘查数据处理子系统；⑤勘查工作
管理子系统。这 5 个子系统可以进一步采用集成化技术汇聚为一个整体，并且与外部的
企业管理信息系统及办公自动化系统建立密切的联系。

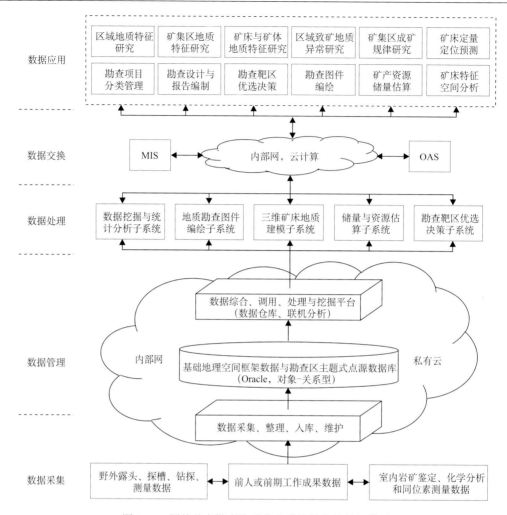

图 2-11 固体矿产勘查地质信息系统的总体逻辑模型

完成了系统总体设计，就可以着手开展详细设计。在详细设计中，应当以建设主题式属性-空间数据库和多主题数据仓库为重点，并围绕数据库开展各种处理功能研究和软件设计，给出各个子系统的层次结构模型，明确定义输入、输出介质，完成人-机过程、代码和通信网络设计，逐一编写每个功能模块的具体算法和数据结构；还要编制实现每一个功能的说明书，特别是相应的软件模块说明书，并指出每一个功能模块的功能目标、开发要求以及如何实现。该说明书是程序员编写程序或修改、移植现存的软件（对基础软件进行二次开发）的依据。如果说系统分析阶段的逻辑建模过程在总体上是一种"由下而上"的过程，那么系统设计阶段所进行的数据模式建造过程在总体上是一种"由上而下"的过程，即先根据固体矿产勘查工作的现状确定总体模型，再根据地矿勘查科学与实践的发展，以及勘探技术的可能改进，逐级分解实体集及其属性集和属性子集。

总体设计的方法依据是地质信息系统的方法论，而详细设计的方法依据是软件工程学。关于系统详细设计的知识，将在以后各个章节中逐步介绍。

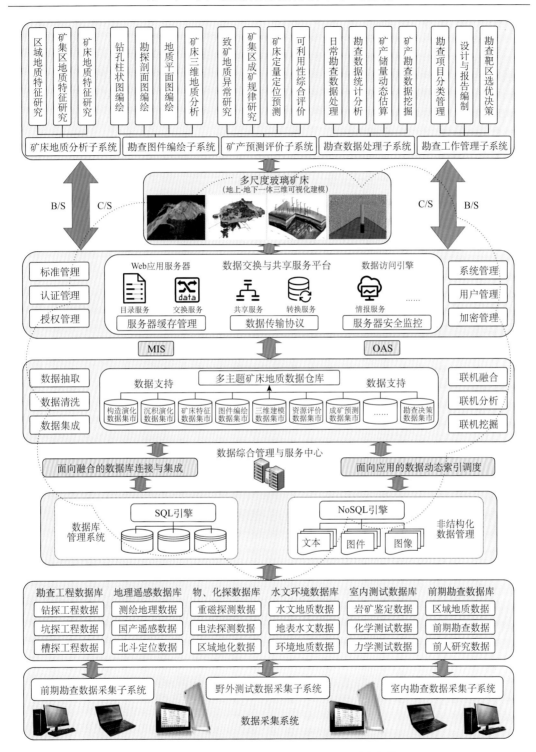

图 2-12 金属矿床勘查区地质信息系统的总体架构

2.4 矿产勘查信息服务系统开发问题

面对大数据时代的挑战,需要在开展基层单位的矿产勘查点源信息系统建设的同时,构建具备多层次结构的矿产勘查信息服务系统,为实现主管部门管理工作信息化和勘查数据远程共享服务,提供统一而完备的数据基础。其基本解决方案,是基于云计算理论框架中的微服务体系和容器虚拟化,建立面向多地质主题的一体化数据云服务平台。中国地质调查局在这方面进行了一些探索性研究和实验,并取得了重要进展(陈建平等,2015;谭永杰,2016a,2016b)。本节着重介绍微服务体系下地质数据模型分类方法、服务粒度的合理划分和地质数据服务可扩展性(纵横维度)问题,以及基于 Docker 容器引擎的云服务平台原型开发。

2.4.1 矿产勘查信息服务系统设计思路

建立以云计算为依托的数据服务体系,让各地矿行业各级管理机构和基层勘查单位,通过网络将数据存储到云端,并在云端进行数据交流、服务和共享,有助于实现地质时空大数据的共享、融合、挖掘和知识发现,以及多学科协同工作。

近年来,云计算技术的蓬勃发展,促进了计算机软硬件及其体系结构的进步,引发了软件使用方式的变革,IT 资源服务化趋势日渐清晰,服务成为云计算的目标和核心概念(李乔和郑啸,2011),甚至出现一切皆服务(X as a service, XaaS)的提法。目前,以云计算技术为支撑的地质大数据平台(即地质云)建设,对地质信息服务系统建设和管理工作信息化,将起到重要的推动作用。自 2014 年开始,在国土资源部关于实施大数据建设决策的背景下,"地质数据更新与应用服务计划"被列为中国地质调查局"九大计划"之一(郑啸等,2015)。其核心内容便是建设国家地质大数据共享服务云平台,目标是实现地质大数据的稳定汇聚和共享服务。这对于实现地质数据充分共享,加快地质行业信息化进程,以及开展多学科地质科学协同研究,具有极其重要的意义。各级矿产勘查主管部门的管理(包括矿产勘查管理和矿产资源管理)信息化,也将在该计划的实施和"地质云"建设中逐步实现。

相比较而言,地质信息服务领域的云计算技术开发和应用相对滞后。为了满足地质信息服务化迅速发展的需求,综合地质云服务框架体系应当以软件即服务(software as a service, SaaS)云平台和微服务架构为基础,着重就以下几个方面进行深入研究与开发(彭诗杰,2017):

(1)基于微服务体系的地质业务数据模型和服务粒度划分机理、方式和方法;

(2)基于分布式消息队列的地质多主题数据服务体系与缓存机制;

(3)基于 RESTFul HATEOAS(语义性接口)的地质数据 Web 服务和资源自描述规范,实现具有自描述功能的统一的地质数据服务接口;

(4)以地质数据服务为导向,采用面向多地质主题服务的通用构建方法与范式,提供可纵横扩展、可编排的多主题高效率地质数据服务。

就服务方式而言,与前期的地质数据网格相比较,地质大数据云平台在以下 4 个方面存在显著特色和优势：①加强了地质数据采集与汇聚的云端化；②推进了地质数据共享，充分地发挥了数据的价值；③显著提高了硬件设施使用效率，减少重复投资；④有利于地质软件的共享和利用，减少重复购买和开发。因此，在基于微服务体系结构和面向多主题地质数据云服务的研究中，面临以下亟待解决的若干问题：

（1）基于微服务体系结构与容器引擎的地质云平台构建方法；

（2）基于微服务体系和面向多地质主题数据云服务平台的系统架构，以及基于HATEOAS 约束的地质主题微服务契约构建方法；

（3）微服务接口网关和分布式消息队列机制、以微服务单元为基础的本地缓存，以及集中和分布式缓存相结合的二级混合缓存模型；

（4）对微服务架构及面向多地质主题数据云服务所涉及的微服务单元的划分原则、基于基础业务实体的横向扩展机制和基于地质主题纵向扩展机制；

（5）地质矿产点源信息系统和相关云计算技术的融合模式；

（6）勘探模型 Web 数据综合系统，以及多源信息联动查询和勘查业务分析；

（7）多尺度、多图幅的多源异构地质空间数据与属性数据的有效存储、管理、维护、集成的数据库管理体系，以及数据中心的后台管理、维护和服务。

要建立完善的以云计算为依托的数据服务体系，还涉及数据集成问题。数据集成是指针对某个目标或面向某项（可扩展）特定服务需求，对数据进行组织和管理的过程。其基本思路是以数据资源为对象，数据共享为目标，采用适当的方法和软件技术，基于云平台把分布在不同地区和单位的多源多类异质异构勘查数据进行有机整合。伴随着矿产勘查技术本身的快速发展，以及相关基层单位勘查工作信息化水平的提升，各类应用系统不断涌现出来，导致数据量呈现几何级数增长，再加上矿产勘查数据存在着显著的多源、多类、多维、多尺度、多时态和多主题特征，从而导致其整合与集成面临着巨大挑战。目前常用的数据集成方法和技术主要有：基于模式（schema）的数据集成技术（韩燕波，2010）、基于 XML 的数据集成技术（陆建江等，2007）和基于本体的数据集成技术（Mena et al.，2000；Wache et al.，2001）等。这些技术可以从不同角度，解决数据共享和决策支持面临的问题。

这些挑战首先来自传统数据集成平台采用的应用系统与数据"紧耦合"方案。这种"紧耦合"的集成方案，导致应用系统或数据在发生任何细小的变动时，都将会要求集成平台进行改造或重构。为了应对这一挑战，地质信息集成平台建设需要在满足不断发展变化的数据管理和处理需求的同时，针对系统规模的不断扩展趋势，在数据集约化管理架构中采用"松耦合"集成方案。目前，随着微服务架构（mirco-service architecture）（Dragoni et al.，2017）和云计算的兴起，信息技术正在向大规模、虚拟化、服务化方向发展。云计算技术凭借其先进的"松耦合"和"分治法"的设计理念，将数据以服务的形式提供给用户，为矿产勘查信息服务系统的设计、开发和建设提供了一种全新的思路与模式。具体目标包括：

（1）建立结构化、半结构化和非结构化数据一体化，静态数据与动态数据一体化，地质主题与业务实体一体化的地质数据主题服务原型系统；

（2）建立一个面向服务、可在横向（业务实体）和纵向（地质主题）维度上动态扩展的分布式系统，实时提供多粒度组合的多主题地质数据服务。

2.4.2　矿产勘查信息服务系统整体架构

　　矿产勘查工作是一项数据密集型的研究工作。地质大数据体系的建设，反映了地质领域数据资源管理技术的进步，以及数据集成与共享水平的提升。其发展经历了从基于结构化数据表管理的数据库系统，到基于分布式存储网络上的数据中心（数据银行），再到具联机事务处理和数据挖掘能力的数据仓库，又到独立于硬件平台、操作系统和编程语言的面向服务架构的数据网格，最后到以云计算技术（虚拟化）为基础的数据服务中心的过程。每一个进步都是信息技术的更新，都是对矿产勘查工作信息化需求的应对。

　　近年来，美国、英国、加拿大、日本等发达国家都建成了本国的地学数据共享平台，将面向服务的体系结构（service-orientend architecture, SOA）、分布式计算、虚拟化等技术融入地质调查信息化建设中，并建立了在线编图等采用"一站式"工作模式服务的应用系统。例如，美国建立了"地理空间一站式（Geospatial One-Stop）"、加拿大建立了GeoConnections 等（李学东，2009）。英国发起的"OneGeology 计划"（http://www.onegeology.org），得到了世界各国的响应，其目标是建立一个全球性数字地质图共享系统，为公众提供地质信息服务。系统采用 B/S 结构和分布式模式实现多数据源的集成，由各个参与国家的地质调查机构以网络服务形式提供动态的地质数据，并在门户网站上提供网络服务的访问接口。中国地质调查局发展研究中心提出的地质数据服务体系，包含了矿产勘查信息服务系统的内容，其总体框架（图 2-13）分为地质数据采集处理体系、地质数据汇聚体系、地质数据与信息产品体系、地质大数据支撑平台（地质云）、地质数据与信息服务体系 5 大部分（谭永杰，2016b），简介如下。

　　其一，建设地质数据采集处理体系。其包括区域地质调查、环境地质勘查、水文地质勘查和矿产资源勘查领域，以及物化遥领域的野外数据采集、数据分析处理和成果表达等软件系统的研发与应用。数据源涉及野外地质调查与监测、钻探、物探、化探、遥感、分析测试和综合研究等不同手段，研发目标是大力推进该系统向三维化、智能化、智慧化方向发展，并不断扩展其在地质调查各应用领域的全覆盖。为此，需要在加强各专业领域的数据采集和数据分析处理软件工具研发的同时，加强成果数据模型和数据库建设的规范化和标准化，实现不同地质工作领域成果数据的一体化存储和管理，并提高数据采集的时效性、规范性和可靠性。这项工作，实际上就是地质勘查点源信息系统建设。

　　其二，建设地质数据汇聚体系。为了实现地质数据快速有效汇聚，需要完善地质调查数据汇聚的制度、机制、架构、渠道和质量控制体系，并且以集中式的钻孔数据库、矿产数据库和文献数据库为核心，建立地质调查数据管理系统和地质资料馆信息系统，形成国家地质数据中心，实现地质调查各专业原始数据、地质环境与灾害监测数据、地质调查阶段成果和最终成果数据的实时汇聚与共享，以及精细化服务。

　　其三，建设地质数据与信息产品体系。在国家地质大数据汇聚体系的基础上，采用现代服务理念和先进的信息技术，围绕资源保障、生态环境建设、防灾减灾、城镇化建设和国土资源管理等需求，构建面向各类用户的多层次、全方位地质信息服务产品体系，以及定期动态更新机制，加强地质数据的二次开发和深度利用。

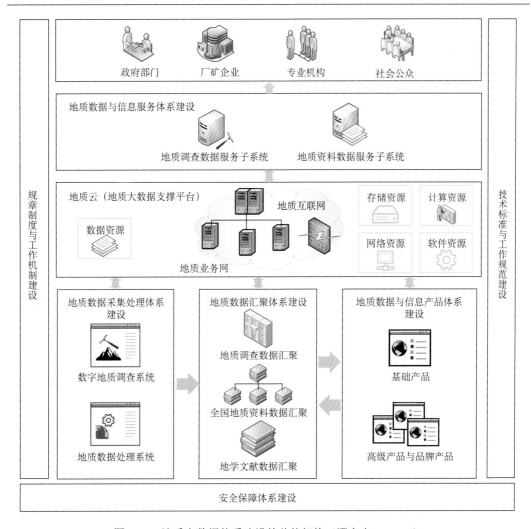

图 2-13 地质大数据体系建设的总体架构（谭永杰，2016b）

其四，建设地质大数据支撑平台（地质云）。该地质云包括"1 个平台"、"2 张网"和"1 + 3 个结点"。其中，"1 个平台"，即地质云管理平台；"2 张网"，即地质调查内网（物理隔离）和地质调查外网（公共网络）；"1 + 3 个结点"，即 1 个主结点和 3 个专业中心结点。其中，地质云管理平台用于实现中国地质调查局及其所辖各省局、研究机构和基层勘查单位的 IT 资源和数据资源的统一管理，为地质数据的传输、汇聚、服务、共享和业务管理提供支持。在"2 张网"中，内网用于部署所有的对内业务管理系统、软件系统和数据，各结点间通过专线或裸光纤连接，为中国地质调查局所辖各省局及其基层单位提供服务；而外网用于部署地质调查业务管理系统、地质数据信息服务系统和可公开的地质数据，为社会用户提供地质数据与信息服务。在内网和外网之间，通过单向光闸进行数据审核、推送和交换。按照建设规划，大数据支撑平台的主结点建于中国地质调查局发展研究中心，包含 200 个计算节点、3 PB 存储能力，并配备较齐全的地质数据处理系统和中等规模的超级计算机，为三维地震勘探数据处理等大型运算提供支持；

3 个专业中心结点为海洋结点、地质环境结点、航空物探与遥感结点，分别建设在相应专业调查、勘查或监测中心，在每个专业结点配置相应的服务器、存储设备、网络设备、管理平台、大型专业数据处理软件和应用订制服务系统，并按照标准进行安全体系建设，确保数据的存储和应用安全。

其五，建设地质数据与信息服务体系。该体系包括地质调查数据服务子体系和地质资料数据服务子体系两个部分。其中，地质调查数据服务子体系覆盖中国地质调查局下属 28 家单位，由综合服务主结点、区域服务结点和专业服务结点组成；地质资料数据服务子体系由全国地质资料馆藏机构、省级馆藏机构、委托馆藏机构等组成。这是一个覆盖全领域的多部门、多层次的协同服务体系，目标是实现地质数据与信息服务数字化、网络化、智能化。该体系的建设，涉及地质数据与信息服务平台和国家级统一资源目录构建，以及一系列相关政策、法规、制度、标准、规范和共享、服务机制的制定。

基于这个地质大数据体系，中国地质调查局局属各单位用户通过地质调查业务网，将已有地质数据库和新采集的数据存储到地质云端，并根据需要从云端获取其他单位的地质数据。基层勘查用户在野外通过 4G 或卫星线路调用云端地质背景数据，采用数据采集系统采集数据，通过网络链路上传、存储到云端；还可以通过客户端和网络链路，调用云端硬软件资源对数据进行处理和成果综合，再将结果实时存储到云端。社会公众用户则可通过互联网发送需求或指令，在权限内及时获得所需的地质数据或信息服务。

在地质信息云服务系统中，最重要的环节是地质数据的汇聚，以及为地质数据提供统一和标准的服务出口。该系统应当向数据拥有者和数据需求者提供一种彼此发现对方的服务，让用户经过简单、统一的入口获取自己所需的全部地质数据。其次，该系统可实现地质信息服务 Web 化，即基于 Web Service 架构的地质信息集成平台解决方案和数据资源，为政府、业务主管部门和企业集团的管理、决策，以及研究机构和社会公众提供高效、便捷和廉价的地质数据查询、访问服务，有效地支持地质调查和矿产勘查业务的开展。

目前，学术界与企业界对地质信息云服务系统的研究重心，多放在整体云计算体系结构层级上（IaaS，PaaS 和 SaaS），对通过云服务方式解决地质数据集成与服务问题（DaaS 层级服务）关注不够。在美国地质调查局的 2013～2023 年发展规划中，特别强调各大学科领域的交叉及相互的支持，从原有学科组织结构转变为以问题为依据的组织结构。要建立整合跨学科、跨平台的地球科学知识体系，面临着大量的数据资源与各类软硬件资源整合问题。构建以实际问题为导向的、多种类型服务融合的、能够满足各类、各级地质矿产勘查用户所有需求的地质信息一站式服务平台，是今后的发展方向。

2.4.3 矿产勘查信息服务系统开发模式

为了基于地质大数据体系建设总体架构，实现矿产勘查信息服务系统的开发与应用，需要采用基于 SaaS 云平台和微服务架构的 C/S+B/S 开发模式，并着重解决地质业务数据模型和服务粒度划分、多主题数据服务体系与缓存机制、具有自描述功能的地质数据服务接口，以及多地质主题服务的构建方法与范式等问题（彭诗杰，2017）。

2.4.3.1　基于 SaaS 云平台和微服务架构的 C/S+B/S 开发模式

其中，C/S 模式（client/server，客户机/服务器）可采用 Docker 为容器引擎。Docker 是一个较为理想的开源微服务架构，其后端具松耦合特征，模块各司其职并有机组合。用户可通过 Docker Client 与 Docker Daemon 建立通信，并发送请求给后者；Docker Daemon 作为 Docker 架构中的主体，提供服务端的功能使其可以接受 Docker Client 的请求；而后 Engine 执行内部的后续工作，并以一一对应的 Job 形式存续。

在 Job 的运行过程中，当需要容器镜像时，则从 Docker Registry 中下载，再通过镜像管理驱动 graphdriver 并以 Graph 的形式存储；当需要为 Docker 创建网络环境时，可通过网络管理驱动 networkdriver 创建并配置 Docker 容器网络环境；当需要限制 Docker 容器运行资源或执行用户指令时，可通过 execdriver 来完成。而 networkdriver 和 execdriver 则通过 libcontainer 来实现对容器的操作。当执行完运行容器的命令后，一个实际的 Docker 容器就处于运行状态。Libcontainer 是一项独立的容器管理包，拥有独立的文件系统，独立并且安全的运行环境，有效地实现远程的微服务过程。

从本质上说，B/S 结构也是一种 C/S 结构模式，是由传统的二层 C/S 结构模式发展而来的三层结构（图 2-14）。层与层之间相互独立，任何一层的改变都不影响其他层，所以可用不同厂家的产品来组成性能更佳的系统。B/S 模式将系统功能的核心部分集中到服务器上，简化了系统的开发、维护和使用。只要在客户机上安装一个浏览器，就可通过 Web Server 与数据库进行数据交换。B/S 最大的优点是可以在任何地方进行操作，不需安装任何专门软件，只要有一台能上网的电脑就能使用，客户端零安装、零维护。它利用通用浏览器的多种脚本语言和 ActiveX 技术，来实现原来需要复杂专用软件才能实现的强大功能，不但节约开发成本，而且扩展非常容易。B/S 程序还支持在客户端电脑上进行部分任务处理，从而可以减轻服务器的负担，并增加交互性，实现局部实时刷新。

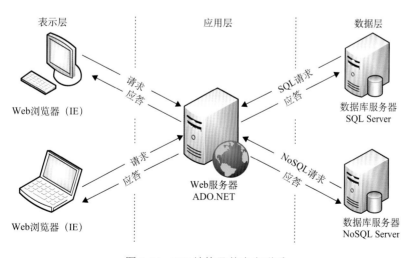

图 2-14　B/S 结构及其内在联系

当前国际上兴起的"OneGeology 计划"，就是采用 B/S 结构和分布式模式来实现多源数据集成的。在此基础上，实现了由各个参与国家的地质调查机构以网络服务的形式提供动态的地质数据，并在门户网站上提供网络服务的访问接口。

2.4.3.2　微服务与微服务体系架构概述

为了说明微服务与微服务体系架构的内容，需先给出其相关定义。

定义 1　微服务（microservice）：一个单独微服务，是指基于 minimal 通过消息机制相互作用的一个独立的进程。

这种服务方式使用最小规模的集中管理（例如 Docker），还可用不同的编程语言和数据库来实现，契合云计算平台特别是 SaaS 包容万象、按需扩展等特点（Balalaie et al.，2016）。各个服务都可以独立部署在操作系统异构、语言异构的云环境中，并且运行在独立的进程中。具体地说，就是运用露珠运算（dew computing）进行功能扩展，即由许多微服务的功能元件（小露珠）汇集成大的运算能力，将应用程序细化为在结构上无关联的服务，各服务之间通过轻量级的通信协议进行交互协同，以完成相对复杂的业务功能。

定义 2　微服务架构（microservice architecture）：微服务架构是指所有子模块都是基于微服务实现的分布式系统。

这是一种与云计算紧密联系的原生云架构，其要领是通过一系列具单一责任与功能的小构筑块（small building blocks），组合出复杂的大型应用程序，实现软件系统的整体服务功能。各构筑块拥有自己的行程与轻量化处理，服务依业务功能设计，以全自动方式部署，使用与语言无关（language-independent/language agnostic）的 API 集相互通信（图 2-15）。微服务架构与云计算相结合，在相应服务单元中按需要进行精准的功能或业务扩展，既可以避免整个系统/软件都同时扩展，又可以根据运算资源状况来配置微服务，或者布设新的运算资源并将其配置到运算单元中去。基于这种微服务架构风格，不赞成或

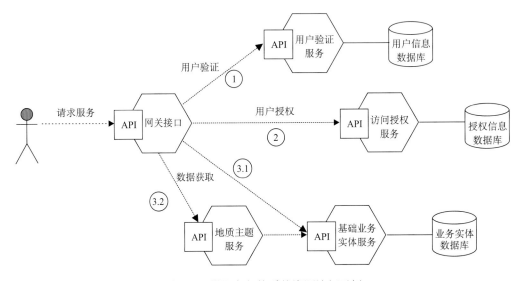

图 2-15　微服务架构系统资源访问示例

禁止任何特定的编程范例,而是提供了将分布式应用程序的组件划分为独立实体的指南,并且约定每个实体只针对性地解决一个问题。这就意味着每一个微服务都能够采用上述主流语言在内部实现,只需通过消息传递功能需求即可。与单体式应用程序(monolith)相比较,微服务架构在模块化独立测试、持续集成、系统年运行时间(系统稳定性)、容器化支持、资源消耗以及跨语言等方面,都有着显著的优势。

微服务架构的优势只有在系统复杂度超过一定程度,单体式架构系统开发效率明显下降时,才能得到很好的体现。相反,当系统复杂度低时,采用微服务架构需要付出额外的服务及接口管理代价,将导致系统开发效率显著降低。

微服务架构的优势与不足如表 2-2 所示。

表 2-2　微服务架构的优势与不足

优势	不足
清晰的模块边界:微服务加强了模块化结构,尤其是对于大型业务复杂的软件系统	模块分布性:编程难度增大,分布式模块间的远程调用效率低下并且存在着因网络连接超时而造成调用失败的风险
独立的部署:简单的服务模块容易在云环境中部署,具有自治性,单个服务模块发生错误不会引起整个系统崩溃	最终一致性:维持分布式系统的强一致性是非常困难的,也就是说各个服务模块必须管理最终一致性
支持技术多样性:微服务架构系统支持多语言、多框架技术以及多数据存储技术。可以在一个系统中使用多种编程语言、不同框架以及异构数据存储技术进行开发	操作复杂性:需要一个成熟的运营团队来管理众多的服务模块

2.4.3.3　面向地质主题的微服务体系

采用微服务架构构建复杂应用系统,特别是分布式系统,具有可扩展性和高开发效率。这些优势和特性,契合面向地质主题的数据云服务系统需求。

从总体上看,地质主题应用正处于发展状态中,特别是从地质科学大数据中挖掘并抽取隐含的知识和关系的应用,越来越多地得到应用软件研发人员、矿产勘查人员和科研人员的关注和认可。在基于微服务架构的地质主题微服务体系中,单个服务与主题应用形成一一映射关系(图 2-16),每一个微服务单元(地质主题应用)的边界分明且运行独立,服务的扩展不会对其他服务单元和整个系统造成额外的影响和负担。因此,每个服务单元的开发可单独进行,团队之间的协作与交互基于对外的服务接口来实现,开发完成的服务可立即接入到系统中去,大大地提高了整个系统的开发效率。这样一来,不仅可以消除"木桶短板"效应,而且可以避免某个模块开发滞后造成的影响。

微服务架构的这种特性,对于面向多地质主题的数据云服务系统设计而言,具有重要的意义。这是因为在采用惯常的单体式应用架构进行系统设计时,应用模块的部署需要等到所有模块开发完成之后才能进行,而采用微服务架构进行系统设计时,应用模块的部署不必等到所有模块开发完成之后才进行,先后完成的服务单元可以先后部署。由于地质主题服务的复杂性不相同,相应服务的开发完成往往有先后,这种互不干扰、可独立部署的特性,对于消除因开发进度差异造成的影响无疑有重要意义。

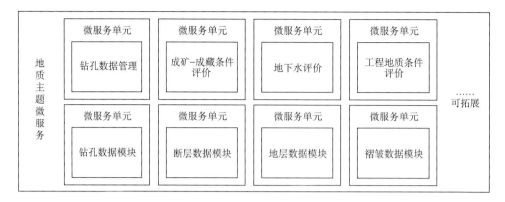

图 2-16　地质主题微服务架构模型（彭诗杰，2017）

第三章 固体矿产勘查数据的数字化采集

固体矿产勘查数据采集子系统，服务于地质数据的数字化采集、数据检查、加工整理和最终入库归档的全流程，可以有效地实现全部现势野外数据、相关物探和化探数据、遥感数据和各类前期勘查历史资料的采集、整理和入库。

3.1 数据采集子系统的组成和功能

固体矿产勘查数据采集的主要功能需求是：基于平板机或便携机，采用数字化方式对勘查过程中所开展的野外露头地质点观察、地质剖面实测、探槽地质编录、浅井地质编录、钻孔岩心编录、探硐地质编录和室内测试鉴定所获得的全部科学数据，以及源自物探、化探和遥感的数据（主要是地质解释数据），进行准确而完整的采集、整理和入库。同时，还要对前期和前人在工区所进行的各类勘查、区域地质调查成果数据，进行数字化采集和整理入库。子系统的结构组成和功能研发，以满足这些需求为目标。

3.1.1 数据采集子系统的组成

固体矿产勘查数据采集子系统，由露头数据采集模块、钻孔数据采集模块、工程数据采集模块、物化数据采集模块和前期数据采集模块组成（图 3-1）。其中，露头数据采集模块包含实测剖面数据采集子模块和露头观测数据采集子模块。实测剖面数据采集子模块专用于各类地层剖面测制，具有地质剖面数据采集和自动编绘地质剖面的基本功能；露头观测数据采集子模块用于采集、整理和存储路线踏勘、地质点描述等数据。钻孔数据采集模块分为 4 个子模块，用于采集和存储沉积岩钻孔数据、火成岩钻孔数据和变质岩钻孔数据，以及编制并输出打印各种原始编录本。工程数据采集模块也分为探槽编录、浅井编录、探硐（坑道）编录和工程原始编录本编制打印 4 个子模块，用于采集存储除钻探之外的各种探测工程编录数据，并编制打印相应的原始编录本。物化数据采集模块包括地球物理、地球化学、遥感雷达、测试鉴定 4 个子模块，用于收集、转换和存储来自相应勘查技术手段的数据。前期数据采集模块包含 DGSS 成果数据采集和前期零散数据采集 2 个子模块，前者用于转换和存储中国地质调查局数字地质调查系统（digital geological survey system, DGSS）中与当前勘查区有关的前期成果数据，后者用于采集和存储与当前勘查区有关的前期和前人所获取的各类零散成果数据。前期数据采集模块，面对的数据既有非结构化的图像数据和文本数据，也有结构化的图形数据和表格数据。除了前期数据采集模块所采集的前期零散成果数据需先进入原始数据库外，其他 4 个模块所采集的数据都直接进入勘查区主题式点源数据库，即勘查区基础数据库中。

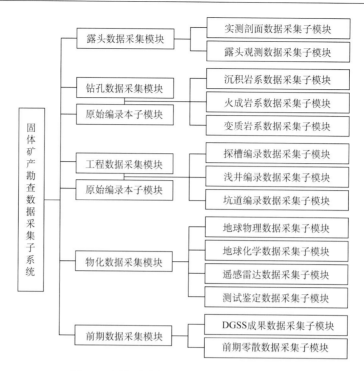

图 3-1　固体矿产勘查数据采集子系统的组成

3.1.2　数据采集子系统的功能

不同类型的数据，需采用不同的采集模块，并实现对数据有效性验证和数据完整性、安全性、一致性的维护，支持和完成所有数据的整理和入库工作。根据数据本身特征、野外作业特点和制图规则，钻孔数据采集模块应以钻探的班报数据为基础，实现对地层数据的自动合并，使各种描述内容有机结合形成编录图件，进而实现编录本分页打印存档。为此，需要开发并设置基于手持平板电脑的数据采集模块，让数据便捷地导入野外笔记本电脑的数据库中，并实现野外各种原始记录簿、地质编录本和水文编录本的自动绘制和打印输出。与此相对应，工程数据采集模块也应当实现类似的功能。

同时，应当为物化数据采集模块开发并配置软件接口，实现与中国地质调查局物化遥数据处理系统对接与协同工作，而钻孔数据采集模块和 DGSS 成果数据采集子模块，也应实现与中国地质调查局的 DGSS 对接和协同工作。前期零散数据采集子集模块则应提供文本和地质图矢量化模块功能，支持对纸质文本、图件和 Excel 数据文件等结构化和非结构化数据的采集和导入。根据管理机构和勘查单位的需求，还应提供适当的软件工具来实现所有数据的整合、集成，并以原始编录格式输出纸质文本，以便存档（图 3-2）。

固体矿产类型繁多，其原始编录格式各不相同，为了做到既照顾差别又简化编程和应用，将其分为内生矿产、外生矿产、变质矿产和水文地质 4 大类。各类编录本涉及的图件内容，如表 3-1 所示。为了维护和保证数据的安全性、完整性和一致性，各野外原始数据采集模块还应提供数据审核机制，分别对采集数据和调用的人员设置权限，从而保证所采集的数据在严格的监督机制下，由数据采集人负责修改和维护。

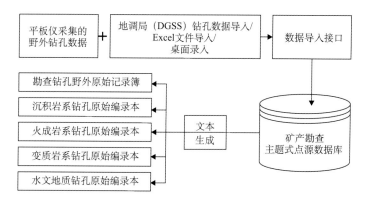

图 3-2 固体矿产勘查野外钻孔数据采集模块的数据流图

表 3-1 各类原始编录本涉及的编录图件内容

序号	编录本类型	比例尺	图件内容	矿床类型
1	地质编录本（1）	1∶100，含矿部分另行制图，放大至1∶50	回次、累计深度、进尺、岩心长、残留岩心、回次采取率、深度、编录柱状图、换层位置、岩矿心测量曲线、岩性描述、取样及样本位置编号、轴心夹角	内生矿床：岩浆矿床、伟晶岩矿床、气成热液矿床
2	地质编录本（2）		回次、累计深度、进尺、岩心长、残留岩心、回次采取率、孔深、粒级柱状图、颜色、碳酸盐含量、岩石固结程度、岩矿心测量曲线、岩性描述、取样点及样本位置编号	外生矿床：沉积矿床、风化矿床
3	地质编录本（3）		回次、累计深度、进尺、岩心长、残留岩心、回次采取率、深度、编录柱状图、换层位置、岩矿心测量曲线、岩性描述、取样及样本位置编号、轴心夹角	变质矿床：岩浆变质矿床、热液变质矿床、沉积变质矿床
4	水文编录本		回次、累计深度、进尺、岩心长、残留岩心、回次采取率、孔深、粒级柱状图、颜色、碳酸盐含量、岩石固结程度、岩矿心测量曲线、岩性描述、取样点及样本位置编号	所有内外生矿床和喷流沉积矿床

勘查数据采集子系统各模块和子模块采集的数据，最终都需要导入主题式点源数据库（基础数据库）中，因此其设计和开发应与数据库一体化进行。

为了与中国地质调查局物化探数据处理系统和数字地质调查系统（DGSS）对接并协同工作，数据采集子系统采用 C/S 模式和图 3-3 所示的体系结构。固体矿产勘查数据采集子系统的工作流程及数据流程如图 3-4 所示。

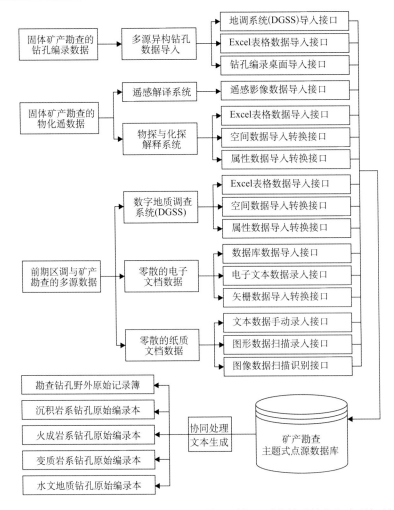

图 3-3　基于 C/S 模式的固体矿产勘查数据采集子系统体系结构与实现机制

3.2　钻孔野外数据采集模块

　　钻孔野外数据采集模块是固体矿产勘查数据采集子系统的重要组成部分。根据野外工作特点，该模块可基于手持平板电脑进行开发。其设计原则是方便、快捷、可靠，有利于在野外取全、取准钻孔岩性编录原始数据，并可方便地转入室内台式机或便携机中进行处理。其数字化流程，可简化钻孔数据的编录流程，提高钻孔数据的编录效率，促进野外编录的标准化和规范化，进而保证数据采集的精度、完整性和可靠性。

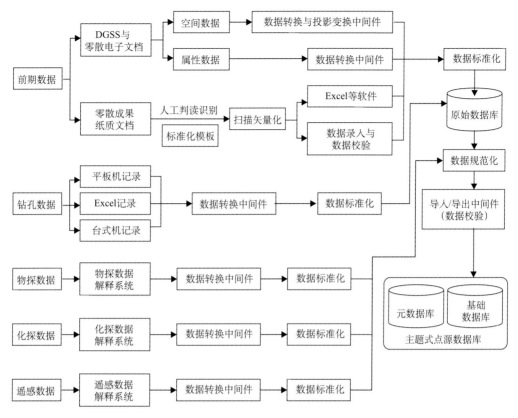

图 3-4　固体矿产勘查数据采集子系统工作流程及数据流程

3.2.1　钻孔野外数据采集模块的开发

3.2.1.1　基于 Android 平板电脑的钻孔野外数据采集模块设计

目前，市面上适用的平板电脑有许多款。这里着重介绍一款基于 Android 平板电脑的野外钻孔数据采集模块。该模块综合应用标准数据自动提示、录入字段屏幕显示定制、录入字段字典定制、班报数据自动传递、关键信息自动计算和关联数据自动预测等技术，可实现固体矿产勘查钻孔数据的野外一次性数字化快速采集。在野外，该数据采集模块可自动将所采集的数据保存为相应的数据库文件，并通过 USB 数据线方式拷贝到笔记本电脑或者台式机中。回到室内，可以利用相应的数据导入子模块，方便地将数据导入主题式点源数据库中，再转化为野外地质记录簿打印输出。该模块根据原始数据特征和制图规则，以钻探的班报数据为基础，可对地层数据进行自动合并，还能将构造、岩性、蚀变和矿化等内容综合成图，可实现各种野外原始编录本的自动编制和分页打印存档。

1. 钻孔野外数据采集模块的作业流程

该模块装载于 Android 平板电脑上，可在野外驻地将采集到的数据导入便携机或台式机的主题式点源数据库中，并完成野外原始地质记录本的打印输出，包括内生、外生和变质等各类矿床的地质编录本，以及水文编录本。该模块工作流程如图 3-5 所示。

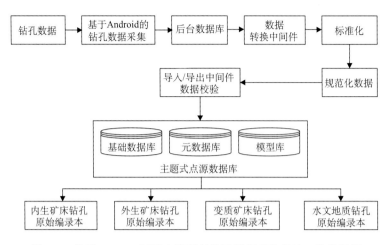

图 3-5　基于 Android 平板电脑野外钻孔数据采集模块工作流程图

2. 钻孔野外数据采集模块的逻辑结构

为了方便野外操作，需要简化录入过程，并使模块的数据采集界面能适应不同矿床地质特征，以便确保数据录入的准确性，该数据采集模块采用了动态自定义字典技术，允许用户动态自定义应用程序界面。同时，为了方便进行数据分类组织，并按照需要将原始记录本分类输出，基于 Android 平板电脑开发的钻孔野外数据采集子系统，采用数据仓库技术来分析数据间联系，进行动态的数据合法性检查，以及预测未来将要录入的数据。在数据采集完成后，可根据数据属性类别将数据归档保存，并导入统一的主题式点源空间数据库和属性数据库（对象关系数据库）中。通过该野外数据采集模块，所录入的数据可以方便地导入桌面系统中，然后利用数据归档与报表输出子模块，按照标准的钻孔野外数据记录格式，分别输出内生矿床、外生矿床和变质矿床的表格和文本。由于各类矿床内部矿种的地质特征千差万别，除了进一步提高模块界面的自适应性外，还可根据具体矿种及其地质特征，定制相应的野外钻孔数据记录格式。该模块的逻辑结构设计如图 3-6 所示。

3. 钻孔野外数据采集模块的界面设计

电脑的操作界面是应用程序与用户沟通的窗口，界面的方便性及交互性能高低，是友好程度及沟通能力的标志。因此，界面的设计是野外钻孔数据采集模块设计的重要组成部分。Android 界面的设计，主要包括 Android 平板机或手机显示界面的交互设计。目前，伴随硬件水平的高速发展，Android 平板机和手机的界面已经十分完善，只需控制 Activity（即活动）的生命周期，即可实现一个合理的界面交互逻辑过程。

本钻孔野外数据采集模块的界面，采用了滑动菜单和系统工具栏 ActionBar，通过基本的 Activity 的形式与用户交互。其主界面设计非常简便（图 3-7）。

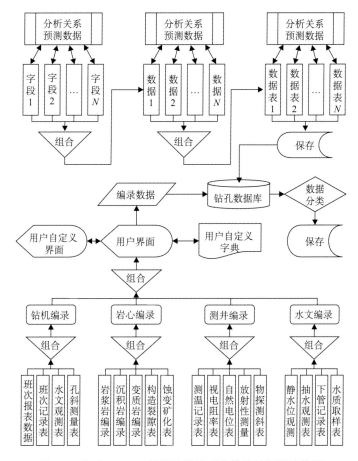

图 3-6 基于 Android 的钻孔数据采集模块的逻辑结构图

图 3-7 Android 平板电脑的 Activity 主界面设计

该钻孔野外数据采集模块的查询界面，如图 3-8 所示。

通过简单的设计之后，用户就能够在野外方便而高效地使用该数据采集模块，进行钻孔数据录入和数据查询。其效果分别如图 3-9、图 3-10 所示。

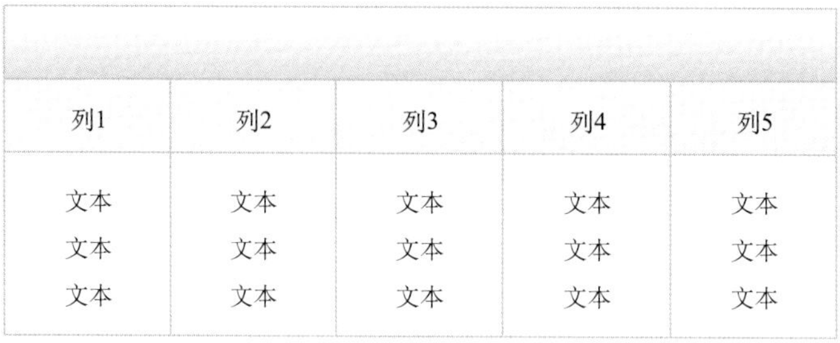

列1	列2	列3	列4	列5
文本	文本	文本	文本	文本
文本	文本	文本	文本	文本
文本	文本	文本	文本	文本

图 3-8　查询 Activity 的界面设计

图 3-9　钻孔野外数据录入模块的 Activity 录入界面显示

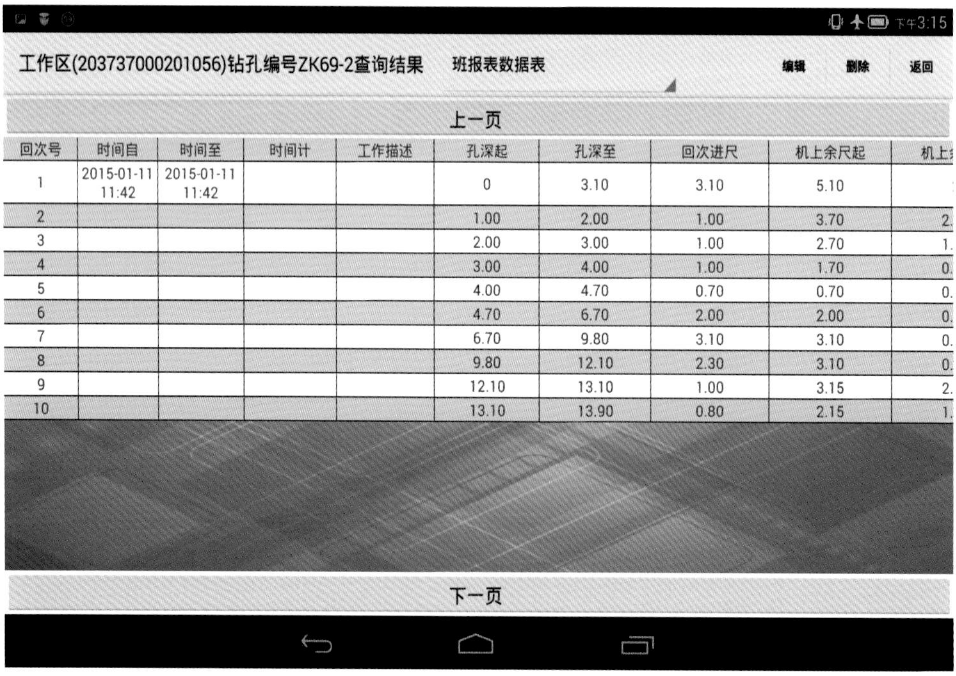

工作区(203737000201056)钻孔编号ZK69-2查询结果　　班报表数据表　　　　　　编辑　删除　返回

上一页

回次号	时间自	时间至	时间计	工作描述	孔深起	孔深至	回次进尺	机上余尺起	机上
1	2015-01-11 11:42	2015-01-11 11:42			0	3.10	3.10	5.10	
2					1.00	2.00	1.00	3.70	2.
3					2.00	3.00	1.00	2.70	1.
4					3.00	4.00	1.00	1.70	0.
5					4.00	4.70	0.70	0.70	0.
6					4.70	6.70	2.00	2.00	0.
7					6.70	9.80	3.10	3.10	0.
8					9.80	12.10	2.30	3.10	0.
9					12.10	13.10	1.00	3.15	2.
10					13.10	13.90	0.80	2.15	1.

下一页

图 3-10　钻孔野外数据录入模块的 Activity 查询界面

4. 钻孔野外数据采集模块的子模块设计

该模块的功能子模块有数据录入、数据查询、数据导出等。

数据录入子模块：该模块采集的大部分为属性数据，且以数字和文字为主。在移动端，一般用虚拟键盘拼音输入或手写输入，也可采用语音输入。根据用户需求，在对模型深入理解的基础上，采用如图 3-9 所示的统一录入界面图。

数据查询子模块：在野外录入数据时比较容易出错，所以设计了用于对录入数据进行查询的子模块，可用于数据删除、修改等操作。该子模块可以定位查看并修改表中最后一条数据，也可以查看并修改所有数据。其界面如图 3-10 所示。

数据导出子模块：为了把野外钻孔编录数据导出到桌面系统，需先将这些数据转换为 ".db" 格式数据，然后让机器自动把这些数据从 Android 设备中复制到指定的路径下，进入主题式点源数据库中。Android 设备数据的导入，采用 Android Debug Bridge 工具和数据库操作相结合的方式，即先利用 Android Debug Bridge 工具，将 Android 设备中的数据通过 USB 数据线拷贝至 PC 固定目录中，然后调用数据导入类来实现。

3.2.1.2 钻孔野外数据采集模块的若干技术

1. SQLite 数据库管理技术

SQLite 是一款轻型嵌入式的关系数据库，提供了简单、高效的 API，该技术主要是对 SQLite 提供的数据库操作接口进行了封装。主要涉及的内容有 SQLite 数据库的插入、保存、查询、删除等项功能。

2. 标准数据自动提示技术

该项技术利用 Android 系统底层 API 以及相关控件存放标准数据，在编录模块中输入数据字段作为索引关键字备用，可以提高数据录入效率及减少数据输入工作量。一旦提示消息被触发，该模块可依据已知的勘探钻孔数据字段之间的关联关系，对待录数据进行计算并生成相关预测数据，自动显示在对话框中供选择和确认（图 3-11）。

图 3-11 自动提示界面显示

3. 录入字段界面定制技术

该项技术用于设计和实现个性化界面,可根据需求调整模块界面上的字段排列顺序,设置数据字段的表头关系,决定字段显示与否,达到简化数据录入界面的目的。其技术原理是利用界面字典技术,在 Activity 的生命周期开始时,按照界面字典的属性信息将控件创建在指定的视图和视图位置中。为了使系统具有能适应不同勘查矿种、不同矿床类型和不同专业人员的数据录入要求,模块中设置了完善而庞大的候选数据集。具体的工作区所涉及的编录内容,往往是整个候选数据集中的一个子集。

该项技术的实现过程,是先利用人机交互式界面对数据录入格式进行定制,而后将用户的定制结果存放在本地配置文件或数据库中,然后根据该结果重新绘制界面,从而实现界面的用户个性化定制功能。该项技术的实现流程和实现效果分别如图 3-12 和图 3-13 所示。

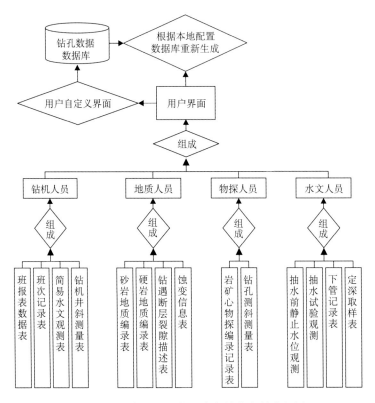

图 3-12　用户对界面的用户个性化定制流程图

4. 标准词条提示字典定制技术

为了提高野外数据录入效率和标准化程度,采用了标准词条提示字典的定制技术,在模块中预置了大量的国标地质词条,作为标准化录入的提示字典,同时实现了提示词条的按需增减、显示和隐藏。这项技术的原理,是根据字典表中的用户自定义属性字段值设置视图中控件的属性信息，当长按编辑框时，定制字典消息被触发，模块便根据控件属性信息从数据库中获取与标准词条相关的字段值，弹出新的定制窗口，实现标准词条提示字典的定制功能，然后保存结果并刷新界面。该项技术的实现过程，是先利用交互式界面主动将需要定制的字段设置为字典字段，而后对需要显示的字典内容进行交互式编辑，并在编辑完成后通过模糊搜索的方式来实现字典信息的自动显示（图 3-14）。

图 3-13　字段定制界面显示

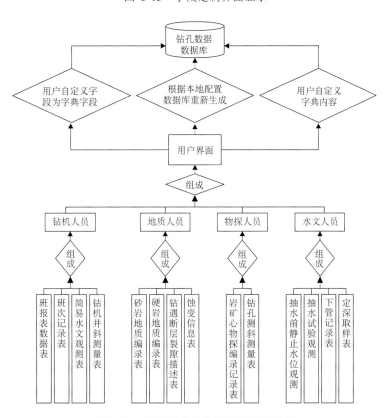

图 3-14　字段字典的个性化定制流程图

其实现效果如图 3-15 所示。

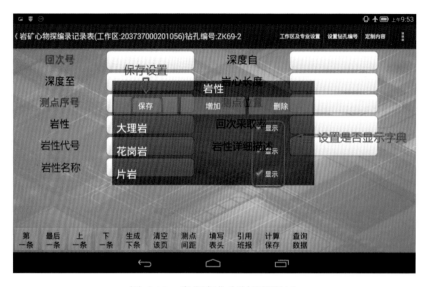

图 3-15　字段字典定制界面显示

5. 综合数据自动计算技术

在野外编录过程中，为了简化人工野外计算，提高计算效率及准确性，有些综合数据可以通过已录入数据的计算来获得。采用关键信息自动计算技术，可实现在多表、多字段建有逻辑关系的值的自动计算。其实现原理是通过判断当前控件的属性值，分析与该属性相关的其他属性值，然后通过正则表达式来求解该属性信息所应该赋的值，并把计算结果直接填入到待录入的对话框中，如图 3-16 所示的回次采取率。

图 3-16　综合数据自动计算界面显示

6. 班报表数据自动传递技术

在地质技术人员进行地质编录和物探技术人员进行物探编录时，会反复使用到由钻探人员记录的钻进过程班报表数据。为了避免相关数据重复录入，模块中采用了班报表数据自动传递技术，实现了在不同操作者间传递班报表数据的功能。其实现原理是：在Activity 的生命周期开始时，根据当前创建的控件属性信息，从数据库班报表中查询数据，再将获取的结果复制并传递给控件。其实现效果如图 3-17 所示。

图 3-17 班报表数据自动传递界面显示

7. 关联数据自动预测技术

钻孔数据中有一类具有很强的前后关联性，因此根据当前记录的数据，可以预测下一条记录该录入什么数据。为了减轻用户数据录入量并提高精度，开发出了关联数据自动预测技术。该项技术面对三种可能的情况：第一，当用户针对一条数据进行录入时，模块需要根据该条数据各字段间的内在联系，自动计算或推测出可以直接得到的数据，并将计算或推测结果自动显示在数据采集界面上；第二，当用户针对同一个数据表进行录入时，模块则要根据主关键字自动检索前面已经录入的相关数据，然后推测用户将要录入的数据值，如果推测结果可确定就直接显示在录入界面上，否则就将推测的大致范围提示给用户，让用户从中选择；第三，当用户针对另一个表格进行录入时，模块则需要自动分析与此相关的表格间关系，并自动预测该表格将要录入的数据值，将推测结果自动填写在数据采集界面上。将以上三点结合起来，利用已经录入的数据来预测即将录入的数据，便可提高录入效率并降低错误率。关联数据自动预测模块的功能实现的工作流程，如图 3-18 所示。

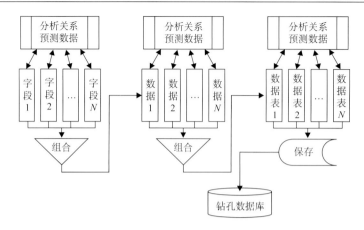

图 3-18　已有数据预测相关联的数据流程图

其实现效果如图 3-19 所示。

图 3-19　关联数据自动预测界面显示

8. 编录数据自动归档技术

钻探、地质和物探等人员分别用平板电脑录入自己的数据。在钻探过程中或者完钻后，通常需要进行数据的阶段汇总和最终归档。本项技术采用数据仓库技术，即面向主题的数据组织方式，通过分析用户录入数据的类别，并按照一定规则在较高层次上对分析对象的数据进行完整、一致的描述，刻画各分析对象所涉及的各项数据及数据间联系，自动地对所采集录入的各类数据进行分析和归类（图 3-20），方便用户后期查询、查看等。这样做可避免手动归档的烦琐和错误，也方便用户进行查询和查看。

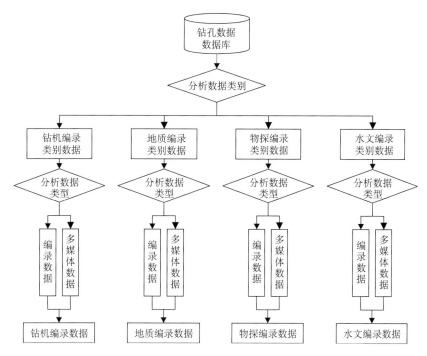

图 3-20　岩心编录数据的自动分类归档流程图

9. 移动设备与桌面系统间数据转换技术

在平板电脑上采集的野外钻孔编录数据,到基地后需要合并和汇聚到基地数据库中。其实现方式是通过 SQLite 数据库"\.db"格式,先将数据转换成字符串,再根据字典表信息向其他数据类型转换,然后将转换结果写入 PC 系统的数据库(Access 或者 Oracle)中,实现从移动设备数据到桌面系统数据之间的传递与汇总。

3.2.2　原始编录本绘制模块研发与应用

在完成钻孔野外数据采集、整理和存储后,还需要按照规定的格式输出原始地质编录本、原始水文编录本和物探数据记录本的一体化自动输出。

3.2.2.1　原始地质编录本绘制模块的研发

钻孔原始地质编录本包含着大量描述文字和图表,属于半结构化数据类型。为了利用计算机处理和输出,可借鉴空间数据库的管理方式,先将其分解为一系列图层,然后按照标准格式或者实际需要,选择并提取相关图层进行叠加并输出打印。

1. 原始地质编录本的图层划分

原始地质编录本图层划分如表 3-2 所示。

表 3-2　原始地质编录本图层划分表

序号	图层名	图层内容
1	图廓图层	图名、图眉、图头
2	标尺网格图层	深度、取样位置列的底部标尺网格
3	底部网格图层	以 1mm、5mm、1cm 为标准的标尺网格，5 格加深，10 格加粗
4	框架图层	图廓线
5	表现栏目图层	表头信息
6	钻孔信息图层	钻孔信息、主矿物含量、岩石固结程度、岩性描述、标注等
7	视电阻率曲线图层	视电阻率测井曲线
8	自然电位曲线图层	自然电位测井曲线
9	蚀变信息图层	蚀变类型、蚀变分布、蚀变点符号
10	测井曲线重绘图层	重绘的视电阻率测井曲线（曲线线段和刻度尺）
11	地层颜色图层	颜色序列（碎屑岩、碳酸盐岩、岩浆岩、火山岩）
12	可编辑柱状图图层	综合柱状图列（可编辑）

2. 原始编录本的数据来源

用于编辑和绘制的各类原始编录本的数据，可直接从主题式点源勘查数据库中提取。所涉及的数据库表包括：钻孔设计表（DMZK0101）、钻孔基本信息表（DMZK0102）、班报表（DMZK0201）、碎屑岩地质编录表（DMZK0409）、岩浆岩地质编录表（DMZK0410）、蚀变信息表（DMZK0413）、钻遇信息表（DMZK0408）、岩矿心物探编录记录表（DMZK0406）、岩矿心物探编录检查记录表（DMZK0407）、钻孔样品记录表（DMZK0901）、钻孔基本化学分析结果表（DMZK0902）等。不同产业部门的要求不同，因此可能还会涉及其他表。

3. 原始编录本的编辑处理过程

绘制原始编录本的处理过程，大体上类似于一种专门的图形编辑过程。

1）坐标系及图元大小设置

原始编录本的坐标以米为单位。在钻探工程原始编录本上，横向坐标和纵向坐标是不随比例尺变化的。不同比例尺参数下的图件，变化的只是线条的粗细、文字的大小及点图元的大小等。其中，图元的大小需要根据纸上的显示尺寸与比例尺换算后得到。假设表示图件名称的文字需要在纸上表现为 10mm 高，则在本设置体系下，当比例尺为 1∶1000 时，应设置其在此坐标系下的高度为 10m。

在此坐标系中，图件的横、纵比例尺度应当保持一致。

2）回次与进尺描述项的设置

通过钻孔在数据库班报表中的"孔深至"一栏中的数据，根据设定的比例尺，可以计算得到每一次回次在编录本图件上对应的 Y 坐标。然后以回次号为关联主键，调出每个回次对应的累计深度、进尺、岩心长、残留岩心、回次采取率和孔深等数据值，进行图上的位置标定，并输出绘制到每一列对应的 Y 坐标上。

3）钻孔岩性柱状图图列绘制

在岩浆岩编录本中，所绘制的岩性柱状图图列的名称定为"编录柱状图"，而碎屑岩编录本中的柱状图图列，可定为"粒级柱状图"。其原因在于，为了便于进行沉积相分析，碎屑岩的岩性柱状图中需要按照碎屑颗粒的粒度，绘制出不同的岩层宽度。例如，当岩性为煤时，其岩层宽度＝粒级柱状图的原有宽度×1/8；当岩性为泥时，其岩层宽度＝粒级柱状图的原有宽度×2/8。依此类推，粉砂、细砂、中砂、粗砂、砂砾、砾的岩层绘制宽度由×3/8～×8/8，逐步增加。钻孔柱状图图列的数据，来自于主题式点源勘查数据库中相应的上述表中。这些表是地质编录表的数据规范化结果。地质编录表是按照钻探回次进行编录的，其"岩性起"和"岩性止"为取出的岩心在当前回次的相对起止深度。每个地层柱子的实际起深度＝当前回次孔深至-岩矿心长+岩性起；实际止深度＝当前回次孔深至-岩矿心长+岩性止。在该岩性柱上的各层位，根据岩石名称填充相应的岩石符号。

4）钻孔岩层的岩性描述列绘制

钻孔岩层的岩性描述列的内容包括颜色、岩性、岩石结构构造、主要矿物（或碎屑颗粒）成分及含量、次要矿物（或碎屑颗粒）成分及含量、岩石固结程度等。岩性描述列为砂岩地质编录本的特有列。每一条绘制数据的"起"和"止"深度计算方法，与上述柱状图的实际起止深度的计算方法类似。此处，是将上下相邻并且具有相同值的数据进行合并，合并方法为修改当前层的"深度止"到与下一层的值不同为止。

5）视电阻率和自然电位测井曲线绘制

钻孔视电阻率和自然电位测井曲线的数据，来源于主题式点源勘查数据库中的测井数据编录表。若需要绘制复测曲线，则数据来源于测井编录检查表。依据野外编录的实际规则，测井部分也是按照回次进行编录，测点深度为相对于每个回次的相对深度。曲线实际深度＝当前回次孔深至-岩矿心长+测点深度。每个回次的深度点连接成线，如果某一回次没有数据，则不绘制。为了方便用户比较，钻孔视电阻率和自然电位曲线采用同样的刻度尺，自动计算两根曲线在数据库中的最大值和最小值，然后按照适当的比率缩放。

6）取样及样品位置编号的绘制

利用"取样位置"的"自"和"至"计算其图上的 Y 坐标。在"自"和"至"之间绘制黑白相间的样轨，标注样品编号、样品位置起、样品位置止。

3.2.2.2　野外原始资料打印模块的应用

将所采集的数据导入主题式勘查点源数据库后，利用本模块可进行野外原始记录薄的打印输出。该钻孔野外原始记录簿中的内容，包括钻孔岩矿心的地质观察与编录、岩矿心的物探方法检测与编录、孔深校正记录表，以及钻探过程的各类工程管理和见矿预测通知书。该模块的数据处理流程和操作界面，分别如图3-21、图3-22所示。

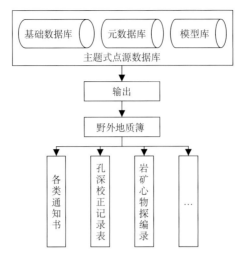

图 3-21   钻孔野外原始资料的输出

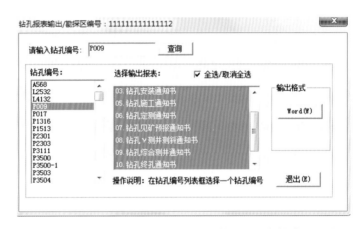

图 3-22   钻孔原始资料簿中各类工程管理通知书的输出界面

实现钻孔野外地质簿的打印，可以采用 Office.COM 组件对 Office 文档进行操作，包括新建、保存、另存为、选取文本块、插入文本等。其中，文档内容的提供分为两个部分：第一是文档模板，为原始地质资料文档中模式相对固定的内容，即页眉、标题以及内容标签；第二是后台数据，即从数据库中获取的内容。钻孔野外地质簿的打印大致思路如下：

（1）制定文档模板，定义模板中标签内容与后台数据项的对应关系；

（2）按与文档模板编号对应的数据源 ID 列表，再通过 ADO 技术从各数据源获取数据集；

（3）通过 Word 程序 COM 组件读取文档模板，并遍历其中需要替换的内容标签，然后使用标签对应的后台数据替换标签文本；

（4）将处理完毕的文档模板另存为 Word 文档；

（5）最终根据各勘查管理部门制定的原始地质资料表格标准格式，从系统数据库或数据仓库中组织数据；

（6）选择需要输出报表的钻孔编号，以及该钻孔需要输出的报表，点击输出格式Word（W）即可输出符合规范要求的报表。

报表输出完成之后，模块给出如图 3-23 的文件清单供查看。

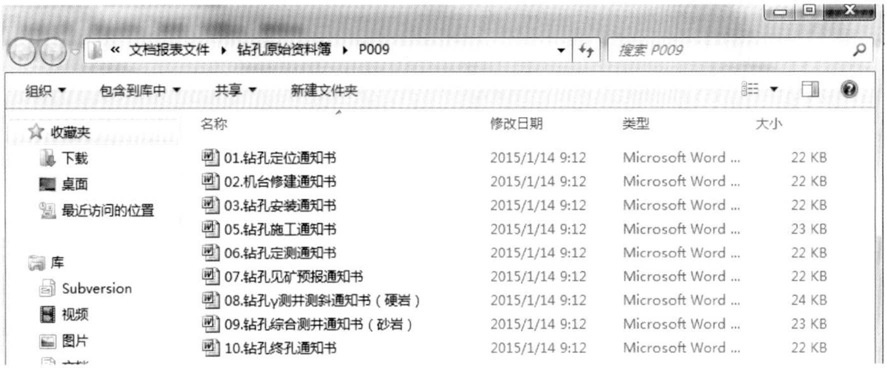

图 3-23　钻孔原始资料薄输出的报表清单

3.2.2.3　钻孔各种原始记录本的绘制效果

1. 钻孔原始地质编录本

本模块通过参数设置，包括起止深度、列设置、物探曲线、蚀变裂隙文字的合并等（图 3-24），可直接进行地质编录本的绘制。原始记录本可以分页打印成为一个记录本（图 3-25），每一页的效果如图 3-26 所示；也可以绘制成一幅完整的综合柱状图（图 3-27）。

图 3-24　地质编录本参数设置

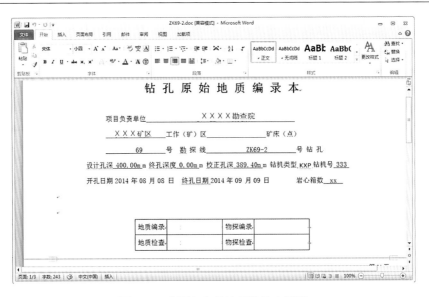

图 3-25　分页打印的地质编录本封面

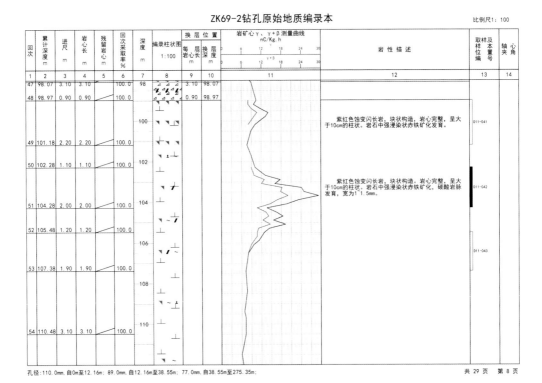

图 3-26　钻孔原始地质编录本分页打印页面

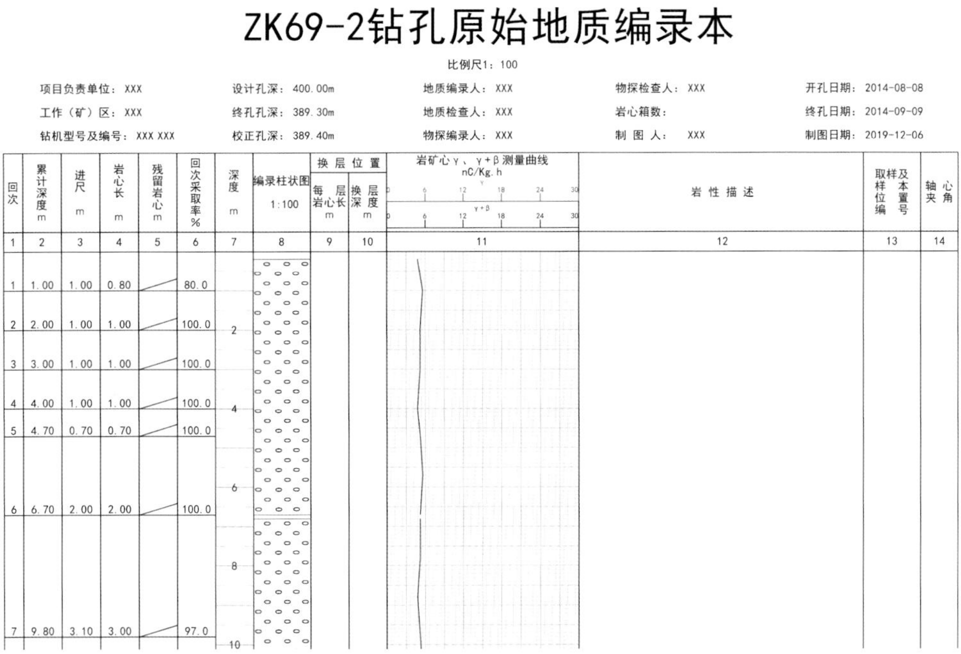

ZK69-2钻孔原始地质编录本

比例尺1：100

项目负责单位：XXX	设计孔深：400.00m	地质编录人：XXX	物探检查人：XXX	开孔日期：2014-08-08
工作（矿）区：XXX	终孔孔深：389.30m	地质检查人：XXX	岩心箱数：	终孔日期：2014-09-09
钻机型号及编号：XXX XXX	校正孔深：389.40m	物探编录人：XXX	制图人：XXX	制图日期：2019-12-06

回次	累计深度 m	进尺 m	岩心长 m	残留岩心 m	回次采取率 %	深度 m	编录柱状图 1:100	换 层 位 置		岩矿心 γ、γ+β 测量曲线 nC/Kg·h	岩 性 描 述	取样及样位编号	轴心夹角
								每层岩心长 m	换层深度 m				
1	2	3	4	5	6	7	8	9	10	11	12	13	14
1	1.00	1.00	0.80		80.0								
2	2.00	1.00	1.00		100.0								
3	3.00	1.00	1.00		100.0								
4	4.00	1.00	1.00		100.0								
5	4.70	0.70	0.70		100.0								
6	6.70	2.00	2.00		100.0								
7	9.80	3.10	3.00		97.0								

图 3-27　钻孔原始地质编录本

2. 钻孔原始水文地质编录本

钻孔原始水文地质编录本的各项参数与地质编录本类似。这些参数的设置也与地质编录本类似（图 3-28）。其输出可以是分页打印再装订成册，也可以是整幅柱状图打印。

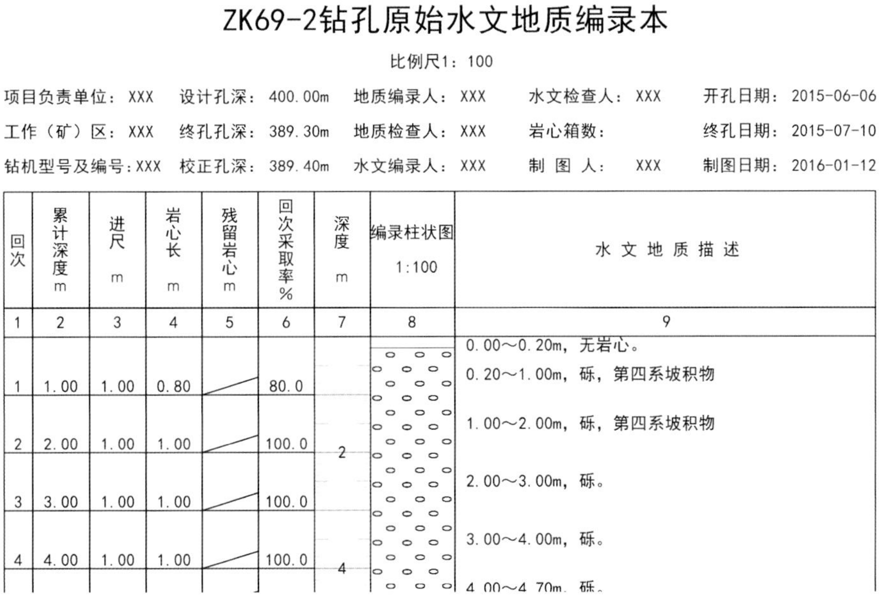

ZK69-2钻孔原始水文地质编录本

比例尺1：100

项目负责单位：XXX	设计孔深：400.00m	地质编录人：XXX	水文检查人：XXX	开孔日期：2015-06-06
工作（矿）区：XXX	终孔孔深：389.30m	地质检查人：XXX	岩心箱数：	终孔日期：2015-07-10
钻机型号及编号：XXX	校正孔深：389.40m	水文编录人：XXX	制 图 人：XXX	制图日期：2016-01-12

回次	累计深度 m	进尺 m	岩心长 m	残留岩心 m	回次采取率 %	深度 m	编录柱状图 1:100	水 文 地 质 描 述
1	2	3	4	5	6	7	8	9
1	1.00	1.00	0.80		80.0			0.00～0.20m，无岩心。 0.20～1.00m，砾，第四系坡积物
2	2.00	1.00	1.00		100.0			1.00～2.00m，砾，第四系坡积物
3	3.00	1.00	1.00		100.0			2.00～3.00m，砾。
4	4.00	1.00	1.00		100.0			3.00～4.00m，砾。 4.00～4.70m，砾。

图 3-28　原始水文编录本打印输出效果图

3.3　前期成果数据采集模块

前期数据采集模块包含有与中国地质调查局数字地质调查系统（DGSS）对接的"DGSS 数据采集子模块"，以及专用于采集、整理和存储本勘查单位或者其他勘查单位和个人所取得的相关的"前期零散成果数据采集子模块"。二者所面对的数据类型较为复杂，其中既有结构化数据，又有非结构化数据和半结构化数据。

3.3.1　中国地质调查局 DGSS 数据导入子模块

为了进行固体矿产勘查区地质科学大数据的汇聚、统合与应用，需要设法与中国地质调查局已经建立的数字地质调查系统（DGSS）对接，并从中采集相关数据。这些数据可能是经一定处理的区域地质填图数据，或相关区域的前期地面地质调查、坑道、探槽、浅井和钻探编录的中间数据，也可能是勘查区阶段勘探工作总结的成果数据。为此，需要设计出相应的接口程序，以便将其直接导入本固体矿产勘查信息系统的数据库中。

3.3.1.1　DGSS 数据存放的文件类型

中国地质调查局的 DGSS 软件是基于 MapGIS 平台开发的，其成果数据按照工程类型，存放在不同的文件夹及子文件夹中。这些数据均以文件方式存在着，共有三种不同的文件类型，即 Access 2000 数据库格式文件、MapGIS 6.7 格式文件和 Excel 2000 格式文件，其界面的样式分别如图 3-29、图 3-30 和图 3-31 所示。

图 3-29　DGSS 的 Access 2000 数据库格式总体目录结构

图 3-30　DGSS 勘探工程对应的 MapGIS 6.7 文件

图 3-31　DGSS 勘探工程对应的 Access 2000 数据库文件（平硐数据）

上述不同格式的数据文件混杂，且因数据结构不同，难以直接进行远程操作、查询、分析和综合。为了充分利用这些数据，需要分别设计接口程序，并通过数据转换中间件导入程序，将其中相关的各类属性数据和空间数据，导入统一的勘查区主题式点源对象关系数据库中，或者分别导入其属性数据库和空间数据库中（图 3-32）。

3.3.1.2　DGSS 数据的导入模块设计

1. DGSS 属性数据的导入子模块

在中国地质调查局 DGSS 存储的成果数据中，属性数据主要存储在 Excel 文件和 Access 数据库里，而有关勘查工程的空间数据和属性数据，通常一起保存在 MapGIS 格式的图层文件中。为了方便进行属性数据的统一处理和统计分析，本子模块设置了将 MapGIS 图层中记录的属性数据导出为 Excel 文件，然后再将 DGSS 中间数据（即属性数据）和最终成果数据（成果图和成果数据库）导入主题式勘查区点源数据库中的功能。该子模块的导出和导入功能的操作界面，分别如图 3-33 和图 3-34 所示。

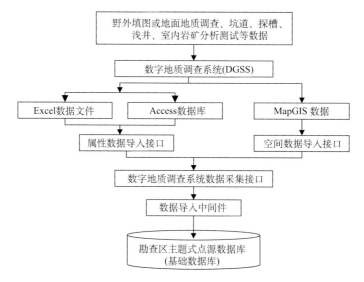

图 3-32　　导入中国地质调查局 DGSS 数据的流程图

图 3-33　　把 DGGS 图层记录的基本信息导出为 Excel 文件的结果示例

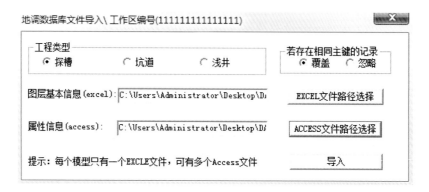

图 3-34　　把 DGSS 的中间数据导入勘查区主题式点源数据库的操作界面

显然，对 DGGS 成果数据中的属性数据导出和导入工作，只需利用上述子模块便可方便地完成，必要时也可存放于 Access 和 Excel 数据文件中（图 3-35）。

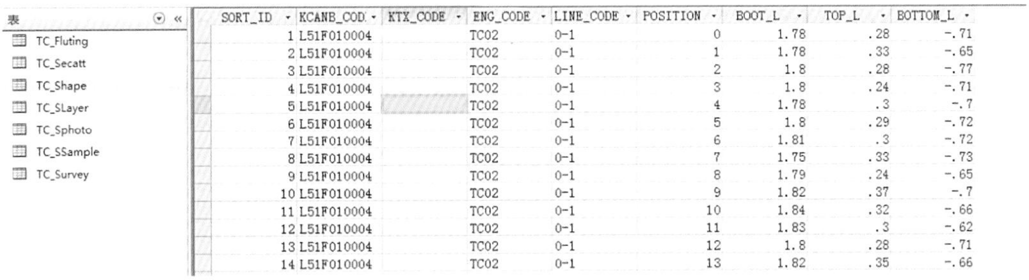

表	SORT_ID	KCANB_COD	KTX_CODE	ENG_CODE	LINE_CODE	POSITION	BOOT_L	TOP_L	BOTTOM_L
TC_Fluting	1 L51F010004		TC02	0-1	0	1.78	.28	-.71
TC_Secatt	2 L51F010004		TC02	0-1	1	1.78	.33	-.65
TC_Shape	3 L51F010004		TC02	0-1	2	1.8	.28	-.77
TC_SLayer	4 L51F010004		TC02	0-1	3	1.8	.24	-.71
TC_Sphoto	5 L51F010004		TC02	0-1	4	1.78	.3	-.7
TC_SSample	6 L51F010004		TC02	0-1	5	1.8	.29	-.72
TC_Survey	7 L51F010004		TC02	0-1	6	1.81	.3	-.72
	8 L51F010004		TC02	0-1	7	1.75	.33	-.73
	9 L51F010004		TC02	0-1	8	1.79	.24	-.65
	10 L51F010004		TC02	0-1	9	1.82	.37	-.7
	11 L51F010004		TC02	0-1	10	1.84	.32	-.66
	12 L51F010004		TC02	0-1	11	1.83	.3	-.62
	13 L51F010004		TC02	0-1	12	1.8	.28	-.71
	14 L51F010004		TC02	0-1	13	1.82	.35	-.66

图 3-35　DGSS 的其他属性数据导入后保存在 Access 数据库的表中

2. 空间数据的采集

在 DGSS 中，空间数据是直接利用 MapGIS 文件存储的。为了把这些数据导入勘查区点源数据库中，并且保留原始格式，仅作为资料备查，只需在勘查区数据采集系统的"固体矿产勘查数据转换与加工模块"中，设置 MapGIS 空间数据文件转换接口，将其转换为勘查信息系统可识别的文件格式即可。此外，采用该转换接口，还可以将 DGSS 所生成的其他二进制文件，一并存储到勘查区点源数据库中。如图 3-36 所示，操作人员只需填写必要的信息如唯一标识、提交人、比例尺等并选择导入文件，便可将相关的 MapGIS 文件转录到点源数据库中。考虑到勘查信息系统不能直接打开 MapGIS 文件，对于需要在勘查信息系统中做进一步处理的部分图形，应当研发并提供专用转换程序。

3.3.2　前期零散数据采集模块

前期零散数据采集模块面向图件和文本两种数据，因而包含有前期成果图件数据采集和前期成果文本数据采集两个子模块。

3.3.2.1　前期成果图件数据采集子模块

固体矿产勘查区前期成果图件种类繁多，大致可归纳为钻孔柱状图、勘探剖面图和地质平面图三大类。该子模块将所搜集的前期地质图件，包括纸质图件和电子图件，可通过不同的处理流程采集并存储到勘查区原始数据库中。对于纸质图件、照片和素描，经过扫描数字化后，如果暂时不使用，就以栅格文件形式（称为矢量图件）直接保存到勘查区原始数据库中；如果马上要使用，则利用自动或交互式图形矢量化模块，通过数据结构的矢量化处理后（称为栅格图件）进入勘查区主题式点源数据库（基础数据库）中（图 3-37）。对于电子图件，也可直接利用空间数据转换中间件，再经过投影变化和标准化、规范化后，按其数据结构，分别保存到勘查区原始数据库或基础数据库的矢量、栅格库中。

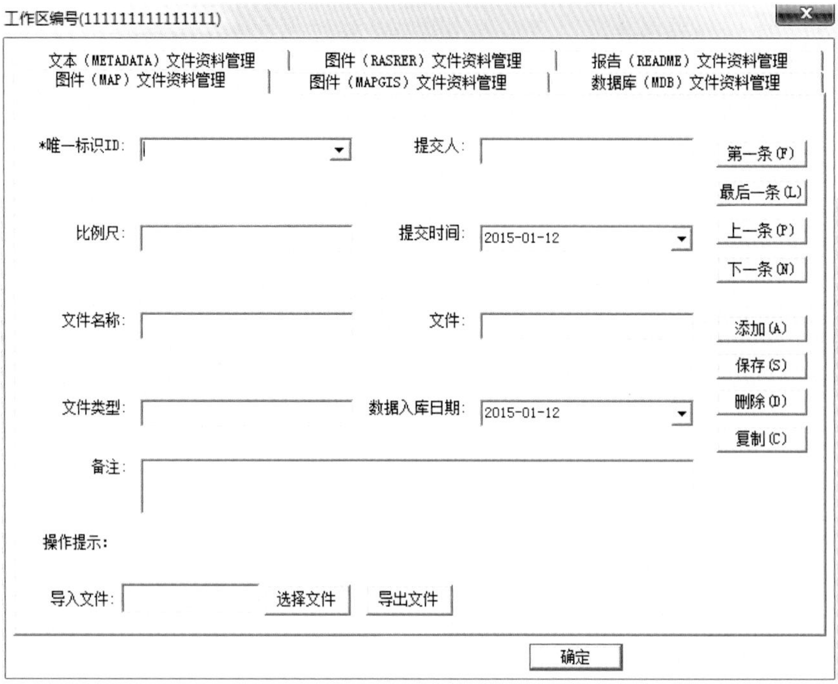

图 3-36　DGSS 的前期成果空间数据的转录操作界面

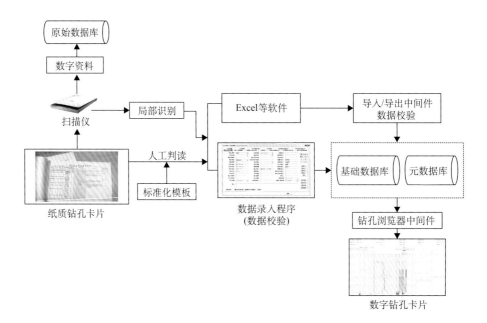

图 3-37　纸质钻孔柱状图数字化扫描入库的处理流程

在各类传统的纸质图件中，都包含着大量有价值的属性信息，特别是那些包含有大量文字说明的图件，例如钻孔柱状图、勘探剖面图和水文观测图等。因此，在对纸质图件进行扫描数字化处理时，应通过人工判读或者局部自动化识别的方式，将其中的一些文字或拓扑关系变成属性数据，并存入勘查区原始数据库的相应表中。用户也可将综合性图件分解为一系列重要组成部分，从中找到相应的属性信息并加以转录，保存到勘查区的原始数据库中。例如，可以将纸质勘探剖面图转化成多个简易的钻孔柱状图，并提取其各层位的岩性、岩相、蚀变和含矿性等属性信息入库保存（图 3-38 所示）。用户还可将综合性图件中的某些部分进行组合成为另一个新图，或者某些部分分解后与某些部分组合成为一个新图，同时提取新图的相关属性数据，一并保存到勘查原始数据库中。

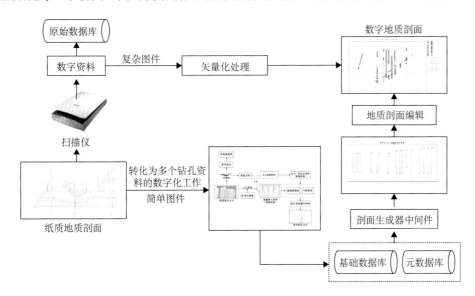

图 3-38　纸质图件数字化扫描入库的处理流程

纸质成果图件有黑白和彩色两种，其数字化扫描入库软件都应当加以支持。

图形矢量化模块可将各类传统的纸质图件，以矢量化的形式存入空间数据库。与栅格图形相比较，矢量图形的优点是：①由简单的几何图元组成，表示紧凑，占用储存空间小；②易于进行编辑，进行旋转、拉伸、平移等编辑的操作时，仅需要修改相应的几何图元参数；③对象易于放大、缩小，且能够保持很好的质量。

3.3.2.2 前期成果文本数据采集子模块

本模块主要用于采集和录入勘查区前期零散的各类地质勘查报告、地质调查报告和野外原始地质编录本，以及室内测试数据表中的属性数据。这里的属性数据，是除空间位置和空间关系之外的各种地质特性数据，其中包括对地质空间对象、目标类型的描述和对地质空间对象、目标的具体说明与描述。固体矿产勘查过程所涉及的地质属性数据多种多样，需要利用相应的属性数据采集模块来采集和录入。一般地说，属性数据多数呈现为数字和文字（字符串）形式，其录入可采用键盘或标准化模版等交互式录入方式来实现，大致可分为常用数据录入、通用录入、字段定制录入 3 种。交互式的属性数据录入，是指用户使用操作简便的录入界面录入属性数据，以确保数据的规范性、完整性和安全性。所录入的属性数据先进入原始数据库，然后可导入基础数据库中（图 3-39）。

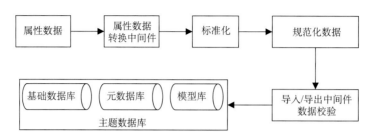

图 3-39　交互式属性数据录入勘查区主题式点源数据库（基础数据库）的处理流程

　　根据实际需求，在对模型深入理解的基础上，采用字典表技术、自适应编程技术等，可通过统一的对话框形式录入界面进行属性数据录入（图 3-40，图 3-41）。

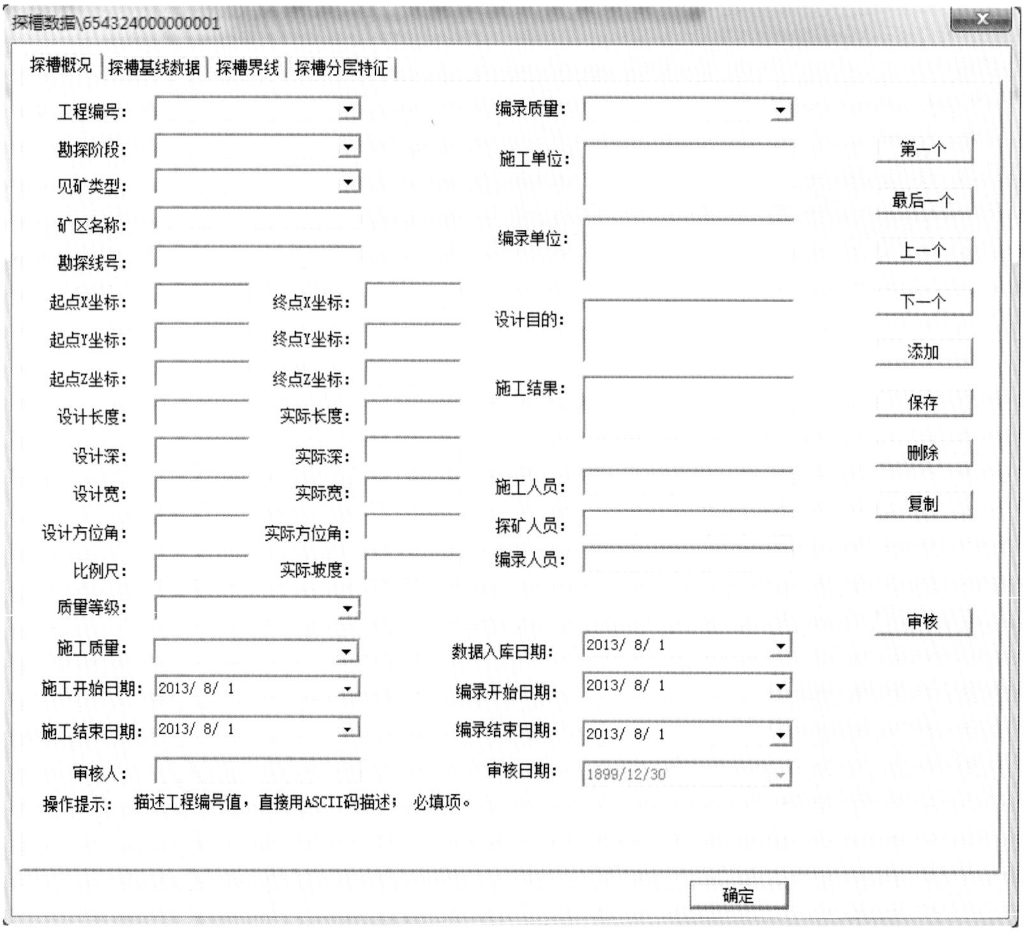

图 3-40　探槽编录的属性数据录入界面

图 3-41　零散成果资料中属性数据采集字段的定制界面

　　将整个数据库划分成多个模型的具体做法，是将表进行编码，生成数据库模型树。然后以模型树为基础，浏览总体数据模型，进而了解通用录入和字段定制等功能。模型树的每个节点对应一个数据表，采用自适应编程技术，根据表名可以生成通用的录入界面和数据浏览界面。基于模型树确定表的位置进行数据录入的方法有两种，第一种是 GridCtrl 自适应表结构编辑录入，第二种是 AutoCreate 自适应表结构编辑录入。每一种模型都有一个 PropSheet 类，每一个 PropSheet 类包含若干个 PropPage，而每一个 PropPage 上面又可能集中了若干个对话框，以方便用户查找录入的位置。通过 PropPage，可将属性数据以一条条记录的形式录入到基础数据库中。用户只需按照对话框的提示，将数据输入到对话框中的空格里面，点击保存按钮，就能将数据保存到基础数据库中。

　　属性数据多为数字和文字（字符串），为简化用户录入数据的操作，提高数据入库的效率，该模块还提供实现用户定制和修改界面的功能。其技术原理简述如下。

1. 录入字段定制

　　模型树显示整个探测工程（钻孔或探槽等）的数据模型。进行录入字段定制时，先在模型中选择要定制的数据表，显示出当前表所有字段情况，让用户根据自己的习惯来选择并定制常用字段，或者在某工区可能用到的字段。也可以让用户在该模块中修改数据库中的字段信息，并使之点击保存后能够在数据库中自动更新字段信息。此外，还可以让用户自己定制下拉框代码，用于设置对话框中某些字段下拉框。如图 3-41 所示，DMZK0102 中的 TKAA 字段（钻孔类型），就是在对话框中定制选择式下拉框的。

2. 常用数据录入

　　为了简化操作，有必要实现一个菜单对应多个表单的录入。为此，在录入对话框设计时可采用属性页的方式，使属性页之间相关字段实现联动，减少常用数据的重复录入。如图 3-42 所示，在录入的同一个钻孔数据时，可以用钻孔编号作为索引关键字，让其在基本信息与岩矿心物探编录属性页之间传递。

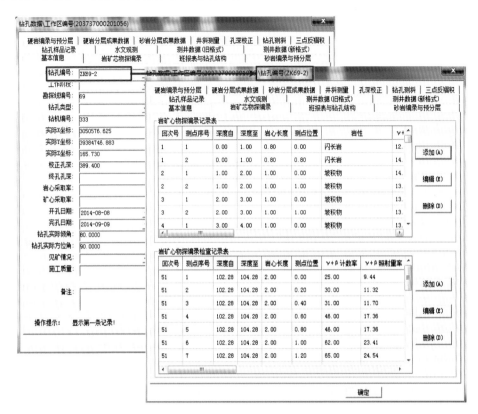

图 3-42　以钻孔编号为索引关键字实现钻孔编录数据中各字段的联动

3. Excel 表格数据导入

当需要录入的数据量很大时，可通过 Excel 的文件导入功能，将数据批量的导入勘查区原始数据库中。其操作过程包括：①判断 Excel 是否安装；②利用 ADO 提供的接口函数在数据库中创建相关的表；③按行读取 Excel 每个单元格的数据并存入基础数据库中；④进行异常数据处理，针对出现的异常进行数据回滚。在 ADO 提供的接口函数中包括两个类：①CADODatabase 类，封装了与数据库建立连接、控制事务的提交和回滚，以及执行 SQL 语句的方法；②CADORecordset 类，封装了浏览、修改记录，控制游标移动、排序等操作数据库的方法。由此，可将 Excel 数据导入原始数据库中。

交互式属性数据录入作为一种数据入库方式，涵盖了勘查区地质信息系统的所有用户数据表。因此，用户通过交互式属性数据录入界面，能够查询、检索原始数据库中所有数据表的属性数据，换言之可以浏览数据库中的全部属性数据。

3.4 物、化、遥数据采集模块

物、化、遥数据采集模块，包含地球物理勘探数据采集、地球化学勘探数据采集和遥感勘查数据采集 3 个子模块。地球物理、地球化学和遥感勘查数据采集的主要问题，是对其数据文件的处理。其解决方案，是直接使用 Oracle 数据库存储大文件数据，即通过 Windows 平台提供的 ADO 接口，建立开发工具与 Oracle 数据库连接。其原理是通过函数将二进制数据赋值给 VARIANT 类型的变量后，插入到数据库指定的字段中，或者运用数据库的性能调整技术，来提高大字段的存取效率、可管理性、可伸缩性和可用性。

3.4.1 地球物理勘探数据采集子模块

对于前期获取的地球物理勘探数据，需先经过用户的处理，再对处理后的物探数据文件以二进制的方式进行整体存储，即一个字段一个文件存入勘查区原始数据库中。然后，再将其导入勘查区基础数据库中，从而实现对物探数据的采集。对于当前项目获取的地球物理勘探数据，可直接以二进制的方式存入勘查区基础数据库中，其方法是利用物探解释软件导出物探数据，然后经过数据检查和校正，以二进制文件形式存储到主题式点源数据库即基础数据库中。其具体处理流程如图 3-43 所示。

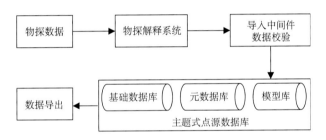

图 3-43 物探数据采集并存入基础数据库的处理流程

将野外所获取的各类物探数据通过解释软件的处理后，可形成多种转出结果。本数据采集子模块能够统一将数据表以二进制文件形式导入基础数据库中，再根据实际应用需要，将存储到基础数据库中的二进制文件下载输出。还可以通过条件查询，获取并组织相应的文件信息，以原来格式导出。子模块提供对话框界面来接收用户的交互参数，只要在对话框中输入要录入的物探数据文件的相关信息，然后点击【选择文件】按钮，便可选定需要录入的物探文件，从数据库中录入或导出已有的物探数据文件（图 3-44）。

3.4.1.1 测井资料处理与数据转换、加工子系统

针对固体矿产勘查实际需要，开发了专用接口，实现与测井解释软件进行无缝衔接和协同工作，便于多来源、多格式、多版本测井数据的导入、存储、管理、集成、融合与综合应用。通过该接口软件，还实现了测井曲线在综合柱状图上的可定制自动绘制、目标段的变比例尺绘制；实现了测井综合解释成果在储量估算和三维建模中的自动处理

以及电阻率数据的三维模拟与分析,提高了测井数据后期处理的自动化程度和应用精度。

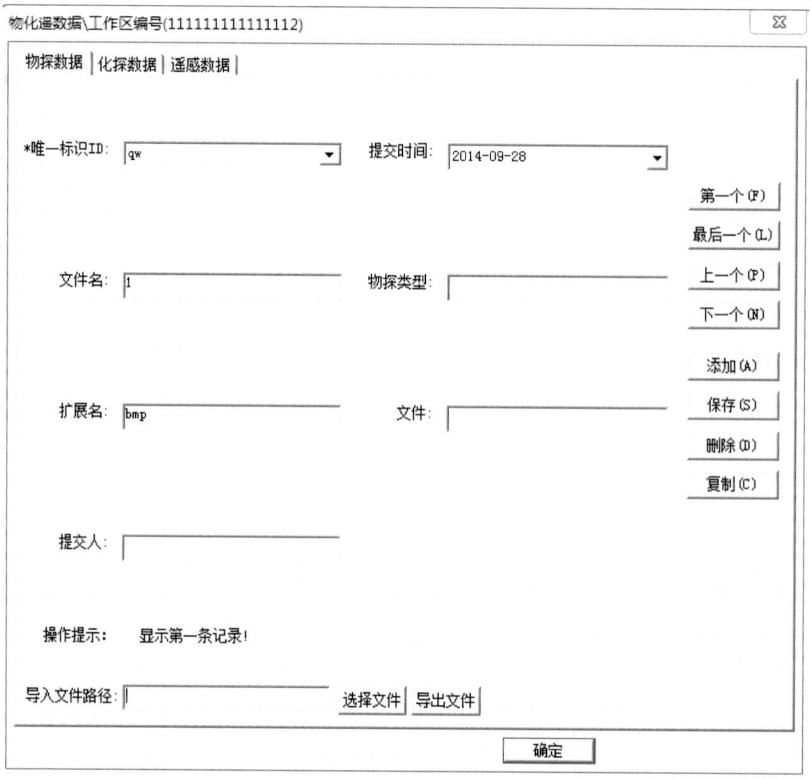

图 3-44 物探数据录入或导出基础数据库的人机交互界面

各种已有的电子版本的固体矿产勘查数据资料是本子系统的重要数据来源之一。本子系统还实现固体矿产勘查区多种格式的原始数据导入和导出功能,支持的数据格式主要包括 MapGIS、ArcGIS、AutoCAD、CorelDRAW、Surfer、Graph 和 Visio 等软件的数据文件格式。

测井数据是固体矿产勘查的重要内容,测井数据采集自多个工作阶段,由于测井软件的繁杂和测井类别的多样而显得极为复杂。本系统的测井原始解释是通过综合测井解释系统、自动化处理解释系统或三点反褶积软件来得到的,通过对原始测井的存储和对成果数据的集成管理与综合应用,共同构成主要包括测井数据野外数据采集模块、测井资料处理和应用分析模块。

总之,本测井资料处理与数据转换、加工子系统根据固体矿产勘查实际需要,实现多来源、多格式、多版本测井数据的存储、解释和管理;通过与测井解释软件进行无缝转接和利用,实现了测井数据可视化,生成测井曲线和统计图表,避免传统处理方式所引发的系列问题,提高工作效率。测井数据采集模块所面对的数据,主要是原始测井数据、复测测井数据、物探编录测井数据、岩性测井数据、测斜测井数据这 5 部分数据。如图 3-45 所示。

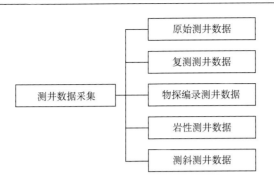

图 3-45　测井资料采集的主要内容

　　结合上述需要采集的数据内容与上级主管部门的要求，本子系统支持原始的综合测井资料自动化处理解释系统和三点反褶积软件的数据管理，以满足老资料的管理。目前，一些主管部门为了整合测井软件，开展了通用的"固体矿产勘查测井解释系统"研发。综合以上要求，设计测井资料采集的主要功能如图 3-46 所示。

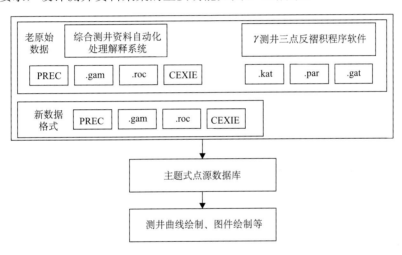

图 3-46　测井资料采集主要框架

　　在野外生产实践中，综合测井通常测量如下参数，即天然伽马、伽马能谱、三侧向电阻率、密度、井径、自然电位、声波时差。测井曲线解释是物探人员室内主要的工作，测井数据条数十分庞大，参数种类也多，因此，测井曲线手工绘制不仅浪费大量时间，而且难免会有误差。本系统对测井数据的综合应用有：①各参数曲线自动绘制，②曲线变比例尺绘制调整，③综合柱状图测井解释岩性花纹自动绘制，④电阻率数据的三维模拟与分析等。

3.4.1.2　测井数据采集功能模块

　　综合测井资料解释的主要任务是识别地层、岩性及标志层，划分透水和非透水，确定天然状态下各岩性的密度、井径和井斜，从而为地质编录、无岩心钻探以及钻探工程质量提供可靠参数。

目前，一些勘探单位，使用上级管理部门提供的"固体矿产勘查测井解释系统"实现了上述的主要解释功能。本测井数据采集功能需要开发与之对应的数据导入接口。接口应包含与多种数据文件的关联，其中包括测井解释软件中的原始数据文件和解译后的综合数据文件，利用相应的接口程序来实现测井数据的采集与管理，并需要支持多版本测井数据的管理。

对于原始的测井数据文件，本系统设计专门的文件导入接口，来完成测井数据原始文件的存储；解释后的数据文件，存在形式为明码文件或属性数据库方式。对于明码文件形式，本系统利用专门的数据转换接口将明码文件中的内容读入到主题数据库中。

测井数据导入流程如图 3-47 所示。

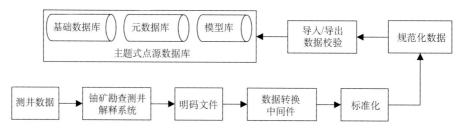

图 3-47　测井数据导入流程图

测井数据采集的总体原则，是要满足两种软件对多种格式和同种格式多版本管理的需要，特别是要求数据库表的结构合理，操作简洁且界面友好。

主要算法及思路：读取明码文件数据导入，建立明码格式与数据库对照表，按照对应关系获取文件中的数据，使用 ADO 技术提供的接口创建表，执行 SQL 语句，进行数据源合法性判断，按行读取数据，对应存入数据库中，最后进行异常数据处理，如果出现异常情况要数据回滚并且提供相关日志记录。

综合测井资料自动化处理解释系统的输出项包括以下四种文件格式，如表 3-3～表 3-6 所示。

（1）预处理数据文件（PREC），分为 21 列，如表 3-3 所示。

表 3-3　PREC 格式文件数据列

序号	列名	序号	列名
1	深度	12	井温
2	密度	13	井液电
3	电阻率	14	自然电
4	自然 γ	15	RS01
5	长源距	16	RS02
6	井径	17	FD3019γ
7	电导率	18	FD 自然电位
8	单收时	19	三测向电压
9	双收时	20	三测向电流
10	三收时	21	井液电阻率
11	声幅		

（2）伽马测井解释后的数据格式为（*.gam），如表 3-4 所示。

表 3-4　.gam 文件格式中的数据列

序号	列名	序号	列名
1	深度	7	修正系数
2	井径	8	重复伽马脉冲
3	伽马脉冲	9	重复照射量率
4	照射量率	10	重复单元层含量
5	单元层含量	11	重复解释含量
6	解释含量		

（3）岩性分析结果文件（*.roc），如表 3-5 所示。

表 3-5　.roc 文件格式中的数据列

序号	列名	序号	列名
1	深度	2	岩性代码

（4）测斜文件（CEXIE），如表 3-6 所示。

表 3-6　CEXIE 文件格式中的数据列

序号	列名	序号	列名
1	孔号	14	垂直位移
2	勘探线方向	15	L 脱线位移
3	开孔倾角	16	L 沿线位移
4	开孔方位	17	L 脱线位移 1
5	设计方位	18	L 沿线位移 1
6	终孔深度	19	倾角
7	坐标 X	20	水平长度
8	坐标 Y	21	脱线位移
9	坐标 Z	22	沿线位移
10	垂线位移	23	脱线位移 1
11	方位角	24	沿线位移 1
12	方位角差	25	孔深
13	控制长度		

γ 测井三点反褶积程序软件的输出项包括后缀分别是.par、.gat、.kat 的文件，文件格式分别如表 3-7～表 3-9 所示。其中.par 为伽马测井实际材料登记表，.gat 为测井原始数据及反褶积原始数据表，.kat 为钻孔矿层组合结果。

表 3-7　.par 文件格式中的数据列

孔径/mm	截止深度/m	套管壁厚/mm	井液厚度/mm	平衡系数	钾修正系数	综合修正系数
"110"	"7.78"	"13.5"	"21.5"	"1"	"1"	"0.52"
"91"	"25.02"	"8.5"	"17"	"1"	"1"	"0.65"
"75"	"912.5"	"4"	"13.5"	"1"	"1"	"0.79"

钻探孔深	探长	KL（6）	KL（7）	KL（8）	N5	N6	N7	N8
916.0"	"0.8"	.113	.113	.113	11111	11111	11111	11111

表 3-8　.gat 文件格式中的数据列

深度/m	计数率/s^{-1}	反褶积系数/cm^{-1}	金属含量/（10^{-6}g/g）	照射量率

表 3-9　.kat 文件格式中的数据列

序号	上界面/m	下界面/m	厚度/m	金属含量/（10 g/g）
710	"671.15"	"671.35"	"0.20"	309
774	"721.15"	"721.35"	"0.20"	180

　　在利用测井数据采集功能模块进行测井数据导入时,首先需要进行测井文件的选择。其中, 对于综合测井解释自动化处理解释的软件有 PREC（预处理）文件、.roc（岩性）文件、.gam（伽马）文件和 CEXIE（测斜）文件四种格式; 对于三点反褶积软件有.par、.gat、.kat 三种格式。而对于其他类型软件, 还有物探编录和伽马测井解释结果等共同约定的文件。为了实现数据录入的方便快捷, 操作界面上提供了通过文件内容自动检索钻孔编号的功能。测井文件数据导入的操作界面如图 3-48 所示。

图 3-48　现有测井数据导入对话框界面

当测井数据导入完成后，为了方便导入后的数据的查询，设计对应钻孔的查询界面来分别查询 PREC、.gam（新旧格式）、CEXIE 和.roc 数据，如图 3-49 所示。

图 3-49　测井数据查询界面

本模块针对固体矿产勘查实际需要，实现了多来源、多格式、多版本测井数据的存储，同时，实现了与主管部门提供的测井解释软件进行无缝连接和利用。

3.4.1.3　测井资料管理和可视化模块

通过测井数据导入接口，可实现测井曲线在综合柱状图上的可定制自动绘制，目标段曲线的变比例尺绘制；可实现测井综合解释成果在储量估算和三维建模中的自动处理，以及电阻率数据的三维模拟与分析，提高测井数据后期处理的自动化程度和应用精度。

测井资料管理和可视化任务分为 4 个部分：①各参数曲线自动绘制，②曲线变比例尺绘制调整，③综合柱状图测井解释岩性花纹自动绘制，④电阻率数据的三维模拟与分析等。

测井资料的可视化模块是对测井曲线的自动绘制，曲线自动绘制的数据来源于PREC 表或.gam 表，依据每个深度对应的密度、电阻率、自然 γ、长源距、短源距、井径、电导率等数据，根据选择绘制对应的曲线。设置如图 3-50。岩矿心 γ、$\gamma+\beta$ 测量曲线的数据来源于物探编录表，若需要绘制复测曲线，则数据来源于物探编录检查表。依据野外编录的实际规则，物探部分也是按照回次进行编录，测点深度为相对于每个回次的相对深度。曲线实际深度=当前回次孔深至–岩矿心长+测点深度。每个回次的深度点连接成线，若某回次没有数据，则不绘制。为了方便用户比较，γ 和 γ+β 曲线采用同样的刻度尺标尺，自动计算两根曲线在数据库中的最大值和最小值，并计算离最小值最近的能够被 6 整除的小于最小值整数以及离最大值最近的能够被 6 整除的大于最大值整数作为刻度尺的两段数据。实现效果如图 3-51 所示。

图 3-50　曲线自动绘制基本设置

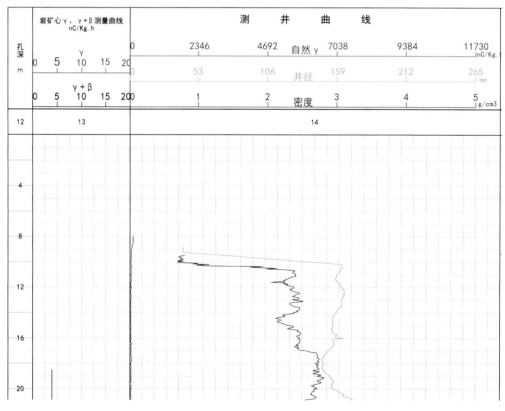

图 3-51　物探曲线与其他测井曲线绘制成果

测井曲线在绘制的过程中，会出现某些见矿位置的值特别大，而使曲线被迫波动减小，掩盖其他峰值的情况，因此，设计了变比例尺，可放大局部曲线供分析。依据选择曲线的起止点自动计算最大最小值，也可地质专家自己调整最大最小值和颜色。绘制的变比例尺曲线如图 3-52 所示。

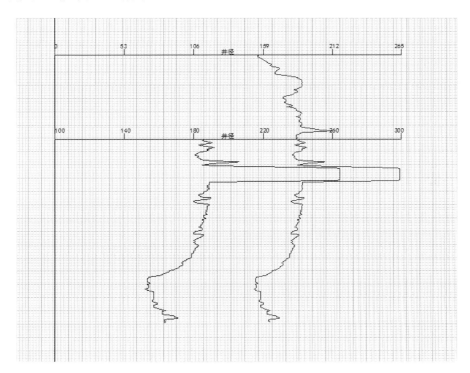

图 3-52　变比例尺曲线成果

测井的一个重要的成果是识别地层、岩性及标志层，综合柱状图中的解释柱状图就是用的测井解释成果，将.roc 文件的深度和岩性对照绘制到钻孔综合柱状图中。岩性对照设置如图 3-53。

柱状图上的解释柱状图成果如图 3-54 所示。

PREC 文件中包含了很多重要的参数，如电阻率。对电阻率及其他属性的插值，使属性数据在三维空间的展布有直观的模型。针对每个钻孔的属性对地层数据的插值，生成电阻率的三维模型，直观的观察电阻率的变化。

3.4.2　地球化学勘探数据采集子模块

对于前期获取的地球化学勘探数据，可按照上一节零散属性数据采集和入库方法，进行采集并输入原始数据库中，并适时导入基础数据库中。对于当前野外获取的地球化学勘探数据，则一方面按照原始编录数据方式直接录入基础数据库中，另一方面需要采用解释软件进行处理，再以文件形式录入基础数据库中，以文件形式统一存储。

与物探数据采集功能模块的实现思路相同，对专业化探解释软件导出的化探数据，通过中间件技术解码成计算机可读的数据形式，然后经过数据检查和校正，直接以二进制文件形式存储到勘查区基础数据库中。同时，也支持从基础数据库导出数据，即直接从基础数据库中读取二进制文件。其具体处理流程如图 3-55 所示。

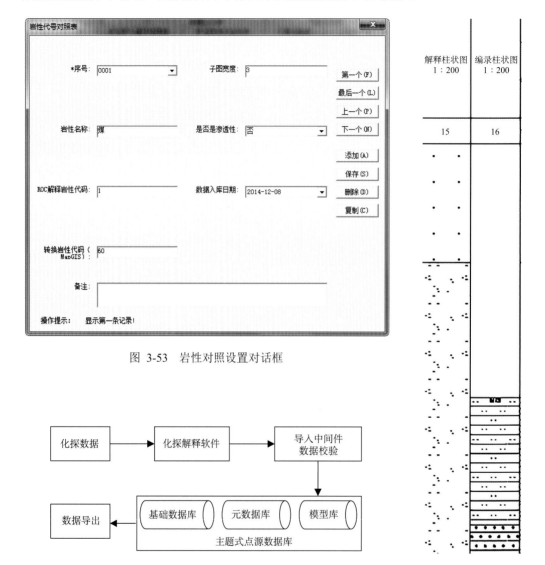

图 3-53 岩性对照设置对话框

图 3-55 化探数据采集和录入勘查区基础数据库的处理流程

图 3-54 解释柱状图成果

把野外所获取的各类化探数据，通过解释软件处理后，以二进制文件形式直接导入基础数据库的操作界面，与上述物探数据录入或导出的人机交互界面相似。

3.4.3 遥感勘查数据采集子模块

遥感勘查数据采集子模块用于采集原始遥感数据和解译数据。该子模块将这两种数据以文件方式直接存储在相关表的字段中，并以一个字段一个文件的方式，来实现遥感影像数据的采集。所采集的文件信息可先录入到原始数据库中，然后导入勘查区主题式点源数据库（基础数据库）中。该子模块所录入的数据，包括 MapGIS 所处理的图件和 Geosoft 软件处理后的电子数据，还能够支持原始文件的无损导出。

遥感数据导入基础数据库，同样可以通过中间件技术、标准化技术转化成规范数据，然后经过数据检查和校正，以二进制文件形式存入基础数据库中（图 3-56）。录入到勘查区基础数据库中的遥感数据，包括概要信息、遥感光谱数据和解译结果。这些二进制文件可以进行下载输出，支持条件查询并以原来格式导出，并且可以通过与物探数据相同的对话框进行人机交互操作，实现相关遥感信息的查询、检索和输入、输出。

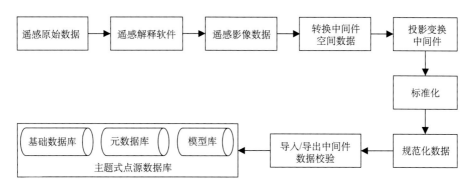

图 3-56　遥感数据采集和录入勘查区基础数据库的处理流程

第四章 勘查区地质数据管理子系统

勘查区地质数据管理子系统是整个矿产勘查信息系统的核心，是其他子系统的数据提供者和最终数据的接收和管理者。基本任务和内容是：开展系统数据库构建和管理、安全策略及用户管理、数据库监控、维护、备份、恢复和数据调度，以及各种专题数据的组织与输入、输出。所涉及的数据，包括数据采集子系统所获取的全部现势数据和前期数据。

4.1 勘查区地质数据管理子系统概述

4.1.1 地质数据管理子系统设计思路

固体矿产勘查区既有成果数据，也有原始数据。其中包含了海量结构化的属性数据和空间数据，以及海量的非结构化和半结构化的对象数据，例如图像、图形、文本甚至声频、视频文件等，需要一体化进行存储、管理、处理和应用。

为了满足这种需求，数据库管理系统应能同时体现关系数据库和面向对象数据库的性能优势（吴冲龙等，2014）。关系数据库的优势在于数据类型比较简单，能实现海量属性数据的结构化存储、管理和快速检索，并且有成熟的理论和技术支持；而面向对象数据库技术的优势，在于具备很强的描述现实世界实体及联系的能力，能与面向对象编程语言紧密结合，构造具有语义完整性的模型，可以实现对复杂空间对象的结构化存储和导航式访问。为此，必须采用扩展的关系型数据库，即除了增加存储大型对象的数据类型外，还应向多媒体方向发展，同时为 LOB 类型定义存储方式和引用方式，以避免对数据库应用性能造成影响。而为了实现对面向对象数据模型的支持，还应使已有的关系数据库具备封装性和继承性等面向对象特征，即根据业务规则扩展现有的关系模型，增加用户数据的语义内容，以求与面向对象模型的语义一致，并通过各种方式允许用户定义独特的数据类型和操作。这就是对象-关系型数据库管理系统的设计思路与方法。

对象-关系型数据库管理系统有多种实现途径。Oracle 等一些大型商用数据库，采用 O-O-Layer 方法，即在 RDB 引擎（engine）上增加一层"包装"，使之在形式上表现为一个 OODB，其对象视图可使用户在原有的关系数据上，应用面向对象管理方式而不必修改原有的数据定义。在 Oracle 等数据库管理系统中，还提供对象开发工具，让用户采用面向对象程序设计语言（C++，Java 等）在数据库系统中创建对象，并根据自身需要通过用户自定义类型（UDT）和用户自定义函数（UDF）等机制，设计出独特的数据和操作，并扩充现有的数据语义。

目前，采用对象-关系数据库对空间数据和属性数据进行一体化存储管理，已经成为地质数据管理的常规做法。但由于对象-关系数据库范式的理论并不完善，在实际的系统设计与开发中，对于空间数据通常采用面向对象分析方法，再将面向对象模型映射到对象-关系模型或关系模型中去；对于属性数据则直接采用关系模型存储，最后，将对象-关系模型或关系模型映射到某一具体的数据库管理系统（如 Oracle 数据库系统）中，并在此基础上构建数据引擎。具体地说，采用面向对象的分析设计、快速原型化法与结构化生命周期法相结合的方法，并遵循 UML 的统一软件开发过程，首先通过用户调查对现有系统及其数据现状考察分析，总结出实体对象模型，再在此基础上建立数据库结构，设计出系统的原型。然后由 Rose 映射成 C++代码实现的原型框架，并测试原型是否符合要求。不符合将返回进行系统原型修正，直到系统达到预期要求，完成系统开发。

面对地质科学大数据，上述的数据存储和管理体系架构，需应对严峻的挑战。地质科学大数据包括海量的地物化遥探测所获取的、未经加工的各种原始数据。这些原始数据既有结构化的，也有半结构化的和非结构化的，通常呈碎片化状态以文本、图形和图像方式堆积着。例如，物探、化探和遥感原始数据基本上都是结构化的数据，往往单独存储在磁盘或磁带中；而大量的野外露头描述、钻孔岩心编录、素描、照片、物化探解释成果，各种地质调查、勘查报告及地质图件，甚至草稿和草图，以及物化探异常图和卫星照片，长期以来都是以纸质形式分散存储和管理的，不少流落在个人手中。各勘查、研究和管理机构中，已建立的数量众多的各种各样数据库，也只是存储和管理那些表格化了的测试数据和矢量化了的成果图件，而所涉及的调查报告、勘探报告、研究报告以及其他图件和照片等，均以大字段的文本方式和栅格图形方式入库，很少进行结构化转换和规范化处理（吴冲龙等，2016）。

已有的传统关系数据库、空间数据库和对象-关系数据库，只能存储、管理结构化的原始数据；而数据仓库和数据集市，也只适合于存储、管理按主题组织的结构化综合数据。为了存储和管理地质时空大数据，需要采用能够统一存储和管理结构化、半结构化和非结构化的数据管理技术系统。从目前情况看，数据湖的架构和方法有利于实现这一目标，数据可用自然格式直接加载，无须转换和分类，不仅存储容量大而且成本低。它能够以各种模式和结构形式组织和配置数据，是一种统一而完整地存储大数据的并行系统，也是一种在数据不移动的情况下就能够进行计算的信息系统（Walker，2015）。由于数据湖能对不同结构的数据进行统一存储，并能在使用时方便地进行连接，不但解决了数据集成问题，还能将其直接从原始数据（源系统数据的精确副本）转换为用于可视化、分析、挖掘、编图、预测、评价和报告编写的任务数据（郭文惠，2016；张达刚等，2019）。因此，数据湖将是多主题地矿点源数据库及其多主题数据仓库的重要补充。

数据湖方法的优点不仅在于能以原始的格式保存，因而保真程度高，而且在于数据的绑定是面向任务的，数据模型不需要提前定义，只在应用时按照需要转换，其调用方便、提供灵活。因此，采用数据湖架构和方法能满足实时分析的需要，还能弥补数据仓库和数据集市的不足，支持对结构化、半结构化和非结构化数据进行一体化挖掘和聚联。为了充分发挥数据湖的作用并避免其成为数据沼泽，还应建立顾及语义的多尺度地下空间目标概念模型和多层次三维空间索引机制（刘刚等，2011）的地质数据引擎。地质体和地质现象具有时空变化的语义复杂性、过程的非线性和不确定性、变化信息的多维、多尺度和实时性，有必要借鉴分布式并行时空索引（DPSI）多层次理论架构和基于间隔关系算子的并行时空索引（IPSI）方法（He et al.，2013；郑祖芳，2014），以及实时 GIS 时空数据模型（龚健雅等，2014），并引入地质时空对象及地质时空对象版本的概念和方法，提出一种包含时空过程、几何特征、尺度和语义的"多层次、多粒度、多版本的地质时空数据模型"。然后，融合三维地质建模、动态监测信息实时可视化等技术，构建所需模型过程模拟的三维环境，进而基于可扩展的插件式开发平台系统，把 WebGIS 和 TGIS 技术结合起来，利用云平台、NoSQL 和 Hadoop 技术，实现对地质时空大数据模型的动态管理。同时，借助过程控制的对象链接和嵌入（object linking and embedding for process control，OPC）技术来实时接入观测数据，实现对多维地质时空事件的实时响应。必要时，还可以考虑从系统论的角度出发，采用"多版本时空对象进化数据模型"（田善君，2016）。

此外，散落在个人、小组和团队的大量野外露头描述、素描、照片、物化探解释成果、手稿和草图数据，迄今为止还缺乏一种有效的机制来进行收集和统合应用。这些原始数据是地质时空大数据体系不可或缺的重要组成部分，具有类似商业营销上的"长尾效应"，可满足成矿预测和理论创新需求。汇聚和利用这些数据存在着三大难题：其一是数据类型繁多，而且其中的相当大部分杂乱无章；其二是数据采集、存储、管理和查询十分麻烦，特别是那些野外记录本和岩心编录本的采集和入库，已经成为瓶颈问题；其三是数据涉密和单位自我保护意识浓厚，地质队为了保住获取勘查权的优势，不愿意与他人共享这些数据。根据我国地质工作的部门分工和行政管理体制，有效的解决办法是利用区块链的去中心化、不可篡改、充分共享和安全可靠等特性（Nakamoto，2008），构建省域地质区块链。

为了有效地存储、管理地质大数据，还需要建立数据云存储、云管理和云服务体系。目前，数据湖已经实现了与流行的大数据技术和云技术充分融合，发展前景良好。第一，数据湖全面采用了 Hadoop 等技术。例如，数据湖采用 HBase 来保存海量数据，采用 Spark 快速批量地分析海量数据，采用 Storm、Flink、NiFi 等实时接入和处理 IOT 数据。第二，数据湖架构已经在云上得到实现，例如，Microsoft Azure 在 2016 年就推出了 Data Lake 云服务，Amazon AWS 基于 S3、Glue 等多个基本云服务可快速构建数据湖服务，而 Google 实现了数据湖的海量数据集管理和搜索。第三，数据湖为人工智能程序提供数据快速收集、整理、分析和挖掘的平台，同时提供极高的带宽、海量小文件存取、多协议互通、数据共享的能力，能显著加速地质大数据的深度挖掘和深度学习等过程。

4.1.2　地质数据管理子系统的结构

地质数据管理系统由地质数据库、地质数据管理工具和地质数据引擎组件 3 部分组成。作为商品化的地质数据管理系统软件，应该能够支持多种存储管理模式，在设计过程中必须保证概念模型、逻辑模型的相对独立性。而针对不同的存储管理模式，需要根据逻辑模型设计出不同的物理模型，以便支持文件系统、Oracle 数据库管理系统及并行数据库 3 种不同的存储环境（图 4-1）。

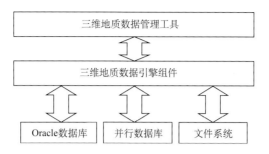

图 4-1　三维空间数据管理系统的总体结构

　　地质数据引擎作为地质数据库上层的服务程序，应根据客户的请求提供数据查询、访问和数据调度等服务，并可通过缓存管理提高数据调度的性能，管理对多用户的并发访问。最上层的客户端地质数据管理工具，为用户提供各种接口，可方便地执行建库、更新、备份等数据管理操作。系统的逻辑结构如图 4-2 所示。

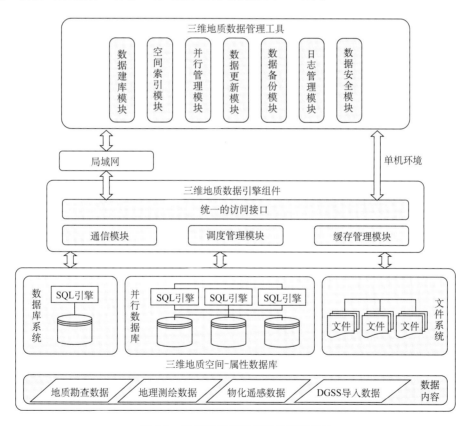

图 4-2　地质数据管理系统的逻辑结构

4.1.3　地质数据管理子系统的数据引擎

　　数据引擎的作用是利用客户机/服务器计算模式和对象关系数据库的特点，将地质数据加载到关系数据库管理系统（RDBMS）中，同时支持多用户对数据的并发访问。

地质数据引擎组件主要包括以下模块：①统一的地质数据访问接口模块——提供对文件系统、数据库管理系统与并行数据库管理系统的统一访问接口；②通信管理模块——提供客户端或可视化服务器群与数据库服务器端的通信连接与数据传输功能；③调度管理模块——提供地质数据的快速访问与高效调度功能；④缓存管理模块——自适应的管理服务器与客户端的缓存；⑤多用户并发管理模块——通过连接池、缓存共享等技术对多用户的并发访问进行管理；⑥服务器监视模块——主要用于监控服务器的物理状况、工作状况及网络流量，为数据库、服务器的优化调整提供依据；⑦日志管理模块——主要记录空间数据引擎内部操作流程，以确保在特殊情况下实现对空间数据引擎的操作进行恢复，保障地质数据库的安全。勘查区地质数据引擎的结构如图4-3所示。

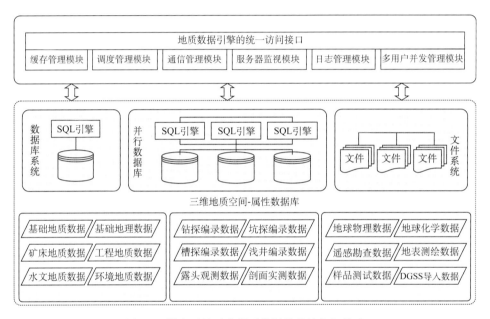

图 4-3　勘查区地质数据引擎组件的结构与组成

地质数据的具体管理功能由一系列运行在客户端上的工具软件构成，提供对地质数据管理的各种基本操作，使用户方便地完成地质数据库的建库、索引的创建、数据的更新等各种操作。勘查区点源地质数据管理工具主要包括以下7个模块。

（1）数据建库模块：包括地质体数据建库、属性数据建库等。

（2）索引模块：提供各种索引的创建、存储、更新等功能，以及基于索引的查询方法等。

（3）并行管理模块：提供地质数据的并行分布、并行索引的创建/更新等功能。

（4）数据更新模块：模型数据更新、属性数据更新（更新方式包括局部更新、专题更新或整体更新，更新操作包括插入、删除、修改、批量替换等）。

（5）数据备份模块：定期数据备份并异地存放，包括物理备份、逻辑备份等。

（6）日志管理模块：记录系统运行情况、用户登录信息、用户访问的数据内容和提交的功能请求、用户离开时间等信息。

（7）数据安全模块：用户管理、分配用户、用户授权限制等。

上述功能模块是勘查区点源地质数据管理的基本工具。在这些基本工具的支持下，可以设计开发出更具地质专业特色的勘查区点源地质数据处理功能。

4.2　勘查区主题式点源数据库设计

4.2.1　勘查区点源数据库设计思路

矿产勘查数据资料由于具有反复和长期使用的价值，而具有长期保存的必要性；同时又由于获取时的代价昂贵和对于不同勘查对象、不同勘查目的和不同勘查阶段的通用性，而具有共享必要性。这两种必要性的存在使得地矿勘查资料和数据成为国家的宝贵财富，其数据库通常被放在优先建设的地位上。这些数据具有多源、多维、多类、多量、多尺度、多时态和多主题特征，为了减少管理者和使用者工作量，保证数据更新、修改、交换的准确、及时和灵活，数据库设计和建模必须采用先进的思路和工具。

勘查区点源数据库包括**原始数据库**、**基础数据库**和**成果数据库** 3 个部分。从目前实际的情况看，基础数据库是 SQL 型数据库，原始数据库是 NoSQL 型数据库，而成果数据库则是混合型数据库。其中，基础数据库是实现勘查区数据整合、共享和三维可视化分析、处理、决策和表达的保障，是整个勘查区点源信息系统的核心（吴冲龙等，2014）。基础数据库的合理构建方式是主题数据库（subject database）方式，即不以功能处理为核心，而以数据管理为核心；兼顾行业的当前与未来需求，统一概念模型和数据模型，实行术语、代码和图式、图例标准化。其设计要领是在深入分析数据源和数据特征的基础上，按照应用主题对数据进行分类组织，然后通过合理的数据规范化处理，对相关的数据集和数据子集进行分析和综合，制定结构合理、层次清晰、体系完整、便于查询和调用的数据库表结构。勘查区主题式点源数据库，所存储和管理的数据包括勘查区当前工作产生的，以及从 DGSS 系统导入或者从前期零散成果转换来并经规范化的各类结构化、半结构化和非结构化属性数据和空间数据。本节所谈的勘查区点源数据库开发方案，即以基础数据库为主线。

为了充分地保证基础数据库的数据一致性和完整性，勘查区数据管理子系统的基础数据库应采用主题式点源数据库设计和建模方式（吴冲龙等，1996；吴冲龙，1998）。以此为基础，便可以通过网络连接和云技术应用，发展成为地区或省级国土资源信息共享服务系统。多阶段多期次的找矿、勘探工作，积累了有关勘查区的海量多源多类异质异构地质数据。就勘查工作类型而言，数据源包括基础地质、矿床地质、水文地质、工程地质和环境地质等类勘查工作；就勘查技术类型而言，其数据源包括钻探、坑探（平硐）、槽探、浅井、露头、剖面实测、物探、化探、测绘、遥感和样品测试等项技术手段（图 4-4）。

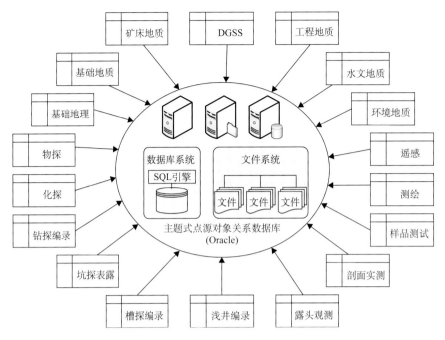

图 4-4　固体矿产勘查区数据库的数据源

4.2.2　勘查区点源数据库的逻辑设计

数据库逻辑设计是指数据库的逻辑结构设计，属于关系数据库设计的核心内容，因而对基础数据库而言是必不可少的。其要领是根据用户需求分析所建立的逻辑模型，设计出数据库管理系统可以处理的规范化数据库逻辑模式和子模式，并定义其逻辑模式上的完整性约束、安全性约束、函数依赖及关系和操作任务对应关系。逻辑设计成果直接影响到最终的物理数据库及系统的成败，因而是数据库设计的关键步骤。

为了使设计出来的数据库能很好地满足地质勘查工作的需要，在进行具体的数据库逻辑结构设计之前，必须把系统分析中所建立的各种勘查区地质工作概念模型及其子模型，都转化为相应的概念数据模式和子模式。然后，再将这些反映客观情况的勘查区概念数据模式转换成 Oracle 或 Sybase 等要求的数据模式，即逻辑数据模式。主题式点源地质数据库的逻辑设计从关系的定义开始，通过对概念模型的关系模式转换来实现。关系模式的转换包括实体的转换和实体间联系的转换。其数据库表结构的逻辑设计过程，均按照需求分析→关系产生定义→函数依赖定义→关系规范化处理→关系优化处理→完整的关系定义表→关系的安全性、完整性及操作任务定义→建立数据库逻辑模型→子模式定义的流程进行设计和实现（吴冲龙等，2014）。在数据库逻辑结构设计过程中，既要顾及具体数据库管理系统的数据组织方式，又要考虑数据的存储效率和访问效率。

为了实现地质数据的充分共享，在进行数据库的逻辑设计时，需要参照已有的国家或行业的逻辑结构和元数据标准或规范，并且根据实际情况和需求建立相关标准体系。已经建立的标准或规范，应当遵循并直接采用；尚未建立数据逻辑结构和元数据标准或规范的，或者标准或规范不完善的，应结合实际情况和需要，补充或制定项目标准。

4.2.3　勘查区点源数据库数据表设计

勘查区主题式点源数据库数据结构设计，主要内容包括属性数据的关系表结构设计和非属性数据的对象存储结构设计。为了降低开发难度并提高数据库表的灵活性和可扩充性，对各应用主题的数据库表进行独立设计，需要实现单库维护更改的"局部化"。

4.2.3.1　对象-关系数据库的表结构设计

1. 属性数据的关系表结构设计方法

在勘查区点源数据库中，属性数据的关系表结构设计步骤是：先将勘查区各实体的全部属性，按来源和取值方式分成多个类别；再分别在各个类别中进行分析比较，合并其中同种或同名的同语义属性项；然后根据有关的元数据标准和规范，以及现行生产记录表格进行类别归纳，得到一系列数据模式。每个数据模式是一个新实体集，而新实体集内的每个数据项对应着一个属性。这些数据模式的集合，既是数据库采集数据的格式依据，也是数据库文件的设计基础。为确保数据汇交和共享，需要按照中国地质调查局规定使用国家和行业标准术语代码；而为了确保勘查区点源数据库系统的开放性和兼容性，关系表结构的设计需考虑合理布局且易于被维护和更新。

每个表结构中描述的内容包括：表名、表名中文说明、表编号、表体、字段描述。其中，表体以表格的形式列出表中的每个字段以及每个字段的字段名、数据的类型及长度、有无空值、主键和主索引等。在表结构中使用的数据类型，有字符、数值、时间、大字段4种，即：①字符数据类型；②数值数据类型；③时间数据类型；④大字段数据类型。数据库属性表单中的字段名、标识符之间的对应关系和字段的意义，均可采用元数据和数据字典来描述。

2. 空间数据的关系表结构设计方法

空间数据的关系表主要用于存储与空间位置密切相关的点、线、面、体等空间实体的名称、性质等，其设计原理和方法与属性数据的关系表结构设计方法类似。不同之处在于空间数据关系表的设计需要考虑空间数据的数据组织特点。空间数据的特点是大量不同性质的数据集（点、线、面、体）重叠地分布在同一个空间中。为了有效地处理和利用这些数据，通常采用分层和分幅存储管理的策略，存储于空间数据库中。空间数据库设计主要内容包括：①空间数据的定义与标识；②属性数据类型设计；③编码标准设计；④各表格中主关键字选择；⑤数据字典的制定；⑥空间数据的存储管理设计。

根据面向对象技术，空间中的每个地质实体都是一个对象，在空间数据库中每个对象都应当有一个唯一标识，它是针对地质实体实施存储、管理、分析及与外部关系数据库关联检索等操作的基础。描述地质实体的数据分空间数据和属性数据，两者分别由空间数据库和关系数据库存储管理。从地质信息系统软件自身的角度讲，需要一个 ID 来分辨各个几何图元，关系数据库也需要一个关键字来唯一确定地质实体。因此，为实现空间数据和属性数据的统一，需要在空间数据库中同时记录地质实体属性数据的关键子信息。相应的属性数据，是一些对空间实体简明扼要的描述，需要根据不同的图幅和图层专门设计属性表。图层的属性结构中一般包含三部分信息：第一部分是图元在系统中的标识，即系统赖以唯一确定几何图元的信息；第二部分则是该图元表示的地质实体在属性数据库中的关键字信息；第三部分是关于该图元的一些图形信息或该地质实体的一些属性信息，便于地质信息系统做简单处理。要在空间数据库中有效地存储和管理属性数据，需要对属性表与属性关系进行合理设计。这项工作通常包括下面 5 个步骤：①设计相互关联的表格；②对数据表进行规范化；③定义主关键字和外部关键字；④使用实体关系模型来定义关系；⑤对关系表进行再规范化。

4.2.3.2 勘查区矿产地质数据表的字段内容

1. 勘查区概况数据表的主要字段内容

勘查区概况数据表，是用来存储和管理勘查区基本资料（如辅助编写报告）的。其主要字段内容包括：①勘查目的和任务（勘查目的、投资人、矿山设计单位、对勘查工作的具体要求）；②勘查项目执行单位、负责人和参加人；③勘查区位置、范围、行政区划和交通状况；④勘查工作区自然地理、经济状况和环境条件；⑤以往工作评述和主要成果资料简介；⑥本项目的工作情况，包括工作期限、阶段划分、主要进展和成果简介。

2. 基础地质数据表的主要字段内容

基础地质数据表主要用来存储和管理勘查区的区域地质特征数据，主要包括区域地质调查报告所提供的地层、构造、沉积岩、岩浆岩、变质岩、矿化露头、赋矿层位、围岩蚀变、泉眼、地质灾害点，以及所处的地层-构造单元等实体的特征与分布，也涉及水文地质、工程地质和环境地质等基本特征。其数据源以 1∶50000 比例尺的区域地质调查报告为基础，在缺乏 1∶50000 比例尺地质填图的地区，则采用 1∶250000 或 1∶200000 比例尺的区调资料。其目的在于为用户认识矿床基本特征、矿床成因和赋存规律，以及诸如沉积作用、岩浆作用、变质作用、构造作用和演化历史等区域性影响因素的类型、级别、特征及其关联关系，提供宏观分析依据。

3. 矿床地质数据表的主要字段内容

矿床地质数据表主要用来存储和管理勘查区的矿床和矿体（层）地质特征、矿石类型、矿石品级、矿体（层）围岩和夹石、控矿因素、矿床成因及找矿标志，以及共（伴）生矿产综合评价参数等数据，可以支持进行资料整理、资源综合评价和报告辅助编写。

1）矿体（层）特征数据集

包括矿体（层）的数目、规模、含矿率、空间分布范围、分布规律及相互关系等。具体地说，包括各工业矿体（层）的赋矿岩石、空间位置、形态、产状、长度、宽度（延深）、厚度，沿走向倾向的变化特点、连接对比的依据和可靠程度，以及成矿期后的构造影响。

2）矿石质量数据集

主要记录矿石性质分带（氧化带、混合带、原生带），矿石的结构、构造、矿物成分和含量，矿物粒度、晶粒形态、嵌布方式、结晶世代、矿物生成顺序和共生关系，以及矿石的化学成分（主要是有用组分和伴生组分、有益和有害组分）、含量、赋存状态和变化规律等。

3）矿石类型和品级数据集

包括矿体氧化带、混合带、原生带的分布范围，矿石的自然类型、工业类型、工业品级及其划分的原则和依据。此外，还包括各类矿石的选冶性能及其所占比例和空间分布特征。

4）矿体（层）围岩和夹石数据集

包括主要矿体（层）上下盘围岩的种类、围岩的矿物成分、有用（有益）和有害组分含量，围岩蚀变情况及其与矿体（层）的接触关系，夹石（层）的岩性种类、数量、空间分布、有用（有益）和有害组分含量，夹石（层）与矿石的关系及其对夹石（层）矿体完整性的影响。

5）矿床成因参数及找矿标志数据集

包括有关矿床成因的各项描述参数、成矿作用控制因素、矿化富集特征和找矿标志，同时，也存放有关成矿规律、矿区远景和找矿方向的简要描述。

6）矿区（床）内共（伴）生矿产综合评价数据集

在矿床地质数据表单中，还设定有存储勘查区的共生矿产、伴生矿产及其综合评价结果的表格，同时还记录其综合勘查的程度、规模、空间特征、分布规律和矿石质量特征等。

4.2.3.3　勘查区水工环地质数据表的字段内容

1. 水文地质数据表的主要字段内容

水文地质数据表主要用来存储和管理勘查区水文地质概况和基本特征数，用来支持水文地质资料整理、分析和水文地质条件评价，以及报告编写。具体记录内容如下。

1）水文地质单元概况数据集

包括勘查区所在水文地质单元名称、类型、位置，矿区地形地貌、气象特征；地下水补给来源、径流、排泄条件，矿床最低侵蚀基准面和矿井最低排泄面标高。

2）各含（隔）水层的数据集

包括勘查区（即未来的矿区）含（隔）水层的名称、岩性、厚度、分布、岩溶裂隙发育程度，含（隔）水层的富水性、导水性和补给条件；各含（隔）水层之间及其与地表水体的水力联系，构造破碎带、风化裂隙带及岩溶带的发育程度、空间分布、含（导）水性及其对矿床充水状况的影响；地表水、老窿水与矿床充水的关系，以及影响程度的分析评价参数。

3）矿坑涌水量观测数据集

包括矿床充水因素及水文地质边界，水头高度、水质、涌水量和水温测量值，用于构建水文地质模型的水文地质参数和计算方法。

4）供水水源评价数据集

包括作为对勘查区（即未来的矿区）供水水源地、后备水源地的地表水、地下水、地热水和矿泉水等的水质、水量进行评价的全部有关参数，以及区外可能供水方向的评价参数；对于盐类矿床而言，还包括矿体（层）上、下可能存在的卤水资源评价参数。

2. 工程地质数据表的主要字段内容

勘查区主题式点源数据库的工程地质数据表，存储和管理未来用于开采设计所需的工程地质条件评价参数集，其主要内容包括如下几个方面。

1）矿体（层）围岩特征数据集

包括矿体（层）围岩岩性、岩石结构、蚀变程度、风化程度、物理力学性质；软弱夹层的岩性、厚度、空间分布及其物理力学和水理性质；各类岩石的 RQD 值（岩石质量指标）、岩体质量评价参数的实测值和估算值，以及各种计算模型和计算公式。

2）断裂带（破碎带）特征数据集

包括在矿床范围内对矿床开采、工业场地布置有影响的断裂（破碎带）的规模、性质及分布，充填物的性质和胶结程度；矿体及其近矿围岩的节理规模、产状、充填物性质、节理密度、各类结构面（层面、节理面、断裂面、软弱层面）的组合关系，以及岩体稳定性评价参数。

3）工程地质问题评价数据集

包括风化带深度、岩溶发育带深度，矿区内不良自然现象及工程地质问题评价参数。

4）矿体及其顶底板稳固性数据集

包括与矿床（可能）开拓方案相关的矿体及其顶底板岩石的稳固性、露天采场边坡的稳定性，矿床工程地质条件综合评价参数子集和评价（计算、模拟）模型。

3. 环境地质数据表的主要字段内容

环境地质数据表用于存储和管理与地质环境和地质灾害相关的数据集，主要包括高边坡、放射性、地温梯度，泥石流、崩塌、滑坡、地震地质和历史震灾调查数据。

1）地质灾害调查数据集

包括勘查区及其附近的地震烈度区划值、地震活动历史，地形地貌条件和新构造活动特征，崩塌、滑坡、泥石流等地质灾害特征，勘查区地壳稳定性评价参数的观测值和评价模型。

2）地质环境质量评价数据集

包括水与土壤污染情况和污染源特征（放射性、重金属），可能对地质环境造成破坏和影响的自然因素（地质作用）和人为因素（采矿活动）的特征数据集。前者主要指地表水及地下水污染、放射性及其他有害物质的污染等，而与地质灾害调查数据集重复部分不再重复存储；后者主要指矿产开采诱发的地下水位下降、山体开裂、滑坡、泥石流、地表沉降和塌陷等特征值，地质环境评价的方法、模型，以及预测评价的结论和地质灾害防治意见。

3）地温和地热场数据集

包括深部矿床和地温异常矿床的钻孔地温测量值、恒温带深度、地温梯度及变化；高温区的分布范围与分级、地温背景、地温异常影响因素、地热场参数和热源分析成果。

4.2.3.4　勘查区勘查工程数据表的字段内容

1. 钻探数据表的主要字段内容

钻探数据表用于存储和管理钻探工程施工中所采集的数据集，其中包括勘探线概况、钻孔概况和岩心编录等数据子集。其基本情况如下。

1）勘探线概况数据集

勘探线概况数据集专用于存储和管理与勘探线间距合理性分析有关的各种参数值，其中包括勘查类型、勘查手段、勘查方法、勘查工程布置、工程间距等及其确定依据；矿体（层）的厚度、矿石品位、矿产资源/储量等数值及其变化系数的计算方法、计算结果。

2）钻探工程概况数据集

钻探工程概况数据集的存储内容比较杂，其中包括钻孔设计书、钻孔地质技术指标书、钻孔测斜技术数据表、钻孔测斜记录表、钻孔孔深检查表、钻进班报表、钻孔地质采样记录、钻遇含水层情况、钻孔简易水文地质观测记录、钻孔水文地质试验、冲洗液消耗量观测、钻孔岩土工程勘察分层特征，钻探任务下达日期、施工日期、施工单位、施工负责人、地质负责人、机长、岩心编录人和编录时间，以及钻孔类型、钻机型号、施工目的、钻孔坐标、孔口标高、钻孔结构、主轴方位、钻孔倾斜度（天顶角）、钻孔深度、岩心（粉）收集装置等数据。其中的钻孔类型可根据地质勘查工作类型，划分为矿床地质钻孔、水文地质钻孔、工程地质钻孔和物探、化探专用钻孔等，还可以从钻探机械的类型划分冲击钻孔、采样钻孔、机械岩石钻孔和中心采样钻孔（CSR）等各种类型。

3）岩心编录数据集

岩心编录数据集用于存储和管理岩心编录数据，包括钻探施工现场的岩心观察描述、测井声像记录、标志层、标志面倾角、钻孔控制的断层描述、见矿情况、测井数据、采集标本、化学分析样品和编录时间等。在该表单中，这些记录是按孔深和顺序逐一录入的。其中，岩（矿）心和样品整理和编号，遵照《地质勘查钻探岩矿心管理通则》（DZ/T 0032—92）。必要时，还应附上钻孔柱状图和测井曲线图。

4）钻探回次数据集

钻探回次数据集主要存储钻探过程中每一钻进回次的起止深度、岩心（粉）长度、钻遇标志层特征及其深度、钻孔分层地质特征、见矿深度和矿化现象，重大孔内事故及处理状况、终孔深度和孔深校测，岩（矿）心采取率和孔斜换算模型及换算结果，简易水文观测指标及质量评价，钻孔验收结论和孔口标志，以及值班机长、班长、回次记录员和记录时间等。

2. 坑探数据表的主要字段内容

坑探数据表用于存储和管理各种坑探编录数据。其中包括平硐设计书、坑道概况（坑道方位、坡角和特征点坐标)、坑道基线(导线、剖面线)数据表、坑道界线数据表、坑道左壁分层界线数据表、坑道右壁分层界线数据表、坑道顶壁地质界线数据表、产状数据表、标本和样品记录表、坑道分层地质特征、断层描述表、岩矿体(层)位置和特征数据表。此外,还有两壁及顶面素描图、三壁展开图及其比例尺、典型现象照片和(或)录像记录,以及坑道四壁投影计算模型、岩(矿)层视倾角、真倾角和绘图倾角换算模型。

3. 槽探数据表的主要字段内容

槽探数据表用于存储和管理探槽、剥土及其他地表天然和人工露头的观测编录。根据工作规范,表单所记录的内容包括:探槽概况(位置、坐标、方向、坡度和编号等)、探槽基线数据、探槽左壁界线数据、探槽右壁界线数据、探槽底界线数据、探槽左壁分层界线、探槽右壁分层界线、探槽底分层界线、产状基本数据、探槽样品记录、探槽分层地质特征、断层描述。此外,还需要存储两侧和底面地质素描、探槽三面展开图,典型地质现象素描、照片和(或)录像,以及简易地层剖面图和简易地层柱状图。

4. 探井编录数据表的主要字段内容

探井编录数据表用于存储和管理浅井、竖井和小圆井,以及古矿山的各种天井、盲竖井及斜井(坑)的地质编录数据集。探井编录数据表单主要存储以下内容:探井概况、探井界线数据表、探井四壁地质编录基本数据表、产状基本数据表、标本和样品记录表、探井岩层地质特征、探井断层描述,以及井壁地质素描图、探井四壁展开图、井壁地质照片和(或)录像。

5. 物探、化探和遥感数据表的主要字段内容

勘查区的物探、化探和遥感数据表分别用于存储和管理地面物探、化探和遥感勘查的工作方法、工作量、资料处理、地质解释方法和主要成果,以及各项工作质量评述数据集。

6. 地形测绘、工程测绘数据表的主要字段内容

地形测绘、工程测绘数据表用于存储和管理勘查区的测绘数据集,其中包括:测量目的、测量任务和测量工程布置,测量的等级和实测精度,平面坐标和高程系统,地形测量方法、成图方法及质量评价,工程测量方法及质量评价,以及测绘成果图件。

4.2.3.5　勘查区样品与资料管理数据表的字段内容

1. 样品测试数据表的主要字段内容

该表用于存储和管理勘查区样品采集、化验分析和岩矿鉴定等数据集。

1) 样品送检与化验室接收数据子集

包括电子送样单和手工送样单,内含送样单位、工程编号、样品编号、分析元素等数据项;化验室接收核查表,内含实物样品与电子送样单、手工送样单的对应情况,实物样品是否满足分析要求的审核结论，以及分析化验样品的接收签署等。

2）样品测试成果数据子集

包括光谱分析、全分析、基本分析、组合分析、物相分析等样品的采集方法、规格及确定样品采集方法和规格的依据；采样工作的检查结果，采样工作质量及样品的代表性，样品加工及 K 值（缩分系数）选择的依据；分析化验成果表，以及化验室的化验结果审核结论和审核人员等。

3）样品测试工作质量评述数据子集

包括各种化验分析情况及质量评述数据子集，自然重砂、人工重砂、单矿物、同位素年龄及稳定同位素（包括硫、铅、锶等）组成样、精矿样品等的加工、分析、鉴定工作质量数据评述子集，水样、岩矿物理力学性质测试样的采样、测试及其质量评述数据子集。

2. 地质资料管理数据表的主要字段内容

地质资料管理数据表用于存储和管理勘查区所有地质资料的目录、资料类型（最终报告、阶段报告、成果图件、分析草图、照片、多媒体、遥感影像、附表（件）、野外记录本、实测地质剖面、原始地质编录、基础数据、测试分析成果、样品副样、岩矿心或岩粉）、资料形式（纸质文档、电子文档、实物）、资料数量、资料提交时间、提交单位、提交责任人、密级、资料验收人、保管程序和有效存续时间。根据规定，在通过研究和论证并在实地核对后，经主管工程师同意，总工程师批准，可对原始地质编录中的地层及其他地质体的代号、编号、矿层（体）编号、工程编号，或岩（矿）石名称、术语及与此有关的文字描述部分，以批注的形式进行修改。这些改动都要记录在案并且存入地质资料管理数据表单中，并填写修改原因、批注人及批注日期。

4.2.3.6　勘查区地质基础数据库全局模型与表单结构

通过以上分析和设计，得到了固体矿产勘查区主题式点源数据库（即基础数据库）的全部数据表单结构。在该数据库表单中，采用了国家标准《地质矿产术语分类代码（第32部分：固体矿产普查与勘探）》（GB/T 9649.32—2009）。采用编码技术显示名称而存储代码，可以实现逻辑名称与物理名称的无关性，迁移数据和存储数据都只针对代码，不仅占用空间少，而且可增强系统的扩充能力。当表单中字段名称出现错误时，只需修改父表名称即可，而子表不变，也不涉及级联操作，有效地提高了效率和安全性，因而能够适应大型数据库系统建设的需要。

通过以上对固体矿产勘查区数据应用主题分析，即由下而上建立地质模型、数据模型和概念模型，再由上而下按照应用主题分解实体集及其属性项，进而确定数据集和数据子集，然后通过数据规范化处理（以第二范式为主，少量第三范式），获得 168 个基本数据表单（表 4-1），内含 3800 余个属性字段。这些数据库表单和数据项，基本上涵盖了固体矿产勘查区的全部工作和研究主题。由于固体矿产及其地质条件千差万别，所采用的勘查技术和勘查方法不尽相同，其数据库表单必然会有差异，各勘查单位可根据实际情况和需要，在此基础上进行表单和数据项增删。

表 4-1 固体矿产勘查区主题式点源数据库的表单汇总

序号	专题	表名	表说明
1		DKKC0101	勘查区概况
2		DKKC0102	交通运输
3		DKKC0103	工业生产
4	勘查区概况	DKKC0104	农业生产
5		DKKC0105	乡镇人口
6		DKKC0106	气象条件
7		DKKC0201	勘查工作量统计
8		DKJC0101	地层
9		DKJC0201	断裂
10		DKJC0202	褶皱
11		DKJC0203	节理
12		DKJC0301	岩浆活动特征
13		DKJC0302	侵入体基本特征
14	基础地质	DKJC0303	岩石鉴定特征
15		DKJC0304	岩石化学特征
16		DKJC0305	侵入体围岩特征
17		DKJC0306	火山岩及火山机构
18		DKJC0401	沉积作用特征
19		DKJC0501	变质作用特征
20		DKJC0601	地质调查史
21		DKJC0602	区调报告名称
22		DKKC0101	矿点（床）概况数据
23		DKKC0201	矿床勘查史数据
24		DKKC0202	实物工作量数据文件
25		DKKC0301	含矿地层数据
26		DKKC0302	地质构造数据
27		DKKC0303	侵入岩体数据
28		DKKC0304	沉积作用与沉积相
29	矿床地质	DKKC0305	变质作用与变质相数据
30		DKKC0401	围岩蚀变范围
31		DKKC0402	围岩蚀变分带特征
32		DKKC0403	夹石层特征
33		DKKC0501	矿体特征
34		DKKC0502	矿石特征数据
35		DKKC0503	矿石组分
36		DKKC0504	矿物特征数据
37		DKGC0101	工程地质概况
38	工程地质	DKGC0201	岩石物理力学测试基本参数
39		DKGC0202	岩石物理力学测试

序号	专题	表名	表说明
40		DKGC0203	岩石物理性质试验
41		DKGC0204	岩石力学性质试验
42		DKGC0205	岩石抗剪强度试验
43		DKGC0206	软弱夹层渗透破坏试验
44		DKGC0301	重力坝坝基抗滑稳定
45		DKGC0302	坝基岩体压缩变形分析
46		DKGC0303	水库渗漏
47		DKGC0304	大坝工程地质条件
48		DKGC0401	开挖岩质边坡稳定性
49		DKGC0402	开挖土质边坡稳定性
50	工程地质	DKGC0403	软土地基承载力
51		DKGC0404	路基边坡稳定性评价
52		DKGC0501	坑道工程地质条件
53		DKGC0502	坑道围岩工程地质分段特征
54		DKGC0601	天然建材料场登记
55		DKGC0602	土料砂砾石料
56		DKGC0603	块石料
57		DKGC0604	土料试验成果
58		DKGC0605	砂砾石料试验成果
59		DKGC0606	块石料试验成果
60		DKGC0701	岩石风化程度分带
61		DKGC0702	岩体深厚风化描述
62		DKSW0101	水文地质概况
63		DKSW0201	地下水类型
64		DKSW0202	承压水情况
65		DKSW0203	含水层描述
66		DKSW0204	隔水层描述
67		DKSW0205	相对隔水层描述
68		DKSW0301	水文地质观测点
69	水文地质	DKSW0302	矿井水文地质调查
70		DKSW0303	矿井涌水量
71		DKSW0304	开采过程的水文地质情况
72		DKSW0305	水位观测记录
73		DKSW0306	地下水长期观测
74		DKSW0307	平硐出水点记录
75		DKSW0401	裂隙统计
76		DKSW0501	水文孔设计
77	环境地质	DKHJ0101	环境地质概况
78		DKHJ0201	泥石流调查

序号	专题	表名	表说明
79	环境地质	DKHJ0202	滑坡调查
80		DKHJ0203	崩滑体调查
81		DKHJ0204	危岩体调查
82		DKHJ0205	地震灾害
83	露头观测点	DKLT0101	露头地质观测点
84		DKLT0102	地质观测点采样记录
85	地质剖面	DKPM0101	实测剖面基本信息
86		DKPM0102	实测剖面导线信息
87		DKPM0103	实测剖面分层信息
88	钻探	DKZK0101	钻孔概况
89		DKZK0102	钻孔设计
90		DKZK0201	钻孔测斜技术数据表
91		DKZK0202	钻孔测斜记录表
92		DKZK0203	钻孔孔深检查表
93		DKZK0301	班报表数据
94		DKZK0401	钻孔分层地质特征
95		DKZK0402	标志面倾角
96		DKZK0403	岩层倾角
97		DKZK0404	钻孔控制的断层描述
98		DKZK0405	钻孔地质采样记录
99		DKZK0501	钻遇含水层情况
100		DKZK0502	钻孔简易水文地质观测记录
101		DKZK0503	钻孔水文地质试验
102		DKZK0507	探井断层描述
103		DKZK0601	钻孔结构
104		DKZK0701	测井概况
105		DKZK0702	测井数据登录
106		DKZK0801	岩石钻孔概况
107		DKZK0802	钻孔岩心质量
108		DKZK0803	勘探线与钻孔
109	坑探	DKKT0201	平硐槽探设计
110		DKKT0202	坑道概况
111		DKKT0203	坑道基线数据表
112		DKKT0204	坑道界线数据表
113		DKKT0205	坑道左壁分层界线基本数据表
114		DKKT0206	坑道右壁分层界线基本数据表
115		DKKT0207	坑道顶壁地质界线基本数据表
116		DKKT0208	坑道产状基本数据表
117		DKKT0209	坑道样品记录表
118		DKKT0210	坑道分层地质特征
119		DKKT0211	坑道断层描述

序号	专题	表名	表说明
120		DKCT0301	探槽概况
121		DKCT0302	探槽基线数据表
122		DKCT0303	探槽左壁界线数据表
123		DKCT0304	探槽右壁界线数据表
124		DKCT0305	探槽底界线数据表
125	槽探	DKCT0306	探槽左壁分层界线表
126		DKCT0307	探槽右壁分层界线表
127		DKCT0308	探槽底分层界线表
128		DKCT0309	探槽产状基本数据表
129		DKCT0310	探槽样品记录表
130		DKCT0311	探槽分层地质特征
131		DKJT0401	探井概况
132		DKJT0402	探井界线数据表
133		DKJT0403	探井四壁地质编录基本数据表
134	井探	DKJT0404	探井产状基本数据表
135		DKJT0405	探井样品记录表
136		DKJT0406	探井岩层地质特征
137		DKJT0407	探井断层描述
138		DKKX0101	勘探类型
139	勘探线	DKKX0102	勘探线基线
140		DKKX0103	勘探线
141		DKWT0101	航磁数据点
142	物探	DKWT0201	磁化率测量数据点文件
143		DKWT0301	重力数据点
144		DKWT0401	密度数据点
145		DKHT0101	水系沉积物地球化学测量数据点
146	化探	DKHT0102	水体地球化学测量数据点
147		DKHT0103	土壤地球化学测量数据点
148		DKHT0104	基岩地球化学测量数据点
149		DKYP0101	样品送样单总表
150		DKYP0102	化学送样品单
151		DKYP0103	岩矿送样品单
152		DKYP0201	化学样品分析结果表
153	样品测试	DKYP0202	伴生矿产化学成分分析成果
154		DKYP0301	岩石薄片结构鉴定
155		DKYP0302	岩石薄片石英组分鉴定
156		DKYP0303	岩石薄片长石组分鉴定
157		DKYP0304	岩石显微镜鉴定

序号	专题	表名	表说明
158		DKCH0101	测量控制点成果表
159		DKCH0201	工程测量图根锁网精度统计表
160	测绘	DKCH0301	地质剖面观测点位置
161		DKCH0302	剖面线测量起点信息表
162		DKCH0303	剖面线测量终点信息表
163		DKCH0304	剖面测量中间点信息表
164		DKZL0101	地质报告索引
165		DKZL0102	图件索引
166	地质资料索引	DKZL0103	照片索引
167		DKZL0104	录像索引
168		DKZL0105	遥感影像登记

4.2.4　个性化录入界面的字段定制

为了简化数据录入界面，并提高其面对不同地区、不同地层单元的属性数据类型的自适应性，需要采用动态数据模型来设计字段定制模块（汪新庆等，1998；张夏林等，2001），即使用数据字典技术、数据逆向规范化技术和数据挖掘技术支持下的动态数据模型，并把数据录入模型与数据存储模型分离，允许使用者根据需要实时地增减数据库表单或数据表单中的字段。动态数据模型也表现为一系列规范的数据库表单，但它是一个开放的数据模型，可以实时修改、增删而不会影响系统正常工作，因而能够对使用中实时更改的模型及录入的数据进行常规处理。这里需要采用到数据字典技术。

在关系数据库的逻辑模式及其物理模式设计中，数据字典技术是实现数据库安全性、完整性、一致性、可恢复性、有效性、可修改性以及可扩充性的重要手段（吴冲龙，1998）。数据字典是关于数据库的数据库，所维护的数据也是一种元数据，即用两个系统数据表存储和管理整个数据模型。其中，数据表字典可以使系统实时跟踪和记录使用者对数据模型的更改，并对更改做出响应。数据表字典的样式如表 4-2 所示，用户每次对模型的修改，都被保存到该字典中。当录入界面上显示录入项目前，系统先到字典中读取最新的值，保证用户所做的修改被及时响应。

通过数据表字典，模型可以动态地被修改，但是修改后的模型仍是规范的常规数据库模型。如果在录入界面上直接操纵这些数据表，在录入关系复杂的数据时，将会陷入录入界面选择和切换的烦琐操作中。为了支持动态数据模型的实现，并给用户一个简洁方便而且灵活的数据录入界面，需要采用数据录入模型与数据存储模型分离的方法。其中，数据录入模型应当使用抽象数据模型。

例如，在 1 个勘查区内，为了保证数据关系的正确性，先将可能的信息按其所处父子关系分为 4 个层次：①勘查区；②勘探线；③钻孔；④岩性描述。前三级作为父表相对稳定，所以采用常规数据模型，第④级因其模型多变、数量大，使用抽象数据模型（表 4-3）。该模型中把所有可能的属性数据抽象为 3 项：第 1 项是描述项目，或称为数

表 4-2　数据表字典

字段说明	字段名	类型	长度	字段说明	字段名	类型	长度
通用编号	main_code	字符型	2	字段名称	field_name	字符型	10
实体编号	sub_code	字符型	2	字段说明	field_capt	字符型	32
实体名称	sub_name	字符型	24	通用编号	main_code	字符型	2
数据表名	main_file	字符型	20	实体编号	sub_code	字符型	2
表说明	table_capt	字符型	48	字段序号	field_num	字符型	2
表路径	table_path	字符型	32	保留字段	field_show	字符型	4
索引名称	tag_name	字符型	10	选择控制	xz	逻辑型	1
主关键字	first_key	字符型	10	是否必需	requisite	逻辑型	1
关键字名	key_name	字符型	16	唯一性	onlyone	逻辑型	1
数据库名	db_name	字符型	8	标志	lsign	逻辑型	1
选择控制	select	逻辑型	1	优先性	grand	逻辑型	1

表 4-3　抽象数据模型

字段说明	代码	类型	长度
钻孔号	mdbtag	字符型	6
通用编号	main_code	字符型	3
描述项编号	item_code	字符型	3
描述项目	items	字符型	10
描述值	item_value	字符型	10
自由描述	ctext	字符型	20

据项，即地质人员要从哪些方面描述一个地质体或一种地质现象。每一个实体有一套基本的描述项目，按不同类型保存在数据字典中，用户可根据需要任意选用，效果等同于动态的数据模型。第 2 项是描述值，或称为数据值，即选定一个描述项目后，在这一项中选择输入该描述项的值。通常要求采用国家标准，可由系统提示输入。第 3 项是自由描述，即对格式化描述项目的补充描述或地质人员对现象的认识，可以根据需要定义其长度，这样就让地质人员可以充分描述感兴趣的内容。这样，所有可能涉及的内容，都可以用一个简单的界面快速录入数据库中。

所谓数据规范化是指依照关系数据库理论，按范式分解的方法把实体的属性集分解为一组结构简单、逻辑严密的二维平面表的过程（冯玉才，1993）。然而，为了使用上述的抽象数据模型，需要一种逆向数据规范化技术，即把动态模型中那些已经规范化的数据表，转化为表面看似不规范的抽象数据模型的数据表。实现逆向数据规范化的关键是采用数据字典技术，地矿点源数据库计算机辅助设计（GDCASE）技术（吴冲龙等，1996）提供了这方面的借鉴。

存储在上述抽象数据模型中的数据是不符合数据库原则的数据，因此不能被直接使用，必须将其再次按规范的数据格式提取出来，转存到存储模型中。这个过程类似于数据挖掘，应当由专门的功能模块来执行。其处理程序根据抽象数据模型中的关键字，可将暂存在抽象数据模型表中的数据，规范地转存到数据存储模型的数据表中，并保证信息无损，所得到的记录集是一种常规的规范化数据库数据记录集（图4-5）。

图 4-5　数据模型转换示意

字段定制模块是一种简化输入界面的个性化工具，在数据录入时，可以很方便地定制适用的字段并去掉不用的字段，即在左边的"目录树"中选择要定制的模型名（可打开多级分支节点），则在右边显示对应的表的所有字段，去掉要定制的字段的复选框的选中标志，点击【保存】按钮便可完成个性化界面的字段定制（图4-6）。

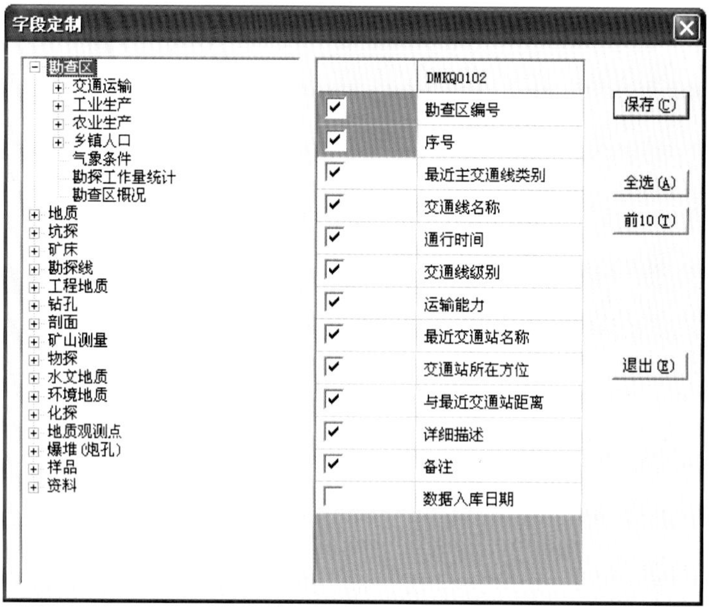

图 4-6　个性化地质数据录入界面的字段定制

4.2.5　勘查区点源数据库用户管理

固体矿产勘查区的主题式点源数据库用户群，主要是勘查单位内部和上级部门的各级技术人员和管理人员。由于数据的涉密性高，用户管理模块的设计需要遵循严格的管理制度和保密制度。用户管理模块必须为系统管理员提供用户授权、用户识别和用户分级管理功能，其中包括用户添加、用户删除、用户访问等多级控制的可视化操作界面功能。根据地矿勘查部门的管理体制，这些用户通常归属于不同单位和科室（统称为机构），拥有不同权限。因此，勘查区的主题式点源数据库的用户管理，需要对个人用户、所属机构、个人用户信息和所属机构信息一并加以管理。

4.2.5.1　用户管理界面设计

根据现行的地矿勘查部门的用户分级管理模式，大致可将专业用户分为三级，上层用户可以管理下层用户。其用户界面设计如图 4-7 所示。

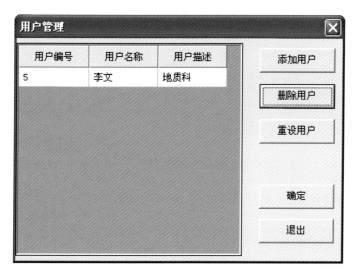

图 4-7　主题式矿产勘查点源数据库用户管理主界面

在对用户进行管理的过程中，需要对单个的用户信息进行详细的设置，因此需要全面地了解并掌握用户的信息，同时也需要了解并掌握个人用户所在管理机构的信息。用户信息管理界面如图 4-8 所示，而用户个人所在机构的有关信息管理界面，如图 4-9 所示。

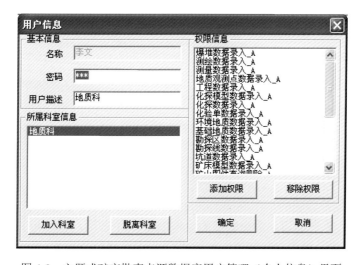

图 4-8　主题式矿产勘查点源数据库用户管理（个人信息）界面

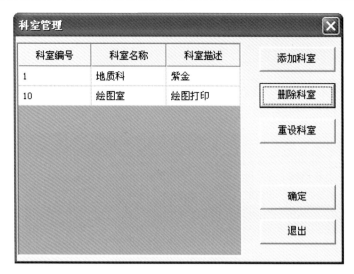

图 4-9　主题式矿产勘查点源数据库用户管理（所在机构信息）界面

相关管理机构的数据录入、删改和查询检索权限的管理界面，如图 4-10 所示。

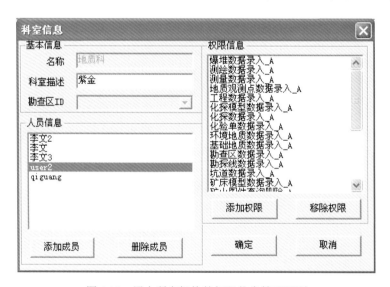

图 4-10　用户所在机构的权限信息管理界面

4.2.5.2　用户信息及用户管理流程设计

　　用户信息及用户管理的工作流程，既是用户管理模块设计的依据，也是用户管理模块应用的参照。本系统的用户信息管理的流程如图 4-11 所示，用户所在机构信息管理的流程如图 4-12 所示，而用户管理流程如图 4-13 所示，机构管理流程如图 4-14 所示。

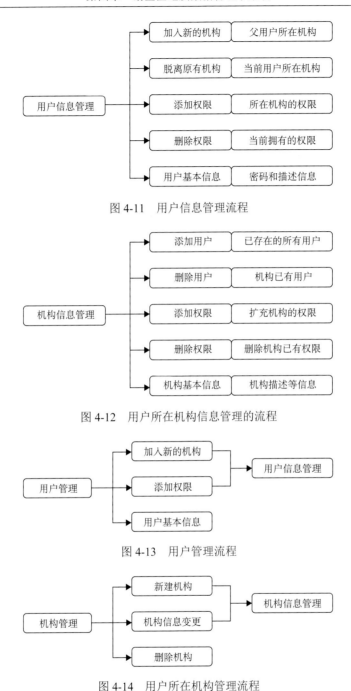

图 4-11 用户信息管理流程

图 4-12 用户所在机构信息管理的流程

图 4-13 用户管理流程

图 4-14 用户所在机构管理流程

4.3 勘查区原始数据库的管理与应用

4.3.1 原始数据库管理模块的组成

勘查区原始数据库装载两类数据，一是从 DGSS 导入的电子文档数据，二是通过各种途径搜集来的纸质文档数据。这些数据以各种前期地质报告为主，也包括部分前期地质调查或矿产勘查的原始野外记录或原始地质编录。其中，除了少量测试数据附表和矢量化地质图件是结构化数据之外，主要是非结构化的纸质文字记录、报告、图件、照片和部分栅格图件、多媒体和遥感图像，以及部分半结构化的组合图件。其数据管理模块通常由前期地质数据录入、前期地质数据管理和前期地质数据查询3个子模块组成（图4-15）。

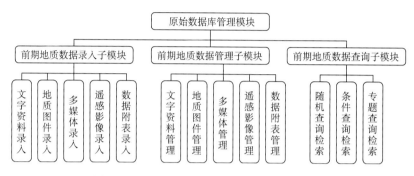

图 4-15　原始数据库管理子系统的结构和组成

4.3.2　前期地质数据的录入

前期地质数据的录入，主要是把研究区的上述前期地质调查报告、矿产勘查报告，或者相关的工程地质勘查报告和水文地质报告，以及各种野外原始记录、地质编录等，装载到原始数据库中。从形式上看，这些数据同样包括了结构化、半结构化和非结构化的原始记录、文字报告、地质图件、多媒体资料、遥感影像和测试数据等。其数据录入子模块包含扫描栅格化录入和资料概况录入两个部分。其录入界面如图4-16所示。在进

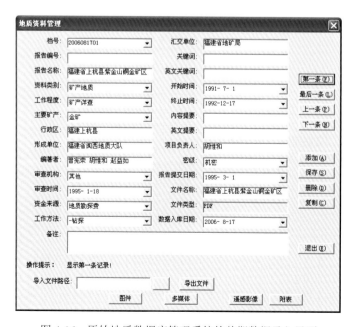

图 4-16　原始地质数据库管理系统的前期数据录入界面

行前地质数据的录入或导入时，先打开数据录入界面，再按照对话框的提示，逐一录入前期资料的条目（概况）和结构化的测试数据；然后，通过扫描仪把那些以非结构化形式为主的前期地质数据，逐一进行栅格化扫描并导入数据库中。同时，还可以通过DGSS 接口，把所选中的与当前工作区相关的 DGSS 前期电子版本数据，直接导入原始数据库中。

4.3.3　前期地质数据的查询检索

前期地质资料查询检索子模块分为随机查询检索、条件查询检索和专题查询检索 3 种次级功能子模块。随机查询检索是指无预设条件的单一属性项或空间对象查询检索，条件查询检索是指有预设条件的单一属性项或空间对象查询检索，而专题查询检索则是指围绕某一研究专题预设条件和路径的多属性项、多空间对象组合查询检索。随机查询检索的界面如图 4-17 所示，条件查询检索的界面如图 4-18 所示，两者是针对同一档资料的。

图 4-17　原始数据库前期地质资料随机查询检索界面

图 4-18　原始数据库前期地质资料条件查询检索界面

4.4　勘查区基础数据库的管理与应用

4.4.1　勘查区概况数据管理

　　勘查区概况数据管理模块面对表 4-1 中的全部勘查区概况数据表单（DKKC0101～DKKC0201）。根据勘查区专题数据的属性特征，将勘查区概况数据分成 2 个子专题（主题），含 7 个次级子专题。考虑勘查工作量统计表单的字段偏少，将其与勘查区概况合并为勘查区基本信息表单，共得 6 个表单。该模块采用属性页的方式，支持用户通过人机交互界面录入和查询数据。每个子专题用一个属性页（表单）存储，考虑表单中存在父表与子表的关系，可以在管理界面上设计体现层次关系的不同按钮，作为检索和访问的路径导引。例如，基本信息表单为父表，用于索引所有的勘查区概况数据，可通过点击相关按钮对各子表的数据进行更新，包括新增、修改、删除、查询等操作。为了便于数据录入和维护，其操作界面（图 4-19）也可处理成数据录入界面，必要时可按照应用主题来组织并显示数据子集，或者设定有条件或无条件的单个数据的随机查询。查询结果可以按 Word 格式输出，也可以按 Excel 格式输出。在勘查区编号的对话框中，显示所有的勘查区编号，可以利用鼠标选择所要查询的勘查区编号（前 4 位），也可以在查询框中输入要查询的勘查区编号。在输出格式栏中，按【Word】按钮，可输出 Word 格式的报表；按【Excel】按钮，可输出 Excel 格式的报表。其操作界面如图 4-20 所示。

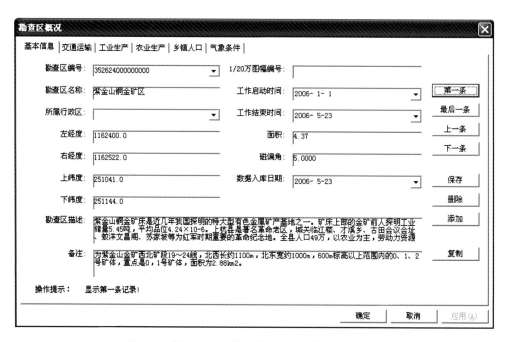

图 4-19　勘查区概况数据管理和查询模块操作界面

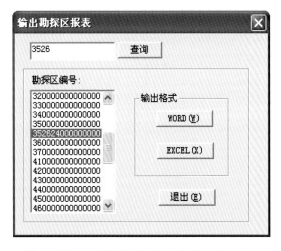

图 4-20　勘查区概况专题数据管理和查询模块报表输出操作界面

4.4.2　矿产地质数据管理

4.4.2.1　基础地质数据管理

基础地质数据管理模块面对表 4-1 中的全部基础地质数据表单（DKJC0101～DKJC0602）。根据其数据特征，可分成 6 个子专题（主题），含 14 个次级子专题，各个子专题之间是并列关系。节理的属性数据表单的字段偏少，可考虑合并到断裂表单中，而岩浆岩各表单同样可以合并到岩浆活动特征表单中，于是共可得 7 个表单（可根据实际需要增减）。每个子专题用一个属性页（表单）存储，支持用户通过人机交互界面录入和查询数据。为了便于数据录入和维护，其操作界面（图 4-21）也可处理成数据录入界面，必要时还可按照应用主题来组织并显示数据子集，或者设定有条件或无条件的单个数据的随机查询。

4.4.2.2　矿床地质数据管理

该矿床地质数据管理模块，用于存储和管理表 4-1 所涉及的全部矿床地质数据表单（DKKC0101～DKKC0504）。根据其数据特征，可分成 5 个子专题（主题），含 15 个次级子专题。其中，围岩蚀变范围、围岩蚀变分带特征和夹石层特征通常可合并成一个表单，矿体特征、矿石特征数据、矿石组分和矿物特征数据也可以合并到矿体特征表单中，共可得 10 个表单。每个子专题用一个属性页（表单）存储。矿点（床）概况数据表单为父表，用于索引所有的矿床地质数据，可通过它的关联对各子表的数据进行更新，包括新增、修改、删除、查询等操作。以该父表为例，其操作界面（图 4-22）也可处理成数据录入界面。必要时可按照应用主题来组织并显示数据子集，或者设定有条件或无条件的单个数据的随机查询。

图 4-21　基础地质专题数据管理和查询模块操作界面

图 4-22　矿床地质专题矿点（床）概况子专题（主题）数据管理和查询模块操作界面

4.4.3 水工环地质数据管理

4.4.3.1 工程地质数据管理

工程地质数据管理模块面对表 4-1 中的全部工程地质数据表单（DKGC0101～DKGC0702）。根据其数据特征，分成 7 个子专题（主题），含 25 个次级子专题。由于每个次级子专题的数据项都比较多，其数据表单通常均予保留，共可得 25 个表单（可根据实际需要增减）。每个子专题用一个属性页（表单）存储。其中，工程地质概况表单为父表，用于索引所有的工程地质数据，可通过它来关联各子表的数据，进行包括新增、修改、删除、查询等操作。其操作界面（图 4-23）也可处理成数据录入界面，必要时可按照应用主题来组织并显示数据子集，或者设定有条件或无条件的单个数据的随机查询。

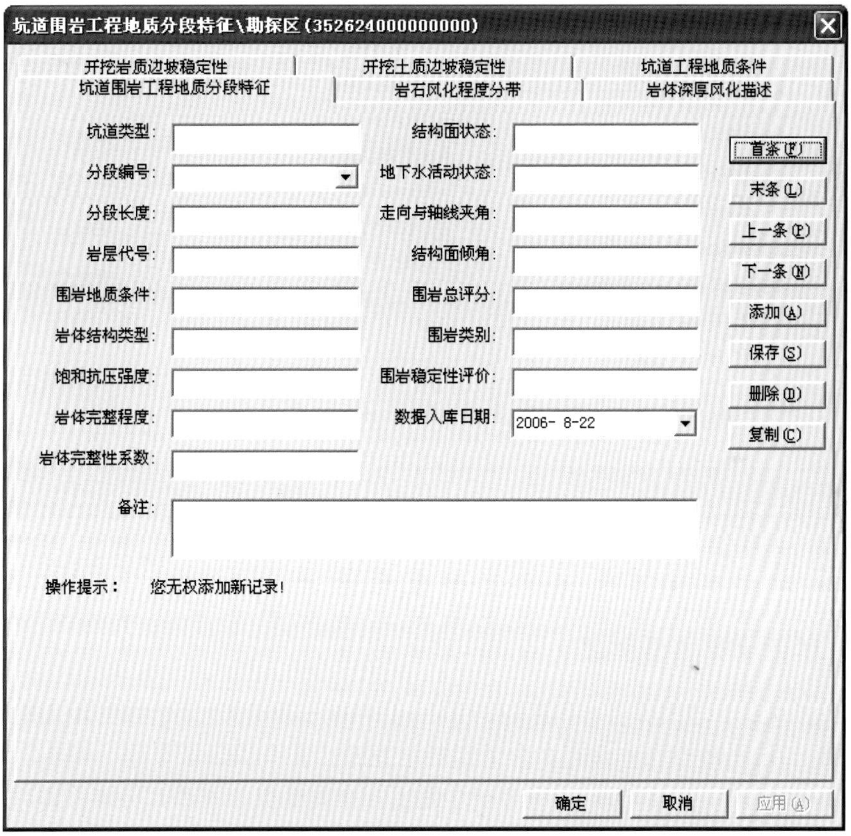

图 4-23 工程地质专题坑道围岩工程地质分段特征子专题（主题）数据管理和查询模块操作界面

4.4.3.2 水文地质数据管理

水文地质数据管理模块面对表 4-1 中的水文地质数据表单（DKSW0101～DKSW0501）。其中含 5 个子专题（主题），共有 15 个次级子专题，对应 15 个表单（可根据实际需要增减）。每个子专题用一个属性页（表单）存储。其中，水文地质概况表单为父表，用于索引所有的水文地质数据，可通过它来关联各子表的数据，进行包括录入、新增、修改、删除、查询等操作。其操作界面（图4-24）也可处理成数据录入界面，必要时可按照应用主题来组织并显示数据子集，或者设定有条件或无条件的单个数据的随机查询。

图 4-24　水文地质专题含水层描述子专题（主题）数据管理和查询模块操作界面

4.4.3.3　环境地质数据管理

环境地质数据管理模块用于存储和管理表4-1中的全部环境地质数据表单（DKHJ0101～DKHJ0205）。这些数据表单含有2个子专题（主题），6个次级子专题，可转化为6个数据表单（可根据实际需要增减）。每个子专题用一个属性页（表单）存储。其中，环境地质概况表单为父表，用于索引所有的环境地质数据，可通过它来关联各子表的数据，进行包括新增、修改、删除、查询等操作。其操作界面（图4-25）可处理成数据录入和查询界面，组织并显示数据子集。

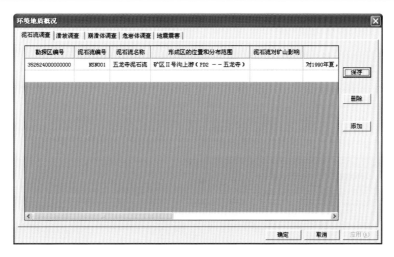

图 4-25 环境地质专题数据管理和查询模块操作界面

4.4.4 露头、钻探与山地工程数据管理

4.4.4.1 露头观测点数据管理

露头地质观测主题数据管理模块面对表 4-1 中的 2 个数据表单（DKLT0101～DKLT0102），仅含 1 个子专题（主题），即露头地质观测点子专题，有 2 个次级子专题和 2 个数据表单。其操作界面（图 4-26）也可处理成为数据录入和查询界面，并组织和显示数据子集。

图 4-26 勘查区露头地质观测点子专题数据管理和查询模块操作界面

4.4.4.2　地质剖面数据管理

地质剖面数据管理模块面对表 4-1 中的地质剖面数据表单（DKPM0101～DKPM0103）。根据其数据特征，分成 1 个子专题（主题），即地质剖面子专题，共含 3 个次级子专题和 3 个数据表单。其操作界面（图 4-27）也可处理成为数据录入界面，必要时也可按应用主题组织并显示数据子集，或设定有条件或无条件的随机查询。

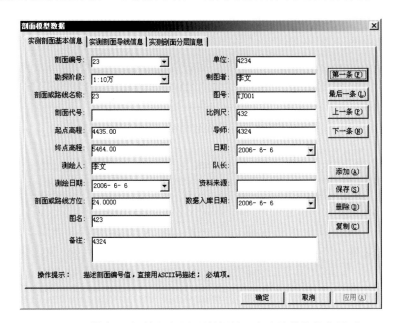

图 4-27　勘查区地质剖面子专题数据管理和查询模块操作界面

4.4.4.3　勘探线数据管理

勘探线数据管理模块面对表 4-1 中的勘探线专题数据表单（DKKX0101～DKKX0103）。该专题仅含 1 个子专题（主题），3 个次级子专题和 3 个数据表单。每个子专题用一个属性页（表单）存储。为了便于使用和维护，其操作界面也可处理成数据录入界面，必要时还可以按应用主题组织并显示数据子集，或设定有条件或无条件的随机查询路径（图 4-28）。查询结果可以按 Word 格式输出，也可以按 Excel 格式输出。在勘查区编号的对话框中，显示所有勘查区编号，可利用鼠标选择所要查询的勘查区编号（前 4 位），也可在查询框中输入目标勘查区编号。在输出格式栏中，按【Word】按钮，可输出 Word 格式的报表；按【Excel】按钮，可输出 Excel 格式的报表。其操作界面如图 4-29 所示。

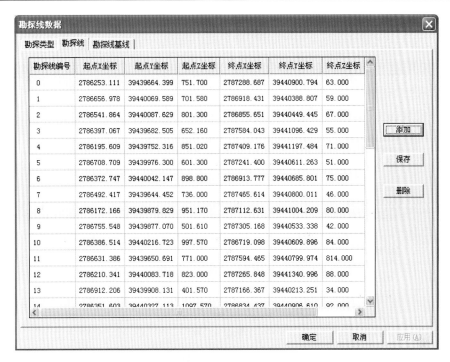

图 4-28 勘查区勘探线专题数据管理和查询模块操作界面

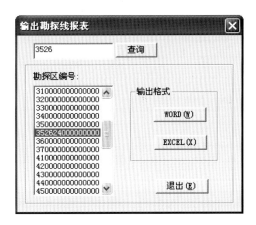

图 4-29 勘探线专题数据管理和查询模块报表输出操作界面

4.4.4.4 钻探数据管理和应用

钻探数据管理模块面对表 4-1 中的全部钻探数据表单（DKZK0101～DKZK0803）。钻孔数据共分成 8 个子专题（主题）、21 个次级子专题和 21 个表单（可根据实际需要增减）。该模块采用属性页的方式，支持用户通过人机交互界面录入和查询数据。每个专题用一个属性页（表单）表达，考虑到表单中存在父表与子表的关系，可在管理界面上设计体现层次关系的不同按钮，提供作为检索和访问的路径导引，对各子表的数据进行新增、修改、删除、查询等操作（图 4-30）。必要时，也可以按照应用主题，利用该界面进行数据子集的组织并加以显示，还可以设定单个数据的有条件或无条件随机查询。查询结果可以按 Word 格式输出，也可以按 Excel 格式输出。在勘查区编号的对话框中，可利用鼠标选择某一勘查区，也可选择全部勘查区。在输出格式栏中，按【Word】按钮，可输出 Word 格式的报表；按【Excel】按钮，可输出 Excel 格式的报表。其操作界面如图 4-31 所示。

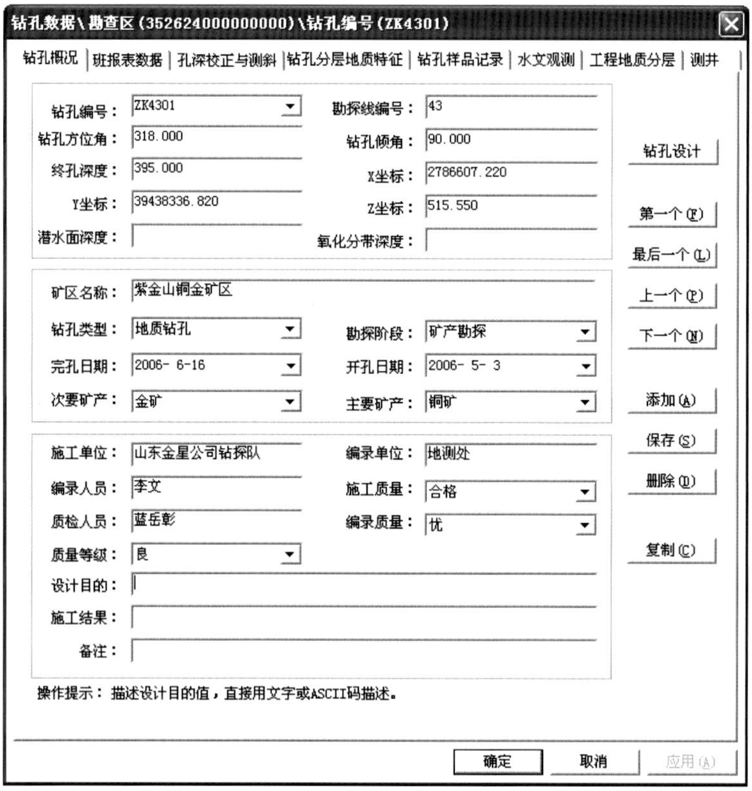

图 4-30   钻探数据管理和查询模块操作界面

图 4-31   钻探专题数据管理与查询模块报表输出操作界面

4.4.4.5 坑探数据管理

坑探数据管理模块面对表 4-1 中的全部坑探数据表单（DKKT0201～DKKT0211）。坑探数据含 1 个子专题、11 个次级子专题（主题）和 11 个表单。其中，坑道概况为父表。在界面上可设置体现层次关系的按钮，作为检索和访问的导引，方便对数据进行新增、修改、删除、查询等操作。坑探数据管理模块的数据管理和表单整体浏览界面，可处理成数据录入界面（图 4-32），也可设置应用主题的数据子集查询或随机查询。查询结果可以按 Word 格式输出，也可以按 Excel 格式输出。在勘查区编号的对话框中，可利用鼠标选择某一勘查区，也可选择全部勘查区。在输出格式栏中，按【Word】按钮，可输出 Word 格式的报表；按【Excel】按钮，可输出 Excel 格式的报表。其操作界面如图 4-33所示。

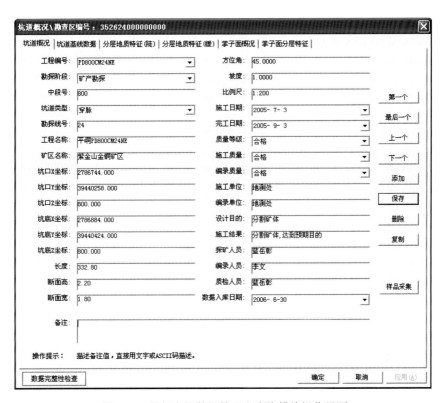

图 4-32 坑探专题数据管理和查询模块操作界面

4.4.4.6 槽探数据管理

槽探数据管理模块面对表 4-1 中的全部槽探数据表单（DKCT0301～DKCT0311）。槽探数据含 1 个子专题，可再分为 11 个子专题（主题）。考虑到有些表单字段少，故将探槽左壁界线表单、探槽右壁界线表单、探槽底界线表单、探槽左壁分层界线表单、探槽右壁分层界线表单和探槽底分层界线表单合并为探槽界线表单，而将探槽产状基本表单、探槽样品记录表单和探槽分层地质特征合并为探槽分层特征，共得 4 个表单（图 4-34）。其中，探槽概况为父表。对于存在着父表与子表关系者，同样可在界面上设置体现层次关系的按钮，作为检索和访问导引，方便对数据进行新增、修改、删除、查询等操作。该界面也可处理成数据录入界面，或设置数据子集组合查询或随机查询。

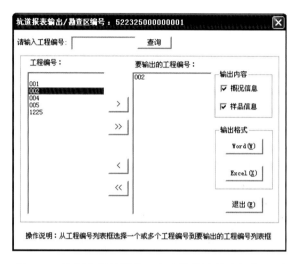

图 4-33 坑探专题数据管理和查询模块输出操作界面

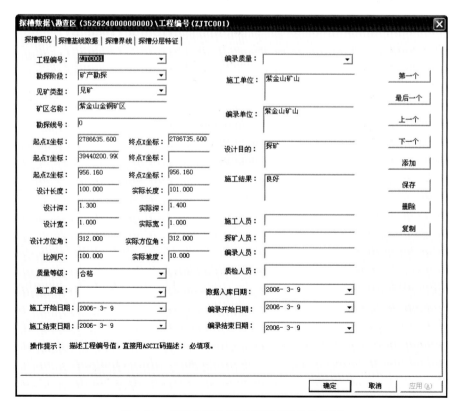

图 4-34 探槽专题数据管理和查询操作界面

4.4.4.7　井探数据管理

　　井探数据管理模块面对表4-1中的全部井探数据表单（DKJT0401～DKJT0407）。井探数据含有1个子专题，7个次级子专题（主题）和7个表单。其中探井四壁地质编录、探井产状基本数据、探井样品记录、探井岩层地质特征和探井断层描述5个表单字段数目较少，可以合并，所以只得3个表单。其中，探井概况为父表，可在界面上设置体现层次关系的按钮，方便对数据进行录入、新增、修改、删除、查询等操作（图4-35）。该数据管理和表单整体浏览界面，也可设置应用主题的数据子集查询或随机查询。

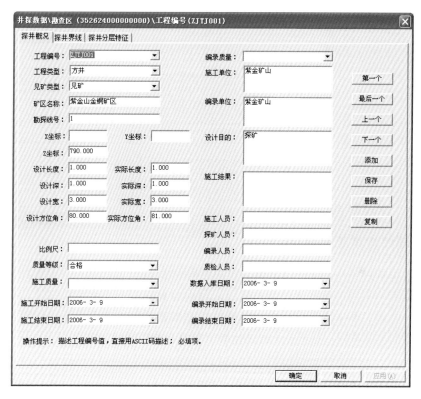

图4-35　井探专题数据管理与查询操作界面

4.4.4.8　样品测试数据管理

　　样品测试数据管理模块面对表4-1中的样品测试数据表单（DKYP0101～DKYP0304）。样品测试数据含3个子专题（主题），9个次级子专题（次级主题）。其中，样品送样单总表、化学送样单和岩矿送样单的字段较少，可合并为"送样单"；化学样品分析结果表和伴生矿产化学成分分析结果表，可合并为基本化学分析样品结果表；岩石薄片结构鉴定、岩石薄片石英组分鉴定、岩石薄片长石组分鉴定和岩石显微镜鉴定4个表单，可合并成岩石显微镜鉴定表单。于是，可得3个表单。其中，送样单为父表，可在其界面上设置体现层次关系的按钮，作为检索和访问导引，方便对数据进行新增、修改、删除、查询等操作。样品测试数据管理模块的数据管理和表单整体浏览界面，也可处理成数据录入界面（图 4-36）。

图 4-36 样品测试专题数据管理与查询操作界面

4.4.5 物、化探数据管理模块

4.4.5.1 物探数据管理模块

物探数据管理模块面对表 4-1 中的物探数据表单（DKWT0101～DKWT0401）。目前固体矿产勘查中采用的物探手段相对较少，常用的有磁法、重力和密度等，共有 4 个次级子专题（主题）和 4 个数据表单。其数据管理和表单整体浏览界面，如图 4-37 所示。点击父表界面上的按钮，可对各子表进行单个或组合数据新增、修改、删除、查询等操作。

图 4-37 物探专题数据管理与查询操作界面

4.4.5.2 化探数据管理

化探数据管理模块面对表 4-1 中的全部化探数据表单（DKHT0101～DKHT0104）。包含水系沉积物、水体、土壤和基岩 4 个次级子专题（主题）和 4 个数据表单。其数据管理和表单整体浏览界面，如图 4-38 所示。点击界面上的按钮，可进行数据录入、增删、修改、查询等操作，还可设置应用主题的数据子集查询或随机查询功能。

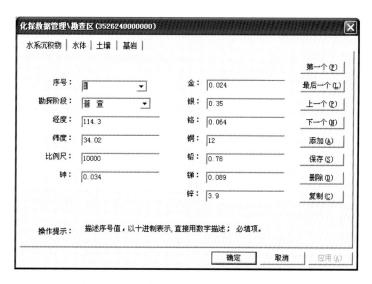

图 4-38 化探专题数据管理与查询操作界面

4.4.6 测绘数据管理

测绘专题数据管理模块面对表 4-1 中的全部测绘数据表单（DKCH0101～DKCH0304）。测绘数据含 3 个子专题（主题）和 6 个次级子专题。其中地质剖面观测点位置、剖面线测量起点、剖面测量中间点和剖面线测量终点信息表，可合并为地质剖面观测点，于是可得 3 个数据表单。其数据管理和表单整体浏览界面如图 4-39 所示。在界面上设置相应的按钮，可用于进行数据新增、修改、删除、查询等操作。在该操作界面上也可设置应用主题的数据子集组合查询或随机查询功能，还可处理并转化成数据录入界面。必要时，还可以设置专门的表单来管理测量任务和测量工程碎部点数据等次级子专题。其数据管理和查询操作界面，如图 4-40 所示。

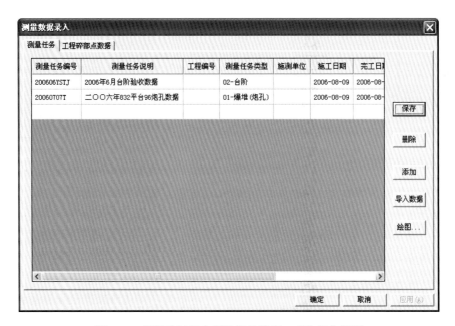

图 4-39　测绘专题数据管理和查询操作界面

图 4-40　测量次级子专题数据的管理、查询操作界面

4.5　勘查区数据仓库（集市）构建

数据仓库（集市）是一个面向主题的、集成的、相对稳定的、反映历史变化的数据集合和体系结构。尽管数据仓库（集市）只能存储和管理结构化数据，但为了使勘查区主题式数据库中的海量数据，能够快速、方便地用于勘查过程中的各种分析、研究、编图、建模和决策主题，构建勘查区多主题数据仓库（集市）是必要的。为了充分实现数

据的一致性和共享性，该数据仓库（集市）的构建，应当在统一的系统需求分析基础上开展。这样，基于该数据仓库（集市）采用合适的分析方法和软件，便可以有效地开展勘查区的多尺度三维实体建模和矿产资源预测评价。一旦省级（域）数据湖建成，这些数据仓库（集市）仍然可以继续为勘查单位的日常工作服务，也可以被纳入数据湖中成为其构成部分。

4.5.1　勘查区多主题的数据集市构建思路

首先应根据勘查区的实际情况和需要设计整体框架，再进行概念模式、逻辑模式和物理模式设计，然后进行数据提取、转换和加载，最后提交决策分析和应用。

这些数据中的大部分，在勘查工作实施过程中已经采集并存储于勘查区原始数据库和基础数据库中了，为了满足实际应用需求，应当补充一些通过初步分析所得到的，关于勘查区构造-地层格架和成矿条件等方面的新认识和新成果。对于来自不同勘查技术手段，例如物探、化探、钻探、槽探和硐探的数据，应当分别进行提取、整理和入库。其中，对于物探数据和化探数据，主要是提取目标对象的空间位置、异常性质、等值线和解译成果等数据；而对于钻探、槽探和硐探数据，主要是提取目标对象的位置、矿体和蚀变带分布等空间数据，以及矿体、蚀变带和围岩等性质特征的属性数据。

在进行三维地质实体建模和矿产资源预测、评估前，需要先将通过各种勘查技术手段所获取的数据从数据库中调出，然后按照不同尺度的三维建模和矿产资源预测、评估所对应的数据粒度，分别建立其多主题数据集市，并对相关专题或子专题数据进行融合和综合。有些空间数据，例如断层面的地下形迹，表现为空间的点、曲线和曲面等形式。为了保证建模和评估的精度和合理性，需要通过坐标变换和投影变换，把这些空间数据转化成为勘探线剖面图上的点、线、面等图元。基于已有的勘查区基础数据库和经过整理、融合、编图和分析所获取的综合数据，可以直接进行数据完整性检查和清洗，进而按照主题分别进行数据集市构建，然后再把多主题数据集市聚合成数据仓库。

4.5.2　勘查区地质建模主题的数据集市框架

根据结构-功能统一性原则，勘查区地质数据集市总体上可采用三层结构（图4-41），多个相同主题或不同主题的数据集市，可以组成一个数据仓库，其逻辑关系如图4-42所示。系统的底层（数据获取层）是数据集市服务器，中间层（数据存储层）是OLAP服务器，顶层（数据展现层）是用户访问层。其中，底部的数据获取层即为勘查区地质点源数据库系统，配置有网络连接的应用程序，负责从基础数据库和外部数据源提取数据。中间的OLAP服务器的典型数据模型是：①关系OLAP（即ROLAP）模型，是扩充的关系型DBMS，可将多维数据上的操作映射为标准的关系操作；②多维OLAP（即MOLAP）模型，可以直接实现多维数据操作；③HOLAP即混合性（hybrid）的OLAP数据存储形式；④Partition（分区）数据组织形式。通过OLAP操作，可根据多尺度空间与属性数据一体化三维地质建模需求，快速、灵活地进行大量数据复杂查询处理，并以直观的标准形式将查询结果全面、准确地提供给建模人员。顶部的数据展现层即用户访问层，所设置的功能软件包括各种复杂的空间数据与属性数据查询、检索，以及多尺度建模数据组织、数据报表、空间分析、数据挖掘和三维可视化等操作工具。

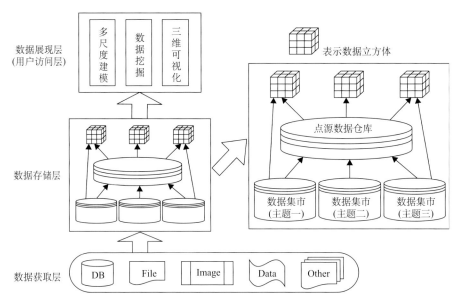

图 4-41　地质数据多主题数据集市与数据仓库系统体系结构（据邵玉祥，2009 修改）

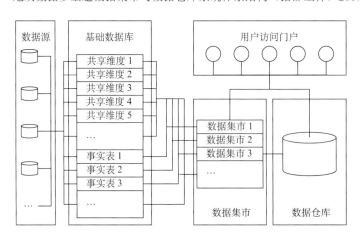

图 4-42　勘查区地质信息系统的数据集市体系结构

4.5.3　勘查区多主题数据集市的概念模型

　　一般数据集市概念模型构建的主要任务，包括主题、粒度和层次划分、维度和度量定义 3 个部分。在地质数据集市内部，数据是面向主题进行组织的，而不像一般业务管理系统那样按操作功能进行组织。主题是研究对象的问题域，在逻辑上对应某一宏观研究领域内的所有对象。面向主题的数据组织，就是按照预定主题对数据进行加工、整理和数据集分解，并细化为多个主题表，进行数据项及其相互间联系的刻画。

　　主题划分的主要任务是：①确定系统边界；②确定主题域及其内容。具体地说，就是站在三维地质建模和矿产资源分析评价应用的层次上，对勘查区时空大数据进行分析、综合、分类、归并，进而得到整个勘查区的高层数据视图，然后加以抽象并划定为若干个逻辑主题范围。这项工作显然应当在数据集市构建之初进行，而且必须把数据仓库（集市）系统的上端需求与应用主题所涉及的数据范围结合起来，以确保三维地质建模和资源分析评价所需的数据都已经从地质点源数据库中抽取出并组织好。应当着重解决主题划分时所面临的多源、多类、异质、异构、多时态和多尺度数据的融合问题。

　　数据集市概念模型构建的关键点是实体和关系的表达，即制作 E-R 图。在 E-R 图中，实体体现的就是数据集市的主题——三维多尺度精细、全息地质建模和资源分析评价所涉及的问题域，以及所要解决的问题（图 4-43）。某些实体是否处于概念模型的范围内，取决于数据模型的物理边界和服务边界，因而由数据源和应用所涉及的范围和目标来定义。为此，应首先抓住框架性问题，例如研究对象及其数据的空间范围？三维地质建模的尺度？不同尺度三维精细地质模型的空间与属性参数模型？矿产资源预测和勘查评价的方法类型和相应的参数模型？在弄清这些问题的基础上，便可划定当前系统的大致边界，进而确认所需的数据是否已从各个数据库系统中抽取出来，并且得到了很好的重新组织。

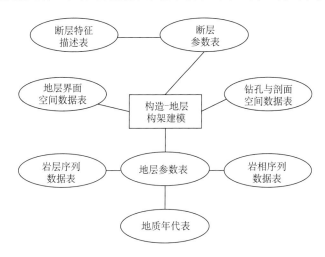

图 4-43　构造–地层格架建模主题数据集市概念模型 E-R 图

4.5.4　勘查区多主题数据集市的逻辑模型

　　数据集市逻辑模型即为中间层数据模型，是对概念模型的主题域及其联系的进一步明确，以及对主题所包含的信息、事实表与维度表的关系的具体描述。逻辑模型设计的关键问题是逻辑建模方法的选择。在数据集市设计中，通常选用星型模式、雪花模式和星型–雪花模式。星型模式的架构因所包含的用于信息检索的连接少而易于管理和应用，在数据集市的逻辑模型设计中最为常用。其具体分析和设计过程如下。

4.5.4.1　分析主题域

　　在概念模型设计中，虽然已经确定了基本的主题域，但是，数据集市的设计过程是一个逐步求精的过程。在逻辑模型设计中，应当对所确定的基本主题域做进一步分析和排队，并且选择出要优先实施的若干个主题域。主题域可从不同角度来厘定，例如以源自不同勘查方法和技术手段的数据融合为例，可以确定如表 4-4 所示的数据集市主题，而以矿产资源勘查评价的数据融合为例，可以确定如表 4-5 所示的数据集市主题。

表 4-4　勘查技术数据集市主题分类表

数据集市代码	数据集市主题	数据集市名称
ZTMarket	钻探	钻探数据集市
DTMarket	坑探	坑探数据集市
CTMarket	槽探	槽探数据集市
JTMarket	井探	井探数据集市
CJMarket	测井	测井数据集市
WTMarket	物探	物探数据集市
HTMarket	化探	化探数据集市

表 4-5　矿产资源勘查评价数据集市主题分类表

数据集市代码	数据集市主题	数据集市名称
CKMarket	成矿条件评价	成矿条件数据集市
QLMarket	资源潜力评价	资源潜力数据集市
CLMarket	储量与资源量估算	储量计算数据集市
JMMarket	三维地质建模	地质建模数据集市

4.5.4.2　定义和编制事实表

数据集市的每个主题，都由一个包含多个事实的表来描述和记录。每个事实记录并表达一个具体事件或数据项，其中包含事件的具体要素，以及相关的具体情况和特征。在固体矿产勘查区多主题数据集市中，事实数据表处于星形模式架构中心。以勘查技术手段的钻探主题数据集市为例，所包含的事实有钻孔的孔位、钻遇地层、钻遇岩层、采集样品及其测试结果、埋藏深度、成矿条件评价等。其中，成矿条件评价主题数据集市的事实数据表，如表 4-6 所示。各个事实表之间，可通过同一主题的公共主关键词联系起来。事实的要素或特征，通常是一些可以进行计算的数据。

表 4-6　成矿条件评价主题数据集市的事实数据表

索引	数据元索引名	字段名	数据类型	长度	描述
主↑	勘查区编号	KCM_ID	int	4	Not null
主↑	区域成矿带编号	GGON_ID	int	4	
主↑	地层编号	DCBM_ID	int	4	
主↑	围岩编号	WYBH_ID	int	4	
主↑	构造编号	GZAD	int	4	
主↑	矿化蚀变带编号	SBAM_ID	int	4	

续表

索引	数据元索引名	字段名	数据类型	长度	描述
主↑	物探异常编号	WTYC_ID	int	4	
主↑	化探异常编号	HTYC_ID	int	4	
	矿体埋藏深度	KTHHB	real	4	
主↑	成矿条件评价指标编号	KCK_ID	int	4	
	成矿条件评价指标值	KCK	real	4	

4.5.4.3　划分粒度和层次

在数据集市中，用于描述事实和维的细化与综合程度的粒度，有空间粒度和时间粒度之分。其中，空间粒度可按研究对象的空间分布范围和作业比例尺，划分为矿集区（1∶250000）、矿田（1∶50000）、矿床（1∶25000～1∶5000）和矿体（≥1∶5000）4个级别；时间粒度可划分为宙、代、纪、世、期、时（地质年代单位），空间粒度可划分为宇、界、系、统、阶、带（年代地层单位）。当数据粒度变粗时，要考虑多主题数据的融合与汇总；而当粒度变细时，则要考虑事实及维度数据的层次和级别划分。粒度增大能提供更宏观的数据视图，因而能为跨主题的数据融合和高层次决策分析提供更有价值的依据。

4.5.4.4　定义维及其度量

矿产勘查区数据集市（仓库）的多维数据模型，通常采用星型或星型-雪花型模式。在星形模式中，每个事实都用一个包含多个维的表来描述。维是根据分析问题的角度来划分的，每个维代表看待事实的一个角度，因而也是描述事件的一个要素。一般地说，维表中的信息是与事实的粒度和层次相对应的。分层的目的就是为了满足事实表中的度量，能在相应的粒度上进行分层聚合。地质数据的维和度量均含有大量空间信息，需要扩展数据集市（仓库）中数据立方体的维和度量的概念，引入空间维和空间度量。

在将空间信息融入数据集市（仓库）中时，通常采用把空间信息作为单纯空间维、单纯空间度量、空间维+空间度量3种方式。这三种方式分别对应三种多维数据模型，即仅包含空间维的多维模型、仅包含空间度量的多维模型和既包含空间维又包含空间度量的多维模型。其中，空间维可以使用空间索引树来定义和描述分组层次，而空间度量可表示成空间对象的指针集合，并可通过空间拓扑操作来实现数据索引和聚合。以成矿条件评价主题为例，其数据集市涉及10个方面的事实（勘查区、区域成矿带、地层、构造、矿体围岩、围岩蚀变、物探异常、化探异常、矿体特征、矿体埋藏深度）。部分事实的维及其度量如表4-7～表4-11所示。在成矿条件评价主题中，分析成矿条件的空间特征及空间规律的粒度通常有6个，即成矿域、成矿带、矿集区、矿田、矿床和矿体。

表 4-7　勘查区地层维度表

索引	数据元索引名	字段名	数据类型	长度	描述
主↑	层位序号	DSM_ID	int	4	Not null
	层位代号	DSM	varchar	10	
主↑	勘查区编号	KCM_ID	int	4	
主↑	地质年代	DSF_ID	int	4	
	统	DSAC	varchar	10	
	阶	DSAD	varchar	16	
	组	DSBB	varchar	10	
	段	DSBC	varchar	10	

表 4-8　矿体围岩维度表

索引	数据元索引名	字段名	数据类型	长度	描述
主↑	矿体编号	KTAF_ID	int	4	Not null
主↑	围岩编号	WYBH_ID	int	4	
	岩石代号	YSAD	varchar	10	
	岩石类型	YSEA	varchar	10	
	岩石名称	YSEB	varchar	20	

表 4-9　围岩蚀变维度表

索引	数据元索引名	字段名	数据类型	长度	描述
主↑	围岩蚀变带编号	SBAJ_ID	int	4	Not null
主↑	矿体编号	KTAF_ID	int	4	
主↑	围岩编号	WYBH_ID	int	4	
	围岩蚀变类型	SBAJI	varchar	4	
	围岩蚀变强度	SBAJK	varchar	10	
	蚀变矿物类型	SBAJL	varchar	10	
	蚀变矿物名称	SBAJM	varchar	20	

表 4-10　物探异常维度表

索引	数据元索引名	字段名	数据类型	长度	描述
主↑	物探异常序号	WTYC_ID	int	4	Not null
	物探异常类型	WTYCC_ID	real	4	
	物探异常指标	WTYCD	varchar	30	
	物探异常形态	WTYCE	varchar	6	
	物探异常位置	WTYCF			
	物探异常数值	WTYCG	real	6	
	物探异常指标说明	WTYCH	varchar	20	

表 4-11 矿体特征维度表

索引	数据元索名	字段名	数据类型	长度	描述
主↑	矿体编号	KTKA_ID	int	4	Not null
主↑	矿体名称	KTKB_ID	int	4	
主↑	样品编号	KTYP_ID	int	4	
	矿体类型	KTAC	varchar	4	
	主成矿元素	CKYSA	varchar	4	
	主成矿元素品位	CKYSAP	real	4	
	次要成矿元素一	CKYSB	varchar	4	
	次要成矿元素一品位	CKYSBP	real	4	
	次要成矿元素二	CKYSC	varchar	4	
	次要成矿元素二品位	CKYSCP	real	4	
	品位分布特征说明	KTPWB	varchar	20	

4.5.5 勘查区多主题的数据集市物理模型

数据集市的物理模型是完全属性化的数据模型。它将星型架构中的数据、实体和相互之间的关系进行属性化的描述，是数据集市的实施和配置基础。数据集市的物理模型设计主要内容，是定义数据模型和确定数据的物理存储模式。

4.5.5.1 定义数据模型

定义数据标准 是明确命名约定，提供有意义的和描述性的关于数据集市各实体的信息（如提供命名的完整词语和定义字符格式等）。

定义实体 是确认星型图中的事实表和维度表等实体，形成实体间的属性化描述。

确定数据容量、更新频率 数据集市中的每个实体都必须进行有关容量（如预期的行和增长模式的数目）和更新频率（如以日或月为单位）的评估。

定义实体的特征 是指识别数据集市中的每个实体的特点（如数据值的范围、数据的类型和大小及对数据施加的完整性描述等）。

4.5.5.2 确定物理存储模式

确定存储结构 目前的数据集市和数据仓库，基本上是采用传统的数据库管理系统，作为数据存储管理的基本手段。每个应用主题在数据集市中都由一组关系表来实现，因此确定数据存储结构的要点，是确定面向主题的数据表和表的分割。数据集市（仓库）与数据库的差别在于，可根据决策分析的需要引入适当冗余并细分数据。

确定索引策略 在数据集市中，存储、管理和处理的数据量很大，因而需要对数据的存储建立合理的专用索引，以得到较高的存取效率。

确定存储分配 首先对数据库管理系统提供的存储分配参数，进行物理优化处理，例如对块的尺寸、缓冲区的大小和个数等进行调整；再在数据集市（仓库）中提取诸如地层、构造、矿物成分、结构特征、矿化蚀变、化学成分、生物化石等成果，并按一定的规则将其中非结构化的名义型定性数据，转化为半结构化的有序型半定量数据，或者结构化的间隔型定量数据；然后，制定各种参数的对比、组合、聚类和判别规则，用于提取构造-地层格架建模所需的全部空间数据和属性数据。所涉及的空间数据包括地层、岩层、蚀变带、矿体、褶皱和断层等的边界、形态、产状、位置和拓扑关系；所涉及的属性数据包括各套地层的地质年代、地层单位、岩层或岩体的相（沉积相、变质相、岩浆相和火山相）和岩石结构构造，以及褶皱和断层的性质、褶皱轴面和两翼特征等。

4.6　关于地质数据湖构建问题讨论

根据数据湖的一般性概念及其在多个领域的应用情况（Walker，2015；郭文惠，2016；张达刚等，2019），在勘查区各类数据库系统、数据仓库（集市）系统的基础上，采用 Hadoop 等技术系统，可以方便地汇聚和管理队（院）级（矿集区，地质大队、地质调查院、矿山企业）乃至省级（省域，地质矿产勘查开发局）的地质数据湖。

数据湖是一种方法体系，既是能保存大数据的并行存储体系，又是能在数据不移动情况下运行的计算处理体系，目前的主要技术手段是 Hadoop。数据湖能同时以关系数据库、对象-关系数据库、对象块和文件方式，管理海量的结构化、半结构化和非结构化数据。由于数据湖架构的存储容量大、成本低，又以原始格式保存所有数据，因而能够实现多个数据源的汇聚和集成，并保证数据的可靠性和精确度。而且，数据湖还能提供灵活的面向任务的数据绑定，不需要提前定义数据模型就能方便地被调用，使数据直接从原始状态转换为用于报告、可视化、分析和机器学习等各种任务所要求的数据。因此，数据湖不但可满足数据拥有者和不同客户开展实时分析的需要，还可像数据仓库（集市）一样满足批量数据挖掘的需要。数据湖所具有的这些优势，正是地质大数据管理和应用所需要的。

然而，地矿勘查工作的专业性很强，其数据类型极为复杂，数据处理的方式、方法和流程也极为复杂，为了避免陷入"数据沼泽"，其中的结构化数据仍然需要采用关系数据库和对象-关系数据库，以及数据仓库（集市）来存储、管理和调度，不可以偏废。地质数据湖的构建，应当在已有的专业主题式数据库和数据仓库（集市）的基础上进行，采用 Hadoop 技术和工具，把散落于基层勘查单位的个人、小组、团队、工作室、实验室和资料室的各种原始地质记录本、编录本、照片和草图等半结构化和非结构化数据，以及各种物探、化探和遥感探测的原始记录和解释数据汇聚起来，并加以集成、管理和融合。为了开展基于地质大数据的成矿、成藏和成灾预测并支持企业和政府决策，地质数据湖应当有队、局两级管理体制。其中，队级即枢纽节点，由基层单位（地质大队、地调院和矿区）数据中心主管，面向个人、团队和实验室；省级即中心节点，由省地矿局数据中心主管，面向全省基层单位。在个人、团队、单位、部门和两级节点之间，均采用区块链进行联结。

一般商业部门和企业集团的数据湖构建，是直接把数据库（SQL、NoSQL）、数据仓库（集市）和数据文件的数据结构转化为数据湖存储体系结构，然后通过云的方式部署到虚拟机、物理环境上，将原有网络功能云化和虚拟化，实现全部数据的原始状态分布式共享存储（Munshi and Mohamed，2018）。这种做法显然不适合数据类型、结构和处理方式都极为复杂的地矿勘查领域。地质数据湖的构建，大致可以通过两种方式和途径的结合来实现：其一是从结构化、半结构化和非结构化的大数据混合存储、应用的需求出发，将勘查单位和（或）矿山企业的原始数据结构转化为数据湖（多类异构）存储体系结构；其二是通过云方式把全部数据部署到虚拟机-物理环境和分级中心化管理的区块链上，将勘查单位或矿山企业的原有网络功能云化和虚拟化，实现全部多源多类异质异构原始数据的分布式存储和共享。由此形成的队、局两级数据湖架构，既可以满足专业队伍基于大数据进行矿产资源预测、评价和勘探的需求，也可以满足政府基于大数据开展矿产资源管理、保护和决策需求。

在一般企业和商业领域，数据湖的部署和应用目标通常是完全代替数据仓库（集市），成为完全散乱的大数据存储、处理系统。面对地质领域复杂的大数据类型、结构和应用特征，上述数据湖的部署方式似乎并不适用。一个切合实际而可行的解决方案，是引进Hadoop并采用支持Hadoop的新系统，将Hadoop作为缺省配置，同时使用SQL、NoSQL数据库和数据仓库（集市），以应对不同的需要。这是避免地质大数据湖变化成为地质大"数据沼泽"的关键措施之一。正如数据湖概念的发明者，Pentaho公司的创始人兼首席技术官詹姆斯·狄克逊（James Dixon）忠告的那样，"只把需要的数据导入Hadoop中"。由于地质大数据的特殊性，部署和构建地质数据湖并非易事。在我国的地质行业中，虽然已有一些部门和机构着手构建并运行"地质云"，但由于未能采集、汇聚散落于基层勘查单位的个人、团队、实验室和资料室的海量原始数据，仅管理勘查报告、研究报告、成果图件和专著、论文，无法形成真正意义的地质大数据集，难以支持基于大数据的矿产资源预测评价。

为了确保所构建的地质数据湖，成为地质大数据的有效管理体系，而成为"数据沼泽"和"数据墓地"，另一个关键措施是建立完善的地质大数据湖的元数据库，并开展元数据管理。目前，许多IT厂商都推出了能够将元数据添加到数据湖及其他大数据存储系统的新工具，例如，Pentaho Business Analytics 6.1等。

总之，为了开展基于地质大数据的矿产资源预测评价，构建地质数据湖势在必行。但这个问题较为复杂，相关的尝试刚刚开始，亟待加强研究并通过实践，探索一条妥善存储和管理具有显著的多源、多类、异质、异构地质大数据的路径和办法。

第五章　勘查地质图件机助编绘子系统

　　勘查地质图件是勘查成果的基本表达方式，也是储量估算、资源评价、生产管理、三维地质建模、勘查设计乃至矿山设计的基础。勘查地质图件的显著特点是类型多样性、内容繁杂性、图例一致性和图形不规则性（刘刚等，2002）。制图过程既是对勘查区地质现象进行观察和描述的过程，也是对勘查地质工作成果进行分析综合、理论概括和深入认识的过程。勘查地质图件机助编绘子系统所面对的图件类型，包括各类型钻孔柱状图、勘探剖面图、平面地质图、物化探异常图和曲线图。在综合信息管理子系统支持下，勘查地质图件辅助编绘子系统可以直接从基础数据库中提取数据，还可以将辅助编图过程中发现并修改的数据传回数据库中。与传统手工制图相比，计算机辅助编图的优越性主要表现在：操作易、质量优、精度高、速度快、成本低、效率高、花纹符号制作方便；存储、管理、应用和修编方便；可以开展空间分析、数据挖掘和信息提取，其数据可以无限制重复再利用，充分发挥空间数据的作用；可以进行线划镂空、立体制图、动画制图等。此外，还简化了地质图件成果评审程序，可根据需要随时变比例尺和版面规格印刷出版。总之，采用机助编绘技术，可使地质科技人员从烦琐的手工劳动中解放出来，并提高制图的质量和水平。

5.1　勘查地质图件机助编绘子系统的设计

　　矿产勘查地质图件机助编绘，是根据地质学、矿床学和矿床勘查学的理论知识和技术方法，运用矿体几何学、投影几何学和计算机图形学原理，通过人机交互方式将地质现象投影到一个平面上，然后用特定的花纹、符号和色谱等绘制在图纸上的过程。以往的做法是在通用化、商品化的 CAD 系统或者 GIS 的基础上进行二次开发，以便迅速满足大量专业应用需求。然而，对于图形、花纹较为复杂且不规则的矿产勘查领域而言，通用化、商品化的 CAD 系统或 GIS 难以直接应用，二次开发量很大。于是，许多地质信息技术研发机构根据具体矿种或具体勘查单位，开发出一些专用的矿产勘查图件编绘系统。根据固体矿产勘查工作的实际需要，该编图软件应当能够完成各类柱状图、剖面图、平面图、曲线图和立体模式图 5 大类图件的设计、编辑和绘制任务。它不但具有图件种类齐全的特征，而且应当具备系统操作方便，数据准备简单，输入、输出多样，图例花纹标准和图件内容精确，以及经济实用、快速高效等特点；应当能方便地与矿产勘查点源数据库对接，而且可以根据图件特点自由选择自动化程度，免除应用程序员的数据采集、整理、加工和管理任务，可减少数据的冗余、不完整性和不一致性，能实现全部数据的共享性和安全性；编绘工作可与基础图件的查错及修正互动，成果可以直接入库，且可实现随机查询和空间分析。

5.1.1　勘查地质图件机助编绘共用模块设计

为了提高图件编绘效率，在勘查图件机助编绘子系统中，除了要设计 5 大类专题图件编绘模块外，还需设计基本图形共用编绘模块并建立花纹、图例库。

5.1.1.1　基本图形编绘模块设计方法

固体矿产勘查图件由大量的中文、西文、注记、特殊的符号和不规则的自由曲线组合而成。从某种意义上讲，固体矿产勘查图件可以看作是一个特殊的符号系统。所谓基本图形，就是指图面上由点、线、面等图素或图元构成的一个符号组合单元。只要建立各种文字、花纹符号和不规则曲线的数学模型，就能生成一系列基本图形，可以大大降低程序复杂度，简化程序设计、调试和维护过程。于是，矿产勘查图件机助编绘子系统的程序编写，不必一开始就逐条录入计算机语句和指令，而是首先用主程序、子程序、子过程等框架把软件的主要结构和流程描述出来，并定义和调试好各个框架之间的输入、输出关系，然后逐步求精。通过一系列以功能块为单位的算法描述，可快速形成基本图形，进而组合成为各类复杂的矿产勘查图形。显然，研发这类大型图件的编绘系统，可采用模块化程序设计法（童时中，2000）——以功能块为单位的编绘程序设计，其基础是图形数学模型分析。

1. 曲线拟合的数学模型

曲线拟合是生成地质图件的基本内容之一，主要应用于等值线和各种地质体边界线的追踪，以及各种曲线线型的制作。在基于少数几个已知数据点进行曲线拟合，必然涉及数据点的外推计算问题，计算的精度取决于所使用的数学模型。例如矿体或矿层厚度等值线、围岩或矿层底板高程的等高线，为了满足精度要求，程序设计通常要求采用克里金模型或三角网插值模型。此外，还有 Bezier 曲线法、B 样条函数法和三次样条函数法等。其中，Bezier 曲线和 B 样条曲线适用于地物图示符号等不要求准确通过型值点的曲线拟合，三次样条曲线则适用于地形等高线等要求通过型值点的曲线拟合。

2. 曲线线型的规定和制作

在确定了曲线的数学模型后，必须按照相关规范或标准确定曲线的线型。曲线的线型是由相应参数来设定的，涉及 4 个参数项：①实线段和虚线段长度。实线段和虚线段均可由多个重复的基本单元组成，用于生成几种常用的点划线型。若设虚线段长度为 0，则该线整条为实线。②线的宽度。规定线的宽度系数。③插入符号。插入的符号可以是图案，也可以是文字，应规定插入位置和方向。④线型缩放比例。默认值为 1。其中，前 3 项参数确定了曲线的外形，所插入的符号可能较为复杂，应作相应的线划规定；第 4 项可在不同比例尺下调节使用。为方便程序调用，可建立线型编码（线型名）和线型库。

5.1.1.2　花纹、图例库的设计方法

花纹是地质矿产勘查图件中符号、线条与颜色的一种组合形式，而图例是各种符号、线条、花纹与颜色的说明。这里着重介绍岩石花纹及其图例的制作。

1. 花纹、图例的制作原则

地质矿产勘查图件上的岩石花纹，都有着深刻的地质含义。它直观地反映了地质体的成分、结构、构造及其历史演变等。花纹还有装饰、美化图面的作用，给人以美的感受。在勘查图件中，岩石花纹的数目繁多，要实现机助编图需要先建立一个调用方便的花纹图例库。为了实现图件的充分共享，需要在行业主管部门的指导下，结合行业制图标准和计算机作业的特点，制定一个能够广为接受的花纹、图例转换标准，以供各部门共同遵循。兼顾矿产勘查和计算机处理两个方面的特点，该花纹图例库的建造原则如下：

继承性。所有花纹图例必须继承已有的行业标准和部门标准。

通用性。基础图元应能适应于各类岩性，不能局限于某一类岩石；能适用于各类地质图件，而不能仅适用于某一类图件。

独立性。岩性花纹、图例库需独立于程序，各种程序都能方便、快速调用。

开放性。岩石花纹、图例库对用户开放，允许阅读、查看和任意调用。

单一性。为了简化图例和使用方便，同一岩性花纹可以有两种以上的岩石名称或代号，但一个岩石名称或代号决不能对应一种以上的岩性花纹。

安全性。岩石花纹、图例的修改与增删，须设定严格的操作权限和审查手续。

可编辑性。岩石花纹、图例允许有权限的用户组合、增删、修改、编辑，甚至重建。

2. 花纹、图例的制作方法

1）基本图元法

矿产勘查图件中的岩石花纹往往重复出现。对于有规则边界的岩石花纹绘制，采用基本图元法能收到很好效果。其基本思想是将岩石花纹划分成为基本单元块（图元），然后把基本单元按一定规律重复排列组合，形成各类岩石花纹（图 5-1）。

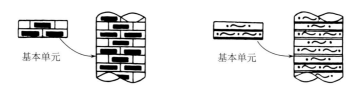

图 5-1　用基本图元法形成柱状图花纹

基本图元法有两种实现方式，一为计算方式，一为组合方式。前者是根据限定边界进行函数计算，直接定义各花纹的坐标位置，再令绘图系统输出。后者是在分析各岩石花纹结构的基础上，提取各单一花纹的图形块，再通过图形块的排列组合来构成各种岩性花纹。计算方式灵活多变、适应性强，组合方式则快速简便、容易实现。

2）辅助设计法

在不规则边界区域内填充岩性花纹的设计较为复杂。该复杂性不在于算法上，而在于岩性花纹图案填充的设计上。为了提高工作效率，一些专用的地质信息系统平台通常设置专门的人机交互模块来实现辅助设计（图5-2，图5-3）。

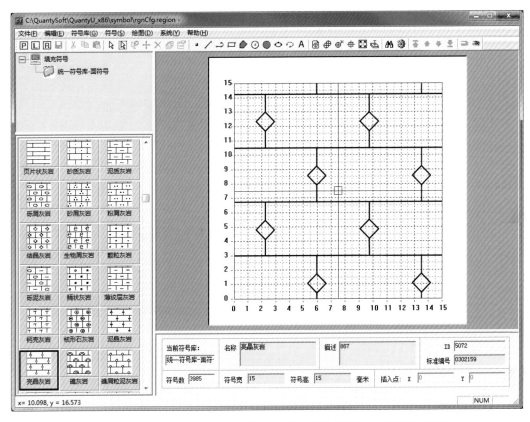

图 5-2　QuantyView 地质信息系统平台的花纹符号图例库辅助制作界面

5.1.1.3　图件整饰子模块设计

各类矿产勘查图件都必须进行图件整饰。为了提高工作效率和输出质量，多数编绘系统都设置了通用的图件整饰子模块。矿产勘查图件编绘软件要面对多个专业领域，其图件整饰子模块应能符合各专业的规范，应用操作要力求灵活。

1. 图框整饰

各种专业性的矿产勘查图件，都要求有内图框和（或）外图框。一般规定，在1：25000至1：100000的图内只绘方里网，不绘经纬线，但应当在四图角注出经纬度数字，并且在内外图廓的粗细线间按经纬差各1′绘出分度带。图框整饰模块的设计应当遵从这个规定。考虑到在不同用途的图件上图框常有变化，例如有时简化为单线图框，有时则在一个图框中包含两个以上的小图，子模块的调用条件设置应当给出图件型号。

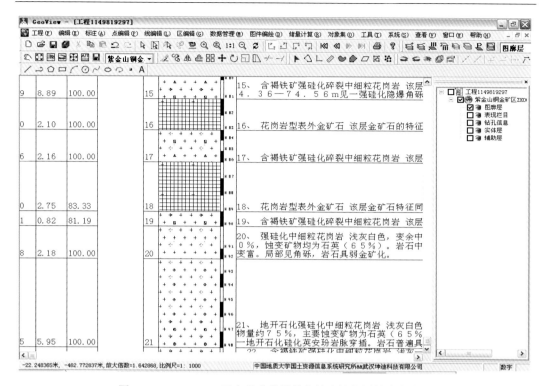

图 5-3　QuantyView 平台的花纹符号在钻孔柱状图的填充效果

2. 坐标网整饰

在平面图上，方里网通常按图幅和比例尺要求绘制；在剖面图上，则要求将平面的方里网进行投影，并同时在图框两侧标注高程。由于每个图幅的坐标系是事先给定了的，只要绘图范围明确，其坐标网就可利用通用子程序绘制出来。

3. 分度带整饰

按规定，比例尺小于 1 : 25000 的图件用 6° 分带，等于或大于 1 : 10000 的图件用 3° 分带。这些分度带都可由程序控制，按实际图形比例尺自动绘制。

4. 图幅和分幅整饰

在各类矿产勘查报告中所附的平面图件，除区域地质图和矿产地质图必须考虑国际分幅外，其余图件均以图幅能包含拟表达的全部内容，而又出现最少空白为原则，不必考虑国际分幅。图幅的大小，应当同时考虑绘图仪和打印图纸的大小，尽量为标准 16 开纸的整数倍，以便于折叠保存。如果图幅过大需要分为数幅时，应在每幅图廓外侧的右上方绘出接图表，并且把表示该图幅相对位置的方框打上阴影。

5. 图名整饰

按照规定，矿产勘查图件的名称由省、县（市）、勘查区（矿区）名三部分及图名排列组成。图名全部用汉字，写在图的正中最上方，具有多个分幅的图件图名写在中央图幅的最上方。系统中可配置标宋、楷体、黑体、仿宋、隶书和魏碑等多种字体及其型号，供用户根据本专业领域的标准或规范调用，以便书写出美观大方的图名。

6. 比例尺整饰

按照相关规范和标准，1∶50000 及以下的各类中小比例尺平面图，应兼有数字比例尺和直线比例尺；1∶10000 及以上各类大比例尺的平面图，只画数字比例尺。标准分幅图件的数字比例尺和直线比例尺绘于图名下方正中，任意分幅比例尺则绘于图的上方正中央的大图名之下。凡未以正上方表示正北方向的平面图，均应绘出表明真北或磁北方向的指北针及注记。所有这些，需要事先在整饰模块中设置好以供调用。

7. 图签（责任表）整饰

按照相关规范和标准，每一幅勘查图件都需要在右下角附有图签（责任表）。图签的大小，通常根据图幅大小而定，一般为 9cm×5.5cm～10cm×6cm。图签的具体位置应有利于在图纸折叠时，将图签全部或大部裸露在外面。图签的内容如图 5-4 所示。为了适应不同部门和不同图件对图签格式的要求，可以采用参数化方法做成一个专用子模块，并且赋予人机交互修改功能，以便用户随时调用。

××省××局××队			
×××××图			
拟　　编		顺　序　号	
审　　核		图　　号	
清　　绘		比　例　尺	
技术负责		日　　期	
队　　长		资料来源	

图 5-4　图签（责任表）样例

8. 图例整饰

矿产勘查图件中所绘各种图形符号、文字符号、花纹及颜色都必须全部给出图例，地形底图的某些惯用符号可以例外。图例排列的顺序为：地层系统（自新而老）、侵入岩、沉积岩岩相、构造、矿产、探矿工程、其他。图例一般绘在右图廓外，但也可绘于图框内以利用图面的空白。成套的图件，可单独编一张统一图例。

各种岩性图例可在程序处理过程中自动处理排序。所有图例均可事先做成标准子模块，供用户在程序处理或人机交互制作、建库时随时调用。

5.1.2　勘查地质图件参数化编绘思路与方法

在矿产勘查地质图件编绘软件的应用过程中，人们越来越多地发现系统的后期图形修改，以及图案花纹、线型的标准化整饰十分不便，也难以适应表达对象及表达内容的细小改变，特别是对那些仅需改变格式和尺寸就能满足新的专题需求的图件显得无能为力。解决这个问题的途径，是引进参数化设计方法（刘刚，2004）。

5.1.2.1　勘查地质图件参数化编绘思路

一般的图件编绘模块和子模块，多数是基于单一的确定性数学模型开发出来的，其不足之处主要表现在以下几个方面。

1. 图件模型的适应性不强

为了适应不同部门对各类图件的不同需求，传统计算机辅助图件编绘系统的做法，是分别建立有针对性的图件模型，为每一类（种）图件编写一个专用的处理程序。这就造成图件模型的适应性和可修改性差，不能满足多样化设计需要。

2. 不能支持完整的编绘过程

传统的计算机辅助设计系统（CAD 系统）是基于几何模型的，系统仅仅记录了几何形体的位置（坐标）信息，而大量丰富的拓扑信息和尺寸约束信息、功能要求信息均被丢失了。由此而造成的问题就是其应用通常局限于编图的详细设计阶段。

3. 难以支持图件的快速修编

同样，由于传统的 CAD 系统只记录图件的位置信息，而不记录其他拓扑信息和功能要求信息，即使是一个很小的设计修改，也会导致前面大量辅助设计工作无效，需要重新进行整个图件模型的设计、编辑和绘制。于是，不仅图件编绘效率很低，而且难以保持整体设计约束和相关部分变动的一致性，难以满足勘查图件编绘的需要。

4. 不符合勘查图件编绘人员的习惯

传统的 CAD 系统面向具体几何形状，使设计人员一开始就被局限于某些细节中而不能顾及全貌，这显然不符合矿产勘查图件编绘人员的习惯。在一般情况下，勘查图件编绘人员是根据图件内容和规范，先定义一个完整的结构草图作为图件原型，然后按照实际情况进行各部分设计，并通过逐步细化和调整达到最佳效果。

5. 无法支持多人并行编绘过程

一个大型复杂图件的编绘过程，往往需要多个技术人员多方面、多层次、多阶段地参与其中。因此，要求充分地考虑从概念设计到最终完成的整个生命周期中所涉及的多人并行编绘问题，即强调支持图件编绘过程的多用户协作问题。然而，传统的 CAD 系统只支持单用户、单进程的顺序编绘方式，无法支持多用户并行编绘作业。

一般机助图件编绘系统所存在的上述问题，会影响到图件建模和实现，在应用于矿产勘查图件编绘时，需要加以妥善解决。引进参数化的图件设计理论和方法，有可能克服以上种种缺点，为用户提供一个新的图件建模环境，以及灵活和方便的专业化图件编绘环境。利用这种新的图件建模环境和编绘环境，可以快速地生成系列图件模型并输出标准化图件（刘刚等，2001）。这就使得机助编图技术，能应用于勘查图件的概念设计和详细设计各阶段。为了将参数化编图技术付诸实际应用，首先要进行矿产勘查图件设计方法、过程和技巧的总结，同时针对矿产勘查图件的类型和构成要素特征，将参数化编图的约束求解方法与设计方法结合起来，找出其中的规律并建立相应的专业模型。在此基础上，便可以构建矿产勘查图件参数化编绘模块的基本框架和工作流程（图 5-5；刘刚，2004）。

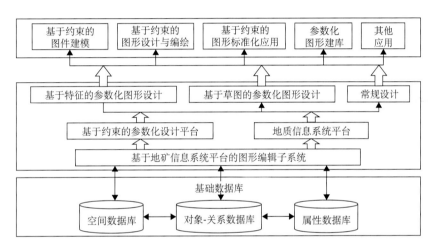

图 5-5　矿产勘查图件参数化编绘模块的基本框架和工作流程（刘刚，2004）

5.1.2.2　参数化设计的方法原理

所谓参数化设计，是指用一组参数定义几何图形（或体素）的尺寸及其关系，以供设计者进行几何建模和造型使用。其中，参数与设计对象的控制尺寸有显式的对应关系，图件编绘人员利用该项技术，可快速草拟图件的基本图元，再通过几何约束精确成图；同一图件中的相似图元，可通过第一次设计的参数修改来实现。其原理如图 5-6 所示。

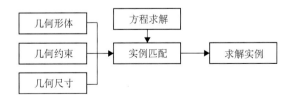

图 5-6　参数化设计系统的基本原理（殷国富和陈永华，2000）

参数化设计的主要技术特征如下。

1. 基于约束构型

约束是指利用一些法则或限制条件，来规定构成对象实体的元素之间的关系。约束可分为尺寸约束和拓扑约束。尺寸约束一般指对大小、角度、直径、半径、坐标位置等可以具体测量的数值量进行限制。将形状和尺寸联合起来，通过尺寸约束来实现对几何形状控制的约束称为全尺寸约束或完备约束。全约束造型必须以完整的尺寸参数为基础，不能漏注尺寸（欠约束），也不能多注尺寸（过约束）。拓扑约束一般是指平行、垂直、共线、相切等非数值的几何关系方面的限制；也可以表现为一个简单的关系式约束，例如一条边与另一条边的长度相等，某圆心的坐标分别等于另一矩形的长、宽等。

2. 尺寸驱动图形

通过约束推理来确定需要修改某一参数的尺寸时，系统会自动检索出此参数对应的数据结构，找出相关的计算方程组并计算出参数，进而驱动几何图形的改变。由于尺寸参数约束牢牢地控制住各种几何图形，只需编辑一下尺寸参数的数值即可实现形状上的改变。有些尺寸参数的修改，甚至可导致其他相关模块中的相关尺寸全盘更新。显然，用尺寸参数来描述图形，十分符合一般图件编绘人员的操作习惯。

3. 基于特征的设计

将某些具有代表性的平面几何形状定义为特征，并将其所有的尺寸存为可调参数，进而形成实体，以此为基础可以构造出各种复杂的几何形体。

综上所述，采用参数驱动方式可以方便地进行图形的修改和设计。用户在设计图形模型时无须准确地定位和定形，只需勾画出大致轮廓，然后通过修改图形的尺寸值来达到最终的形状；或者只需将图形的关键部分定义为参数，然后通过对其动态修改来实现对图形的编绘和修改，甚至实现参数化建库，提高编图技术的柔性。

5.1.2.3 勘查地质图件机助编绘流程设计

矿产勘查地质图件的计算机辅助编绘作业流程大致如下：

（1）确定图件模型（包括专业模型和几何模型）。用户依照行业规范，确定图件格式，详细指明图件各部分组成、结构、要求及相互关系。

（2）建立图形计算参数模型。地质图件的数据来源和性质有两类：一类为实测几何数据，可直接用于空间点的定位输出，如地理坐标、高程等；另一类数据为逻辑数据或推测数据，需要在处理过程中调用计算参数模型进行逻辑判断与计算。

（3）给定数据格式要求。依照所建立的图件模型和图形计算参数模型，选择合理的数据格式和参数，再交由矿产勘查点源数据库检索生成。

（4）生成图形交换数据或文件。应用软件中预先设置的计算参数模型来处理逻辑数据或推测数据，然后按照标准格式生成图形交换数据或文件。

（5）生成正式图形文件。在基础绘图系统中生成并显示图形，然后通过人机交互对图形中不满意的地方进行加工、修改，对整幅图进行整饰，生成正式图形文件。

（6）输出图形进行硬拷贝。利用系统提供的设备驱动程序，对图形进行硬拷贝输出。

这个作业流程也就是用户的工作模式，其中既体现了矿产勘查地质图件机助编绘软件必要的工序和作业过程，也体现了用户的工作方式和工作习惯。软件研发者需要在充分理解和尊重的基础上加以实现，并根据必要性和可能性进行改进。

5.1.3　勘查区岩层本体模型的构建与应用

在编制钻孔柱状图和勘探剖面图时，为了简化岩性分层并突出岩层特征信息，需要对钻遇岩层进行制图综合。而为了合理地进行岩层（或地层）的制图综合，并实现钻孔之间的岩层（或地层）自动对比，必须寻找标志层及各岩性分层之间的内在联系。然而，钻孔岩心编录是一种高度主观随意性的个人作业行为，在同一个地区不同时间不同勘查单位，甚至同一时间同一勘查单位的不同人员，对同一对象特征的描述往往采用不同的名词术语（同义词或多义词），导致语义上可能出现模糊性、二义性乃至多义性。这种情况，必定会给岩层的制图综合、地层归属判定和剖面自动对比带来很大的麻烦。为了妥善地解决这个问题，一方面要规范数据表达方式，采用国家标准术语和代码来建设数据库，另一方面要在各种钻孔岩心编录的同义和多义词语间建立本体关系，消除术语的二义性或多义性，增强多源异构的岩层描述数据的同一性。其最佳选择是采用基于岩层本体的人工智能方法，来同化岩层数据的语义，实现其中分层信息的自动感知、提取、转换和合并。本节将着重介绍在钻孔柱状图和勘探剖面图编绘中，岩层本体模型的实现思路和方法。

5.1.3.1　本体及相关技术

本体是共享概念模型的明确的形式化规范说明（Studer et al.，1998）。它包含了 4 层含义：①概念模型。通过抽象出客观世界中一些现象的相关概念而得到的模型，其表示的含义独立于具体的环境状态。②明确性。所使用的概念及使用这些概念的约束都有明确的定义。③形式化。本体是计算机可读的。④共享。本体中所体现的是共同认可的知识，反映的是相关领域中公认的概念集，所针对的是团体而不是个体。

本体的目标是捕获相关领域的知识，提供对该领域知识的共同理解，确定该领域内共同认可的概念词汇，并从不同层次的形式化模式上给出这些概念和概念之间相互关系的明确定义。将本体应用到知识发现的系统中，能够为该系统提供以下好处：①提高可重用性。本体是领域内重要实体、属性、过程及其相互关系形式化描述的基础。这种形式化描述可转化为软件系统中可重用和共享的组件。②利于知识获取。构造知识系统时，用已有的本体作为起点和基础来指导知识的获取，可以提高工作速度和可靠性。③增强可靠性。形式化表达使得一致性的自动检查成为可能，增强了软件可靠性。④实现规范化。本体有助于明确信息系统的需求，实现数据的规范化。

1. 本体的结构组成及语义关系

作为一个本体，通常需要给出一组概念的层次性结构及其概念间包含关系、组成关系和划分关系等。因此，一个本体通常包括概念、关系、函数、公理和实例 5 个基本建模元语，可以表示为如下五元组形式（Perez and Benjamins，1999）：

$$O = (C, R, F, A, I)$$

式中，C 代表类（classes）或概念（concepts）；R 代表关系（relations）；F 表示函数（functions）；A 表示公理（axioms）；I 表示实例（instances）。

常见的表示本体的语义关系如表 5-1 所示。

表 5-1　本体的语义关系及功能模块划分

语义名	关系含义
Part-of	表示概念之间部分和整体的从属关系
Kind-of	表示同一实体概念之间的父与子继承关系
Instance-of	表示概念的实例与概念间的关系
Attribute-of	表示概念的属性关系

2. 本体构建方法与流程

本书选用 Protégé 作为本体构建工具，选用斯坦福大学医学院创立的领域本体构建的七步法为本体的构建提供半自动构建方法框架（图 5-7）。斯坦福大学医学院开发的七步法，主要用于领域本体的构建。其步骤是（刘仁宁和李禹生，2008）：①确定本体的专业领域和范畴；②考查复用现有本体的可能性；③列出本体中的重要术语；④定义类和类的等级体系（定义并完善等级体系可行的方法有自顶向下法、自底向上法和两者的综合法）；⑤定义类的概念属性；⑥概念关系描述；⑦创建实例。

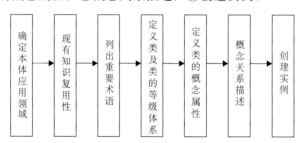

图 5-7　岩层（或地层）本体的七步法半自动构建流程

勘查区点源基础地矿数据库，是绘制柱状图和勘探剖面图的主要数据源。其中的大量岩性描述数据是以文本方式存储的，在创建岩层本体时，可以利用 Protégé 的数据库连接功能，调用数据库中的文本数据，达到创建本体实例的效果。Protégé 具有开放的体系结构和源代码，支持 XML、RDF（S）、OWL 等多种语义 Web 本体语言和存储方式，还提供本体建设的基本功能和完全的 API 接口，有详细的帮助文档。为了使数据库结构的表达更加规范，便于提高数据的一致性，利于管理与查询，还需进一步采用数据字典技术，来规范所涉及的岩性、岩石结构构造和矿化特征的表达方式。这样做，更加有利于自动形成一个能使多源数据和多重知识共享的岩层（或地层）本体模型。

5.1.3.2　岩层本体的概念定义

在数据字典中，对一个对象的表述分为三个部分。第一是实体的定义，反映整个实体的共同属性；第二是二级实体的确立及其定义，使之表达对象更具针对性；第三是共同属性的提示设定，例如通过统一代码进行字典表数据管理，体现一种对象间父与子的继承关系，同时体现了属性间的互逆关系和定义约束。依据数据字典中对实体模型的描述，按照七步法将岩层本体概念的定义过程描述如下。

1. 概念声明

概念声明是对描述对象基本内容的描述，这里以"岩石类型"的子类"细砂"的描述为例，利用 OWL（ongtology web language）描述语言进行表达：

<owl:Class rdf:ID="#2331">//在本体描述文件中的具体标识，由于软件不兼容中文，用代码表示

<rdfs:label>细砂</rdfs:label>//标签定义，中文说明

<rdfs:comment>陆源碎屑岩的一种，等同于细砂岩</rdfs:comment>//注释说明

<rdfs:subClassOf rdf:resource="陆源碎屑岩"/>//定义概念的超类

</owl:Class>

2. 属性定义

属性可以被用来说明类的共同特征以及某些个体的专有特征，一个属性是一个二元关系，属性关系有两种：DatatypeProperty（数据类型属性）、ObjectProperty（数据对象属性）。其他属性类型有：rdfs:subPropertyOf（子属性）、rdfs:do-main（属性领域）、rdfs:range（属性值范围）等。这里以砂岩的粒度属性为例，砂岩是指粒度在 0.0625～2.0mm 的颗粒占全部碎屑颗粒 50% 以上的碎屑岩，其属性表示如下：

<owl:Restriction>

<owl:onProperty rdf:resource="#粒度">//对象受限制的属性关系

<owl:maxCardinality rdf:datatype = "&xsd；double">0.0625

<owl:maxCardinality >//属性粒度为 double 型，不得超过 0.0625mm

<owl:minCardinality rdf:datatype = "&xsd；double"<2

<owl:minCardinality >//属性粒度为 double 型，不得超过 2mm

<owl:someValuesFrom rdf:resource="#233">//砂岩限制属性

</owl:Restriction>

<owl:Restriction>

<owl:onProperty rdf:resource="#含量">//对象受限制的属性关系（相应粒度占全部碎屑颗粒的含量）

<owl:maxCardinality rdf:datatype = "&xsd；double">0.5

<owl:someValuesFrom rdf:resource="#233">//砂岩限制属性

<owl:maxCardinality >//属性相应粒度占全部碎屑颗粒比例为 double 型，超过 50%

</owl:Restriction>

3. 关系描述

在一般本体中，对象和对象之间会有组成、集合、分类、连接等关系。在岩层本体关系建立过程中所使用的关系将在后面分析，这里仅对关系的描述形式进行简单展示。例如，把"细砂"概念和"细砂岩"概念作为同义词的描述方式如下：

< owl: EquivalentClasses>
<owl: Class rdf:ID="#233">//细砂类的代码显示
<owl: ObjectAllValuesFrom>
<owl:ObjectProperty rdf:ID=" #is_same"/>//表示同义关系
< Class IRI="#2331"//>//细砂岩的代码显示
< /owl: ObjectAllValuesFrom>
</owl: EquivalentClasses >

5.1.3.3 岩层本体关系的建立

岩层本体以判断标志层和实现自动制图综合为目标。为了提高判断效率和准确率，其本体构建需针对岩性的相关参数进行。鉴于系统用户的专业性，结合钻孔中标志层划分和制图综合的参考标准和工作规范，可将岩层本体分为岩性和标志层两个属性。其中，岩性为主要断据，而标志层是通过本体推理获得的结果。岩性通常可进一步分为岩石类型、岩石结构构造、岩石固结程度、矿物成分和胶结物 5 个子属性，需要分别对 5 个子属性进一步作概念定义。在概念定义过程中需考虑以下几种关系。

1. 同义关系

在不同来源、不同性质的数据中，某些概念的表达方式可能不一致，为了解决语义的二义性或多义性，在概念定义中使用了同义关系。其关系可以表达为：is_same（a，b）。例如，上述的"细砂"和"细砂岩"的关系。地质工作者常常用"细砂"表示固结程度很低的"细砂岩"，用"细砂岩"表示固结程度较高的"细砂岩"。由于在本体构建时已经把岩石的固结程度作为子类单独列出了，用户在岩石名称编录中就无须再去区分细砂和细砂岩。换言之，在岩石名称编录中没必要再区分"细砂"和"细砂岩"，而将其合并为"细砂岩"，使用 is_same（"细砂"，"细砂岩"）来表示。

2. 属性关系

概念的定义不仅需要概念的名称，还需要对概念本身进行属性修饰。比如，在区分粉砂、细砂、中砂、粗砂与细砾时，主要判据是粒度及其含量。主粒径 0.0039～0.0625mm 的颗粒占总质量＞50%为粉砂，主粒径 0.0625～0.25mm 的颗粒占总质量＞50%为细砂，主粒径 0.25～0.5mm 的颗粒占总质量＞50%为中砂，主粒径 0.5～2mm 的颗粒占总质量＞50%为粗砂，主粒径 2～8mm 的颗粒占总质量＞50%的为细砾，等等。因此，在定义这几个子类的概念时，粒径和所占比例是两个必要的指标，可表示为 is_has（"粒径"，"主粒径占比"）。这里，粒径是岩性的属性，主粒径占比也是岩性的属性。

3. 继承关系

继承关系和面向对象编程中的父类和子类之间关系类似。子类继承父类的属性，并且可对属性进行扩充。例如，钙质细砂是细砂的子类，同样是粒径为 0.0625～0.25mm 的颗粒占总质量＞50%，只是胶结物为碳酸钙。因此，既继承了细砂的基本属性，又有自身的特殊点。可以表示为 subClassOf（"钙质细砂岩"，"细砂"）。

4. 必要关系

必要关系是判断标志层的基础条件，用于关联与标志层相关的岩性类型、固结程度及胶结物类型等子类。在判断标志层时，往往是依靠几个子类进行综合推理。只有当某一子类具有唯一性时，才能作为独立判据来使用。例如，钙质胶结物在某地具有唯一性，可表示为 is_requirement（"钙质胶结物"，"标志层"）。

钻孔岩心描述涉及的岩层本体有较为简单的，也有较为复杂的。利用上述概念定义方法及 4 种主要关系，以 Protégé4.3 为工具，通过岩层本体模型来实现标志层自动识别和构建，是完全可能的。由于勘查目的不同、矿床类型不同、勘查基层单位不同，钻孔岩心的描述内容有显著不同，例如有的勘查单位或个人对粉砂、细砂、中砂、粗砂与细砾的属性描述，不是采用定量化的粒径和比例方式，而是直接给出岩性名称。在这种情况下，岩层本体关系的建立及其概念定义，就需要以定性方式来表达。

5.1.3.4　岩层本体结构的展示

岩层本体的结构包含两种概念定义：标志层的概念定义与岩性的概念定义。其中，标志层的概念定义是岩性概念的目标参考，岩性围绕岩石类型、结构构造、固结程度、矿物成分和胶结物 5 个子类，采用本体描述语言 OWL 来展开（图 5-8）。以沉积岩为例，构建本体时可按照沉积物来源，将沉积岩分为火山碎屑岩、陆源碎屑岩和碳酸盐岩（图 5-9）。而按照主要碎屑粒度，陆源碎屑岩可分为粗砾岩、中砾岩、细砾岩、粗砂岩、中砂岩、细砂岩、粉砂岩、泥岩和煤层；而按照碎屑成分，陆源碎屑岩又可分为单成分砾岩、复成分砾岩、石英砂岩、长石砂岩、硬砂岩；各种粒级碎屑岩也可以再细分为含××的碎屑岩，例如细砂岩可以按所含的次要成分，分为含砂细砂岩、含粉砂细砂岩、含泥质细砂岩、细砂岩、泥质细砂岩、钙质细砂岩、菱铁质细砂岩等（图 5-10～图 5-12）。

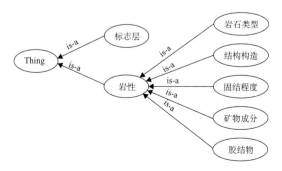

图 5-8　地层本体整体结构

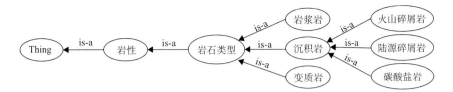

图 5-9　岩石类型概念结构

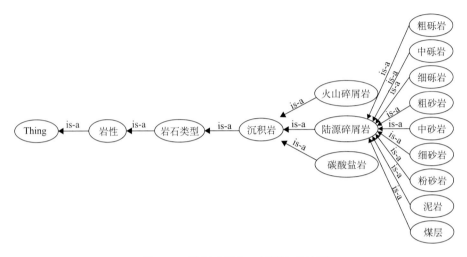

图 5-10　陆源碎屑岩一级概念结构图

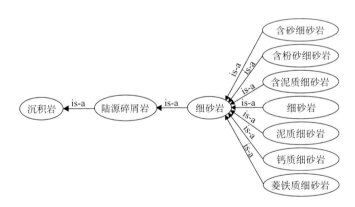

图 5-11　细砂岩的概念结构

5.1.3.5　本体的知识推理

　　本体在信息共享、信息集成以及基于知识的软件开发等方面有着显著的优势，因此利用本体进行知识推理成为各个领域本体应用的重要内容。通过本体的知识推理，能够从已有的概念或者实例出发，挖掘出更深层、更有价值的信息。下面以陆源碎屑沉积岩系中的标志层确立为例，简要介绍岩层本体的知识推理方法和步骤。

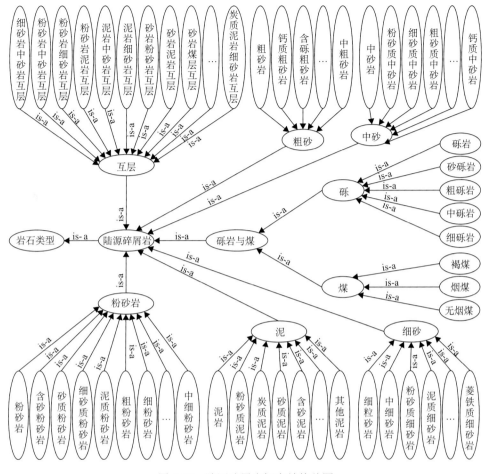

图 5-12 陆源碎屑岩概念结构总图

1. 本体推理方法及机制

常用的本体推理方法，可按照具体的推理机制，分为基于描述逻辑、基于规则和基于范例 3 种。下面拟分别加以简要介绍。

1）基于描述逻辑的推理

描述逻辑的基本要素是概念、关系和个体，这与本体描述中的概念、关系和实例是对应的。所谓基于描述逻辑的推理方法，就是依据描述逻辑对领域内的知识进行形式化表达和推理。用于管理描述逻辑的知识库，由 TBox 和 ABox 组成。前者用于存储和管理概念及概念间的术语、公理、描述概念和关系；后者用于存储和管理应用领域外延知识中的个体间的关系。为了实现本体基于描述逻辑的推理功能，需要有完备的推理算法，其中主要是推理过程中的表算法。这些算法的引入，使基于描述逻辑的推理机制可以用于本体内容的冲突检测，也可以实现推理结果评价，应用范围较广。

2）基于规则的推理

基于规则的本体推理，是将事先制定的规则作为推理引擎，来实现本体知识推理的过程。本体知识库中的规则来源于两个方面：一是本体自身所蕴含的规则，即本体中所蕴含的公理；二是系统人员根据应用领域知识建立的适用于应用领域的规则，可称之为领域规则。系统开发者需结合领域相关知识完成本体知识库的构建，再结合本体知识和推理规则构建合适的规则库，然后借助推理引擎中封装好的算法，或者在推理引擎基础上开发新的推理方法，进而完成基于本体的知识推理。

在基于规则的推理方式中，推理规则的确定与专业知识息息相关，对规则的合理性和科学性有较高要求。这种推理方式，适用于规模小而简单但规则性较强的本体，由于推理结果较为单一，选用基于本体的规则推理可提高工作效率。

3）　基于范例的推理

基于范例的推理（CBR），是根据本体属性的提示，获取范例库中的已有实例，并由这些范例的结果来指导目标范例求解的一种推理方法。基于范例推理的要领，是提取核心信息并与已有范例进行类比。基于范例的推理涉及范例库、检索机、匹配算法和调整机制4部分内容。其中，范例库负责先前经验的存储，检索机负责范例的合理组合，匹配算法使用深度优先搜索算法和广度优先算法，并结合相似度计算进行实例匹配，实现新范例与旧范例之间相似度的计算，而调整机制用于实现结果的计算。

基于范例的推理适用于条件较多，案例较丰富，并希望给出决策方案的复杂本体推理系统，是地质灾害、钻井情况预测等方面运用较多的推理方式。

2. 推理工具的选择

目前已经有了许多支持本体推理的有效工具。这里着重介绍 Jena 系统。Jena 是惠普实验室提供的一种开放的通用型资源，是 RDF、RDFS、OWL 程序的重要开发环境。其主要推理类型有间接关系推理、实例推理和属性推理3种（田宏和马朋云，2011）。只要推理规则较固定，且易于用逻辑表达式来表达，便可使用 Jena 来实现本体推理。

在使用 Jena 进行推理之前，必须先创建本体模型并读入 OWL 描述的信息资源。所需要输入的信息资源，包括基本数据模型资源（RDF/XML）和 OWL 本体模型所包含的信息。在进行推理运算时，可先在模型区中注册并创建基于自定义规则的推理机（reasoner），把推理机和需要查询与推理的本体绑定在一起，得到进行推理或检索所需的、包含推理机制的模型对象。然后通过应用程序接口，对已经建立的模型对象进行操作和处理，最终实现本体推理（李宏伟等，2009）。其推理机运行结构如图5-13所示。

以 Jena2.7 为例，Jena API 主要包括以下5个部分。

（1）com.hp.hpl.jena.rdf.model 包是与 RDF 模型有关的开发包，可将 RDF 模型视为一组 RDF Statements 集合。

（2）com.hp.hpl.jena.jena.rdqlza 包主要描述内容是 RDQL 查询语言，对 RDF 数据的查询，伴随关系数据库存储实现查询。

（3）com.hp.hpl.jena.jena.reasoner 包是推理功能的核心包，包括 RDFS、OWL 等规则集的推理，也包括自己创建规则的推理。

（4）com.hp.hpl.jena.jena.db 包提供了基于内存存储的 RDF 模型方法，支持 MySQL、Oracle、Microsoft SQL 等数据库类型的数据存储。

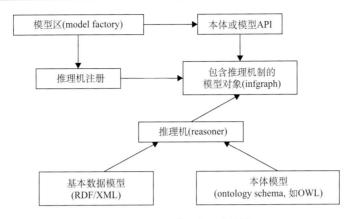

图 5-13　Jena 推理机运行结构

（5）com.hp.hpl.jena.jena.ontology 包对 OWL 和 RDFS 提供接口支持。

此外，还有一些商业化工具可供选择使用，例如，Racer 和 JESS（Java expert shell system）。其中，Racer 是由德国汉堡大学开发的一个知识表示系统，是以描述逻辑为理论基础的语义网推理系统。它采用 Tableau 算法，提供 TBox 和 ABox 推理功能，可基于描述逻辑对 OWL 表示的本体进行解析和推理，或者自动根据本体库的本体知识推导出新知识（Haarslev and Moller，2001）。由于与 Jena 中的推理引擎都是针对具体本体语言的推理机，优点是使用方便且效率高，既可推理 OWL 本体的内涵信息，如本体一致性检查和本体子类之间的包含关系，也可查询和推理空间和时态的关系，而且推理机制易于优化；其缺点是不通用，推理能力被限定在几种具体的本体语言上，难以进一步扩展。Jess 是由美国 Sandia 国家实验室的 Ernest Friedman-Hill 基于 Java 平台开发的规则引擎（Friedman-Hill，2003），它是 CLIPS 程序设计语言的超集。JESS 采用经典的 Rete 算法，支持正向和逆向推理，可利用产生式规则库完成基于规则的 OWL 推理任务。其优点是推理机是开放的，根据用户提供的不同规则系统，可以进行不同领域的推理工作，用户还可以对推理机的推理能力进行扩展。但作为前向推理系统，JESS 用空间换时间，推理会产生大量的中间数据，空间效率很低；同时，JESS（CLIPS）是通用推理引擎，不可能提供针对各种具体领域的优化能力，使得这种推理机制的效率很难优化。

5.1.3.6　推理规则的确立

以岩层本体的建立为例，其目标在于利用岩层之间的属性和关系，获取标志层信息并对实例进行判断推理，实现标志层辨识和自动制图综合。由于所涉及的岩层本体内容不多，而且目标比较单一，可选择使用 Jena 推理工具，利用 Jena 自带的推理模型进行标志层的规则推理。推理过程实现的关键环节是推理规则的制定。

Jena 自身包含了一系列适合不同本体属性和关系的通用推理规则，用于检查概念的可满足性、不同类之间的关系及属性的传递与互逆关系等。岩层领域本体的自定义规则，包括类关系规则和属性关系规则。针对标志层类和岩石类型中的具体子类，可采用类关系规则来定义推理关系；而针对标志层的属性关系，可采用属性传递规则来定义属性关系，例如钙质填屑物含量用岩石的碳酸盐含量来表示。下面以标志层的确定为例，说明用于本体知识推理的类关系规则制定要领。其中，类关系推理规则的定义如下。

（以下文本中用 OWL 代表 http://www.owl-ontologies.com/layer.owl）

1. 同义传递规则

Rule1（?a owl#is_same ?b）（?b owl#is_same ?c）→（?a owl#is_same ?c）

以岩石类型为例，若 a 类型和 b 类型同义，b 类型和 c 类型同义，则 a 类型和 c 类型同义。

2. 必要继承规则

Rule2（?a rdf:subClassof ?b）（?b owl#is_requirement?c）→（?a owl#is_requirement ?c）

如果岩石类型 a 是岩石类型 b 的子类型，b 是成为标志层的必要条件，则 a 也是成为标志层的必要条件。

3. 同义必要规则

Rule3（?a owl#is_same ?b）（?b owl#is_requirement ?c）→（?a owl#is_requirements ?c）

如果岩石类型 a 和 b 是同义类型，b 是成为标志层的必要条件，则 a 也是成为标志层的必要条件。

4. 必要加重规则

Rule4（?a owl#is_requirement ?c）（?b owl#is_requirement ?c）→（all（?a，?b）owl#is_requirements ?c）

如果岩石类型 a 是成为标志层的必要条件，碳酸盐含量 b 也是成为标志层的必要条件，则 a 和 b 同时发生加重了该地层成为标志层的可能性，即双重必要。

5. 双重加重规则

Rule5（?a owl#is_requirements ?c）（?b owl#is_requirements ?c）→（all（?a，?b）owl#is_requirements ?c）

如果当前判断地层 a 满足必要加重的条件，b 同时满足必要加重条件，则 a 和 b 同时发生进一步加重必要性。这种情况可能满足确立标志层的所有条件。

5.1.3.7 推理规则的实现

为了实现基于规则的本体推理，可采用 Java 开发工具 MyEclipse10.7 来编写相应的功能模块。其实现过程如图 5-14 所示，先加载 Jena2.7 API 库文件，将所建立的本体保存为 Layer.owl 文件，再把规则库文件统一写入规则文件栏中，保存为 Judge.rules。然后，把这两个文件的推理配置文件放在配置文件栏中，方便 Jena 推理机调用。

同样以标志层判断为例，用于推理的数据以待判岩层（或地层）为单位，通过 ODBC 从钻孔岩心数据库中调用，并把将调用的数据与测井 ROC 解释结果进行匹配。如果在数据库的岩心编录表中找到对应的描述数据，便可获得相应的岩石固结程度和碳酸盐含量，再与 ROC 的岩性解释结果一起，作为推理机的数据输入。若在编录表中找不到可匹配的岩层，则跳过该岩层。进入推理机的岩层数据根据给定规则，得出推理判断结果后再返回数据库（图 5-15）。所返回的结果，以标志层判别结果表示，1 代表是，0 代表否。

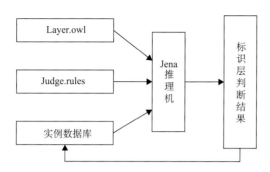

图 5-14　基于规则的本体 Jena 推理实现过程

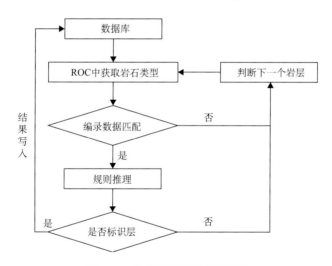

图 5-15　推理中数据处理过程图

基于本体及推理规则的标志层判断过程的核心代码大致如下：

Model model = FileManager.get（）. loadModel （ " file: layer.owl"）；//加载本体模型文件

String NS = " http: / / www.owl-ontologies.com/Ontology1335596592.owl#";

Resource layer = model.getResource（ NS + " Floods_fj2005"）；//读取实例对象

Model model = ModelFactory.createDefaultModel（）；

Model.read（ " file: layer.owl"）；

List rules = Rule.rulesFromURL（ " file: Judge.rules"）；//加载推理规则文件

GenericRuleReasoner reasoner = new GenericRuleReasoner（ rules）；//创建推理机

OntModel om = ModelFactory.createOntologyModel（ OntModelSpec.OWL_MEM，model）；//注册推理机

InfModel inf = ModelFactory.createInfModel（ reasoner，om）；//构建包含推理机制的模型对象

StmtIterator stmtIter = inf.listStatements（ Floods，null，Biological_pest）；//推理并生成结果列表

　}

5.1.4　勘查地质图件编绘子系统结构与功能

基于上述方法原理、作业流程和结构-功能一致性原则，并着眼于相关的关键技术问题，矿产勘查地质图件编绘子系统的结构与功能描述如下。

5.1.4.1　子系统组成与模块功能

矿产勘查图件机助编绘子系统的软件，由数据管理、图件编绘和成果输出 3 个模块构成。其中，数据库管理模块，可直接采用基础数据库管理模块，而图形编绘模块应采用专业化的勘查图件编绘模块。数据管理和基本图形绘制，是该子系统基本功能实现的基础，因而也是专业图件编绘的基础。下面简要介绍其多源数据存储与管理、符号绘制与图形编辑、数据导入导出的转换、投影变换与坐标转换等多项功能的应用。该子系统的硬件包括计算机和人机交互设备（输入、输出和存储设备）。

1. 多源数据存储与管理

它负责对空间数据对象、图像对象和属性对象的存储、检索和调用管理。QuantyMine 2D 可以使用文件系统来存储和管理空间几何数据、属性数据和栅格图像数据，也可以使用关系型数据库来存储和管理空间几何数据、属性数据和栅格图像数据，以适应不同用户、不同应用的需求。属性数据可以由系统内置的数据库进行管理，也可以采用后台的关系数据库服务器来进行管理，通过 OLE DB 连接，能支持多种类型的大型商用 RDBMS（Oracle、SQL Server 等），支持客户机/服务器体系结构、大型数据管理以及在网络环境中对多用户并发数据访问。在大型关系数据库管理系统支持下，系统提供了用户权限管理和高效的空间数据索引机制，优化了数据查询性能和数据更新机制。

2. 符号绘制与图形编辑

符号是地图可视化表现的基础之一，子系统需要提供工具实现线型、子图、填充符号库的添加、编辑、入库、存储功能。该子系统还应提供矩形区域的图幅裁剪功能和图层调节功能，用于实现各种专题图件的生成、编辑与绘制。

图形编辑是该子系统的主要功能之一，包括图元、标注、曲线、多边形对象的创建、移动、属性编辑；线上点的增加、删除、移动，线对象的连接、剪断，区域的叠加、交集、并集运算；标注字体修改、旋转、平移；图层的显示、隐藏、添加、删除、存储、移动；属性表结构编辑修改；线图层自动拓扑成区；图幅的显示、删除、存储管理，自动和半自动接边；多种方便灵活的图元选取方式和任意的多次 UNDO、REDO 功能。

3. 数据导入导出的转换

该子系统需要提供与现有多种图像文件格式（BMP、JPG、TIF、PCX、PNG、TGA、GIF 等）之间的相互存储转换功能，实现系统文件与 DBF、MDB 等数据库文件的直接交换，实现对 AutoCAD、AcrInfo 和 MapGIS 等文件格式的导入导出，以及对 VCT 文件格式（《地球空间数据交换格式》GB/T 17798—2007）的充分支持。该子系统还应提供多级文件目录自动搜索的文件格式批处理转换功能，并实现矢量、栅格数据相互转换，以及多源数据的叠加显示和统一管理。下面以 QuantyView 向 AutoCAD 图形转换为例，说明其实现过程。

该子系统与 AutoCAD 图形的数据转换，采用 COM（component object model）组件对象模型、GeoX2dObjects 数据转换组件库和 ObjectARX 2007 开发包。其中，COM 组件对象模型，由 COM 规范与 COM 库组成，是微软公司提出的跨平台数据转换换模型；GeoX2dObjects 是地大坤迪科技公司推出的，作为 QuantyView 地质信息系统平台的地质图件数据转换组件库；而 ObjectARX 2007 开发包是 Autodesk 公司推出的，适用于 AutoCAD2007 的二次开发工具，包含了用来开发 AutoCAD 应用程序、扩充 AutoCAD 类和协议、创建与 AutoCAD 内部命令性能相同的新命令的 C++库。

在实现由 QuantyView 图形向 AutoCAD 图形的转换时，需要先利用 GeoX2dObjects 组件库读取图形中的点、线、面、文本、图块信息，再借助 ObjectARX 2007 按照对应关系调用 AutoCAD 的类型库，然后一一对应地进行转换并写入 CAD 数据库中。其中，QuantyView 图形的点类型符号库，与 AutoCAD 的点类型符号库不匹配，且构图方式完全不同，存在的理念也不相同，在将 QuantyView 点类型符号库转换为 AutoCAD 的图块符号库时，需要先将后者的点类型符号库里的每种点符号一一制作成图块，并以图块方式放入其支持路径中。在把 QuantyView 的文本对象依段落结尾符写入 AutoCAD 时，需要分解为单行文本与多行文本。QuantyView 平台里的字体均为 TrueType 字体，将其转为 AutoCAD 字体时，需在 AutoCAD 字体样式中找到相应的字体文件类型。在 AutoCAD 中的线，分为直线、样条曲线、多线段等多种类型，在进行 QuantyView 图形的线数据转换时，则统一作为 AutoCAD 的多线段来处理，并设置相应的线类型和线宽等。作为面对象的 QuantyView 填充花纹，是按照国家统一规范编制出来的，但在 AutoCAD 中没有对应的符号，可借助于其他软件所提供的自定义对象，对其一一定义并保存，然后转换为 AutoCAD 所支持的.PAT 文件类型，再放入其中并构成其自定义文件。至于图块对象，由于 QuantyView 的图块对象与 AutoCAD 的图块对象类型是对应的，转换时仍可采用图块模式来实现。

由于 QuantyView 图形在进行导出转换时，被分解为点、线、面、文本、图块 5 种基本图元对象，其中点和图块均以图块方式写入 AutoCAD 里，因此在由 QuantyView 图形转换而成的*.DWG 文件中，只包含线、面、文本和图块 4 种基本图元。

4. 投影变换和坐标转换

由于历史和技术的原因，各种矿产勘查地质图件的编绘，都涉及投影变换和坐标转换问题。其中包括高斯-克吕格投影、通用横轴墨卡托（UTM）兰勃特、墨卡托等投影，以及我国北京54、西安80与最新的2000坐标系,以及国际统一的WGS-84(world geodetic system-84)坐标系的转换。矿产勘查地质图件编绘子系统设置的投影方式,涉及方位、圆锥、圆柱、伪方位、伪圆锥、伪圆柱、等角、等积、等距、正轴、横轴、斜轴、切、割等多种投影类型,需要提供用户自定义参数进行投影运算。例如,允许用户自定义任意旋转椭球体,能够进行各种投影的正反演和实时运算功能,还需要实现地理坐标系与各投影坐标系之间,以及各投影坐标系之间的坐标变换功能。

5. 空间查询与空间分析

空间查询与空间分析功能,是衡量图件编绘子系统优劣的标志。其中,空间查询功能包括选择查询、拓扑关系查询和其他查询方式。选择查询功能包括点选查询、矩形查询、圆查询、多边形查询和几何(量算)查询;拓扑关系查询功能包括包含查询、落入查询、穿越查询、邻接查询;其他查询包括缓冲区查询及模糊条件查询等。空间分析功能包括:①点、线、面缓冲区生成,单侧、双侧缓冲区生成;②点面叠置,线面叠置,面面叠置;③叠置的交、差、并选择等。这些功能在机助编图子系统中都应当具备。

5.1.4.2 勘查地质图件机助编绘子系统的逻辑结构

该子系统软件的逻辑结构如图5-16所示。其核心部分的图件编绘模块可分为数据准备、图形设计和图形编辑3个层次。数据准备包括数据索引、调度和预处理;图形设计包括钻孔柱状图、勘探剖面图、地质平面图、其他图件(曲线图和立体图),以及共用的图形专业建模、图形几何建模和图形计算7个子模块。其中,图形专业建模子模块的任务是以专业知识和规范为依据,形成各种图件的图形框架。图形几何建模子模块的任务是正确地描述各种图件的几何结构,建立其相应的数学模型。图形计算子模块的基本

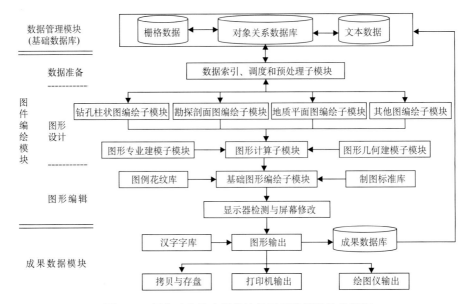

图5-16 固体矿产勘查图件编绘子系统逻辑结构框图

任务则是：①分别对柱状图、剖面图、平面图和其他图件的几何模型进行分析和综合；②分别对各种拟编图件的数据进行可视化计算，转化成二维或三维图形，并实现投影变换和坐标变换；③然后调用基础图形编绘模块，完成所编制的各种专业图件的显示、输出、绘制和入库。

5.2 勘查地质专题图件机助编绘的实现

勘查地质专题图件机助编绘的实现，是基于矿产勘查信息系统中的专业化机助图件编绘子系统完成的。固体矿产勘查地质图件包含柱状图类、剖面图类、平面图类、投影图类和其他图类等 5 大类型。下面介绍若干代表性图件的机助编绘。

5.2.1 柱状图类机助编绘

柱状图类图件主要包括：钻孔设计指标书、钻孔综合柱状图、矿段综合柱状图、水文地质钻孔设计指示书、钻孔封孔设计和封孔记录式样、封孔质量检查记录表等。其中，矿段综合柱状图是钻孔综合柱状图一种附图，即将部分含矿段比例尺放大后重新绘制的图件。柱状图类的各种图件的具体内容如表 5-2 所示。

表 5-2 柱状图类图件内容

序号	图种类（名称）	比例尺	图件内容	围岩类型
1	钻孔设计指示书	1：50～1：3000	地质部分：深度、地质柱状图、岩性说明、采取率、物探要求、水文要求、封孔区段；生产部分：钻孔结构、技术措施；注意事项	各种类型
2	钻孔综合柱状图	1：200～1：500，矿段柱状图应另行制作，放大至1：50～1：100	地层名称及代号、深度、岩矿心长度、厚度、采取率、换层深度、测井解释结果及矿心分析结果、岩矿心测量曲线、测井曲线、解释柱状图、编录柱状图、综合柱状图、颜色、碳酸盐含量、岩石固结程度、渗透性分级、透水层、取样位置及编号、岩性描述	沉积岩系变质岩系
3	矿段综合柱状图	1：200～1：500，矿段柱状图应另行制作，放大至1：50～1：100	岩体名称及代号、钻孔结构、孔深、厚度、岩矿心长、采取率、换层深度、柱状图、轴心夹角度、岩矿心测量曲线、伽马测井曲线、测井解释结果、矿心分析结果、矿体编号、地质特征描述、水文描述	岩浆岩体
4	水文地质钻孔设计指示书	1：50～1：3000	钻孔深度、钻孔结构及地质柱状、采取率、水文描述、水文地质要求、钻探技术措施	各种类型
5	钻孔封孔设计和封孔记录式样	1：50～1：3000	孔深、编录柱状图、封孔位置、地质简述及封孔要求、封孔位置、木塞位置直径及长度、封孔材料用量及配方、封孔方法、备注	各种类型
6	封孔质量检查记录表	1：50～1：300	地区、矿床、封孔日期、钻孔号、钻机号、检查日期、编录柱状图、封孔位置、封孔方法、透孔检查结果	各种类型

5.2.1.1 钻孔设计指示书编制

钻孔设计指示书是为确保钻探达到预期目的而编制的，其中包含了地质、测井、水文等方面的技术要求和操作规范。其编制子模块的开发，可简化手工设计工作，并为后期的资料归档提供方便。钻孔设计指示书是一种以表格形式反映的图件，其中既有结构化的数字型数据或矢量化图形数据，又有非结构化的文本描述数据或栅格化图像数据，为了数据管理、调用与表达方便，需要进行合理的图层划分（表5-3）。

表5-3 钻孔设计指示书图层划分

序号	图层名	图层内容
1	钻孔结构	生产结构—钻孔结构
2	钻孔信息	岩性说明、采取率、物探内容、水文地质要求、封孔要求、技术措施、注意事项
3	可编辑柱状图	地质柱状图
4	框架图层	每一列的列边框
5	标尺	深度标尺
6	列头线条	列头边框
7	列头文本	列头文本内容
8	表头	图名、方位角、倾角、设计孔深、钻机类型、设计人等

钻孔设计指示书与钻孔综合柱状图相似，采用图形和表格的综合表达形式，在钻孔设计指示书和钻孔综合柱状图上，垂向栏目称为列而横向栏目称为行。钻孔设计指示书通常以A3幅面的纸张表达，据此按所设定的钻孔深度换算图件比例尺。若需多页绘制，也可用固定比例尺。图件比例尺与设计孔深、图纸深度（mm）间的关系如下：

$$比例尺 = 设计孔深/图纸深度×1000$$

为了提高设计的灵活性，方便用户进行人工交互编图，该子模块在界面中提供参数输入的对话框（图5-17），以及钻孔设计指示书模板，还在柱状图的深度列中绘制刻度尺，作为用户添加岩性柱、采取率、孔径、封孔信息等的位置参照。对于钻孔设计指示书上的一些文字说明栏（列），如测井曲线、水文地质要求、封孔区段、技术措施、注意事项等栏（列），则按照各部分的相关规范，提供一个格式化的文字说明范本，让用户按照需求利用交互式绘制工具进行修改、编辑。然后通过参数传递，从数据库字典表中获取用户设定的岩性花纹符号，将用户设定的岩性柱起点和终点Y值，完成采取率、孔径等的文本填充。通过上述的各项人机交互设计，可绘制出如图5-18所示的钻孔设计指示书。在进行固体矿产勘查时，为了查明其矿床水文地质条件，也需要进行相应的水文地质调查，甚至需要专门进行水文地质钻探，因而也需要编制水文地质钻孔设计指示书。水文地质钻孔设计指示书编制模块的设计思路与方法，与矿产勘查钻孔相似，其输出格式如图5-19所示。

图 5-17　参数设置界面

5.2.1.2　水文钻孔封孔设计、封孔记录和质量检查记录设计

水文钻孔封孔设计、封孔记录和质量检查记录的设计思路、方法，与钻孔设计指示书相似。主要图层划分如表 5-4 和表 5-5 所示。不同勘查部门和单位所采用的水文地质勘查钻孔封孔设计、封孔记录和质量检查记录的式样虽有差异，但大同小异，总体上如图 5-20 和图 5-21 所示。用户可以通过参数对话框，分别给定钻孔封孔设计、封孔记录设计和质量检查记录设计所需的各项参数值和相应的图件式样。为了使设计书符合不同尺寸和规格的纸张打印要求，用户可在对话框中选择纸张大小（A4 或 A3），由模块自动计算并调节打印比例尺，以便输出打印约束在预定的范围内（图 5-22、图 5-23）。用户也可以将这些设计指示书以图幅的形式存储进空间数据库中，以集中的半结构化形式提供查询和调用。

表 5-4　水文地质钻孔封孔记录图层划分

序号	图层名	图层内容
1	钻孔信息	列线条
2	标尺网格	孔深刻度、柱状图刻度
3	编录柱状图-粒级	柱状图
4	列头线条	列头线条、封孔记录文字内容
5	列头文本	列头文字
6	表尾	表尾文字
7	表头	表头文字

表 5-5　封孔质量检查记录表图层划分

序号	图层名	图层内容
1	钻孔信息	岩心柱状图、封孔位置和封孔方法
2	列头线条	表头各种线条
3	列头文字	质量检查表里所有文字
4	表尾	表尾文字
5	表头	表头文字

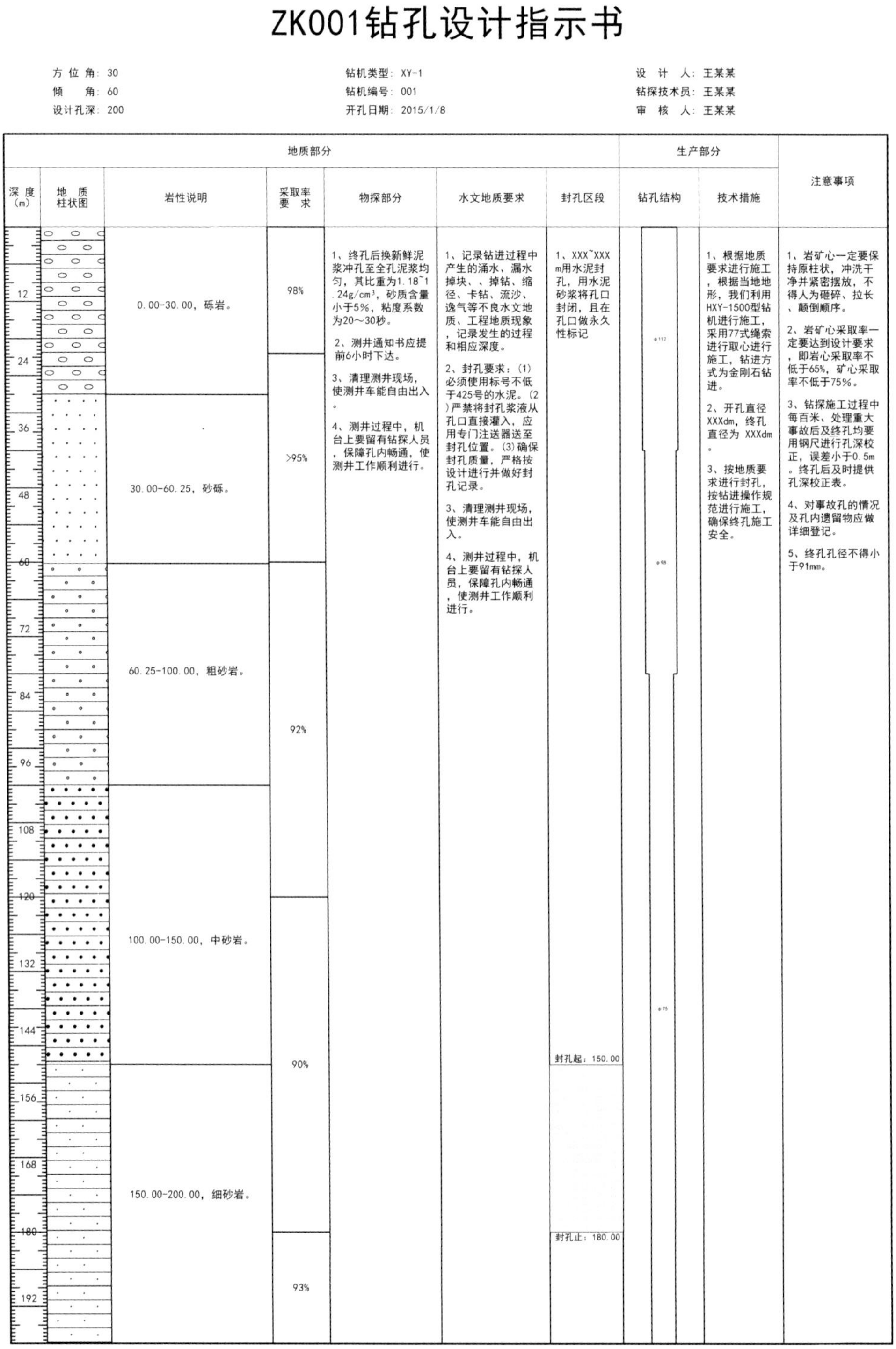

ZK001钻孔设计指示书

方 位 角：30　　　　　　钻机类型：XY-1　　　　　　设 计 人：王某某
倾　 角：60　　　　　　　钻机编号：001　　　　　　钻探技术员：王某某
设计孔深：200　　　　　　开孔日期：2015/1/8　　　　审 核 人：王某某

地质部分							生产部分		注意事项
深度 (m)	地质 柱状图	岩性说明	采取率 要求	物探部分	水文地质要求	封孔区段	钻孔结构	技术措施	
12 24		0.00-30.00，砾岩。	98%	1、终孔后换新鲜泥浆冲孔至全孔泥浆均匀，其比重为1.18~1.24g/cm³，砂质含量小于5%，粘度系数为20~30秒。 2、测井通知书应提前6小时下达。 3、清理测井现场，使测井车能自由出入。 4、测井过程中，机台上要留有钻探人员，保障孔内畅通，使测井工作顺利进行。	1、记录钻进过程中产生的涌水、漏水掉块、掉钻、缩径、卡钻、流沙、逸气等不良水文地质、工程地质现象，记录发生的过程和相应深度。 2、封孔要求：（1）必须使用标号不低于425号的水泥。（2）严禁将封孔浆液从孔口直接灌入，应用专门注浆器送至封孔位置。（3）确保封孔质量，严格按设计进行并做好封孔记录。 3、清理测井现场，使测井车能自由出入。 4、测井过程中，机台上要留有钻探人员，保障孔内畅通，使测井工作顺利进行。	1、XXX~XXXm用水泥封孔，用水泥砂浆将孔口封闭，且在孔口做永久性标记		1、根据地质要求进行施工，根据当地地形，我们利用HXY-1500型钻机进行施工，采用77式绳索进行取心施工，钻进方式为金刚石钻进。 2、开孔直径XXXdm，终孔直径为 XXXdm。 3、按地质要求进行封孔，按钻进操作规范进行施工，确保终孔施工安全。	1、岩矿心一定要保持原柱状，冲洗干净并紧密摆放，不得人为碰碎、拉长、颠倒顺序。 2、岩矿心采取率一定要达到设计要求，即岩心采取率不低于65%，矿心采取率不低于75%。 3、钻探施工过程中每百米，处理重大事故后及终孔均要用钢尺进行孔深校正，误差小于0.5m。终孔后及时提供孔深校正表。 4、对事故孔的情况及孔内遗留物应做详细登记。 5、终孔孔径不得小于91mm。
36 48		30.00-60.25，砂砾。	>95%						
60 72 84 96		60.25-100.00，粗砂岩。	92%						
108 120 132 144		100.00-150.00，中砂岩。							
156 168 180		150.00-200.00，细砂岩。	90%			封孔起：150.00 封孔止：180.00			
192			93%						

（钻孔结构列中标注：φ117、φ98、φ75）

图 5-18　矿产勘查钻孔设计指示书输出结果示例

P017水文地质钻孔设计指示书

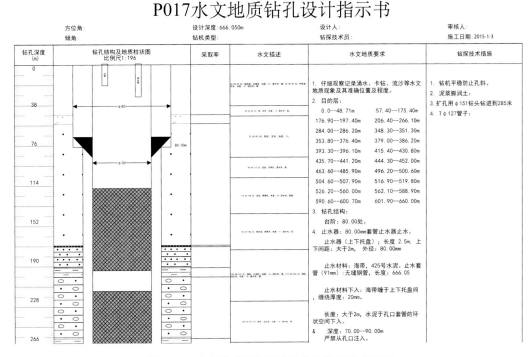

图 5-19　水文地质钻孔设计输出结果指示书示例

5.2.1.3　基于智能制图综合的柱状图绘制

钻孔综合柱状图是钻孔岩心观测数据和测井数据综合结果的可视化展示。多年来，许多研究者先后对其编绘方法和技术进行了研究（刘刚等，2005；李伟忠等，2006；邵燕林等，2008；张新霞，2011；刘远刚等，2013），并且取得了许多进展和成果，这里在简要介绍其方法要领的基础上，着重介绍自动制图综合方法和测井曲线缩放方法。为了使所绘制的钻孔综合柱状图反映实际情况，需要先按照野外工作规范，对数据进行严格的分类和整理，并且在规范化之后存入主题式点源基础数据库中。这些数据包含钻孔基本信息、地质编录、物探编录、测井解释和采样分析数据等多种类型。根据勘查区的地质特征，固体矿产勘查钻孔综合柱状图可按照矿床赋存的地层和围岩的岩性，分为沉积-变质岩型、岩浆岩型两大类。这两大岩类柱状图的内容及绘制要求有显著差别，对图形编绘和编辑功能的需求也有所差别，需要根据实际需求分别研发，然后集成起来以供调用。

把岩层本体模型与制图综合的思路与方法结合起来，不仅可能有效地实现钻孔柱状图的智能综合，还有可能进一步实现钻孔综合柱状图的自动成图。

1. 钻孔综合柱状图的样式

钻孔综合柱状图是一种表格式图件，从程序设计角度可视为表格（刘刚等，2005）。目前国内各勘查单位的钻孔柱状图并无统一的样式，下面的介绍仅以某产业部门所使用

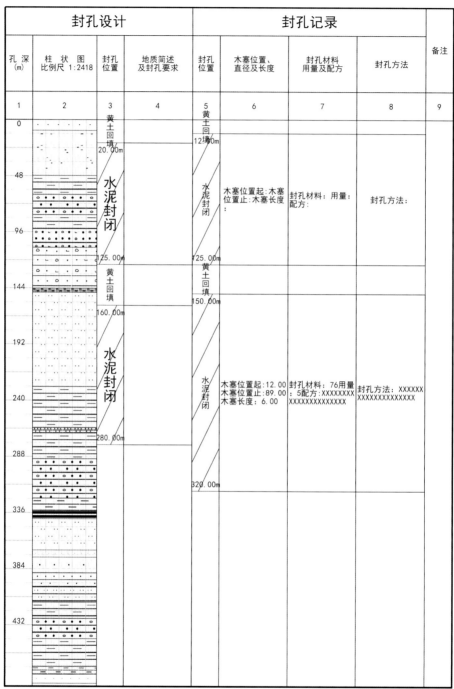

图 5-20 水文钻孔封孔设计和封孔记录式样

封孔质量检查记录表

地区	蒙其古尔	矿床		封孔日期	2019-9-5
钻孔号	P017	钻机号		检查日期	2019-9-5

封孔设计位置			透孔检查结果	
岩心柱状图 (比例尺1：3569)	封孔位置	封孔方法	透遇水泥柱深度(m)	1

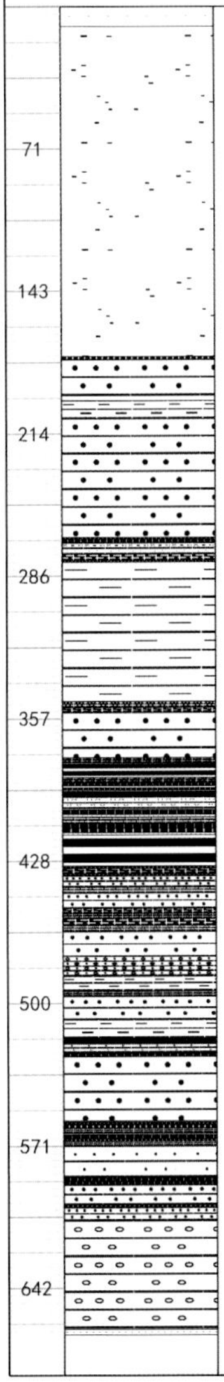			透遇木塞深度(m)	1
			取出水泥柱长度(m)	1
			水泥柱凝结程度评价	1级
			木塞位置实际误差(m)	1
			水泥柱高度实际误差(m)	1

检查结果评述

采取的水泥柱岩心为长柱状，柱心完整凝结良好，水泥硬度能达到四级的硬度要求，水泥柱总长度和封孔位置均符合设计要求，封孔质量合格

（岩心柱状图深度标注：71、143、214、286、357、428、500、571、642）

项目监理：　　　　　　　　水文地质员：　　　　　　　　钻探机长：

项目负责：　　　　　　　　钻探技术员：

图 5-21　水文钻孔封孔质量检查记录表式样

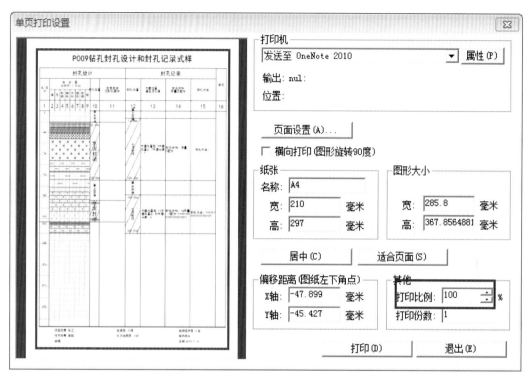

图 5-22　水文钻孔封孔设计和封孔记录打印界面示意

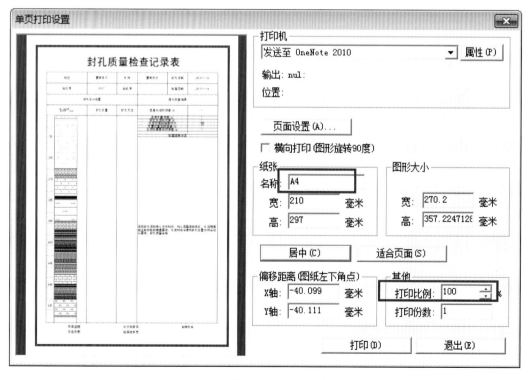

图 5-23　水文钻孔封孔质量检查记录表打印界面示意

的样式为例来说明。其栏目内容包括图名、图眉、图头和钻孔各类描述实体（表5-6）。其中，图眉用于标注勘查（矿）区、设计孔深、项目负责单位、终孔孔深、校正孔深、地质编录人、开孔日期、钻机型号及编号、制图者等数据项；图头用于说明整张图所要表达的项目，描述实体即为与图头指明项目对应的具体内容。这些数据，均来自基础数据库中。

表5-6　钻孔综合柱状图样式（以沉积型矿产为例）

图　名																	
图　眉																	
图　头																	
地层名称及代号	分层情况					测井解释结果及矿分析结果	岩矿心γ及密度等测井曲线	视电阻率及自然电位等测井曲线	测井解释柱状图	岩心编录柱状图	综合柱状图	岩石颜色	碳酸盐含量	岩石固结程度	渗透性分级	透水性	取样位置及编号	岩层描述
	深度/m	地层厚度/m	岩矿心长度/m	岩心采取率/%	换层深度/m													

2. 数据预处理、图层划分和成图方法

在绘制钻孔综合柱状图之前，需要依据规范对数据进行回次合并和分层预处理，建立原始地质编录与测井编录数据之间的联系和对应关系，绘制钻孔原始地质编录本。

1）数据预处理与回次合并

分层预处理的主要内容，是引入班报信息，并以回次作为实现相关深度起、深度止和岩矿心长度等数据的关联标识，对不同回次的原始地质编录与测井编录数据进行分层整合和分层拼合。同时，为了简化岩层柱子，需要对岩层的岩性和蚀变特征进行回次合并，实现岩矿心长度与换层深度重新计算和不同回次岩性描述自动综合。然后分别存储于岩性预分层表、蚀变预分层表和水文预分层表中。其中，岩性预分层是相邻回次中岩石名称和岩石颜色相同且连续的层段合并，蚀变预分层是相邻回次中相同且连续的蚀变层段合并，水文预分层则是不同回次中透水性强度相同且连续的层段合并。钻孔综合柱状图的编绘与原始编录本的绘制思路与方法一致，其中的地层名称、代号、深度、岩矿心长度、厚度、采取率、换层深度、回次、累计深度、进尺等，甚至地质特征描述文字，都是作为花纹符号来绘制的。钻孔原始编录数据的存储、调度、分层预处理和回次合并过程，如图5-24所示。

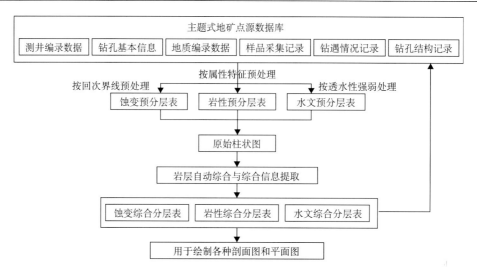

图 5-24　钻孔柱状图数据预处理和初步综合过程与数据流向

2）钻孔综合柱状图的图层划分

处于沉积-变质岩系和岩浆岩体中的钻孔，尽管围岩地质特征有显著差异，但在钻孔柱状图的图层划分方面并没有矛盾（表 5-7），可进行统一设计。图层的数据均来源于基础数据库的钻孔设计表、钻孔基本信息表、钻遇现象信息表、岩性编录分层表、岩矿心物探编录记录表、岩矿心物探编录检查记录表、蚀变分层信息表、水文编录分层表、钻孔结构表、样品记录表、基本化学分析结果表、简易水文地质观测记录表等。

表 5-7　钻孔综合柱状图图层划分

序号	图层名	图层内容
1	图廓图层	图名、图眉、图头
2	标尺网格图层	深度、取样位置列的底部标尺网格
3	底部网格图层	以 1mm、5mm、1cm 为标准的标尺网格，5 格加深，10 格加粗
4	框架图层	图廓线
5	表现栏目图层	表头信息
6	地层岩性图层	编录岩性柱状图列、解释岩性柱状图列
7	钻孔属性图层	钻孔类型、碳酸盐含量、岩石固结程度、岩性描述、标注线等
8	测井曲线图层	视电阻率、自然电位、放射性、地温等测井曲线
9	蚀变信息图层	蚀变点符号
10	测井曲线重绘图层	重绘的测井曲线、曲线线段和刻度尺
11	地层颜色图层	颜色列
12	可编辑柱状图图层	综合柱状图列（可编辑）
13	样品位置图层	标识品位的样品颜色区

3）分栏（列）与分幅成图方法

由于钻孔综合柱状图各列的图形或文字说明是独立的，其数据源和预处理方式也是独立的，在成图和绘制时需要分别进行，因此需要妥善解决分列绘制问题。

为了使用户能够方便地确定和定制所要绘制的列类型，并且使之能快速、灵活地对某一列有问题的数据进行修改，在编写绘制柱状图列的代码时，需要采用一种由局部参数控制的图件栏目分解技术（刘刚等，2005）。这种技术利用图形格式定义对话框，进行项目、分栏个数等全局参数和局部参数定制，在保证绘图系统的规范性同时，提高其通用性和灵活性。所谓全局参数，是指控制钻孔柱状图整体布局的图形参数，例如钻孔编号、孔深、列数和列的空间布局等；所谓局部参数，是指具体控制各列图形的图形参数，其中包括宽度比例尺、空间定位、表达内容、线型及花纹等。

当钻孔的深度比较大时，若按照标准比例尺绘制柱状图，将会出现图形超长的状况。若缩小比例尺，又会使得图面拥挤，纵向比例尺缩小，无法清晰地显示相关内容。为此，需要按给定长度进行分幅编绘，同时图形整体格式的设置也要做相应的调整。其核心问题是解决各列图形的裁剪算法，并实现各页面各列深度的动态累计。

钻孔综合柱状图绘制的功能函数定义及调用流程如图5-25所示。

3. 柱状图分层的制图综合

所谓制图综合，是在图件编制过程中，根据钻遇岩（矿）层的基本特征及其内在联系，对描述对象进行概括的方法。制图综合是钻孔柱状图编绘的一个必经过程，即根据专家经验，把岩（矿）心的编录数据与测井解释数据结合起来，对地质编录的原始岩性柱子进行薄层合并、厚层分解、粒级调整、岩性简化、岩层界面和时代界线调整，同时对测井曲线进行局部放大、缩小和比例尺变换等处理。

1）岩层分层制图综合的思路

为了提高钻孔柱状图编绘的效率和客观性，需要设计出一种能根据具体岩层特点，对岩心编录结果和测井解释结果进行自动制图综合的、与数据管理同步的编绘工具。而为了保证综合结果符合客观实际，必须将图上各列内容之间的相互关联、相互制约的关系，也纳入制图综合中。与一般地图制图综合相比较，柱状图制图综合的内容具有一定的特殊性，其方法步骤包括简约、缩放和移位3个方面。

进而需要按照一定的技术路线或逻辑过程，形成一套规范、高效的钻孔柱状图制图综合工作流程（图5-26）。该流程将制图综合分为数据综合与图形综合两个阶段。在数据综合阶段，基于地层预分层结果，采用简约的方法进行地层合并和拆分，以及岩性描述的自动生成，形成综合柱状图的草图；在图形制图综合阶段，根据实际情况结合专家经验，采用缩放的方式对测井曲线进行局部放大或缩小并套合重构，然后根据数据综合的结果，采用移位的方法对岩心柱子及其他各列的各种地层界线进行适当调整。在这种情况下，不需要靠人工修改地层分层数据即可自动完成钻孔综合柱状图的绘制。

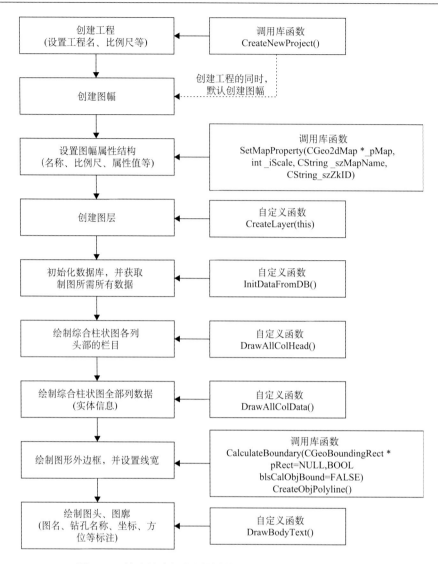

图 5-25　钻孔综合柱状图绘制的功能函数定义及调用流程

2）柱状图中岩性柱分层的简约

所谓简约是指对岩层及其岩性描述内容进行归纳和综合，突出其重点并合理地展示出来。柱状图绘制内容的智能化简约体现在对岩、矿层的地质特征和水文特征描述的自动归纳和综合。岩性描述是综合柱状图的重要组成部分，包含了对应岩层的岩石名称、岩石颜色、岩石结构、构造现象、矿物成分和蚀变矿化等。实现自动化简约的办法，是综合采用人工智能和本体（Brodaric，2004；Ma et al.，2012）的思路、方法，通过定义岩性描述的语法规则和语义规则，由下而上顺层序逐个自动获取相应记录中的字段内容，然后根据 5.1.3 节的岩层本体概念定义及其本体关系建立方法和步骤，对具同类特征的薄层依次合并和累加。基于上述思路、方法和步骤，进行编程实现。

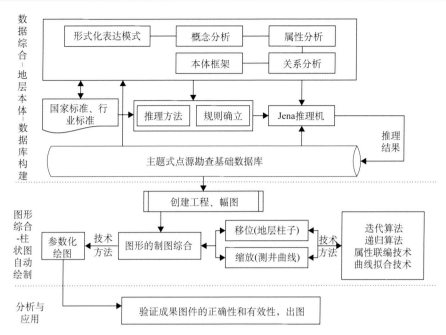

图 5-26　基于地层本体和智能制图综合的钻孔柱状图绘制方法及技术路线

3）测井曲线的局部缩放方法

测井曲线的缩放是指对其在图纸上的横比例尺所做的变换与调节。测井曲线的绘制原则是尽可能详细地展示测井点数据，尤其是含矿部分的曲线，以便准确地判断矿化程度。有时为了便于看清楚关键层段的细节，以便准确地判断矿化位置、程度及其变化，需要进行横向比例尺的局部放大；而有时为了避免峰值曲线的越界，又需要进行横向比例尺的局部缩小。这就要求提供基于参数法的测井曲线类型、单位、最大值、最小值和颜色等的定制功能，以及图纸坐标与逻辑坐标间的转换功能，同时还要对可能出现的曲线越界现象进行分类处理，对曲线的最大值和最小值进行取整计算，以便支持截取任意段曲线进行变比例尺的重构和套合绘制。这样，便可使测井曲线的数据综合和绘制更加灵活。

图 5-27 左图的绿色曲线为原始测井曲线，显示了曲线的整体变化趋势，但却表达不了最大峰值附近低值处的变化细节，因而无法了解矿体边缘的变化；蓝色为其关键段刻度尺放大后的测井曲线，高低值处的测量值都放大了，可以清楚地辨识矿体边缘的变化细节。图 5-27 右图是去掉原始曲线后，仅保留新曲线的效果。

在进行任意含矿层段或其他重点关注层段的曲线刻度尺比例缩放时，需要考虑该曲线段两端与外侧比例尺不变的曲线进行无缝拼接问题。例如图 5-27 所示，首先要对上端点 Y_0 和下端点 Y_{00} 处所对应的测井值进行估算。以起点 Y_0 点为例，读取数据库中离 Y_0 最近的上下两个测量点，分别记为 (x_1, y_1) 和 (x_2, y_2)。其中，x 表示点的测量值，y 表示测量深度，并且 $y_1 \leqslant y_0 \leqslant y_2$。通过等比插值，便可计算出 Y_0 对应的测量值 X_0：

$$X_0 = \frac{(Y_0 - y_1)(x_1 - x_2)}{(y_1 - y_2)} + x_1$$

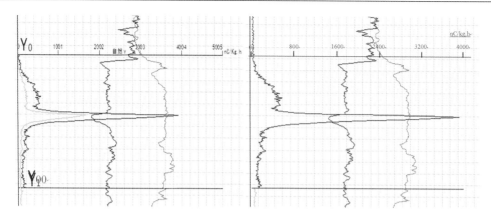

图 5-27　测井曲线变换比例尺重绘效果图

然后，把该点（X_0，Y_0）作为虚拟点，用两端比例尺分别计算出对应的图上坐标，最后与（x_1，y_1）和（x_2，y_2）相连，实现曲线的任意截取与连接。

4）钻孔柱状图上地层界线的移位

移位是指对钻孔柱状图上的地层分界线进行位置调整和重构。其含义有两个方面，其一是根据岩层制图综合的结果，进行钻孔岩心柱的地层分界线的调整和重构；其二是结合测井解释的结果，调整柱状图各列的内容及其层位界线。当野外地质编录的结果与测井曲线解释结果产生冲突时，通常是以测井结果和专家经验为准，对岩心柱的地层界线进行调整。在进行钻孔岩心柱的制图综合时，在测井曲线出现显著变化的地方，上下岩层通常是不能合并的，因为这里可能是岩性和岩相的重大转换处。否则，可能造成不同成因或不同环境的产物被合并为一层。随着岩心柱的界线调整，图上各个相关列的格局也会发生变化。这些相互关联的列，包括岩性地层单位的界线，各分层的起止位置、换层深度、岩矿心长度和采取率，以及岩心描述内容等。因此，在进行移位处理的同时，不仅要实现分层数据的同步动态更新，还要对应实现图上各列数据的关联更新和自动更新。

地层数据包括深度、换层厚度、岩矿心长、颜色、岩性描述等。要实现地层数据的动态更新，即实现对柱状图中各个相关列数据的自动调整，需要在每一列的绘制过程中赋予对应岩层（或地层）的描述文本和岩层（或地层）分界标志线特定属性，然后通过关键字匹配的方法对其进行动态移动，并计算出新的岩（矿）心长度和采取率。为了便于标识，可以用当前层的止深度和列的名称为匹配关键字。当描述文本或分界标志线发生移动时，就同时改变止深度的属性值，以方便用户根据实际需求进行再次调整。

以图 5-28 为例，测井曲线峰值所在位置，比分层预处理的粉砂岩和中砂岩界线位置明显高一些。经过分析认为测井曲线峰值所在的 28.98m 深度代表了粉砂岩和中砂岩界线准确位置。于是，对粉砂岩和中砂岩两个区间进行联合移动，并对岩矿心长度、换层深度、厚度及采取率等列的换层界线进行重新计算和调整（图 5-29）。

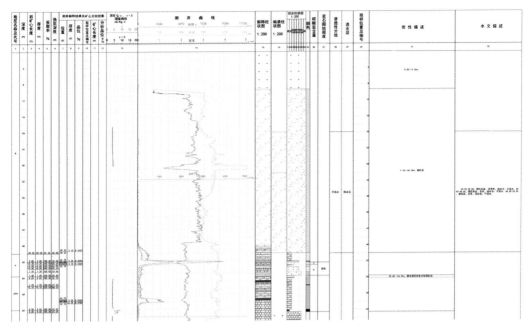

图 5-28　钻孔综合柱状图中人工编录岩性柱与测井曲线解释岩性柱比较

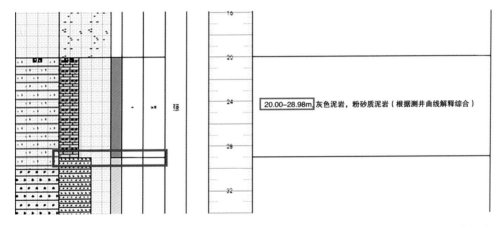

20.00~28.98m，灰色泥岩，粉砂质泥岩（根据测井曲线解释综合）

图 5-29　根据测井解释岩性柱移动后的综合岩性柱界面及岩性描述栏（列）变化情况（红色框内）

5）钻孔柱状图自动制图综合的操作

钻孔柱状图自动制图综合的相关操作，包括岩层（或地层）合并、拆分和界线的上移、下移，以及粒级花纹的变换等。柱状图上的每一个层段，都可以看作一个图区。设所选择的任意一个岩层（或地层）段对象为 CurGon，其上边界用 CurGon.dMaxY 表示，下边界以 CurGon.dMinY 表示，于是该地层段的上段（区）为 UpGon，下段（区）为 DownGon。地层段制图综合算法的基本步骤为：将综合柱状图编辑分解为小层、调整地层顶部界线、调整地层底部界线、相邻地层联合调整以及大层分解等几个阶段。依据所选取的地层段个数及类型，判定用户所需的操作，再考虑以下问题：起点位置的确定、移动过程中纵坐标 Y 值范围的确定和移动位置确定，以及更改内容和操作方式的确定。

详细算法流程如图 5-30 所示。

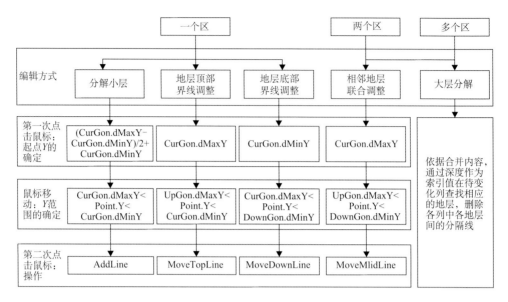

图 5-30　钻遇岩层（地层）制图综合的算法流程

4. 钻孔柱状图制图综合的效果

利用上述各项制图综合技术研发的软件，所编绘的固体矿产勘查钻孔综合柱状图具有如下特点：可实现对综合柱状图各列的联动编辑，并提供了薄层合并、厚层分解、地层顶底界调整、地层时代界线自动更新、粒级调整、岩性描述自动适应等编辑功能，同时实现岩性描述、孔深起、孔深至、岩矿心长、采取率的动态更新；可自动完成对钻孔岩心编录数据的综合处理，实现对岩性柱图形的自动补齐并绘制成柱状图草图；可实现各种测井曲线的定制与重绘，其中测井曲线的定制是指对测井曲线种类、颜色、比例尺等内容的定制，测井曲线的重绘则主要是指在保留原始曲线的同时进行局部变比例尺重绘。此外，在将经制图综合之后形成的新钻孔综合柱状图存入成果数据库的同时，还可以将该钻孔综合柱状图上的新地质分层和水文分层数据返回基础数据库中，用于进行勘探线剖面图和水文地质剖面图的绘制，以及实现水文砂体厚度的动态统计和水文平面图绘制。

矿产勘查钻孔综合柱状图各列的属性和测井曲线参数，可用图 5-31、图 5-32 所示的对话框进行设置，也可以设置为默认值，其效果如图 5-33 所示。

5.2.2　剖面图类机助编绘

矿产勘查地质剖面图类图件主要包括：勘探线设计剖面图、勘探线剖面图、平硐（勘探坑道）剖面图和水文地质剖面图等。具体内容如表 5-8 所示。这些剖面图的设计思路类似，其中以勘探线剖面图最具代表性。下面以勘探线剖面图为例进行说明。

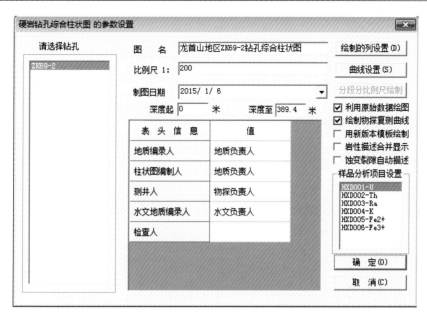

图 5-31　矿产勘查钻孔综合柱状图属性参数设置示例

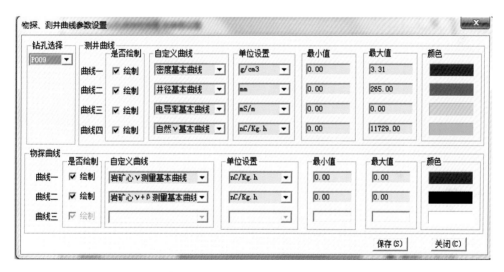

图 5-32　矿产勘查钻孔综合柱状图测井曲线参数设置示例

表 5-8　剖面图类图件内容

序号	图类	比例尺	图件内容
1	勘探线设计剖面图	1:500~1:1000	图名、线号、比例尺及剖面的方位角、剖面地形线、钻孔线、地形特征点、地物点、剖面线的垂直投影平面图、剖面的端点、工程位置点及其编号、图廓及高程线和剖面线与 x、y 坐标线交点的垂直投影线
2	勘探线剖面图	1:500~1:1000	图名、线号、比例尺及剖面的方位角、剖面地形线、钻孔线、地形特征点、地物点、剖面线的垂直投影平面图、剖面的端点、工程位置点及其编号、图廓及高程线和剖面线与 x、y 坐标线交点的垂直投影线、钻孔取样、工程样段等

续表

序号	图类	比例尺	图件内容
3	勘探坑道剖面图	1∶500～1∶1000	图名、坑道剖面号、比例尺及剖面的方位角、剖面地形线、坑道坡度、地物点、剖面线的垂向投影图、剖面端点、工程位置点及编号、图廓及高程线、剖面线与 x、y 坐标线交点的垂向投影线
4	水文地质剖面图	地质图的 1～4 倍，视矿体规模和矿床地质构造复杂程度而定	剖面方位角、剖面地形线、地形特征点、地物点、剖面线垂直投影平面图、剖面的端点、工程位置点及其编号、图廓及高程线和剖面线与 x、y 坐标线交点的垂向投影线、含水层分布等

XX地区ZK0029钻孔综合柱状图

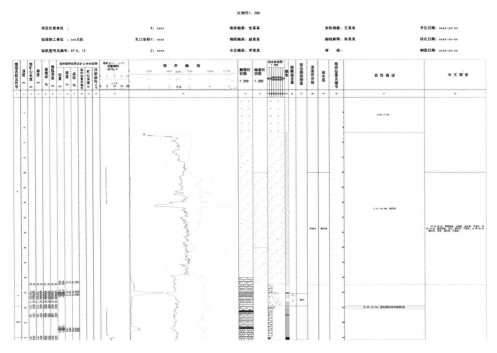

图 5-33　默认设置下固体矿产勘查钻孔综合柱状图绘制效果（形状）示例

5.2.2.1　勘探线剖面图机助编绘模块设计

　　勘探线剖面图简称为勘探剖面，是按沿着探线方向延伸的垂直平面状图件。该剖面图不必准确地经过每一个钻孔，但钻孔综合岩性柱都要以勘探线为准进行剖面投影换算。这些勘探剖面图可直接用于储量估算的交互圈矿，并在圈矿过程中实现矿体产状、厚度、品位等采样段数据的动态修正与更新。为了体现钻孔位置的实际情况，也可编制折线状剖面图——剖面线严格通过每一个钻孔，其钻孔综合岩性柱不必进行剖面投影。这种折线状勘探剖面图可直接用于多尺度的岩层及矿体三维建模。这两种勘探剖面图编制和成图后，可以存储在成果数据库中，也可以存回基础数据库中，还可以打印输出。勘探线剖面图的主要内容包括：①图名、比例尺、图廓、坐标网、责任表、图例；②地形线、方位角、勘探线工程位置及编号、地物标志等；③钻孔岩性柱状图和花纹填充，以及地质符号标注；④岩层、地层、岩体、断层、褶皱、破碎带等地质体的界线与产状；⑤不同地质专业有不同的特殊要求，例如工程地质勘探线剖面图的下部为标注栏，需要标明钻孔间距、桩号、钻孔编号、孔口高程、地质结构分段等参数；⑥采样位置标注、特殊曲线表达以及其他附表。

1. 勘探线剖面图编绘模块设计规则

勘探线剖面图机助编绘原理与常规手工编绘类似，但将基于工程师、专家经验和智慧的本体与计算机处理结合起来，不但工作效率高，而且所绘制的图件精度也高。勘探线剖面图编绘模块设计规则包括：①图框按照地质专业规范绘制；②坐标网按测绘要求绘制，并标注有关参数；③曲线的拟合可采用实用三次样条函数插值，兼顾美观与精度；④岩性符号的充填采用事先建库，然后由计算机自动调用的方法快速充填。

2. 编绘模块的基本子模块组成

基本功能需求是：能按所要求的比例尺，自动生成各钻孔外形和岩层界线、填充岩性花纹，自动标注孔口标高、孔号及方位角等参数，自动生成地形线、等深线及边框标尺，而且能绘制多种线型。因此，勘探线剖面图机助编绘模块由如下子模块组成。

图层管理子模块　固体矿产勘探剖面图上的内容丰富，且图元类型和花纹繁多，需要安排多个图层来完整地存放，以便需要时灵活地调用。由于不同矿种、不同勘查部门和不同勘查单位所采用的标准有所不同，其图层划分也有所差别，应允许用户根据实际需要增减。在一般情况下，固体矿产勘探剖面图的图层划分如表5-9所示。

表 5-9　固体矿产勘探线剖面图的图层划分

序号	图层名	图层内容
1	图廓层	含图名、图廓线、高程线
2	责任表层	责任表图框及其文字
3	坐标线	坐标线及高程线
4	图例	点、线、面及花纹的图例表示
5	勘探线	与本勘探线相交的纵勘探线（或横勘探线）
6	勘探点位	钻孔及相关注记；平硐及编号
7	地表地形线	地形线及文字
8	高程等高线	首曲线、计曲线
9	钻孔点（平面图）	平面图中的钻孔点，带属性
10	辅助层（平面图）	平面图边框、钻孔线、文字及其他内容
11	钻孔线层	钻孔取芯段（线元），文字标注（样品号、采样深度、矿体品位等）
12	钻孔岩性	钻孔钻遇地层单元，以面元表示并填充岩性花纹

序号	图层名	图层内容
13	钻孔取样	钻孔岩心取样，以面元表示
14	巷道层	勘探平硐巷道及编号等
15	平硐取样	平硐取样，以面元表示
16	平硐岩性	平硐所穿过的岩层
17	围岩蚀变	围岩蚀变的类型和空间分布
18	矿体界线	各类矿体的界线
19	矿体面片	表示表内、表外的面元

孔斜校正和钻孔投影子模块　面对孔深较大，孔斜也较大的钻孔，在子模块设计中可借鉴人工智能的思路与方法加以处理，以便扩大程序的适用范围。

图形编辑子模块　考虑到剖面钻孔间的岩层对比必须允许地质工作者有更多的干预，以便体现他们的思维和判断，可以在采用基于本体的智能对比的同时，开发强大的人机交互编辑功能，支持用户对自动生成的图形进行人机交互修改和补充。

图形的链式生成子模块　程序将图形生成过程表达为一个链式过程，若由于外界因素造成某一钻孔的生成中断，不必从头开始，只需调用该孔相应的生成段即可。

3. 坐标体系及图元大小设置

剖面图以米为坐标单位，横向上表示勘探线的水平延伸，纵向表示现实世界的竖直方向。勘探线起点处的横向坐标为 0，纵坐标为该点的地表高程；终点处横向坐标为勘探线的总长，纵坐标为该点的地表高程。

这样一来，钻孔、平硐等勘探工程在剖面图上的横向坐标和纵向坐标是不随比例尺变化的。不同比例尺参数下的图件，变化的是线的粗细、文字大小及点图元的大小等。这些图元的大小需要根据纸上的显示尺寸与比例尺换算后取得。假设表示图件名称的文字需要在纸上表现为 10mm 高，则在本设置体系下，当比例尺为 1∶1000 时，应设置其在此体系下的高度为 10m。在此体系下要求图件的横、纵比例尺保持一致。

4. 钻孔在剖面上的位置设置

根据钻孔测斜资料计算钻孔轴迹各折点的位置，连接各点即得到剖面线上的钻孔轴迹线。首先求钻孔孔口在剖面线上的位置，即计算钻孔孔口在剖面线上的投影点，以及该点距离勘探线起点的平面距离。如果勘探线是折线，则需要取钻孔在各段上的最佳投影点，且该距离应是沿勘探线的平面距离而不是直线距离，即钻孔孔口在剖面图上的横向坐标（前提是勘探线起点的横向坐标为 0），其纵向坐标是孔口的 Z 值。

设勘探线一段的起点坐标为 $A(x_1, y_1, z_1)$，终点坐标为 $B(x_2, y_2, z_2)$，钻孔孔口的空间坐标为 $P(x_i, y_i, z_i)$，垂足的平面坐标 $Q(x, y)$ 计算公式为

$$令\vec{v_1} = B - A; \qquad \vec{v_2} = P - A;$$

$$有 t = \frac{\vec{v_1} \times \vec{v_2}}{\vec{v_1} \times \vec{v_1}};$$

$$则 Q = A + t \times \vec{v_1};$$

垂足与起点间的距离计算公式：

$$d = \sqrt{(x_1 - x)^2 + (y_1 - y)^2}$$

设孔口的空间坐标为 (x, y, z)，第二个钻孔折点相对于孔口的测斜参数分别是：测斜长度 1，方位角按正北方向为 0° 计算（顺时针方向渐增），偏斜角按竖直向下方向为 0° 计算。该点在剖面图上的空间坐标计算公式为

$$x_1 = x + l \times \sin\beta \times \cos(450° - \alpha),$$
$$y_1 = y + l \times \sin\beta \times \sin(450° - \alpha),$$
$$z_1 = z - l \times \cos\beta;$$

再求出其空间坐标后，再根据前面的投影公式进行计算。

5. 孔斜校正和钻孔投影子模块设计

在实际施工中，钻孔总是或多或少地偏离了勘探线。在制作剖面图时，需要将钻孔投影到剖面图所在的勘探线上，以便正确地进行地质界线推断和连接。孔斜校正和钻孔投影是以钻孔中心线为代表来实现的。钻孔中心线是一条复杂的空间曲线，通过对一定间隔的钻孔倾角和方位角测量所得出，是对实际钻孔中心线的近似表达。在测井时，测量的间隔越小，所得到的钻孔角度变化就越准确。钻孔投影作业可分解为 3 项工作：钻孔中心线分段、钻孔分段投影及各段连接、钻孔中地质界线的投影。

钻孔中心线分段 根据测点深度进行，方法一是将测点作为分段节点，方法二是将相邻测点连线中点作为分段节点。在方法二中，得到测点深度和测量结果后，首先计算控制深度，设在 i 点及 $i+1$ 点的测点深度分别为 h_i 和 h_{i+1}，则两点间的控制深度 h_i' 为

$$h_i' = h_i + (h_{i+1} - h_i)/2$$

控制深度包括开孔深度 0m 及终孔深度。然后求出控制距离，即相邻控制深度之差。

分线段投影及各段连接 勘探线地质剖面通常垂直于地质体走向布置，所以最常用的投影方式是垂直投影。如图 5-34 所示，AB 是空间线段，A 点在垂直投影面 P 上（投影面 P 与勘探线剖面平行），B 点在水平投影面 Q 上。从 A 点向 Q 平面投影，其投影点为 O。线段 OB 为 AB 的水平投影。OB 方向为线段 AB 的方位，令线段方位角为 ω。线段 AB 的倾角为 β（$\angle OBA$），顶角为 α（$\angle OAB$）。过 B 点向 P、Q 两平面的交线引垂线交于 C 点。OC 方向为投影面 P 的方位，也就是剖面的方位，令剖面方位角为 ε。角 φ（$\angle BOC$）为剖面方位与线段方位的夹角。AC 为 AB 在 P 平面上的投影。BC 的长度即为 B 点偏离剖面的距离。这样一来，将线段 AB 分解为在垂直方向上的分量 Δz（AO）。在剖面方向上的分量 Δx（OC）和偏离剖面的分量 Δy（BC）。线段投影就归结于这 3 个分量的求取。求取方法有计算法、投影制图法和量板法。这里简单介绍一下常用的计算法。

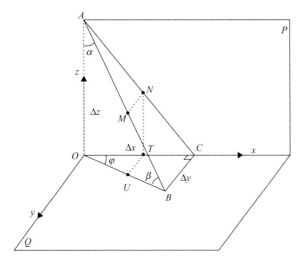

图 5-34　钻孔投影计算

令 AB 长度为 1，可得

$$\Delta z = l \cdot \sin \beta$$

$$OB = l \cdot \cos \beta$$

$$\Delta x = OB \cdot \cos \varphi = l \cos \beta \cdot \cos \varphi$$

$$\Delta y = OB \cdot \sin \varphi = l \cos \beta \cdot \sin \varphi$$

式中，$\varphi = \omega - \varepsilon$。

在此基础上建立坐标系：x 为剖面方向；y 为垂直于 x 的方向（即偏离剖面方向），在 x 方向左侧为正；z 为铅直方向，向上为正。剖面左端点 $x=0$，$y=0$，z 为高程。并令孔口坐标为（x_0，y_0，z_0），z_0 为孔口高程，x_0，y_0 为在上述坐标系的坐标。令第 i 个控制深度对应点的坐标为（x_i，y_i，z_i），则与第 $i+1$ 个控制深度对应的坐标为

$$x_{i+1} = x_i + \Delta x$$

$$y_{i+1} = y_i + \Delta y$$

$$z_{i+1} = z_i - \Delta z$$

若孔口坐标已测定，则求得各段的坐标增量 Δx、Δy、Δz 以后，就可以依次求得各控制深度对应点的坐标。将这些点投在剖面图上，连接所有各点，就得到钻孔中心线的剖面投影。在平面图上，一般不将整个钻孔的投影线绘出，而只绘钻孔中特殊点的投影。特殊点主要有孔口、各矿层中心点，可按其 x、y 坐标在图上标注出来。

钻孔投影和孔斜校正技术较为成熟，各单位都有现成的子程序供调用。

钻孔中地质界线的投影　在完成钻孔中心线分段和钻孔分段投影及各段连接的基础上，采用相同的投影方式和方法，便可进行地质界线和样品采集点等投影。

6. 过钻孔断层表达模块的设计

如图 5-35 所示，地质矿产勘探剖面上所标绘的钻孔宽度是超比例的。设 AB 为断层

线，E 为 AB 与钻孔中心线的交点，CD 过 E 点且垂直于钻孔中心线，则当有断层线通过时，$\triangle ACE$ 和 $\triangle EBD$ 内的岩性实际上是不知道的，可称为岩性盲区。历来人们总是凭经验对岩性盲区的岩性做出推测，再填以相应的花纹。在多数情况下，这样做往往会与钻孔间所充填的地层花纹矛盾，不如将其放空。最好是利用闭合区删除技术，将其挖去，实现过孔断层的正确表示。

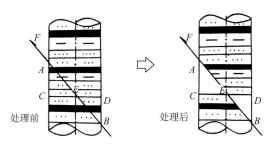

图 5-35 钻遇断层表示法

7. 岩层对比连线和岩性花纹填充模块设计

地质剖面图编绘过程中的主要工作是地层对比、连线和花纹填充，其自动功能的实现具有很高的价值。但岩层自动对比连线和岩性花纹自动填充涉及大量复杂的分析判断，它的实现需要采用复杂的人工智能技术。

岩层对比技术要求遵循 5 个原则。①最小误差原则。在自动对比中难免出现错误，本着减少错误的原则，需要先将第四系岩层按不同岩性组合进行划分，再在组合内进行自动对比。②平等原则。即各钻孔的每一岩层都具有相同参与对比的机会，实施对比时，两钻孔应相互参照。③瓦尔特相律。参照瓦尔特相律和根据实际资料总结的相变、粒序规律，如粗砂、中砂、细砂或砾石出现的先后次序或包含关系，来修正对比结果。④松散必平缓原则。第四系松散沉积地层通常未经变形，在多数情况下不可能太陡，对比中应予以充分考虑。⑤厚度兼顾原则。虽然岩性对比在地层对比中是第一位的，但仍然要考虑地层厚度因素，即除了出现透镜状岩层外，同一地层的厚度在相邻钻孔中相似。

由于地质现象复杂，系统自动对比功能只能给出一个框架。系统开发者的任务是为地质工作者提供一个方便灵活的图形编辑环境，例如尖灭点的灵活移动、花纹的随意修改和替换等。

5.2.2.2 剖面图编绘模块的实现

勘探线剖面图编绘模块的工作流程如图 5-36 所示。其实现过程说明如下。

1. 一般应用步骤

勘探线剖面图编绘模块的实际应用步骤：①从数据库检索得到所需的原始数据，并进行正确性检查；②在应用程序中设置有关图形处理参数，如比例尺、数据文件路径及图形格式等；③调用基础图形系统生成并显示图形，可任意放大缩小观察；④将地下资料在剖面上进行定位,并标注工程编号、采样位置及样品号等;⑤地层界线、矿体边界及断层等地质特征界线连接;⑥调用图例库、花纹库和线型库充填剖面图,若不能满足要求,需及时调整和补充;⑦在图的一侧编制取样及分析测试结果等附表;⑧最后进行图名、比例尺、图签和图例绘制等图件整饰;⑨检查生成的图形,如有错误立即修改并重新生成;⑩最终图形存盘和打印输出。

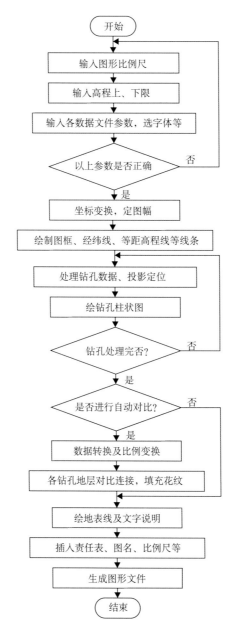

图 5-36 勘探线剖面图编绘程序框图

2. 勘探线剖面图的编辑和输出

使用勘探线剖面图编绘模块时，只需提供图件比例尺、剖面范围以及钻孔资料数据等参数，用户主要工作是剖面图编绘模块自动生成剖面图主体框架并填充其岩性花纹后，进行交互式剖面图件编辑和整饰。所输出的结果如图5-37所示。

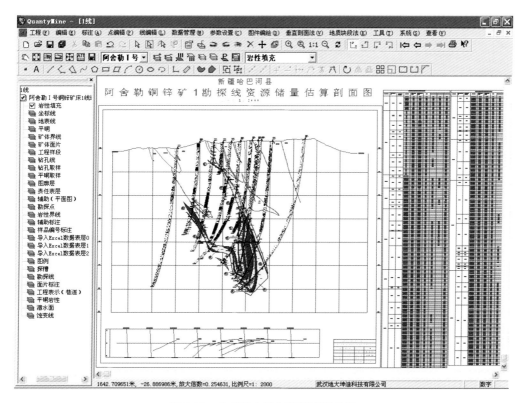

图5-37　金属矿山勘探线剖面图示例

5.2.3　平面图类机助编绘

平面图类与柱状图类、剖面图类的主要差别在于图面内容丰富且复杂、线条界线和多面体多呈不规则状，而且往往需要叠加上地理底图。

5.2.3.1　固体矿产勘查平面图类型

固体矿产勘查平面图主要有两大类：其一是地质图类，主要包括区域地质图、勘查区矿产地质图、勘查区水文地质图、勘查工程部署图、物探参数样品分布图、采样平面分布图、综合勘查成果图、实际材料图；其二是等值线类，主要包括含矿层厚及高程等值线、含矿岩体厚度及高程等值线、主矿种金属量等值线图、次矿种金属量等值线图、地球化学成果图、含水层厚及高程等值线、隔水层厚及高程等值线。其内容如表5-10所示。

表5-10 固体矿产勘查平面图的主要类型及其表达的内容

序号	图类	图名	比例尺	图件内容
1	地质图类	区域地质图	1：50000	岩层、岩体、岩脉、各类地质界线、各类地质体产状、构造带、固体矿床标识、地形地物、地形等高线、综合地层柱状图等
2		勘查区矿产地质图	1：1000～1：10000	坐标格网、测量控制点、勘探线及编号、地质勘探工程、地质点、主要的岩（矿）体露头及蚀变带、地形等高线等
3		勘查区水文地质图		图名、比例尺、坐标格网、地质界线、断层及产状、构造破碎带、等水位线、水饱和度分区及水化学/矿化/pH 值分区界线等
4		勘查工程部署图	1：5000	勘探线及编号、断层线、地形、地物、含矿岩体或含矿地层分带、勘探工程布置（类型、注记和标高）、勘查程度分区等
5		物探参数样品分布图	1：5000	勘探线及编号、断层线、矿体分布范围、含矿围岩及分布、勘查区及勘查阶段、采样点及分析值等
6		采样平面分布图	1：5000	勘探线及编号、断层及编号、已有钻孔及类型、新布置钻孔及类型、采样点分布、样品检测数据、勘查区及勘查阶段等
7		地层综合成果图	1：5000	勘探线及编号、断层线、已有钻孔及类型、新布置钻孔及类型、蚀变带露头分布、工业矿体位置、勘查区及勘查阶段等
8		实际材料图		图名、勘查区编号、勘查边界线、勘探基线、工程及编号、比例尺及剖面方位角、剖面地形线、地质点、采样点、地质界线
9	等值线类	地球化学成果	1：5000	图名、比例尺、剖面线、地名、铁路、公路、岩性、断层线、构造破碎带、地质界线、成矿元素/普通元素/矿化等值线等
10		含矿层厚及高程等值线	1：5000	图名、勘查区编号、勘探边界线、工程及编号、地名、比例尺及剖面方位角、剖面地形线、地质点、含矿层岩性及等厚线
11		含矿岩体厚度及高程等值线图	1：5000	图名、勘查区编号、勘探边界线、工程及编号、地名、比例尺及剖面方位角、剖面地形线、地质点、含矿岩体岩性及等厚线
12		主矿种金属量等值线图	1：5000	图名、勘查区编号、勘探边界线、工程及编号、地名、比例尺及剖面方位、剖面地形线、地质点、主矿种金属量等值线
13		次矿种金属量等值线图	1：5000	图名、勘查区编号、勘探边界线、工程及编号、地名、比例尺及剖面方位角、剖面地形线、地质点、次矿种金属量等值线
14		含水层厚及高程等值线	1：5000	勘探线及编号、地名、断层线、钻孔号、含水层等厚度线、含水层底板等高线、勘查程度分区、采空区、工业矿体分布等
15		隔水层厚及高程等值线	1：5000	勘探线及编号、地名、断层线、钻孔号、隔水层等厚度线、隔水层底板等高线、勘查程度分区、采空区、工业矿体分布等

5.2.3.2 矿产地质图机助编绘方法

勘查区矿产地质图是基础地质图与勘查工程分布图、地形图叠合的地质图件。它既反映了勘查区岩层、岩体和地层的露头分布及地表地质构造特征，又反映了勘查区的地形、地貌和地物分布特征。按照相应比例尺的精度要求绘制出勘查区矿产地质图，可以极大地方便矿产勘查技术人员对勘查区地质特征的分析和认知。目前已有较为成熟的地质图编绘软件系统可供应用，这里仅以勘查区矿产地质图为例，介绍其一般操作方法。根据地质制图的工作次序，通常是先从区域地质图的底图中，截取特定的矩形区域内的地质与地形等图形要素，形成矿产地质图的基本框架并存入基础数据库中，然后再进行细节设计、编辑合成图。在具体操作时，用户可以在地理底图上在利用鼠标画定区域范围，也可以输入特定的地理位置。凡是落在该范围的特定图层的要素，都可被添加到新图件中。

1. 主要图层划分

勘查区矿产地质图的图层设置大致如表 5-11 所示，实际应用中可根据需要细化。

表 5-11　勘查区矿产地质平面图的主要图层概略划分

序号	图层名	图层的细节内容
1	图廓	含图名、图廓线
2	责任表	责任表图框及其文字
3	坐标网格	方里网线及文字注记
4	测量控制点	位置、标注
5	图例	点、线、面的图例表示
6	地形等高线	首曲线、计曲线
7	道路与居民点	公路、铁路、大路、乡镇、地物及其标注
8	地层界线	类型、性质、确定的、推测的
9	岩（矿）体露头	岩性、边界线及其标注
10	断层线与性质	断层线、实测的、推测的、断层性质
11	蚀变带及界线	类型、边界线、空间分布
12	勘探线及编号	与本勘探线相交的纵勘探线（或横勘探线）
13	勘查工程	钻孔和平硐名称、编号和相关注记
14	平硐样品	沿平硐的取样点及其标注
15	矿体界线（U）	各类型（主要矿产和次要矿产）矿体的界线
16	厚度及品位	取样线、矿体品位数值（属性）
17	组合样层	根据品位组合后的样品段
18	围岩岩性	沉积岩、岩浆岩体、火山岩、变质岩

2. 平面图编绘要领与相关算法

勘查区矿产地质图的数据，主要来自于勘查区长期积累的地层、构造、岩石、矿床、勘探线、露头、钻孔、平硐等地质数据，以及地形、地貌、城乡、道路等地理数据。这些数据都来自于基础数据库中。例如，勘探线数据来自基础数据库中的勘探线表，钻孔编录资料来自钻孔基本信息表、钻孔取样表和样品分析结果表等。

1）基本地质要素图的形成

编绘勘查区矿产地质图时，用户可先利用鼠标画定区域范围，也可以输入勘查区的地理位置或代号，调出各个基本地质要素图层并叠合成基本地质图。

2）地理底图加载与图幅校正

在基本地质要素图的基础上，可借助编图软件的基本功能加载地理底图。凡是落在该图幅范围内的地形和地物要素图层，都会自动截取并构成勘查区矿产地质图的地理底图，但用户需要对该地理底图进行图幅校正。具体做法是打开初始版本的图件，再通过添加控制点的方式，将系统坐标换算成实际坐标（图 5-38），然后存入基础数据库中。

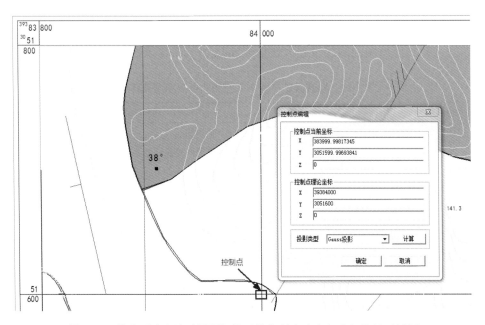

图 5-38　勘查区矿产地质图图幅校正的控制点选取与坐标换算对话框

3）工程点与采样点坐标换算

在勘查区矿产地质图上，工程点与采样点测量数据除了来自于基础数据库外，还可能来自于现势的全站仪测量数据。其处理方法如下。

全站仪数据处理　主要方法有二：其一是直接读入数据文件并计算各点坐标，再根据需要输出到相应图层；其二是先读入数据文件并导入数据库中，再根据勘探工程和任务编号读出和计算，得出各点的 x、y、z 并存回数据库中，供各图层调用。

全站仪数据输入　打开全站仪标准输出文件，逐行进行分析并根据全站仪的数据结构，读出各点的数据，再输入空间数据库或对象关系数据库中。

点坐标计算　采用极坐标法，即

已知：P_1（x_1，y_1，z_1），P_2（x_2，y_2，z_2）；待求：P_Q 点的坐标（x_Q，y_Q，z_Q）。

测站在 P_1 点后视 P_2，后视方向方位角为 H_0，量得仪器高为 H_i；测得 P_Q 点的水平角为 H、天顶距 Z 和斜距 S 及觇标高 T_h；则 P_Q 点的坐标为

$$x_Q = x_1 + S \times \sin Z \times \sin（H_0 + H）$$

$$y_Q = y_1 + S \times \sin Z \times \cos（H_0 + H）$$

$$z_Q = z_1 + S \times \cos Z + H_i - T_h$$

4）图元移动与属性赋值

勘查区矿产地质图图幅经过校正后，还需将有关图元移动到相应的标准图层中，即

根据被选择的图元的类型，把有关的各种图元分别移动到标准底图的对应图层上（图 5-39），然后利用属性编辑器进行属性赋值（图 5-40）并返存于数据库中。

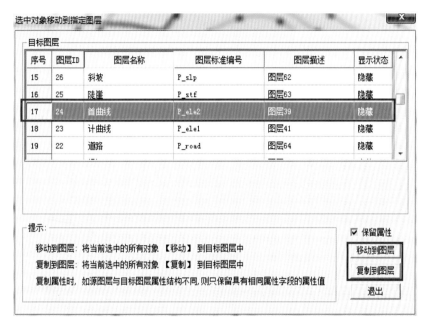

图 5-39　将在图幅上选中的对象移动到指定图层的对话框

图 5-40　利用属性编辑器进行高程属性赋值的对话框

5.2.3.3　勘查区矿产地质图编绘软件的应用

各类勘查图件的地理底图或地形图输出的过程大致如下：

（1）读入图层模板，将图层插入新建工程或当前图幅；

（2）获得各点的坐标（直接计算得到或者从数据库中得到），根据各点的特征代码，从本地数据库中读出此代码的点对应的图标和应插入的图层信息；

（3）根据以上信息，把各点的空间数据输入到相应图层中；

（4）对线（如道路）、面（如房屋）等测绘图元，可以自动输出到相应地理底图的图层中。

编码规则如下：同一图元（线、面）上的点的特征编码相同即可，特征码（3 位）＋附加码（1 位或多位）。可以有如下形式：401a、40111、401a1 等。例如，铁路的特征编码 401，测量的第一条铁路上的点的特征编码为 4011，第二条铁路上的编码可为 4012，依次类推。程序会根据特征编码自动绘制铁路到相应的图层上。

在根据平面图编绘软件的对话框提示，逐一加载各相关图层后，便可完成勘查区矿产地质图编制。勘查区矿产地质图的最终绘制结果如图 5-41 所示。

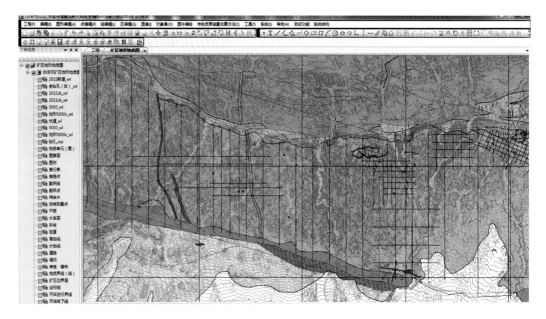

图 5-41　勘查区矿产地质图编绘最终结果示意

目前的勘查区矿产地质图绘制，都在一定程度上实现了自动化，可减少大量人工交互操作和数据管理。同时，多数软件还实现了与国家规定格式及其他多种软件的数据格式转换，可保证数据的准确可靠。此外，系统提供的坐标快速校正工具，可通过在转换好的图形中添加控制点并换算成实际坐标的方式，来校正整个图幅。

第六章　勘查区三维可视化地质建模子系统

三维地质建模是一种应用建模，所谓三维地质建模，就是利用地质数据三维可视化技术进行地质体、地质现象和地质过程的三维数字化抽象、重构和再现（吴冲龙等，2011a）。实现地质数据的三维可视化，可便于在更加真实、直观和形象的条件下进行现象分析、模型抽象、实体重构、数学计算、过程再现、知识发现、成果表达、评价决策和工程设计，也就是说不仅仅是为了好看，更主要的是为了好用。换言之，三维地质建模就是对所研究的地质空间对象，进行全信息数字化综合描述和可视化综合表达。这方面的研究涉及地质空间认知问题，特别是其中的地质空间本质属性、对象特征、存在方式、分布状况，以及剖分方法、建模方法和表达方法等（吴冲龙等，2014）。固体矿产勘查区三维可视化地质实体建模，是三维地质建模的一个重要类型，有着自己的一些显著特点。

6.1　固体矿产勘查区三维可视化地质建模方法

固体矿产勘查区三维可视化地质建模的目标，是建立多尺度、多细节层次、地上-地下一体化的数字化虚拟矿床和矿体模型，并将其作为勘查区地质时空大数据载体，实现其三维表达、三维分析、三维仿真、三维设计和三维决策的可视化。其数据包括地层、构造、岩石、矿物、矿床、矿体、地化、水文、遥感和测绘等地质与地理数据，具有显著的多源多类异质异构特征。在多尺度三维勘查区地质模型的基础上，通过开发与其他系统间的接口，可满足下一阶段的三维勘查设计和矿山设计的需要。在这样的三维虚拟地质环境中，让勘查单位和研究机构的技术人员，能够直观地理解地下复杂的地质结构，进行深入的矿床地质分析、成矿系统分析，并构建成矿预测模型，让矿山开采部门可直接进行三维矿山设计、制定生产计划，从而在新的高度上支撑矿产勘查、开发信息化和智能化。

6.1.1　三维地质建模技术方法概述

6.1.1.1　三维建模系统的结构功能

该三维建模子系统在结构上可分为 3 个模块，包含 7 个功能子模块（图 6-1）。其中，三维模型显示模块可展示三维地质模型的格架和属性特征，为用户进行地下复杂矿床结构、矿床属性和地表 DTM 交互式建模提供可视化环境。此外，利用该模块还可对勘查区三维地质模型进行可视化纹理贴图、分层设色等渲染修饰，实现对勘查区的数字化虚拟再现。三维地质建模模块可在三维可视化环境中，通过勘探线剖面、遥感和 DEM 数据，并结合钻孔、探槽或探硐数据，采用人机交互方式构建勘查区多尺度的地层、构造和矿体等三维框架和属性模型，形成地上-地下一体化的多尺度三维地质体模型。模型矢量剪切模块包含地质剖面制作和隧道开挖浏览两个功能子模块，前者可用于任意方向、任意倾向的地质剖面和栅状图制作，后者可用于坑探、槽探和开采井巷的预开挖和飞行浏览。

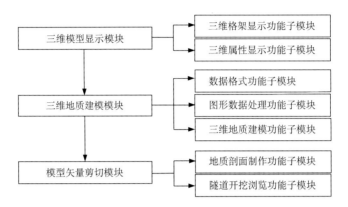

图 6-1　勘查区三维可视化地质建模子系统的功能结构

6.1.1.2　三维地质建模的技术与方法

1. 三维地质建模的技术层次

根据三维地质空间建模的功能需求、实现方法和技术要领，可分为：可显示、可度量、可分析、可更新和可仿真 5 个层次（图 6-2）。

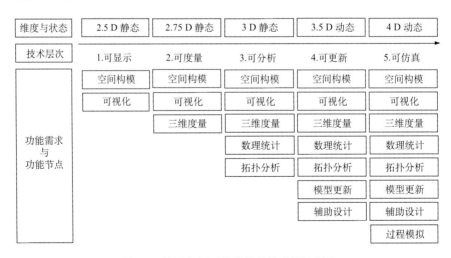

图 6-2　地质空间三维建模的技术层次划分

模型可显示层次为第一层次，是指能在三维可视化环境中表达三维地质空间对象，以便增强对地质空间对象的三维视觉感受，可称为亚三维（2.5 维）的静态建模。

模型可度量层次为第二层次，是指在模型可视化层次基础上，能够进行三维地质空间对象的长度、面积和体积度量和查询，可称为拟三维（2.75 维）的静态建模。

模型可分析层次为第三层次，是指在模型可度量基础上，能在三维可视化空间中对地质对象进行各种统计分析和空间关系分析，可称为真三维（3 维）的静态建模。

模型可更新层次为第四层次，是指在模型可分析基础上，能对三维地质体进行阶段性动态创建、局部更新和可视化辅助设计，可称为亚四维（3.5 维）的动态建模。

模型可仿真层次为第五层次，是指在模型可更新基础上，能在三维可视化地质空间中进行各种地质和成矿过程的定量仿真模拟，可称为真四维（4 维）的动态建模。

在上述技术层次中，模型可分析、可更新是可仿真的基础。目前国内外的研究重点仍处于第四个层次，现有期刊和科研专著上所谈的建模，基本上是指第四层次。

2. 三维地质建模的技术方法

三维地质建模的技术方法与建模目的、空间对象特征及数据结构模型息息相关。建模目的不同，建模的技术方法就不同；空间对象特征不同，建模的技术方法也不同。同样，用于建模的三维数据结构不同，建模的技术方法也不同。这些情况决定了，三维地质建模不能也不应采用统一的、通用的技术方法。根据地质空间特征的表达方式，三维地质建模方法大致有 3 类，即数学解析型、几何结构型（或称空间展布型）和混合型建模法（吴冲龙等，2014）。其中，几何结构型建模法以结构和属性数据的空间内插和外推方式进行构模，较为客观、可靠，是当前常规建模法，其原理和方法研究较为深入（毛小平，2000；田宜平，2001；武强和徐华，2004；Wu et al.，2005；吴立新和史文中，2005；屈红刚等，2006；魏振华，2006；潘懋等，2007；何珍文，2008；李章林等，2011；张夏林等，2012）。几何结构型建模方法大体有 3 种，即基于面元数据结构模型、基于体元数据结构模型和基于混合数据结构模型的建模方法。

1）基于面元数据结构模型的建模方法

该方法的要领是在对原始钻孔编录数据进行标准化分层和编码的基础上，应用曲面构造法根据层面标高生成各个层面，然后连接并封闭层面成体。目前，一些基于钻孔数据和勘探线剖面数据进行三维地质建模的商用软件，大多数都采用这种方法。

2）基于体元数据结构模型的建模方法

该方法的要领是在对原始钻孔编录数据进行标准化分层和编码之后，先以层面和边界为约束在勘探线剖面上将空间数据离散，再进行体元网络剖分，然后根据点集合的属性确定体元所属地质实体。其中有些方法，如 GTP（表 6-1）仅适合采用钻孔作为输入数据。

3）基于混合数据结构模型的建模方法

该方法可采用钻孔、平硐、勘探线剖面、地震剖面和地震解释剖面等多源地质数据，同时应用两种或两种以上体元或面元数据结构模型进行三维地质建模。数据的多源性和空间-属性数据一体化建模的需要，导致不可能采用统一的数据结构。

这三种几何结构型建模方法，都涉及空间数字插值、空间拓扑推理及其与地质知识综合运用问题（田宜平等，2000；吴冲龙等，2006；何珍文等，2012）。其中，最具代表性的方法，是基于地质知识驱动和序列地质剖面拓扑推理的三维地质建模法。

表 6-1　三维空间构模方式与几何数据结构模型（据吴立新和史文中，2005 修改、补充）

构模方式		单一构模				集成构模	
地质对象		单个地质对象				单个地质对象	多个地质对象
数据模型	点元模型	面元模型	体元模型			混合模型（面元+面元、面元+体元、体元+体元）	
			规则体元	不规则体元			
数据结构		表面模型（Surface）	不规则三角网模型（TIN）	结构实体几何（CSG）	四面体格网（TEN）角点网格（CPG）金字塔（Pyramid）	TIN+Grid Section+TIN	TIN+CPG TIN+Octree（Hybrid 模型）
			格网模型（Grid）	体素（Voxel）			
		边表示模型（B-Rep）		针体（Needle）	三棱柱（TP）	WireFram+Block	
		线框模型（Wire frame）或相连切片（Linked slices）		八叉树（Octree）	地质细胞（Geocellular）	B-Rep+CPG	
		断面（Scetion）		规则块体（Regular）	非规则体（Irregular block）	Octree+TEN	
		多层 DEMs			实体（Solid）		
					3D Voronoi 图		
					广义三棱柱（GTP）		

3. 三维地质建模的业务流程

静态的三维地质建模业务处理流程通常包括地质数据预处理、地质对象建模和模型维护应用 3 个步骤（武强和徐华，2004；李明超，2006），考虑到基于 TIN+CPG 混合数据结构模型的三维地质建模，必须进行模型检查和修正，业务处理流程应调整为 4 个步骤。

1）地质数据预处理

地质现象及其控制因素的复杂且多变，决定了地质数据的多样性和不确定性，因而首先需要对通过露头调查、钻探、硐探、物探、化探、遥感、摄影测量等技术手段获得的原始数据，进行整理、建库，再采用各种二维图形编辑和数据预处理软件进行综合处理和编图，并结合地质专家知识对复杂的地质结构和成分进行识别、解释、描述、定位等处理；然后通过转换接口把数据转换为三维地质建模软件可接受的格式。通常，地质信息系统平台的二维图形编辑模块与三维建模模块能进行无缝数据集成，但这种数据转换对于用户而言基本上是不可见的，例如 QuantyView。通常，三维地质建模软件需要进行专门的数据转换处理。

2）地质对象建模阶段

基于 TIN 的面元模型，是地层顶底面以不规则三角网形式在 X、Y、Z 方向上的抽象表达；而基于 CPG 的体元模型，则是地层、岩层和矿床内部结构和属性以不规则六面体单元格网形式在 X、Y、Z 方向上的抽象表达。其中的核心技术，是关于地质空间对象的三维可视化表达方法，主要包括三个方面：其一，关于地质对象空间几何形状的表达，即如何根据数据的空间展布状况及其变化（产状）特征建立三维空间几何模型。考虑到固体矿产勘查区的三维地质建模是一种多尺度建模，为了使模型精度和所承载信息量与模型的尺度相符，当局部采样数据过于密集时，可以按照一定规则进行抽稀处理；而当局部采样数据过于稀疏时，则可在离散点之间或原始勘探线剖面之间进行内插加密。其二，关于地质空间中地质对象的属性信息与几何信息的关联，即通过建立属性数据库与图形数据库（或者空间数据库）之间的对应关系，将属性值关联到相应的地质空间对象上，以反映地质对象的属性特征和相关知识，例如岩性特征、构造形态、控矿要素和岩体性质，特别是关于岩相、变质相、沉积体系和构造关系等方面地质知识。其三，是地质空间中不同地质对象之间的空间关系描述、表达和拓扑推理，特别是在地质知识驱动下的空间关系描述、表达和拓扑推理，即通过在地质知识指导下建立三维空间拓扑模型，深刻反映地质对象之间的空间关系，包括地层之间、岩体之间、矿体之间、构造之间，以及所有这些空间对象之间的拓扑关系。

3）模型检查修正阶段

在基于多源数据和 TIN+CPG 的混合数据结构模型的三维地质建模过程中，来源不同的各种原始数据之间及其与解译数据之间存在着类型和精确度的差别，再加上岩心编录标化过程中难免存在的地质认知差异的影响，会导致所建立的三维地质模型，与实际情况出现一些偏差。其中，最常见的是地质体之间的空间关系（变形、交缠和位移）出现冲突，难以开展后续的矢量剪切运算和各种空间分析运算。因此，在利用 TIN+CPG 混合数据结构建立三维地质模型之后，应该对数据和模型的拓扑关系进行检查矫正。显然，只有确保建模模型正确，所建立的地质模型，才能充分发挥出后续空间分析的优势。

4）模型维护应用阶段

三维地质模型的应用包括地质空间分析、矿产储量和资源量估算、矿产资源预测、矿产资源管理、地质过程模拟、地下工程设计和地质空间决策等多个方面。模型的维护就是指对所建立的三维地质模型进行管理、局部重构和更新。固体矿产地质勘查工作都是分阶段进行的，最初依据少量数据所建立的三维地质模型往往是大尺度而小比例尺的，难以表达细节，有时候甚至存在错误。因此，随着勘查地质工作阶段的发展和地质数据的不断积累，需要不断地局部重构或整体更新以补充细节，才能保证模型的正确性并满足各种应用的需要。三维地质模型的维护，实际上也包括不同尺度模型的构建。

6.1.1.3　三维地质对象的空间数据结构模型

空间数据结构是数据及其逻辑关系的空间集合，是计算机管理和处理的一种空间数据组织。它的数学抽象定义为：空间数据结构 B 是一个二元组 B＝(E，R)，其中 E 是空间实体或称结点的有限集合，R 是集合 E 上的关系的有限集合。空间数据结构模型是空间实体进行虚拟表达的概念模型，因而也是空间数据在计算机中进行物理实现的依据。

1. 常用的空间数据结构模型

目前常用的三维空间数据结构是栅格数据结构和矢量数据结构。

栅格数据结构是指由一系列网格状紧密相连的三维小单元体组成的空间数据结构。每个小单元体称为一个体元或体元素，可以是四面体、规则或不规则的六面体，也可以是各种棱柱体。存储这种数据的最简单形式是采用三维行程编码，即二维行程编码在三维空间的扩展。这种编码方式需要大量的存储空间，经常采用区域四叉树和八叉树数据结构来完成。栅格数据结构简单，定位存取性能好，可以与影像和 DEM 数据进行联合空间分析，数据共享容易实现，操作比较容易。但是，只使用行和列来作为空间实体的位置标识，难以获取空间实体的拓扑信息，也难以进行网络分析。此外，栅格数据结构不是面向实体的，各种实体往往是叠加在一起反映出来的，因而难以识别和分离。对点实体的识别需要采用匹配技术，对线实体的识别需采用边缘检测技术，对面实体的识别则需采用影像分类技术，不仅费时且不能保证完全正确，不利于查询检索和面向对象分析。更重要的是，矿床和矿体的测量精度和表达精度要求高，栅格结构无法满足精度要求。

矢量数据结构由点、线、面、体等几种图元有机组成，可以表达现实世界中各种复杂空间实体的几何信息。其结构紧凑，冗余度低，并具有空间实体的拓扑信息，容易定义和操作单个空间实体；便于描述线和边界，并可实现网络分析和面向对象分析；便于进行空间查询和检索，且成果输出的质量好、精度高。其缺点首先在于数据结构复杂，存储、操作和算法麻烦，空间实体的查询需要逐点、逐线、逐面进行，不能有效地支持影像和点集的集合运算（如叠加）；其次，多数不便于描述和表达三维实体内部的非均质性，以及实体表面的不规则性，也不便进行多边形叠加分析，图形显示和输出成本较高；第三，与 DEM（数字高程模型）的交互要通过等高线实现，不能直接进行联合空间分析。

上述情况表明，矢量数据结构和栅格数据结构各有优缺点，而且存在一定的互补性。为了有效地实现空间信息系统中的各项功能（如与遥感数据的结合，空间分析等），前人采用同时使用两种数据结构的策略。但是，由于矢量数据和栅格影像数据不能直接进行联合查询和联合空间分析，而且两种数据交互时的数据转换较为困难，为了摆脱这一困境，可考虑使用栅格-矢量混合数据结构（龚健雅和夏宗国，1997），例如八叉树和四面体格网混合数据结构（李德仁和李清泉，1997）。八叉树是一种栅格结构，可通过对观测数据的空间内插得到；四面体格网是一种矢量结构，可直接从离散观测数据中形成。

但是，在进行勘查区地质体多尺度三维可视化建模时，既要考虑选择和使用合理的数据结构，来表达矿床、矿体、蚀变带和围岩、母岩等的三维格架及其内部的非均质性，又要顾及大量空间地质对象的查询、检索、处理和空间分析需求。使用矢量-栅格混合数据结构虽能解决一些问题，却仍然难以实现三维实体模型内部非均质性精细表达，以及各种地质空间分析的功能。最佳方案是寻找出一种特殊的矢量数据结构模型——具备精细的栅格数据结构特征的 CPG（角点网格）矢量数据结构模型。即如前面所述，把 TIN 面元模型与 CPG 体元模型结合起来，构成 TIN-CPG 混合数据结构模型（Zhang et al.，2013；唐丙寅等，2017），便可有效地建立格架与属性一体化的三维地质模型。

2. TIN-CPG 混合数据结构模型

为了说明 TIN-CPG 混合数据结构的基本原理，需要对 TIN（不规则三角网格）和

CPG（角点网格）数据结构的特征，以及 TIN-CPG 混合数据结构做些简要介绍。

1）TIN（不规则三角网格）数据结构

　　TIN（triangulate irregular network，不规则三角网格）是一种面元型的典型矢量数据结构模型，最初由苏联数学家 Delaunay 于 1934 年提出，经多年的研究和发展，最后由 Lawson（1972）、Green and Sibson（1978）、Bowyer（1981）、Watson（1981）和 Petrie and Kennei（1987）给出了完整的模型和算法。它按照一定的准则将二维空间剖分成一系列三角形面片，然后连接成相互连续、互不交叉、互不重叠的网格，并使区域内的点都落在三角形面片的顶点、边或三角形内，生成相应的曲面。这种方法可方便地推广到三维空间中（图 6-3）。其优点是在建模时，可根据表面复杂程度调整三角形面片的大小和数量，消除数据冗余并保持较高的拟合精度，方法简便、灵活。其缺点是只能描述构造-地层格架的顶底界面，难以描述格架内复杂地质结构及地质体内的非均质性。

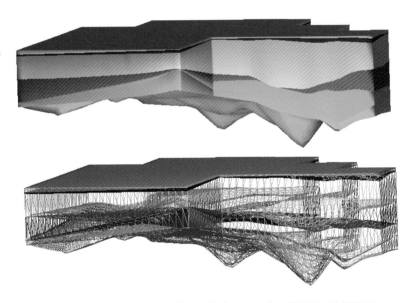

图 6-3　用 TIN 数据结构模型表达地质空间的三维构造-地层格架

2）CPG（角点网格）数据结构

　　CPG（corner-point grid，角点网格）是由一系列不规则的六面体单元构成的网格，因而也称为不规则多面体网格。在角点网格模型中，每一根网格线都视作一根逻辑线，3 个方向的逻辑线的交点即为逻辑结点，用于置放空间数据和属性数据。

　　CPG 结构的主要特点可归纳为：①模型中每个六面体单元的 8 个顶点坐标都是可变的，即可根据任一点的坐标变化来改变地质体的形态，只要对单元格做相应的退化处理，便可以表达出实际地质现象的尖灭、分叉、透镜状等空间特征。②CPG 结构突破了地层框架模型的限制，能够描述岩层及其内在突变结构面（断层、相变和侵入接触等），还能很好地表达这些结构面的走向。断裂及其他结构面都可依附在角点网格边界上，其走向上变化可表述为网格边界变化，即使某一结构面在走向上转折较大，也可通过断层劈分的方式，分割为多个小的结构面对象，但因为属性定义一致，仍可进行整体提取与分析。

③CPG 结构允许根据地质人员研究需求、计算机计算速度和存储能力，决定网格剖分的精细程度，从而可以按照需要人为调整三维地质模型的构建精细程度。④CPG 结构使地质空间的每个非规则六面体元都可以承载多个属性，可分别表达该网格单元上的定量化地质和物化参数，从而可细致地描述和表达地质体的非均质特征，即多种属性及其在空间分布的差异性。⑤便于进行地质体空间分析与计算，尤其对于有限单元分析法的引进和应用，具有与生俱来的优势：通过逻辑单元的搜索，可获取相邻单元体的空间与属性数据，而且能够面对复杂的构造体系与构造形迹，而不必大刀阔斧地简化地质空间模型。关于 CPG 结构的格网剖分算法和操作，将在下一节 TIN-CPG 中结合三维地质建模的应用来进行介绍。

CPG 数据结构的主要缺点是：①构建顶底面控制格网时，由于采用了沿格网边界布局反映断层走向变化的划分方案，在断裂交汇处容易出现网格畸变，通常要采用人机交互的方式来调整；②各种结构面通常采用 Key-Pillars 形式来构造，特别是直线段形式Pillars，对于空间变化剧烈的断层易产生错位；③生成地质体框架模型的速度稍低，进行三维地质模型的剪切效率较低，需要进行专门的数据预处理。

3）TIN-CPG 混合数据结构

TIN-CPG 混合数据结构模型是根据扬长避短原则和联合建模方式，分别采用 TIN 和CPG 数据结构模型来描述和表达地质体的结构信息和属性信息。

其基本方法要领是：先基于 TIN 数据结构模型建立多尺度的勘查区地质体三维构造-地层格架模型，再根据 TIN 模型和 CPG 模型各自的数据结构特点，建立由 TIN 结构模型向 CPG 结构模型转换的工具，即将勘查区三维构造-地层格架的 TIN 数据结构模型转换为 CPG 数据结构模型，然后基于 CPG 数据结构模型建立勘查区三维属性模型，实现地质体各种属性及其非均质性的精细刻画和全面描述。显然，利用这种 TIN-CPG 混合数据结构，可以实现对勘查区复杂地质体的快速、动态、精细、全息三维建模。

由 TIN 的格架模型转换为基于 CPG 的精细模型的算法如下：

读取 CPG 体数据*.GRDECL 文件，获得模型顶底格网的坐标值、各单元格 8 个顶点的 Z 值等，然后采用如下模型数据结构和计算步骤（唐丙寅等，2017）。

```
class GV3dCPGMEclipseMesh
{//格网信息
public:
    std::vector<string> m_headerInfo;        //体模型文件头信息
    int * GridNums[3];      //网格个数
    int nColNums;          //列数
    int nRowNums;            //行数
    int nLayerNums;        //层数
    vector< vector < vector < Vertex3d > > > vecArGridTopValue;    //所有地层顶面单
元格格网坐标
    vector< vector < vector < Vertex3d > > >vecArGridBotValue;    //所有地层底面所有
单元格格网坐标
```

float lfXMin；//模型数据里面最小的 X 坐标，一般以取整为准

float lfYMin；//模型数据里面最小的 Y 坐标，一般以取整为准

float lfXMax；//模型数据里面最大的 X 坐标，一般以取整为准

float lfYMax；//模型数据里面最大的 Y 坐标，一般以取整为准

vector <vector<vector<int> > > m_Actnum；//整个区域内所有网格有效性数组

vector<vector<vector<Vec8f> > > VecZValues；//记录所有格网顶点 Z 值

int PropNums；//属性个数

vector <PropertyValueInfo *> SPropertyInfo；//记录属性信息

SingleVolumeInfo SingleVoluInfo；　　　//单体信息结构体

//断层信息

public:

vector < SFaultInfo *>　AllFaultInfo；　　//所有断层信息

vector < string > m_FaultheaderInfo；　　//断层文件头信息

vector < string > m_FaultEndInfo；　　//断层文件尾信息

int nFaultNums；　　　　　//断层个数

vector <UnitFaultInfo *> arUnitFaultInfo；　//全区的断层信息

vector <Vertex3d> pAllData；　　　　//用于构建面的所有点的数组

vector <nPGonps> nDataGonps；　　　　//构建的拓扑结构

};

通过以上步骤，便可将勘查区地质体的三维 TIN 数据结构（面元）模型，转化成 CPG 数据结构（体元）模型（图 6-4），并生成相应的数据结构模型文件（.GRDECL 文件）。将该文件加载到三维可视化的地质信息系统平台中，可实现精细地质模型显示。

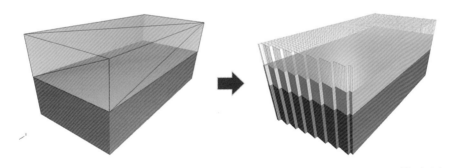

图 6-4　三维 TIN 数据结构（面元）模型转化成三维 CPG 数据结构（体元）模型示意

3. 地层空间（格架）数据与属性数据插值

由于地质形态、地质结构和地质单元属性的复杂和非均质特性，在利用 TIN-CPG 空间数据模型构建三维地质模型时，需要采用一些特殊的空间数据处理和数据融合技术，例如空间插值技术、多尺度建模技术和数据转换技术等。其中，空间插值是一种通过已知点或分区数据，计算出空间任意点或任意分区数据的方法。这种算法最初是为解决三

维空间高程的插值问题而提出的，现已扩展到属性建模方面。其基本思路是：根据已知点的空间数据和属性数据，内插或外推出未知点的空间数据和属性数据，从而得到充盈于整个对象空间的框架及其属性模型。在实际建模工作中，往往需要先使用多种插值算法进行试算，再通过计算结果的对比，从中优选出比较合适的插值算法。

　　空间数据和属性数据的插值可表述为：假设存在一组空间离散数据点或分区集合 V，V 为 $\{x_0, x_1, \cdots, x_n\}$、$\{y_0, y_1, \cdots, y_n\}$ 和 $\{z_0, z_1, \cdots, z_n\}$，现在要从 V 中找到一个函数 $f(x, y, z)$，使所获取的关系式能够较好的通过或者逼近这些已知的空间数据点，并且可以根据该函数的关系式，推求出区域范围内其他任意点或任意分区的值。

　　在实际的地质建模过程中，已知的离散点或分区点集所反映的，是实际地质空间对象中的点位。该函数 $f(x, y, z)$ 在一般情况下必须通过这些离散点或分区点集，才能保证经过插值后的空间点集和属性特征的正确性和可靠性。因此，在进行空间数据和属性数据插值时，被插点与插出点之间距离越小，相似性就越大；反之，被插点与插出点之间的距离越大，相似性就越小，甚至可能出现空间排斥性。例如，在对钻孔数据进行插值时，当插出来的虚拟钻孔离实际钻孔越近，两者的相似性就越大，即钻孔点与插值点之间的地质属性越接近；而插出的虚拟钻孔离实际钻孔越远，两者的相似性就越小，即两者之间的地质属性差别就越大。在极端的情况下，例如在岩层尖灭处、被剥蚀处或相变处，所插出来的结果可能与实际情况完全不相符合，即出现空间关系上的失真性。

　　空间数据和属性数据插值算法有多种不同的分类（田宜平等，2000）。例如，根据已知点与待插值点的空间关系，可以划分为空间内插算法和空间外推算法。其中，空间内插算法是一种根据已知点的属性数据，推断出样品空间内部未知点属性数据的插值算法；空间外推算法则是根据已知点的属性数据，拟合出相应的表达式，再计算出样品空间外部未知点的属性数据。又如，根据所处理属性数据的空间分布情况，空间插值方法可以划分为整体插值方法和局部插值方法两种。其中，整体插值方法是对研究区中所有采样点的属性数据进行全区域特征拟合，得出相应的表达式，再计算出包含插入点在内的全部数据。整体插值法包括：边界内插法、变换函数插值和趋势面分析法等。相对于整体插值法，局部插值法是仅利用特定范围内的已知采样点来进行特征拟合，得出相应的表达式，并由此计算出包含插入点在内的全部数据。局部插值法包括：Kriging 插值、样条函数插值和距离幂次插值等。一般地说，整体插值法适用于对勘查区趋势变化的宏观控制，但不能很好地处理细节变化；局部插值法能很好地表达地质体局部异常变化，可弥补整体插值法的缺陷。因此，在实际三维地质建模过程中，往往采用整体插值法和局部插值法相结合的方式进行内插或外推处理，以保证插值结果更加符合实际，同时有利于实现三维地质模型的局部动态更新。

　　关于空间数据与属性数据的插值算法，在众多的学术论文中，以及本系列专著前两本（吴冲龙等，2014，2016）中均有详细介绍，这里不再赘述。

6.1.2　基于 TIN-CPG 混合结构的三维地质建模方法

　　基于 TIN-CPG 混合数据结构进行多尺度三维地质建模，是矿田、矿床和矿体构造-地层格架与蚀变带、围岩及内在属性的一体化全信息建模。其中，TIN 数据结构用于表达由地层单元界面构成的勘查区构造-地层格架，而 CPG 数据结构用于表达格架内部的沉积相及各种属性的空间变化（吴冲龙等，2016；唐丙寅等，2017）。这样做可有效地避免格架模型与属性模型的窜层、冲突等矛盾现象。建模的基本过程是：先基于 TIN 数据结构建立格架模型，再转化为基于 CPG 数据结构的构造-地层格架模型，然后在该格架模型中进行属性模型构建。具体地说是：先基于 TIN 数据结构，利用遥感和测绘数据建立 DEM 或 DOM，再利用地层、构造和物探数据建立构造-地层格架，刻画构造面及相关岩层的关系，构成地下-地上一体化的地质-地理格架模型；然后将该地质-地理格架模型转化为 CPG 数据结构模型，并且在该格架模型的约束下，利用岩相数据精细地刻画岩层和岩体的空间特征，利用矿石品位数据刻画矿体的空间特征及其界面特征，再利用水文地质数据刻画含水层和隔水层空间特征，利用化探数据和矿物成分数据刻画矿化带与蚀变带空间特征。

6.1.2.1　地层数据的标准化与定义

为了构建勘查区的三维构造-地层格架模型，先要准确地标定各钻孔钻遇地层（或岩层）的层序和性质，即对地层（或岩层）的时代、沉积相（或变质相、岩浆岩相）、层序等进行统一处理、定义和编码，即地层数据的标准化。在完成研究区地层数据标准化的基础上，还需要确定每一个地层单元的网格剖分数。具体地说，地层数据标准化的主要内容包括：地层序列、地层时代、地层层数、地层编号、地层名称、地层加密层数、地层颜色和地层纹理。这些属性内容通常可保存成配置文件（.ini）。各种参数的含义分别为：

地层序列：表示地层（或岩层、岩体）单元的顺序集合。

地层时代：表示地层（或岩层、岩体）单元的时代归属。

地层层数：表示参与 TIN 面元建模的地层（或岩层、岩体）单元个数。

地层编号：表示每一个地层（或岩层、岩体）单元的统一编号。

地层名称：表示每一个地层（或岩层、岩体）单元的名称。

地层加密层数：表示单个地层单元转换成 CPG 模型后的单元格层数。

地层颜色：表示单个地层转换成 CPG 模型之后的颜色。

实际上，为了进行勘查区成矿条件和成矿规律分析，也需要对钻孔岩心编录进行层位和性质的统一处理。因此，地层序列的标准化和定义，应与岩心编录资料的分析研究配合进行。与此相应，对勘查区内构造也应进行标准化——对勘查区内的褶皱和断层进行全面清理，查清其相互关系和成生序次，并进行归并和统一编码。

6.1.2.2　模型格网的剖分

定义好地层序列之后，需要对格网进行剖分，进而确定若干必要参数，包括：格网的边界、格网的方向，以及对格网进行平面和垂向上的剖分。

1. CPG 格网边界的确定

三维建模所涉及地层或岩层的顶底格网边界，可根据基于 TIN 数据结构建立的研究对象构造-地层格架的顶底面模型来确定。把勘查区、矿田或矿床等地质单元构造-地层格架模型的顶、底面在水平方向上最大包围盒，分别投影到 *XOY* 平面上，所得到的围限该投影平面的最大矩形边界，就是该勘查区、矿田或矿床等地质单元的顶底面边界。以此类推，可以逐一求出每一尺度地层单元的格网边界。

2. CPG 格网坐标系厘定

所谓格网坐标系是根据格网的方向厘定的，即按照 CPG 格网在地理经纬格网 *XOY* 平面上延伸最长的一组网线的走向厘定的，例如图 6-5 上的 *V'* 方向。因此，代表 CPG 格网总体延伸方向的网格线，与该格网的整体边界或区域构造线走向一致，但与地理经纬格网 *XOY* 坐标不一定一致。设 CPG 格网的坐标系为 *U'OV'*，进行格网的剖分和排序时，需要循着格网方向有序地进行，并且与地理经纬格网 *XOY* 坐标建立联系，以便进行坐标系转换。

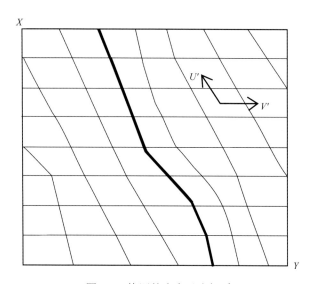

图 6-5 格网的走向及坐标系

3. CPG 格网的剖分

水平格网剖分 在 *XOY* 平面上，勘查区构造-地层格架模型的控制格网在 *U*、*V* 方向上的剖分数目可根据不同尺度的实际精度需求来确定，总数为 $N = i \times j$。为了简便，在 *XOY* 平面的某一坐标方向也可以等间距剖分。

在模型投影过程中，各个网格会产生一定的形变。以二维模型为例，为了维持这些网格的正交关系，通常可先通过求解 Laplace 偏微分方程的数值解，来构建二维格架网格（Thompson，1985）。设定用 (u, v) 坐标表示初始规则格网，即计算平面格网，(x, y) 表示变形后的格网即物理平面，也就是实际的格网状态。规则格网点的坐标可以用物理平面坐标的函数来表示，其 Laplace 方程组形式如式（6-1）。

$$\begin{cases} \dfrac{\partial^2 u}{\partial x^2} + \dfrac{\partial^2 u}{\partial y^2} = 0 \\[3mm] \dfrac{\partial^2 v}{\partial x^2} + \dfrac{\partial^2 v}{\partial y^2} = 0 \end{cases} \tag{6-1}$$

或简化表达为式（6-2）：

$$\begin{cases} \xi_{xx} + \xi_{yy} = 0 \\ \eta_{xx} + \eta_{yy} = 0 \end{cases} \tag{6-2}$$

计算格网的目的是计算出物理平面上的 X、Y 坐标，将式（6-2）经过反变换，转换为物理平面坐标方程，即式（6-3）：

$$\begin{cases} x(u,v) = 0 \\ y(u,v) = 0 \end{cases} \tag{6-3}$$

其方程组形式转换为式（6-4），简写为式（6-5）：

$$\begin{cases} \alpha \dfrac{\partial^2 x}{\partial u^2} - 2\beta \dfrac{\partial^2 x}{\partial u \partial v} + \gamma \dfrac{\partial^2 x}{\partial v^2} = 0 \\[3mm] \alpha \dfrac{\partial^2 y}{\partial u^2} - 2\beta \dfrac{\partial^2 y}{\partial u \partial v} + \gamma \dfrac{\partial^2 y}{\partial v^2} = 0 \end{cases} \tag{6-4}$$

$$\begin{cases} \alpha x_{\xi\xi} - 2\beta x_{\xi\eta} + \gamma x_{\eta\eta} = 0 \\ \alpha y_{\xi\xi} - 2\beta y_{\xi\eta} + \gamma y_{\eta\eta} = 0 \end{cases} \tag{6-5}$$

其中，系数 $\alpha = x_\eta^2 + y_\eta^2$，$\beta = x_\xi x_\eta + y_\xi y_\eta$，$\gamma = x_\xi^2 + y_\xi^2$。

采用具有二阶精度的中心差分形式，其离散形式可表示如下：

$$f_{\xi\xi} = \frac{f_{i+1,j} - 2f_{i,j} + f_{i-1,j}}{\Delta\xi^2}$$

$$f_{\eta\eta} = \frac{f_{i+1,j} - 2f_{i,j} + f_{i-1,j}}{\Delta\eta^2}$$

$$f_{\xi\eta} = \frac{f_{i+1,j+1} - f_{i+1,j-1} - f_{i-1,j+1} + f_{i-1,j-1}}{4\Delta\xi\Delta\eta}$$

在计算过程中，我们通常采用向后差分形式，即方程组系数在 (i,j) 点处的形式分别为

$$\alpha_{i,j} = \left(x_{i,j} - x_{i,j-1}\right)^2 + \left(y_{i,j} - y_{i,j-1}\right)^2$$

$$\beta_{i,j} = \left(x_{i,j} - x_{i-1,j}\right) \times \left(x_{i,j} - x_{i,j-1}\right) + \left(y_{i,j} - y_{i-1,j}\right) \times \left(y_{i,j} - y_{i,j-1}\right)$$

$$\gamma_{i,j} = \left(x_{i,j} - x_{i-1,j}\right)^2 + \left(y_{i,j} - y_{i-1,j}\right)^2$$

将上述系数代入式（6-5），即可推出关于 $x_{i,j}$，$y_{i,j}$ 的方程组，形式如式（6-6）和式（6-7）：

$$\alpha x_{\xi\xi} - 2\beta x_{\xi\eta} + \gamma x_{\eta\eta} = 0 \Rightarrow$$

$$\left[\left(x_{i,j} - x_{i,j-1} \right)^2 + \left(y_{i,j} - y_{i,j-1} \right)^2 \right] \times \left(x_{i+1,j} - 2x_{i,j} + x_{i-1,j} \right)$$

$$-2 \times \left[\left(x_{i,j} - x_{i-1,j} \right) \times \left(x_{i,j} - x_{i,j-1} \right) + \left(y_{i,j} - y_{i-1,j} \right) \times \left(y_{i,j} - y_{i,j-1} \right) \right] \qquad (6\text{-}6)$$

$$\times \frac{1}{4} \left(x_{i+1,j+1} - x_{i+1,j-1} - x_{i-1,j+1} + x_{i-1,j-1} \right)$$

$$+ \left[\left(x_{i,j} - x_{i-1,j} \right)^2 + \left(y_{i,j} - y_{i-1,j} \right)^2 \right] \times \left(x_{i,j+1} - 2x_{i,j} + x_{i,j-1} \right) = 0$$

$$\alpha y_{\xi\xi} - 2\beta y_{\xi\eta} + \gamma y_{\eta\eta} = 0 \Rightarrow$$

$$\left[\left(x_{i,j} - x_{i,j-1} \right)^2 + \left(y_{i,j} - y_{i,j-1} \right)^2 \right] \times \left(y_{i+1,j} - 2y_{i,j} + y_{i-1,j} \right)$$

$$-2 \times \left[\left(x_{i,j} - x_{i-1,j} \right) \times \left(x_{i,j} - x_{i,j-1} \right) + \left(y_{i,j} - y_{i-1,j} \right) \times \left(y_{i,j} - y_{i,j-1} \right) \right] \qquad (6\text{-}7)$$

$$\times \frac{1}{4} \left(y_{i+1,j+1} - y_{i+1,j-1} - y_{i-1,j+1} + y_{i-1,j-1} \right)$$

$$+ \left[\left(x_{i,j} - x_{i-1,j} \right)^2 + \left(y_{i,j} - y_{i-1,j} \right)^2 \right] \times \left(y_{i,j+1} - 2y_{i,j} + y_{i,j-1} \right) = 0$$

该方程组有 $2\times(m-2)\times(n-2)$ 个方程,未知数为 $X(m,n)$ 和 $Y(m,n)$ 两个数组,共含有 $2\times m\times n$ 个未知数。在边界条件 $\{x(m,j), x(i,n), y(m,j), y(i,n), x(1,j), x(1,n), y(1,j), y(1,n)\}$ 中,共有 $2\times[2\times(m-2)+2n]=4m+4n-8$ 个已知条件。通过对方程组的求解,便可获取正交关系,使包含扭曲部分在内的格网总数,与调整后的初始格网一致。

在基于 TIN 数据结构模型建立的构造-地层格架模型中,每一地层单元都由上下两相邻个地层面围合而成的,因此,其层面数要比地层单元数目多 1。当 TIN 数据结构转变为 CPG 数据结构时,每个地层单元对应的 XOY 平面格网数目有 $I\times J$ 个。

垂向格网剖分　为了对垂向上的地层进行精细化刻画和表达,每一套地层在垂向(Z 方向)上应当进一步地划分成 K 个分层,使得每一套地层的格网数达到 $I\times J\times K$。垂向格网的剖分,可通过设置垂向上单元格的厚度和单元格的个数(K)来自动实现。

单元格的厚度可根据条件设定,也可默认为该岩层总厚度和单元格个数(K)比值。单元格的边界和形态,根据岩层顶底界面和相互间接触关系来确定。在勘探线剖面上,常见的岩层接触关系(图 6-6)有:(a)整合或平行不整合,上覆岩层与下伏岩层的产状一致,界面相互平行或近于平行;(b)不整合,上覆岩层与下伏岩层产状不一致,以一定的角度相交;(c)冲刷,上覆岩层与下伏岩层产状一致,但上覆岩层局部下拗并切割下伏岩层;(d)断层接触,断层两侧岩层产状可以相同,但更多是不相同的。

在中、新生代盆地区的固体矿产勘探线剖面上,岩层(或地层)的接触关系和叠置类型也有 4 种(图 6-7):(a)同生断裂型,其内部各分层的层面与顶底面大致平行(不相交),各部分的分层数相同,但断层上盘地层比下盘厚且向下差异变小,或者先变大后又变小,在剖分时应以断层为界分区进行;(b)削截或剥蚀型,其内部各分层的层面与顶面呈锐角相交,而与底面平行,在剖分时应以下底面为基准面,向上依次进行;(c)退覆型,其剖面结构类似于削截或超覆型,只是顶面随超覆岩层上倾部分近似呈波状起伏，在剖分时也须以底面为基准向下依次进行；（d）超覆型，其内部各分层的层面相互平行，岩层层面与盆地（或凹陷）底面呈锐角相交，在剖分时以层面为基准向下依次进行。

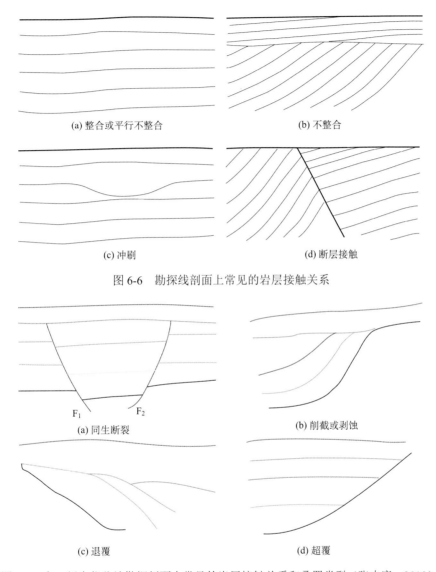

图 6-6　勘探线剖面上常见的岩层接触关系

图 6-7　中、新生代盆地勘探剖面中常见的岩层接触关系和叠置类型（张志庭，2010）

完成了对格网边界和格网方向的厘定及其在 X，Y，Z 方向上的剖分之后，便可插值生成格架控制格网，进而生成格架-属性一体化的控制格网。

6.1.2.3　模型格网的剖分

1. 局部岩层缺失情况的处理

在地层中，经常会遇到局部岩层缺失的情况。其成因可能是在某地历史时期遭受强烈剥蚀，或者被断层断失，或者原来就没有沉积。这种情况给勘查区三维地质建模带来麻烦。为了合理地表达这种局部岩层缺失的情况，可用单元格有效性来描述这种网格单元。所谓单元格的有效性是指该网格单元在理论上是否存在，或者在进行计算时该单元格是否被构建出来。设单元格的有效性以"0"和"1"来表示，其中"0"表示该单元格无效，"1"表示该单元格有效。在通常情况下，可采用对模型内部岩层缺失区的单元格有效性直接赋 0 值的方法。例如，在图 6-8（a）中，红色线框内是地层剥蚀边界（或断层）区域，该区域内的网格单元有效性就赋值为 0。在进行三维建模时，这些网格都将被省略掉而出现图 6-8（b）所示的效果。单元格有效性也可通过对每个单元格的体积计算来自动赋值，若单元格的体积为 0，则该单元格有效性设置为 0；反之，该单元格有效性设置为 1。

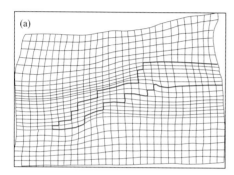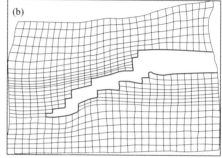

图 6-8　CPG 模型中单元格有效性设置与显示效果

零厚度体还可以采用顶底三角面片遍历法来识别和去除（唐丙寅等，2017）。首先，对体的顶底面对应三角面片上各对应点进行遍历，计算对应点距离 $D(x_i)$（$i=0$，1，2）。若 $D(x_i)$ 的值为 0，则该顶底面三角面片重合，所形成的体厚度为 0，可在该拓扑结构中将其删除[图 6-9（c）]，然后重新构建整体的拓扑结构，形成新的体[图 6-9（d）]。新的体虽然在总体外形上与原体没有差别，但实际的体结构已经不同了，数据量也比原体小了。

2. 尖灭及透镜体处理

在进行三维地质建模时，经常会遇到岩层（或地层）尖灭和出现透镜体问题，需要通过对勘探线剖面中的地层线进行特殊处理来解决。以透镜体三维建模为例，在进行勘探剖面的地层线的内插和连接时，需将勘探剖面中透镜体的上、下边界线长度延伸为整个地层线的统一长度。如图 6-10 所示，透镜体所在的地层 a 的地层顶底界分别为 L_1 和 L_2，L_1 上的点为 P_0 到 P_{10}，L_2 上的点为 P_0' 到 P_{11}'。其中，L_1 上的点 P_0、P_1、P_2、P_8、P_9、P_{10} 分别和 L_2 上的点 P_0'，P_1'，P_2'，P_9'，P_{10}'，P_{11}' 重合。在进行地层线内插和外推连接时，L_1 和 L_2 上的重合点不能省略。与此同时，在相邻剖面中，即使是没有地层 a（即地层 a 在相邻剖面中尖灭掉了），也要在对应的地层中勾画出地层 a 顶底的地层线。

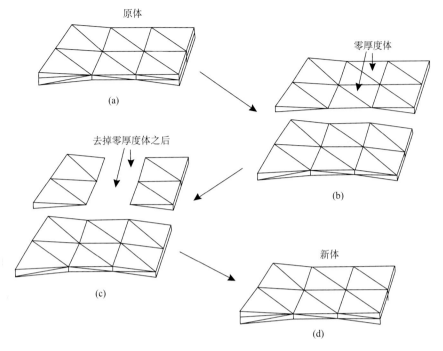

图 6-9　采用顶底三角面片遍历法来识别和去除零厚度体及重构的体拓扑结构

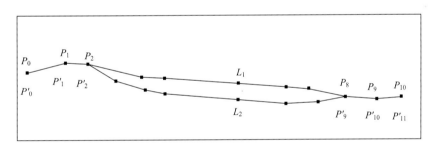

图 6-10　地层或岩层中透镜体 a 的顶底边界线

通过以上处理，将勘探剖面上的地层 a 顶底界面在所有勘探剖面之间进行普通 Kriging 插值，便可以分别生成地层 a 的顶底面，然后再通过顶底面拟合成体，即可生成地层（或岩层）透镜体 a 的整个形态。在后期模型处理时，可以用去除零厚度体功能实现对透镜体模型的优化。类似的，地层的尖灭也可以按这种方法进行处理。

3. 带约束面的 Kriging 插值

Kriging 插值法是一种求最优、线性、无偏的空间内插方法，对于构造-地层格架和各种属性数据的内插、外推结果都比较接近真实，因而应用较为广泛。在进行构造-地层格架三维建模时，剖面间的地层线 Kriging 插值以同一地层的地层顶、底面作为插值对象。插值顺序从顶到底或从底到顶依次进行。当地层较薄或形态较复杂时，为了防止第 i 面与第 $i-1$ 面出现交叉的情况，需要以 $i-1$ 面为约束面，判断 i 面上的点 M_i 的 Z 值（Z_i）是否大于 $i-1$ 面上的对应的点 M_{i-1} 的 Z 值（Z_{i-1}）。如果 Z_i 小于 Z_{i-1}，则将 Z_i 的值调整为

Z_{i-1}（图 6-11），反之亦然。在插值过程中所用的约束面，依次即为前一次插值拟合的地层面。在第一次进行插值计算时，不需要考虑约束面。

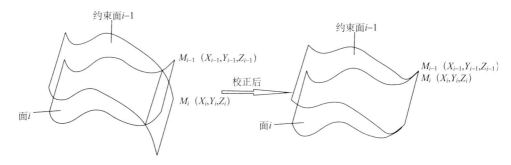

图 6-11　为了防止第 i 面与第 $i-1$ 面出现交叉所进行的约束面校正方法

4. 模型局部精细刻画算法

根据勘查区的一般地质特征，为了实现各项研究目标，往往需要在三维地质模型中进行局部精细刻画。基于网格细化而密集度局部加大的局部精细刻画技术，是当前开展大规模三维地质建模的重要技术之一。通常的做法是在非重点区（围岩、母岩）采用小比例尺的稀疏网格，而在建模对象的重点区（矿床、矿体、蚀变带）内采用大比例尺的细密网格（图 6-12）。网格单元越小，网格密度越大，模型的精确度就越高。但是，网格单元越小，单元格的数目就越多，对计算机容量的要求也就越高。为此，需要解决局部网格单元细化剖分的算法，并实现局部密集度加大的网格与整体模型的无缝连接。

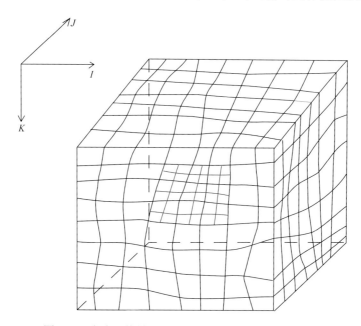

图 6-12　角点网格模型中的局部精细刻画与密集度加大

对基于角点网格数据结构的三维地质模型进行局部网格加密处理，首先需要确定加密区域，并且将其分为重点加密区域和一般加密区域；然后要确定每个区域的加密指标，即每个区域要细分成多少个小单元格。如图 6-12 中部所示，设横坐标为 I，纵坐标为 K，若在 I、K 方向上加密一倍，即每个单元格在纵横方向上都等距离地一分为二，而在 J 方向上保持原样，则原来 9 个大单元格就变为 36 个小单元格。在网格加密后，可采用多点随机模拟等法，对全部小单元格进行属性（岩性、蚀变、矿物成分、品位等）精细刻画。

某些属性场，例如地热场或流体势的局部加密数值计算涉及差分算法，可在加密区域的周边引入"虚拟点"，再利用实测点值的线性插值方法，来获得虚拟点处的值（李星等，2009；Li et al.，2013）。因为这些虚拟点并非真正存在的，不需要增加未知数和方程的个数，便可达到既提高精度又不增加计算量的目的。

6.1.3　三维地质模型的矢量剪切分析方法

矢量剪切是对三维地质模型进行裁剪的一种布尔算法。目前，三维地质模型矢量剪切的主要算法，是基于 B-Rep 数据结构模型设计出来的。由于勘查区三维地质模型的是采用 TIN-CPG 混合数据结构来构建的，其矢量剪切过程的具体算法方法有所不同。三维地质体模型的基本图元有 4 种，包括点、线、面（填充多边形）和体。在进行三维地质模型的矢量剪切时，需要妥善处理这 4 种图元的剪切处理问题。其中，体模型即三维模型，是点模型、线模型、面模性和体模型剪切的综合应用。下面分别介绍基于 TIN 数据结构建立的格架模型和基于 CPG 建立的属性模型的矢量剪切方法。

6.1.3.1　三维模型矢量剪切的基本原理

矢量剪切的基本思路就是：以剪切对象的空间位置为基准来划分被剪对象，所有构成被剪对象且与剪切对象不相交的三角形被区分为"内部"和"外部"两部分，与剪切对象空间相交的三角形在交线处被分解后再区分，然后对"内部"和"外部"的三角形重建拓扑关系，形成剪切后的两个对象。矢量剪切算法的关键步骤，是判定三维空间中的点与地质体、地形及地质边界等的约束面之间的空间关系。采用传统的求交及平面分割三角形的算法，需要遍历构成模型的所有结构面，且对分割后的三角形必须通过保留原拓扑关系才能重构为剪切后的对象。对于复杂的地质体模型，这种方法不仅计算量大，还需考虑各种特殊情况，极易产生判断失败的情况。相比较而言，利用空间分区二叉树的算法来判断点与多面体的位置关系，能够更有效地实现任意复杂地质体的矢量剪切。

1. 空间分区的二叉树结构

空间分区二叉树（binary space partitioning tree，BSP 树），是一种高效的排序和分类数据结构（Fuchs et al.，1980）。其分割空间的基本思想是：空间中任何平面都可以将空间分割成两个互不相交的半空间，位于平面法线所指向一侧的半空间叫做平面的正侧，另一侧叫做平面的负侧。利用半空间中的另一个平面，可以进一步将此半空间分割为更小的两个子空间。使用多边形列表将这一过程进行下去，当子空间中仅存在单个平面时，即可构造出一个描述三维实体对象层次结构的二叉树，而二叉树的每一个节点都表示一个分区平面。节点的左子树表示该节点位于分区平面的正侧，节点的右子树表示该节点位于分区平面的负侧，二叉树的叶子节点表示分区得到的凸区域（图6-13）。

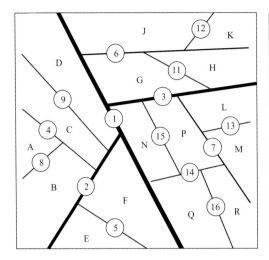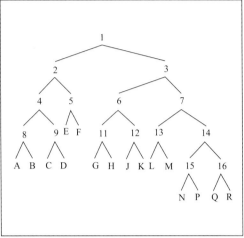

图6-13　BSP树空间分区示意图（Dunn and Parberry，2005）

空间分区二叉树节点结构如下：

```
struct      BSPNode{              // 空间分区二叉树结构体
Plane       partition;            // 分区平面
BSPNode*    posChild;             // 正子树节点
BSPNode*    negChild;             // 负子树节点
FaceList    coincident;           // 与分区平面共面的多边形
};
```

2. 基于 BSP 树的剪切算法

利用空间分区二叉树来实现多面体剪切的算法：在给定空间一个凸多边形后，可以用空间分区二叉树来将其分解为一系列子凸多边形。这些子凸多边形可能包含于一个外部区域中，或者包含于一个内部区域中，或者与分区平面重合。如果这个多边形位于这个平面的正侧，或者其中有一个点位于分区平面上，就将它送往正子树；如果这个节点没有正子树，那么这个多边形就位于一个外部区域。类似地，如果这个多边形位于分区平面的负侧，就由负子树来对它做进一步的处理；如果这个节点没有负子树，那么这个多边形就位于一个内部区域内。如果分区平面通过这个多边形，那么它将被分解为两个多边形，一个位于分区平面的正侧，另一个位于分区平面的负侧。位于正侧的由正子树进一步的处理，位于负侧的由负子树进一步处理。重复这个过程，直至处理完所有凸多边形为止（Schneider and Eberly，2005）。

3. BSP 树空间分区的流程

构建三维 BSP 树是一个递归过程，其流程如下：

（1）遍历当前节点的所有备选平面，寻找一个合适的分割平面，如果有分割平面，则新建两个子节点，一个为正节点，一个为负节点，挂接到本节点下。如果没有分割平面，这个节点是一个叶子，返回出发处。

（2）遍历模型所有结构面，如果面在分割平面正向，将这个结构面放入正节点。若在负向则放入负向节点。如果结构面被分割平面分割，则分割此三角形，并将分割后的结果放入相应子节点。如果在同一个平面，则放到节点下的表中，作为特殊情况处理。

（3）对两个子节点，分别从第一步开始递归执行。

构造 BSP 树的关键是如何在三维空间中快速确定分割平面，以使生成的 BSP 树尽量趋于平衡。因为平衡二叉树的操作比不平衡二叉树要快，冗余度要小很多。在每一级都选取最优节点并不能保证最终得到最优 BSP，因为每次选择都会对下级分割产生影响。但是，为了得到最优 BSP 树，必须在每一级分叉处尝试每个三角形，其工作量之大即使对于很小的 BSP 树也是不能忍受的。因此，在实践中为了减少工作量，采取了适可而止的做法，只选取各层的局部最优节点。这样做，不但可以快速构造出可接受的 BSP，还可避免遍历三角形时经常出现性能最坏的情况。

6.1.3.2 基于 TIN 的三维地质格架模型的矢量剪切

基于 TIN 数据结构算建立的三维地质模型，是一种由各种构造、地层或岩体、矿体界面围成的"面三维"框架模型，即构造-地层格架模型，简称为格架模型。用"线"、"面"或"体"模型来剪切这样的格架"体"模型，其算法要领是：首先判断被剪切的格架"体"对象与剪切"线"、"面"或"体"是否相交，如果相交则求交点、交线或交面，然后分别构造剪切结果（田宜平等，2000）。根据实际地质分析工作需要，三维构造-地层格架模型的矢量剪切，可分为 X 方向、Y 方向、Z 方向和任意方向等。

1. 三维格架模型矢量剪切的方法原理

以面剪体为例，其基本方法是：先取出所有图形数据点，判断目标点在剪切面的哪一侧，保留目标点所在一侧的点，舍弃在另一侧的点；然后求出剪切面与所保留图形的交点，并将这些交点按照图形的拓扑关系形成相应的填充区。矢量剪切平面方程为 $ax+by+cz+d=0$，则 $ax+by+cz+d<0$ 和 $ax+by+cz+d>0$，分别代表剪切平面两侧的三维地质格架"体"模型的组成部分。实施剪切操作之后，应根据需要保留其中一侧，而舍去另一侧（图6-14）。由于用"面"模型剪切格架"体"模型，所得到的实际上是格架"体"的边界线，为了得到视觉上的"体"模型，在完成剪切面对体模型的剪切操作后，还要用三维体模型对面模型进行分解运算，保留位于体内部的面片，然后通过重构运算，生成新的封闭的体模型（杨成杰，2010；杨成杰等，2010）。这种面剪体的算法，实际上是面剪体与体分解面的算法组合。

2. 三维格架模型矢量剪切的作业流程

基于 TIN 数据格架模型建立的三维格架模型的矢量剪切作业流程，包括剪切集选择、剪切对象构建、剪切面三角形内外测试、被剪格架体模型的三角形分解、剪切后面模型重构和剪切结果输出 6 个步骤。该剪切作业流程如图 6-15 所示。

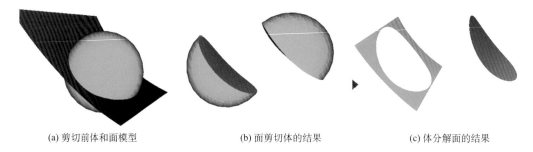

(a) 剪切前体和面模型　　　　　　　　(b) 面剪切体的结果　　　　　　　　(c) 体分解面的结果

图 6-14　面模型与三维格架体模型矢量剪切示意（杨成杰，2010）

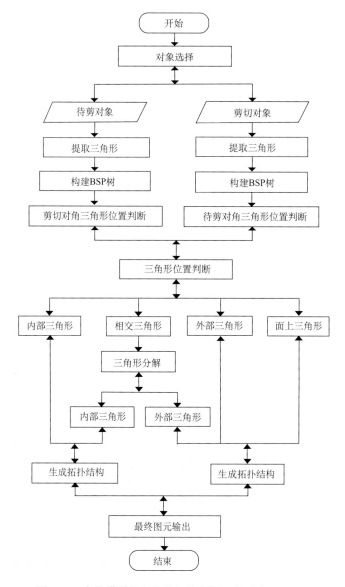

图 6-15　实体模型的矢量剪切流程图（杨成杰，2010）

6.1.3.3 基于 CPG 的三维地质属性模型的矢量剪切

1. 三维地质属性模型矢量剪切的要领

CPG 数据结构模型的基本构成，是一些不规则的六面体单元。因此，基于 CPG 数据结构模型建立的三维地质属性模型，是由许多不规则的六面体体元组成的一个连续的整体。这些三维 CPG 非规则体元模型，是在构造-地层界面等边界约束下生成的。根据这种格架边界的约束，可采用相应的算法将实体剖分为不同的单元。

CPG 体元的定义以及特点，决定了模型在被约束表面或切割平面矢量剪切时，每个最小单元不能被分割，只能基于定义进行细化，因为改变了结构的单个模型单元没有意义。因此 CPG 数据结构模型的矢量剪切原理与点模型的剪切相同，只需进行最小细化单元的空间位置判断，而不进行分解操作。每个最小单元的控制点相对于剪切对象的空间位置关系，要逐一进行多次判定。这种位置关系，分为内（法线正侧）、外（法线负侧）和面上三种情况。对于与剪切面相交的最外层的单元格数据，应当进行二次细分，并对细分后的结果再次进行剪切操作，重复这个过程，直到得到满足用户精度的结果。

2. 三维地质属性模型矢量剪切的流程

基于 CPG 数据结构的勘查区地质属性体元模型，其外边界的剪切过程也可分为两个部分，剪切操作方法与基于 TIN 的格架体模型相似，操作流程如图 6-16 所示。

3. 三维地质属性模型的矢量剪切的属性处理

属性数据是否全面丰富会直接影响系统的应用。因此，勘查区三维地质模型应当凝聚多属性、全信息。利用地质信息系统的数据库提供的属性数据进行三维地质建模，应当将其分层、分类地叠加在勘探线剖面图和各种平面图上，并且建立其连接关系。这样做可以方便三维地质模型与数据库之间的属性数据映射，实现双向可视化查询、统计和挖掘，发掘隐藏数据之中的新知识，为用户提供一种崭新的决策支持。

1）体元模型属性数据的 UML 关系

当对基于 CPG 数据结构的三维地质属性模型进行矢量剪切时，不仅原模型的几何形态要发生改变，其属性的空间结构也将随之发生改变。考虑到剪切生成的新对象体与剪切前的对象之间存在几何和语义属性上的联系，在矢量剪切过程中需要进行属性信息处理。在三维地质模型的矢量剪切过程中，属性数据 UML 关系如图 6-17 所示。

2）矢量剪切过程中的几何属性数据处理

对于实现了地下-地上、地质-地理、格架-属性一体化的勘查区三维地质模型而言，空间对象的几何属性主要包括点集合、拓扑描述、颜色、材质和纹理，以及四边形集合、索引列表和 Group 对象等。这些几何属性分三类，第一类剪切前后不发生变化，例如颜色、材质等，只需调用相应类中的获取与设置函数就可以完成处理；第二类剪切前后会发生变化，但随着新剪切对象的生成，能够自动完成处理和重构，例如点集合、索引集合、拓扑结构的重构；第三类在剪切前后也会发生变化，并且在新的剪切对象生成后，需要重新进行定义，例如纹理类属性，在剪切过程中应通过原始模型的对象纹理文件，重新进行纹理坐标的投影计算。纹理坐标投影的重新计算效果如图 6-18 所示。

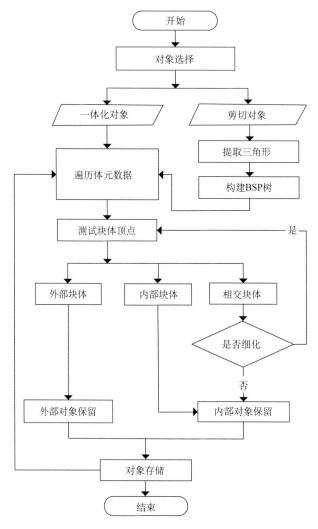

图 6-16　基于 CPG 数据结构的勘查区地质属性体元模型矢量剪切的操作流程（杨成杰，2010）

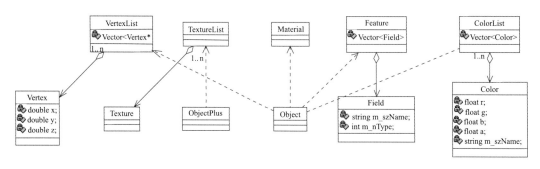

图 6-17　在三维地质模型矢量剪切过程中属性数据的 UML 关系（杨成杰，2010）

(a) 剪切前模型纹理　　　　　　　　　　(b) 剪切后模型纹理

图 6-18　三维地质模型剪切后的纹理坐标重新计算（杨成杰，2010）

3）矢量剪切过程中的地质属性数据处理

构建三维地质模型不仅要强调几何特征的表现，更要关注地质属性特征的描述。地质属性可以分为外在属性和内在属性，前者是地质体的外在表现，如颜色、纹理、形状、规模等；后者指地质体的内在性质，如岩性、岩相、结构、成分、蚀变、矿化、类型、名称、储量等。只有同时具备了所有这些外在属性和内在属性信息，三维地质模型才是完整的，也才是具备了全信息和精细刻画的特征，同时也才成为能满足地质信息查询、检索等应用需求的三维可视化地质信息系统。所有这些属性数据，都是利用随机模拟方式融入充分细化的 CPG 数据结构中的。在三维地质模型的矢量剪切过程中，对这些属性数据需要按照图 6-19 所示的方式进行处理。

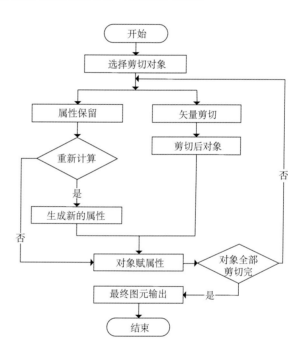

图 6-19　三维地质模型矢量剪切过程中的属性数据处理（杨成杰，2010）

6.2　基于混合数据结构的三维地质模型构建

基于 TIN-CPG 混合数据结构的勘查区三维地质建模，兼有 TIN 对于构造-地层格架快速建模的优势和 CPG 对于多种地质属性精细建模的优势，因而在勘查区三维矿床地质分析、三维矿床构造分析、三维矿体特征分析、三维储量或资源量估算、三维矿产资源预测评价等方面，得到了越来越多的应用。根据勘查区三维地质建模流程（图 6-20），其工作内容包括数据准备与预处理、基于 TIN 地表三维建模（包括数字高程模型与岩性岩相模型）构建、基于 TIN 构造-地层格架建模、基于 CPG 格架-矿体-属性一体化建模 4 个部分。

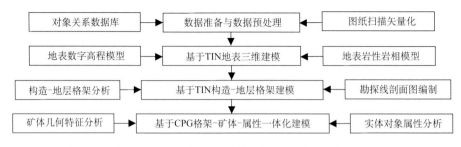

图 6-20　基于 TIN-CPG 混合数据结构的勘查区三维地质建模过程

6.2.1　数据准备与预处理

数据准备与数据预处理的主要内容，已在 6.1 节说明了。这里着重介绍勘探线和钻孔选择、地理坐标转换和建模数据集市构建等有关内容。

6.2.1.1　勘探线的选择

选择勘探线的目的是为了编制勘探线剖面图，再依据系列勘探剖面图进行地层（或岩层）对比，然后通过空间内插和外推构建多尺度的勘查区三维地质模型。勘探线选择的原则，一是保证具代表性意义的构造、岩相和矿体的勘探线不被遗漏；二是线间距应当与建模比例尺相匹配且空间分布较为均匀。勘探线通常是直线型和等间距的，其方向通常垂直于研究区构造线或主矿体走向，线上的钻孔间距也近于相等，因而可构成纵横交错的勘探网，但在某些情况下也有任意折线型和不等间距的。

在勘查区多尺度三维地质建模中，不同尺度的地质模型采用的勘探线密度不同。一般地说，1∶250000 的成矿带或矿集区三维地质模型，所采用的勘探线间距为 1000～2000m，同时还需配合大量露头观测和地球物理探测数据；1∶50000 的矿田三维地质模型，所采用的勘探线间距为 200～500m；1∶10000～1∶5000 的矿床或矿体三维地质模型，所采用的勘探线间距为 50～100m。图 6-21 表示我国黔东北某超大型锰矿床的勘探线和钻孔分布状况，其矿集区三维地质模型所采用的勘探线间距为 2000m，矿田三维地质模型所采用的勘探线间距为 400m，而矿床地质模型所采用的勘探线间距为 100m。

6.2.1.2　钻孔的选择

钻孔数据是编制系列勘探剖面图并开展各种地质分析的依据。为了满足对固体矿产勘查区和矿床全面、精细刻画的目标，钻孔数据的选择必须遵照以下原则进行：

①尽量在线上选孔，即在勘探线已经选定的前提下，进行钻孔的选择；②钻孔信息齐全，即选择那些钻探深度较大、钻遇地层齐全、属性描述详细和测试数据完备的钻孔，即深度应能达到含矿层底部并穿过矿体 3～5m，所钻遇的地层（或岩层）应当尽可能地

包含各个分层，所描述的岩层属性应当包括岩石结构、构造和矿物成分，所测试的数据应尽可能包括化学成分、岩土力学和微古生物化石等；③固体矿产勘探线上的钻孔以控制矿体为目标，其分布间距在一般情况下比较均匀，但当各种矿体的空间形态不规则时也会有所改变，特别是当地质构造、矿体形态或岩相（沉积相、变质相和岩浆岩相）复杂时，在稀控地区往往需要补充一些零散的钻孔资料，或者露头和探硐资料；④钻孔的空间分布均匀，与建模尺度相对应，即所选择的钻孔在勘探线上的分布均匀，钻孔之间的距离适中，对于大城市全境 1：250000 的三维地质模型而言，钻孔之间的距离应在500m 左右，还要配合大量露头观测和地球物理探测数据；对于主城区 1：50000 的三维地质模型而言，钻孔之间的距离应在 100m 左右；对于局部 1：10000 的三维地质模型而言，钻孔之间的距离应在 20m 左右；而对于 1：5000 的重点工程和基础设施而言，钻孔之间的距离应在 10m 左右。

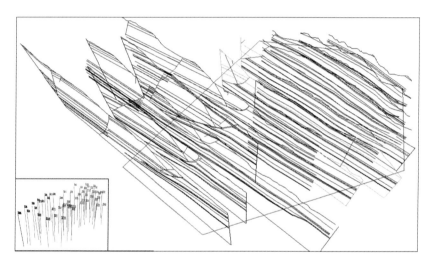

图 6-21　中国黔东北某超大型锰矿床勘探线剖面及钻孔（左下角）的空间分布（多边形示精查区范围）

6.2.1.3　勘查区的地理坐标转换

所谓坐标转换，是指将所导入的 dxf 或 GIS 数据原有的坐标系统，转换为勘查区信息系统设定的坐标系统的处理过程。在小尺度大比例尺三维地质模型构建中，新旧坐标系同为直角坐标系，数据点在勘查区信息系统中的新坐标值可通过式（6-8）换算：

$$X_{新} = U + KX_{旧}\cos\varphi - KY_{旧}\sin\varphi$$
$$Y_{新} = V + KY_{旧}\cos\varphi + KX_{旧}\sin\varphi$$

（6-8）

式中，$X_{新}$ 和 $Y_{新}$ 分别为数据点的新坐标值，$X_{旧}$ 和 $Y_{旧}$ 分别为数据点的旧坐标值，U 和 V 分别为新坐标系原点在旧坐标系中的坐标值，φ 为新坐标轴与旧坐标轴的夹角。

在大尺度的小比例尺三维建模中，需要考虑参心坐标系（reference-ellipsoid-centric coordinate system）的转换，即参心大地坐标与参心空间直角坐标的转换问题。

所谓参心大地坐标系是指：以参考椭球的中心为坐标原点的大地坐标系，其椭球的短轴与参考椭球旋转轴重合，以过地面点的椭球法线与椭球赤道面的夹角为大地纬度 β，以过地面点的椭球子午面与起始子午面之间的夹角为大地经度 L，而以地面点沿椭球法线至椭球面的距离为大地高 H，地面点的点位用（B, L, H）表示。所谓参心空间直角坐标系是指：以参考椭球的中心 O 为坐标原点的大地坐标系，其 Z 轴与参考椭球的短轴（旋转轴）相重合，X 轴与起始子午面和赤道的交线重合，Y 轴在赤道面上与 X 轴垂直，构成右手直角坐标系 $O\text{-}XYZ$，地面点 P 的点位用（X, Y, Z）表示。

根据地图投影理论，参心大地坐标系可以通过高斯投影计算转化为平面直角坐标系（图 6-22），为地形测量和工程测量提供控制基础。由于不同时期采用的地球椭球不同或其定位与定向不同，我国历史上出现的参心大地坐标系有 1954 年北京坐标系[BJZ54（原）]、1980 年西安坐标系（GDZ80）和新 1954 年北京坐标系[BJZ54（新）]三种。这三种坐标系都属于二维和低精度的大地坐标系，随着经济发展和社会的进步，我国各领域的科学研究，迫切需要一个原点位于地球质量中心的、全国统一的、协调一致的坐标系统，来处理国家、区域、海洋与全球化的资源、环境、社会和信息等问题，国土资源部于是提出并建立了新的三维国家大地坐标系——2000 国家大地坐标系。

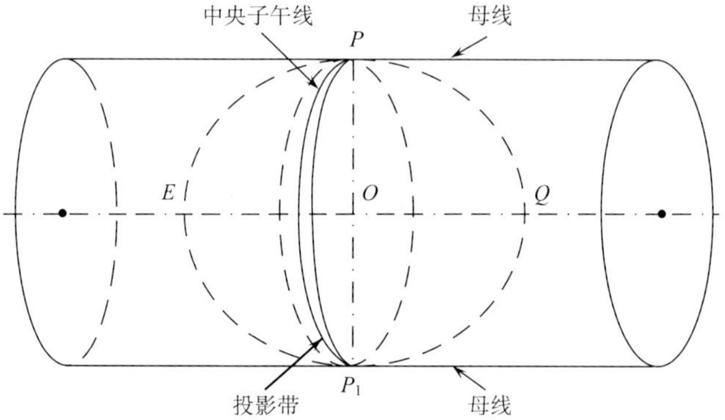

图 6-22　基于高斯投影算法的参心大地坐标与参心空间直角坐标的关系

参心大地坐标转换为参心空间直角坐标的公式：

$$
\begin{aligned}
X &= (N+H)\times\cos B\times\cos L\\
Y &= (N+H)\times\cos B\times\sin L\\
Z &= \left[N\times(1-e^2)+H\right]\times\sin B
\end{aligned}
\tag{6-9}
$$

式中，N 为椭球面卯酉圈的曲率半径，e 为椭球的第一偏心率。令 a、b 为椭球的长短半径，f 为椭球扁率，w 为第一辅助系数：

$$
\begin{aligned}
&e=\frac{\sqrt{a^2-b^2}}{a}\text{或}e=\frac{\sqrt{2\times f-1}}{f}\\
&w=\sqrt{(1-e^2\times\sin^2 b)}\\
&N=\frac{a}{w}
\end{aligned}
\tag{6-10}
$$

参心空间直角坐标转换参心大地坐标的公式：

$$L = \arctan\left(\frac{Y}{X}\right)$$

$$B = \arctan\left(\frac{Z \times (N+H)}{\sqrt{(X^2+Y^2)} \times \left[N \times (1-e^2)+H\right]}\right) \tag{6-11}$$

$$H = \frac{\sqrt{X^2+Y^2}}{\cos B} - N$$

高斯-克吕格投影的正算公式如式（6-12）所示：

$$x = N + \frac{N}{2}\sin Bl^2 + \frac{N}{24}\sin B\cos^3 B(5-t^2+9\eta^2+4\eta^4)l^4$$
$$+ \frac{N}{720}\sin B\cos^5 B(61-58t^2+t^4)l^6$$
$$y = N\cos Bl + \frac{N}{6}\cos^3 B(1-t^2+\eta^2)l^3 \tag{6-12}$$
$$+ \frac{N}{120}\cos^5 B(5-18t^2+t^4+14\eta^2-58t^2\eta^2)l^5$$

高斯-克吕格投影的反算公式如式（6-13）所示。

利用勘查区地质信息系统提供的数据转换接口，可以完成上述各种坐标系之间的坐标转换。也可利用该坐标转换工具，实现新旧坐标系的双向查询。

$$l = \frac{1}{\cos B_f}\left(\frac{y}{N_f}\right)\left[1-\frac{1}{6}(1+2t_f^2+\eta_f^2)\left(\frac{y}{N_f}\right)^2 + \frac{1}{120}\left(5+28t_f^2+24t_f^4+6\eta_f^2+8\eta_f^2t_f^2\right)\left(\frac{y}{N_f}\right)^4\right]$$

$$B = B_f - \frac{t_f}{2M_f}y\left(\frac{y}{N_f}\right)\left[1-\frac{1}{12}\left(5+3t_f^2+\eta_f^2-9\eta_f^2t_f^2\right)\left(\frac{y}{N_f}\right)^2 + \frac{1}{360}\left(61+90t_f^2+45t_f^4\right)\left(\frac{y}{N_f}\right)^4\right]$$

$$\tag{6-13}$$

6.2.1.4 勘查区异构原始数据的转换

在勘查区三维地质模型构建过程中，所用的原始图件数据大致有三类：各种勘探线剖面图、不同高程段的平切面图、勘查区地质地形图。这三类数据在勘查部门的"原始数据库"中，通常是用早期的 dwg 或某些 GIS 格式制作和存储的。对于 dwg 格式的数据，使用之前应转化为 dxf 格式；对于其他 GIS 格式的数据，使用之前应转化为勘查区现行的地质信息系统格式。在其中的勘查区地质地形图中，等高线图层应连带高程值，否则应在 CAD 中或 GIS 系统中根据实际情况将其赋上。其数据处理过程如图 6-23 所示。

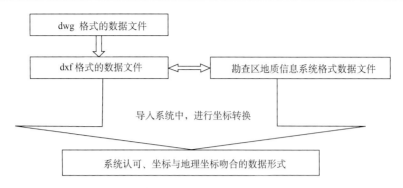

图 6-23　原始地质图件数据的转换和使用流程图

6.2.2　地表三维模型构建

6.2.2.1　地表三维数字高程模型的构建

为了实现地上-地下、地质-地理的一体化建模，需要解决地表三维模型与地下三维模型的套合与融合问题。地表三维模型即数字高程模型（digital elevation model，DEM），是利用等高线数据（图形）和遥感数据（影像图）建立的。目前常用的 DEM，是采用不规则三角网算法（triangular irregular network，TIN），通过线性和双线性内插建立的。其优点是能以不同层次的分辨率来描述地表形态，在某一特定分辨率下，能用更少的空间和时间更精确地表示更加复杂的地表特征。特别当地形包含有大量特征如断裂线、构造线时，TIN 模型能够更好地顾及这些特征并加以表达。

DEM 的分辨率用 DEM 最小单元格的长度来衡量。DEM 的分辨率越高，所刻画的地形程度就越精确，但随着分辨率的提升，其数据量将会呈几何级数增长。所以 DEM 的制作和选取的时候要依据整体建模需要而定，即应与三维地质建模的尺度相匹配。图 6-24 是黔东某锰矿区地表地形等高线图，以及所生成的地表数字高程模型。

6.2.2.2　地表三维岩性岩相模型构建

矿体、蚀变带、围岩和（或）母岩的岩性和岩相，是矿床尺度精细建模的重要内容。通过对矿体、蚀变带、围岩和（或）母岩的一体化三维可视化表达，能够直观地揭示那些形貌不规则的复杂矿床在空间中的形态、结构、分布和关系特征，以及成矿控制条件。下面以福建省闽西南某特大型金铜矿床的矿体及岩性的三维建模为例加以说明。

所涉及的属性数据包括：地层地质年代、岩石地层单位、岩石的相（沉积、变质和岩浆岩的相、亚相和微相）、结构组成、地球化学成分、同位素和岩石结构构造；主要成矿矿物和次要成矿矿物的含量、空间分布，矿化蚀变类型及其空间分布；褶皱和断层的性质、褶皱轴面和两翼特征、断层面特征、断层岩和断层泥砾特征等。

图 6-24　黔东某锰矿区基于地形等高线图（上图）和遥感影像图生成的地表数字高程模型（DEM，下图）

　　矿体、围岩、母岩和蚀变带的岩性及其空间特征，是研究成矿物质来源、成矿条件、成矿系统和矿体分布规律，开展成矿预测和资源评估的重要依据。其建模所涉及的地表岩层及其岩性空间数据和属性数据，可从勘查区或矿床地质图上获取。地质图是一种平面图，图上的各种地质点、地层界线、岩层和岩性相界线，以及断层线等，都是利用"V"字形法则投影到平面上而成的。因此，进行三维模型构建时，应先将其还原到三维空间中去（图 6-25），即先利用平面图上的数据建立其地表三维岩性模型，然后将其套合到根据勘探线剖面图或钻孔柱状图所建立的地下三维岩性模型上。这样做，可有效地保证矿床三维地质模型与勘查区地质图一致，并实现地上-地下的一体化。图 6-26 和图 6-27 是以福建省闽西南某特大型金铜矿床为例，所建立的地表岩性和蚀变带三维空间分布模型。

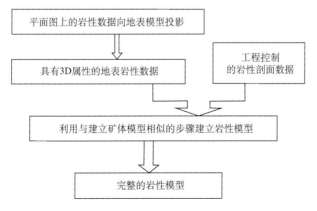

图 6-25　利用向地表投影的方式建立岩性模型的流程图

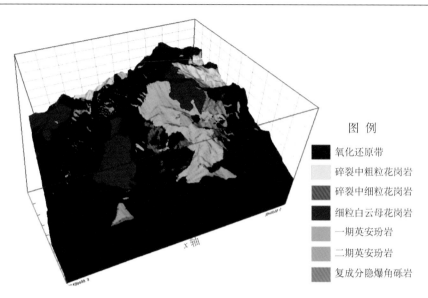

图 6-26　福建省闽西南地区某特大型金铜矿床的地表岩性三维空间分布模型

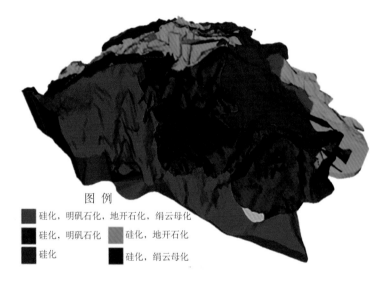

图 6-27　福建闽西南地区某特大型金铜矿床的地表岩石蚀变带三维空间分布模型

6.2.3　构造-地层格架三维建模

在矿产资源勘查过程中，开展构造-地层格架三维建模的目的，是形象而直观地展示矿集区、矿田或矿床的控矿条件的整体特征。其中，断层的发育与金属矿床形成关系尤其密切，但其发育时序不同，对矿床形成演化的作用也不同。在开展勘查区三维构造建模之前，对研究区内的构造进行细致分析是十分必要的。下面以贵州东北部某超大型锰矿田为例（图 6-28），介绍构造-地层格架三维建模方法要领。

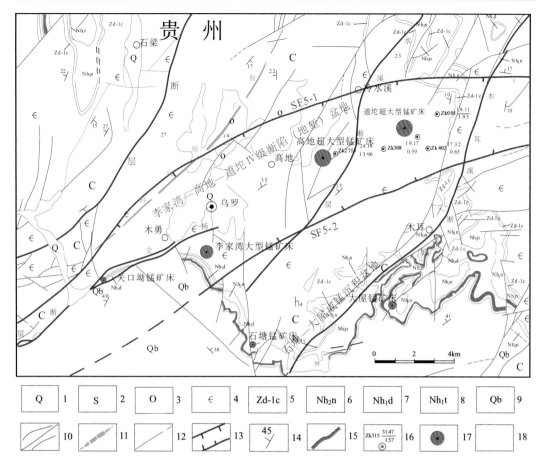

| Q | 1 | S | 2 | O | 3 | $\in$ | 4 | Zd-1c | 5 | Nh₂n | 6 | Nh₁d | 7 | Nh₁t | 8 | Qb | 9 |

| | 10 | | 11 | | 12 | | 13 | 45 | 14 | | 15 | Zk315 31.47/1.57 | 16 | | 17 | | 18 |

1.第四系；2.志留系；3.奥陶系；4.寒武系；5.震旦系陡山陀组至留茶坡组；6.南沱组；7.大塘坡组；8.铁丝坳组；9.青白口系；
10.角度不整合地层界线/地层界线；11.向斜轴；12.实测及推测断层；13.李家湾-高地-道坨Ⅳ级断陷盆地；14.地层产状；
15.含锰岩系露头；16.钻孔位置及编号-锰品位（%）/矿体厚度（m）；17.锰矿床（点）；18.矿床三维建模示范区

图 6-28 贵州省东北部某超大型锰矿床区域地质简图（据贵州地矿局 103 地质队）

6.2.3.1 构造-地层格架分析与识别

黔东北超大型锰矿田位于松桃李家湾-高地-道坨一带。该矿田位于上扬子陆块、鄂渝湘黔前陆褶断带的梵净山穹状背斜北东端，属南华裂谷盆地锰矿成矿区、武陵锰矿成矿带、石阡-松桃-古丈锰矿成矿亚带的核心区域（周琦等，2016）。在开展构造-地层格架建模前，首先要正确地识别勘查区的断层形迹及其空间组合，并建立其地上-地下一体化的地质概念模型。其中，地上部分是在勘查区地质图上，进行地层产状、空间分布、变形特征和接触关系分析，精确地厘定各个主要级序的构造形迹、断层性质、成生序次及其空间组合特征。地下部分则依靠序列勘探线剖面图，与勘查区地质图进行对照分析和识别。构造形迹的精准识别，是构造地层格架精细建模的基本依据。除了上述各项，还需要从钻孔岩心编录中识别出断层破碎带厚度和断层岩（或断层泥、断层角砾）性质等定量参数。

1. 矿田原生构造-地层格架分析

在示范区及周围所出露的地层，有青白口系清水江组（Qb）、南华系下统两界河组（Nh_1l）、铁丝坳组（Nh_1t）、大塘坡组（Nh_1d）和中统南沱组（Nh_2n），震旦系下统陡山沱组（Z_1d）和震旦系上统留茶坡组（Z_2l），寒武系下统九门冲组（$\in_1j$）、变马冲组（$\in_1b$）、杷榔组（$\in_1p$）、清虚洞组（$\in_1q$），寒武系中上统高台组（$\in_2g$）、石冷水组（$\in_2s$）、娄山关组（$\in_{2+3}ls$）和毛田组（$\in_3mt$），奥陶系桐梓组（O_1t）、红花园组（O_1h）和大湾组（O_1d）等（图6-28）。

研究区及其周围的南华系各组，基本上属于冰期和间冰期的海陆交互沉积。其底部的两界河组（Nh_1l）不整合覆盖于青白口系清水江组（Qb）之上。控制南华系发育的原生构造环境为南华裂谷带，大致呈走向NEE的堑垒相间构造格局。在研究区及周围，每个地堑和地垒条带宽为15～20km、长大于100km（图6-29）。在每个地堑内还发育有次级地堑和地垒。勘查结果表明，已知的超大型锰矿床，都赋存于地堑之中的南华系大塘坡组（Nh_1d）底部，属于裂陷早期的"古天然气泄漏沉积型"矿床（周琦等，2007；周琦和杜远生，2012）。南华裂谷结束沉积之后，被震旦系、寒武系和奥陶系各组依次整合覆盖。据研究，至少在奥陶系沉积之前，研究区及其周围的原生构造-地层格架，总体上

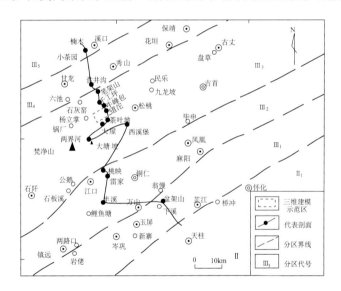

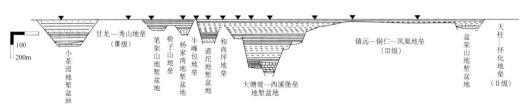

II.湘西南-湘东北隆起带（二级地垒），其中II_1为怀化-天柱三级地堑；III.湘西北-黔东北裂谷带（二级地堑），其中III_1下溪-岑巩三级地堑，III_2铜仁-震源三级地垒，III_3松桃-石阡三级地堑，III_4山-甘龙三级地垒，III_5溪口-小茶园三级地堑

图6-29　研究区地理位置及原生南华裂谷系堑垒交替的平面图和代表性剖面图（周琦和杜远生，2012）

为跨世代的下断上坳式叠合盆地（周琦和杜远生，2012）。然而，由于后期的地壳运动，特别是中生代印支-燕山运动的多期次挤压隆升作用影响，不但上覆的奥陶系、志留系、上古生界和中新生界，均已被剥蚀殆尽，就是残留的南华系、震旦系和寒武系中，也发育了大量不同类型的褶皱和断层。目前研究区所见的构造-地层格架，就是原生构造-地层格架的改造和残留体，即南华裂谷系的改造和残留体。其中，控制南华裂谷及其内部各次级地垒、地堑发育的基底断裂，是一系列走向 NEE70° 的先存断裂（图 6-29 上）；控制南华裂谷及其内部各次级地堑沉积作用的，是由这些先存断裂发育而成的同沉积正断层（图 6-29 下）；而控制现今构造-地层格架空间分布的断裂，是燕山期所发育的一个大型滑脱构造系（图 6-30），由走向 NNE 的舒缓"S"三阳断层（F_{16}）、冷水溪断层（F_3）和木耳溪断层（F_{15}）及其分支断裂组成。

2. 现今构造-地层格架分析

研究区及周缘地表及钻孔所见的构造，主要是燕山运动产物，构造线总体呈 NNE 向。西部为开阔的猴子坳复向斜，走向 NE-SW，南东翼止于 F_0 断层处，北西延展至区外。向斜轴部在高地北侧，核部地层为奥陶系桐梓组，两翼依次为寒武系上统和下统（图 6-30）。次级褶皱不甚发育，但断裂较为发育。含锰岩系大塘坡组仅于矿区南段李家湾锰矿床 SW 侧出露，而向 NW 李家湾-高地-道坨一带隐伏，上覆地层厚度逐步增大至 2500m 以上。由于燕山期断裂构造复杂，隐伏锰矿体的勘查难度和风险极大。

从图 6-28 和图 6-30 可以看到，区内断层以 NE、NNE 向为主，其中，规模较大者为三阳断层（F_0）、冷水溪断层（F_3）和木耳溪断层（F_{15}），均为犁式正断层且均呈 NNE 向的舒缓"S"形，平行穿过研究区。以冷水溪断层（F_3）为例，该断层位于道坨矿区与高地矿区之间，上盘为寒武系中上统娄山关组和毛田组，下盘为寒武系下统清虚洞组和杷榔组；走向 NE25°±，延伸近百公里；倾向 NW，地表倾角约 60°，向下逐步变缓甚至转平，纵剖面为犁形而横截面近似"W"形；中上部垂向断距 1000m 以上，向下逐渐变小以至消失；断层破碎带宽度约 10m，充满断层角砾和断层泥。在这三条主干犁式正断层之间，分布着 F_1、F_2、F_4、F_5、F_6、F_7、F_8、F_9 和 F_{10} 等同走向的次级断层（图 6-30 上）。在这些次级断裂中，有的是与三大断裂同倾向的犁式正断层；有的则是与三大断裂倾向相反的逆冲断层。次级断层与主干断层往往在剖面上合并，构成"y"形断层体系（图 6-30 下）。

犁式正断层形成于重力滑脱条件下（马杏垣等，1981），根据次级断层的性质和空间组合特征解析，这种"y"形断层体系的各组成部分，应属于同一构造应力场产物。其中，与主干滑脱断层同向的次级正断层，多分布于主滑体后部靠近主干断层处，可能与块体滑移运动速度差异造成的拆离有关；与主干断层反向或同向的次级逆断层，多分布于主滑体的中、前部远离主干断层处，则与块体滑移时遭受前方的反向阻抗有关。

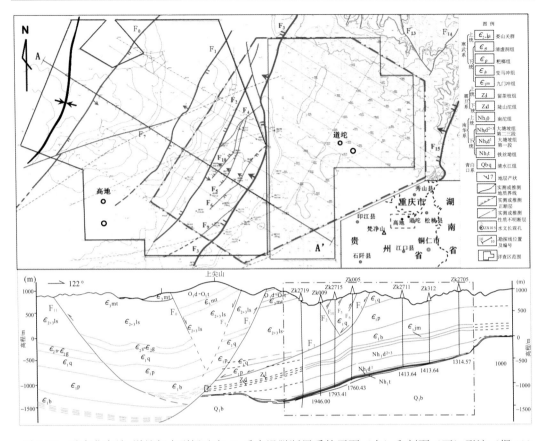

图 6-30　黔东北高地-道坨超大型锰矿床-F₃重力滑脱断层系的平面（上）和剖面（下）形迹（据 103
队资料修编）（点划线框为矿床三维地质建模范围）

由此而论，图 6-30 中发育于 F₃ 上盘滑体远端的猴子坳向斜，可能也与那些次级逆断层形成于同一构造应力机制，属于同一重力滑脱构造应力场中的产物。

6.2.3.2　勘查区构造-地层格架三维建模

构造-地层格架建模是一种框架结构建模，其要领是在全面地分析和理解了研究区的构造-地层格架基础上，把各种新的地质认识转化为相应的空间结构数据和属性数据，并按照规定补充登录和存入数据库中，再着手构建用于多尺度框架结构建模的空间和属性数据集市，然后采用基于 TIN-CPG 混合结构的建模软件，分尺度进行建模。在开展勘查区构造-地层格架三维建模之前，首先应当按照本章 6.1 节所述，开展岩心编录数据和地层、构造数据的标准化，然后按照 4.5 节所述，形成全区统一的空间数据集市。最后，再基于该数据集市采用合适的拟合方法，来拟合目标对象的空间实体模型。所谓合适的拟合方法，是指与模拟对象相适应的数学模型和内插、外推方法。

1. 勘查区构造格架的三维建模

在构造-地层格架三维建模过程中，需要首先建立三维断层格架模型，然后以此为约束条件，逐步建立地层、岩浆岩、蚀变带和矿体等其他地层体模型，最后形成统一的勘查区三维构造-地层格架和凝聚各种属性信息的整体地质模型。

断层格架建模可通过勘探线剖面之间断层形迹的内插和外推来实现。首先通过钻孔、勘探线剖面和地质图所提供的断层空间矢量数据，生成剖面上的空间图形，然后实现断层数据从线到面再到体的转化。如果在相邻的序列剖面上都出现目标断层形迹，则反映这些形迹的空间曲线可以通过合理的内插和外推连接成空间曲面。图 6-31 左和右所示者，分别为图 6-30 上的 F_3 在纵、横勘探线剖面上的反映。具备一定构造地质学知识的专业人员，通过剖面的构造解析，能够理解这是一个纵剖面为犁形、横剖面为"W"形的重力滑脱断层。但缺乏构造地质学知识的非专业人员，不易理解这种复杂的断层体系。

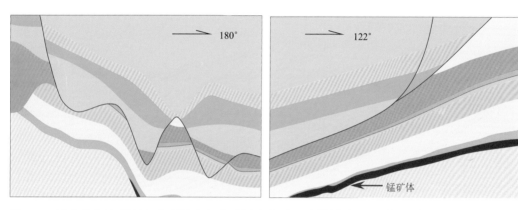

图 6-31　黔东北高地-道坨超大型锰矿床系列纵剖面（左）和横剖面（右）所展示的 F_3 滑脱断层面空间
形态

在地壳构造活动中，断层对前期或同期形成的地质体空间结构和块体运动，通常具有约束作用，所以在建模过程中也可以用断层面把整个模型分成几个部分，再依次处理各个部分的地层结构数据，然后综合起来组成整体模型。在建模过程中，用断层来约束地质体的空间结构，而用地质体的结构变化来体现断层，能够较容易地实现断层与邻近地质体的融合和一体化处理。同时，断层格架构模型作为构造-地层格架建模的约束条件，也是勘查区整体地质建模的约束条件。在多数情况下，断层约束建模的方法是，对于断层上盘，可利用已经建好的断层体顶面作为上覆地质体的底面，参与上盘三维地质建模；而对于断层下盘，则利用已经建好的断层体底面作为下伏地质体的顶面，参与下盘三维地质建模。在用此法所建立的三维地质模型中，地层与断层之间能够紧密无缝地融合在一起，共同表达勘查区构造-地层格架的整体状况。对于一些特殊类型断层，例如走滑断层和被上下不整合面围限的断层，需要采用一些特殊的处理方法，包括零断距处理等。对于走滑断层，如果在垂向上没有断距，可设定为垂向零断距；而对于掩盖在不整合面之下的早期断层，或者发育于某套岩层中的同沉积断层，可以设定该断层在上覆地层中垂向断距为零。

2. 勘查区多尺度的地层格架三维建模

在断层不太发育的地区，进行中小比例尺矿集区地质建模时，地层格架模型可以大致代表矿集区的地质模型。但在断层比较发育的地区，进行中小比例尺矿集区地质建模时，地层格架模型必须与构造格架模型进行一体化构建。在进行中大比例尺的矿田和矿床三维地质建模时，则不论断层发育与否，地层格架的建模度应当与断层格架一体化进行。下面以黔东北锰矿田为例，介绍三维地层格架模型构建的技术方法。

1）矿集区尺度的地层格架三维建模

图 6-32 展示了黔东北锰矿矿集区的地层格架剖面特征。在构建这种尺度的地层格架

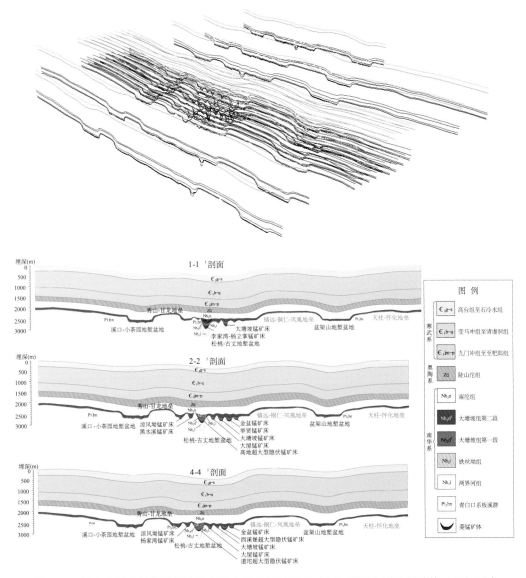

图 6-32　黔东北锰矿矿集区尺度的地层格架分界线要素（上）及其典型地层结构（下）示意

三维模型时，先要把前期采用各种不同软件编制的勘探线剖面图，统一转化为当前三维建模软件所需的数据格式，再依次提取各剖面图中的地层分界线要素。

依次完成剖面上的地层格架界线的提取后，便可进一步采用基于知识驱动的系列剖面拓扑推理、克里金插值法或者多点随机模拟法，来构建剖面间的地层界线内插、外推，形成三维地层格架模型。然后，用外部边界面对该三维地层格架模型进行裁剪，得到满足需要的矿集区尺度的三维地层格架模型（图6-33）。

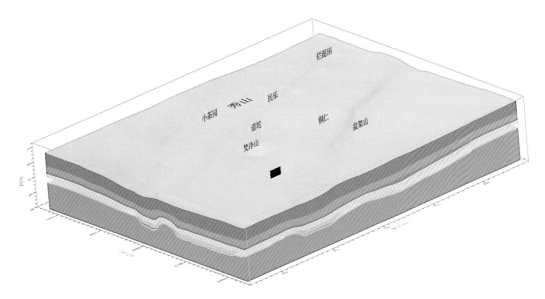

图6-33　黔东北锰矿矿集区尺度的区域三维地层格架模型

2）矿床尺度的地层格架三维建模

矿床尺度的地层格架三维模型在方法上与矿集区尺度基本一致，但更加精细一些，而且通常与属性三维模型一体化构建。所采用的数据主要来自于矿床的系列勘探线剖面图、水平切面图和基础数据库中的钻孔编录。在实施矿床尺度的地层格架三维建模前，这些数据需要进行标准化处理，并构建相应尺度和粒度的数据集市。

矿体形貌的刻画是矿床尺度的地层格架建模的重要内容。对于形态较简单的矿体，可先采用三角剖分方法，基于 TIN 数据结构生成 Delaunay 三角网，然后按照标准化的矿体边界面数据自动地进行剖面对比和连线，形成矿体的外在形貌。对于形貌和产状都极为复杂的矿体，为了保证所建立的矿体模型符合地质规律并接近真实情况，应当采取人机交互方式，由地质工作人员通过对不同剖面间的矿体外在边界面对比，并按照一定的限制条件找寻和确认不同剖面间的对应关系和轨迹，再手工进行点与点的对应连接。

上述"限制条件"，包括勘探线剖面间（或水平切面间）矿体边界的"延伸限制""相似外推""尖灭到点""尖灭到线"等准则和约定。"延伸限制"是对矿体从见矿剖面向未见矿剖面延伸距离的限制，通常根据矿体发育的一般规律约定。不同矿种和不同矿体厚度的约定不同，例如控矿工程间距的 1/2、1/3 或 2/3。为保证模拟所生成的三维矿体模型有效，三维建模软件还需提供"多边形成体检测"和"奇异多边形修正"功能模块，以便在系统提示多边形成体有问题时进行检查、修正。在此基础上，才能进行最终"多边形成体"操作，生成完整的矿体模型。其建模流程如图 6-34 所示。

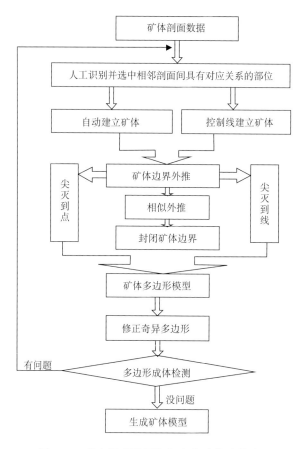

图 6-34　矿床尺度地层格架中的矿体建模流程

图 6-35 是黔东北高地-道坨超大型锰矿床的地质平面图及代表性勘探线剖面图，而图 6-36 是基于 TIN-CPG 混合数据结构，利用这些数据所建立的矿床尺度三维地层格架

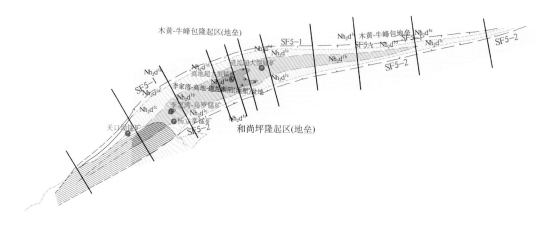

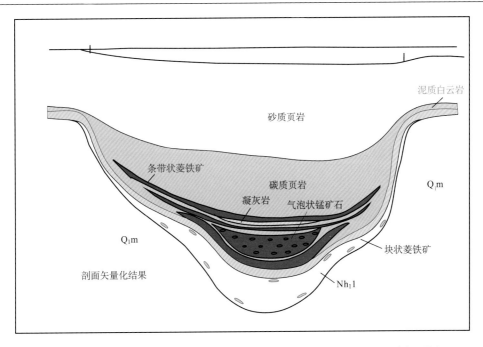

图 6-35　黔东北高地-道坨超大型锰矿床的地质平面图（上）及代表性勘探线剖面图（下）

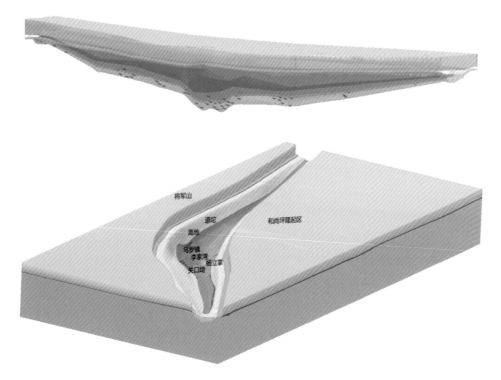

图 6-36　基于 TIN-CPG 数据结构和序列勘探平面图和剖面图
所建立的黔东北高地-道坨超大型锰矿床三维模型

模型。该矿床不但存在着前述的 W 形犁式重力滑脱断层系，而且每一个层状的大型矿体内部都可分为中心相（气泡状菱锰矿）、过渡相带（块状菱锰矿）、边缘相带（条带状菱锰矿）及多层凝灰岩透镜体。这些状况通过地上-地下、地理-地质、空间-属性一体化建模，都得到了很好的表达。

6.2.4　格架-属性一体化建模

格架-属性一体化，包括地下-地上、地质-地理的一体化，是在格架模型约束下的属性模型构建。其基本要领是：根据不同尺度的精度要求，先基于 TIN 数据结构，进行构造-地层格架、矿体模型和地表岩性及地形地貌的一体化建模；再以格架模型中的构造界面、地层界面和矿体界面为约束条件，基于 CPG 数据结构分别进行各种属性的三维建模。由此可获得不同尺度的地上-地下、地理-地质、格架-属性一体化，以及构造-地层格架、矿体及地表一体化的多尺度三维地质模型。

以矿体三维建模为例。矿体是一种三维、非均质的复杂综合体，其格架-属性一体化建模，需要有丰富的地质知识和有效算法来支持。在构造-地层格架约束下进行矿体格架-属性一体化建模的基本步骤，如图 6-37 所示：利用普通克里金算法，分析勘探剖面间的成矿元素的空间分布及其空间变异性；在构造-地层格架约束下，对最低可采品位界面进行随机模拟，圈定矿体界线并揭示矿体形态特征，再依据所圈定的矿体界线，基于 TIN 数据结构模型构建矿体的三维模型，并转化为 CPG 数据结构模型。如果矿体出露地表并且已经开采，还需要通过矿体与采掘巷道、露采坑及数字高程模型等进行布尔运算，即围岩、矿体与人工构筑物之间的矢量剪切操作，形成生产过程的矿体模型。

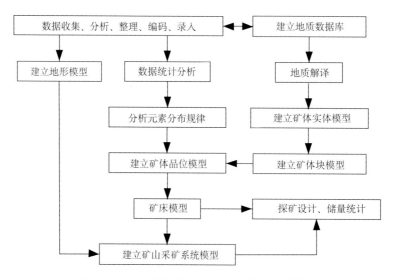

图 6-37　三维矿体格架-属性一体化建模流程图

图 6-38 是基于 TIN-CPG 混合数据结构，所建立的黔东某超大型锰矿床三维地质模型，该模型具有显著的地上-地下、地理-地质、空间-属性一体化特征。

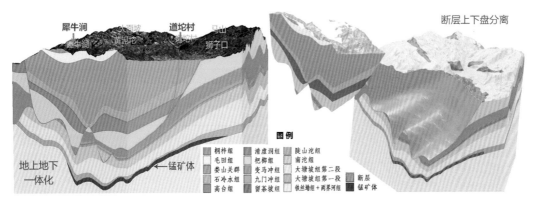

图 6-38　基于 TIN-CPG 数据结构建立的黔东某超大型锰矿床地上-地下、地理-地质一体化
三维地质模型

6.2.5　三维地质模型显示

6.2.5.1　显示功能的基本类型

三维地质建模子系统的三维模型显示模块的可视化功能，主要有表 6-2 所列的几类。这些显示功能，基本上可以满足从各个方位对三维地质模型进行观察，以及特定显示内容和显示效果的需要。在该子系统中，显示功能按钮集中在【显示】主菜单里，可供选择使用。用户通过点击菜单中的按钮，便能进行显示功能选择。

表 6-2　三维地质模型显示模块的可视化功能的基本类型

显示功能		说明
视图 显示	俯视图	显示俯视图下的三维地质模型
	底视图	显示底视图下的三维地质模型
	正视图	显示正视图下的三维地质模型
	后视图	显示后视图下的三维地质模型
	左视图	显示左视图下的三维地质模型
	右视图	显示右视图下的三维地质模型
	自定义视图	根据用户自定义的视图进行显示
	复位显示	显示缺省视图指定的三维地质模型
	三视图显示	在三个不同的视图里分别显示三维地质模型的三视图
	正射投影显示	以正射投影的方式显示三维地质模型
	透视投影显示	以透视投影的方式显示三维地质模型
缩放 显示	放大	对视图进行放大显示
	缩小	对视图进行缩小显示
	开窗放大	通过开窗方式放大显示视图
旋转视图		鼠标拖动视图进行旋转显示，从多个角度展示三维矿床和矿体
平移视图		鼠标平移视图显示
灯光与材质		给三维矿山增加光照和材质效果

显示功能	说明
风格显示	以点、线、填充等风格显示三维矿山
分层设色	根据高程对面、体等实体对象进行分层设置颜色显示
路线漫游	根据用户给定的飞行路线进行漫游
显示参数的设置	设置显示三维环境的一些常用参数，以达到最佳显示效果

6.2.5.2　显示参数的设置

显示参数用于调整三维可视化显示环境，三维地质建模子系统提供的显示参数，应包括客户区背景参数、视图背景参数、系统自定义参数等（图6-39～图6-41）。

图 6-39　客户区背景设置

图 6-40　视图背景参数设置

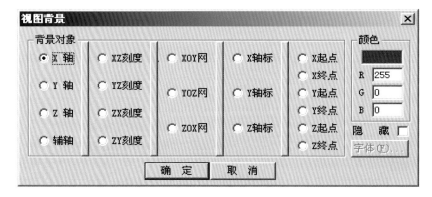

图 6-41　系统自定义设置

6.2.5.3　模型的多角度视图

根据观察者的位置、观察点和观察者向上矢量，能够确定观察三维世界的角度，从而显示实体矿集区、矿田和矿床在不同角度下的结构形态。视线方向是从观察者到观察点的矢量方向，子系统需提供全三维空间任意角度观察显示功能，特别是观察者沿着+X轴、逆着+X轴、沿着+Y轴、逆着+Y轴、沿着+Z轴、逆着+Z轴等几个常用角度视图，分别显示左视图、右视图、正视图、后视图、底视图、俯视图，如图6-42所示。这六种常用视图的视线方向，以及观察者向上的方向（矢量），如表6-3所示，具体的观察点位置要根据实际数据来定，观察点的位置一般取对象模型全部数据的中心。

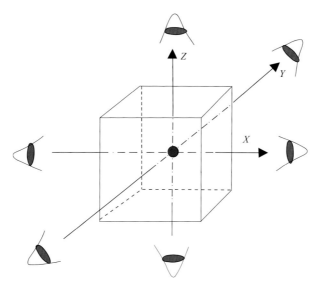

图6-42　常用的视图显示

表6-3　常用的视图参数

视图	视线方向	观察者向上方向
俯视图	$(0,\ 0,\ -1)$	$(0,\ 1,\ 0)$
底视图	$(0,\ 0,\ 1)$	$(0,\ -1,\ 0)$
正视图	$(0,\ 1,\ 0)$	$(0,\ 0,\ 1)$
后视图	$(0,\ -1,\ 0)$	$(0,\ 0,\ -1)$
左视图	$(1,\ 0,\ 0)$	$(0,\ 0,\ 1)$
右视图	$(-1,\ 0,\ 0)$	$(0,\ 0,\ 1)$

6.2.5.4　模型的分层设色

在三维地质建模系统中，为了清晰地显示不同的地层、岩层、岩相、岩性和各种属性的程度差异，以及地表不同的地貌单元、地物和高程，需要赋予描述特征不同的颜色。为此，在研发分层设色工具模块时，应考虑对 DTM、TIN 和 CPG 等数据结构的支持。同时，应当采用预定默认颜色表和用户自定义颜色表两种分层设色方式。前者可根据不同的空间和属性特征，按照国家或行业标准自动赋予相应的颜色；后者可由用户根据习惯和喜好，自由地进行选择相应的颜色，保证达到最佳的渲染效果（图6-43）。

在三维地质建模系统的可视化子系统中，也可以根据两点的颜色值（RGB 值），自动进行线性插值，获得两点间的任意一点的颜色值（图 6-44）。目前，几乎所有的三维地质建模软件系统，都采用了分层设色模技术方法。

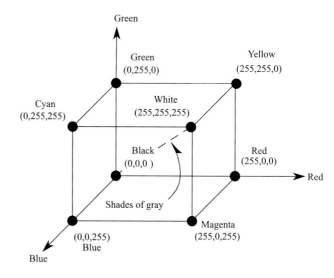

图 6-43　三维地质模型分层设色模块界面　　图 6-44　三维地质建模系统可视化子系统的颜色插值立方体示意图

6.3　三维地质模型的剪切分析

利用三维地质模型矢量剪切模块，可对三维地质体模型进行任意方向和任意倾角的地质剖面制作、栅状图制作、坑硐虚拟开挖和井巷虚拟开挖，还可以进行土石方开挖量和矿石开采量计算，在可视化环境中实现对矿床地质对象的认知。

6.3.1　三维地质模型剪切工具的定制

三维地质模型的剪切分析工具是基于矢量剪切技术开发的，主要是面剪体和体分解面两类。面剪体工具主要应用于水平面、垂直面、斜面、曲面、地形面等，对矿体、地质体对象的剪切操作，可用于地质工程中的钻孔、浅坑、探槽、巷道、采掘区等洞室设计和虚拟开挖。体分解面工具则可用于制作地质切片、品位分布切片等操作。

6.3.1.1　三维地质模型剪切面定制的思路

在三维地质模型剪切工具的实际应用中，需要首先定制一个剪切面，例如标准正交平面（图 6-45 左）和任意方向平面（图 6-45 中），并提供对已有剪切面进行平移、旋转等操作功能。标准正交平面是任意方向平面的特例，而剪切面的平移、旋转等操作是任意方向剪切平面的拓广。任意方向剪切平面的定制，是以预定剪切方向的某直线作为基线，通过输入目标位置控制点，生成预定的剪切面。只需保持剪切面方向而不断平移基线和控制点，便可以实现剪切面的动态平移，从而实现三维地质体的剪切面的动态平移。

同样的方法，可实现剪切面的动态旋转，从而实现三维地质体的剪切面的动态旋转。标准正交剪切平面、任意方向平面和剪切面移动和旋转的设置操作对话框如图 6-45 右侧所示。

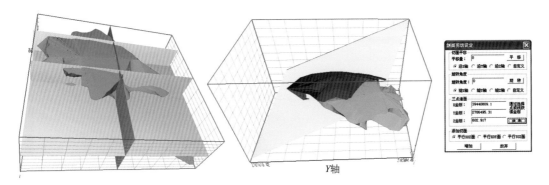

图 6-45　标准正交剪切面（左）与任意方向剪切面（中）定制及其操作对话框（右）

6.3.1.2　三维地质模型剪切面定制的算法

为了实现剪切面的动态平移，可通过输入平移步长，再选择沿 X 轴、Y 轴、Z 轴或任意自定义方向的平移方式，便能驱使已有剪切平面整体平移；而为了实现剪切面的旋转，可通过输入旋转量，再选择绕 X 轴、Y 轴、Z 轴或任意自定义方式，便能驱使已有剪切面整体旋转。已有剪切面的平移和旋转，也可以先选择以一条直线作为基线，然后围绕此基线进行平移或旋转。这些操作的基本算法，是对控制点和基线的向量矩阵变换。

1. 剪切面动态平移的矩阵变换

通过与式（6-14）的矩阵相乘，即可将剪切面向量 (x, y, z, l)（l 为变换矩阵中的常量）沿 X 轴移动 p_x 个单位，沿 Y 轴移动 p_y 个单位，沿 Z 轴移动 p_z 个单位，如图 6-46 所示。

$$T(P) = \begin{bmatrix} I & 0 & 0 & 0 \\ 0 & I & 0 & 0 \\ 0 & 0 & I & 0 \\ p_x & p_y & p_z & I \end{bmatrix} \tag{6-14}$$

平移矩阵求逆只需将向量 P 取反：

$$T^{-1} = T(-P) = \begin{bmatrix} I & 0 & 0 & 0 \\ 0 & I & 0 & 0 \\ 0 & 0 & I & 0 \\ -p_x & -p_y & p_z & I \end{bmatrix} \tag{6-15}$$

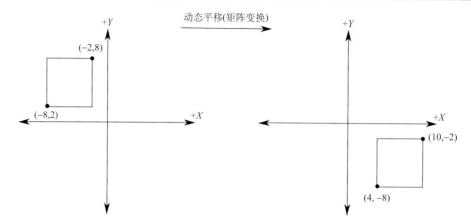

图 6-46　三维地质模型剪切面动态平移的矩阵变换示意

2. 剪切面动态旋转的矩阵变换

使用式（6-16）~式（6-18）的矩阵，可把一个剪切面向量围绕 X、Y 和 Z 轴旋转 θ 弧度。当俯视绕轴旋转时，角度是指逆时针方向的角度。剪切面旋转的矩阵变换如图 6-47 所示。

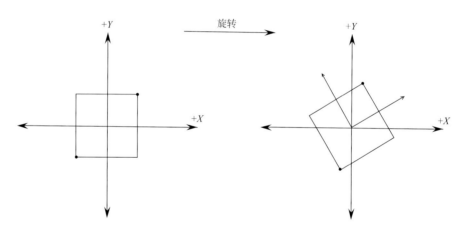

图 6-47　三维地质模型剪切面动态旋转的矩阵变换示意

将剪切面绕 X 轴旋转的矩阵是

$$X(\theta) = \begin{bmatrix} I & 0 & 0 & 0 \\ 0 & \cos\theta & \sin\theta & 0 \\ 0 & -\sin\theta & \cos\theta & 0 \\ 0 & 0 & 0 & I \end{bmatrix} \tag{6-16}$$

将剪切面绕 Y 轴旋转的矩阵是

$$Y(\theta) = \begin{bmatrix} \cos\theta & 0 & -\sin\theta & 0 \\ 0 & I & 0 & 0 \\ \sin\theta & 0 & \cos\theta & 0 \\ 0 & 0 & 0 & I \end{bmatrix} \qquad (6\text{-}17)$$

将剪切面绕 Z 轴旋转的矩阵是

$$Z(\theta) = \begin{bmatrix} \cos\theta & \sin\theta & 0 & 0 \\ -\sin\theta & \cos\theta & 0 & 0 \\ 0 & 0 & I & 0 \\ 0 & 0 & 0 & I \end{bmatrix} \qquad (6\text{-}18)$$

通过旋转变换，可在空间构建任意方向的剪切平面，对三维模型进行剪切分析。

6.3.2　简单三维地质模型的剪切分析

简单三维地质模型，是指基于 TIN 数据结构模型建立的面三维构造–地层格架模型。简单三维地质模型的剪切操作，主要是面剪体和体分解面。

6.3.2.1　面剪体应用

面剪体的操作，不仅可以进行可视化虚拟坑洞、井巷和隧道开挖，以及制作虚拟钻孔等，还可以进行地质工程设计中所涉及的开挖工程量的计算。因此，面剪切体技术不但可应用于固体矿产勘查，还可广泛应用于城市地质环境调查、水利水电工程、路隧道和地铁等地下工程规划设计中。图 6-48 为面剪体操作在隧道开挖中的应用。

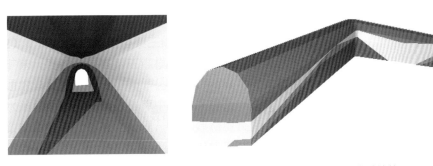

图 6-48　利用面剪体工具进行隧道虚拟开挖并展示地下地质结构

6.3.2.2　体分解面应用

体分解面的操作，主要是用来切制三维地质模型的边界面（图 6-49），制作各种定向和不定向的、规则和不规则的地质剖面图，以及各种栅状图（图 6-50）。这种体分解面技术通过对勘查区三维地质模型的布尔运算及矢量剪切操作，以可视化方式揭示出地层内部的结构、构造和矿体特征，可以让地矿研究人员直观地了解矿床和矿体的内部特征。同样，这种体分解面技术不仅可应用于固体矿产勘查，也可以广泛地应用于盆地分析、水利水电勘察、水文地质和工程地质勘查，以及地质灾害勘查领域。

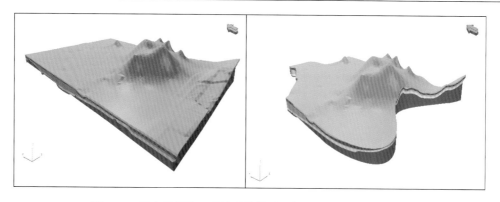

图 6-49　研究区原始三维地质体模型（左）及边界剪切（右）

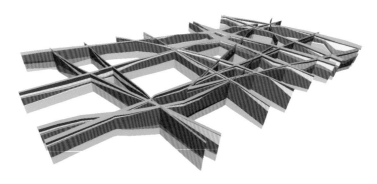

图 6-50　利用体分解面技术制作地下地质结构剖面图和栅状图

6.3.3　复杂三维地质模型的剪切分析

　　复杂三维地质模型，是指基于 TIN-CPG 混合数据结构模型所建立的三维地质模型。地上-地下、地质-地理一体化的复杂三维地质模型，所表达的对象实体与场景，不但包含了复杂的地形、地貌和地物，而且包含了复杂的地质构造、地层、矿体和地下人工设施。在这种环境下的三维模型剪切分析的关键技术，不是分析算法本身的高效与优化所能解决的，而是要考虑如何实现高效的三维空间数据组织、调度管理，以及突破海量数据的高效三维空间索引与动态调度，提高剪切运算过程中相交处理的速度等。

6.3.3.1　三维空间数据索引技术

　　空间索引是通过对存储在介质上的空间数据的描述，建立空间数据的逻辑记录与物理记录之间的对应关系，以便提高系统对空间数据获取的效率。其基本方法是将对象空间划分成不同的搜索区域，依据空间实体的位置、形状或空间关系，按一定顺序排列成一种数据结构，其中包含空间实体的概要信息，如对象的标识和外接包围盒，并给出指向空间实体数据的指针，然后以一定的顺序在这些区域中查找空间实体，基于分块而非整个场景进行空间对象存取。按照搜索区域的划分方法，空间索引可分为三类：即基于点区域划分的索引方法、基于面区域划分的索引方法和基于三维体区域划分的索引方法。

1. 空间数据索引的查询访问过程

空间数据索引的过程是：先指定一个搜索区域，再根据搜索条件快速查找到与该区域相交的所有空间对象集合。当搜索区域相对于整个场景比较小时，这个集合相对于全域数据集将大为减少。在这个较小的集合上处理各种复杂的搜索，效率将大大提高。在没有空间索引的情况下，我们需要遍历模型中的所有图元，逐一与这个搜索区域进行几何上的包含判断，以确定哪些图元被完全包含在这个搜索区域内。模型内的数据量，对系统的响应效率与运行速度有极大影响。空间对象的访问过程如图 6-51 所示。

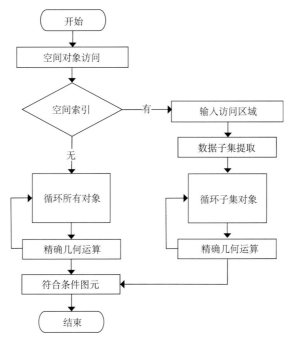

图 6-51　复杂三维地质模型的空间数据索引查询流程

通过空间索引可以排除掉一些明显不符合条件的图元,迅速得到备选图元数据集合。在此基础上对备选图元数据集合进行精确几何运算，便可以快速地得到最终结果。根据空间索引结构，真三维地质模型剪切的空间索引技术类型有：基于二叉树、基于 B 树、Hashing 的格网和空间目标排序法，以及地址编码、R 变种树、四叉树、八叉树、BSP 树等。这些技术各有优缺点，可以根据不同的三维环境来选择使用。

2. 空间数据的多级索引机制

所谓多级索引，是指将多个不同或相同的索引方法组合起来，对单级索引空间或者空间范围划分为多个层次级别，用于提高超大型数据量的系统检索、分析、显示效率。一方面，多级索引的多级结构特性，便于利用多 CPU 和磁盘阵列等计算机硬件资源进行并行计算，来提高检索的效率。另一方面，空间数据的多级索引，可发挥显示引擎分区显示的优势，有效地避免由于剪切对象的空间位置任意性，所引起的遍历对象时需逐一进行求交运算的低效问题。不同的单级索引组合，可以构成不同的多级索引方法，而多种索引也可融合成一种高效的多级索引。下面仍以基于 TIN 的面三维模型为例加以说明。

1）对象层次的三维空间索引

对基于 TIN 数据结构建立的三维地质模型，进行对象层次的真三维空间索引，是在对所有结构化面片建立空间索引的基础上，快速地找到与定制剪切面包围盒相交的三角形面片，然后在这个很小的范围内采用精确求交的方法，确定"真正"相交三角形的过程。图 6-52 是针对三维球状模型的对象层次 R 树索引的示意。

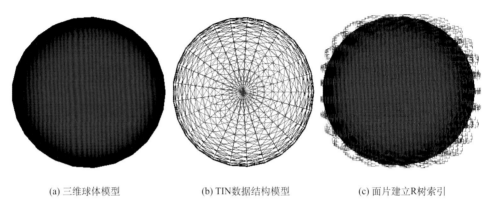

(a) 三维球体模型　　　　　　(b) TIN数据结构模型　　　　　　(c) 面片建立R树索引

图 6-52　针对三维球状模型的对象层次 R 树索引示意

对象层次的三维空间索引的作业流程如图 6-53 所示。

2）基于空间索引的面片求交检测

在对基于 TIN 的三维地质模型进行对象层次的空间索引时，要先检测剪切模型与被剪切模型所有面片的空间关系，再对相交面片做求交运算。

（1）提取对象 Solid_A 与 Solid_B 的所有三角形面片 FaceList_A 和 FaceList_B，构建三维空间索引 RTree_A 与 RTree_B；

（2）遍历 FaceList_A 中所有面片，获取每一个面片 Face_Ai 的空间包围盒，查询出此范围内 RTree_B 中所有对象 FaceList_Ai，若 FaceList_Ai 为空，直接将面片加入 FaceList_A_Count，若 FaceList_Ai 不为空，对 Face_Ai 与 FaceList_Ai 的所有面片进行精确求交检测，若相交则求出交线，并用交线分段解三角形面片 Face_Ai，分解后的结果保留到 FaceList_A_Count，其中 $0 \leqslant i <$ FaceList_A.Count（）；

（3）遍历 FaceList_B 中所有面片，获取每一个面片 Face_Bj 的空间包围盒，查询出此范围内 RTree_A 中所有对象 FaceList_Bj，若 FaceList_Bj 为空，直接将面片加入 FaceList_B_Count，若 FaceList_Ai 不为空，对 Face_Bj 与 FaceList_Bj 的所有面片进行精确求交检测，若相交则求出交线，并用交线分段解三角形面片 Face_Bj，分解后的结果保留到 FaceList_B_Count，其中 $0 \leqslant j <$ FaceList_B.Count（）；

（4）构建 Solid_B 的 BSP 树 BSPTree_B、FaceList_A_Count 执行空间差别操作，得到最后有三个集合：FaceList_A_In，FaceList_A_Out，FaceList_A_On，将结果对 FaceList_B 进行相同的操作，获取 FaceList_A_Count；

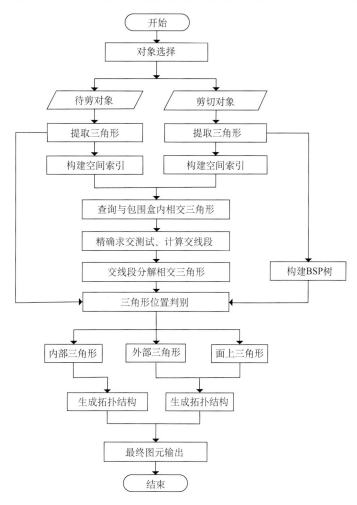

图 6-53　对象层次的三维空间索引的作业流程

（5）对 FaceList_B_Count 进行相同的操作，获取 FaceList_B_In，FaceList_B_Out，FaceList_B_On；

（6）根据不同的实体运算规则（交、差、并、异或）来处理所有 FaceList_A_In、FaceList_A_Out、FaceList_A_On、FaceList_A_In、FaceList_A_Out、FaceList_A_On 这六个集合，构建拓扑、设置属性，生成最后的剪切结果。

用此算法计算两个球体的交线结果如图 6-54 所示。

3. 复杂模型面片简化替代策略

影响三维地质模型矢量剪切算法效率的主要因素是 BSP 树的复杂度。降低树的深度是提高算法运行效率的关键。由于平衡二叉树的操作比不平衡二叉树要快，且冗余度小得多（杨成杰，2010），因此，必须选择合适的空间分区来构建平衡树。

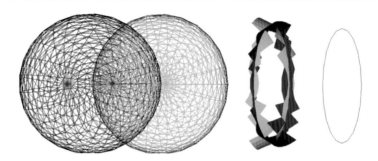

图 6-54　基于对象层次索引的球体求交运算结果

1）构建平衡树

为了使所生成的 BSP 树趋于平衡，需要在三维空间中快速确定分割平面。其要领是：对每一个平面算出一个用于判断的值，所有值中最大（或者最小，视算法而定）的那个平面，就是最佳分割平面。最优平衡二叉树不可能通过计算得出，但可以在近似层面上通过比较来确定，即在构建节点时对每个平面进行检测，并用一个计数器记录正向和逆向上的面的个数及分割数。最优的平面会显示出一种平衡的分割状态和不相交性。每个平面的分割状态和不相交性，可以采用一个公式来评估（Watt and Policarpo，2005）。

$$Value = N_1 - N_2 + 4N_3$$

式中，N_1 是正向分割的个数；N_2 是逆向分割的个数；N_3 是相交面的个数。

由上式可知，4 个不平衡面的作用，与 1 个相交面被复制到两个子平面上的作用是相当的。其中，$Value$ 值最小的那个就是最好的分割平面。也就是说，正负向三角形数量最接近、且切开三角形最少的那个平面就是最好的分割平面。

在图 6-55 右侧，7、3、5 均可以作为分割平面，但是，3 比 7 和 5 要好得多，因为其正负方向的三角形数最接近，而且没有切割任何三角形。虽然这个算法在实际工作中，不一定能生成最优树，但它简单而且直观，可根据空间的特点选择使用。

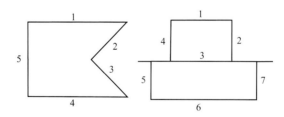

图 6-55　多边形分区分割平面的快速检测与 BSP 平衡树构建

根结点的原则是：①使被分割三角形数目最少；②尽量使树平衡。然而，每一级都选取最优节点并不能保证得到最优 BSP，因为每次选择都会对下级分割产生影响。

2）减少树的深度

为了得到绝对最优的 BSP，必须在每一级次尝试每个三角形，这种复杂度将随 BSP 树的深度增加而呈指数增加。因此，必须尽可能地降低树的深度。降低树的深度的有效方法是减少参与构建 BSP 树的三角形面片数量。通常可采用两种策略。

（1）用包围盒剔除简化。

在处理面片集合时，可用包围盒来区分对象，减少进行精确运算的面片个数。设对象正向包围盒最小和最大点坐标分别为 mvMin 和 mvMax，则其相交检测函数为

```
bool BoundingBox::IntersectBoundingBox（BoundingBox &box）
{
    if（m_vMin[0] > box.m_vMax[0]）    return false；
    if（m_vMax[0] < box.m_vMin[0]）    return false；
    if（m_vMin[1] > box.m_vMax[1]）    return false；
    if（m_vMax[1] < box.m_vMin[1]）    return false；
    if（m_vMin[2] > box.m_vMax[2]）    return false；
    if（m_vMax[2] < box.m_vMin[2]）    return false；
    return true；
}
```

（2）非交线模型面片简化。

在面、体模型的剪切中，对剪切后模型的影响取决于两个模型相交的地方。模型是否相交，关键在于被剪切模型的三角形面片位置是在剪切模型的内部或外部。通过对外部三角形面片的舍弃，可以减少 BSP 树深度并达到简化模型的目的。

6.3.3.2　复杂三维地质模型的剪切方法

仍以基于 TIN 的复杂三维地质模型为例，为了高效地实现模型中的三角面片查找、求交、分割和合并运算，需采用动态空间索引结构，并解决数据结构创建及动态维护问题（孙殿柱等，2009）。在进行复杂三维地质模型矢量剪切时，需要采用上述三维空间数据索引技术及多级索引机制，排除冗余部分，将待剪切的模型数据减到最少。具体地说，在进行三维复杂地质模型剪切分析时，需要首先搞清楚定制的剪切面将与三维地质模型场景中的哪些对象相交。而为了避免逐一对复杂三维地质模型中的所有图元进行求交运算，还需要先通过构建真三维空间索引，计算检测出剪切对象的空间包围盒，然后查询空间索引中与包围盒相交的三维对象，其工作效果和流程分别如图 6-56 和图 6-57 所示。

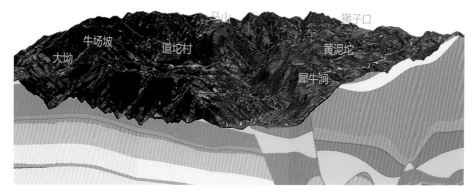

图 6-56　黔东北复杂三维地质模型的矢量剪切分析效果示意

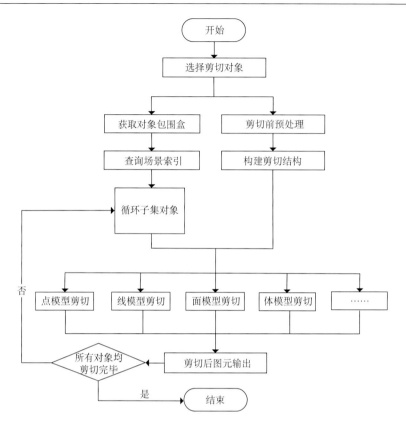

图 6-57　复杂三维地质模型的矢量剪切分析流程

　　三维地质模型剪切是地质三维空间分析的重要功能之一，基于 BSP 树结构的矢量剪切算法具有高效、准确、健壮等特点，适用于任意复杂的地质体和地形约束下的剪切运算。这种算法不仅可以剪切实体模型，还可对点、线、面等多种对象进剪切运算，以及进行体与体之间的布尔运算，可作为一种通用的计算几何算法应用于 CAD 或 GIS 计算分析中。由于曲面模型与体模型之间的运算关系复杂，加上地质对象本身极为复杂，这项技术的研发一直是地矿信息系统开发中的一个难点。如何从复杂的模型中找到最优的分区面构建平衡树，以及对剪切后三角形面片的快速、无损合并还需要进一步的研究。此外，复杂三维地质模型经过多次剪切后，碎片越来越多，数据量越来越大，进一步的剪切、分析和查询效率也越来越低，需着力加强相关功能模块的后期维护和改进。

第七章 三维地质空间分析子系统

三维地质空间分析，是指从三维地质模型及其关联的地质数据库和数据仓库中，查询并提取各类空间数据及其关联的属性数据，进行拓扑运算、属性分析以及拓扑和属性联合分析。其目的在于阐述地质体、地质结构、地质现象以及矿产资源的时空分布和演化规律，为矿产资源和工程地质条件预测、评价和开发、利用，提供依据和决策支持。三维地质空间分析是地矿勘查人员分析问题和解决问题的有效手段。据统计，地质专业领域所涉及的空间分析方法超过 60 种。三维地质空间分析子系统的基本功能包括空间趋势分析、空间变异分析、空间有限元分析、空间多重分析等常用方法。

7.1 地质特征三维空间场分析

与成矿条件有关的地质空间场，包括构造应力场、应变场、温度场和流体场等，通常可用有限单元法来分析和求解。有限单元法（简称有限元法）是一种空间数值模拟技术，能够有效地应对解析法难以解决，甚至无法解决的空间对象边界条件复杂、介质形态复杂且具有非均质、非连续性等问题。有限单元法的基本思想，是在不连续界面的约束下将空间问题的求解域离散化为有限个形状简单的不规则四面体单元，各单元体之间仅依靠节点相互连接，再通过分区赋属性值的方式，用各个小单元体的均质性和连续性，来模拟整体的非均质性和非连续性，然后采用能量关系或平衡关系建立节点间目标变量的表达式及其线性方程组，最后通过解线性方程组获得空间场整体特征的数值解。考虑到构造应力场模拟在地质空间场有限单元法分析中具有典型性，下面的介绍均以构造应力场模拟为例。

7.1.1 三维构造应力−应变场分析原理

所谓构造应力场是指地质体各部分的应力状态所构成的整体。在矿床勘查中开展构造应力场研究，目的在于通过一定范围内的应力分布和变化状况，揭示成矿期的区域地壳运动的方式、方向，推断区域地壳运动对控矿构造发育、分布的制约关系。当地质空间对象实体承受构造作用力时，其内部各点将产生应力和应变，致使对象实体发生整体变形。其变形特征可用实体各部分的位移方向和位移量来描述，而位移量可以分解为 x，y，z 3 个坐标轴方向的位移分量，换言之，其空间位移量可以用 3 个坐标轴方向的位移分量来合成。设各质点沿 3 个方向的位移分别为 u，v，w，它们均是关于点的坐标的函数：

$$\begin{cases} u = u(x, y, z) \\ v = v(x, y, z) \\ w = w(x, y, z) \end{cases}$$

　　地质空间对象实体的变形可以用位移与应力、应变相互关系及方程来描述。通常在描述这种关系时,把3个线应变分量和3个剪应变分量分别定义为 $\varepsilon_x, \varepsilon_y, \varepsilon_z$ 和 $\gamma_{xy}, \gamma_{yz}, \gamma_{zx}$,而把任意一点处的 3 个正应力分量和剪应力分量分别定义为 $\sigma_x, \sigma_y, \sigma_z$ 和 $\tau_{xy}, \tau_{yz}, \tau_{zx}$。根据弹性力学基础,上述应变和位移之间的关系可表达为

$$\begin{cases} \varepsilon_x = \dfrac{\partial u}{\partial x}, \gamma_{xy} = \gamma_{yx} = \dfrac{\partial u}{\partial y} + \dfrac{\partial v}{\partial x} \\[2mm] \varepsilon_y = \dfrac{\partial v}{\partial y}, \gamma_{yz} = \gamma_{zy} = \dfrac{\partial v}{\partial z} + \dfrac{\partial w}{\partial y} \\[2mm] \varepsilon_z = \dfrac{\partial w}{\partial z}, \gamma_{zx} = \gamma_{xz} = \dfrac{\partial w}{\partial x} + \dfrac{\partial u}{\partial z} \end{cases} \tag{7-1}$$

　　而应力和应变关系遵循胡克定律:

$$\begin{cases} \varepsilon_x = \dfrac{1}{E}\left[\sigma_x - \mu(\sigma_y + \sigma_z)\right], \gamma_{xy} = \dfrac{\tau_{xy}}{G} \\[2mm] \varepsilon_y = \dfrac{1}{E}\left[\sigma_y - \mu(\sigma_x + \sigma_z)\right], \gamma_{yz} = \dfrac{\tau_{yz}}{G} \\[2mm] \varepsilon_z = \dfrac{1}{E}\left[\sigma_z - \mu(\sigma_x + \sigma_y)\right], \gamma_{zx} = \dfrac{\tau_{zx}}{G} \end{cases}$$

式中,E 为弹性模量,其值随材料不同而不同,μ 为泊松比。常数 E, G 和 μ 之间的关系:$G = \dfrac{E}{2(1+\mu)}$。因此,将上式经过变换可得出如下矩阵表达式:

$$\begin{bmatrix} \sigma_x \\ \sigma_y \\ \sigma_z \\ \tau_{xy} \\ \tau_{yz} \\ \tau_{zx} \end{bmatrix} = \frac{E(1-\mu)}{(1+\mu)(1-2\mu)} \begin{bmatrix} 1 & \dfrac{\mu}{1-\mu} & \dfrac{\mu}{1-\mu} & 0 & 0 & 0 \\[2mm] \dfrac{\mu}{1-\mu} & 1 & \dfrac{\mu}{1-\mu} & 0 & 0 & 0 \\[2mm] \dfrac{\mu}{1-\mu} & \dfrac{\mu}{1-\mu} & 1 & 0 & 0 & 0 \\[2mm] 0 & 0 & 0 & \dfrac{1-2\mu}{2(1-\mu)} & 0 & 0 \\[2mm] 0 & 0 & 0 & 0 & \dfrac{1-2\mu}{2(1-\mu)} & 0 \\[2mm] 0 & 0 & 0 & 0 & 0 & \dfrac{1-2\mu}{2(1-\mu)} \end{bmatrix} \begin{bmatrix} \varepsilon_x \\ \varepsilon_y \\ \varepsilon_z \\ \gamma_{xy} \\ \gamma_{yz} \\ \gamma_{zx} \end{bmatrix}$$

简写为如下形式:

$$\sigma = D\varepsilon \tag{7-2}$$

式中,σ 为应力矩阵,D 为弹性矩阵,ε 为应变矩阵。

7.1.2　基于角点网格模型的三维有限元法

　　为了在基于 TIN-CPG 混合数据结构建立的矿床三维地质模型中,利用有限单元法进

行构造应力场分析，首先需要解决有限单元法的四面体剖分与角点网格模型的协调一致
问题。其方法要领是：将三维地质模型中的每个不规则六面体，均剖分成如图 7-1 所示
的 5 个四面体单元。图中字体较大的数字是不规则六面体单元的编号，而字体较小的数
字是其角点网格节点的编号。剖分出的四面体单元，仍然使用角点网格节点编号。以第
1 个六面体单元为例，遵循右手系排列，所剖分出的 5 个四面体单元编号分别是 1-10-8-7，
1-8-5-2，5-8-10-11，1-5-10-4，1-8-10-5。

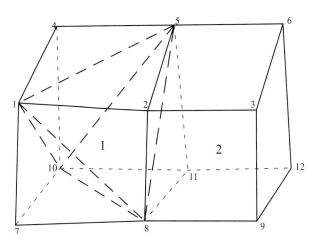

图 7-1　以两个六面体为例的四面体网格剖分

如图 7-2 所示，每个四面体单元有 4 个节点，每个节点有三个位移分量 u、v、w，
共有 12 个自由度。每个位移函数定义为

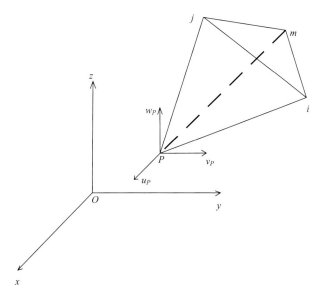

图 7-2　四面体单元分析

$$\begin{cases} u(x,y,z) = \alpha_1 + \alpha_2 x + \alpha_3 y + \alpha_4 z \\ v(x,y,z) = \alpha_5 + \alpha_6 x + \alpha_7 y + \alpha_8 z \\ w(x,y,z) = \alpha_9 + \alpha_{10} x + \alpha_{11} y + \alpha_{12} z \end{cases} \quad (7\text{-}3)$$

为简化计算，可基于式（7-3）定义对应的基函数：$N_i = N_i(x, y, z)$，$i = 1, 2, \cdots,$ 8。这些基函数均满足如下条件，即基函数 N_i 在节点 i 处的值为 1，在其他两个节点处的值为 0，例如，$N_1(x_1, y_1, z_1) = 1$；$N_2(x_2, y_2, z_2) = 0$；$N_3(x_3, y_3, z_3) = 0$；$\cdots$；$N_8(x_8, y_8, z_8) = 0$ 等。由此可知，单元任一点的位移函数可用单元节点的坐标表示：

$$\begin{bmatrix} u \\ v \\ w \end{bmatrix} = \begin{bmatrix} N_1 & 0 & 0 & \cdots & N_8 & 0 & 0 \\ 0 & N_1 & 0 & \cdots & 0 & N_8 & 0 \\ 0 & 0 & N_1 & \cdots & 0 & 0 & N_8 \end{bmatrix} \begin{bmatrix} u_1 \\ v_1 \\ w_1 \\ \vdots \\ u_8 \\ v_8 \\ w_8 \end{bmatrix} \quad (7\text{-}4)$$

根据基函数的性质，将单元的节点坐标代入其中，便可解出基函数的具体表达式——与节点坐标相关的线性函数。在上述基础上，根据式（7-1）便可得出应变量与节点位移矩阵之间的关系，其简化的矩阵形式为

$$\varepsilon = B\delta \quad (7\text{-}5)$$

式中，$\delta = [u_1\, v_1\, w_1, \cdots, u_8\, v_8\, w_8]^T$ 为节点位移矩阵；B 为几何矩阵，为与基函数系数有关的矩阵。

最后，根据虚位移理论，可得出单元的刚度矩阵与方程：

$$K \cdot \delta = F \quad (7\text{-}6)$$

式中，K 为一个四面体单元的刚度矩阵，F 为外力载荷矩阵。

$$K_{lm} = V \cdot B_l^T D B_m \quad (l, m = 1, 2, \cdots, 8) \quad (7\text{-}7)$$

式中，V 为单元体积，B，D 为前面已求出的矩阵。

外力载荷矩阵即由作用在四面体单元节点上的各个载荷分量构成的矩阵：

$$F = [F_{1x}\ F_{1y}\ F_{1z}, \cdots, F_{8x}\ F_{8y}\ F_{8z}]^T$$

在求解各个四面体单元的刚度矩阵和方程之后，需要进一步求解出总体刚度矩阵与方程，最后再计算出整体的应力场和应变场。要得出总体的刚度矩阵，则需进行单元刚度矩阵的叠加操作，即按单元或按节点将各个单元的刚度矩阵叠加在一起，组成结构总体刚度矩阵。有了总刚度矩阵，各个四面体单元的主应力大小和方向值便可以同时求解出来了。计算过程可归纳为：根据式（7-6），在已知载荷情况下求出相应的单元节点位移值，再根据式（7-4）计算单元位移函数，然后根据式（7-2）和式（7-5）计算应力场和应变场。在具体求解时，可以根据刚度矩阵的一些性质和添加一些边界约束条件来简化矩阵，实现降阶和提高效率。

所求得的各个四面体单元的主应力大小和方向值，分别与所在的角点网格模型的各

个六面体单元的属性值相对应，可作为角点网格模型的属性形式存入模拟结果中，用于后期进行研究区空间对象实体的构造应力场分析数据调用。

7.1.3 构造应力场-应变场数值模拟的实现

7.1.3.1 三维构造应力场-应变场模拟的求解流程

根据上述地质空间对象三维构造应力、应变场分析基本原理，以及基于角点网数据结构模型的三维构造应力、应变场有限单元求解方法，可得到如图 7-3 所示的求解流程图。遵照该算法流程和相应功能算法，采用 C++或其他可视化语言进行编程，可以方便地实现基于角点网格结构的三维地质模型的构造应力、应变场三维有限元数值模拟。

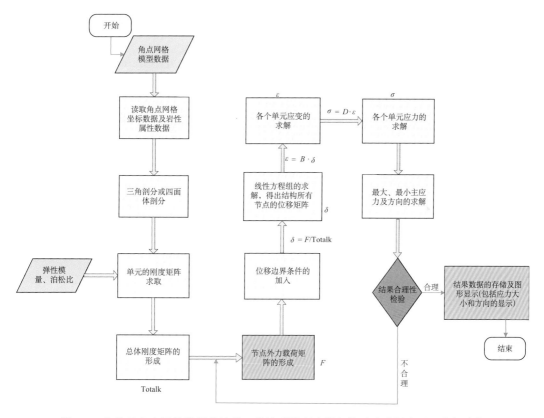

图 7-3 在基于角点网格数据结构的三维地质模型上进行构造应力场有限元求解流程

在编码实现过程中，对求解时需要着重处理并解决的问题说明如下。

（1）三维空间模型单元剖分：对三维地质模型的角点网格单元，进行不规则四面体剖分，并对其空间拓扑结构进行合理而有效的单元和节点编号。

（2）算法的编码实现及优化：利用可视化语言对算法进行编码实现时，需要解决类型复杂且数量巨大的数据自动读入，及其与单元自动匹配的效率问题。

（3）大量数据存储管理与计算：根据数据结构特征，需采用大型稀疏矩阵的存储方式进行管理和计算，甚至需要通过网格抽稀的功能来进行处理。

（4）模拟结果的合理性检验：对照模拟区域的应力约束值，若模拟结果不合理则调整外力状态并重新计算，如此反复进行直至结果较为合理为止。

7.1.3.2　三维构造应力场-应变场模拟的数据输入

矿床三维地质模型的角点网格数据的读取，是模拟成功的基础，其操作流程如图7-4所示。该过程从数据集市的角点网格模型文件（grdecl 文件）及对应的断层文件（fault 文件）、岩层分层文件（lyr 文件）及其他属性文件中，读取所涉及的坐标数据、断层数据和各种属性数据等，并将其存入指定类中，以备后面的模拟直接调用。

具体应用时，上述数据读取的实现过程和要领如下。

（1）模拟层位的选择：根据需求可同时选定多个层位，也可仅选某一个或几个层位。

（2）外力输入与编辑：在外力输入窗口中输入并编辑多个外力，并且在可视化、交互式编辑图形窗口中，根据所显示的网格图形调整外力状态。

（3）边界约束设置：在窗口上输入模拟对象四周围限边界的坐标集及其位移约束值，使边界位置、形态和受力状态符合实际情况。在通常情况下，应当以远离矿体或远离构造现象显著的位置，而且受力和变形都较弱的边界点为零位移点。

（4）计算条件设置：如果研究区范围很大，三维地质模型的角点网格数据量过大，为了缩短计算时间应考虑进行网格的抽稀，反之为了提高计算精度应考虑进行网格加密。为此，要设定高、中、低三挡计算精度，供用户按需要选择使用。

7.1.3.3　三维构造应力场-应变场模拟的参数设定

1. 介质参数的设定

模拟模型的介质参数包括弹性模量（E）、泊松比（v）、初始黏结力、初始摩擦角、残余黏结力、残余摩擦角、岩石密度、单轴抗拉强度等。这些参数最好采用实测数据，如无实测数据可参考《岩石力学手册》或相邻地区同类岩性的数据，另外也可参考一些国内外各专业公布的数据，然后按地层综合体的岩性组成进行加权平均。

对于沉积矿床而言，沉积物的变形具有弹-塑性特征，甚至是塑性的，可以对每一组力学参数采取分段改变的方式，以分段的线弹性形变来模拟整体的非线性弹-塑性形变，逐步逼近实际的应力-应变场（吴冲龙，1984；陈志德等，2002）。在成岩-成矿过程中，地层的岩石力学性质总是随着沉积物的压实、成岩和变质而不断变化的，因此其力学参数值可分阶段赋值。在模拟时，随着演化阶段的发展而依次采用不同组的力学参数值。

2. 边界条件的设定

边界条件主要是指受力方式与边界形态。

研究区模拟对象的边界受力方式，即外力作用方式、方向和大小，通常是根据研究区的构造形变图像的组合分析结果来设定的。例如，如果盆地同沉积格架显示出单纯的拉张作用特征，其外力作用方式即以所显示的拉张方向，对边界面节点施加均布拉张力。

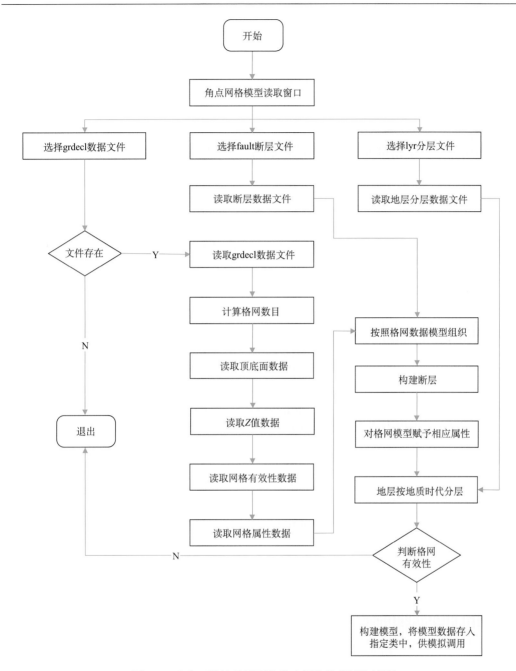

图 7-4　矿床三维地质模型的角点网格数据读取流程

如果同沉积格架显示出拉张剪切作用特征，则在对边界面节点施加均布拉张力的同时，按推定的剪切方向叠加上均布剪切力（吴冲龙，1984）。对于造山带、前陆盆地或者克拉通盆地的外力作用方式，以整体构造-地层格架所显示的挤压方向，对边界面节点施加均布拉压力，如果同构造-地层格架所显示出挤压剪切作用特征，则在对边界面节点施加均布拉压力的同时，按推定的剪切方向叠加上均布剪切力（吴冲龙和刘刚，2002）。成矿改造期的边界受力方式,可用同样方法处理。例如,对于裂陷盆地的构造挤压反转阶段,用造山带、前陆盆地或者克拉通盆地的方法处理;而对于造山带、前陆盆地或者克拉通盆地的裂陷叠加期,则用裂陷盆地的方法来处理。计算时,施加于边界节点的力,都均分解为该节点 x、y、z 方向上的受力。受力的大小,可用两种方法处理。其一是通过变化受力大小进行试算,并把模拟结果与典型构造点和变形区实际情况做比较,直至应力集中状况和变形特征合理为止(付玉华等,2009)。其二是依据全世界各大地构造单元的现代地应力测量结果,由计算机自动进行约束反演,将外力限定在合理范围内(吴冲龙等,2001)。

由于边界位置和形态对构造应力场模拟结果影响巨大,必须找到可使研究区成为独立变形体的不连续界面,然后以接近真实的位置和形态作为模拟边界面。大量实践表明,无根据地随意设定模拟边界面,可能使模拟结果发生畸变。

需要指出的是,任何一类矿床在形成演化过程中都会遭受多个构造运动的叠加改造,经历多次构造应力场转化,在进行构造应力场模拟和分析时,需要对研究区的构造-地层格架进行深入的期次划分,并分别拟定其定性的构造应力场,然后设定模拟参数和模拟方案。只有这样,才有可能取得合理而有价值的模拟效果。

图 7-5 是利用上述方法对中国东部某小型富含油气的裂陷盆地形成期的构造应力场模拟结果。基于角点网格构建的该盆地三维地质模型,共有 75×70×87 个不规则六面体,剖分为 2283750 个四面体单元及 474848 个节点。模拟结果充分揭示了构造应力场在该盆地形成演化早期,对正断层的分布、构造格架形态及地层厚度的控制(田宜平和刘雄,2011)。

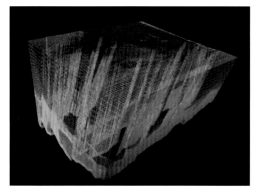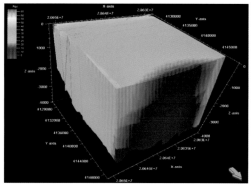

图 7-5　中国东部某小型富含油气的裂陷盆地角点网格模型(左)与现今三维构造应力场最大主应力(张应力)分布模拟结果(右)(田宜平和刘雄,2011)

7.2　地质特征三维空间趋势分析

地质特征在空间中的分布和变化,往往表现出一定的趋势,查明这种趋势变化具有重要意义。例如,查明某种成矿元素的分布趋势,有助于预测和发现隐伏矿床。因此,地质特征的趋势分析,是地质对象空间分析的重要内容。

7.2.1 趋势分析方法的概念和含义

一般地说，地质观察值 Y_i 等于该点区域趋势值 T_i、局部异常值 t_i 和随机误差 ε_i 之和：

$$Y_i = T_i + t_i + \varepsilon_i \tag{7-8}$$

地质上的区域性趋势反映大范围或高级序控制因素，局部异常可能反应小范围或低级序控制因素，而随机误差可能反映随机干扰因素。为了分离出趋势部分，可采用空间或时间的某种函数来逼近它，例如代数多项式和三角多项式。前者即常规趋势分析，用于逼近任意的连续函数；后者也称为调和趋势分析，用于拟合周期性变化趋势。根据变量空间的维数，多项式趋势分析可分为一维、二维和三维 3 种（图 7-6）。

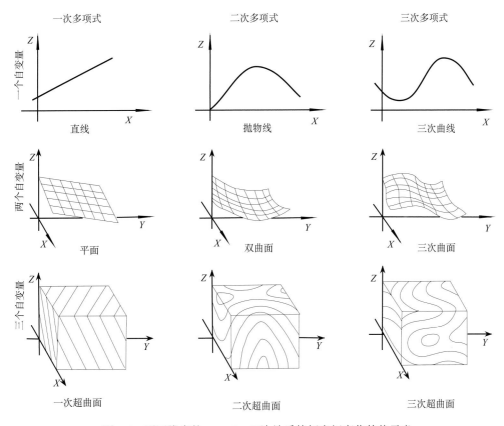

图 7-6 不同维度的一、二、三次地质特征空间变化趋势示意

一维趋势分析用于检查某一地质特征或变量是否随着距离或时间变化而呈现趋势变化（图 7-6 上）。二维趋势分析是采用多项式函数来分析地质体的某些特征在二维空间上的分布状态，即用函数所代表的曲面来拟合该地质特征的空间变化趋势（图 7-6 中）。三维趋势分析为一种三维超平面和超曲面趋势分析，是采用多项式函数来分析地质体和地质对象的某些特征在三维空间上的分布状态，即用函数所代表的超曲面来拟合该地质特征的空间变化趋势（图 7-6 下）。一般地说，拟合次数越高，所得的趋势值与观测值的近似程度就越高，分离出来的趋势形态也越复杂；拟合次数越低，所得的趋势值与观测值

的近似程度就越低，分离出来的趋势越简单。换言之，不同的拟合次数可得到空间对象的不同级别变化趋势。拟合次数的选择取决于地质对象特征空间分布的复杂程度，以及所研究问题的需要和所涉及范围的大小。分离出大趋势之后的剩余值，可以视作观测值再做趋势分析，得到次一级的局部趋势。各维度、各级次趋势分析，都要通过方差来分析其显著性。

7.2.2　趋势分析的计算公式

地质特征在三维空间中的趋势变化，可以用函数 $Z=f(x, y, z)$ 来表示。根据观测值（或转换值），用最小二乘法拟合可以求得趋势量，用观测值减去趋势量即可得到剩余量（局部异常）。观测数据 $Z_i(i=1, 2, \cdots, n)$ 的趋势分析一般分为 4 个步骤。

第一步，选择能较好描述实际特征分布特点的超曲面 $f(x, y, z)$。考虑到计算方便以及二维趋势分析的习惯，通常选择三元 n 次多项式作超曲面函数，多项式的次数 n 则可根据实际需要确定，但最大不超过 5 次。

第二步，求趋势多项式系数，为此，可构造离差平方和：

$$Q=\sum_{i=1}^{n}\left[Z_i - f(x_i, y_i, Z_i)\right]^2 \tag{7-9}$$

对 Q 求多项式系数的一阶偏导数，并令其为 0，则可得到联立线性方程组，即趋势多项式系数的线性方程组[式（7-10）]：

$$\begin{cases} \dfrac{\partial Q}{\partial a_0}=0 \\ \dfrac{\partial Q}{\partial a_1}=0 \\ \dfrac{\partial Q}{\partial a_2}=0 \end{cases} \tag{7-10}$$

再用最大列主元法解线性方程组，求解趋势多项式的系数。

第三步，将多项式系数代入趋势多项式[式（7-10）]中，求解各点的各次拟合值，即反映地质空间特征变化的趋势值 T_i，并通过趋势剩余值进行再次趋势分析，求解局部因素引起的地质特征异常值 t_i，同时分离出随机误差值 ε_i。

第四步，拟合精度分析。为了了解超曲面的拟合程度，还需要评估各次趋势多项式的拟合度。拟合度的计算公式为

$$C_p = (1 - Q_p / S) \times 100\%$$

$$Q_p = \sum_{i=1}^{n}(Z_i - Z_{pi})^2$$

$$S = \sum_{i=1}^{n}(Z_i - \overline{Z})^2$$

式中，Q_p 为离差平方和；S 为回归平方和；C_p 为拟合度；Z_i 为观测值；Z_{pi} 为趋势值；$\overline{Z}$

为 Z_i（$i=1$，2，$\cdots$，n）的平均值。

7.2.3 趋势分析应用实例

三维趋势分析在 20 世纪 80～90 年代应用较多，主要应用领域包括：勘查区重磁异常数据的三维分布特征分析（徐士宏，1981；王四龙等，1993）、矿区激电异常的三维趋势分析（陈聆等，2002）、含油气盆地流体矿化度三维分布特征分析（张菊明和张启锐，1988）、油气储层的物性的三维解释（Doveton et al.，1984；何鹏和邱宗湉，1992）。然而，由于缺乏方便而有效的三维可视化地质建模技术的支持，加上一些新方法的出现，三维趋势分析应用逐渐减少，以致近期鲜有新成果呈现。随着基于体元和混合体元结构的三维可视化地质建模系统的出现，这方面的应用将会迅速得到发展。下面以黔东北地区普觉-西溪堡-桃子坪超大型锰矿床的锰品位空间分布特征为例进行介绍。

在钻孔岩心中矿体品位的空间变化趋势分析中，应用三维趋势分析法，不但可以清楚地展示矿体的变化规律，指导矿山设计和开采，还可以有效地揭示主成矿元素或伴生元素的空间分布特征，有助于进一步分析成矿物质的来源和成矿机制。图 7-7 为黔东北地区热流体喷涌沉积锰矿田的普觉-西溪堡-桃子坪超大型锰床品位原始值分布图。

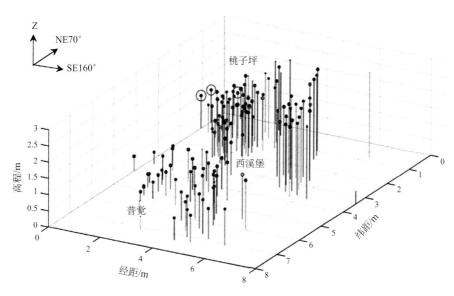

图 7-7　普觉-西溪堡-桃子坪锰矿床的品位原始值空间分布
（圆点的大小表示品位的高低，据 103 地质大队钻孔样品测试成果）

从图 7-8 上可以大致看出，该区总体上存在着一个以桃子坪矿床南部为中心的高值区，表明可能存在着一个规模较大的区域矿质喷涌中心。通过三维趋势分析，过滤掉了局部干扰因素后，得到其空间变化趋势如图 7-8 所示。在该三维趋势图中，清楚地呈现出以桃子坪矿床南部为中心的鸭蛋形分布特征。其趋势剩余分析结果（图 7-9）则显示出普觉和桃子坪 2 个高值区，暗示可能存在着 2 个局部的含矿热流体喷涌中心。

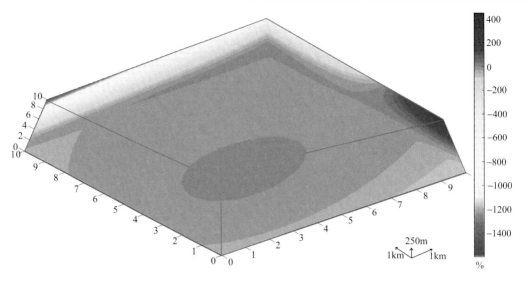

图 7-8　普觉-西溪堡-桃子坪锰矿床的品位三维 2 次趋势图

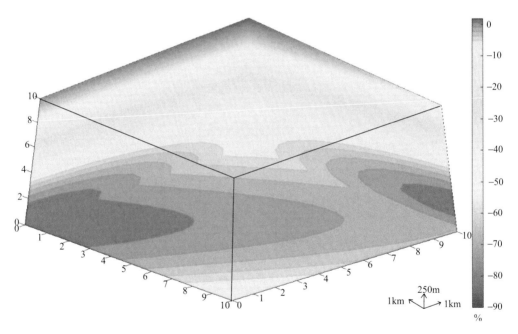

图 7-9　普觉-西溪堡-桃子坪锰矿床的品位三维 2 次趋势剩余图

7.3　地质特征三维空间变异分析

　　地质特征在空间分布上呈现的非均匀性复杂变化状况,称为地质特征的空间变异性。这项研究所涉及的内容,包括物探异常、化探异常、力学属性、矿石品位、矿物成分和岩石结构等。相关数据源自于物探、化探、岩心观测和采样测定,通常存放在矿产勘查过程中所建立的勘查区原始数据库和基础数据库中。对地质空间变异性的定量化表达,是开展成矿背景和成矿条件研究，进行储量计算和矿产资源潜力评价的基础。地质特征空间变异性的研究方法，主要有多元统计分析、分形或多重分析、空间自相关性分析、空间趋势分析、克里金（地质统计学）和多点随机模拟等。其中，克里金分析法是从空间变量相关性和变异性出发，对空间对象的区域变量值进行线性、无偏和最优估计，即以变差函数为基本工具，研究区域变化量空间分布的结构和随机性，以达到精确估计目的的一种空间分析方法（王仁铎和胡光道，1988；侯景儒和郭光裕，1993）。下面以矿石品位空间变差函数分析为例，介绍地质特征三维空间变异性的分析方法和具体过程。

7.3.1 变差函数的计算流程

变差函数分析的工作流程如图 7-10 所示，主要内容包括：实验变差函数计算、理论变差函数模型拟合、交叉验证、结构套合等步骤。

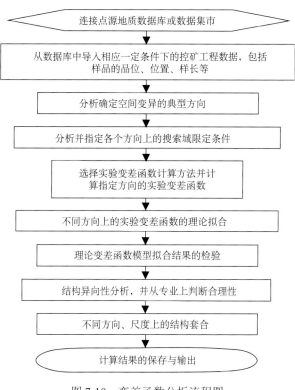

图 7-10　变差函数分析流程图

7.3.2 实验变差函数计算

变差函数计算的主要步骤：①选择计算方法并计算实验变差函数；②对实验变差函数进行理论模型拟合和最优化检验；③对不同方向的变差函数进行结构套合。对矿石品位数据进行变差函数计算和结构分析，是克里金（地质统计学）储量估算法在实际应用中较难准确把握的部分。最初的克里金及其空间变异性分析，是基于二维空间进行的，为了将空间变异分析推广到三维空间中，需要着重考虑样品与待估计块段之间的空间位置、尺寸等几何特征，以及各种地质特征的三维空间结构和垂向变化。因此，系统需要提供对样品属性空间变异性分析的多种工具：异常值和趋势的可视化查询及处理、实验变差值曲面、变差值云、样品方向（钻孔方向或平硐方向）的实验变差函数、全向实验变差函数、任意指定方向的实验变差函数及自定义的多理论模型拟合等（李章林等，2008a）。用户应用这些工具，可随时查看模型的拟合程度，并通过调整模型参数动态更新计算结果并实时保存。

此外，为了简化勘查区或矿区变差函数计算和结构分析，计算软件还需提供可同时对三个主变异方向的实验变差函数进行计算及其理论模型拟合的功能，甚至同时计算稳健实验变差函数、多阈值的指示变差函数和多变量交叉变差函数及其组合形式。

7.3.2.1　变差函数的基本原理

克里金法涉及三个重要概念，即区域化变量、变差函数和协方差函数。变差函数是区域化变量增量平方的数学期望，即区域化变量的增量方差（侯景儒和黄竞先，1982）。它用于描述数据值的空间相关性——数据点在空间上相距越远相关性就越小。在进行地质特征空间变异分析时，通常使用的参数是区域化变量增量方差的一半，即半变差函数，为简化起见仍称为变差函数。所涉及的变量有：变程（影响距离）a、块金效应（相近点变化）C_0、先验方差 $C_{(0)}$、基台值（变化幅度）C_0+C。这里 C 表示拱高，变量之间的关系如图 7-11 所示。

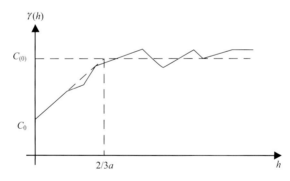

图 7-11　实验变差函数（半变差函数）曲线示意

图 7-11 是实验变差函数曲线示意图，横轴是样品对之间的距离（也就是滞后距 h），纵轴是一定距离点变差函数平均值。从图上可知，当横向滞后距达到一定程度时，纵向变差值趋向稳定，此时的变差值就是基台值；根据该变异曲线原点性状，可确定块金值；根据所选模型的 C_0、$C_{(0)}$ 与最大滞后距(h)的关系，可作图求出变程 a。

在一维情况下，设 $Z(x)$ 为定义在一维轴 X 上的一个区域化变量，$Z(x)$ 和 $Z(x+h)$ 分别为 $Z(x)$ 在 x 和 $x+h$ 处的值，则 $Z(x)$ 在 X 轴方向上的变差函数可以记为

$$\gamma(x,h)=\frac{1}{2}\times var[Z(x)-Z(x+h)] \tag{7-11}$$

在平稳假设或本征假设下，区域化变量 $Z(x)$ 的期望相等，即有式（7-12）成立。

$$E[Z(x)] = E[Z(x+h)] \qquad (7\text{-}12)$$

由式（7-11）和式（7-12），可以得到变差函数的基本公式（7-13）：

$$\gamma(x,h) = \frac{1}{2} \times E[Z(x) - Z(x+h)]^2 \qquad (7\text{-}13)$$

由式（7-13）可知，变差函数依赖于两个自变量 x 和 h。在一般情况下，变差函数 $\gamma(x, h)$ 的值仅取决于有方向的距离 h，而与位置 x 无关。这时，$\gamma(x, h)$ 可简写成 $\gamma(h)$，即

$$\gamma(h) = \frac{1}{2} \times E[Z(x) - Z(x+h)]^2 \qquad (7\text{-}14)$$

在（准）二阶平稳假设或（准）本征假设的基础上，由式（7-14），可以得到实验变差函数值的计算公式，如式（7-15）所示：

$$\gamma^*(h) = \frac{1}{2N(h)} \times \sum_{i=1}^{N(h)} [Z(x) - Z(x_i + h)]^2 \qquad (7\text{-}15)$$

在式（7-15）中，h 是一个有方向的矢量。当 $Z(x)$ 是定义在二维或三维的区域化变量时，在不同方向上，$Z(x)$ 可能会有不同的变差函数值。

据式（7-15），变差函数反映了区域变量在某个方向上某一距离内的变化程度，因此可利用实验变差函数来解决地质对象的空间变异问题。在样品数据正常的情况下，式（7-15）是可用的，但如果存在数值畸变现象，在计算单向变差函数之前应做适当处理。不稳定的样品值能够通过作图或统计分析显示出来，必须采用相应的工具并截断不稳定的样品值或从数据集合中删除这些样品，同时修改变差函数的计算方法和过程。对于实验变差函数的计算结果，一般都必须通过一定的方法来验证其正确性和有效性，例如交叉验证方法。

在计算实验变差函数时，往往需要计算所研究的空间域中不同空间轴上的多个实验变差函数值，其计算流程如图 7-12 所示。其要领是先确定一个搜索方向，再计算该方向给定距离内各有效样品对之间的差值，然后求出该方向上的实验变差函数值。计算结果一般以图形形式直观地表达出来（王仁铎和胡光道，1988），以便对研究区域做进一步的深入分析。为了保证所计算出来的实验变差函数具有更好的稳健性，通常可采用变程 a 切尾值和中位调节等方法对数据进行预处理，并改进原始数据的分布情况。

7.3.2.2 实验变差函数的计算方法

实验变差函数的计算难易程度与样品数据点的空间分布有很大关系。下面针对样品数据的两种不同空间分布，分别讨论和说明其实验变差函数的计算方法。

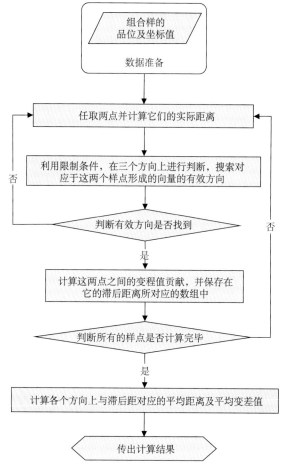

图 7-12　实验变差函数计算流程

1. 数据规则分布情况下的计算方法

如图 7-13 所示，在研究范围内样品数据点的空间分布是严格规则的，只需要给定一个方向，就有可能在该方向上以不同的距离搜索到足够数量的样品，于是可按照式（7-15）严格地计算出地质特征的区域化变量在空间各个方向上的实验变差函数值。在这种情况下，需要确定的主要计算参数包括：基本滞后距、最长搜索距离、搜索方向（即角度或时间轴）。由于数据分布规则，只要给定空间的角度或时间轴，就可以沿着这一方向搜索到所关注的样品数据对，进而计算出给定方向上的实验变异函数值。

在这种情况下，对于不同的空间分布，可用统一的步骤来计算实验变差函数：

（1）给定搜索方向，找到所有在该方向上的点；

（2）判断条件 $ih < H$（$i=0$，1，2，…，n；h 为基本滞后距；H 为搜索最大距离）是否成立，成立则进行第（3）步；不成立则结束该方向上的计算；

（3）搜寻在给定方向上，距离为 ih 的样品对，按式（7-15）求出距离为 ih 的 $\gamma^*(h)$ 的值；

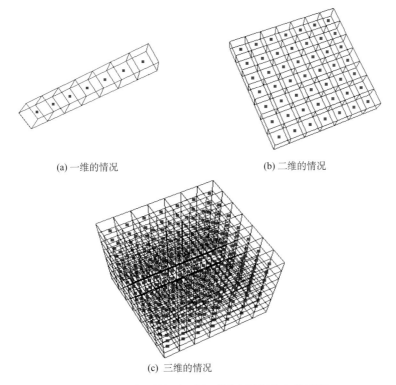

(a) 一维的情况　　　　　　　　　　(b) 二维的情况

(c) 三维的情况

图 7-13　样品数据在研究区域内规则分布的情形

（4）判断所有研究的方向是否都计算完毕，是则结束计算，否则重新进行第（1）步。

2. 数据不规则分布情况下的计算方法

在实际情况下，数据的分布总是不规则的。面对分布不规则的数据，需要在方法上作一些适应性调整。下面按样品数据分布情况，分别介绍实验变差函数的计算方法。

1）一维不规则分布情况

当样品点都严格地分布在一条直线上，但分布的间距不规则（每个样品对之间的距离都不相同）时，可视为数据不规则分布的最简单情况，即一维不规则分布的情形（图 7-14）。

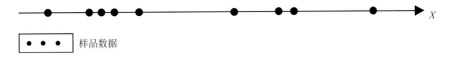

图 7-14　样品数据呈一维不规则分布的情况

在一维不规则分布的情形下，如果严格地按照步长 ih 来搜索样品，得不到有统计意义的样品对。为此，需要设定一个距离容差 Δh，将距离为（$ih \pm \Delta h$）的样品点均作为 ih 样品点看待，参与距离为 ih 时的实验变差函数值的计算。

2）二维不规则分布情况

当样品点分布于一个平面内，且分布的间距不规则（每个样品对之间的距离都不相同）时，即为二维不规则分布（图 7-15）。为了搜索到尽可能多的有效样品，需要在一维限制参数（距离容差 Δh）的基础上，增加一个限制参数，即角度容差 $\Delta\varphi$，以便使搜索方向（$ih\pm\Delta\varphi$）上的所有样品点都落入有效的搜索范围内。

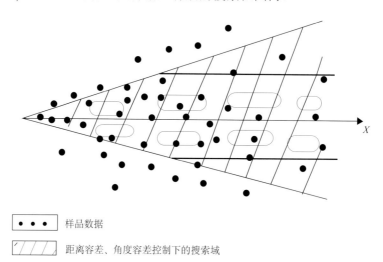

·　·　·　·	样品数据
⫽⫽⫽	距离容差、角度容差控制下的搜索域
⬭⬭	距离容差、角度容差和带宽容差控制下的搜索域

图 7-15　样品数据呈二维不规则分布的情况

　　角度容差（$\Delta\varphi$）参数的引入，扩大了二维不规则分布的样品搜索空间，但同时也干扰了样品数据的方向性。为此，可增设一个带宽限制条件，如图 7-15 中圆角四边形所在的区域。带宽限制的加入，有效地消除了角度容差参数带来的负面影响。

　　3）　三维不规则分布的情况

　　当样品数据在三维空间范围内呈不规则、零乱分布时，情况与二维不规则分布相似。区别在于，在二维的情况下，有效样品数据对的搜索域是一个滑动的扇形（或扇形和矩形的组合）区域。在三维的情况下，同样可用二维的限制参数来限制搜索域的大小。这时，如果没有带宽限制，搜索域在空间上将形成一个滑动的圆锥；如果有带宽限制，则搜索域是圆锥与圆柱的组合。在这两种情况下，搜索域的情形如图 7-16 所示。

7.3.2.3　实验变差函数应用实例

　　上述三维不规则分布的实验变差函数计算原理和方法，符合固体矿产勘查区钻孔样品点及其测试数据的空间分布特点，也符合基于 CPG 数据结构建立的三维地质模型的体元空间分布特征，因而可以将其计算模块与三维地质建模子系统挂接起来，作为勘查区各种成矿条件和矿床特征等地质变量空间变异性分析的工具。

1. 实验变差函数计算的数据准备

　　计算实例来自我国东南某省南部，是一个典型火山-热液型金矿床，其空间分布范围为沿走向 1803m，沿倾向 1625m，垂向 845m。矿床勘探网度以 50m×50m 为主，少量

100m×100m。勘查工程以钻孔为主，加少量平硐、探槽和穿脉。矿体产状为：走向NW350°、倾向NE80°、倾角32°。为了对该区样品测试数据中的样长和品位的空间变异特征进行统计分析，取2m的样长进行等长化，而以90.00％作为特高品位，对样品数据进行预处理，并设计了如表7-1所示的勘查区品位数据的实验变差函数搜索域参数。

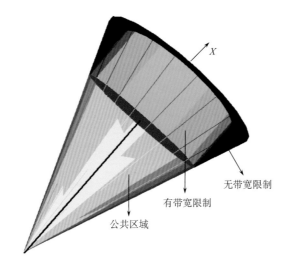

图 7-16　样品数据呈三维不规则分布时的搜索域示意图

表 7-1　实验变差函数搜索域参数设置

搜索域参数	走向	倾向	垂向
基本滞后距/m	10.00	10.00	5.00
最大搜索距离/m	200	200	200
角度容差/m	22.5	22.5	22.5
距离容差/m	5	5	2.5
带宽/m	100	100	100

2. 实验变差函数计算及结果分析

利用表7-1的参数设置数据和等长化了的样品数据，通过式（7-15）对三个方向（走向、倾向和垂向）上的实验变差函数进行计算。得到如图7-17所示的结果。显然，三个方向上的实验变差函数曲线都明显的从原点开始缓慢上升变大，然后随着距离的增加而逐渐变得平稳的趋势。这使得在理论变差曲线拟合之前，就能看到各个方向变化特点。

从图7-17可知，三个方向的实验变差函数计算结果体现了明显的带状异向性特征，即矿石品位在不同的方向变化程度不一样：倾向上变化最大，走向其次，厚度最小。各方向上的实验变差值趋向平稳状态时对应的距离（即变程）：倾向与走向基本相等，均大于厚度方向的变程。这种情况反映了矿石品位在厚度方向上的连续性，要明显小于其他两个方向。这些特征，与矿区的实际情况基本一致。仅由实验变差函数计算结果就可以较准确地得到这种特征，在一定程度上表明了上述计算方法的有效性。当主变异方向难

以确定时,可采用模型搜索方式进行变差函数计算。图 7-18～图 7-20 是采用 QuantyView
软件并基于模型搜索方式,分别计算出来的该金矿区的各种实验变差函数成果图。

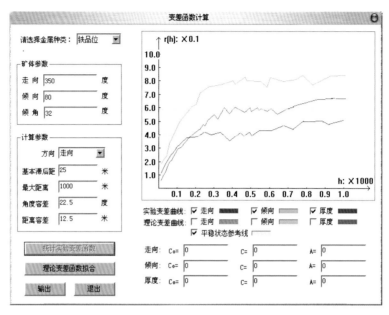

图 7-17　某火山-热液型金矿品位数据三维不规则分布的实验变差函数计算结果

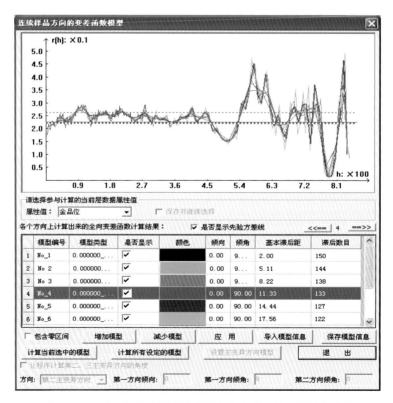

图 7-18　基于模型搜索的连续样品方向实验变差函数计算结果

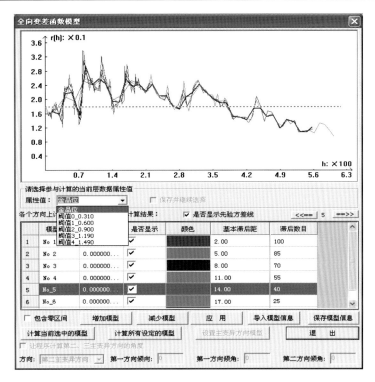

图 7-19 基于模型搜索的全向实验变差函数计算结果

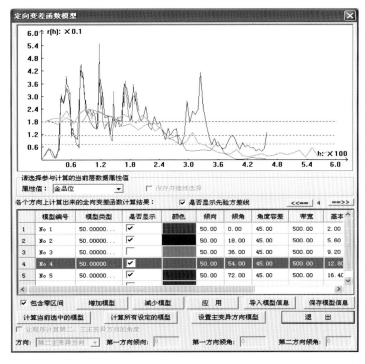

图 7-20 基于模型搜索的定方向实验变差函数计算结果

7.3.3 理论变差函数拟合

在对某一个方向上计算出实验变差函数值之后，需要采用理论曲线模型来进行拟合，以便得到理论变差函数模型——规律性认识，并通过样本值估算理论模型的参数。理论模型的优劣可通过与不同方向上实验变差函数之间的差异程度来判断。在同一个方向上，可采用一个理论模型进行拟合，也可采用多级模型，即多个理论模型进行拟合。

7.3.3.1 理论变差函数的基本类型

理论变差函数模型可按有无基台值分为以下几类：①有基台值模型，包括纯块金效应模型、指数模型、球状模型、高斯模型、线性有基台值模型；②无基台值模型，包括幂函数模型、线性无基台值模型、抛物线模型；③孔穴效应模型。其中，有基台值的理论变差函数模型属于常用模型。下面仅介绍几种常用的模型。

1. 纯块金效应模型

其一般公式为

$$\gamma(h) = \begin{cases} 0 & h = 0 \\ C_0 & h > 0 \end{cases} \tag{7-16}$$

式中，$C_0 > 0$，为先验方差。该模型代表了区域化变量为随机分布，样本点间的协方差函数对于所有距离 h 均等于 0，变量的空间相关不存在的情况。

2. 指数模型

其一般公式为

$$\gamma(h) = \begin{cases} 0 & h = 0 \\ C_0 + C\left(1 - e^{\frac{-h}{a}}\right) & h > 0 \end{cases} \tag{7-17}$$

式中，C_0 和 C 意义与前相同，但 a 不是变程。当 $h=3a$ 时，$1 - e^{\frac{-h}{a}} = 1 - e^{-3} \approx 0.95 \approx 1$，即 $\gamma(3a) \approx C_0 + C$，从而指数模型的变程（设为 a'）约为 $3a$。当 $C_0 = 0$，$C = 1$ 时，称为标准指数模型。

3. 球状模型

其一般公式为

$$\gamma(h) = \begin{cases} 0 & h = 0 \\ C_0 + C\left(\dfrac{3h}{2a} - \dfrac{h^3}{2a^3}\right) & 0 < h \leqslant a \\ C_0 + C & h > a \end{cases} \tag{7-18}$$

式中，C_0 为块金（效应）常数，C 为拱高，$C_0 + C$ 为基台值，a 为变程。当 $C_0 = 0$，$C = 1$

时，称为标准球状模型。球状模型是地质统计分析中应用最为广泛的理论模型，许多区域化变量的理论模型都可以用该模型去拟合。

4. 高斯模型

其一般公式为

$$\gamma(h) = \begin{cases} 0 & h = 0 \\ C_0 + C\left(1 - e^{\frac{-h^2}{a^2}}\right) & h > 0 \end{cases} \tag{7-19}$$

式中，C_0 和 C 意义与前相同，a 也不是变程。当 $h = \sqrt{3}a$ 时，$1 - e^{\frac{-h^2}{a^2}} = 1 - e^{-3} \approx 0.95 \approx 1$，即 $\gamma(\sqrt{3}a) \approx C_0 + C$，该模型的变程（设为 a'）约为 $3a$。当 $C_0 = 0$，$C = 1$ 时，称为标准高斯函数模型。

在实际工作中，变差函数的各种理论模型，可根据需要套合使用。

7.3.3.2　理论变差函数的拟合

传统的拟合方法有人工拟合法和线性回归法。前者人为性强，由地质技术人员依经验及对地质情况的了解，按照实验变差函数在坐标轴上的位置和形态，人为地确定合适的理论模型和参数初值，并通过反复对比和修正得出结果。下面以常用的球状模型为例，介绍基于多元线性回归法的理论变差函数拟合过程。设球状模型为

$$\gamma(h) = \begin{cases} 0 & h = 0 \\ C_0 + C\left(\dfrac{3h}{2a} - \dfrac{h^3}{2a^3}\right) & 0 < h \leqslant a \\ C_0 + C & h > a \end{cases} \tag{7-20}$$

不难看出当 $h = 0$ 及 $h > a$ 的情况较为简单，这里不作具体阐述，主要讨论当 $0 < h \leqslant a$ 的情况。在拟合过程中，关键是求出 C_0、C、a。通过计算下式：

$$\gamma(h) = C_0 + C\left(\frac{3h}{2a} - \frac{h^3}{2a^3}\right)$$

可以利用下面的方法将它转换为线性的形式：令 $h = x_1$；$h^3 = x_2$；$C_0 = b_0$；$b_1 = \dfrac{3C}{2a}$；$b_2 = -\dfrac{C}{2a^3}$；$\gamma(h) = y$。则有

$$y = b_0 + b_1 x_1 + b_2 x_2 \tag{7-21}$$

式中各参解法为

$$\begin{cases} b_1 = \dfrac{l_{1y}l_{22} - l_{2y}l_{12}}{l_{11}l_{22} - l_{12}^2} \\ b_2 = \dfrac{l_{11}l_{2y} - l_{1y}l_{12}}{l_{11}l_{22} - l_{12}^2} \\ b_0 = \bar{y} - b_1\bar{x}_1 - b_2\bar{x}_2 \end{cases}$$

其中，

$$\bar{x}_j = \frac{1}{N}\sum_{i=1}^{n} N_i x_{ij} \quad (j=1,2); \quad \bar{y} = \frac{1}{N}\sum_{i=1}^{n} N_i y_i; \quad N = \sum_{i=1}^{n} N_i;$$

$$l_{jk} = \sum_{i=1}^{n} N_i x_{ji} x_{ki} - \frac{1}{N}\left(\sum_{i=1}^{n} N_i x_{ki}\right)\left(\sum_{i=1}^{n} N_i x_{ki}\right) \quad (j,k=1,2);$$

$$l_{jy} = \sum_{i=1}^{n} N_i x_{ji} y_i - \frac{1}{N}\left(\sum_{i=1}^{n} N_i x_{yi}\right)\left(\sum_{i=1}^{n} N_i y_i\right) \quad (j=1,2); \quad x_{1i} = h_i; \quad x_{2i} = h_i^3;$$

$$C_0 = b_0; \quad a = \sqrt{\frac{-b_1}{3b_2}}; \quad C = \frac{2b_1}{3}\sqrt{\frac{-b_1}{3b_2}}$$

解出 C_0，a，C，即可得到拟合的球状模型变差函数 $\gamma(h)$。

在解线性方程过程中，若 $b_0 < 0$，可把 b_0 值当 0 处理；若 $b_0 \geq 0$，$b_1 \geq 0$，$b_2 \geq 0$ 则对数据进行适当删减，直至得到符合条件的数据。若 $b_0 \geq 0$，$b_1 \geq 0$，$b_2 = 0$，宜采用球状模型对理论模型重新进行选择。经验表明，在进行实验变差函数拟合时，只用一个球状模型不一定能得到较好的结果，可能需要利用两个或多个球状模型进行拟合。

7.3.3.3　实现流程

根据上面的原理，一级球状模型的拟合可以用图 7-21 所示的流程来实现。

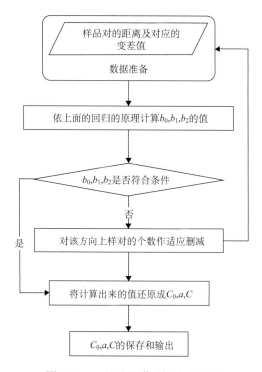

图 7-21　一级球状模型拟合流程图

二级和三级模型拟合的现实流程如图 7-22 所示。

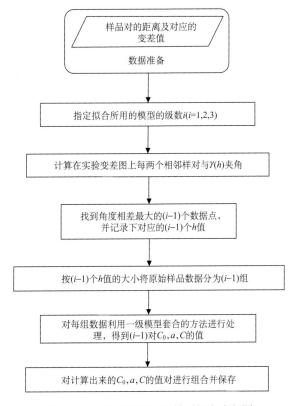

图 7-22　二级和三级球状模型拟合流程图

7.3.3.4　理论变差函数拟合结果

理论变差函数的拟合也分为已知主变异方向和未知主变异方向两种情况。图 7-23 为在未知主变异方向的情况下，中国东南部某金矿品位在厚度方向上的实验变差函数及其拟合曲线。在未知主变异方向情况下，软件可搜索确定主变异方向并确定实验变差函数模型，然后进行曲线拟合。设置控制点方便用户参考拟合度手动拟合曲线。

7.3.3.5　理论变差函数验证

建立理论变差函数拟合模型，是为克里金储量估算服务的。由于所选择的数学模型及拟合方法不同，对同一个实验变差函数可能会拟合出不同的理论变差函数。开展交叉验证的目的，是检验理论变差函数的拟合效果。通过交叉验证，可以促使更加合理地选择理论变差函数的数学模型和拟合方法。理论变差函数拟合模型的验证方法，有最优化检验法和离散方差检验法两种。前者依据 Jacknife 准则，即"在各实测点上克里金估计值与实测值之差的平方平均最小"；后者认为，"在每一个实测点均可算出一个克里金估计标准差 s^*（估计方差的方根），如果理论变差函数确定得好，则 $(Z^*-Z)^2/(s^*)^2$ 应围绕 1 波动"。这两种方法可以综合成一个统一的检验理论变差函数最优化指标：

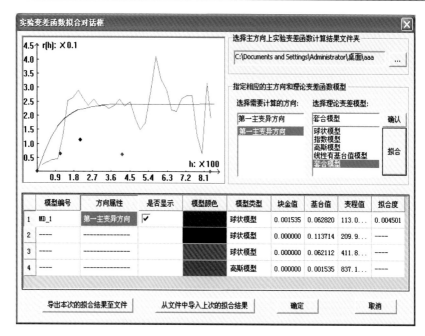

图 7-23　实验变差函数理论模型拟合功能示意图

$$I = \overline{\left(Z^* - Z\right)^2} \times \left[P \times \left| 1 - \frac{1}{\left[\left(Z^* - Z\right)/s^*\right]^2} \right| + (1 - P) \right] \qquad (7\text{-}22)$$

其中,

$$P = \begin{cases} 0.1 & \text{当} 0 \leqslant \overline{\left(Z^* - Z\right)^2} \leqslant 100 \\ 0.2 & \text{当} 100 < \overline{\left(Z^* - Z\right)^2} \end{cases}$$

为经验性参数。I 值越小,表明理论变差函数确定得越好。这种方法的好处是可以同时检验实验变差函数计算的好坏与变差函数拟合的效果。

　　在三维可视化储量估算和表达子系统中,用户还可以通过图形的方式直观地了解拟合的各项参数的大小及相互之间的关系等详细情况(图 7-24)。

7.3.4　结构分析与结构套合

　　为了对研究区地质特征空间变异性的结构有清晰的认识,需要在实验变差函数和理论变差函数计算的基础上,进一步开展研究区地质特征空间变异性的结构分析。

7.3.4.1　基本概念和原理

　　所谓结构分析,是指构造出一个变差函数模型,定量地揭示研究区地质特征空间变异性的结构,主要内容是连续性分析、各向同性和各向异性分析、块金效应分析、比例效应分析和不同方向的结构套合分析等。其中,结构套合分析是结构分析的主要方法,涉及一系列基本概念和方法原理。下面分别加以简要介绍。

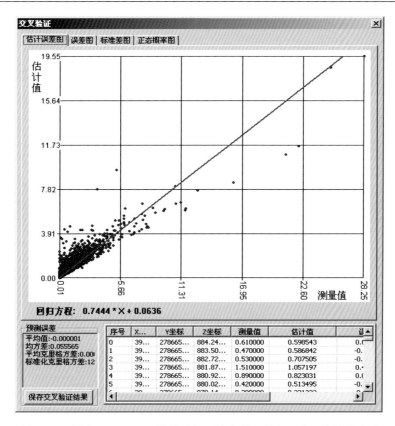

图 7-24　利用 QuantyMine 软件进行理论变差函数交叉验证结果的显示

结构套合：是指在不同距离 h 上和（或）不同方向上同时起作用的变异性组合。结构套合的结果一般可表示为多个变差函数之和，参与组合的每一个变差函数，代表一个特定方向上的特定尺度的变异性。套合结构的表达式为

$$\gamma(h)=\gamma_0(h)+\gamma_1(h)+\cdots+\gamma_2(h)+\cdots \qquad (7\text{-}23)$$

连续性：是指当 h 趋向于零时，变差函数 $\gamma(h)$ 对应的增量 $\Delta\gamma(h)$ 也趋向于零的区域变量特征。变差函数的连续性，可通过变差函数原点的性状来描述。

各向同性：指区域性变量在各个方向的变差性相似或完全相等时的性质，例如均匀矿化现象。这是区域性变量结构分析中的一种最简单的情况。

各向异性：指区域性变量在各个方向的变异特征存在某种程度差异的性质。经典地质统计学将各向异性分为几何各向异性和带状各向异性两种。

几何各向异性：区域性变量在不同方向上，所表现出的变差程度相同而连续性不同的性状。这种各向异性可以经过简单的几何图形变换转化为各向同性，故而称为几何各向异性。几何各向异性具有相同的基台值，但变程值不同。

带状各向异性：当区域性变量在不同方向上的变差值之差不能用简单的几何变换得到时，因具有不同的基台值而表现为带状各向异性。带状各向异向性常出现在多层状矿区，由于矿层及夹层组成变化显著，其矿石品位在垂直矿层方向的变差要比沿矿层方向大。典型的带状各向异性理论变差函数模型，如图 7-25 所示。

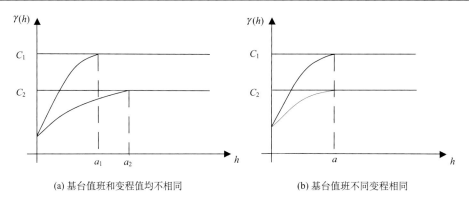

(a) 基台值班和变程值均不相同 （b) 基台值班不同变程相同

图 7-25　带状各向异性情况下典型的变差曲线示意

从图 7-25 上可以看出，带状各向异性模型难以准确地描述区域性变量的具体空间变异特征。近年来，不少学者强调应该用块金值各向异性、基台值各向异性和变程值各向异性三个概念来对区域性变量的各向异性进行刻画和描述。典型的基台值各向异性和变程值各向异性的情况，如图 7-26（a）和图 7-26（b）所示。

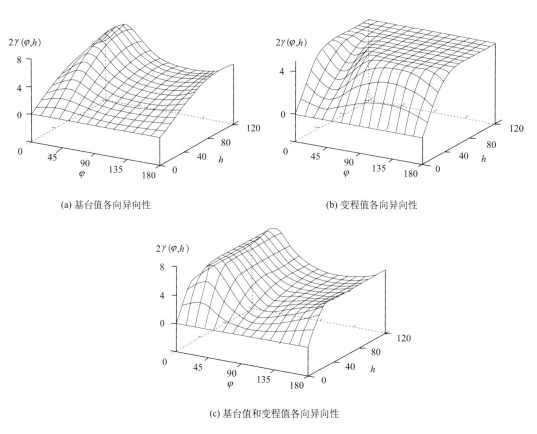

(a) 基台值各向异向性　　　　　　　　　　　(b) 变程值各向异向性

(c) 基台值和变程值各向异向性

图 7-26　各向异向性类型及特征示意（Eriksson and Siska，2000）

7.3.4.2　结构套合的实现方法

结构套合的实现方法，因各向异性的类型不同而有所差异。下面按几何各向异性和带状各向异性两种情况，对其实现过程分别加以说明。

1. 几何各向异性的结构套合

几何各向异性结构套合的基本思想是，通过线性变化将坐标向量 $h = (h_u,\ h_v,\ h_w)^{\mathrm{T}}$ 变成各向同性的新坐标向量 $h = (h*_u,\ h*_v,\ h*_w)^{\mathrm{T}}$。其线性变换矩阵如下：

$$h' = Ah, \quad 其中, A = \begin{pmatrix} a_{11} & a_{12} & a_{13} \\ a_{21} & a_{22} & a_{23} \\ a_{31} & a_{32} & a_{33} \end{pmatrix}$$

几何各向异性的关键是计算变换矩阵 A。当一个几何各向异性模型中，只有水平方向有各向异性，而无垂向各向异性，则 A 可以选定为

$$A = \begin{pmatrix} 1 & 0 & 0 \\ 0 & 1 & 0 \\ 0 & 0 & 0 \end{pmatrix}$$

几何各向异性的结构套合，还有一种拉伸椭圆法。设任意两点 p_i 和 p_j，其坐标分别为（$x_i,\ y_i,\ z_i$）和（$x_j,\ y_j,\ z_j$），映射到椭圆的中心 p_i'（图 7-27），则偏移距离为

$$h_{ij} = \sqrt{\Delta z_{ij}^2 + \Delta y_{ij}^2 + \Delta x_{ij}^2} \tag{7-24}$$

在 $\Delta x \Delta y$ 坐标系中的偏角为

$$\varphi_{ij} = \tan^{-1}\left(\frac{\Delta y_{ij}}{\Delta x_{ij}}\right) \tag{7-25}$$

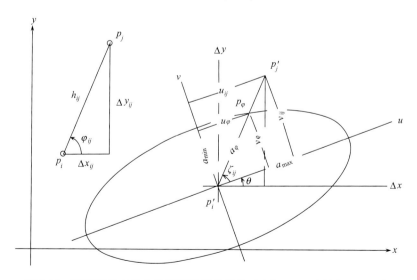

图 7-27　变程值各向异向性椭圆法推导示意（Eriksson and Siska，2000）

在 uv 坐标系中，偏角为 $\xi_{ij}=\varphi_{ij}-\theta$。已知在 u，v 坐标系，设 η 为椭圆短轴与长轴长度之比，则方向 ξ 上的变程为

$$a_\xi = \frac{a\eta}{\sqrt{\eta^2\cos^2\xi + \sin^2\xi}} \qquad (7\text{-}26)$$

则在方向 φ_{ij} 上的变程值为

$$a_{\varphi_{ij}} = a_{\min}a_{\max}\bigg/\sqrt{a_{\min}^2\cos^2(\varphi_{ij}-\theta) + a_{\max}^2\sin^2(\varphi_{ij}-\theta)} \qquad (7\text{-}27)$$

为了避免频繁的正弦余弦计算消耗机时，可采用下面的公式：

$$a_{\varphi_{ij}} = \frac{h_{ij}}{\sqrt{b_1\Delta x_{ij}^2 - b_2\Delta x_{ij}\Delta y_{ij} + b_3\Delta y_{ij}^2}} \qquad (7\text{-}28)$$

其中，

$$h_{ij} = \sqrt{\Delta x_{ij}^2 + \Delta y_{ij}^2} = \sqrt{u_{ij}^2 + v_{ij}^2}$$
$$b_1 = \sqrt{(\cos\theta/a_{\max})^2 + (\sin\theta/a_{\min})^2}$$
$$b_3 = \sqrt{(\sin\theta/a_{\max})^2 + (\cos\theta/a_{\min})^2}$$
$$b_2 = 2\sin\theta\cos\theta\left[\left(\frac{1}{a_{\min}}\right)^2 - \left(\frac{1}{a_{\max}}\right)^2\right]$$

2. 带状各向异性的结构套合

带状各向异性结构套合的基本思想，是把总的套合结构看成是在一个三维各向同性的结构之上叠加了一个或几个方向的各向同性附加结构。即

$$\gamma(h) = \sum_{i=1}^N \gamma_i(|h_i|) \qquad (7\text{-}29)$$

式中，各组成部分 $\gamma_i(|h_i|)$ 都经过线性变换矩阵 A_i，转变为各向同性结构。

对于程序设计而言，带状各向异性条件下的结构套合有不同方法。其中较简便的是：把最终的套合结构视为各方向各向同性模型的叠加（图7-28）。

7.3.5 空间变异性智能挖掘

基于变差函数的空间变异性挖掘过程是在一定的约束条件下，搜寻适当的空间变差函数模型及其相应参数，使之与当前研究对象的空间结构特征、属性特征及专业认识相符合的过程。由于传统的人工方法或回归方法操作麻烦且存在着不确定性，难以快速地得到可靠结果，为此需要考虑引入新的方法，特别是要考虑复杂条件下的多约束参数优化问题求解方法。目前，这方面已经有较多成熟有效的方法，如遗传算法、模拟退火、粒子群算法等。实践表明，遗传算法对此最为有效，下面着重加以介绍。

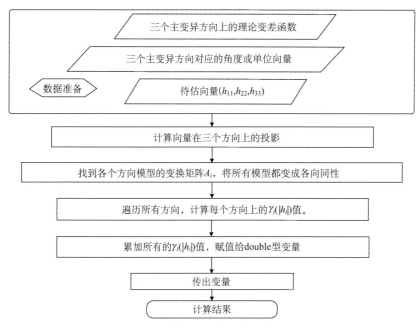

图 7-28　叠加形式的结构套合方法流程图

7.3.5.1　遗传算法的基本概念

遗传算法（genetic algorithm，GA）是一种基于基因学说和自然选择学说的搜索方法，它在 1975 年由 Holland 提出而后由 Goldberg（1989）扩展完善。基本原理是基于自然界的适者生存理论，对于一个特定的求解问题，在一定的求解空间中以优胜劣汰的规则，不断地尝试、搜索更好的解。由于该算法在传统方法难以解决的复杂问题面前显示良好的性能，被广泛接受并应用于工程领域，特别是在多目标优化、变量筛选和性能改进方面。

遗传算法的实现过程通常包含编码、初始解种群的生成、目标函数的计算、目标函数的评估、遗传操作（选择、交叉、变异）、重新评估直到满足收敛条件、进行解码输出等步骤。其基本工作流程如图 7-29 所示。

遗传算法还涉及如下几个重要概念。

（1）染色体的编码： 利用遗传算法优化具体问题的时候，需要寻找一种合适的方法来表示该问题的可行解，即染色体的编码方法。染色体的编码通常采用二进制编码，其二进制串的长度取决于问题所要求的精度。当二进制编码不能很好地表示该问题的解时，可改用诸如十进制、序列表、嵌入式列表、可变因素列表等编码方式。

（2）目标函数： 通过对目标函数的设定，可以对与最优化问题相关的染色体进行评价。整个遗传算法的过程，都是利用这一评价值来进行搜索的。

（3）遗传算子： 遗传算子一般由双亲选择算子、交叉算子、变异算子三部分组成。双亲选择是指从种群中选择优胜的个体，以便遗传到下一代，或通过配对交叉产生新的个体，再遗传给下一代；交叉算子是遗传算法中的核心操作，起全局搜索作用；变异算子在遗传算法中起局部搜索作用，二进制编码的典型变异是：将 1 变为 0 或将 0 变为 1。

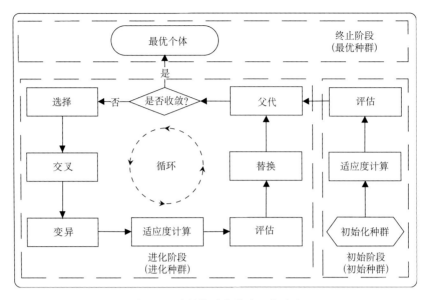

图 7-29　遗传算法的基本工作流程

7.3.5.2　空间变异性智能挖掘算法

　　空间变异性智能挖掘是在实验变差函数计算和理论变差函数拟合的基础上，以变差函数套合模型为目标进行优化，力求提高工作效率。此外，智能挖掘在套合过程中可充分使用多个方向的实验变差函数信息，而不只使用三个传统的主变异方向，不仅可以实现复杂数据环境下的自适应搜索计算，还可以得到更加客观的计算结果。

　　在一个理论模型的情况下，假设模型存在基台值以套合变差函数模型和多方向实验变差函数之差最小为目标，设计式（7-30）：

$$\min\left\{\sqrt{\sum_{i=1}^{N} w(h_i) \times \left[\hat{\gamma}(h_i, \vartheta) - \gamma(h_i, \theta)\right]^2}\right\} \tag{7-30}$$

式中，$\vartheta = (a_1, a_2, A_c, H, H_c, nLag, B)$；$\theta = (\alpha, \beta, \chi, C_0, T, C, a_1, a_2, a_3)$。$h_i$ 表示第 i 个计算距离，N 代表待计算距离的总个数。$\hat{\gamma}(h_i, \vartheta)$ 代表第 i 个距离 h_i 对应的实验变差函数值，其综合约束参数 ϑ 的各个分量，$(a_1, a_2, A_c, H, H_c, nLag, B)$ 依次表示当前实验变差函数对应的计算参数，即方位角、倾伏角、角度容差 、基本滞后距、距离容差、滞后距个数、搜索带宽。$\gamma(h_i, \theta)$ 代表第 i 个距离 h_i 对应的理论变差函数值，其综合约束参数 θ 的各个分量，$(\alpha, \beta, \chi, C_0, T, C, a_1, a_2, a_3)$ 依次代表方位角、倾角、倾伏角、块金值、当前理论模型的类型、基台值、第一、第二和第三主方向变程。$w(h_i)$ 为权重，其作用是调节计算距离对整体目标值的影响。由于在空间变异性的挖掘过程中，经常遇到数据不规则分布的情况，目前普遍认为，在实验变差函数中，距离小、接近原点的数据或样品对数大的数据，可信度较高。

　　为了适应各种不同复杂情况下的估值过程，设计了如下几种权值计算方法：

$$w(h_i) = 1.0$$

$$w(h_i) = \left[N\_Pairs(h_i) \right]^p$$

$$w(h_i) = \left[D\_Pairs(h_i) \right]^{-p}$$

$$w(h_i) = \left[N\_Pairs(h_i) / D\_Pairs(h_i) \right]^p$$

式中，N_Pairs（h_i）为当前距离条件下样品对的个数；D_Pairs（h_i）为当前距离条件下样品对的平均距离；p 为调节当前因素的影响程度的幂指数，一般取 1 或 2 即可。

7.3.5.3　空间变异智能挖掘的实现

1. 实数编码方式

为了提高空间变异性智能挖掘的水平，需要对计算模型的参数进行连续优化，而采用能够实现参数高精度连续优化的实数编码方程，是当前条件下的最佳选择。在完成目标函数中变差函数结构的各参数实数编码，并依次转化为染色体中的基因位之后，即可得到一条完整的染色体。图 7-30 展示了一级模型对应的染色体编码模式。如果使用的是多级模型，只需增加图中箭头标志部分的基因位。在实际编码过程中，如果其中某一参数不需要优化，则直接删除其对应的基因位便可达到目的。

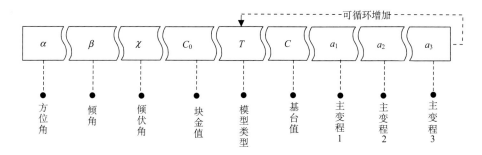

图 7-30　变差函数结构参数的染色体动态编码方式

2. 参数与边界条件设置

1）参数限制

方位角 α：$0° \sim 360°$

倾角 β：$-90° \sim 90°$

倾伏角 χ：$-90° \sim 90°$

块金值 C_0：$C_0 > 0$

当前理论模型的类型 T：球状、高斯、指数

基台值 C：$C > 0$

第一主变异方向变程 a_1：>第二主变异方向变程

第二主变异方向变程 a_2：>第三主变异方向变程

第三主变异方向变程 a_3：>0

2）模型自动约束

若使用标准化的实验变差函数，则将块金值与基台值的累计和自动约束成 1.0；对于方差小于指定比例（5%）的变差函数模型，进行自动删除以避免过拟合现象。

3）算法可选参数

每个参数是否需要优化、变化的范围及存储位数，可以更好地融入对数据的主观认识分析结果，并且兼顾不同计算机的性能需要。

4）初值限制及边界条件

随机生成初值，如果有人工拟合结果可加入初始种群。可根据需要增加限制条件：①块金值+基台值=先验方差；②最大变程≤实验变差函数有效样品数据对的最大平均距离。

3. 实现流程

```
// GA 生成最优变差函数模型
void GA2VarioOpt（）
{
    InitializePar（）;                    // 种群大小、进化代数等参数初始化
    InitializePop（P）;                   // 生成初始化种群
    FitnessCal（P）;                      // 评估初始化种群

    while（!bstop_condition）             //不满足进化条件时，终止循环
    {
        i ++;                            //循环控制
        GA_Selection（P）;                //选择操作
        GA_Crossion（P）;                 //交叉操作
        GA_Mutation（P）;                 //变异操作
        FitnessCal（P）;                  //评估种群
    }
    Decode2Variogram（best_individual）;  //由最优染色体生成变差函数模型
    PostProcVariogram（best_variogram）;  //变差函数模型优化结果后的处理
}
```

7.3.5.4　三维空间变异分析实例

空间变异性分析是克里金矿产储量估算法的关键步骤之一。下面以中国东南部某金铜矿床为例，介绍智能化空间变异性挖掘方法的原理和应用。该金铜矿位于华南褶皱系东部，东南沿海火山活动带的西部亚带，上杭北西向白垩纪陆相火山-沉积盆地东缘，上覆于闽西南晚古生代拗陷西南部。该金铜矿床属斑岩系列高硫浅成中低温热液（泉）矿床，矿体的分布受到次火山岩及赋矿围岩中的北西向构造裂隙带控制，并经过后期的氧

化次生富集，致使矿体呈厚大的透镜状，矿与非矿的界线主要依据矿石最低可采品位来划分。本次的空间变异分析，以主成矿元素金的矿石品位空间分布为对象。

1. 数据处理及相关参数设置

该金铜矿的勘查以平硐控制为主，钻探工程配合。本次研究采用的数据就来自这些平硐和钻孔（图 7-31）的采样测试结果。在计算实验变差函数时，金矿石品位的异常值取 97.5% 累计概率对应的分位数 2.93 的近似值 3.0g/t；标准样品长度，则取平均原始样品长度的近似值 3.0m。经规则化处理完后，共有样品数据 26212 个。其中，平硐数据16011 个，钻孔样品 10205 个。规则化样品数据的品位值统计特征如图 7-32 所示。

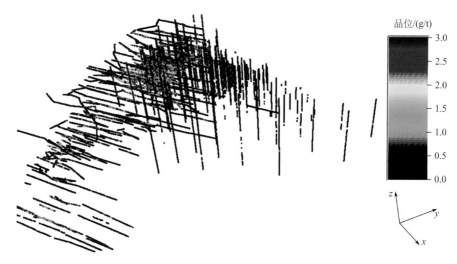

图 7-31　中国东南部某金铜矿勘查平硐和钻孔及矿石样品测试数据的空间分布状况

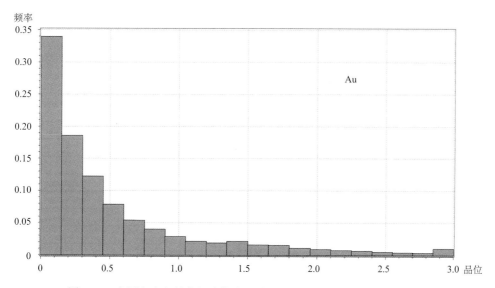

图 7-32　中国东南部某金铜矿勘查区的规则化样品数据品位值统计特征

金矿体以 Au 品位≥0.5×10⁻⁶ 为工业矿体的外边界线；而以 Au 品位≥0.2×10⁻⁶ 为低品位金矿体外边界线。在金矿石品位变异函数计算过程中，金矿石体重取值为 2.39t/m³。考虑到平硐和钻孔样品的规则化长度及实际开采块段的大小，以 12m×12m×12m 为块体模型最小单元尺寸，构建矿区的三维块体模型作为品位变异函数的研究对象。

2. 空间变异性智能挖掘过程

为了得到全研究区的矿石品位变差函数，以 30° 为间隔角度，计算整个研究区范围内的 31 个方向的实验变差函数（图 7-33），作为空间变异性智能挖掘过程中的拟合目标。而为了充分测试算法的稳健性及适应范围，在空间变异性挖掘过程中，使用了球状模型并假设无任何先验知识，让所有参数在尽可能大的范围内参与优化过程（表 7-2）。

表 7-2　金矿石空间变异性结构优化过程中的参数取值范围

块金值		[0，1]
一级模型	类型	Spherical，Exponential，Gaussian
	基台值/m	[0.00001，1.0]
	变程 1/m	[10，500]
	变程 2/m	[0.1，500]
	变程 3/m	[0.1，500]
	角度 1/ (°)	[0，180]
	角度 2/ (°)	[−90，90]
	角度 3/ (°)	[−90，90]

3. 计算结果及有效性分析

在计算过程中，种群在进化到 80 代左右时达到了显著收敛，解码对应的最优个体，得到该矿床矿石品位的实验变差函数为球状模型，其具体参数和计算结果，分别如表 7-3 和图 7-33 所示。将这一模型与所有参考方向上的实验变差函数进行对比和拟合，所得到的拟合结果如图 7-34 所示。

表 7-3　金矿空间变异性结构的空间变异性参数优化结果

块金值		0
模型数		1
一级模型		
	类型	Spherical
	基台值/m	0.376409
	变程 1/m	230
	变程 2/m	129
	变程 3/m	115
	角度 1/ (°)	300
	角度 2/ (°)	0
	角度 3/ (°)	45

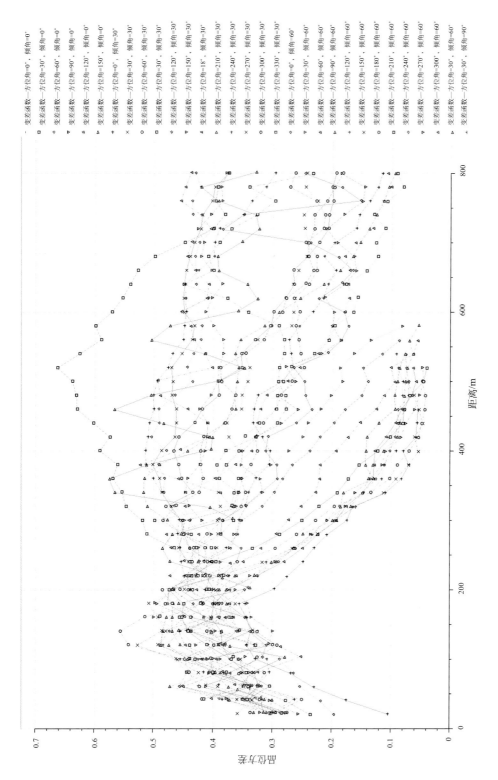

图 7-33　中国东南部某金铜矿勘查区空间范围内的"矿石品位"实验变差函数计算结果

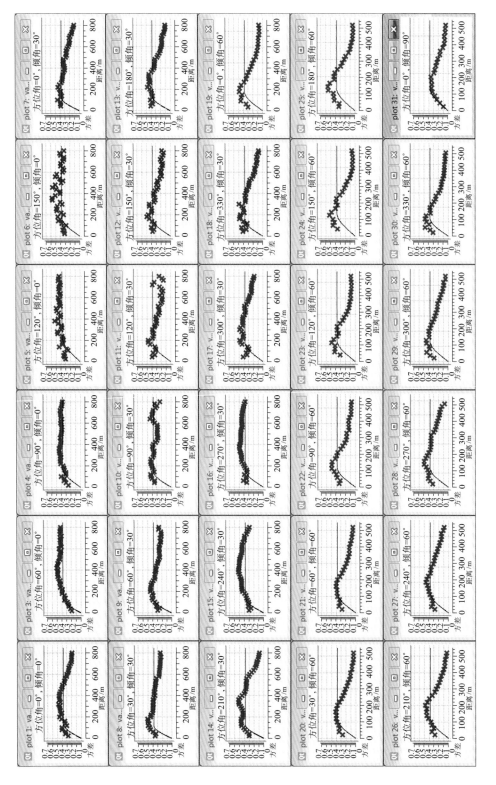

图 7-34　中国东南部某金矿区矿石品位空间变异性挖掘结果对典型实验变差函数的拟合情况

　　从图 7-34 中不难看出，所得到的空间变异性模型，整体上与不同方向上的实验变差函数存在较好的拟合度。这表明所得到的优化结果是有效的。

　　为了进一步对空间变异性分析结果进行验证和确认，需要基于普通克里金法对该模型进行交叉验证。其对应的估计值与实际值的关系，如图 7-35 所示。从图中所显示的估值状况看，本次矿石品位变异性分析的整体效果比较好。其中，金品位的实际数据与估计值之间的相关系数，高达 0.89。这一结果，从估值的角度进一步验证了基于智能挖掘的空间变异性分析方法，具有显著的有效性和实用性。

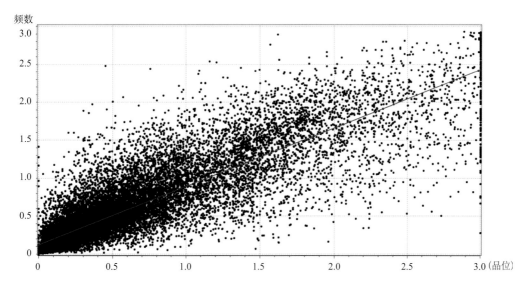

图 7-35　中国东南部某金矿床金品位空间变异性智能挖掘结果对应的金品位普通克里金估计值与真实值

第八章　三维可视化储量估算子系统

我国目前的固体矿产储量估算，基本上仍以传统方法为主，克里金法正处于大力推广阶段。因此，在三维可视化的矿产储量估算子系统中，设置了传统方法和克里金法两个部分。前者可用于完成工作任务，而后者用于开展研究和交流。

8.1　矿产储量传统估算法子系统

储量传统估算方法至今仍在我国固体矿产勘查中广泛应用。这些方法把形状复杂的矿体转化为体积大致相等的简单形体，并将研究区矿化的复杂状态转变为在一定范围内的均匀状态，然后利用几何关系计算其体积和容重，进而得出储量或资源量。其优点是简便、易于掌握，当矿体形态简单，或者工程数目多、控制程度相当高时行之有效。但由于采用手工作业方式，工作量大，十分烦琐，而且受人为因素影响。为了适应当前的信息化趋势，已经涌现出一大批功能先进的计算机估算软件，并实现了与三维可视化平台的对接。

8.1.1　传统储量估算方法概述

我国的固体矿产估算方法，目前仍以从苏联引进的基于几何学原理的传统估算方法为主。经过多年的应用和发展，这种传统估算方法已经从单纯的二维数据手工运算，发展到了三维可视化的机助运算。传统的储量几何估算方法包括：地质块段法、垂直剖面法、水平断面法、最近地区法（多角形法）及等高线法等。这些方法遵循着同一个基本原则，即把形状复杂的矿体转化成为与其体积大致相等的简单形体，并将复杂的矿化状况变为在影响范围内均匀的矿化状况，方便其体积、平均品位和储量的计算。传统方法的优点在于简便、易于掌握，不使用计算机也可以进行计算，缺点是难以应对形貌和空间分布复杂的矿体，且误差无法估计。

8.1.1.1　传统方法的储量估算过程

传统资源储量估算方法的一般估算过程如图 8-1 所示（赵鹏大，2001）：

（1）以原始采样数据为基础，进行单工程及工程间矿体边界圈定，编制勘探线剖面图；

（2）以绘制的矿体投影图底图为基础，根据勘探工程划分矿体块段，编制矿体投影图；

（3）根据块段划分情况建立矿体块段，估算矿体块段体积；

（4）估算矿体块段的矿石量 $Q = V \times \overline{D}$，式中，$Q$ 为矿石量，V 为体积，$\overline{D}$ 为平均体重；

（5）估算矿体块段的金属量 $P = Q \times \overline{C}$，式中，$P$ 为金属量，$\overline{C}$ 为平均品位；

（6）资源储量进行分类汇总。

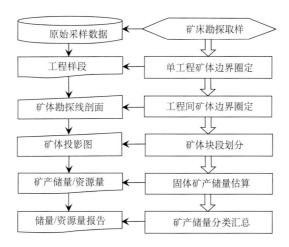

图 8-1　传统资源储量估算一般过程

8.1.1.2　共用参数的计算原理

在传统方法的计算公式中，$\overline{D}$、$\overline{C}$ 和 V 是共用参数，其算法因所采用的具体储量计算方法（垂直剖面法、块段法等）不同而有所不同。在这里合并介绍其计算原理。

1. 关于平均体重 $\overline{D}$

矿石的体重又称矿石容重，指自然状态下单位体积矿石的质量，以矿石的质量与体积之比表示。按测定方法可以分为小体重和大体重两种。所谓小体重是指按阿基米德定律，用封蜡排水法测定小块（60～120cm³）矿石所得的平均体重，其计算公式为

$$\overline{D} = W / (V_1 - V_2) \tag{8-1}$$

式中，$V_2 = (W_1 - W)/0.93$，W 为矿石质量；V_1 为矿石封蜡后的体积；V_2 为矿石上所封的蜡的体积；W_1 为矿石封蜡后的质量；0.93 为石蜡的密度（g/cm³）。

小体重的计算需按类型或品级，取 30～50 块在分布上有代表性的矿石标本进行计算。其计算结果应以大体重进行校正。大体重是指在野外用全巷法取大样的体重（$D = W/V$）。其体积 V 用沙子填充法测得。对于疏松或多孔洞且裂隙发育的矿石（风化、氧化矿石），每种类型或品级的矿石都需测大体重样 2～5 个。在测定矿石体重时，需同时测定主元素品位和孔隙度（氧化矿石）。当矿石湿度较大时，还需要根据湿度对矿石平均体重进行校正。

2. 关于平均品位 $\overline{C}$

计算矿块平均品位时，一般是先计算单个样段的平均品位，然后计算由若干工程控制的组合平均品位，最后计算矿段（或矿体、矿床）的总平均品位。平均品位计算方法

有加权平均法、算术平均法和几何平均法，可根据样品数据的特点选择使用。

①**加权平均法** 适合于矿体品位变化较大且测点分布不均匀，或与某因素相关关系显著的情况下。通常以该影响因素为权系数来确定品位加权平均值。例如，品位与样品长度（或厚度）间有一定关系，且样品长度（或厚度）变化较大时，可用样品长度（或厚度）为权进行计算。必要时，也可以按样品长度和厚度两参数之乘积联合加权。其计算公式：

$$\overline{C} = \frac{\sum\limits_{i=1}^{n} C_i \times l_i}{\sum\limits_{i=1}^{n} l_i} \tag{8-2}$$

式中，$\overline{C}$ 为工程样段平均品位，C_i 为样品品位，l_i 样长或工程见矿厚度。

②**算术平均法** 适用于矿体参数变化较小、测点分布较均匀，或该品位参数与其他参数无任何相关关系时。这种方法是把每一测点观测值所起的作用同等看待的。

按样段或工程的个数进行算术平均，样段或工程平均品位的计算公式：

$$\overline{C} = \frac{\sum\limits_{i=1}^{n} C_i}{n} \tag{8-3}$$

式中，$\overline{C}$ 为样段或工程平均品位，C_i 为样段或工程品位，n 为样品个数。

对于矿体块段而言，首先计算块段内工程样段平均品位，再计算单工程的平均品位，然后对块段内所有单工程进行算术平均处理，即可获得矿体块段的平均品位。

③**几何平均法** 适合于矿点检查、评价或勘探后期，样品数量较少，而样品品位波动又很大时。几何平均法求取工程样段的平均品位的计算公式：

$$\overline{C} = \sqrt[n]{C_1 \times C_2 \times C_3 \times \cdots \times C_n} \tag{8-4}$$

式中，$\overline{C}$ 为工程样段平均品位，C_i $(i=1, 2, 3, \cdots, n)$ 为样品品位，n 为样品个数。

3. 关于体积 V

在传统的各种固体矿产储量估算方法中，对于体积参数 V 的处理要领，都是先将矿体划分为规则单元体，再求各单元体的储量之和，不考虑矿体品位的空间变异特征。根据剖面的空间关系，可分为平行剖面法和不平行剖面法，其计算面对如下两种情况。

1）相邻两个剖面都切过矿体

设两剖面的间距为 L，截切矿体的面积分别为 S_1、S_2。若两剖面形状相似，面积之差小于 40%（图 8-2），或两个剖面有一条对应边相等时，可用梯形公式计算该矿段体积：

$$V = \frac{1}{2} \times L \times (S_1 + S_2) \tag{8-5}$$

如果相对面积之差大于 40% 时（图 8-3），则可采用锥台体公式近似计算该矿段的体积：

$$V = \frac{L}{3}(S_1 + S_2 + \sqrt{S_1 \times S_2}) \tag{8-6}$$

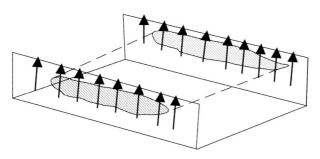

图 8-2 梯台形矿体块段

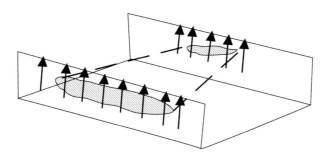

图 8-3 锥台形矿体块段

当两剖面形态不同，又无一面相当，则采用如下公式来近似求解：

$$V = \frac{1}{6} \times L \times (S_1 + S_2 + SM) \tag{8-7}$$

式中，SM 为 $L/2$ 处平行断面的面积。

2）矿体边缘由一侧剖面向另一侧尖灭

层状、似层状、脉状、透镜状矿体呈楔状尖灭（图 8-4），可采用楔形公式：

$$V = \frac{1}{2} \times L \times S \tag{8-8}$$

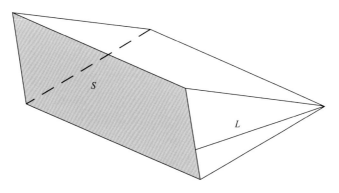

图 8-4 矿体端部块段呈楔状尖灭形态

式中，S 为矿体边缘断面面积，L 为断面到尖灭点的距离。

囊状、巢状及其他等轴状矿体呈锥状尖灭（图 8-5），采用锥形体积公式：

$$V = \frac{1}{3} \times L \times S \qquad\qquad (8\text{-}9)$$

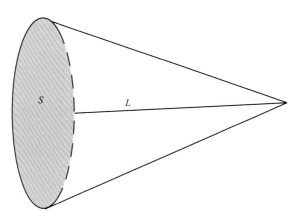

图 8-5　矿体端部块段呈锥状尖灭形态

4. 多金属矿产的传统估算方法

多金属矿产储量估算的基本方法是：①对各矿种分别按单矿种进行储量或资源量估算；②采用联合圈矿的方法划分矿石类型，分别估算各矿种的储量或资源量；③把各矿种按一定关系折算成当量品位，作为一种新的综合矿种计算储量或资源量。各种传统估算方法的软件因手工处理工作量大而难以推广，需要进一步加强研究与开发。

多金属矿产储量估算因涉及多种矿石类型，往往涉及多种矿石类型的变体重计算、夹石及采空区扣除、多种储量的动态估算等。为此，需要有通用的多矿种储量估算方法。其工作流程（图 8-6）为：①从勘查区点源数据库或数据集市中调取多矿种样品数据，如需要折算当量品位，则按一定关系组合折算为新的综合矿种品位；②根据实际情况确定各矿种的矿体边界圈定规则，基于给定规则划分各矿种的矿石类型，再以矿石类型为最小单元进行单矿种矿体边界的自动圈定；③根据矿石类型设置矿石体重，使矿石类型与体重对应，解决变体重矿石的资源储量估算问题；④针对不同矿种、矿石类型和储量类别，分别划分矿体块段和小块段并估算资源储量，然后分别进行单一矿种的储量汇总输出。

8.1.2　垂直剖面法储量估算模块

垂直剖面法适用于任何形状和产状的矿体，其要领是利用勘探线剖面把矿体划分为不同的块段，因此，除了矿体两端的边缘部分之外，每个块段两侧都有一个勘探剖面控制。必要时还可以按照地质可靠性、工业品级、类型等，将块段分为若干小块段，估算出不同类型的资源量。其优点是：①能表达矿体断面的真实形状和地质构造特点，反映矿体在三维地质空间的走向及倾向变化；②易于在断面上按照矿石工业品级、类型和储量类别进一步划分小矿体区块；③可直接采用勘探线剖面图作为计算底图，可减少许多工作量；④计算过程比较简单，而且计算结果也比较准确。其缺点是当勘查工程未形成一定的剖面系统，或者矿体太薄、地质构造太复杂时，矿石品位依靠勘探线剖面进行内插和外推会有一定误差。按照剖面的空间位置和相互关系，剖面法又可以分成平行剖面法和不平行剖面法。

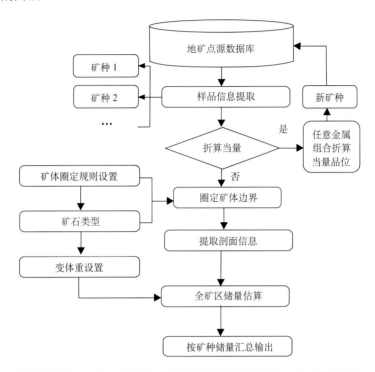

图 8-6　基于规则的支持多金属的矿产资源储量估算系统实现方法（陈国旭等，2012）

8.1.2.1　垂直剖面法矿产储量计算模块结构与功能

　　垂直剖面法的作业流程为：①编制勘探线垂直剖面并标出钻孔及取样品位；②根据给定的边界品位和工业指标圈定矿体；③求取每个剖面上的矿体面积和平均品位；④建立矿体块段并计算平均品位、容重和体积；⑤计算矿体储量并汇总。由于过程繁杂且数据量大，需要采用计算机进行计算。该模块的功能可归纳为两个方面：①勘探线剖面图、矿体垂直纵投影图、中段地质平面图等图件的辅助制图功能；②固体矿产储量或资源量动态计算、数据存储和报表输出功能。该模块不但可用于单矿种矿体边界圈定与交互修改、矿石体重参数设置、勘探线剖面图编绘、剖面间对比联立建立矿体块段、储量计算系列报表输出、储量动态计算与管理，而且可面向多金属、变体重和夹石（采空区）扣除等问题，操作简便且快捷、效率高且误差小、图形与报表结合、成图与计算一体化（图 8-7，图 8-8）。

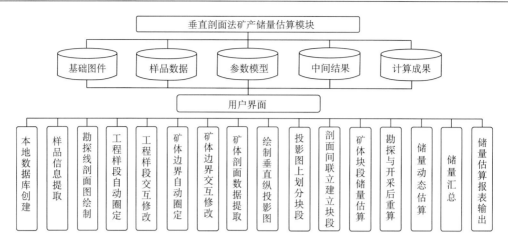

图 8-7 垂直剖面法储量计算模块数据流程图

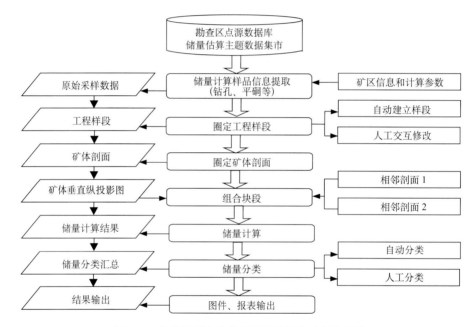

图 8-8 垂直剖面法矿产储量计算模块功能结构图

为了提高计算速度，需要开发多个功能模块。其中包括：实现工程样段的自动圈定、自由选择平均品位的求解方法、实现面积和加权平均品位的自动求算、勘探线剖面间矿体块段交互圈定、实现全部计算工作和操作过程的可视化。为了提高工作效率，操作过程中的属性数据可先保存在图上及对应的属性表中，再通过数据提取进行参数换算，然后将换算结果导入本地数据库中，便可迅速完成矿体块段圈定和储量计算。

需要指出，在利用软件处理矿床勘查数据时，由于在勘查区的空间数据库中，每一个图层附带存储的属性数据通常很少，难以满足储量计算的需要，特别是缺乏数据之间的相互关系。因此需要单独设置本地属性数据库或者储量计算主题数据集市，并采用关系数据库管理系统，才能满足储量计算时读写数据的需求。

8.1.2.2　勘探线剖面图底图自动编绘子模块

勘探线剖面图是垂直剖面法储量计算的基础图件和可视化操作平台。本子模块需要设置勘探线剖面图底图自动编绘和矿体纵向投影图编制两项功能。

1. 勘探线剖面图底图自动编绘功能

该子模块的设计思路是：首先，通过数据库或数据集市设置剖面图参数（图 8-9），当选定一个勘探线后，子模块即在勘查区地形地质图的基础上，自动检索并调用勘探线起止点坐标、地表的地形或境界线、孔口坐标、平硐起点坐标等空间数据，并展绘到勘探线剖面图上；然后，从数据库或数据集市中读取钻孔和平硐等的测井、采样、测试、岩性描述等属性数据，在完成钻孔和平硐在勘探线剖面上的投影之后，自动圈定各工程样段，并标注样段长度和平均品位（图 8-10）；最后，对勘探线剖面图上图廓、图签进行自动处理。此外，所有图示图例、花纹符号等均采用国家标准及行业标准。

图 8-9　勘探线剖面图绘制参数设置

2. 矿体纵向投影图编制功能

其设计思路是：以勘探线剖面图编绘为基础，让用户在剖面图上直接进行纵向投影图参数设置（图 8-11）。先将钻孔点垂直投影到勘探线剖面图上，再编辑成矿体纵向投影图。然后进行矿体块段划分，点击块段投影多边形角点使之闭合，确定块段编号和储量类别，让模块根据确定的储量类别，自动在纵向投影图上填充颜色并添加标注（图 8-12，图 8-13）。模块还应设置块段划分的平面图绘制功能子模块（图 8-14）。

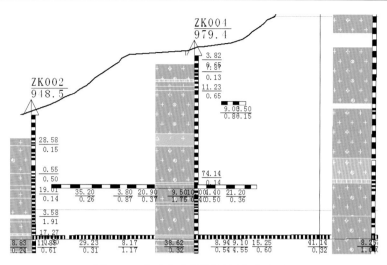

图 8-10　自动生成的勘探线剖面图局部

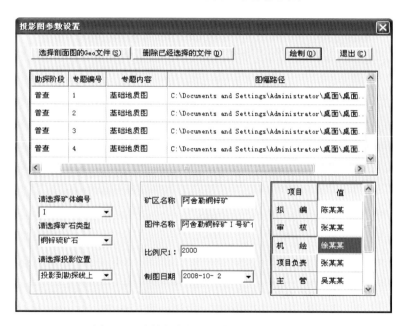

图 8-11　矿体纵向投影图底图绘制参数设置

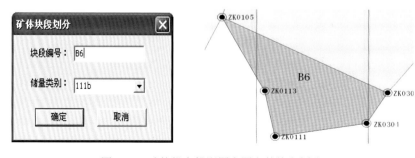

图 8-12　矿体纵向投影图底图上的块段划分

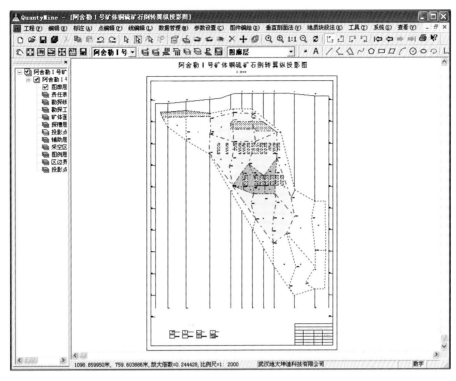

图 8-13　新疆阿舍勒金矿床某勘探线剖面上 1 号矿体的纵向投影图编绘结果示例

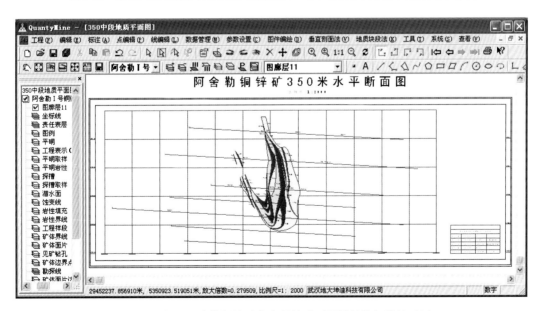

图 8-14　新疆阿舍勒铜锌矿床中段地质平面图计算机编绘示例

8.1.2.3　垂直剖面法矿产储量数学模型

垂直剖面法的矿产储量计算数学模型包括：单工程样段平均品位计算模型、矿体剖面平均品位模型、矿体块段平均品位模型等。在传统矿产储量计算方法中，其数学模型的构建主要为储量计算各阶段平均品位计算模型的构建，主要有算术平均、几何平均和加权平均等方法。

1. 矿体剖面平均品位计算模型

当工程样段长度（或矿体厚度）或品位分布不均匀时，可按照式（8-2）求加权平均值；而当工程样段长度或矿体厚度大致相等，则可按照式（8-3）求算术平均值。由于矿体块段建立方式不同，可能出现大块段一侧的剖面由若干小剖面组成，其平均品位计算方法除采用以上两种方法外，还可按小剖面的面积大小加权（即按品位影响面积加权），其计算模型为

$$\overline{C}_S = \frac{\sum_{i=1}^{n}\left(\overline{C_i} \times S_i\right)}{\sum_{i=1}^{n} S_i} \tag{8-10}$$

式中，$\overline{C}_S$ 为矿体剖面平均品位，$\overline{C_i}$ 为小剖面平均品位，S_i 为小剖面的面积。

2. 矿体块段平均品位计算模型

矿体块段平均品位计算方法有：按矿体剖面面积大小加权、按矿体剖面所控制体积加权、按块段内单工程个数算术平均、按块段内工程样段长度加权、按块段内工程样段数算术平均等。根据实际情况选择适合矿山自身特点的方法，才能达到理想的计算效果。

1）按矿体剖面面积大小加权模型

设矿体块段的两相邻剖面面积为 S_1、S_2，则块段平均品位计算模型为

$$\overline{C} = \overline{C_1} \times \frac{S_1}{S_1 + S_2} + \overline{C_2} \times \frac{S_2}{S_1 + S_2} \tag{8-11}$$

式中，$\overline{C}$ 为矿体块段的平均品位，$\overline{C_1}$ 和 $\overline{C_2}$ 为矿体剖面的平均品位。

2）按矿体剖面控制体积大小加权模型

按矿体剖面控制体积大小加权计算方法为

$$\overline{C} = \overline{C_2} \times W + \overline{C_1} \times (1 - W) \tag{8-12}$$

式中，$\overline{C}$ 为矿体块段平均品位，$\overline{C_1}$、$\overline{C_2}$ 为两剖面平均品位，W 为权重。

①棱台状矿体的品位加权平均

设一矿体块段的两侧面积分别是 S_1 和 S_2，中截面积是 S_0，体积是 V，按照棱台公式：

$$V = \frac{L}{3}(S_1 + S_2 + \sqrt{S_1 \times S_2})$$

假设面积 S_1、S_2 间棱台的体积为 V'，则 V' 所占权重为

$$W = V'/V = \frac{\frac{L}{6}(S_2 + S_0 + \sqrt{S_2 \times S_0})}{\frac{L}{3}(S_1 + S_2 + \sqrt{S_1 \times S_2})} \tag{8-13}$$

根据棱台两底面与中截面的关系：

$$2\sqrt{S_0} = \sqrt{S_1} + \sqrt{S_2}$$

化简式（8-13）得到：

$$W = \frac{1}{8}\left(\frac{1 + 7\dfrac{S_2}{S_1} + 4\sqrt{\dfrac{S_2}{S_1}}}{1 + \dfrac{S_2}{S_1} + \sqrt{\dfrac{S_2}{S_1}}}\right) \tag{8-14}$$

②梯台状矿体的品位加权平均

设一矿体块段的两侧面积分别是 S_1 和 S_2，中截面积是 S_0，体积是 V，按照梯台公式：

$$V = \frac{L}{2}(S_1 + S_2)$$

假设面积 S_1、S_2 间梯台的体积为 V'，则 V' 所占权重为

$$W = V'/V = \frac{\dfrac{L}{4}(S_2 + S_0)}{\dfrac{L}{2}(S_1 + S_2)} \tag{8-15}$$

根据梯台两底面与中截面的关系：

$$2S_0 = S_1 + S_2$$

化简式（8-15）得到：

$$W = \frac{1}{4}\left(\frac{1 + 3\dfrac{S_2}{S_1}}{1 + \dfrac{S_2}{S_1}}\right) \tag{8-16}$$

可见，权重与两剖面面积比值 S_2/S_1 有关，把比值代入相应的式（8-16），即可获得权重 W。由于锥形和正楔形块段分别为棱台和梯台块段的特殊形态，同样适用上述模型。

3. 多金属矿种当量品位折算

当矿床伴生多种有益组分且综合利用价值高时，若以传统工业指标进行圈矿，则绝大部分伴生元素会作为堆浸矿石或废石处理。若采用折算当量品位的方法进行综合评价，则其中一部分伴生元素可直接圈定为矿体，从而增加矿石量，提高资源利用率。在当量品位的计算中，关键是合理确定各金属元素之间的折算系数。为此，应当将企业生产经营情况和市场价格结合起来，进行多因素综合评价和确定。其表达式为

$$I = \frac{A}{B}$$

式中，I 为折算系数，A 为矿山被折算金属产值，B 为矿山金属产值。

当量品位的边际品位和次边际品位等，根据实际情况来确定。折算后的当量品位，可作为新矿种品位参与多金属矿床的总储量计算。采用多金属当量折算软件，在数据集

市中对相关数据进行设置后，操作人员只需选择参与折算的金属名称并设置其当量折算系数，即可实现该伴生矿的当量品位自动折算。用户还可以根据市场情况，设置参与折算的矿种最低品位，进行多金属矿床储量计算与动态管理（图 8-15）。

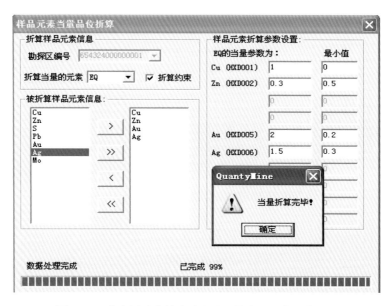

图 8-15　多金属矿床的矿种当量品位自动折算操作界面

4. 矿体厚度的计算模型

基于勘探线垂直剖面法估算储量时，所需要的矿体厚度值是在勘探线剖面上直接换算的。其方法是通过矿体在勘探线剖面上的纵向投影图（图 8-13）直接求解，包括矿体的剖面位置投影计算、根据剖面图求解矿体假厚度和通过假厚度求取见矿真厚度。

1）矿体的剖面位置投影计算

根据勘探线剖面编号，从勘查区基础数据库或数据集市中，读取该勘探线剖面的空间数据和属性数据，计算出在该剖面图上的投影位置和形状。

2）根据剖面图求解矿体假厚度

在当前处理的剖面图中搜索目标矿体的面片，如果该面片存在，就把此剖面图中的钻孔线和平硐线与这些矿体面片求交；如果交点存在，表明此钻孔（或平硐）线穿过目标矿体的相应面片，求出穿过面片时的钻孔（平硐）线段长度，即为假厚度。

3）通过假厚度求取见矿真厚度

设矿体（层）倾角为 a，钻孔线或平硐线穿过矿体部分与竖直方向的夹角（天顶角）为 b，矿体假厚度为 L，真厚度为 H，则真厚度的换算公式为

$$钻孔：H = L\times\cos（a\pm b）\tag{8-17}$$

$$平硐：H = L\times\sin（a\pm b）\tag{8-18}$$

显然，在求得矿石平均体重 $\overline{D}$ 和平均品位 $\overline{C}$ 之后，根据剖面上的矿体厚度，就可以

进一步求取矿体的体积 V，进而可以求得矿体块段的矿石量 Q 和金属量 P。

8.1.2.4　多金属矿床储量计算软件的实现

多金属矿床储量计算的基本要领是：①多金属矿种的矿产储量分别按单金属进行计算；②各种金属矿产的储量计算，应在采用联合圈矿方法进行矿石类型划分后分别进行；③按一定关系把多金属品位折算成当量品位，并为一种新的矿种进行储量计算。目前的相关计算模块，已经能够有效地解决多金属矿床储量计算所涉及的矿体边界圈定、矿石变体重计算、夹石及采空区扣除、储量动态计算和管理等一系列复杂问题。

1. 基于规则的矿体边界圈定

矿体圈定的目的是细致、准确地了解矿体的空间形态特点、矿石品位变化规律和储量分布情况等。传统的多金属矿床的矿体手工圈定方法，不仅效率低，而且受人为因素影响较大。采用基于机器学习的矿体边界自动圈定技术，不但能提高多金属矿床储量计算的效率，还能减少人为影响。矿体边界自动圈定的技术内容，主要包括样品自动组合和矿体边界线自动圈定两项。其基础是矿体工程样段的自动圈定，即在用户自定义规则约束下，反复调用递归算法进行多金属样品自动组合。用户自定义规则的核心，在于工程样段类型具有对应成矿元素含量范围的唯一性。显然，每种成矿元素在定义中出现的区域，只能有三种情况（图8-16）。

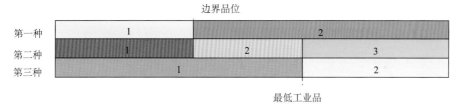

图 8-16　工程样段多金属成矿元素自动组合规则的自定义区域

1）工程样段的矿体圈定规则

每一个工程控制的矿体，通常都由多个样段组成。在进行工程样段上的矿体圈定时，应严格遵循国家制定的工业指标。其中，单矿种金属矿床的工程样段圈定规则设置界面，如图 8-17 所示。以我国西部某大型钼（Mo）矿床为例，该矿床的某一工程样段的边界圈定规则，设置为 0.03＜Mo＜0.06。对于复杂的多金属矿床，其工程样段的边界，同样应当严格按厚度工业指标进行圈定，其工程样段圈定规则设置界面如图 8-18 所示。以我国西部某多金属矿床为例，其某一工程样段的边界圈定规则，设置为 Cu＞0.3，Zn＞1。

2）工程样段的自动圈定

创建了储量估算主题的数据集市，并制定了矿体圈定规则，便完成储量估算的工业指标设置，随后可把工业指标及矿体圈定规则作为后续计算参数保存回数据集市中，并完成工程样段的自动圈定。该过程均可通过编程自动实现，用户只需选择勘探线号，便可让计算机在所生成的勘探线剖面图底图上，自动完成工程样段圈定（图8-19），还可让模块自动为样段加注长度、品位，以及对颜色进行标注和设置，例如，高品位矿为红色（RGB：255，0，0）；低品位矿为绿色（RGB：0，255，0）；废石为蓝色（RGB：0，0，255）。

图 8-17　单金属矿床工程样段圈定规则设置

图 8-18　复杂多金属矿山工程样段圈定规则设置

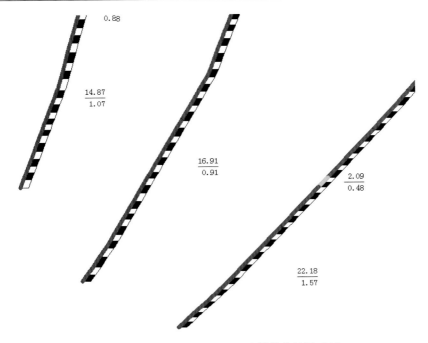

图 8-19　采用工程样段自动圈定模块的结果示例

3）工程样段的交互修改

当个别工程样段自动圈定的结果跟实际状况有偏差时，可以采用交互修改工程样段及重新组合的功能模块。启用"交互建立样段"子模块时，需先废除自动建立的样段，再选中要组合成样段的原始样品，然后点击界面菜单上的"交互建立样段"键块，或者直接通过快捷键 Ctrl+F 来操作。该子模块将会显示所选样品及组合后样段的长度和品位数据（图 8-20），当采用"交互建立样段"子模块完成工程样段的交互修改、确认后，便自动生成一个工程样段模型（图 8-21）。

图 8-20　利用"交互建立样段"子模块圈定矿体工程样段的界面

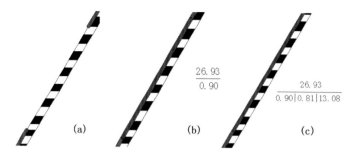

图 8-21　利用交互建立样段子模块交互圈定矿体时的工程样段前后对比

（a）原始样段；　（b）自动方式建立的样段；　（c）人机交互方式建立的样段

4）矿体整体边界的圈定

矿体整体边界线的最终圈定，实际上是根据样段划分结果，进行工程样段组合。其要领是根据剖面图上的工程样段确定矿体的边界线，即先在单个工程内圈定矿体，再根据见矿工程的情况，综合考虑矿体整体地质特征及勘查工程间距等因素，在勘探线剖面图、中段地质平面图或纵投影图上，沿走向和倾向连接矿体的各边界线。

矿体整体边界圈定子模块需提供快速进行矿体边界圈定的辅助工具。如果是进行两个工程间矿体圈定，可以让用户选择菜单上的"工程间矿体圈定"，或直接使用快捷键操作（图 8-22）。如果是进行工程控制的矿体边界外推时，则让用户选择菜单上的"工程外推"，也可直接通过快捷键操作，采用手工画线方法进行连接（图 8-23）。

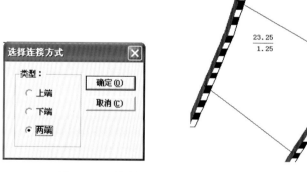

图 8-22　两个钻孔间的矿体圈定及圈定结果示例

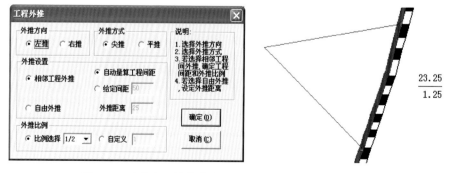

图 8-23　矿体尖灭端的单个矿体边界外推及圈定结果示例

　　当矿体边界线圈定并确认无误后，便让子模块自动生成矿体剖面并自动计算矿体截面面积和平均品位。用户只需输入矿体号和面积编号便可（图 8-24）。如果出现多个矿体且边界关系和形态比较复杂，则采用交互圈定方式，其结果将如图 8-25 所示。

图 8-24　两个钻孔间的简单矿体圈定剖面生成对话框及结果示例

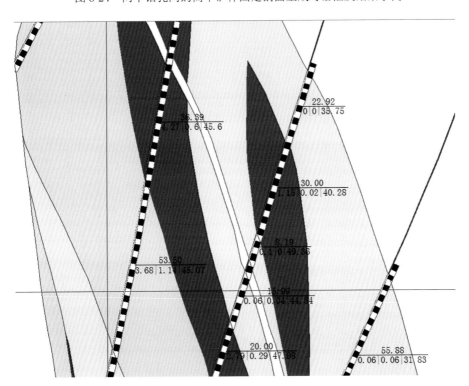

图 8-25　两个钻孔间的复杂矿体交互圈定剖面生成结果示例

2. 储量计算参数的设置

该子模块需要提供垂直剖面法储量计算多种参数的设置功能。其中包括剖面间距设置（图 8-26），以及储量计算方法选择、矿体剖面平均品位计算方法选择、矿体块段平均品位计算方法选择（图 8-27）。块段平均品位计算方法有：按块段剖面面积加权、按块段剖面控制体积加权、按剖面内工程样段长度加权、按块段内的工程样段个数算术平均等。

图 8-26　矿体剖面间距设置界面

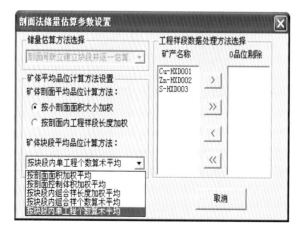

图 8-27　垂直剖面法储量计算的参数设置界面

3. 矿石变体重计算方法

矿石体重又称矿石容重，是指自然状态下单位体积矿石的重量。所谓变体重是相对于按经验给定固定体重来估算储量而言的，即根据实际情况改变矿石的体重数值。有些密度较大的矿石，由于矿物含量对密度影响较大，固定体重将产生大的误差。对于多金属矿床的矿石变体重问题，可通过回归分析建立其体重与矿物含量的函数关系来解决：

$$D = K + aX + bY + \cdots$$

式中，D 为矿石体重，K 为常数，a、b 为元素 X、Y 的系数。

在储量计算模块中，把矿石类型与变体重公式绑定，实现矿石类型与矿石体重关系的一一对应，可快速获取某一类型矿石的体重。其实现步骤如下（图 8-28）：①设置矿体圈定规则，将工程样段类型与矿石类型建立对应关系；②如果矿石类型对应体重采用固定值，则直接读取该数值；如果采用变体重值，则进行变体重函数关系设置并建立回归模型，然后求解该块段矿石类型的体重；③根据所建立的矿体块段及其对应的矿石体重，计算矿体块段储量。

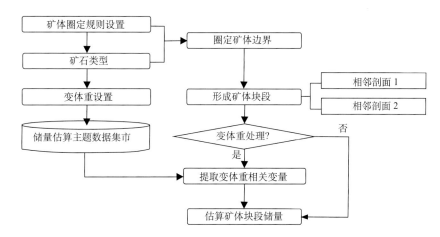

图 8-28 多金属矿床的矿石变体重模块计算流程

4. 基于空间关系的夹石等小块段剔除

这里的空间关系，是指对象实体之间的一些具有空间意义的关系。在矿体块段范围内，往往会存在一些夹石、不同储量类别和品级、不同矿种或采空区的较小块段。在进行储量估算时，需要将其体积扣除。但是，由于所建矿体块段与所欲扣除的小块段在体积计算公式及平均品位上不同，计算该矿体块段储量时需要进行复杂的处理。

不同矿体剖面组合所对应的矿体块段体积计算公式不同，利用空间关系进行夹石、小块段和采空区剔除是比较方便的。其主要工作步骤（图 8-29）：①根据储量计算剖面图上的信息，分别建立实际矿体块段、待剔除的夹石块段、矿体小块段、采空区等模型；②分别计算待剔除的夹石块段、矿体小块段、采空区的体积，并获取它们的基本信息；③利用它们之间的空间关系，剔除夹石块段、矿体小块段和采空区的体积，获取矿体块段的实际体积；④根据矿体块段的体重和平均品位计算矿体储量；⑤储量汇总输出。

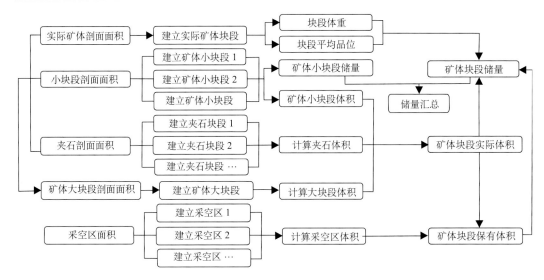

图 8-29　基于空间关系的夹石、小块段和采空区剔除的工作流程

5. 矿体块段圈定与储量计算

完成了矿体边界圈定、矿石变体重计算和夹石等小块段剔除之后，便可进行矿体块段圈定及其储量计算的实际工作了。相关的子模块设计简述如下。

1）矿体块段建立子模块的设计

两个剖面之间的块段储量计算内容包括：①两剖面间所夹块段圈定及平均品位求解；②块段形态的判别及体积求解；③块段矿石量和金属量的求解及汇总。

其对话框设计如图 8-30 所示，以纵向投影图上的矿体块段划分为依据，联立两勘探线剖面图。当点击对话框上"选择面片"按钮选好一个面片后，该面片的属性和矿体号即自动填入对话框上的一个列表中和"矿体号"栏中；当先后选择两勘探线上对应的面片后，其属性分别自动填入到两个列表中。当选中两列表中的某个记录，再点击"删除图幅 1 的面片"或"删除图幅 2 的面片"按钮，即可清除所选择的面片。完成面片选择后，在"块段号"中输入块段号，如果块段尖灭，则一侧的列表为空，需要对"是否尖灭"打钩，然后点击对话框上"新建块段"按钮，则块段建立并将块段信息写入数据集市中。

2）矿体块段的体积计算

垂直剖面法的精妙之处是把形状复杂的矿体，转化为与其体积相近的简单形体，并将复杂矿化状态变为有限的均匀化状态，再通过对矿体块段两端的剖面面积比较，将其抽象为规则的几何体来计算体积。当两勘探线剖面均截切矿体，但截面积差小于 40% 时，采用梯台公式来计算；当两勘探线剖面均截切矿体，但截面积差大于 40% 时，可采用棱台公式来计算；当矿体块段由一侧勘探线剖面向另一侧呈锥状尖灭时，采用锥形公式；当矿体块段由一侧勘探线剖面向另一侧呈楔状尖灭时，采用楔形公式。

图 8-30 矿体块段建立操作及对话框设计

3）矿体块段的矿石体重计算

模块应根据矿石类型与体重的关系，动态获取块段的体重（图 8-31）。

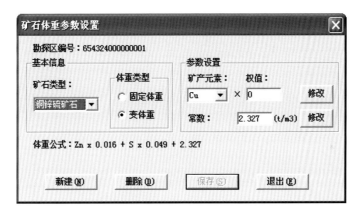

图 8-31 矿石体重参数设置

6. 矿产储量的动态估算与管理

在解决了基于规则的矿体边界自动圈定、矿石变体重计算和基于空间关系的夹石等小块段扣除等问题之后，便可以采用相应的计算模块，实现矿产储量动态计算与管理。该模块的主要功能包括：根据勘查进展实时计算储量、根据采空区实际测量结果实时计算动用储量及保有储量、实时快速编制与输出储量计算相关报表和图件。其工作流程如图 8-32 所示。

垂直剖面法储量计算模块输出的成果报表包括：①储量计算基础数据报表；②矿区块段夹石扣除关系汇总报表；③矿区采空区数据报表；④全矿区地质储量汇总报表；⑤全矿区保有储量汇总报表等。用户利用对话框可检查各块段的计算状况，并指令模块给出检查结果的提示。如果没有异常状况，可通过对话框选择报表类型、设置报表参数和打印方式（图 8-33），模块随即输出所选择的报表和图件（图 8-34，图 8-35）。

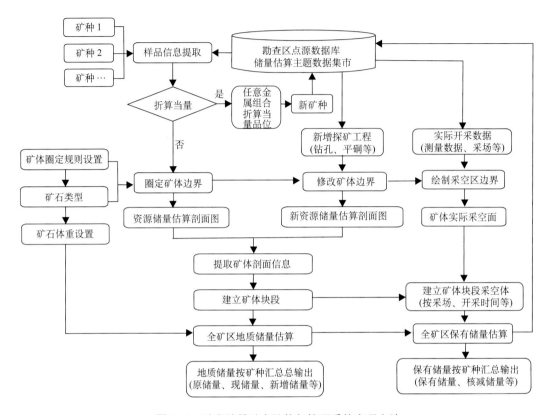

图 8-32　矿产储量动态计算与管理系统实现方法

图 8-33　垂直剖面法储量计算结果报表输出对话框

阿舍勒铜锌矿床储量估算分矿体汇总表

计算：张三　　审核：李四

矿体编号	矿石类型	储量分类	Cu平均品位(%)	Zn平均品位(%)	S平均品位(%)	矿石量(吨)	Cu金属量(吨)	Zn金属量(吨)	S金属量(吨)
II	硫矿石	333	0.06	0.02	17.51	6101755.93	3428.89	1088.88	1068485.96
		小计	0.06	0.02	17.51	6101755.93	3428.89	1088.88	1068485.96
	铜硫矿石	333	0.85	0.01	9.89	1720546.51	14687.38	168.37	170244.39
		小计	0.85	0.01	9.89	1720546.51	14687.38	168.37	170244.39
	II号矿体总计		0.23	0.02	15.84	7822302.44	18116.27	1255.25	1238730.35
I例	硫矿石	331	0.15	0.07	28.82	1117036.04	1713.4	759.91	321882.27
		332	0.12	0.10	27.89	6798950.99	8405.74	6863.98	1895992.29
		333	0.11	0.05	21.36	10116523.31	10684.17	4580.64	2161147.59
		小计	0.12	0.07	24.28	18032510.34	20803.31	12204.53	4379022.15
	铜硫矿石	111b	2.80	0.31	40.04	2448995.48	68582.61	7563.51	980646.4
		122b	2.09	0.29	35.61	8570487.14	178976.94	25221.98	3052121.14
		333	1.61	0.18	33.96	3894183.06	62534.72	7016.2	1322587.1
		小计	2.08	0.27	35.91	14913665.68	310074.27	39801.69	5355354.64
	铜锌硫矿石	111b	3.96	2.15	42.67	2720205.43	107769.1	58819.95	1160659.52
		122b	3.60	2.92	38.70	8539814.9	307043.13	249478.92	3304731.46
		333	3.14	2.33	38.89	1436222.03	45082.04	33445.62	558509.35
		小计	3.62	2.69	39.57	12696242.36	459894.27	341544.49	5023900.33
	I例号矿体总计		1.73	0.86	32.33	45642418.38	790771.85	393550.71	14758277.12
I正	硫矿石	332	0.05	0.10	15.37	359426.75	189.66	350.18	55241.57
		333	0.08	0.07	15.13	580735.34	472.08	431.07	87881.66
		小计	0.07	0.08	15.22	940162.09	661.74	781.25	143123.23
	铜硫矿石	332	1.26	0.35	18.83	3333049.71	41962.55	11511.36	627510.51
		333	1.33	0.27	18.24	2846882.15	37898.84	7598.61	519193.78
		小计	1.29	0.31	18.56	6179931.86	79861.39	19109.97	1146704.29
	铜锌硫矿石	332	2.06	2.06	26.45	1511429.37	31167.3	38756.5	399710.17
		333	2.03	2.57	26.38	770006.41	15594.08	19788.62	203129.74

图 8-34　垂直剖面法储量计算结果分矿体汇总示例

X铜矿1勘探线资源储量估算剖面图

比例尺 1:2000

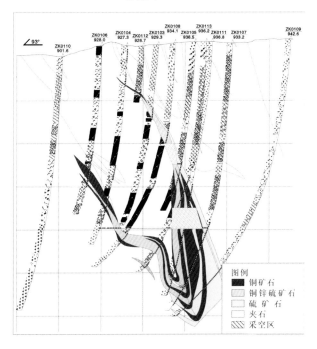

图 8-35　新疆阿舍勒铜锌矿资源储量计算勘探线剖面图示例

8.1.3　地质块段法储量计算模块

地质块段法也适合于各种形状和产状的矿体，尤其适合于勘查工程分布不规则，或用断面法不能正确反映剖面间矿体的体积变化的矿体。该方法按不同勘探程度、储量级别、矿床开采顺序等将矿体划分成若干块段，然后按块段分别计算储量，各块段储量之和即为矿体储量。其计算模块的功能包括：创建本地数据库或数据集市、自动组合与交互修改样品段、交互圈定矿体边界；绘制勘探线剖面图和矿体水平投影图、交互圈定矿体块段、计算储量、储量分类；汇总储量及输出成果报表、输出成果图件。地质块段法的缺点是误差较大，特别是当工程控制不足时，块段划分和计算结果准确性不及垂直剖面法。

8.1.3.1　地质块段法储量计算模块功能及流程

该方法的计算步骤：首先，根据矿体产状选用矿体水平投影图（缓倾斜矿体）或纵投影图（陡倾斜矿体），在投影图上圈出矿体可采边界线并把矿体分为若干块段，例如根据控制程度划分储量类别块段，根据地质特点和开采条件划分矿石自然（工业）类型或工业品级，根据构造线、河流和交通线等划分开采块段等；然后，用算术平均法求得各块段储量计算的基本参数，包括各块段面积 S（矿块投影面积）、块段的平均品位 $\overline{C}$、平均体重 $\overline{D}$ 和平均厚度 $\overline{M}$（平均视厚度），进而计算各块段的体积和储量；最后，累计各块段储量，得到整个矿体（或矿床）的总储量。据此进行地质块段法储量计算模块的功能及流程设计。

地质块段法储量计算模块的逻辑结构与工作流程如图 8-36 所示。

8.1.3.2　地质块段法储量计算模块功能设计

基于上述逻辑结构和工作流程，地质块段法储量计算模块的主要功能可作如下设计。

1. 储量计算参数设置

块段法计算模块的参数设置，是指利用相关计算模块的界面，进行矿石的储量级别、块段面积、平均视厚度、夹石剔除厚度、块段面积、边界品位和工业品位等参数给定（图 8-37），然后保存到本地数据库或储量计算主题数据集中，供后续操作使用。

块段法储量计算涉及的参数中，除了可以从勘查区基础数据库或数据集市中直接调用之外，还涉及一系列需通过简单计算求取的参数，例如块段体积、块段面积、块段平均厚度、块段平均品位、块段体重等。其中，块段体积计算公式如下：

$$V = \frac{S'}{\sin \alpha}\overline{H} \tag{8-19}$$

式中，V 为矿体块段体积（m^3）；S' 为块段纵投影面积（m^2）；$\overline{H}$ 为块段平均真厚度（m）；α 为单矿体平均倾角（°）。块段纵投影面积 S' 可采用勘查区点源信息系统软件，直接在

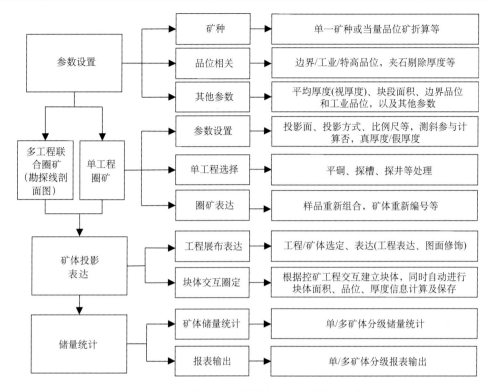

图 8-36　地质块段法储量计算模块的逻辑结构与工作流程图

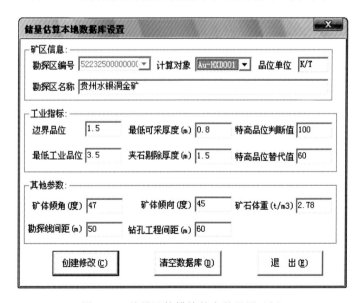

图 8-37　储量计算模块的参数设置示例

矿体纵向投影图上进行测算，其精度与勘探线剖面图的比例尺对应；而矿体块段的真厚度，可以利用真厚度计算公式进行换算，并通过各工程控制的真厚度进行算术平均或加权平均。

其中，单样段矿体真厚度计算公式如下：

$$H_i = L_i \times (\sin\alpha \times \cos\beta \times \sin\gamma \pm \cos\alpha \times \sin\beta) \tag{8-20}$$

式中，H_i 为单样段真厚度（m）；L_i 为单样段长度（m）；α 为单工程（钻孔或平硐）的矿体倾角（°）；β 为钻孔或样槽坡角（°）；γ 为钻孔或样槽的方位与矿体走向的夹角（°，当矿体倾向与坡向一致时用"+"号，反之则用"−"号）。

汇总各个单样段矿体真厚度，即可得单工程控制矿体真厚度：

$$H_j = H_1 + H_2 + H_3 + \cdots + H_{i-1} + H_i \tag{8-21}$$

式中，H_j 为单工程控制的矿体真厚度（m）；$H_1 \sim H_i$ 为分别为第 1 到第 i 个样段的矿体真厚度。

对于连续见矿样品，各单样段真厚度之和即矿体真厚度；对于见矿样品段之间未达边界品位的段落，累计厚度小于规定的夹石剔除厚度时，其真厚度与各见矿样品段真厚度之和，可作为矿体真厚度；而对于见矿样品段之间未达边界品位的段落，累计厚度大于规定的夹石剔除厚度时，应作为夹石剔除。矿体真厚度通常用算术平均法计算：

$$\overline{H} = \frac{H_1 + H_2 + H_3 + \cdots + H_{j-1} + H_j}{j} \tag{8-22}$$

式中，$\overline{H}$ 为块段平均真厚度（m）；$H_1 \sim H_j$ 为第 1 到第 j 个工程的矿体真厚度；j 为见矿工程数。

矿体内的平均体重和矿石平均品位，可采用 8.1.1 节的式（8-1）～式（8-4）进行计算。需要遵循如下原则：对于连续见矿的工程，通常采用以真厚度为权的加权平均法进行计算，对于见矿样品段之间未达到边界品位，但累计厚度小于规定的夹石剔除厚度的段落，与各见矿样品段一起，以各样品段的真厚度为权进行加权平均。而对于见矿样品段之间未达边界品位，但累计厚度大于规定的夹石剔除厚度的段落，应作为夹石剔除。

2. 勘探线剖面图和投影图编绘子模块

勘探线剖面图和投影图是储量计算的基本图件。该子模块的设计思路是：在如图 8-38 所示的对话框中，逐一选定勘探线号及其相关参数，再给出自动绘制勘探线剖面图的指令，然后以勘探线剖面图为基础，分别编绘纵向投影图和水平投影图。勘探线剖面图上的内容包括：图廓、网格线、钻孔及平硐迹线、原始采样点标注和地层岩性花纹，自动绘制结果以贵州省水银洞金矿为例（图 8-39）。

3. 纵向投影与水平投影圈矿子模块

本子模块的功能是在完成勘探线剖面图自动编绘的基础上，根据给定的圈矿指标，在所生成的底图上，自动圈定工程样段，自动为其加注符合规范的样长和品位并设置颜色（图 8-40），并且按照规则处理特高品位样品。此外，还提供变体重计算功能。

地质块段法的矿体圈定与垂直断面法相似，要先将勘探线附近的勘探工程及工程采样信息投影到勘探线剖面上，再根据系统设置的参数，对工程样品进行组合处理，形成组合样；然后根据相邻勘探工程见矿情况、勘查区矿体分布特征以及勘探工程揭露的地层或岩层的地质特征，连接相同组合样边界，或按规程对其进行外推而形成矿体边界（图 8-41）。

图 8-38　勘探线剖面图参数设置界面

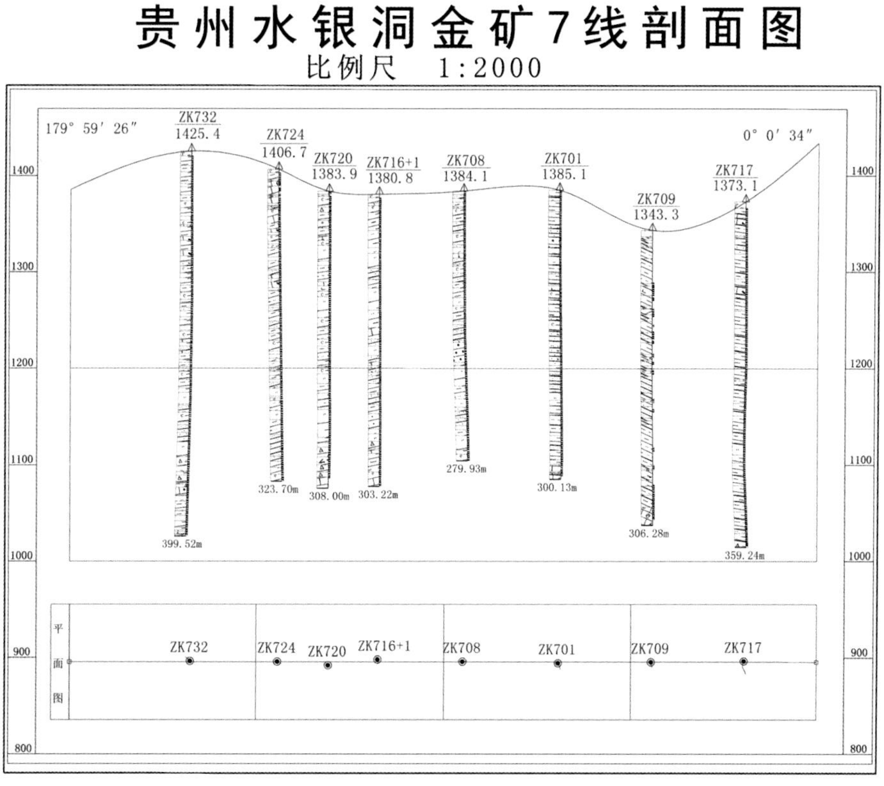

贵州水银洞金矿7线剖面图
比例尺　1:2000

图 8-39　贵州省水银洞金矿某勘探线剖面图自动绘制结果示例

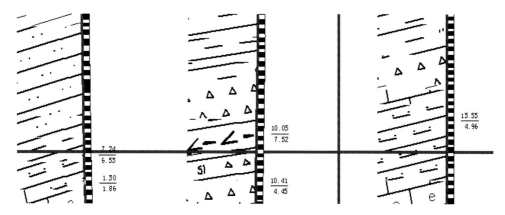

图 8-40　在勘探线剖面图上进行工程样段自动圈定的结果示例（局部放大）

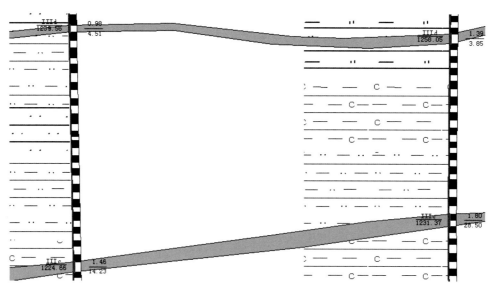

图 8-41　在勘探线剖面图上进行矿体自动圈定的结果示例（局部放大）

　　勘探线剖面图在块段法储量计算中的用途，是将多个勘探工程组合样边界连接起来编制矿体断面，表达勘探工程（钻孔和平硐等）见矿组合样的矿体归属，完成圈矿作业。圈矿过程中由模块自动记录下矿体编号、见矿深度、矿体厚度等信息用于后续的计算，同时在矿体边界内形成彩色的填充区，表达矿体的空间形态，完整效果见图 8-42。

　　勘探线剖面圈矿子模块应当根据国家及行业相关规范，提供灵活的块段圈定方式。让用户在单工程样品化验结果变化频繁的情况下，或者工程样段自动圈定的结果不满意的情况下，进行交互修改并建立工程样段。其中包括组合样解散和交互重组等。该模块还应同时提供进行单矿种圈矿、多矿种联合圈矿和折算当量圈矿的功能，以及多种算术平均和加权平均计算模型。具体操作过程是：①直接连接段圈定基础点，封闭形成块段（一般为探明储量或控制储量）；②单圈矿基础点外推，根据给定的外推比例或距离生成四个外推点（一般为单工程控矿）；③圈矿基础点向未见矿（或见矿化）工程外推，根据给定的外推比例生成外推点；④连接以上外推点及圈矿基础点形成块段（一般为控制储量或推测储量）。

贵州水银洞金矿7线剖面图
比例尺　1：2000

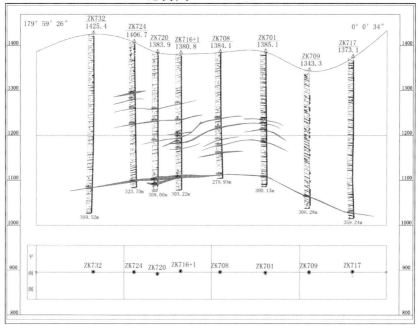

图 8-42　在勘探线剖面图上进行矿体自动圈定的完整效果图示例

在完成利用勘探线剖面图圈矿之后，还需要将勘探线剖面图中的矿体（工程样段组合及矿体外推边界）进行水平投影，编制并生成矿体水平投影图（图 8-43）。其方法与垂直断面法相似，即根据圈定的矿体边界，在水平切面上或勘探线剖面上，分别完成矿体块段的水平投影图或纵向投影图的绘制。然后在水平投影图或纵向投影图上，进行勘探工程投影，并标注勘探工程的见矿情况（见矿深度、见矿厚度及品位）。在此基础上，再根据勘查区矿体分布特征和相邻勘探工程见矿情况，进一步圈定矿体的各种块段、确定块段等级、计算块段平均厚度、面积、平均品位等，同时完成块段储量计算。在所有矿体块段圈定并计算完成后，便可利用相关的计算子模块进行储量分类汇总并输出成果报表。

矿体水平投影图的图面要素构成及作用如下：①见矿勘探工程组合样投影点（勘探线剖面图提取的成果），可作块段圈定基础点；②未见矿勘探工程投影点（间接由勘探线剖面图获取），可作块段圈定参考点；③勘探线剖面方向矿体外推边界投影点（从勘探线剖面图提取），可作块段圈定参考点；④散样见矿投影点（从数据集市数据表中提取），可作块段圈定基础点或参考点；⑤其他（勘探线投影、坐标线、图廓、责任表、图名、比例尺），可作图形整饰参考；⑥图面空间要素和属性分别保存在不同图层中，可通过图层单独查看。

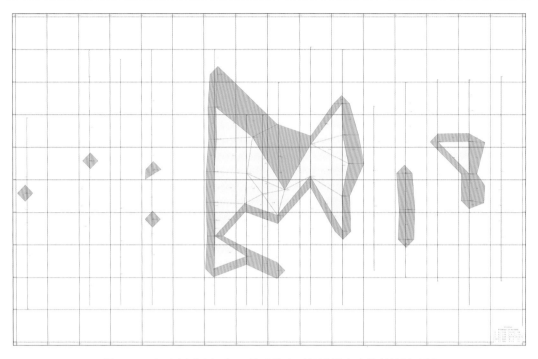

图 8-43　贵州水银洞金矿 1a 号矿体水平投影图自动绘制效果示例

在矿体水平投影图上，应当让用户能够根据相邻勘探工程见矿情况，进行块段圈定并计算相关参数，例如圈定块段的区域面积、计算块段加权品位、计算块段平均厚度、交互获取块段编号储量分类、分级，并定制不同颜色标识。

4. 块段法储量计算和报表输出子模块

在以上分析和计算的基础上，可用下式计算块段矿石量：

$$Q = V \times \overline{D} \tag{8-23}$$

式中，Q 为块段矿石量（t）；V 为块段体积（m³）；$\overline{D}$ 为块段矿石平均体重（t/m³）。

汇总各块段的矿石量可得单矿体矿石量：

$$Q = Q_1 + Q_2 + \cdots + Q_k \tag{8-24}$$

式中，Q_1 为第一块段矿石量（t）；Q_2 为第二块段矿石量（t）；Q_k 为第 k 块段矿石量（t）。

也可以直接采用下式计算块段金属量：

$$P = V \times \overline{D} \times \overline{C} \tag{8-25}$$

式中，P 为块段金属量（t）；V 为块段体积（m³）；$\overline{D}$ 为块段矿石平均体重（t/m³）；$\overline{C}$ 为块段内矿石平均品位（%）。

汇总各块段及数量即得单矿体金属量：

$$P = P_1 + P_2 + \cdots + P_n \tag{8-26}$$

式中，P_1 为第一块段金属量（t）；P_2 为第二块段金属量（t）；P_n 为第 n 块段金属量（t）。

本子模块还需设置多种计算结果的报表输出功能，例如矿体各块段平均品位、厚度计算表（图 8-44）、矿体资源量/储量结果计算表（图 8-45）等，以及各种中间结果和最终结果实时回传并保存于勘查区点源数据库或数据集市中（图 8-46）的功能，并提供扩展查询和统计功能。

	B	C	D	E	F	G	H
1		IIIc矿体块段平均品位、厚度计算表					
2	块段编号	工程及样号	厚度(m)	品位(Au*10-6)	加权值	平均品位(Au*10-6)	平均厚度(m)
3		D-9	1.90	17.01	32.32		
4		D-10	1.80	5.05	9.09		
5		D-11	2.00	17.00	34.00		
6		D-12	1.80	10.12	18.22		
7		12-i	1.80	2.17	3.91		
8		12-h	1.70	17.70	30.09		
9		12-g	1.60	19.27	30.83		
10		IIIcC-1	2.00	10.65	21.30		
11	1-1	IIIcC-2	2.20	16.20	35.64	13.10	1.94
12		12-f	1.90	18.44	35.04		
13		12-e	1.90	11.79	22.40		
14		12-d+1	2.00	13.09	26.18		
15		12-d	2.10	22.41	47.06		
16		I-9	2.30	13.32	30.64		
17		TJ103	1.80	8.69	15.64		
18		13-a	2.10	8.41	17.66		
19		13-b	2.10	10.65	22.37		
20		合计	33.00		432.39		

图 8-44　矿体块段平均品位、厚度计算表输出示例

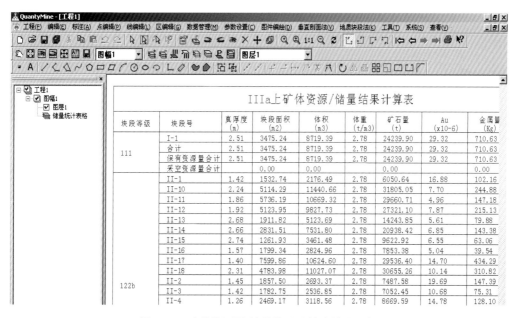

图 8-45　矿体资源量/储量结果计算表输出示例

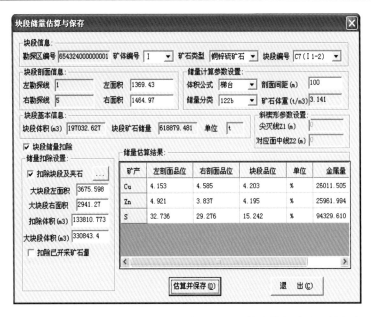

图 8-46　新疆阿舍勒铜多金属矿床矿体块段资源储量估算参数与结果回传保存界面示例

8.1.4　传统储量估算的三维可视化

传统资源储量估算方法具有方法简便、易于使用的优点，但因为是在简化矿体形态的基础上进行矿体块段划分，并将矿体抽象为规则几何体，然后通过纵向和水平投影来获取体积计算参数，难以准确地表达复杂矿体的真实情况。解决这个问题的途径之一，是在矿床或矿体三维地质建模的基础上，开展三维矿产储量或资源量估算。在把传统储量估算方法从二维到三维空间后，需要着重改进其体积获取方式。

8.1.4.1　传统储量估算的三维可视化模式

实现传统矿产储量估算方法三维可视化的优点在于：可以在三维可视化环境中，集地质图件编制、三维地质建模、动态储量估算于一体，继承和发扬传统储量估算方法的各种优点；又可以运用三维可视化技术，以较为真实的三维地质几何模型取代抽象的规则几何模型，从而提高矿体的体积及其储量（矿石量和金属量）估算精度。此外，该传统矿产储量估算方法的三维模式，还能科学、快捷地解决随着勘探与开采的阶段性推进而带来的动态估算问题。传统资源储量估算三维可视化模式的实现如图 8-47 所示。

在三维空间中进行矿体块段合理划分，是传统储量估算法三维可视化的优势所在（陈国旭，2011）。当传统的矿产储量估算方法拓展到三维空间后，三维矿体块段便成为矿体空间分布及储量表达的载体。在利用空间数据转换技术，将勘查剖面图与平面图结合进行矿床三维建模，让矿体按照空间实际位置自动展布到三维空间中之后（图 8-48），用户便可直观而方便地进行矿体块段的自动或交互划分（图 8-49）。同时，还可使矿体块段的形态、产状、面积、厚度和品位等空间和属性数据的可视化表达（图 8-50，图 8-51）与自动提取成为可能。

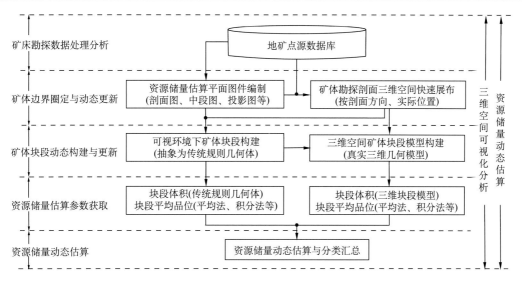

图 8-47　传统资源储量估算的三维可视化实现模式（陈国旭等，2012）

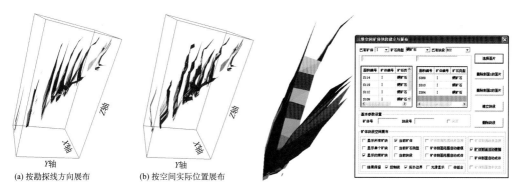

(a) 按勘探线方向展布　　(b) 按空间实际位置展布

图 8-48　勘探剖面空间展布与矿床三维地质建模　图 8-49　矿床三维地质模型的矿体块段快速划分

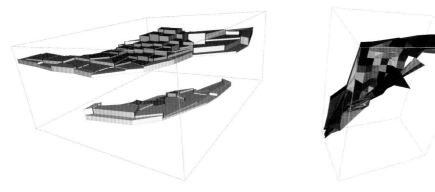

图 8-50　基于勘探线剖面的矿体块段三维展布　图 8-51　基于平剖面投影图的矿体块段三维展布

8.1.4.2　矿产储量传统估算法的三维动态化实现

固体矿产储量传统估算法三维化动态的实现过程是：首先利用勘探线剖面和钻孔数

据实现矿床或矿体三维地质模型的动态构建，接着从三维地质模型中实时提取位置、形态及拓扑关系等空间数据，然后换算矿石体重、矿体体积和平均品位，再直接利用储量计算公式（$Q = V \times \overline{D}$ 或 $P = Q \times \overline{C}$）完成矿石量或金属量等估算。最后，根据开采过程形成的采空区进行储量的动态核减（图8-52，陈国旭等，2012）。

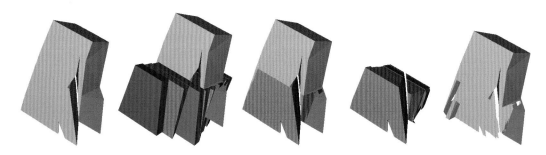

(a) 三维矿体块段模型　　(b) 矿体块段与采空区叠合分析　　(c) 块段与采空区空间关系获取　　(d) 采空区动用储量　　(e) 矿体块段保有储量

图8-52　矿床或矿体储量的三维动态核减示例（陈国旭等，2012）

为了支持固体矿产储量传统估算法的三维动态化，需要研发相应的高可用性软件系统。这种软件系统必须能与矿床三维地质建模软件挂接，不仅能快速实现三维矿床和矿体模型的建立，能进行矿体空间分析及矿产储量动态估算，而且还能提供一系列辅助工具，实现矿产储量动态估算与矿体分布规律空间分析，以及地质图件编绘的一体化。

以贵州省水银洞金矿的勘探与开采数据为例：该矿床为卡林型金矿床，矿体具层状和似层状特征，倾向南或北，倾角5°～10°。由于地质构造复杂，部分勘探工程布置偏离了设计的勘探线。在进行三维矿体模型构建时，为了更好地反映矿体真实空间形态，必须顾及实际钻孔、平硐和勘探线剖面的空间分布状况，因此采用三者联合建模方法，准确地反映了矿体的真实空间形态（图8-53）。在此基础上开展三维可视化的储量计算，取得了较为准确可靠的矿体和矿床的矿石量和金属量（陈国旭，2011），证明了矿产储量传统估算法三维可视化的实际价值。

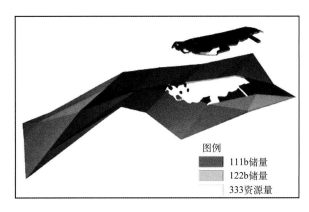

图例
■ 111b储量
▨ 122b储量
□ 333资源量

图8-53　三维空间传统资源储量动态估算方法实现及应用对比分析（陈国旭，2011）

8.2　克里金储量估算法子系统

克里金法（Kriging）由南非采矿工程师克里金于 1951 年首次提出，主要解决从矿床勘查到矿山开采过程中的各种各级储量估算。这是建立在变异函数理论及空间结构分析基础之上的一种地质空间局部估计法——在有限区域内对区域化变量的取值进行无偏、最优估计的一种线性统计学方法，因而又称为地质统计学方法。近几十年来，经过法国数学家 G.Matheron 等人的长期研究，已经发展成为一门成熟的地质统计学。

8.2.1　克里金储量计算原理与子系统概述

克里金法的实质是利用区域化变量的原始数据和变异函数的结构特点，对未采样点的区域化变量取值进行线性无偏、最优估计。它以区域变量理论为基础，以变异函数为主要工具，采用不同克立金方法，研究在空间上既有随机性又有结构性的自然现象。它能充分利用矿床和矿体空间信息，能给出每一估计量所对应的方差，而且这种估计是最优的和无偏的，因而具有比传统地质学方法更加优越的特性。随着我国加入世贸组织及国际交往的增多，大规模使用地质统计学方法进行矿产资源研究和评估势在必行。目前常用的克里金法有：普通克里金法（ordinary Kriging，OK 法）、泛克里金法（universal Kriging，UK 法）、对数克里金法（logarithmic Kriging，LK 法）、指示克里金法（indicator Kriging，IK 法）等。克里金储量估算的一般流程如图 8-54 所示。

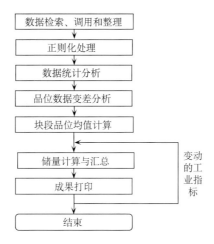

图 8-54　克里金储量估算流程

8.2.1.1　普通克里金法储量估算原理

假设区域变量 $Z(x)$ 是二阶平稳的，其数学期望 m，协方差函数 $C(h)$，变异函数 $\gamma(h)$，即：

$$E\big(Z(x)\big) = m$$

$$C(h) = E\big[Z(x) - Z(x+h)\big] - m^2$$

$$\gamma(h) = \frac{1}{2}E\big[Z(x) - Z(x+h)\big]^2$$

又设在待估计点 x 的邻域内共有 n 个实测点，其样本值为 $Z(x_i)$，则插值公式为

$$Z^*(x) = \sum_{i=1}^{n} \lambda_i Z(x_i) \qquad (8\text{-}27)$$

式中，λ_i 为权系数，表示各空间样本点处的观测值 $Z(x_i)$ 对估计值 $Z^*(x)$ 的贡献度。

权系数的求取必须满足两个条件：一是 $Z^*(x)$ 的估计是无偏的，即偏差的数学期望为零；二是最优的，即估计值 $Z^*(x)$ 和实际值 $Z(x_i)$ 之差的平方和最小。换言之，需要满足无偏性和最优化两个条件。在满足无偏性条件下，估计方差为

$$\sigma_E^2 = E[Z(x) - Z^*(x)]^2 = E[Z(x) - \sum_{i=1}^{n} \lambda_i Z(x_i)]^2$$

$$= C(x,x) + \sum_{i=1}^{n}\sum_{j=1}^{n} \lambda_i \lambda_j C(x_i, x_j) - 2\sum_{i=1}^{n} \lambda_i C(x_i, x)$$

为使估计方差最小，根据拉格朗日乘数原理，令

$$F = \sigma_E^2 - 2\mu(\sum_{i=1}^{n} \lambda_i - 1)$$

求 F 对 λ_i 和 μ 的偏导数，并令其为 0，得克里金方程组：

$$\begin{cases} \dfrac{\partial F}{\partial \lambda_i} = 2\sum_{j=1}^{n} \lambda_j C(x_i, x_j) - 2C(x_i, x) - 2\mu = 0 \\ \dfrac{\partial F}{\partial \mu} = -2(\sum_{i=1}^{n} \lambda_i - 1) = 0 \end{cases}$$

整理后得

$$\begin{cases} \displaystyle\sum_{j=1}^{n} \lambda_j C(x_i, x_j) - \mu = C(x_i, x) \\ \displaystyle\sum_{i=1}^{n} \lambda_i = 1 \end{cases}$$

解线性方程组，求出权重系数 λ_i 和拉格朗日乘数 μ，代入公式，经过计算后可以得到克里金估值和克里金估计方差 σ_E^2，计算估计方差的公式如下：

$$\sigma_E^2 = C(x,x) - \sum_{i=1}^{n} \lambda_i C(x_i, x) + \mu \qquad (8\text{-}28)$$

在变异函数存在的条件下，根据协方差与变异函数的关系：$C(h) = C(0) - \gamma(h)$，也可以用变异函数表示普通克里金方程组和克里金估计方差，即：

$$\begin{cases} \sum_{j=1}^{n} \lambda_j \gamma(x_i, x_j) + \mu = \gamma(x_i, x) \\ \sum_{i=1}^{n} \lambda_i = 1 \end{cases}$$

$$\sigma_K^2 = \sum_{i=1}^{n} \lambda_i \gamma(x_i, x) - \gamma(x_i, x) + \mu \qquad (8\text{-}29)$$

上述过程也可用矩阵形式表示，令

$$K = \begin{bmatrix} C_{11} & C_{12} & \cdots & C_{1n} & 1 \\ C_{21} & C_{22} & \cdots & C_{2n} & 1 \\ \vdots & \vdots & & \vdots & \vdots \\ C_{n1} & C_{n2} & \cdots & C_{nn} & 1 \\ 1 & 1 & \cdots & 1 & 0 \end{bmatrix}, \quad \lambda = \begin{bmatrix} \lambda_1 \\ \lambda_2 \\ \vdots \\ \lambda_n \\ -\mu \end{bmatrix}, \quad M = \begin{bmatrix} C(x_1, x) \\ C(x_2, x) \\ \vdots \\ C(x_n, x) \\ 1 \end{bmatrix}$$

则普通克里金方程组为：$K\lambda = M$。解该方程组，可得 $\lambda = K^{-1}M$。其估计方差为 $\sigma_K^2 = C(x,x) - \lambda^{\mathrm{T}}M$。也可以将克里金方程组和估计方差，用变异函数写成上述矩阵形式。令

$$K = \begin{bmatrix} \gamma_{11} & \gamma_{12} & \cdots & \gamma_{1n} & 1 \\ \gamma_{21} & \gamma_{22} & \cdots & \gamma_{2n} & 1 \\ \vdots & \vdots & & \vdots & \vdots \\ \gamma_{n1} & \gamma_{n2} & \cdots & \gamma_{nn} & 1 \\ 1 & 1 & \cdots & 1 & 0 \end{bmatrix}, \lambda = \begin{bmatrix} \lambda_1 \\ \lambda_2 \\ \vdots \\ \lambda_n \\ \mu \end{bmatrix}, M = \begin{bmatrix} \gamma(x_1, x) \\ \gamma(x_2, x) \\ \vdots \\ \gamma(x_n, x) \\ 1 \end{bmatrix}$$

$$K\lambda = M, \lambda = K^{-1}M, \qquad (8\text{-}30)$$

$$\sigma_k^2 = \lambda^{\mathrm{T}}M - \gamma(x_i, x)$$

在以上的介绍中，区域化变量 $Z(x)$ 的数学期望 $E[Z(x)] = m$ 可以是已知或未知的。如果 m 是已知常数，称为简单克里金法（SK）；如果 m 是未知常数，称为普通克里金法（OK）。不管是那一种方法，均可根据方法计算权重系数和克里金估计量。

普通克里金法是最常用的一种线性地质统计学插值方法。它以区域化变量服从（准）平稳假设或（准）内蕴假设为前提，相比于非地质统计学的插值方法，克里金法的最大优点在于所得到的区域化变量估计值与真实值的期望相等，且方差最小。当所研究的区域化变量满足正态分布时，用普通克里金法进行插值，能得到比较好的结果。

8.2.1.2　泛克里金法储量估算原理

UK 法是基于所研究的区域化变量在估计邻域内不存在漂移的假设而建立的，当所研究的变量在空间存在漂移时，普通克里金法就不适用了，应当改用泛克里金法。当所研究的区域化变量出现漂移（趋势性变化）情况时，变差函数将出现如图 8-55 所示的情形。

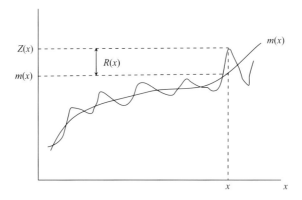

图 8-55　漂移与随机部分关系示意图

漂移 $m(x)$ 多采用如下多项式形式：

一维时：　$m(x) = a_0 + a_1 x + a_2 x^2 + \cdots$

二维时：　$m(x, y) = a_0 + a_1 x + a_2 y + a_3 x^2 + a_4 xy + a_5 y^2 + \cdots$

三维时：　$m(x, y, z) = a_0 + a_1 x + a_2 y + a_3 x^2 + a_4 xy + a_5 y^2 + a_6 z^2 + a_7 xy + a_8 yz + a_9 zx + \cdots$

利用协方差函数计算估计值 $Z(x)$ 的 UK 法：

假设前提：　$E\left[Z(x)\right] = m(x); E\left[(y)\right] = m(x)m(y) + C(x, y);$

设漂移：　$m(x) = \displaystyle\sum_{l=0}^{k} a_l f_l(x)$

估计量：　$Z_{\mathrm{UK}}^* = \displaystyle\sum_{\alpha=1}^{n} \lambda_\alpha Z_\alpha, (\alpha = 1, 2, \cdots, n)$

在无偏有效的条件下，可以得到如下泛克里金方程组：

$$\sum_{\beta=1}^{n} \lambda_\beta C(x_\alpha, y_\beta) - \sum_{l=0}^{k} \mu_l f_l(x_\alpha) = C(x_\alpha, x), \quad \alpha = 1, 2, \cdots, n$$

$$\sum_{\beta=1}^{n} \mu_\beta f_l(x_\beta) = f_l(x), \quad l = 0, 1, \cdots, k$$

（8-31）

上面的方程组写成矩阵的形

$$\begin{pmatrix} C & f^{\mathrm{T}} \\ f & 0 \end{pmatrix} \begin{pmatrix} \lambda \\ -\mu \end{pmatrix} = \begin{pmatrix} C_x \\ f_x \end{pmatrix},$$

其中，

$$C = \begin{pmatrix} C(x_1, x_1) & \cdots & C(x_1, x_n) \\ \vdots & \ddots & \vdots \\ C(x_n, x_1) & \cdots & C(x_n, x_n) \end{pmatrix}, f = \begin{pmatrix} f_0(x_1) & \cdots & f_0(x_n) \\ \vdots & \ddots & \vdots \\ f_k(x_1) & \cdots & f_k(x_n) \end{pmatrix},$$

$$\lambda = \begin{pmatrix} \lambda_1 \\ \lambda_2 \\ \vdots \\ \lambda_k \end{pmatrix}, \mu = \begin{pmatrix} \mu_1 \\ \mu_2 \\ \vdots \\ \mu_k \end{pmatrix}, f = \begin{pmatrix} f_0(x) \\ f_1(x) \\ \vdots \\ f_k(x) \end{pmatrix}, C = \begin{pmatrix} C(x_1, x) \\ C(x_n, x) \\ \vdots \\ C(x_n, x) \end{pmatrix}$$

解出上面方程组中的各系数后，也可以由下式得到泛克里金方差：

$$\sigma^2_{\text{UK}} = C(x, x) - \sum_{\alpha=1}^{n} \lambda \alpha C(x\alpha, x) + \sum_{l=0}^{k} \mu_l f_l(x) \tag{8-32}$$

当所研究的区域化变量不符合普通克里金法的假设，即不满足（准）二阶平稳假设或（准）内蕴假设时，就要考虑漂移的存在，这时可利用泛克里金法来进行块段品位估值。

8.2.1.3　对数克里金法储量估算原理

在地质问题研究中，一些区域化变量并不服从正态分布，而服从对数正态分布。这就需要有一套与之相适应的克里金理论与方法，这就是对数克里金法（LK）。在对数正态分布与正态分布之间存在着转换关系，因此 LK 的本质仍然是 OK。

设矿床 O 的样品值和块段品位值均服从对数正态分布，内部某待估块段 $V \in O$ 的平均品位为 Z_v，估计值为 Z_v^*，其对数值 $\ln(Z_v^*)$ 可表为 n 个已知值 $\ln(X_a)$（$a = 1, 2, 3, \cdots, n$）的线性组合：

$$\ln Z_v^* = C + \sum_{a=1}^{n} \lambda_a \ln(X_a) \tag{8-33}$$

式中，C 和 λ_a 为待定系数；X_a 为支撑 V_a（$a = 1, 2, 3, \cdots, n$）的 n 个信息样品的观测值。

与 OK 法相似，LK 也需要用无偏、最优的条件列出克里金方程组，即：

$$\sum_{\beta=1}^{n} \lambda_\beta \overline{C}e(v_\alpha, v_\beta) - \mu = \overline{C}e(v_\alpha, V)$$

$$\sum_{\alpha=1}^{n} \lambda\alpha = 1$$

写成矩阵的形式是

$$[K_e][\lambda] = [MZ_e];$$

$$[K_e] = \begin{pmatrix} \overline{C}e(v_1, v_1) & \overline{C}e(v_1, v_2) & \cdots & \overline{C}e(v_1, v_n) & 1 \\ \overline{C}e(v_2, v_1) & \overline{C}e(v_2, v_2) & \cdots & \overline{C}e(v_2, v_n) & 1 \\ \vdots & \vdots & & \vdots & \vdots \\ \overline{C}e(v_n, v_1) & \overline{C}e(v_n, v_2) & \cdots & \overline{C}e(v_n, v_n) & 1 \\ 1 & 1 & \cdots & 1 & 0 \end{pmatrix}, \quad [\lambda] = \begin{pmatrix} \lambda_1 \\ \lambda_2 \\ \vdots \\ \lambda_{-\mu} \\ -\mu \end{pmatrix}, [MZ_e] = \begin{pmatrix} \overline{C}e(v_1, V) \\ \overline{C}e(v_2, V) \\ \vdots \\ \overline{C}e(v_n, V) \\ 1 \end{pmatrix},$$

$$C = \frac{1}{2} \left\{ \sum_{\alpha=1}^{n} \lambda a [\overline{C}e(v_a, v_a) - \overline{C}e(v_a, V)] - u \right\}$$

$$Z_v^* = e^{\sum_{\alpha=1}^{n} \lambda a \left\{ \ln(x\alpha) + \frac{1}{2} \overline{C}e(va, va) - \frac{1}{2}[\overline{C}e(va, V) + u] \right\}}$$

$\ln Z_v^*$ 的对数克里金方差为

$$\sigma^2_{Ke} = \overline{C}e(V, V) - \sum_{\alpha=1}^{n} \lambda a [\overline{C}e(va, V)] + u$$

估计值 Z_v^* 的克里金方差为

$$\sigma_K^2 = (Z_v^*)^2 \left[e^{\overline{C}_e(V,V)} + e^{\sum\limits_{\alpha=1}^{n} \lambda a \overline{C}_e(v_a, v_\beta)} - 2e^{\sum\limits_{\alpha=1}^{n} \lambda a \overline{C}_e(v_a, V)} \right], \beta = 1, 2, \cdots, n \quad (8\text{-}34)$$

式中，$\overline{C}_e$ 代表平均协方差函数，K_e 代表观测值之间的平均协方差矩阵，Z_e 代表估计值与观测值之间的平均协方差矩阵。

当区域化变量在估计邻域内存在漂移时，可利用相似的原理，求出对数克里金的估计值、漂移及随项的方差。在满足相应假设的前提下，若所研究的区域化变量不服从正态分布而服从对数正态分布，可选择对数正态克里金法计算储量。

8.2.1.4　指示克里金法储量估算原理

指示克里金法（IK）是一种常用的非参数估计方法。与普通克里金方法相比，它不依赖于空间现象的平稳性假设，也不要求区域化变量服从某种分布，不需要剔除原始样品数据中的异常值，但能对随机函数在非参数取样点的不确定性做出准确估计。利用指示克里金法进行插值计算的过程大致可概括为如下三个步骤：①对数据做指示变换；②用普通克里金法计算出待估点的条件累积分布函数（conditional cumulated distributing function，CCDF）的估计值；③以计算出的累积分布函数为基础，完成各种估计和模拟。

1. 数据的指示变换

对原始品位数据进行指示化处理的过程如下：对原始样品品位数据进行统计分析，确定出一组数据作为对样品品位数据进行指示化变换的阈值 $\{z_k\}(k=1,2,3,\cdots,K-1,K)$。为了便于后面的估值处理，可以考虑将所确定的阈值按照从小到大的顺序进行排列，即让阈值 $\{z_k\}(k=1,2,3,\cdots,K-1,K)$ 满足下式：$z_{\min}=z_1<z_2<\cdots<z_{K-1}<z_K<z_{\max}$。然后，把原始品位数据按确定的 K 个阈值，分成 K 个指示化样品数据对：

$$I(x,z_k) = \begin{cases} 1 & Z(x) \leqslant z_k \\ 0 & Z(x) > z_k \end{cases} \quad (k=1,2,3,\cdots,K-1,K) \quad (8\text{-}35)$$

式中，$Z(x)$ 是样品点 x 对应的测量值。

阈值的确定要充分利用原始样品品位数据的统计成果，尽量使阈值在原始样品品位数据范围内均匀分布，一方面体现原始样品品位数据的分布特征，另一方面限制阈值的个数。K 值过大，不仅不会提高插值计算精度，还会严重影响计算速率。

经指示化处理后，可得到 K 组以不同概率出现的（0，1）数据集。利用这 K 组指示化的数据，可方便地估算待估块体的平均品位值在某一范围内的概率。

设在待估位置 u 处出现阈值小于 z_k 的概率为 P，$F(u,z_k)$ 为其概率函数，$E(u,z_k)$ 表示在待估位置 u 处出现阈值小于 z_k 的数学期望，则有如下关系式：

$$F(u,z_k) = P\{Z(u) \leqslant z_k\}$$

结合式（8-35）可知：

$$F(u,z_k) = P\{I(u,z_k)=1\} = 1 \times P(I(u,z_k)=1) + 0 \times P(I(u,z_k)=1)$$

而　　　　$EI(u,z_k) = 1 \times P(I(u,z_k) = 1) + 0 \times P(I(u,z_k) = 1)$

故有　　　$F(u,z_k) = EI(u,z_k)$　　　　　　　　　　　　　　　（8-36）

由式（8-36）我们可以看出，在未知位置 u 处，出现品位小于 z_k 的概率即为在 u 处指示化值 $I(u,z_k)$ 的数学期望。于是，可通过估计求已知点 u 处的指示值，并通过该位置处品位值与阈值之间的这种特殊关系，估计未知点处的品位值。

2. 计算累积分布函数

这一步骤的任务是计算指示化品位数据的估计值。

设已知样品点指示化数据为 $I(u_a,z_k)$ （$k=1$，2，3，$\cdots$，K；$a=1$，2，$\cdots$，N，其中 N 为已知样点的个数），未知位置点 u 处的指示化品位估计值为 $i^*(u,z_k)$（$k=1,2,3,\cdots,K$）。

估值 $I^*(u,z_k)$ 的计算公式如下：

$$\left[I(u,z_k) \right]^* = \sum_{a=1}^{N} \left[\lambda_a \times I^*(u_a,z_k) \right] \tag{8-37}$$

式中，权值 λ_a 的确定采用普通克里金的估计方法；估计值 $I^*(u,z_k)$ 是在 N 个已知位置点指示化品位值的条件下求出的。这里，将 "N 个已知位置点的指示化品位值" 记作条件 N，表示为（N），根据统计学知识可以推得如下公式：

$$\sum_{a=1}^{N} \left[\lambda_a \times I^*(u_a,z_k) \right] = E^* \left[I(u,z_k) \mid (N) \right] \tag{8-38}$$

由式（8-36）～式（8-38）可得

$$\left[I(u,z_k) \right]^* = F^*(z_k \mid (N)) \tag{8-39}$$

以文字的形式表示式（8-39），即：未知位置点 u 处的指示化品位 $I(u_a,z_k)$ 估计值，是未知点 u 处品位值小于等于阈值 z_k 的概率。

这一概率是在 N 个样品点指示化品位已知的条件下求出来的，因此可以将它称之为条件概率估计值。按照地质统计学定义，$[I(u,z_k)]^*$ 就是品位随机函数（rand function） $Z(u)$ 的条件累积分布函数（CCDF）估计值。

条件累积分布函数（CCDF）与指示化品位的估计值的关系如图 8-56 所示。从图中可以看出，在阈值点处的累积分布函数估计值已经由普通克里金值计算出来的情况下，非阈值点 CCDF 的估计值可以根据阈值点的估计值计算出来。而已知点处的品位值落在相应阈值之间的平均概率，可以由相邻阈值点处的 CCDF 估计值之差来估计。这种方法也可用于对未知点的品位数据进行插值。

3. 指示克里金法估值

由上面分析可知，阈值基本上均匀分布于原始样品品位数据范围之间，并且未知点处的品位值小于等于阈值的概率，即相对于该阈值的累积分布函数估计值是可求的。设待估块体为 U，CCDF 在 z_{k-1} 和 z_k 处的估计值之差

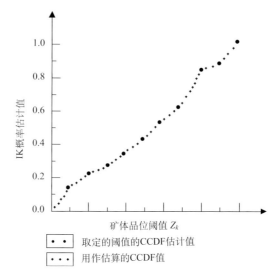

图 8-56　CCDF 与指示化品位估计值的关系示意

$$\left[F^{*}\left(z_{k}\mid(N)\right)-F^{*}\left(z_{k-1}\mid(N)\right)\right]$$

为块体 U 的品位出现在阈值[z_{k-1}，z_k]之间的平均概率。在 $z_k \sim z_{k-1}$ 范围内取一个代表性品位 z'_k（z_{k-1} 和 z_k 的平均值），则未知块体 U 的平均品位估计值为

$$z^{*}(U)=\sum_{k=1}^{k}z_{k}^{'}\left[F^{*}\left(z_{k}\mid(N)\right)-F^{*}\left(z_{k-1}\mid(N)\right)\right] \qquad (8\text{-}40)$$

在对指示值进行 OK 估计的过程中所得到的估计方差，可以按照对估计指示值的方式进行处理，最终得到类似 $z^{*}(U)$ 的估计方差 $\sigma_{\mathrm{IK}}^{2}(U)$ 。

在正常情况下，条件累积分布函数 CCDF 的估计值，与阈值由小到大的顺序一致。但在实际计算过程当中，由于数据分布的原因可能会导致计算出来的 CCDF 估计值出现异常，为了避免影响插值效果，需要对其进行理论校正。

8.2.1.5　克里金块体模型多级网格的插值算法

在克里金空间插值过程中，为了有效地提高工作效率，需要采用在三维环境中的快速插值算法，即基于块体模型多级六面体网格的插值算法（朱家成，2016）。

1. 第一级网格顶点插值处理

基本思路是：把通过邻域搜索得到的已知样品点，作为第一级网格的有效待插值点，以便减少克里金方程组的维数和求解方程组的时间，其工作流程如图 8-57 所示。

第一，将待插值点定位在第一级网格中。假设待插值点坐标为（X，Y，Z），则网格索引为

$$\alpha_{1}=\frac{X-x_{\min}}{\text{step }x_{1}}, \qquad \beta_{1}=\frac{Y-y_{\min}}{\text{step }y_{1}}, \qquad \gamma_{1}=\frac{Z-z_{\min}}{\text{step }z_{1}}$$

$$\text{index} = \alpha_1 \times \text{num } y_1 \times \text{num } z_1 + \beta_1 \times \text{num } z_1 + \gamma_1$$

式中，α_1，β_1，γ_1 分别代表（x，y，z）方向上的网格索引，$x_{\min}$，$y_{\min}$，$z_{\min}$ 分别表示（x，y，z）方向的坐标最小值；step x_1，step y_1，step z_1 分别代表第一级剖分时（x，y，z）方向的步长；num y_1，num z_1 分别代表 y，z 两个轴向上的剖分号，index 为待插值点所在网格索引号。

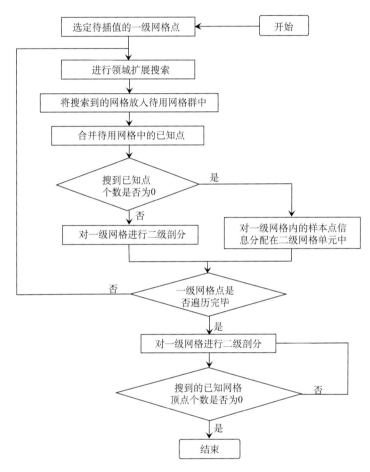

图 8-57　三维块体模型分级剖分与网格定点插值流程示意

第二，设置待用的第一级网格。将已经定位有待插值点的第一级网格单元，设置为待用网格，然后进行扩展搜索。扩展搜索分如下几种情况：

①当插值点在一级网格单元内部时，除了它所在的网格，待插值点周围还有八个邻接网格，需要对这八个邻接网格进行扩展搜索，并放入待用网格中；

②当待插值点在一级网格单元面上时，在待插值点周围可能有四个邻接的六面体网格单元，如果搜索到其余三个邻接网格，就将其设置为待用网格；

③当待插值点在一级网格单元的边界上时，待插值点周围可能有两个邻接网格，如果搜索到另一个邻接网格后，就将其设置为待用网格；

④当待插值点在一级网格单元的顶点时，邻接网格为其本身，不必扩展搜索。

第三，提取待用网格内的全部已知点，合并起来作为有效点。

第四，判断所搜索到的有效点个数是否为零，若不为零，转到第五步，若为零，则返回到第二步，继续进行搜索。

第五，进行插值矩阵及属性值运算；用搜索得到的有效点信息对克里金矩阵赋值，经过求逆和相乘运算得到权重矩阵；计算出待插值点的属性值，完成插值运算。

2. 二级网格顶点插值处理

处理完第一级网格后，通常需要对第二级网格进行插值处理。在插值处理之前，需要先通过对二级网格顶点进行邻域搜索来获取有效点。其策略是在搜索二级网格点所在的一级网格及其周围网格时，将搜索到的一级网格顶点作为有效点，再舍弃网格内的已知点。二级网格顶点分为两种类型：如果搜索到的邻域网格为 27 个或 8 个时，为第一类型的二级网格顶点；否则，为第二类型的二级网格顶点。

1）第一类型二级网格顶点插值处理

第一类型的二级网格顶点插值处理算法步骤如下（图 8-58）：

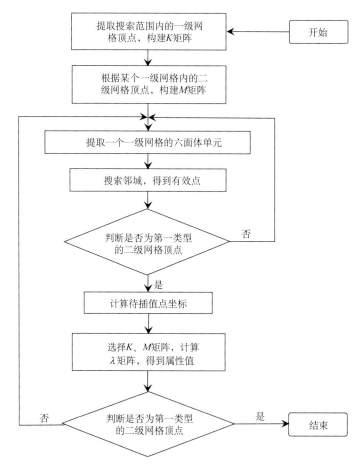

图 8-58　第一类型的二级网格单元顶点插值流程示意

（1）选择邻域搜索范围，获取有效点。在确定搜索范围之后，以该邻域范围内的一级网格顶点为有效点，作为确定并形成公用 K 矩阵的依据。

（2）确定并形成公用 K 矩阵。根据上一步获取的有效点，计算 K 矩阵各行各列的值，并计算每两个顶点之间的距离，得出每两个顶点之间的变差函数值。然后，以计算出的变差函数值对 K 矩阵赋值，对 K 矩阵进行求逆运算操作。

（3）计算多个公用的 M 矩阵。先随机提取一个一级网格，根据一级网格内的二级网格顶点和第一步得到的有效点，计算二级网格顶点与各个有效点之间的距离，得到变差函数值，再对 M 矩阵赋值和计算。M 矩阵个数与二级网格顶点个数相同。

（4）提取某个一级网格单元，并进行邻域搜索。从所有的一级网格内取出一个小六面体单元，通过邻域搜索获取有效点，判断该二级网格是否属于第一类型。

（5）计算待插值点坐标，并选取 M 矩阵。根据一级网格的索引号和一级剖分的 x，y，z 方向步长，以及第二级剖分的 x，y，z 方向步长，得到待插值点的坐标。再根据待插值点在一级网格内的位置，选取第三步中得到的 M 矩阵中的一个。

（6）计算并获取权矩阵，进而计算属性值。根据 K 矩阵和 M 矩阵，计算得到 λ 矩阵，最后计算并获取待插值点属性值。

2）第二类型二级网格顶点插值处理

第二类型二级网格顶点插值处理的算法，与第一类有相似之处，其步骤如下（图 8-59）：

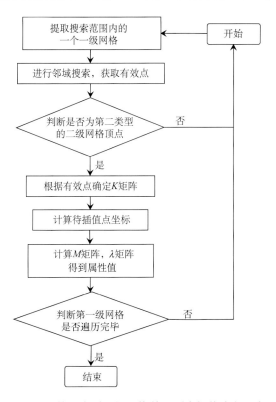

图 8-59　第二类型二级网格单元顶点插值流程示意

（1）取出某个一级网格单元进行邻域搜索。从一级网格单元中取出一个，根据给定的邻域搜索范围，得到其中的二级网格，将其原始样本点和网格顶点作为有效点。

（2）判断是否第二类型的二级网格顶点，并计算 K 矩阵。判断搜索到的有效点中是否有原始的样本点，若有，则该二级网格顶点为第二类型的二级网格顶点。计算每两个有效点之间的距离，得到变差函数值后，用变差函数值对 K 矩阵赋值。

（3）计算待插值点坐标，并确定 M 矩阵。根据第一级网格的索引号、第一级剖分时各方向的步长和第二级剖分时各方向的步长，计算该网格内的二级网格顶点坐标，以及待插值点与每个有效点之间的距离和变差函数值，然后对 M 矩阵赋值。

（4）计算权重矩阵，得到属性值。计算赋值后的 K 矩阵和 M 矩阵，得到 λ 矩阵。然后，通过 λ 矩阵求解待插值点的属性值。

8.2.1.6　克里金法储量估算精度和不确定性评价

相比于传统的储量估算方法，克里金储量估算方法的优点除了前面介绍的之外，还在于能定量地给出插值结果的精度。目前，为了更加全面、准确地了解克里金法估值结果的精度，成熟的克里金储量估算软件，基本上都设置了对储量估算过程中的插值方差进行计算和处理的模块，便于对所得到的结果作进一步深入分析。

1. 精度指标

精度指标是指估计误差的度量。在通常情况下，多以各种克里金法估值结果及其平均值、标准差、原始样本值等，以及相对偏差（rBIAS）和相对平均估计方差（rMESP）等综合性参数作为估值的精度指标，其中，rBIAS 和 rMESP 的表达式如下：

$$r\text{BLAS} = \frac{\sum\limits_{i=1}^{n}\left(Z^{*}(u_i) - Z(u_i)\right)}{n \times m} \qquad r\text{MSEP} = \frac{\sum\limits_{i=1}^{n}\left(Z^{*}(u_i) - Z(u_i)\right)^2}{\sum\limits_{i=1}^{n}(m - Z(u_i))^2} \qquad （8\text{-}41）$$

式中，$Z^{*}(u_i)$ 为待估点位置 u_i 的估计值；$Z(u_i)$ 为原始样本点值；m 为原始样本点的数学期望；n 为原始样本点个数。

基于上述精度指标，可用前述交叉验证方法来评价克里金估值精度。图 8-60 即为国产 QuantyMine 对普通克里金法品位插值精度的方差分析结果。

与实际情况对比的结果表明，矿体块体模型中钻孔样品数据多的位置，其对应的克里金方差越低，可信度越高；反之，克里金方差就越高，可信度越低。这种特征，在总体上与地质认识一致。因此，克里金方差可以用于储量分类。

2. 不确定性指标

这里的不确定性，是指估值结果的稳定性，即克里金法储量估值结果中的样品排序与原始样品排序的差距。克里金估值结果的不确定性指标，可通过统计学中的范围概率（coverage prebability）和标称概率（nominal probability）来表达。这是评估局部估值不确定性的两种全局变量，能正确地反应变量的条件分布。其中，标称概率为

$$\left\{ p_i = \widehat{P}\left[Z^*\left(u_i\right) \leqslant z\left(u_i\right) \mid Z^* \right], i = 1, \cdots, n \right\}$$

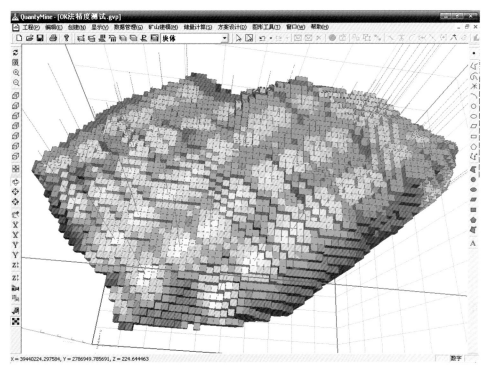

图 8-60　QuantyMine 软件普通克里金法品位插值精度分析示例

块体颜色由浅到深表示相应位置品位估计值的克里金方差由低到高

通过标称概率的计算，可以得到估值结果的顺序统计量。范围概率 $f(p_{(i)})$ 定义为原始样本值 $z(u_i)$，小于标称概率 $p_{(i)}$ 对应的分位数的比例，其表达式为

$$f\left(p_{(i)}\right) = \frac{1}{n}\sum_{j=1}^{n} I\left[P_j \leqslant P_i\right] = RANK\left(p_{(i)}\right)/n = i/n \tag{8-42}$$

如果估值结果数据分布与样本相同，则 $f\left(p_{(i)}\right)$ 应与 $p_{(i)}$ 相等，可用样品及其估值结果对应的 P-P 图来比较各种克里金估值结果的不确定性（Moyeed and Papritz，2002）。

8.2.2　克里金储量估算子系统设计

基于克里金方法的储量估算子系统研发的目标是：采用多种克里金计算方法，在三维空间模型的基础上，快速、准确地对矿床和矿体的品位分布及其储量进行三维可视化计算和表达。此外，还要能够根据矿产品的需求和市场价格变动，动态地确定储量估算指标并动态地计算储量，然后按照不同要求以多种形式分级别进行表达。

8.2.2.1　克里金法储量估算子系统结构

根据克里金法储量估算的基本工作流程和数据处理的功能需求，该储量估算子系统可分为 4 个模块：三维模型构建模块、样品数据预处理模块、变差函数分析模块和矿体储量估算模块等。整个子系统的功能结构和逻辑结构如图 8-61 和图 8-62 所示。

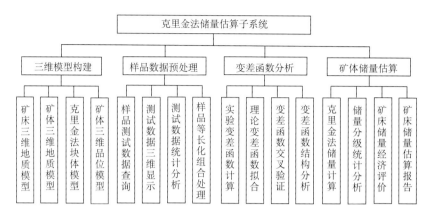

图 8-61　克里金储量估算子系统的基本功能结构图

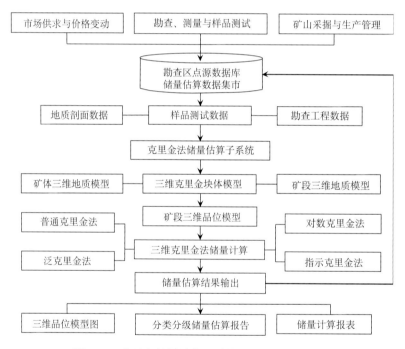

图 8-62　克里金储量估算子系统的一般逻辑结构图

8.2.2.2　克里金储量估算子系统功能特征

1. 克里金储量估算的三维模型构建模块

克里金储量估算的真三维可视化环境，是矿床或矿体的三维地质模型。矿体或矿床三维地质模型是一种直观的、可交互的软件操作平台，其建造方法已在第七章做了系统介绍，这里要解决的主要问题，是如何在该平台上构建与储量估算有关的块体模型、块段模型、品位模型和克里金模型等，以及最终成果的三维可视化表达形式。

1）矿床、矿体三维地质模型调用/显示子模块

开展三维克里金储量估算，涉及矿床和矿体三维地质模型的调用和显示。矿床和矿体三维地质模型的构建，已经在三维地质建模子系统中实现，本子模块的基本功能是从克里金法块体模型和品位模型构建的需要出发，调用矿床和矿体三维地质模型进行矿石品位的空间统计分析，支持三维品位模型构建并实现克里金储量估算。

2）矿床/矿体克里金块体模型构建子模块

矿床/矿体范围内的克里金块体模型，通常由一系列等体积的规则六面体构成，即把基于 TIN-GPS 混合数据结构模型所建立的矿床或矿体三维地质模型，剖分成一系列的规则六面体，即用一系列规则的小六面体，来充填矿体三维地质模型。

对三维矿体模型进行规则的六面体网格单元剖分，目的是将空间中不均匀分布的已知点数据进行组织，使其合理地定位在规则的小六面体网格单元中。其实现思路是：先确定目标矿体的三维地质模型，再在矿体范围内划分初始较大的六面体网格，让所有的已知点都落在该网格内的六面体单元中。然后，根据设定的 XYZ 方向的第一级剖分步长，对该大网格进行划分，形成一些较小的网格，记为第一级剖分网格，并对已知点进行定位。接着，根据一级剖分的剩余空间（即未被小六面体充填满的矿床或矿体空间）的情况，设定进一步剖分的 XYZ 方向步长，以期达到用更小的面体网格充满整个矿体三维模型空间的目的，最后将一级网格中的已知点，转入二级网格中并加以定位（图 8-63）。

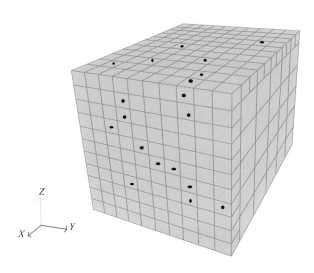

图 8-63 三维下嵌套网格二重剖分示意图

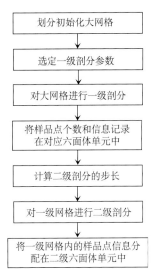

图 8-64 块体模型剖分流程

根据以上思路，可归纳出块体模型的六面体网格剖分算法步骤（图 8-64）：

（1）初始化操作。根据已知点的坐标范围确定剖分区域。首先计算已知点中的 (x, y, z) 最小和最大值，记为 x_{min} 和 x_{max}，y_{min} 和 y_{max}，z_{min} 和 z_{max}。设第一级剖分的步长分别为：step x_1，step y_1，step z_1。

（2）进行第一级网格剖分。根据设置好的第一级剖分步长，将大六面体网格划分成一系列小六面体网格，小六面体的个数为 $u_1 \times v_1 \times w_1$。

其中，

$$u_1 = \frac{x_{\max} - x_{\min}}{\text{step } x_1} \qquad v_1 = \frac{y_{\max} - y_{\min}}{\text{step } y_1} \qquad w_1 = \frac{z_{\max} - z_{\min}}{\text{step } z_1}$$

（3）完成第一级网格剖分之后，对一级网格进行编号建立索引，以网格左上角的顶点标识该网格，并将已知点信息记录在对应的六面体网格单元中。

（4）对第一级网格进行第二级网格剖分。设第二级剖分在 X, Y, Z 方向的步长为 step x_2，step y_2，step z_2，按此步长对第一级剖分所得的每个六面体网格单元进行第二级剖分，成为更小的六面体网格。每个一级网格内的二级网格个数为 $u_2 \times v_2 \times w_2$。

其中，

$$u_2 = \frac{\text{step } x_1}{\text{step } x_2} \qquad v_2 = \frac{\text{step } y_1}{\text{step } y_2} \qquad w_2 = \frac{\text{step } z_1}{\text{step } z_2}$$

（5）完成第二级子网格剖分后，将第一级小六面体网格单元内的已知点信息，按照其坐标位置转到对应的第二级小六面体网格单元中。

如图 8-65 所示，第一级小六面体单元通常以开采台阶的高度 a（约 12m）为边长的立方体。若矿体范围不是一级六面体边长的整数倍，可外延矿体范围使一级六面体单元遍布其中（图 8-66），但若外延矿体范围与实际差别太大，则进行第二级剖分。

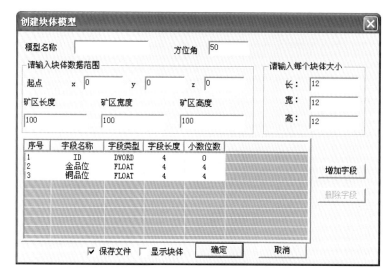

图 8-65　创建块体模型对话框示例

方位角一般设定为与勘探线方向大致平行的角度，对话框中默认的矿床起点坐标，以及矿体长、宽和高可视情况修改。六面体颜色表示不同的品位值，其配色方案遵照国家标准，必要时可自设

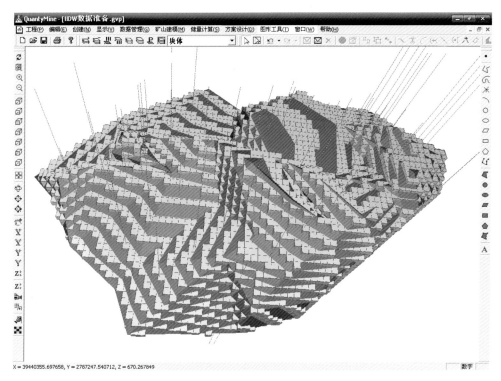

图 8-66　矿体中的小六面体分割、充填效果示意

图中浅蓝色部分为系列小六面体构成的块体模型，棕色部分为矿体模型被分割后的剩余

在完成矿床和矿体三维地质模型的小六面体剖分之后，应对每个规则六面体是否都在矿体内部作出判断，检测可采用空间分区二叉树模型，检测六面体的八个顶点是否都在矿体包围盒内。其要领是：将点与空间分区二叉树的每一个节点进行比较，若这个点位于平面的正侧，并且正子树存在，那么该点由这棵子树进一步处理；若正子树不存在，那么它位于多面体外。若该点位于平面的负侧，并且负子树存在，那么由该子树作进一步处理；若负子树不存在，那么它位于多面体内。若该点位于分区平面上，那么它包含在一个面内，此时点位于多面体上；若该点不包含在一个面内，则由任何子树进一步处理。软件作业过程为：当检测点位于多面体外部时，检测后的返回值为 1；当检测点位于多面体内部时，检测后的返回值为–1，或者当该点位于多面体上时，则返回值为0。

若六面体的 8 个顶点都在矿体包围盒内，则保留该六面体并存入保留块体链表中；若六面体至少有一个顶点落在矿体包围盒外，则将该六面体进行二级剖分。若 X 方向上分割数为 x，Y 方向上剖分数为 y，Z 方向上剖分数为 z，则该六面体便被分为 $x×y×z$ 个二级六面体。求出这些二级六面体的中心点坐标，并判断中心点是否落在矿体内。若是，则将次级块存入保留块体链表中，否则不保留该二级六面体块。

为了提高显示和操作速度，一级剖分和二级剖分都应当交给计算机自动完成。在计算过程中，所涉及的全部六面体都存放在内存中，当矿床或矿体规模很大或块体单元边长很小而致个数过多时，内存消耗将会过大。为了减轻内存负担，块体模型的创建模块应当支持用户将全部六面体信息存为文件（采用 mdl 等格式），让用户通过导入功能将该文件记录的六面体显示在图层里，然后在插值处理后把结果存回该文件中。

3）矿床/矿体品位模型构建和子模块

品位模型是指经过克里金法插值后，带有品位信息的块体模型。其构建原理是：根据空间分布等长化处理后的样品品位数据，再通过克里金法来对品位分布进行建模，进而估算每个块体的平均品位，为克里金储量估算及其分类分级提供数据。因此，选择合适的克里金方法来建立矿床/矿体的品位模型，是克里金储量估算的重要环节。其中工作内容包括品位分布模拟、平均品位计算、变品位查询、显示、统计和六面体的品位属性充填等。品位模型的构建工作流程和成果示例，如图 8-67 和图 8-68 所示。目前，新的三维数据结构和随机模拟方法已经逐步成熟，矿床或矿体的规则六面体分割，可考虑在角点网格模型中进行，以便和基于 TIN-GPS 混合数据模型的矿床/矿体三维地质建模相协调。

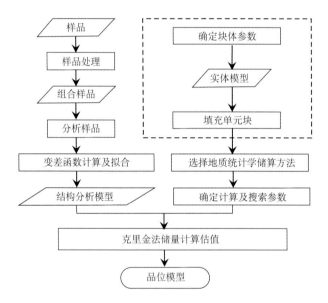

图 8-67　克里金法储量估算的品位模型构建流程

2. 克里金储量估算的数据预处理模块

该子模块为利用克里金法进行储量估算提供数据来源。其中，包括在三维可视化环境里对样品测试数据的各种属性进行常规统计分析，例如对样品参与统计的样品数目、样品最小值、最大值、中间值，以及对样品长度和品位值的均值、方差、变异性和分布状况进行统计分析（图 8-69）。所谓样品数据预处理，则是指在上述统计分析的基础上，对样品测试数据进行特异值和等长化组合等正则化处理，以及其他必要的分析处理。

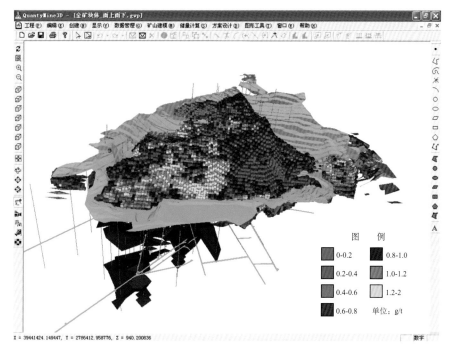

图 8-68　中国某铜金矿床基于块体模型的矿石品位模型示意

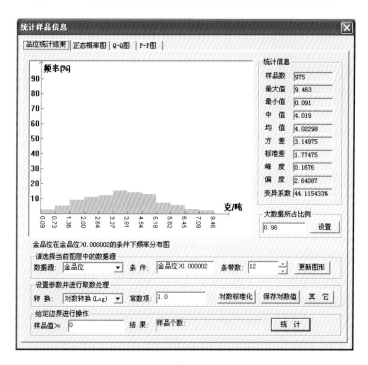

图 8-69　贵金属多金属样品品位统计分析界面示例

1）样品品位平均值

$$\overline{x} = \frac{1}{n}\sum x_i \qquad (8\text{-}43)$$

2）样品品位方差值

$$variance = \frac{\sum_{i=1}^{n}\left(x_i - \overline{x}\right)^2}{n-1} \qquad (8\text{-}44)$$

3）样品品位标准差

$$S = \sqrt{\frac{\sum\left(x_i - \overline{x}\right)^2}{n-1}} \qquad (8\text{-}45)$$

4）样品品位峰度值

$$Kurtosis = \sqrt{\frac{n}{24}}\left(\frac{1}{n}\sum_{i}^{n}\frac{\left(x_i - \overline{x}\right)^4}{S} - 3\right) \qquad (8\text{-}46)$$

5）样品品位偏度值

$$Skenwness = \sqrt{\frac{1}{6n}}\sum\frac{\left(x_i - \overline{x}\right)^3}{S} \qquad (8\text{-}47)$$

6）样品品位变异系数

$$C_v = \frac{S}{\overline{x}} \times 100\% \qquad (8\text{-}48)$$

7）样品品位正态概率图

利用正态概率值能够检验数据是否服从正态分布，判断数据有无异常，估计其平均值和总标准差。其横坐标为等间距的 100 列，纵坐标按照 x_F 值（各点对应的分位数）来绘制，描点个数根据条带个数来确定。闽西南某金矿床金品位正态概率分布如图 8-70 所示。

8）样品品位数据 Q-Q 分布检验

利用 Q-Q 分布图评估单变量样本数据是否服从正态分布的实现流程，如图 8-71 所示。紫金山矿区金品位的 Q-Q 分布的计算结果如图 8-72 所示。

具体步骤简述如下：

（1）首先对原始样本数据进行排序；

（2）统计排序后的原始样本数据，剔除重复的原始样本数据并且计算其重复次数（即频数 N_i），剔除重复数据的样本数据即为样本数据观测值；

（3）统计后的样本数据频数百分比 F_i 为

$$F_i = \frac{N_i}{\sum N_i} \qquad (8\text{-}49)$$

（4）归一化处理，将样本数据频数百分比 F_i 映射到[0，1]区间为

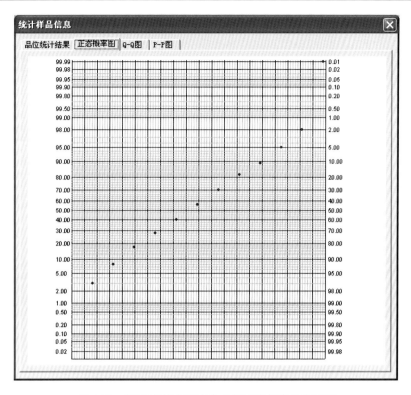

图 8-70 闽西南某金矿床金品位正态概率分布示例

$$F_i = \frac{F_i}{\sum F_i} \tag{8-50}$$

（5）统计后的样本数据累积百分比 F_i 为

$$F_i = \sum_{i=1}^{n} F_i, \quad i = 1, 2, \cdots, n \tag{8-51}$$

（6）计算样本数据累积百分比 F_i 的正态分布理论分位数 x_F；

（7）由分位数的定义，u_p 满足 $\Phi(u_p) = p$，令 $u_\alpha^* = u_{1-\alpha}$，并称 u_α^* 为上侧概率分位数。对给定的 $\alpha \in (0, 0.5)$，$u_\alpha^* > 0$，且 p 分位数与上侧概率分位数的关系为

$$u_p = \begin{cases} -u_\alpha^*, & \text{当 } 0 < p < 0.5, \alpha = p \\ 0, & \text{当 } p = 0.5 \\ u_\alpha^*, & \text{当 } 0.5 < p < 1, \alpha = 1 - p \end{cases} \tag{8-52}$$

（8）以下只需给出 $0 < \alpha < 0.5$ 时，u_α^* 的近似公式为

$$u_\alpha^* \approx \sqrt{y\left(2.0611786 - \frac{5.7262204}{y + 11.640595}\right)}, \tag{8-53}$$

$$y = -\ln\left[4\alpha(1-\alpha)\right] \tag{8-54}$$

以上公式的相对误差小于 4.9×10^{-4}。令 $F_i = p$，即可求出正态分布理论分位数 x_F；

（9）逆 Z 变换处理，将样本数据累积百分比 F_i 的正态分布理论分位数 x_F，恢复原来的均值 μ 和方差 σ，所得到的正态分布理论分位数 x_F，即为期望正态值：

$$x_{F_i} = x_{F_i} \cdot \sigma + \mu \tag{8-55}$$

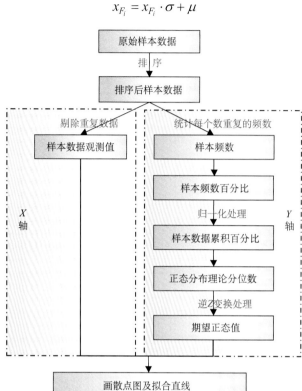

图 8-71 Q-Q 分布图计算流程图

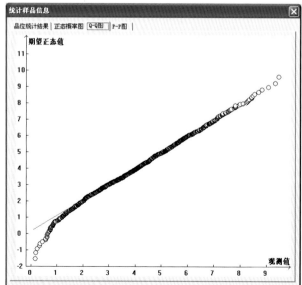

图 8-72 紫金山矿区金品位 Q-Q 分布图

9）样品品位 P-P 图分析

利用 P-P 分布图对样品数据进行分析处理，也是评估 n 个值的单变量样本数据是否服从正态分布。其算法可分为 7 个步骤：第（1）～（5）步骤与 Q-Q 分布图一样，其中第（5）步求出观测累积概率 F_i（即观测累积概率百分比）。

（6）对剔除重复数据的样本数据（即为样本数据观测值）进行 Z 标准化；

$$x_i = \frac{x_i - \mu}{\sigma}$$

式中，x_i 为样本中的某一数据，μ 为样本数据的均值，σ 为样本数据的方差。

（7）计算 Z 标准化后的 x_i 的正态分布的分布函数值。

设 $X \sim N(\mu, \sigma^2)$，则 X 的分布函数为

$$F(x) = \Phi\left(\frac{x - \mu}{\sigma}\right); \quad \Phi(x) = \frac{1}{\sqrt{2\pi}} \int_{-\infty}^{x} e^{-\frac{t^2}{2}} dt$$

是标准正态分布函数。

X 的 p 分位数为 $x_p = \sigma \cdot \mu_p + \mu$，其中 μ_p 为标准正态分布的 p 分位数。称

$$\text{erf}(x) = \frac{2}{\sqrt{\pi}} \int_0^x e^{-t^2} dt \quad (x > 0)$$

为误差函数，$\Phi(x)$ 与误差函数有以下关系：

$$\Phi(x) = \begin{cases} 0.5\left(1 + \text{erf}\left(\frac{x}{\sqrt{2}}\right)\right), & x \geq 0 \\ 0.5\left(1 - \text{erf}\left(\frac{|x|}{\sqrt{2}}\right)\right), & x < 0 \end{cases} \tag{8-56}$$

用误差函数的近似公式计算，

$$\text{erf}\left(\frac{x}{\sqrt{2}}\right) \approx 1 - \left(1 + \sum_{i=1}^{4} b_i x_i\right)^{-4} \tag{8-57}$$

其中：

$$b_1 = 0.196854, \quad b_2 = 0.115194$$
$$b_3 = 0.000344, \quad b_4 = 0.019527$$

近似公式的最大绝对误差是 2.5×10^{-4}。代入 x_i，即可求期望累积概率 $\Phi(x_i)$——Z 标准化后的 x_i 正态分布函数值。其算法流程和检验结果，分别如图 8-73 和图 8-74 所示。

10）样品正则化处理

样品正则化处理是将空间不等长的样品，按一定的标准样长以及有效品位范围，将所有样品转化组合为大体上长度一致的样品，从而削弱样品长度等对储量估算的影响，使计算更准确可靠。具体而言，样品等长化组合包括样长和品位的处理两个方面，在组合前需确定标准样长以及特高品位的阈值和处理方式。特高品位指高出一般样品很多倍，其存在将使平均品位剧烈增高，除了指示克里金法之外都需加以处理。通常以平均品位 6～8 倍中间的一个截取值为特高品位的阈值，并且以下列方法进行处理：

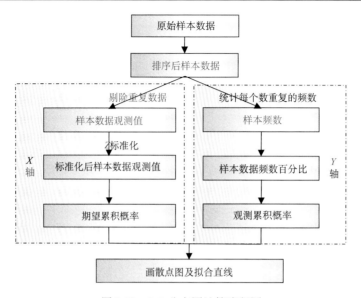

图 8-73 P-P 分布图计算流程图

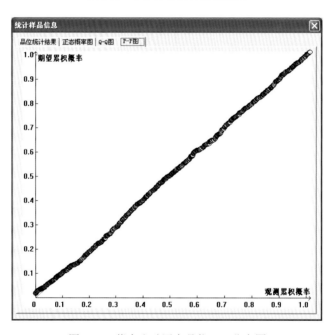

图 8-74 紫金山矿区金品位 P-P 分布图

（1）计算平均品位时，除去特高品位；

（2）用除去特高品位的工程（矿段）平均品位代替特高品位；

（3）用包括特高品位的工程（矿段）平均品位代替特高品位；

（4）用除去特高品位的块段平均品位代替特高品位；

（5）用包括特高品位的块段平均品位代替特高品位；

（6）用特高品位相邻两个样品的平均值代替特高品位；

（7）特高品位及其相邻两个样品的平均值代替特高品位，如仍高于均值，以此值代替特高品位，再与上下平均，或用上下五个样平均；

（8）用一般品位的最高值代替特高品位。

考虑到矿床类型、地质特征和区域变量的分布特性，克里金法储量计算模块应当将上述处理方法都加以编程实现，然后勘查技术人员再根据经验来具体选择使用。处理完特高品位后，再对样品进行一次统计和组合，完成样品等长化处理。消除了样长和特高品位等对储量估算的影响，便能更好地保证克里金储量估算法的精度。

3. 克里金法的变差函数分析模块

关于变差函数的理论与方法，已经在第七章中作了详细介绍。为了方便使用，需要开发出一个功能齐备的子模块，以便实现在三维可视化环境中进行品位等区域化变量的变差函数分析。其功能包括：进行实验变差计算、理论变差函数拟合、变差函数拟合最优化检验（交叉验证）、结构分析与结构套合等。勘查技术人员通过变差函数分析，初步确定克里金法储量估算的基本参数，例如计算方向、变程、基台值、异向性特征等，为应用地质统计学进行储量估算选择计算方法和计算参数提供参考依据。

4. 克里金储量估算法的储量计算模块

1）各种克里金法储量估算的子模块

为了满足不同矿种和不同地质特征的矿床储量计算的需要，在克里金法储量估算模块中，应当包含普通克里金法、泛克里金法、对数克里金法、指示克里金法等子模块。上述各种克里金法子模块均应作为与勘查区点源信息系统平台的插件，并且与矿床/矿体三维地质模型挂接。在这些子模块的研发过程中，需要通过若干实例来验证储量估算的可靠性，同时也要通过实例来分析各种克里金法的适应性。

2）克里金法储量分类分级统计子模块

该子模块用于支持在矿床/矿体储量估算之后，从经济意义、可行性程度、地质可靠程度等几个方面，对克里金法储量估算结果进行统计分析和综合评价。克里金法储量分类分级统计子模块的开发依据，是我国近期制定的储量分类分级标准。另外，还需要开发相应的程序来支持变品位储量统计和编写估算结果报告。

5. 克里金法储量估算结果输出子模块

该子模块设计的内容，包括输出储量估算的各类图件、报表。其输出方式包括视屏的二维和三维查看，能够输出各种图件和报表，以及储量估算成果文档。这些输出成果应遵循我国固体矿产储量估算成果的标准，并充分考虑不同矿种和矿床的实际情况和用户需求。其中，图件类型有剖面图、中段图、块体品位模型立体图等。

综上所述，克里金法储量估算子系统的研发，一方面要保证储量估算结果的准确性和可信度，另一方面要实现在真三维环境下从数据存储、管理、预处理，到区域化变量的变差分析和多种克里金法的储量计算，再到估算成果输出的全程计算机辅助化，并且需要形成一套完整的评估方案和工作流程，同时应当具备较高自动化水准。

8.2.3 克里金储量估算子系统应用与成果输出

克里金法储量估算，是在矿床和矿体三维地质模型、三维块体模型和三维品位模型的基础上进行的。在克里金法储量估算软件中，通常设置有多种计算模块，用户可根据实际情况选择使用。下面以国产 QuantyView 软件为例加以介绍。

8.2.3.1 克里金法的选择和数据预处理

克里金法的选择和使用，通过对样品数据处理及统计分析，结合矿床地质特征和工作经验，经多次试算后进行选择。所需的结构化模型或指示化阈值等计算参数，由变差函数分析或样品统计分析来估算。计算成果输出方式由计算人员自行确定。

在一般情况下，如果样品品位数据的分布符合正态分布特征，并且区域化变量满足二阶平稳假设，可选择使用普通克里金法；如果样品品位数据的分布符合正态分布，并且区域化变量不满足二阶平稳假设，而存在着漂移的情况时，由于残余变异函数的参数估计比较困难，可选择使用泛克里金法；如果样品品位数据的分布符合对数正态分布，并且区域化变量满足二阶平稳假设，可选择使用对数克里金法；如果样品品位数据的分布既不符合正态分布，也不符合对数正态分布，而且由于存在特异值而影响了变异函数的稳健性，为了有效地处理这种有偏数据并抑制特异值，可选择使用指示克里金法。

克里金法储量计算软件的功能结构与逻辑结构，是根据其一般工作流程设计的，每一个步骤所需要输入和操作的数据，均通过勘查区点源数据库或储量计算主题数据集市来组织和调度，并且都有相应的数据操作界面和操作提示。整个工作流程按照软件的屏幕对话框提示，从基础数据检索、调用、整理、样品正则化处理、统计分析、变差函数分析到块段品位均值求解、矿体储量分段分级计算、矿体储量按类型按级别汇总，再到成果回存入数据库和数据集市中，以及图件、报表和估算报告的输出打印。

在进行克里金法储量计算的数据检索时，需要让计算机自动搜索块体模型的各个小六面体，并逐一获取其位置参数、关系参数和样品参数，因此其搜索椭球体尺寸的确定是十分重要的。为了提高自动搜索的有效性和高效性，所采用的搜索椭球体的三轴方向，应当尽量与矿体的形态相适应。例如，可定义搜索椭球体的长轴方向与矿体走向一致，短轴方向与矿体倾向一致，而中间轴方向与矿体厚度一致。搜索椭球体的大小对克里金法计算的影响很大，如果椭球体过大，计算时搜索到的样品数据量增大，但只增加计算量并不能提高计算精度；如果搜索椭球体过小，则块体计算搜索不到足够的样品数据。搜索椭球体的尺寸大小，应通过变差函数分析来确定，其长轴的长度比走向上的变程略大即可。

8.2.3.2 克里金法储量估算子系统的应用

正确选择与矿床品位数据特征相适应的模块，是取得储量估算成功的关键环节。适用的克里金储量估算法的选择，可利用子系统的人机界面来实现（图 8-75）。选择的依据，是在数据预处理过程中所了解的矿床或矿体品位空间分布特征。限于篇幅，下面仅介绍各种已经选定的克里金储量估算模块的工作流程和应用效果。

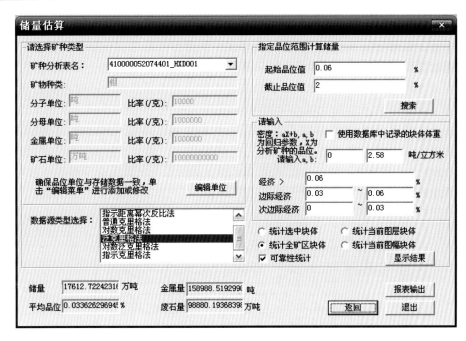

图 8-75　地质统计学方法储量估算界面

1. 普通克里金法储量估算模块的应用

当所研究的矿石品位等区域化变量满足正态分布时，采用普通克里金法进行插值，会得到比较好的结果。普通克里金法估算储量的一般流程如图 8-76 所示，利用普通克里金法储量估算模块，进行某铜金矿矿体块体模型构建和品位插值，效果如图 8-77 所示。

在图 8-77 中，颜色由灰白到黄色的变化表示品位估计值由低到高的变化。这个插值结果，准确地表达了某金矿区矿体的品位分布，为储量计算提供了可靠的依据。

2. 泛克里金法储量估算模块的应用

当研究的矿体品位等区域化变量不满足（准）二阶平稳假设或（准）内蕴假设，存在漂移的情况下，矿床或矿体的储量计算应当选择泛克里金法模块。泛克里金法估算储量模块的一般工作流程如图 8-78 所示，其操作依照人机界面的对话框提示进行。利用泛克里金法储量估算模块，进行矿体块体模型构建和品位插值的效果如图 8-79 所示。

3. 对数克里金法储量估算模块的应用

当研究的矿体品位等区域化变量服从对数正态分布时，矿床或矿体的储量计算应当选择对数克里金法模块。对数克里金法估算储量模块的一般工作流程如图 8-80 所示，利用对数克里金法储量估算模块进行块体模型构建和品位插值的效果如图 8-81 所示。

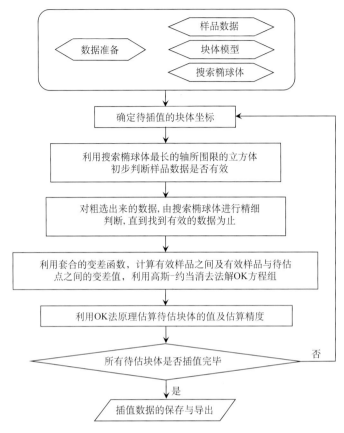

图 8-76 普通克里金法储量估算实现流程图

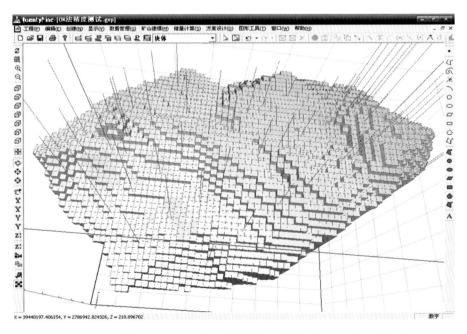

图 8-77 普通克里金法对中国东南部某铜金矿床的矿体品位插值结果

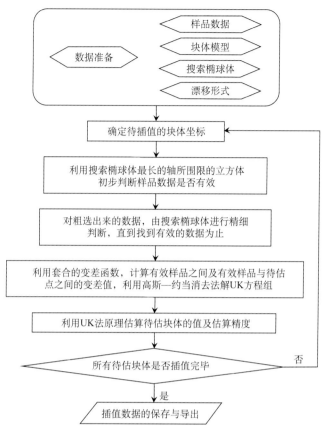

图 8-78　泛克里金法储量估算实现流程图

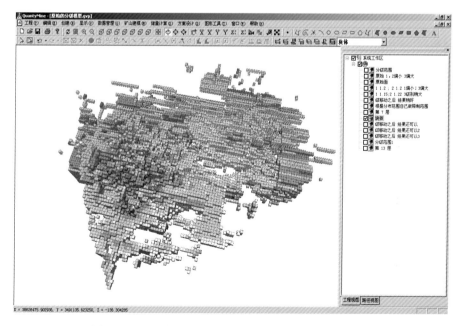

图 8-79　河南商城某钼矿泛克里金法品位估算结果示意

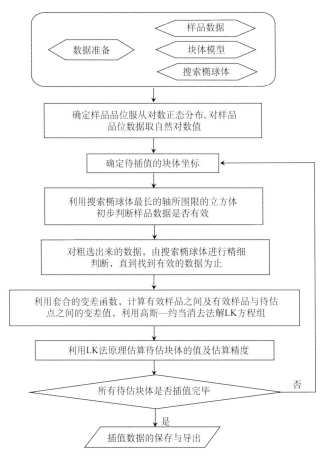

图 8-80 对数克里金法储量估算实现流程图

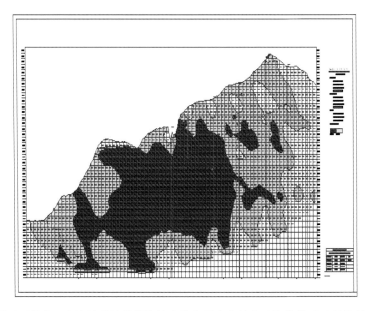

图 8-81 利用对数克里金法储量估算模块构建的我国东南某金矿块体模型及品位插值剖面示意

4. 指示克里金法储量估算模块的应用

当矿体品位等区域化变量不符合正态分布和对数正态分布，且由于存在特异值而影响变异函数的稳健性时，矿床或矿体的储量计算应当选择指示克里金法模块。利用指示克里金储量估算模块求块体平均品位的流程如图 8-82 所示，其估算储量的整体流程如图 8-83 所示，而利用该模块进行块体模型构建和品位插值的效果如图 8-84 所示。

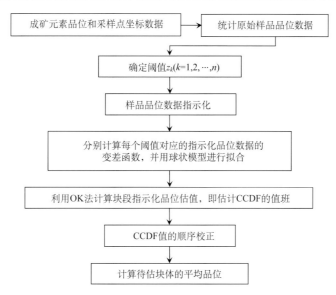

图 8-82　利用指示克里金储量估算模块求解块体平均品位的一般流程

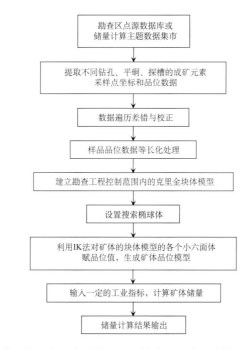

图 8-83　利用指示克里金矿体储量估算法进行储量估算的一般流程示意

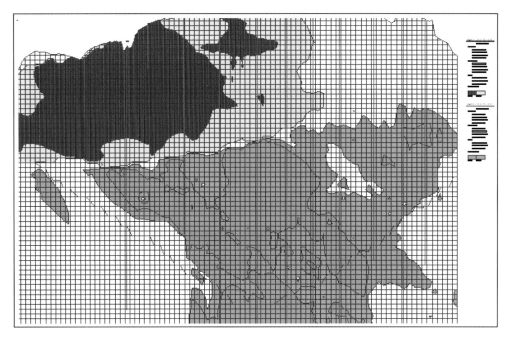

图 8-84 利用指示克里金法储量估算模块构建的我国东南某金铜矿块体模型及品位插值剖面示意

8.2.3.3 储量估算成果报告的编写和输出

成熟的克里金法储量估算软件，应当具备功能较强的估算成果报告计算机辅助编写功能模块，以及成果图件和报表输出的功能模块。

1. 固体矿产勘查储量估算报告的机助编写

在储量估算成果报告计算机辅助编写模块中，配备有《地质矿产勘查规范》所规定的，资源量/储量估算成果报告编写提纲。其内容如下：

1. 资源量/储量估算数据、信息可靠性评述

    1.1 组分样品的正确性

    1.2 样品的分布

    1.3 数据库的建立

2. 工业指标

3. 区域化变量

    3.1 区域化变量的选择

    3.2 区域化变量组合样的统计分布特征

        对每一区域化变量从均值、估计方差、离散方差方面进行研究，并附区域化变量统计直方图。

    3.3 区域化变量结论

4. 变异函数及结构分析

    4.1 试验变异函数和计算及理论曲线的拟合

4.1.1　不同方向的变异函数研究

4.1.2　变异函数的确定

4.1.3　区域化变量变异函数的理论模型的确定

4.2　结构分析

4.2.1　区域化变量变异函数的解释及结构特征

4.2.2　结构模型验证方法的选择及估值参数（块金效应、基台值、变程）的确定

4.2.3　验证结果

5. 克里金法资源量/储量估算

5.1　资源量/储量估算参数的选择与确定（面积、厚度、品位、密度）

5.2　工业指标评述（边际品位及其确定）

5.3　矿体边界的圈定及边界数学模型

5.4　估值三维空间的确定

5.5　资源量/储量估计资源模型（块状模型、栅格模型等）

5.6　待估块段和估计邻域的选择

6. 资源量/储量估计及误差（精度）

6.1　资源量/储量估计（结果）

6.2　方差与误差分析

6.3　有关问题的说明

主要从矿体边界、工业指标、各级品位的矿体分布、特异值等方面进行说明。

7. 相关附图

7.1　区域化变量统计分布类型图（直方图、正态分布图、对数正态分布图）

7.2　沿钻孔孔迹、矿体走向和矿体倾向经验变异函数曲线图

7.3　矿体变异函数套合结构模式图

7.4　中段克里金估计图

7.5　吨位/品位曲线图

7.6　方差与误差分布图

8. 相关附表

8.1　计算变异函数的原始数据表

8.2　代表性中段或块段克里金估计中间结果表

8.3　克里金估值计算结果表

2. 储量估算结果的自动分类分级

由于储量估算结果的分类分级，涉及影响因素比较多，为了提高工效和客观性，需要实现其自动化。根据《固体矿产地质勘查规范总则》（GB/T 13908—2002），资源量/储量分类分级按勘探程度分为勘探、详查、普查和预查 4 个阶段，对应的地质可靠性为探明的（1）、控制的（2）、推断的（3）和预测的（4）；根据矿床开发可行性分为：可行性研究（1）、预可行性研究（2）、概略研究（3）；根据矿床开发的经济意义，分为经济

的（1）、边际经济的（2M）、次边际经济的（2S）、内蕴经济的（3）。其分类框架如图 8-85 所示。

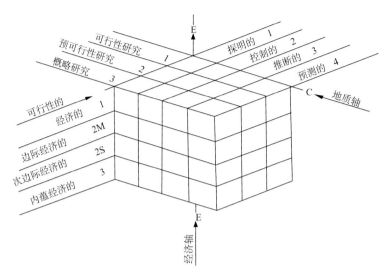

图 8-85　我国固体矿产资源量/储量分类分级三轴框架图

以国产的 QuantyView 软件为例，目前实现了地质和经济轴的储量自动分级功能。其中，从地质轴角度提供 4 个分级功能（图 8-86）：①以工程类型和工程间距进行判断；②以估计方差进行判断；③以插值次数进行判断；④以分级范围进行判断。

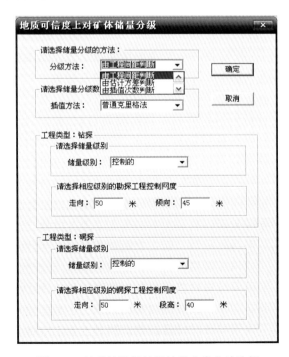

图 8-86　地质统计学储量结果分类方法选择

以工程类型和工程间距为依据判断地质轴上的储量分级，其要领是由用户在对话框中输入钻探或硐探工程对不同级别储量的控制网度，再由软件根据样品之间的距离自动进行搜索，寻找到每一个待估块段所对应的地质轴上的储量级别。

以方差判断储量级别，为克里金储量估算法所特有。其要领是通过判断块体单元估计方差与块体真值方差的比值大小，来判断块体的储量级别。

以插值次数为依据判断储量级别，是一种新方法。其要领是将插值过程中搜索椭球体搜索到有效样点时的搜索次数，作为插值次数来进行判断。

以分级范围为依据判断储量级别，是为了适应国内多数矿山储量级别划分方式不同的实际情况。它允许用户根据矿床实际和自己的认识，建立任意形态的储量分级模型，来划分储量级别。

对河南省商城县汤家坪钼矿的矿石储量进行自动分类分级的结果如图 8-87 所示。

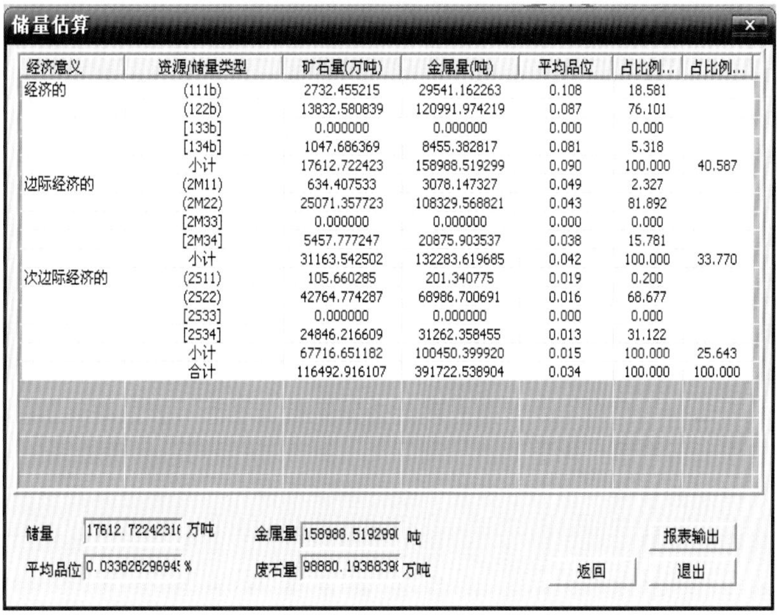

经济意义	资源/储量类型	矿石量(万吨)	金属量(吨)	平均品位	占比例...	占比例...
经济的	(111b)	2732.455215	29541.162263	0.108	18.581	
	(122b)	13832.580839	120991.974219	0.087	76.101	
	[133b]	0.000000	0.000000	0.000	0.000	
	[134b]	1047.686369	8455.382817	0.081	5.318	
	小计	17612.722423	158988.519299	0.090	100.000	40.587
边际经济的	(2M11)	634.407533	3078.147327	0.049	2.327	
	(2M22)	25071.357723	108329.568821	0.043	81.892	
	[2M33]	0.000000	0.000000	0.000	0.000	
	[2M34]	5457.777247	20875.903537	0.038	15.781	
	小计	31163.542502	132283.619685	0.042	100.000	33.770
次边际经济的	(2S11)	105.660285	201.340775	0.019	0.200	
	(2S22)	42764.774287	68986.700691	0.016	68.677	
	[2S33]	0.000000	0.000000	0.000	0.000	
	[2S34]	24846.216609	31262.358455	0.013	31.122	
	小计	67716.651182	100450.399920	0.015	100.000	25.643
	合计	116492.916107	391722.538904	0.034	100.000	100.000

图 8-87　利用 QuantyView 软件进行河南省汤家坪钼矿的矿石储量自动分级结果

3. 克里金法储量估算成果的输出

克里金法储量估算成果输出的内容，包括中间成果和最终成果的系列图件和报表。

1）各种曲线、二维和三维图件输出

所输出的储量估算图件种类繁多，其中曲线图包括品位-吨位、品位-高程及其他多种统计曲线图；二维图件包括勘探线剖面图、任意位置的品位剖面图、任意标高的品位中段图及其他多种平面图；三维图件包括矿床或矿体三维地质模型、矿体块体模型和矿体品位模型等。这些图件在本章各节均以插图形式绘出了，这里不再展示。

2）储量估算原始数据表和报表输出

固体矿产资源量/储量估算的原始数据表、计算结果报表内容繁多，均可设置专用的模块来输出。其中储量估算报表输出内容如表 8-1 所示。

表 8-1　固体矿产资源量/储量估算报表

序号	报表名称	内容说明
1	资源储量估算见矿一览表	包括钻孔号、矿层起止深度、厚度、品味、每平方米矿量、岩性、矿层总厚度、平均品位、每平方米总矿量、矿层编号等。
2	单工程参数计算表	包括剖面号、孔号、测井解释结果、单工程、矿体编号、资源储量类型等信息。
3	矿体（块段）参数及资源量估算表	包括矿体（块段）编号、切穿点数、工程编号、工程段参数、面积、平均厚度、密度、矿石量、平均品位、金属量、岩性、资源储量类别等。

资源储量估算报表输出主要包括单工程、剖面法及地质块段法三大类报表，报表种类齐全，提供了 Excel 输出格式供选择。

（1）单工程类报表输出。

资源储量估算见矿一览表　该报表是叠加在勘探线剖面图上的主要报表。其指令输出的对话框如图 8-88 所示，输出报表样式如图 8-89 所示。

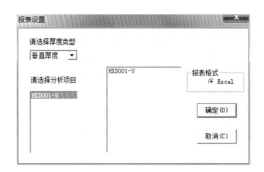

图 8-88　勘探工程单工程见矿情况输出对话框

剖面号	序号	孔号	测井解释结果				单　工　程				矿体（块段）编号	资源量类型	备注
			矿层起止深度(m)	厚度(m)	品位(%)	岩性	矿(化)段编号	厚度(m)	品位(%)	平米量(kg/m²)			
			起　止										
			350.80　355.00	4.20	0	粉砂质泥岩							
			355.00　356.15	1.15	0.0171	细砂岩							
			356.15　368.35	12.20	0	细砂岩、粗砂岩							
			368.35　368.80	0.45	0.0484	粗砂岩							
			368.80　369.15	0.35	0.0154	泥岩							
			369.15　369.80	0.65	0	泥岩							
			472.40　474.40	2.00	0	粉砂岩							
			474.40　482.75	8.35	0	砂砾岩							
			482.75　483.15	0.40	0.0138	砂砾岩							
P35	2	P3500-1	483.15　486.25	3.10	0	砂砾岩							
			486.25　486.55	0.30	0.0191	砂砾岩							

图 8-89　自动输出固体矿产储量估算剖面图上所附的见矿一览表报表（示意）

单工程参数计算表　该功能主要输出勘探工程单工程矿体厚度、平均品位计算表，交互选择输出对话框如图 8-90 所示，输出结果如图 8-91 所示。

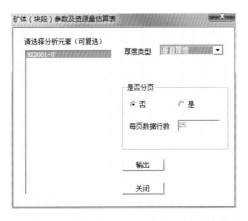

图 8-90 单工程矿体厚度、平均品位计算表输出对话框

序号	钻孔号	矿层起止深度 (m)		岩（矿）层厚度 (m)	品位 (%)	平米铀量 (kg/m²)	岩性	矿层总厚度 (m)	平均品位 (%)	总平米量 (kg/m²)	矿层编号	备注
		起	止									
1	P3500	303.8	313.05	9.25	0	9.38	泥岩					
		313.05	314.45	1.4	0.0327	1.417	泥岩				1	
		314.45	319.45	5	0	5.061	泥岩					
		319.45	319.75	0.3	0.0284	0.304	泥岩				2	
		319.75	330	10.25	0	10.376	泥岩					
		353.8	355.2	1.4	0	1.436	灰色泥岩					
		355.2	355.35	0.15	0	0.154	灰色粗砂岩					
		355.35	356.35	1	0.0197	1.026	灰色、黄色粗砂岩				3	
		356.35	367.65	11.3	0	11.593	黄色、浅红色粗砂岩					
		367.65	367.8	0.15	0.0262	0.154	灰色泥岩				4	
		367.8	368.15	0.35	0.0331	0.359	灰色泥岩				5	
		368.15	369.5	1.35	0	1.385	灰色泥岩					
		472.2	473	0.8	0	0.84	灰色泥岩					
		473	480.85	7.85	0	8.246	灰色粗砂岩					

图 8-91 勘探工程单工程参数计算表（示意）

（2）矿床、矿体（块段）类报表输出。

矿床/矿体（或块段）参数及资源量/储量估算表和汇总表的输出，可以单个或批量输出。其估算报表输出对话框如图 8-92 所示，结果输出如图 8-93 所示。

图 8-92 矿体（或地段）资源量/储量估算报表输出对话框

顺序号	矿体（块段）编号	见矿（切矿点）层数n（个）	工程矿段参数				面积S(m²)	平均厚度(m)	密度P(t/m³)	矿石量Q=S·P·M(t)	平均品位C=ΣC/n	金属量P=Q·C(t)	岩性	资源/储量类别	备注
			工程编号	厚度M(m)	品位C(%)	米百分值M·C(m%)									
1	2	3	4	5	6	7	8	9	10	11	12	13	14	15	16
1			P3500	5.15	0.0751	0.3868							粗砂岩		
2			P3500-1	3.10	0.2235	0.6929							细砂岩·砂砾岩		
3			P3503	5.85	0.2216	1.2964							砂砾岩		
4			P3511	1.10	0.1230	0.1353							灰色砂砾岩		
5	SⅠ-1-1	9	P3919	9.10	0.0331	0.3012	146284.449	5.63	1.90	1564193.28	0.0980	1537.6	砂砾岩	332	
6			P3923	2.90	0.1402	0.4066							含砾粗砂岩		
7			P3927	14.05	0.1068	1.5005							砂砾岩		
8			P4331	4.70	0.0126	0.0592							粗砂岩		
9			P4735	4.70	0.0428	0.2012									
10			P3511	1.10	0.1230	0.1353							灰色砂砾岩		
11			P3515	4.00	0.0788	0.3152									
12	SⅠ-1-2	5	P3519	2.00	0.0722	0.1444	83973.8788	2.11	1.90	336651.28	0.0750	252.5	灰色粗砂岩	332	
13			P3935	2.95	0.0183	0.0540							砂砾岩		
14			P3939	0.50	0.2839	0.1420							粗砂岩		

图8-93 矿体（或地段）参数及资源量估算表示意

第九章　矿产资源的定量预测、评价

矿产资源的定量预测、评价，是矿产勘查信息系统的重要应用方向。从目前的情况看，基于已有矿床理论和成矿模式建立的定量预测评价常规方法模型，已经有了大量的应用软件可以利用，只需为其开发出接口并将其嵌入地质信息系统基础平台，即可方便地使用于各种固体矿产的预测、评价工作中。随着大数据时代的到来，虽然基于大数据理论和方法开展固体矿产资源预测、评价的探索已经开始，但还没有形成完整的方法和技术体系，相关的软件研发也还没有系统和成熟的成果。因此，本章不过多地介绍相关的软件系统，而着重介绍国内外预测评价方法现状和基于大数据的预测评价方法探索。

9.1　已有的成矿定量预测综合方法简介

目前，定量预测已成为成矿预测、勘探靶区优选的主要工作方式。国际地质科学联合会在 20 世纪 70 年代末，推出了"矿产资源评价中计算机应用标准（IGP98）"，优选了 6 种矿产资源定量评价方法，即区域价值估计法、体积估计法、丰度估计法、矿床模型法、德尔菲法和综合方法等。此后，多元统计方法和计算机技术开始被广泛应用，基于经验类比的定性评价与基于数学模型的定量评价，开始汇集为统一的综合预测方法，例如"三部式"（或称"三步式"）预测法（Singer，1993）、综合信息预测法（王世称等，2000；叶天竺等，2007）和"三联式"5P 预测法（赵鹏大等，2003）。其中包含了各种类型和数量庞大的统计预测模型（赵鹏大，2002）、智能预测模型（Duda et al.，1979a，1979b；Campbell et al.，1982）和多重分形预测模型（Cheng，1999）等。经过多年的研发，这些方法各自不断地完善，并且都向着基于 GIS 和三维地质模型的方向发展。其应用过程，基本上都是针对预测评价对象的空间尺度和精度要求，循序渐进的。这些综合预测找矿模型都强调把地质、物探、化探、遥感等多种找矿方法集成起来，采用地质信息系统技术对各种技术手段所获取的数据，以图表或文字的形式进行形象的表述，并且进行融合、分析和信息提取，综合地推断和识别隐伏矿床或盲矿床的存在可能性，因而比单一方法的预测更为有效。

9.1.1　"三部式"矿产资源评价法

"三部式"矿产资源评价法，是美国地质调查局（USGS）在 20 世纪 80 年代末推出的标准定量评价方法。该评价方法集成了美国众多的矿产资源评价专家的研究成果，包括 Cox（1993）和 Singer（1993，1994）的矿床模型和标准品位吨位模型、McCammon 和 Briskey（1992）的定量评价和专家系统，以及 Harris 和 Rieber（1993）的矿产资源经济定量评价模型（Mark3）。还引进了诸如数字矿床专家系统、神经网络模型和多重分形模型，开发了以矿床模型研究为基础的预测矿产地数量和经济评价的产出率模型、经济成本滤波器模型等。

9.1.1.1　"三部式"资源评价法概述

"三部式"资源评价方法框架如图 9-1（Singer，1993）所示。其中包含着相辅相成、互相支承的三个部分，因而也可看成是三大步骤：①根据所要预测的矿床类型圈定找矿地质可行地段；②估计成矿远景区内可能发现的矿床个数；③运用与预测矿床类型相适应的标准品位-吨位模型，估计可能发现矿床的金属量及质量特征。

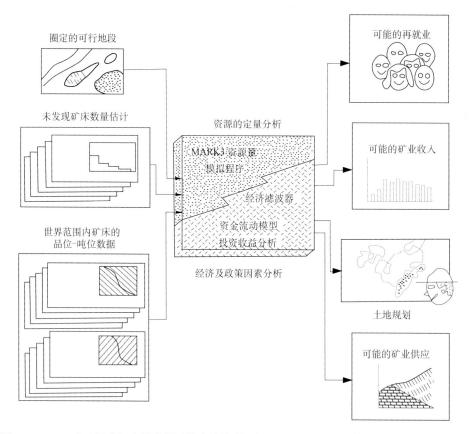

图 9-1　USGS "三部式" 定量资源评价方法流程（据 Singer，1993；转引自肖克炎等，2006）

第一部分是编制具有一致性的区域构造与建造图，并根据矿床成因大类，概略地圈定找矿可行地段；第二部分包含两项工作：其一是把矿床的品位-吨位模型与矿床数估计相结合起来，估计可能发现矿床的金属量及质量特征，但不拘泥于矿床成因模式；其二是加入了一种可行性费用和预期经济收益模型的经济滤波器，可用于淘汰那些已被发现但可能无效益或效益不大的矿床，也可用于可行性研究；第三部分是用矿床模型法对未发现的矿床数量进行估计，目的是给出找矿可行地段存在着未发现矿床的概率。

9.1.1.2　"三部式"资源评价法要领

美国地质调查局"三部式"资源评价系统的使用者主要是矿床地质学专家。"三部式"资源评价方法体系所采用的评价方法，都是基于矿床模型建立的。为了保证评价结果的科学性和客观性，所采用的矿床模型应能随着地球科学认识、矿业技术和经济需求的发展而不断更新。专家们根据不同类型矿床的成矿地质条件，圈定出这些类型矿床可能产出的地段，并根据地球物理信息对地表以下 1km 以上的隐伏地质体进行推测，然后根据对可能地段内的勘探历史和经验，对未发现的矿床个数进行估计。

1. 构造与建造图件的编制

成矿地质构造与建造编图是进行各种预测评价的基础，因而成为"三部式"资源评价法必不可少的重要步骤。通过构造与建造编图，可以揭示成矿地质构造和建造特征，以及矿床和矿体产出的背景和成矿的可能性，从而提供圈定成矿可能地段的依据。地质构造与建造编图需要反映大地构造分区及其物质组成，其中包括碰撞造山带、大陆斜坡、大洋脊、大陆裂谷、克拉通、岛弧、弧后盆地等各种板块构造单元。此外，地质构造与建造编图还需要对地表以下的矿化和蚀变现象进行空间定位，揭示与隐伏矿床及矿体有密切联系的构造、岩层和岩体。显然，成矿地质构造与建造编图有利于矿床模型的完善。

2. 远景区矿床个数的估计

在"三部式"评价方法中，未发现矿床的资源潜力（Q）＝远景区可能的矿床个数（N）×该类型的矿床品位（C）×该类型矿床吨位（T）。其中，品位和吨位可以通过标准矿床模型来析取得到，而预测远景区矿床个数需要根据实际资料和矿床专家的经验进行估计。在估计过程中，主观因素将起到关键性作用（Cox，1993）。对于人为因素的影响，美国地质调查局的 Singer 等学者认为，虽然该计算方法中矿床个数的估计要基于矿床专家的经验，但其计算结果对经济评价而言，是具有一定的参考价值的。

3. 预测单元划分与远景区级别

在进行矿产资源定量评价时，通常要先进行评价预测单元划分。一般情况下，评价预测单元分为网格单元（GRID）、地质单元（IGU）、靶区（TARGET）等概念。在"三部式"评价预测方法中，使用了"TRACT"的单元概念。TRACT 是受某特定构造事件（如岩浆弧、碰撞带等）控制的可能产生一组有成因联系的矿床组合的区域，而在 TRACT 以外不太可能有该类型矿床存在（肖克炎等，2006）。TRACT 的边界是不规则的，可以是重要的构造边界，也可以是含矿岩系范围。TRACT 评价，相当于中国的小比例尺战略评价。

4. 矿床模型的构建及其应用

矿床模型法是一种根据已知勘查区内单位面积的矿床数，来估算未知勘查区可能存在的矿床数的技术方法。估算结果用矿床的频率分布直方图来表达。除了遵循矿床个数估计必须和矿床类型及品位-吨位模型一致的原则（Singer，1994），还需要考虑如下参数：①已知勘查区矿床分布密度；②局部矿床外推；③统计异常和矿产地概率；④过程限制；⑤相对频率；⑥空间面积。在大多数条件下，估计是主观的。"三部式"定量预测评价的基本特征是其内在一致性，包括：①圈定靶区与描述性模型一致；②品位-吨位模型和描述性模型与评价区的已知矿床一致；③对研究区已知矿床和矿床数的估计与品位-吨位模型一致。在评价过程中，所有可用信息均需被利用，同时还应表达不确定性。

5. 地物化遥信息的综合应用

在实际应用中，"三部式"资源评价方法的主要依据是地质信息，而物探、化探和遥感信息使用较少，这导致所圈定的可能地段范围很大。例如，在美国地质调查局利用"三部式"资源评价方法所提交的《1998年对美国未发现的金、银、铜、铅和锌的评价》报告中，对内华达州圈定的可能地段就占了整个州面积的47%。其优点是能保证不漏矿，但难以用于矿产勘查部署。然而，单纯依靠物探、化探和遥感异常信息进行矿床预测评价，则由于内在的多解性会给预测结果带来很大的不确定性。例如，据美国矿产局对10万个化探异常的统计，异常与矿点、矿床之比仅为100∶4∶0.7。因此，需要将物探、化探和遥感信息与地质预测理论有机地结合起来，才能有效地减少预测的风险。

6. 经济成本滤波器及其效用

在"三部式"评价预测方法中，设置了一个"经济成本滤波器"，从经济学的角度综合考虑地质、经济、地理等各种影响矿床收益的因素，来确定矿与非矿的品位-吨位边界模型（图9-2），以保证所预测的矿产资源是有经济效益的。当市场价格上升时，矿床的

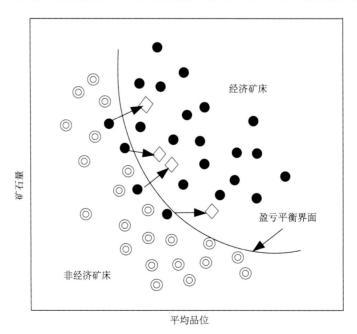

图 9-2 矿产资源评价经济成本滤波器概念模型

最低可采品位可以下调；而当市场价格下降时，矿床的最低可采品位可以上调。最低可采品位下调将引起矿床平均品位下降，矿床规模和价值将扩大，而矿体形态及其空间分布随之变化，但将带来开采成本和冶炼成本的上升；最低可采品位上调将引起矿床平均品位上升，矿床规模和价值将缩小，而矿体形态及其空间分布随之变化，带来开采和冶炼成本的下降。显然，最低可采品位如何确定才能实现矿产经济利益最大化，需要综合考虑多种因素的影响。经济滤波器可用于剔除那些小型、低品位的矿床。

9.1.2 矿床模型综合地质信息预测法

矿床模型综合地质信息预测法（王世称等，2000）及其技术体系，是以地球动力学、成矿动力学、成矿系列理论为指导，在深入开展区域地质构造研究并最大限度地获取地质构造的成矿信息的基础上，以各级成矿区带为单元，划分主要矿产的矿床预测类型，建立矿床模型并总结出区域成矿系列，然后全面利用物探、化探、遥感等资料中的地质找矿信息，运用体现成矿地质规律内涵的一种定量化成矿预测技术体系，在圈定成矿预测区的基础上估计潜在资源量。下面根据叶天竺等（2007）的阐述进行介绍。

9.1.2.1 综合地质信息预测法的理论基础

矿床模型综合地质信息预测技术体系的理论基础，主要包括地球动力学理论、成矿地质动力学理论和矿床成矿系列理论3个方面。

1. 地球动力学理论

地球动力学是研究由于地球层圈（壳幔）转换而引起的各类地壳块体的离散、会聚、消减、碰撞、造山等演化过程，以及所反映的动力学机制和产物的理论。地壳块体的离散、会聚、碰撞、造山等动力学过程，主要体现在构造变形（褶皱与断裂）作用、沉积作用、火山作用、侵入作用、变质作用和成矿作用等地质作用中。因此，地壳中的变形、沉积、火山、侵入、变质、成矿等地质作用及其特征，是地球动力学的基本研究内容。这些研究内容可归纳为建造和改造两个方面。为了反映地壳成矿地质作用的地球动力学状态、过程和背景，综合地质信息预测法采用了大地构造相的概念体系和表达方式。

2. 成矿地质动力学理论

成矿地质动力学是地球动力学的一个分支，主要研究成矿作用的动力学机制。其主要研究内容包括成矿地质作用、成矿构造作用、成矿流体作用和成矿特征。在特定的地质构造活动阶段，会出现特定的成矿作用。例如在地壳块体离散、会聚、消减、碰撞和造山过程中，通常会出现不同类型的成矿作用。这是因为地壳层圈转换所造成的地壳物质熔融、渗滤、分异、运移和侵位，会导致成矿物质在特定的地质构造环境中和特定的物理化学条件下集聚、沉淀，并形成不同类型的矿床。而在不同的地质构造动力学背景下，所形成的矿产和矿床类型、组合、规模、产状、时空分布等，都有不同的规律性。

3. 矿床成矿系列理论

所谓矿床成矿系列是指：在一定的地质历史时期，在一定的构造部位，与一定的地质作用有关的一组具有成因联系的矿床的自然的组合（程裕淇等，1979；陈毓川等，1998）。这是一个从四维空间探讨矿床成矿规律的矿床学新概念。其外延可归纳为：①矿化与矿床是地质环境的组成部分，成矿作用则是形成地质环境的地质作用组成部分；②成矿作用有一定的时空演化规律，不同类型矿床在时空中相互制约，在成因上相互联系；③地质演化历史和环境相似，但形成时代或地区不同的矿床成矿系列，既有相似性又有差异性；④在全球性和区域性地质演化过程中，所形成的矿床成矿系列，具有特定的演变规律和继承性；⑤在古老的地质单元中，早期形成的矿床成矿系列，常受到后期地质作用或成矿作用的叠加、改造或再造。矿床成矿系列可划分为 7 个级序：矿床成矿系列组合、矿床成矿系列类型、矿床成矿系列组、矿床成矿系列、矿床成矿亚系列、矿床式（类型）、矿床。其中，矿床成矿系列组合受成因支配，矿床成矿系列组受构造旋回支配，矿床成矿系列类型受地质构造环境支配，而矿床成矿系列本身由亚系列、矿床式及众多矿床所组成。矿床模型综合地质信息的获取、组织、处理和预测应用，必须与矿床成矿系列中对应级序的支配要素模型相匹配。

9.1.2.2　成矿地质背景条件的综合研究

成矿地质背景条件研究的任务，一是查明成矿作用和地质作用的关系，确定矿产形成的地质环境；二是提取成矿地质构造信息，揭示成矿地质构造的形成演化规律，为成矿规律研究和矿产预测提供知识基础和建模依据。

1. 成矿地质作用研究

所谓成矿地质作用，是指与成矿有关的各种地质作用。其中包括：沉积作用、火山作用、侵入作用、变质作用、区域构造作用等。其中，沉积作用的研究内容包括：沉积分区、时代、地层、标志层、沉积相、沉积环境和盆地构造等，需编制岩相古地理图、构造古地理图和建造古构造图等专题图件。火山作用的研究内容包括：火山岩层、时代、火山旋回、火山岩相、火山机构、火山构造、次火山岩体等，需要编制火山岩性岩相图及火山构造图等专题图件。侵入作用的研究内容包括：岩体特征、时代、产状、接触带、侵位方式、岩性、岩相、矿物成分、岩石化学、地球化学、同位素、侵入期次、大地构造环境等特征，需要编制岩浆构造图等专题图件。变质作用的研究内容包括：岩石特征、原岩建造、原生构造环境、变质相带、热中心、p-T-t 轨迹、多期变形叠加等，需要编制变质构造图等专题图件。区域性构造作用的研究内容包括：构造类别、规模、产状、性质、形态、运动方式、区域展布、活动期次、空间组合、构造带岩性特征、与其他地质作用的关系等，并编制构造带专题图件。

2. 综合地质构造特征研究

综合地质构造特征研究，是指在沉积、火山、岩浆侵入、变质、区域构造等地质作用研究基础上，具体地判断矿床或成矿区的动力学环境，是离散还是会聚、是裂解还是碰撞，是成盆还是造山？以便总结已知矿床的地质模型，开展成矿地质背景类比，进而在区域上预测未知区的矿产资源潜力及矿床空间位置。

综合地质构造特征可通过编制大地构造相图来表达。所谓大地构造相，是指在相似环境中形成，经历了相似的变形和就位作用，具有类似内部构造的岩石构造组合（李继亮，1992）。大地构造相图的基本结构，需要通过对沉积建造类型及演化、盆地特征及演化、岩浆喷发及侵入活动特征及演化、区域构造特征及演化等的分析与综合来确定。图面的内容包括沉积建造、火山建造、侵入建造、变质建造及盆地、构造岩浆带、变质构造、区域构造等。在编制大地构造相图时，必须充分吸收和应用物探、化探、遥感等信息，对研究区的地质构造内容进行综合推断。

9.1.2.3 物探、化探、遥感信息的综合应用

物探、化探、遥感等多元信息的综合应用，主要包括两个方面，一是应用物探、化探、遥感资料进行地质构造推断解释，进一步丰富和深化成矿地质构造背景的研究成果。二是在成矿规律研究过程中，充分应用物探、化探、遥感等综合异常资料，结合成矿特征的分析建立找矿模式；然后在矿产预测过程中，通过物探、化探、遥感、自然重砂等局部异常的分析研究，直接确定找矿信息，提供矿产预测依据。

1. 利用物、化、遥数据研究地质构造

利用区域物探（重力、航磁）数据推断、解释地质构造，是依据地质体的物性特征，通过定量反演来计算深部特定地质体的埋深、形状和范围，提取沉积体、岩体、火山岩和褶皱、断裂等地质构造信息，判别矿田地质构造格架。区域化探数据主要用于揭示具有不同化学元素组分的地质体的存在，推断地质构造物质组分及其空间分布，判断区域地质构造类型、沉积体和侵入岩类型，以及构造带、侵入接触带等特殊地质体的性质和位置。遥感数据在反映地质构造空间特征方面，具有直观、信息量大的特点，也可以用于解译构造、岩体、火山机构、地层岩性等各种地质特征。这项工作必须以地质观察为基础，以各专业理论为依据，必须遵照实事求是的科学原则，坚持先单学科资料分析，后多元信息综合分析的技术路线，然后，分别以单学科解释专题图件来表达。

2. 利用物、化、遥异常提取找矿信息

物探异常的找矿信息提取：利用致矿磁异常的找矿模型，可提取成矿地质体的空间位置、埋深、产状以及成矿有利的地质构造部位的信息；而利用矿致磁异常找矿模型，可提取磁性矿床（体）的空间位置、埋深、产状、规模信息并估算资源量。从重力数据中可提取判断深部构造、成矿地质体和成矿有利地质构造部位的信息，以及规模较大的高密度矿床（体）信息，这些信息可直接用于寻找多种金属矿床（体）。在研究中，可采用各种正反演模型进行定量计算，并且分别编制重、磁异常图等专题图件。

从化探数据中提取找矿信息，需要采用各种空间分析技术、数据挖掘技术和人工智能技术，将致矿异常、矿致异常与岩性异常、表生环境异常等区分开来，判断成矿可能

地段和找矿有利地段，甚至判断潜在资源地段和揭示深部可能存在的矿床（体），并且编制出化探元素异常图及化探综合异常图等专题图件。

对于遥感数据，可通过对高光谱和多光谱数据进行空间分析与数据挖掘，直接提取致矿异常和矿致异常信息，并用遥感蚀变异常等专题图件来表达。

对于自然重砂数据，可通过分析重砂矿物组合及其在水系中的分布，提取矿床类型及可能的空间位置信息，并用自然重砂异常图等专题图件来表达。

在分别提取地、物、化、遥数据的找矿信息后，可利用多种数学方法进行数据融合与叠加分析，最终得到综合的成矿地质信息。

9.1.2.4 综合地质信息预测法的实际应用

在综合地质信息预测法中，成矿规律研究与矿产预测，是相对独立而又密不可分的工作内容。前者是后者的大前提，后者是前者推论结果的试金石，二者相辅相成。成矿规律研究以成矿系列为核心内容，以矿床模型和成矿模式为基本成果；矿产预测则以综合地质信息预测方法为核心手段，以区域预测和勘查区预测为基本目标。

1. 成矿规律研究与矿床模型构建

这项工作的主要内容包括：解剖典型矿床、归纳区域成矿特征、构建矿床模型。

所谓典型矿床，是指在特定的成矿地质作用中，受特定的成矿地质因素控制而形成的，对于某一矿床自然类型而言具有典型意义的矿床（陈毓川等，2006）。某一特定矿种的矿床类型，是根据成矿时代、大地构造环境、控矿因素、成矿作用特征等来划分的。典型矿床解剖涉及三方面的内容：第一，成矿建造特征，包括矿床的沉积、火山、岩浆侵入和变质建造特征，以及各种与成矿作用相关的热液、喷流、交代和蚀变现象；第二，控岩控矿构造特征，包括成矿构造体系类别和成矿构造空间的形态、期次、强度、组构，以及物质组成、力学性质、运动方式、应力作用等特征；第三，成矿作用特征和过程，包括矿床三维空间分布、物质组分、成矿期次、成矿时代、物理化学条件和物质来源等。

在完成以上各项研究的基础上，结合成矿地质作用特征分析的结果，可分类建立矿床模型和成矿模式。所建立的矿床模型和成矿模式，应清楚地描述成矿特征与成矿地质作用的关系，并且通过编制矿床模型有关图表来表达（朱裕生，1992，1993）。因此，区域成矿模式既是区域矿产特征、区域成矿作用和区域地质构造特征之间相互关系的概括，也是区域和勘查区成矿规律和矿床（体）时空分布规律的抽象表达。

2. 成矿系列划分与成矿模式概括

这项工作的主要内容包括：划分成矿系列、概括区域成矿模式、编制成矿规律图。

首先，针对不同成矿地质体和不同时代进行主导成矿系列划分，再在特定的大地构造单元内分别进行区域成矿模式的概括，然后把从典型矿床中提取的反映矿床主要特征和控矿要素的空间信息和属性信息，准确地表达在区域成矿规律图上。这种成矿规律图，是在研究区开展矿产预测的依据。研究区成矿序列划分的基本步骤是：首先，在典型矿床解剖和矿床模型构建的基础上，分析不同矿床类型在不同成矿地质构造环境下的空间分布规律；接着，具体地分析各种矿床类型的建造和构造等成矿地质要素，研究不同大地构造演化阶段与不同矿床类型的关系，以及不同矿床类型与地质建造的关系；然后，结合大地构造分区特征，划分研究区的成矿区带；最后，在完成上述各项工作基础上，全面地总结区域成矿规律，并按照矿床成矿系列组合-类型-组-系列-亚系列-矿床式-矿床的级序，依次构建成矿系列。成矿序列的划分和建立，为区域成矿模式的概括构建创造了条件。

3. 综合地质信息预测法的应用与实践

完整的综合地质信息预测法及其技术体系，是在全面总结我国第一轮、第二轮全国成矿区划研究工作经验基础上，充分吸取国内外最新地质成矿理论、矿产勘查技术及资源评价方法建立的（叶天竺等，2007）。这套完整的综合地质信息预测方法和技术体系，在全国矿产资源潜力评价项目中得到应用，取得了较好的效果。

1）综合地质信息预测法技术路线

矿床综合地质信息预测法的技术路线为：首先，全面地利用地质构造、综合控矿信息和成矿规律研究成果，参照典型矿床及区域成矿规律，建立区域成矿模式；然后，应用区域成矿模式，全面地解析区域地质构造特征和主要控矿因素，再利用物探、化探、遥感、自然重砂等综合信息，参照已知矿床显现的各种矿化特征，确定不同矿床类型的预测要素，进而建立相应的成矿预测模型；最后，利用所建立的成矿预测模型对未知区进行类比预测，圈定预测区、预测矿床数并估算资源量。利用成矿预测模型实现矿床（或矿体）类比预测的关键，是通过编制各类区域专题图件，把预测模型与预测区关联起来，解决信息不对称问题，同时采用先定性后定量的方式，运用 GIS 技术和数学方法进行数据处理，解决知识驱动与数据驱动不协调的问题。综合地质信息预测方法的技术内容详见图 9-3。

2）区域矿产预测评价模型的参数集

区域矿产预测评价模型的建立，是在成矿理论、典型矿床解剖和区域成矿规律研究的基础上进行的。在构建区域矿产预测评价模型之后，需要按照矿床类型从地质、物探、化探、遥感和重砂测量数据中，依次确定模型的各个预测参数值。

根据我国现有地质资料水平，区域矿产预测评价模型的一级参数归纳为 26 项：成矿时代、大地构造位置、大地构造演化阶段、沉积建造/沉积作用、岩相古地理/构造古地理/建造古构造、火山建造/火山作用、火山岩性岩相/火山构造、岩浆建造/岩浆作用、侵入岩浆构造、变质建造/变质作用、变质变形构造、大型变形构造/区域断裂构造、成矿构造、成矿特征、资源储量、磁测资料、重力资料、伽马能谱资料、化探资料、遥感资料、自然重砂异常、找矿线索（预测区）（包括矿点、矿化点、规模性蚀变带、老窿、转石矿化线索等）、水文条件、河湖、地貌、预测区。

在一级参数基础上，针对具体的矿床类型来确定二级参数。根据各个参数在预测评价中的作用，采用定性和定量的方法把二级预测参数划分为三类：必要的、重要的、次要的。而根据预测目的，把预测参数划分为三种组合：预测区圈定组合、预测矿床数组合、预测资源量组合。基于这些以及和二级参数，可建立不同矿种不同矿床类型的区域矿产评价模型。

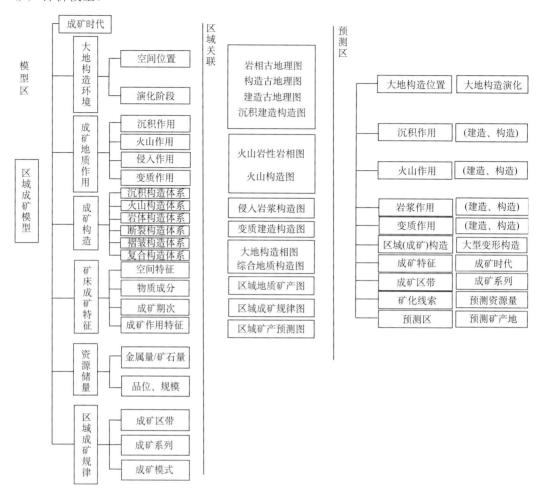

图 9-3　综合地质信息预测方法技术内容的逻辑结构（叶天竺等，2007）

3）综合地质信息预测法的定量方法体系

包括靶区圈定方法、边界确定方法、优选评价方法、矿床数估计方法及资源量估算方法。

靶区圈定方法：应用已有 MRAS 和 MORPAS 软件中成矿有利单元确定方法，主要有证据权法、特征分析法、信息量法、BP 神经网络法等。在确定成矿有利度后，应用类比法、概率分布法、有序聚类分析法、变点分析法等，确定成矿潜力单元。

靶区边界确定方法：首先按照矿床类型，采用地质构造约束条件进行边界拟定，然后按照控矿地质建造，对获评成矿有利单元进行边界修订。

靶区优选评价方法：包括预测要素优选模型法、地质背景衬度法、非先验约束模型法、主观优选法和专家系统法，或者多种方法综合分类排序法。

矿床数估计方法：可选择模型估计法、统计学方法、德尔菲法，也可以使用航磁异常或地球化学综合元素异常结合遥感异常分割法。

　　资源量估算方法：根据不同矿床类型，选用矿床模型概率分布法、地球化学元素丰度估值法、体积估计法、矿床模型综合地质信息定量预测法等。此外，还有找矿概率估计方法，包括要素估计法、品位-吨位模型估计法。

　　各种矿产定量预测方法都有其适用范围和应用条件，必须根据实际情况，通过试验、对比来选择和确定（朱裕生，1984；夏庆霖等，2003）。

4）综合地质信息预测成果的质量规范

　　预测资源量按照预测依据及可信度，分为334-1、334-2、334-3；按照数量大小和类别分为A、B、C三类，按照靶区面积划分为1、2、3三级。

　　矿产预测成果的表达是各种类别的矿产预测图，其底图为成矿规律图。相关规范要求在成矿规律图基础上，突出标示预测要素及预测成果内容。

　　在20世纪90年代及以前，我国的成矿预测目的、任务和要求，都是基于研究区规模确定的，预测工作部署分为大区、区域及矿区成矿预测三类。20世纪90年代以后，根据国际上通行的做法，原地质矿产部规划院基于比例尺大小，把预测工作划分为小、中、大比例尺三类。不同比例尺成矿预测有不同的任务要求（表9-1）。

表9-1　不同比例尺成矿预测任务要求简表

工作任务	小比例尺成矿预测 1∶50万—1∶100万	中比例尺成矿预测 1∶20万—1∶10万	大比例尺成矿预测	
			1∶5万	1∶2.5万—1∶1万
主要工作任务	分析区域成矿地质条件和含矿建造。总结区域矿产分布规律或成矿规律，划分次级成矿区、带至Ⅲ、Ⅳ级；有条件时建立区域成矿模式或矿床成矿系列；圈出不同类别的预测区；预测G级资源量	以Ⅳ级成矿区、带和小比例预测圈出的A类预测区为工作区，对区内四、五级构造单元进行成矿分析，总结成矿规律和矿产分布规律；有条件时建立区域成矿模式或矿床成矿亚系列；圈出不同类别的预测区（面积约100km²）；预测G级资源量	在中比例尺预测划出的A类预测区中圈定矿田边界（面积数十平方千米）；研究矿田控矿因素，确定矿田内含矿构造类型；圈出隐伏矿床可能产出的预测区；预测F（G）级资源量	择取1∶5万预测较好的A类预测区为工作区，确定工作区中含矿构造带；在带内实测数条地质物探、化探综合性剖面；建立地质-物探-化探综合找矿模型；圈出预测矿的体靶区。定量评价隐伏矿的位置、规模、类型；一般情况下只作平面预测；有条件时可进行立体预测
应提交的主要图件	研究程度图、地质矿产图、成矿规律图、成矿预测图及预测资源量分布图、地质工作部署建议图	研究程度图、地质矿产图、成矿规律图、成矿预测图及预测资源量分布图、地质工作部署建议图	研究程度图，地质矿产图，物探、化探异常综合成果图，矿田成矿规律及预测图，预测资源量分布图（必要时与上图合并），找矿工作部署建议图	基岩地质图，构造岩浆岩图（构造岩相图），物探、化探异常综合成果图，成矿预测图，找矿工作部署建议图
立项要求	单独立项	单独立项	单位立项 承担任务以地勘单位为主	单独立项 承担任务以地勘单位为主
预测区说明	目前，一些关于不同比例靶区预测的精度（图件比例尺）和面积规定，都是针对内生型有色金属矿产的。对于沉积矿产而言，相关精度要求可适当放宽，特别是在一些工作程度和研究程度较高的地区，可以根据是否满足勘探决策的需求而定			

5）综合地质信息预测的 GIS 技术应用

该预测法面对资料浩繁、数据量大、处理复杂、专业门类繁多、工作量庞大等实际情况，而且这些数据多具空间数据特征。因此，在矿产资源预测评价过程的各个环节，需要采用计算机及空间信息系统（GIS）技术进行资料收集整理、入库管理、综合信息提取、图件编制和找矿靶区预测等（肖克炎等，1999）。

数据库建设和维护　区域矿产资源综合地质信息预测的数据源，主要来自传统的成果数据库。中国地质调查局于 2000～2006 年相继完成了全国各类地学基础数据库，包括：全国地质图数据库（1：20 万、1：50 万、1：250 万）、全国矿产地质数据库、全国区域物探数据库（重力、航磁）、全国区域化探数据库、全国区域遥感数据库、全国自然重砂数据库、全国地质工作程度数据库、全国典型矿床数据库等，在开展矿产预测工作中可充分利用，但需要进行维护和更新。这些数据库，都是传统的成果数据库。

多元信息的提取　在上述成果数据库的基础上，利用各种专业数据处理软件和矿产预测评价工具软件，通过 GIS 平台分析并提取地质构造特征，以及物探、化探、遥感、自然重砂等找矿信息，然后采用人机交互方式编制各类基础图件。目前国内开发的相关应用软件有遥感数据处理软件（RSMAP、RSIE）、重磁数据处理软件 GeoExpl（2005）、区域化探数据处理软件 GeoMDIS（2005）和地质图编图软件 GMGIS（2006）等。

基于 GIS 的成矿预测　基于 GIS 的矿产综合地质信息预测的基本要领，是利用多种数学模型进行成矿有利图层的综合计算，确定成矿有利部位及其信息量，进而圈定成矿远景地段，进行定性和定量评价，主要工作包括靶区圈定、靶区优选和资源量估算（肖克炎等，2000）。目前国内已有的软件工具有 MRAS2.0（2006）、MORPAS3.0（2006）等。

图件输出与表达　基于空间数据库，应用专业数据处理软件和图件编绘软件，编制出矿产预测系列图件：第一类为预测评价基础图件，包括工作程度图、地质图、矿产图、航磁平剖面图、重力等值线图、化探多元素图、遥感影像图等；第二类为多元空间信息专题图件，包括岩相古地理图、沉积建造古构造图、火山岩性岩相图、侵入岩浆构造图、变质岩地质构造图、大地构造相图或岩性建造构造图，物探/化探/遥感推断地质构造图、物探/化探/遥感综合异常图、重砂异常图等；第三类为预测评价的成果图件，包括成矿规律图、矿产预测图、地质工作部署建议图、未来矿产资源基地预测图等。

9.1.3 "地质异常"三联式矿产预测法

"三联式"成矿预测及定量评价方法，以"地质异常"分析为基础，在预测区地质成矿时空及成因演化的系统观念支配下，结合"成矿多样性"和"矿床谱系"的定量化研究，对目标矿床进行综合考察（赵鹏大，2002；赵鹏大等，2003）。

9.1.3.1 "三联式"成矿预测的方法原理

"三联式"成矿预测评价法的要旨是"四定"：一定远景区空间位置，二定潜在资源数量和品位，三定找矿概率和可靠程度，四定控矿要素的最佳组合和找矿范围。"三联式"矿产资源定量预测方法的核心，是确立求异思想，以及建立正确的地质异常模型、成矿多样特征模型、矿床成矿谱系模型和基于整体概念模型的集成。

1. 三联式成矿预测法的提出

"三联式"成矿预测法的基本思路，有别于传统成矿预测法的"相似类比"。

所谓"相似类比"，即"相似的成矿地质条件下可能有类似（相同）的矿床产出"。由此而形成了一系列基于"同一成矿域（区、带）"、"相同构造背景"、"相同岩浆条件"、"相同沉积环境"以及"相似的控矿因素"、"相似的元素组合"、"曾经见到的成矿部位"、"已有的成矿系列"等矿床模型或成矿模式，进而建立了基于"共性"（相似）特征的各种"预测（类比）模型"。不可否认，这种模式（型）思维对传统矿产勘查具有指导作用，而且在长期找矿实践中取得了巨大的成效。但是，对于"点型分布"的矿床，以及当研究区不存在已知矿床时，"相似类比"无法发挥作用，导致在这些地区的找矿工作长期难以突破。是真的没有矿藏，还是没有已知类型的矿床？如果是后者，如何去预测？如何去发现？显然，只有如实地把成矿作用看成是一种小概率的"地质异常"事件，从根本上转换思路，变"类比"为"求异"，才有可能找到那些非常规类型的矿藏。

于是，基于"地质异常"的成矿预测方法被提出来了（赵鹏大，1999）。基本理念是：地质异常是在不同地质历史时期，地球各圈层相互作用和演化发展的产物。地质异常形成的地质时代、构造背景、地质环境和岩石类型，决定了异常的性质及其赋存的矿产资源种类和规模。随着地质历史的演化，早期形成的地质异常也将随着演变。因此，地质异常及其产物也具有空间和时间上的演化序列。所有与成矿有关的地质特征，包括成矿条件与控矿因素、空间与时间，都表现为地质演化过程中的地质异常事件，称为"致矿地质异常"。查明地质异常是成矿预测的基础、找矿的前提、选择靶区的依据。系统地应用地质异常理论及相应的方法，可以使不同层次的成矿预测研究有机地结合成为一个整体。

多样性是复杂系统中客观事物外在表现的基本特征，它是系统内部各种因素自身演化与外部环境影响相结合的结果。成矿物质自身的演化与外在地质环境的影响相结合，使得成矿作用和矿床类型出现了多样性表现（赵鹏大，2001）。成矿多样性具有普遍和基本的意义，人们长期以来所关注的"成矿专属性"，实际上就是成矿多样性的一种特例，而矿床谱系则是成矿多样性的某种规律性序列表现。

矿床的规律性序列可以表现在成因、规模、成分、数量、质量及其组合上，但最基本的是表现在成矿时间上和成矿空间上的"有序性"和"成套性"。矿床空间分布的规律序列构成矿床的空间谱系，在宏观上受大地构造特征的控制。除大地构造、沉积环境和成矿深度控制着矿床空间分布的有序性外，具体含矿构造特征的变化、成矿温度压力的变化、成矿阶段的序次演化和成矿后的次生变化等，都可以造成矿床的水平或垂直分带。这种分带性有时表现为不同矿种或不同矿种组合的交替，有时为不同成矿元素或矿物组合及矿石类型的变换，或可能是不同成因类型和不同形态类型的分带。这种分带性一般存在于从成矿带到矿田、矿床或矿体的不同规模矿化空间中，例如洲际尺度的太平洋成矿带，可分为以 Cu-Mo-Au 矿化为主的内带和以 W-Sn 矿化为主的外带。查明由此形成的矿床空间谱系，对于大比例尺的局部性成矿预测，尤其具有重要指导意义。在通常情况下，不同时期形成的矿床产于不同的空间部位，但在同一成矿时期，矿床也可以形成于不同的空间部位，而在同一空间部位，则可以有不同时期形成的矿床叠加或改造。在进行成矿预测及资源潜力评价时，需要分析成矿的时间、空间和成因序列，建立矿床的时间谱系、空间谱系及与两者相关的成因谱系，其目的是找出制约成矿多样性和成矿谱系的地质动力学结构、构造、物质组分、成因序次等因素，为区域成矿的科学预测与全面评价提供必要信息。

2. "三联式"成矿预测法的三大要素

"三联式"成矿预测以识别和圈定各类地质异常为基础，而以分析成矿多样性和矿床谱系来预测矿床类型和发现矿产资源为目的。"地质异常"、"成矿多样性"与"矿床谱系"三大要素的结合，构成了一种成矿预测的新理论、新思路和新方法。其中，地质异常分析是该预测法的核心环节，即从区域上识别、提取包含成矿事件的各类地质异常（异常圈定）；成矿多样性分析，是根据成矿地质特征，在所有异常中筛选出成矿地质异常，尤其是致矿地质异常，进而评价预测单元内所有可能存在的矿产及其有利度（缩小靶区）；矿床谱系分析，是根据成矿规律从成矿地质异常和各类矿产中，梳理出区域成矿体系（指导预测）。三大要素的结合，可清楚地揭示"过程"与"响应"、"因"与"果"的关系，即地质异常（原因）-成矿多样性（响应，表现形式）-矿床谱系（响应，表现规律）。

1）地质异常的概念和分类

地质异常理论的数学基础是极值理论，其主要分析方法是极值分析。极值分析是以历史数据为基础，推断模型未知参数的一种统计方法。该方法针对超常大（或小）水平上量化过程的随机性状，对极端事件的概率进行估计：

$$M_n = \max\{X_1, X_2, \cdots, X_n\}$$

式中，X_1，X_2，$\cdots$，X_n 为 n 次观测获取的参数值；当 n 趋于无穷大时，可以近似估计 M_n 的性状。极值分析从已观测水平向未观测水平外推，所面临的若干重要问题是：①估计方法；②不确定性定量化；③模型诊断；④信息的最充分利用。

当观测数量足够大时，可以提取最有利成矿的地质异常。地质异常的成矿分析，也可以利用统计学中的混合总体筛分理论和方法来进行。某一地区若有成矿作用发生，其空间数据往往包含有受区域因素控制的背景数据总体（低值），以及受局部成矿作用控制的叠加数据总体（高值）。二者的结合，就构成了不同成因数据的混合总体；利用各种筛分法，可以将混合总体分解为代表成矿作用的高值总体和代表地质背景的低值总体两部分（或许还有更多的组成部分）。其中，高值总体往往对应致矿地质异常。表现为地质异常的各种地质极值，在野外和室内理论研究中可以通过直观比较和定量分析来识别和捕捉。

致矿地质异常有不同层次和属性特征，其分类如表 9-2 所示。

表 9-2　致矿地质异常分类（赵鹏大，2002）

分类依据	异常类型	异常名称及举例
异常结构	单项异常	地层、构造、岩浆岩、岩相
	综合异常	古地理等异常地质组合异常

分类依据	异常类型	异常名称及举例
表现形式	显式异常	地质界面异常
		特征变化异常
		异成因地质体
		异演化地质体
	隐式异常	标志组合熵
		复杂度异常
		相似度异常
规模尺度	洲际异常	成矿域异常
	区域异常	成矿省、成矿带异常
	局部异常	矿田、矿床、矿体异常
	显微异常	矿相异常、矿化标志异常
控矿要素	矿源异常	矿源层异常、含矿流体异常
	通道异常	渗透、扩散、流动、辐射通道异常
	矿聚异常	聚合、耗散异常
	矿贮异常	封闭异常、容矿空间异常
	介质异常	遮挡异常、反应异常
异常演化	静态异常	单阶段、单成因异常
	动态异常	多期复活异常、多期叠加、多成因异常

基于构造控岩控矿的基本认识，综合考虑研究区的构造演化旋回、地层建造、接触关系和岩浆活动等因素，以构造运动的各个幕为单位，可将研究区各旋回的地质异常演化分为若干个亚旋回。为了深化揭示研究区地质异常的时空演化特征，还可进一步按亚旋回确定相应的地质异常构造层。然后，从最新的地质异常构造层的研究入手，通过层层剥离的方法逐步恢复和揭示早期地质异常的结构特征。

2）致矿地质异常的定量研究方法

各类致矿地质异常都具有丰富的成因信息和表现特征，只有在充分地获取这些信息的基础上，才能确定哪些信息是有效的关键信息，进而对这些关键的成矿信息进行组合，转化为成矿预测参数。因此，地质异常分析强调数据和信息的有效性，认为各类地、物、化、遥信息的有效提取，是进行靶区圈定和实现找矿突破的关键环节。

（1）致矿地质异常的提取准则。

开展基于地质异常的成矿预测，首先应筛选出与具体矿产有直接联系的致矿地质异常，再按照"地质异常致矿→局部异常控矿→矿致异常筛选→异常结构分析→异常结构与矿床定位耦合关系厘定→多参数综合预测"展开研究。由于地质异常结构、矿床结构、信息结构存在着同型性，这一工作方法具有一定的普适性。

地质异常场是在正常地质背景场中的异常场，具有可度量的三维空间规模、形状和方向性，但在不同尺度规模上的表现不同，具有等级性和层次性。在进行地质异常研究时，首先要进行等级划分，分别研究其强度、方向、分布、组合规律和成因联系。然后，对不同等级或不同层次的地质异常及其相互关系进行研究。

为了保证致矿地质异常的有效性，在研究中应当遵循以下原则：

准确性：即在一定置信度下，选取准确反映成矿或成藏信息的资料和数据。

相关性：即所提取的信息要与成矿或成藏内容密切相关。

对应性：即预测信息和预测对象之间，尺度要对应匹配。

独立性：即在同一模型中，各预测信息之间彼此相对独立，避免信息混合。

实用性：即所提取信息简单实用，有较普遍的实用意义和推广价值。

研究性：努力探索深层次信息和组合信息。

（2）致矿地质异常的计算方法。

地质异常的分析有定性、定量和二者结合 3 种方法。目前常用的地质异常定量识别与圈定方法主要有：地壳升降指数（G 值）法，地质复杂系数（C 值）法，熵（H 值）法，地质相似系数（S 值）法和地质关联度（R 值）法等。此外还有证据权法、层次分析法和人工神经网络法等。下面仅对 C 值法、H 值法、S 值法和 R 值法作些简单介绍。

地质复杂系数（C 值）法 地质复杂系数是衡量某一单元子区相对于研究区平均复杂程度的度量。首先根据研究区的地层、构造、岩浆活动、变质作用等地质变量进行统计，取平均值作为研究区平均复杂程度的度量（大背景或理想的正常场）。用向量如式（9-1）所示：

$$X = (\overline{x_1}, \overline{x_2}, \cdots, \overline{x_p})'$$ （9-1）

根据式（9-2）计算出每一单元子区的相对于平均复杂程度的地质复杂系数：

$$C_{ij} = \sum_{j=1}^{p} \left(x_{ij} - \overline{x_j} \right)^2 \quad (i = 1, 2, \cdots, n)$$ （9-2）

式中，i 为单元网格编号，n 为单元数；x_{ij} 为第 i 个网格单元的第 j 个分向量的地质复杂系数；x_j 为第 j 个向量分量，共计 p 个分量，这里 $p=3$。

当 C_{ij} 为 0 时，表示该单元的复杂程度与研究区的平均复杂程度（正常场）相当；当 C_{ij} 值为正时，表示该单元的地质条件比正常场复杂，数值越大则地质条件越复杂；当 C_{ij} 值为正时，表示该单元的地质条件比正常场简单，数值越小则地质条件越简单。因此，根据每个单元的 C 值，可以圈定地质条件复杂或简单的地质异常区。

组合熵（H 值）法 熵是信息论中度量信息量的一种方法，它也反映事物发生的不确定度。一般来说，事物越复杂，不确定程度越高。因此，地质体的特征越复杂，其不确定程度就越大，在熵值上表现为高值。多个地质变量的组合熵可以反映一定区域内地质结构的变异程度，而结构的变异程度对成矿具有控制作用。计算公式：

$$H_i = -\sum_{j=1}^{p} x_{ij} \log x_{ij} \quad (i = 1, 2, 3, \cdots, n)$$ （9-3）

式中，p 为变量数，n 为单元数，x_{ij} 为第 i 个单元的第 j 个变量的原始数据，对数 log 可取自然对数或以 10 为底的普通对数。

对于非定和数据，计算公式：

$$H_i = -\sum_{j=1}^{p}\left(\frac{x_{ij}}{\sum_{i=1}^{n}x_{ij}}\right)\log\left(\frac{x_{ij}}{\sum_{i=1}^{n}x_{ij}}\right) \quad (i=1,2,3,\cdots,n) \qquad (9\text{-}4)$$

地质相似系数（S 值）法　地质相似系数是衡量某一地质单元与周围单元之间相似程度的度量。首先对研究区进行网格单元划分，并分别统计各网格单元的地层、构造、岩浆岩等变量的取值。某一单元与周围的地质特征存在差异时，相似程度就小，据此可圈定出地质异常区的分布。根据式（9-5）先求出每一单元与周围相邻单元的相似系数，再用式（9-6）取求算单元的 8 个邻域相似系数的平均值作为该单元的相似系数。

$$S_{ij} = \frac{\sum_{k=1}^{p}x_{ik}x_{jk}}{\left(\sum_{k=1}^{p}x_{ik}^{2}\sum_{k=1}^{p}x_{jk}^{2}\right)^{\frac{1}{2}}} \quad (i,j=1,2,\cdots,n) \qquad (9\text{-}5)$$

式中，n 为单元总数；p 为变量数；i 为某一求算单元，$i=1$，2，3，$\cdots$，n；j 为 i 相邻的 8 个区域；k 为变量的取值。

$$S_i = \frac{1}{8}\sum_{j=1}^{8}S_{ij} \qquad (9\text{-}6)$$

为了便于圈定地质异常，可将相似系数转换为不相似系数，即不相似系数=1–相似系数，最后可通过圈定等值线或趋势分析等处理确定地质异常。

地质关联度（R 值）法　关联分析是灰色系统中定量研究两个事物之间关联程度的一种方法，即通过曲线间几何形状的分析和对比来计算曲线间的关联程度。其几何形状越接近（相似）的曲线，其发展变化的趋势越接近，则关联程度越大，单元之间的关联度越大，则这两个单元的地质条件越相似。因此，首先对研究区进行网格单元划分，分别统计各网格单元的地层、构造、岩浆岩等变量的取值。计算每个单元（称为参考单元）与周围相邻单元（称为被比较单元）之间的关联度，取平均值作为该单元与周围单元的关联程度。

根据式（9-7）分别计算每个变量的关联系数：

$$\xi_i(k) = \frac{A}{B}$$
$$A = \min_i\min_k|x_0(k)-x_i(k)| + \zeta\max_i\max_k|x_0(k)-x_i(k)| \qquad (9\text{-}7)$$
$$B = |x_0(k)-x_i(k)| + \zeta\max_i\max_k|x_0(k)-x_i(k)|$$

式中，$\xi_i(k)$ 是第 k 个变量被比较单元与参考单元的相对差值，这个相对差值称为关联系数，ζ 是分辨系数，是在（0，1）中取值的常数，通常取 0.5。根据 p 个变量的关联系数，取其平均值作为两个单元之间的关联度，即：

$$R_{ij} = \frac{1}{p}\sum_{k=1}^{8}\xi_i(k) \quad (j=1,2,\cdots,8) \qquad (9\text{-}8)$$

式中，R_{ij} 表示参考单元（i）与被比较单元（j）之间的关联度。

计算了某一个单元（参考单元）与周围 8 个单元（被比较单元）的关联度之后，根据式（9-9）取平均值作为该单元与周围单元的关联度：

$$R_i = \frac{1}{8} \sum_{j=1}^{8} R_{ij} \qquad (9\text{-}9)$$

为了便于圈定地质异常，可将关联度转换为不关联度，即不关联度=1–关联度，最后可通过圈定等值线或趋势分析等处理确定地质异常。除了计算每个单元与周围相邻单元的不关联度（不关联系数）外，还可计算每个单元与平均值之间的不关联度。

3）研究区成矿多样性的分析评价

控制矿床形成的地质因素的多样性、致矿地质异常的多样性、各种异常的强度和广度的多样性，以及地质异常组合的多样性、演化过程的复杂性等，决定了成矿的多样性。成矿多样性分析不仅在明确区域勘查对象、选择勘查目标、提高综合勘查效果等方面具有重要的指导作用，而且也是确定勘探手段、评价方法、开发工艺和利用方向的重要依据。成矿多样性具有多尺度、多方面的表现（赵鹏大，2002），因此，成矿多样性分析要与成矿预测研究工作的尺度水平相对应。成矿多样性定量的表征，有如下计算方法：

（1）多样性强度值 Di（diversity intensity）：

$$Di = n / S \times 100\%$$

式中，S 为单位面积或单位剖面长度；n 为单位面积或单位长度内矿种数。

（2）多样性强度指数 ID（index of diversity intensity）。

$$ID_i = n_i / n_{max}$$

式中，n_i 为第 i 单元单位面积或单位剖面长度内矿种（或矿产组合类型）数；n_{max} 为研究区单位面积或单位长度内最大矿种（或矿产组合类型）数。

（3）偏多样性强度指数 IP（index of partial diversity intensity）：

$$IP_j = n_j / G_{max}$$

式中，n_j 为第 j 种地质体单位面积（或长度）内矿种数；G_{max} 为研究区单一类型地质体单位面积（或长度）内最大矿种数。偏多样性强度指数愈小的地质体，其成矿专属性愈强。

（4）资源现实可利用率 Ra（resources available）。

$$Ra = n_1 / n \times 100\%$$

式中，n_1 为目前技术经济条件下可利用矿种（类型）数；n 为区内现有全部矿种数。

（5）资源潜在可利用率 Rp （resources potential）。

$$Rp = n_2 / n \times 100\% \quad 或 \quad Rp = 1\text{-}Ra$$

式中，n_2 为目前暂不能利用或可用性不确定的矿种（类型）数；n 为区内现有全部矿种数。

通过以上简单计算，可评价研究区成矿多样性程度，比较不同地区成矿多样性，定量评价不同地区矿产资源潜力，指导不同地段成矿预测和资源潜力评价工作。

4）矿床谱系的分析与构建

矿床谱系则是区域成矿有序性、成套性和规律性的反映，因此，根据不同地区矿床产出的有序度和成套度，可以评价预测区的矿产资源的类型、数量、品质和赋存状态。

在研究区域矿床谱系时，把预测对象放到区域地质成矿时空及其成因系统中去考察，可以避免孤立、静止和无序的工作方式。矿床谱系可以用多尺度、多方面与多方法进行研究和表征。矿床谱系既可从矿产类型的角度着手进行研究，也可从致矿地质异常事件的角度着手进行研究，甚至可从研究区域地质演化的角度对不同地质时期、不同空间部位、不同地质异常事件及不同矿床（或矿产）类型进行研究（赵鹏大，2002）。

把成矿多样性与矿床谱系的研究思路结合起来，通过各种地质异常与成矿作用的空间关系分析，可以建立矿床的空间谱系，进性预测区多矿种、多类型矿床的空间分布预测，进而可建立该预测区找矿勘探的有效工作准则。

区域成矿地质特征的差异使得矿床谱系的表达繁简不同，除了所反映的成矿时间、空间和成因特征外，在谱系结构中的某一位置可能包含有次一级的亚谱系（反映规模、产状、矿石、组构等），从而构成自底向上（pyramid）的"复式谱系"。矿床谱系的表达形式、所揭示的成矿规律，以及与此相关的预测区域成矿事件和区域矿床分布的能力等，是一个复杂的体系，具有鲜明的层次结构。它所揭示的区域元素富集规律是第一层次的，而控制这种富集的成矿规律是第二、第三层次的。第二、第三层次的成矿规律，受到原始地壳的不均一性、区域构造岩浆活动，以及地下深部物质带入带出等诸多因素影响。由于这种复杂结构很难凭借定性综合和经验推理而简单得到，需要凭借定量地学方法对海量的数据进行处理分析，自底向上"提取"出"复式谱系"。同时，由于矿床的时间序列在空间中通常会表现出一定的分布规律和形式，因此可以考虑把矿床的时间谱系分析与空间谱系分析联合起来，采用"3S"结合与集成技术来进行定量化表达和分析。

9.1.3.2　"三联式"成矿预测模型的构建

开展三联式的定量化成矿预测，首先需要建立相应的预测模型，其中包括地质异常识别与提取、成矿多样性分析和矿床谱系分析三个子模型。建立三联式的定量化成矿预测模型的关键步骤，是对各种矿化特征进行数字化、定量化处理。

1. "三联式"定量成矿预测概念模型

三联式成矿预测评价过程大致可概括为：针对区域矿种、矿床类型（成因、工业形态类型）、矿集区范围、矿床规模、矿化蚀变类型、矿化强度和成矿深度等特征的多样性和时空分布，在进行各种矿化特征数字化和定量化的基础上，查明区域地质背景场、地球化学场、地球物理场和遥感影像场的多样性及成矿多样性表现，进而建立地质多样性与成矿多样性函数联系。当成矿多样性的定量表征积累到一定程度，就可以通过不同矿化现象的相互关系分析建立区域矿床谱系，即通过区域成矿时间序列分析建立成矿时代谱系，通过区域成矿空间趋势分析建立空间谱系，通过区域矿化成因演化序列建立矿床成因谱系，最终通过矿床谱系的综合分析建立区域成矿模式。然后基于所建立的区域成矿模式，对目标矿床的矿质来源、运移、聚集和赋存异常进行分析，进而确定成矿可能区带、找矿可行地段和找矿有利部位；最后，通过对地质异常、物探异常、化探异常、遥感异常的圈定和匹配，对成矿信息进行识别、提取和相互印证，力求从宏观（全球性）、中观（区域性）、微观（局部性）到超微观（显微）地质异常的系统分析，逐步逼近靶区，提高预测的成功概率。

"三联式" 定量成矿预测的概念模型，可概略地表达，如图9-4所示。

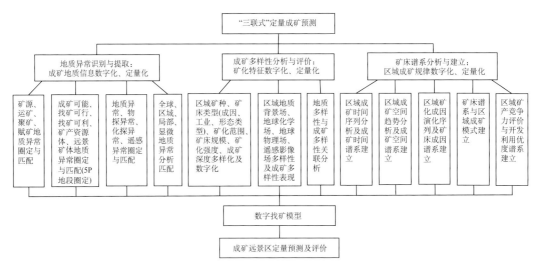

图 9-4 "三联式"定量成矿预测工作的概念模型

基于上述预测评价要素和过程的归纳，先采用各种数学方法和软件工具，在对研究区成矿特征进行数字化、定量化的基础上，分别建立地质异常识别与提取、成矿多样性分析与评价和矿床谱系分析与建立三个子模型，然后由下而上、由简而繁进行有机组合和集成，便可形成一套完整的"三联式"成矿预测评价方法模型。

2. 基于地质异常的找矿靶区圈定方法

"三联式"定量成矿预测法主要应用于找矿靶区圈定与优选。一般地说，随着预测工作的不断深入，找矿信息由少到多，找矿范围由大到小，靶区级别由低到高，找矿成功概率将逐步增大，而勘探风险将会逐步降低。找矿靶区的圈定，以最小面积和最大含矿率作为基本准则。不同比例尺的成矿预测，所圈定的靶区范围及精度不同，通常根据规范和实际需要确定。在靶区初步确定之后，需要应用综合找矿模型进行筛选，并开展验证和跟踪研究。"三联式"预测法把找矿靶区优选与找矿预测标志优化研究结合起来，贯穿于成矿预测和普查找矿的始终（赵鹏大，2002）。

1）地质异常的分析流程与预测靶区的级次

根据地质异常理论，找矿靶区的圈定实际上就是地质异常的分析和识别过程，即致矿地质异常信息的识别、提取、分析与综合过程。

采用求异思维的方法处理分析问题，弥补了相似类比方法的不足。致矿地质异常研究的基本工作方式是：首先对各类参数（一维、二维或三维），例如地质观测、录井、物探、化探和遥感等数据，进行组合熵、复杂度、相似度、分维数等计算；然后分析各种地质、物化探参数的变异特征，包括变异性质、变异程度、变异结构；最后查明并圈定出变异界线与变异空间。对于一维参数而言，要划出变异界线；对于二维参数而言，要圈出其变异范围；对于三维参数而言，要定出变异空间。同时，结合进行地质异常的四定量研究（定阈值、定位置、定概率和定资源量），这一切既是地质异常研究的任务和目的，也是地质异常致矿与找矿理论在找矿与评价中应用的基点。

其工作要领是：以求异思维充分挖掘各类新信息，选择出与成矿相关的地质异常变量进行分析，定量地研究不同类型、层次或等级的地质异常及其间的相互关系，系统地开展不同层次致矿地质异常分析和多元信息定量综合预测（图 9-5）。在实际工作中，首先要对多元信息进行有效提取和定量分析，认清局部地质异常的结构特征，进而揭示出地质异常的时空结构特征。然后，根据研究区各地质体与构造-岩浆-沉积作用在动力和空间上的关联性和对应匹配情况，研究地质异常场、物化探异常场与矿床（或油气藏）结构和定位规律的对应耦合关系。最后，按照地质异常致矿→构造物质组合控矿→物化探异常示矿→综合信息和组合方法找矿的研究思路，以结构分析为主导，将多元信息场（地球物理场、地球化学场、地热场、孔隙压力场、构造应力-应变场、成岩作用场、成矿作用场）的定量化分析与地质异常的时空结构分析结合起来，进行找矿靶区圈定和优选。

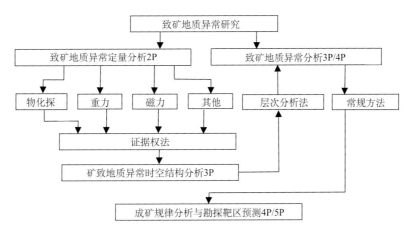

图 9-5　多元地质异常信息分析研究的思路与流程框图

根据信息量的多少，矿床预测靶区与地质异常的关系可分为以下若干级次：

成矿可能地段（probable ore-forming area，1P）：通过各种方法和途径圈定出的与成矿有关的地质异常或"致矿地质异常"，都是"成矿可能地段"。

找矿可行地段（permissive ore-finding area，2P）：在一个地区进行找矿，必须根据所要寻找的矿种和矿床类型，在众多的可能成矿的地质异常中确定专属地质异常或异常带，有可能找到预期类型矿床的地区，称为"找矿可行地段"。

找矿有利地段（preferable ore-finding area，3P）：在"找矿可行地段"范围内，结合更多的直接和间接地质找矿信息，如物化探异常、区域性的围岩蚀变及矿化显示等，确定更有希望找到预期类型矿床的部位，这些部位则称之为"找矿有利地段"。

潜在资源地段（potential mineral resources area，4P）：在"找矿有利地段"确定的具有潜在工业价值的矿化地质异常体，称为"潜在资源地段"。

远景矿体地段（perspective ore-bodies area，5P）：在"潜在资源地段"确定的具有矿体形态、规模品级和空间定位信息的地质异常体，称为"远景矿体地段"。

从 1P 到 5P，研究目标内涵依次增大、外延减小、预测对象（矿产种类及成因类型）渐趋明确。前 3 "P"，属于中-小比例尺成矿预测范畴；后 2 "P" 则属于大比例尺成矿预测范畴，是对预测靶区（找矿有利地段）的深化剖析。系统的应用地质异常理论及方法，可以使不同层次的成矿预测研究有机地结合成为一个整体（图 9-6）。

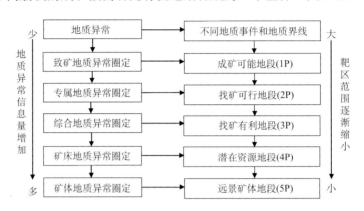

图 9-6　不同类型地质异常与对应的矿床预测地段的级次

2）基于致矿地质异常的找矿靶区圈定

矿床生成于各种控矿要素有效匹配的区域，矿质充填于显著不连续的空间内。通过致矿地质异常的定量研究（定位置、定阈值、定概率和定资源量），将综合的致矿地质异常结构与矿床（或油气藏）结构、数值结构进行耦合分析，利用关键预测参数分级圈定出致矿地质异常区域，以及成矿（或成藏）可能、可行和有利地段（靶区）。

利用致矿地质异常圈定找矿靶区时，主要是研究各类地质异常的空间结构。其中包括：①地质-地球物理场异常结构特征；②地质-地球化学场异常结构特征；③地质-地球物理-地球化学综合异常模型；④在矿床不同层面上的地、物、化异常场的组合结构特征；⑤在干扰场消除情况下的地球物理场、地球化学场的异常结构特征；⑥矿床或油气藏靶区定位的关键标志或最佳预测标志组合。

在建立了各类异常的空间结构模型及其综合模型后，便可以寻找适宜的数学模型来构建高精度预测模型。在预测模型中，所描述的矿床或油气藏主要控制因素及其关键性的找矿标志，都应当是本类矿床或油气藏的有效识别标志。这些标志能转化为导致隐伏矿床或油气藏发现的直接或间接参数，并且能以矿床或油气藏产状模型或异常结构模型的形式表达出来。利用这些预测模型，即可对预测区的成矿有利度进行分析，并加以分级评价。其中有利度最大的地点（例如 F≥0.70），就可作为勘探靶区。

3. 基于致矿地质异常的找矿靶区优选

找矿靶区优选是在找矿靶区（远景区、有利地段）已圈定的前提下，应用经验的、数学的或计算机的方法，根据相对的成矿可能性大小（成矿有利程度），结合经济、地理、交通、市场供需关系等诸多方面因素进行比较，对找矿靶区进行定量评价和优劣排序。

1）找矿靶区优选的原则

找矿靶区优选是对有利的找矿远景地段的进一步筛选和优化，目的是尽可能地提高靶区见矿概率和潜在社会经济价值。因此，在优选过程中应该做到信息最优化、标志最优化、方法最优化和步骤最优化，以便保证找矿实施方案的最优化、高级别远景区面积最小化、见矿概率和潜在利用价值最大化。

在找矿靶区优化过程中，必须结合各种影响因素进行全面的综合评判。其中包括成矿的有利地质条件、已知的各种矿化信息的可靠程度、可能具有的矿床规模，以及其经济价值、社会需求程度、开采技术条件、自然经济地理条件、预期经济回报等。

2）找矿靶区优选的评价参数

根据系统优化原则和综合评判原则，进行找矿靶区优选，首先应当确定评价参数并建立合理的评价体系。找矿靶区优选的参数，主要是地质矿产和经济地理两大类。

（1）地质矿产因素。

地质矿产因素是影响靶区优选的首要因素。它决定了靶区内的成矿有利程度，具有最大的权重；其他的影响因素是从属因素，权重相对要小。

基本地质参数　用于评价成矿有利程度所涉及的基本地质参数，包括：预测区所处的地质构造位置、在已知成矿带中的部位、区域地球化学场特征，以及地层、沉积、构造、岩浆岩等控矿因素的特征。此外，还包括成矿特点和研究程度等。

基本矿产参数　用于评价成矿有利程度所涉及的基本矿产参数，包括：预测区已发现的矿床及矿点的数量与空间分布，矿产种类、矿床类型及工业意义，围岩蚀变种类及发育强度与空间分布，已确认的物、化探矿致异常的强度及分布特征等。

通过对地质矿产因素的成矿有利度的对比，除了上述内容外，还应该发掘一些深层次的隐蔽信息和综合性的间接信息，即需要进一步开展数据挖掘。

（2）经济地理因素。

经济地理因素是在地质矿产因素有利的条件下，进一步比较评价靶区优劣的重要内容。经济地理因素是确认潜在矿床是否具备现行开采经济价值，以及投入开采时经济上是否可行的主要因素。因此，在评价比较时对各参数要预估其一定时期内的变化趋势。

需求与市场情况　国民经济需求程度和世界市场供需情况，包括本类矿产在国内的资源总量、空间布局及需求状况、国际市场供求情况、市场价格及其发展趋势等。

交通及经济地理　主要包括：在预测区中可能发现的矿产地所处的交通及地理位置对矿业开发是否有利；已有工业基础及能源、原材料、劳动力情况是否有利等。

投资及回收效益　需开展粗略的投资效益分析和评估，论证其经济上是否有利和可行。

3）找矿靶区优选的工作方法

找矿靶区优选的方法一般有经验类比法、综合信息法和数学模型法等。在具体工作中，这三种方法通常结合在一起使用。

（1）经验类比法。

靶区优选及其排序，在本质上是优选靶区与已知矿床之间的相似类比。这种优选在很大程度上是以已有的找矿经验为基础的，人的主观意识在整个优选过程中起着重要的作用。因此，经验类比法是找矿靶区筛选和排序的常用方法，且具有一定的可靠性及可行性。经验类比可以采用人工作业方式，或者人机交互作业方式，也可以采用专家系统或人工神经网络系统进行对比评判，进而对欲选靶区的优劣做出评价。

（2）综合信息法。

综合信息法是将地质、遥感、物探、化探等不同手段获取的多源地学信息，经进优化、加工和处理后，转化为相互关联的间接信息，然后采用空间信息叠加分析，对靶区的优劣性做出评判的方法（王世称等，2000）。

（3）数学模型法。

数学模型法是指在地质特征及成矿规律研究的基础上，通过分析有关成矿地质条件特征与成矿可能性、成矿规模、潜在价值及地理条件等的内在数量关系，新建或选择一定的数学模型，进而对靶区（成矿预测单元）内可能形成的矿床类型、矿床数量、成矿规模及潜在价值进行定量估计，从而达到靶区优选目的的方法。数学模型法包括统计预测法、灰色关联分析法、模糊数学方法、分形几何方法、地质统计方法、模式识别方法等。各种地质异常找矿靶区圈定法，实际上都属于数学模型法。在各种地质异常找矿靶区圈定法的基础上，增加地理经济参数，便可实现找矿靶区圈定与优选的一体化。

9.1.3.3 "三联式"成矿预测模型的应用

"三联式"数字找矿与定量预测评价，是"地质异常"致矿与定量预测评价的扩展和深化。地质异常分析与"成矿多样性""矿床谱系"相结合，可以更清楚地揭示"过程"与"响应"、"因"与"果"的关系，例如地质异常（原因）-成矿多样性（响应，表现形式）-矿床谱系（响应，表现规律）之间的联系。

三联式成矿预测模型从简单的现象描述开始，以每一个矿化现象反映区域内一种可能的元素超常富集，揭示区域内可能存在的成矿作用。这是区域成矿多样性的单因素（单变量）定量表征。这种预测不是根据区域已有成矿模式的相似类比来发现矿（化）点的，而是将区内所有（包括新发现的）矿化现象都看成可能的成矿线索，进行客观、系统的归纳整理，提炼出控矿要素和成矿条件，再形成新的预测模式。这种成矿多样性的定量表述，也可归纳出区域上相互独立的矿床（点）的共同特征。这表明，成矿多样性分析包含着"相似类比"的模型分析所能得到的区域成矿信息。预测结果可以从文本、图件的表达，到图、文、声、像和可视化的综合描述；从单一的专项研究（生产）目标的简单处理，到不同需求层次的多用户交互；从封闭型资料管理，到信息集成、资源共享和分级查阅。

在"三联式"成矿预测与"5P"找矿地段圈定的基础上，对所圈定的不同类型的预测靶区进行系统的实地调查和深入解剖，一方面可以更全面地检验预测成果的科学预见性与实效性，发现更多可供深化勘探的目标矿床；另一方面也可在指导找矿实践中，进一步丰富和完善本身的理论与方法体系。该"三联式"成矿预测方法在滇西北金属矿床和中国南方下古生界的油气资源预测中的实际应用取得了显著成效（赵鹏大，2002；赵鹏大等，2010）。

9.1.4 常规矿床预测方法的缺陷和出路

自然界的矿床类型繁多，其形成和分布分别与一定的地质背景和地质作用相联系。长期以来的地质科学研究成果和找矿经验的积累，形成了一个矿床学和成矿预测学学科。前述常规的各种多参数综合成矿预测，就是在矿床学和成矿预测学的理论、方法指导下进行的。这些成矿预测方法，通常都是根据某一个或某几个典型矿床的勘探资料，从成矿规律和因果关系方面着眼，归纳出一种理论化的"成因模型"，再抽提出若干"找矿标志"形成一个"找矿模式"，然后利用这种"找矿模式"进行矿床预测。

目前，关于"三联式成矿预测"的研究和成果比较多，相应的预测软件也已经研发出来并得到应用（肖克炎等，2000；娄德波等，2010），甚至发展出了三维可视化的预测技术（陈建平等，2007，2008，2009，2014），极大地丰富了其信息化工具。

在这种预测工作方式下，"成因模型"和"找矿模式"的正确与否，就成为找矿效果好坏的关键。国内外的大量事实表明，基于各种"成因模型"和"找矿模式"进行找矿的效果总体上并不如人意。其原因一方面是矿床形成过程十分复杂，是一种受多因素复合控制的混沌过程；另一方面是地质找矿对象深埋于地下，已有的地物化遥勘查手段还难以完全揭示矿产资源的成因及其空间分布规律。特别是许多浅表的、易于发现的矿床陆续被找到之后，所建立的各种"成因模型"和"找矿模式"的局限性也逐步显露出来了，预测的准确率不断降低。往往出现这样的情况，某个资源勘查专业队伍在一些地方根据露头观测、物探、化探和遥感所获取的数据，有时还配合少量钻探数据，在某个理论模型指引下识别出了多种"找矿标志"，但始终未找到预期的矿床。于是，在十几年乃至几十年时间内，几进几出，花费了巨大的人力物力而一无所获，最后却因为一个偶然的机会有了新的发现，取得了重大突破。显然，已有的理论、知识和模型存在着严重的不足或缺陷。

为了弥补这些不足或缺陷，人们便从各自掌握的勘探成果中进行总结，对相关的"成因模型"和"找矿模式"进行修改补充。于是出现了大量具体的矿床"成因模型"和"找矿模式"。久而久之，"成因模型"和"找矿模式"越来越多，甚至每个矿床都有了自己的"成因模型"和"找矿模式"。结果"成因模型"和"找矿模式"的价值受到了质疑，于是许多人又回到了由经验构成的"存在模型"或"客观模型"，以及由统计得出的"品位-吨位模型"。所谓"存在模型"，是指用系列平、剖面图客观展示矿床赋存位置、形态和范围，围岩岩性、岩相和分布，以及蚀变类型和分布；而所谓"品位-吨位模型"，是指各种类型矿床的平均品位与矿床规模之间存在的特定相关关系——平均品位越高者规模越小，反之平均品位越低者规模越大，但相关曲线的斜率各不相同（Cox，1993）。这些"存在模型"和"品位-吨位模型"对于为扩大已知矿床规模的就矿找矿而言，无疑是有效的。但对于广阔的未知区域而言，这些模型的应用显得无从下手。于是，追求"相关关系"而非"因果关系"的矿床统计预测方法（赵鹏大等，1983）和多重分析预测方法（成秋明，2004），越来越多地得到重视并被广泛地用于矿床预测中。随后的研究表明，矿床是地质异常的产物（赵鹏大和孟宪国，1993），矿床是在混沌边缘分形生长的（於崇文，2006），求异和相似类比相结合、传统成矿动力学和混沌动力学相结合，是解决成矿预测问题的新途径。

概括起来，以往的矿床模型和预测模式，都是根据已有知识和经验，采用少量的特征参数构成的。通过露头、物探、化探、遥感和钻探所获得的海量记录数据，都被过滤掉了，只剩下符合"模型"的若干参数。由于已有的知识不完善，造成了预测成功率不高。特别是面对找矿新领域、新类型和新深度，可用的相关知识更加有限。即便是基于求异和相似类比相结合、传统成矿动力学和混沌动力学相结合建立的矿床"成因模型"和"找矿模式"，同样摆脱不了这种情况，其可靠性和应用价值也难以评判。

为了发现新知识，认识新规律，需要尽可能地利用可获取的全部数据，而非人为抽取的少量特征数据。解决成矿规律和成矿预测问题的根本出路，可能在于摆脱已有知识和经验的束缚，转而利用三维可视化的地质信息系统，对海量的多源多类异构异质原始地质时空数据和矿产资源勘查数据，进行整合、汇聚、同化和融合处理，对具体矿床的时空特征进行表征和描述，然后采用适宜的大数据技术进行挖掘和分析，提取某类矿床赋存的信息。为此，所要整合、集成、融合和处理的将是超高维度、超高计算复杂性和超高不确定性的多尺度、多变量、多时态和多关联的时空结构和地质属性大数据。

针对常规成矿预测模式的缺陷，在已有的"三部式"、"综合信息"和"三联式"等数字化和定量化方法的基础上，采用大数据的理论、方法和技术进行矿产资源定量预测，是一个全新的、探索性的重要发展方向。从大数据的角度看，面对找矿勘查新领域、新类型和新深度，为了发现新的大型和超大型矿床、探索新的矿床形成分布规律，不能先入为主地事先设定某种理论模式，相反应当摆脱原有理论模式的束缚；要面对全部原始地质勘查数据，而不必强调其精确性，也不必忌讳其混杂性，更不必刻意追求数据内涵的因果关系，只要揭示各种因素与矿床的存在和规模的相关关系。为此，所处理的数据将是海量的多源多类异质异构数据，所采取的工作方法应是数据密集型计算方法。

9.2 基于地质科学大数据的成矿预测

基于地质时空大数据进行成矿预测，涉及科学研究第四范式（Gray，2009）和地质数据科学的一系列理论、方法和关键技术。首先，需要建立一个与预测工作相适应的数据汇总、集成、融合、挖掘和评价的工作流程；第二，需要建立地质时空大数据的一体化空间参考系，进行数据的空间基准、时态、尺度和语义一致性处理；第三，需要探索各类地质勘查数据的数字化、集成化和结构化转换技术，及其一体化存储、管理和表达的三维可视化精细地质建模技术，以及地质时空大数据的同化、融合和挖掘技术。

9.2.1 地质科学大数据的概念与方法

地质科学大数据是一种时空大数据，主要产生于基础地质、矿产地质、水文地质、工程地质、环境地质、灾害地质的调查、勘查和相应的地质科学研究过程中，能源、矿产的开发利用和环境、地灾的监测、防治过程中，以及各类天基、空基对地遥感观测活动中。数据采集的手段包括露头观测记录、岩心编录、地球物理仪器记录、遥感记录、样品化学分析和物理测试。地质科学大数据既有一般大数据的共性，也有其特殊性。

9.2.1.1　地质科学大数据的特征

地质科学大数据是一种科学大数据。所有地质科学研究和资源勘查生产的对象实体，就其形成过程和分布状况而言，均具有庞大的时间与空间范围和复杂的层次结构。实践中所采集的地质数据，在时态特征上有静态和动态之分，在聚集方式上有间歇性集中积累和连续性分散积累之分。其中，各类地质调查、勘查和勘察数据是静态的间歇性集中积累，而各类资源开发、监测和对地遥感观测数据是动态的连续性分散积累。

科学大数据具有高维（high dimension）、高度计算复杂性（high complexity）和高度不确定性（high uncertainty）（郭华东等，2014），地质科学大数据是其中典型的一类。由于地质对象演化的时间漫长、空间庞大，各种地质作用影响因素众多，过程曲折反复，而且地质体深埋于地下，存在着"参数信息不完全、结构信息不完全、关系信息不完全和演化信息不完全"的状况，地质科学大数据的高维、高计算复杂性和高不确定性更为显著。

地质科学大数据在形式上具有显著的多类、多维、多量、多尺度、多时态和多主题的特征（吴冲龙等，2016），与社会生活和商业活动所产生的大数据有一定差别，但贴合4V特征（Mayer-Schönberger and Cukier，2014），即体量大而完整（volume）、类型多且关联（variety）、聚集快却杂乱（velocity）和价值大但稀疏（value）。地质数据既有结构化的，也有半结构化的和非结构化的，通常呈碎片化状态以文本、图形和图像方式堆积着。例如，大量的野外露头描述数据、钻孔岩心描述数据和各种地质调查、勘查报告，以及大量地质图件、素描和照片，长期以来是以纸质形式存储和管理的，即便已经建立了众多关系数据库、空间数据库和对象关系数据库，也主要是存储和管理那些表格化和矢量化了的结构化数据，而文字描述、记录和总结等都是以大字段的文本方式和栅格图形方式入库的，很少进行规范化处理和结构化转换。缺乏一种能够有效地一体化存储和管理结构化、半结构化和非结构化数据的方式。此外，地质科学大数据与社会生活和商业活动大数据的差异，还表现在数据采集和处理方法，以及信息感知、数据挖掘和知识发现的方法上。

地质科学时空大数据的上述特征，决定了其采集、存储、管理、处理和应用方式与方法的特殊性和挑战性。为了充分发挥地质科学大数据的作用，一方面可以借鉴并采用一般大数据技术，如实时数据的采集、大数据的存储管理和分析处理体系架构；另一方面又要研发适用的专业大数据技术，如地质时空数据分布式并行时空索引、顾及时空关系和地质语义的预调度方法等。评判一个传统算法是否适合改造成大数据环境的算法，主要考虑算法的任务可分解性、数据可分解性和数据流分段关联性。对于传统地质数据处理方法的改造也需从这三个方面着手，尽可能发掘任务的并行性，数据的几何分解性，降低数据流分段关联性，使其适应以分布式计算和高性能计算为主的大数据环境（图1-2）。

9.2.1.2　地质科学大数据的管理

地质科学时空大数据在存储管理方面，也存在显著的特殊性。

　　首先，由于地质体、地质资源和地质环境的形成、发展、演变，具有庞大的时空范围和众多的影响因素，为了研究其中的地质作用和成矿、成藏和成灾机理和过程，需要实现对研究区地下-地上、地质-地理、空间-属性数据的一体化采集、存储、管理和处理，以便从系统观念出发进行整体分析、关联分析、控制分析和动态分析。

　　其次，地质体、地质结构和地质过程的极端复杂性、不可见性和数据采集的抽样方式，导致出现"结构信息不全、关系信息不全、参数信息不全、演化信息不全"的状况，需要对地质数据进行三维、动态、多尺度、多细节层次的可视化建模，以便形象、直观地感知地质对象并提高认知能力和水平。

　　因此，基于"主题信息管理法、信息交互本体法、信息分析综合法、行为功能模拟法和系统整体优化法"的地质信息科学方法论（吴冲龙等，2005b），建立能够有效地实现结构化、半结构化和非结构化数据一体化、静态数据与动态数据一体化、地质数据与地质模型一体化存储管理的地质信息系统，就显得十分必要和重要。

　　上述三维可视化地质模型，不但是地质体、地质结构及其动态变化的形象表达，而且是一种地质时空大数据的集成化载体，即地质数据-地质模型的一体化存储，而其构建过程，又在相当大的程度上实现了结构化、半结构化和非结构化数据的一体化，以及静态数据与动态数据一体化。因此，目前世界各国正在大力开展的城市、矿山、油田和水电工程的三维地质信息系统建设，以及相应的三维地质建模和"玻璃地球"建设，正是实现地质科学大数据一体化和集成化存储、管理的重要途径和基本方式。"玻璃地球"是地质科学大数据的有效载体，其首要问题是海量多源多尺度地质数据的一体化管理。

　　从技术角度看，地质体和地质现象时空变化具有语义复杂性、过程的非线性和不确定性、变化信息的多维、多尺度和实时性，而目前所采用的准动态实时 GIS 时空数据模型，难以应对高动态监测数据流的存储、管理的需求，无法支持多传感器接入、多粒度时空变化和时空过程多层次复合的语义表达，也难以支持相关动态建模和模拟的需要。为此，有必要在借鉴实时 GIS 时空数据模型（龚健雅等，2014）的同时，引入地质时空对象及地质时空对象版本的概念和方法，提出一种包含时空过程、几何特征、尺度和语义的"多层次、多粒度、多版本的地质时空数据模型"。然后，基于可扩展的插件式开发平台系统，把 WebGIS 和 TGIS 技术结合起来，进而利用云平台、NoSQL 和 Hadoop 技术，实现对地质时空大数据模型的动态管理。同时，借助 OPC（object linking and embedding for process control）技术，来实时接入观测数据，实现对多维地质时空事件的实时响应。必要时，还可以采用"多版本时空对象进化数据模型"来实现历史上全部动态监测数据流的存储和管理。

　　为了实现海量地质时空大数据的高效管理、调度和应用，还需要发展完善的高效时空索引技术。在目前的时空数据库中，通常缺失并行时空索引的一体化与时空索引结构并行化，严重阻碍了大数据时代时空数据库中分布式并行缓存机制、并行预调度与调度机制、四维时空数据快速检索调度、大规模时空分析等一系列瓶颈问题的有效解决。因此，加强具有可并行化结构的时空索引方法的探索研究，并开展对时空索引的分布式和并行化的一体化研究，是十分必要的。近期提出的分布式并行时空索引（DPSI）多层次理论架构和基于间隔关系算子的并行时空索引（IPSI）方法（何珍文等，2012；郑祖芳，

2014），突破了高维度下树形索引层次结构的局限性，实现了主从模式下的分布式并行时空索引（MSDPSI），以及对等模式下的分布式并行时空索引（PPDPSI）。实践结果表明，该项研究成果显著提升了分布式并行计算环境下的数据并行时空索引性能，能够推动地质时空大数据时空索引技术的发展。同时，根据我国地质工作的部门分工和行政分级体制，为了有效地存储管理地质科学大数据，还需建立分布式的数据云存储、云管理和云服务体系。

9.2.1.3　基于地质科学大数据的知识发现

从大数据中发现知识的主要方法是数据挖掘（Fayyad，1996；Han et al.，2012）。地质科学的时空大数据挖掘，是从地质数据库或数据仓库中寻找并抽取隐含的知识和时空关系，发现有用的特征和规律的一种理论、方法和技术，在地质规律研究、成矿预测、资源评价、环境保护和地灾防治领域都有重要的应用。大数据技术以数据为中心，在全体数据中挖掘知识，可突破采样随机性和样本空间狭小，以及仅凭少量观测数据和模式进行判断的限制，而且能基于大型数据库和数据仓库来实现。这无疑是一个巨大的进步。数据挖掘与数据分析的差别在于，所使用的数据量从 MB 级或 GB 级转化为 TB 级甚至 PB 级，数据类型从结构化数据扩大到文本、视频、图片等半结构化或非结构化数据，评判前提从有假设条件过渡到没有明确假设条件，所发现的知识具有先前未知性、有效性和实用性。

1. 时空数据挖掘的任务和内容

1）时空数据挖掘的任务

时空数据挖掘的基本任务，是在不同的时间与空间概念层次中挖掘出各种类型的知识，并用相应的知识模型表示出来，然后根据所采用的知识表示方法设计出相应的推理模型，为不同领域、不同层次、具有不同应用需求的用户提供行之有效的辅助决策支持。知识表示方法可概括为：基于规则的知识表示法、基于逻辑的知识表示、基于关系的知识表示、基于模型的知识表示、基于本体的知识表示、面向过程的知识表示、面向对象的知识表示，以及语义网络表示、脚本表示和模拟表示等（李德仁等，2013）。具体地说，就是在地质时空数据库和数据仓库的基础上，利用统计学、模式识别、人工智能、集合论、模糊数学、云理论、机器学习、可视化等相关技术和方法，以及各种相关信息技术手段，从海量多类多层次的时空数据、属性数据中提取未知的、有用的和可理解的可靠知识，从而揭示出蕴含在地质科学大数据背后的相关关系和演化趋势，实现新知识的自动或半自动获取，为资源预测、发现和环境评价、减灾提供决策依据。简言之，就是直接从地质时空数据库和数据仓库中发现知识，并提供相关的决策支持。

2）时空数据挖掘的内容

地质时空大数据挖掘的内容,就是从地质数据库和数据仓库中可能发现的知识类型。其中包括：①空间几何知识——几何度量及其统计规律等；②时空特征规则——特征出现的位置与拓扑关系等；③时空分布规律——时间节律、分带性及其组合规律等；④时空趋势规则——变化趋势及其控制因素等；⑤时空异常规则——地质异常及其控制因素等；⑥时空分形规则——奇异值、分形与多重分形等；⑦面向对象的知识——对象子类中的普遍性特征等；⑧时空协同定位规则——特定对象的布尔空间子集等；⑨时空分类规则——空间实体特征、变化和属性差异等；⑩时空聚类规则——时间、空间和状态聚类等；⑪时空关联规则——对象实体时空共生条件及拓扑关系等；⑫时空依赖规则——实体间或属性间函数依赖关系及变化等；⑬时空区分规则——多维时空中实体分布与区分；⑭时空演化规则——空间目标随时间的变化等；⑮时空预测规则——属性特征的时空差异性预测等；⑯时空决策规则——目标时空特征和行为的应对规则等（李德仁等，2013）。

2. 时空数据挖掘的基本方法

时空数据挖掘的理论方法可归纳为：确定集合论、扩展集合论、机器学习、仿生学、可视化和文本六种类型。时空数据挖掘方法的大量涌现，使得地质科技人员有可能从传统的数据分析向数据挖掘发展，即直接从地质数据库或数据仓库中进行知识发现。目前数学地质领域常用的一系列统计学方法、分形与多重分形方法和一般空间数据挖掘方法，经过筛选和适当改造可用于地质科学时空大数据的挖掘。这些方法的改造所面对的难题和挑战，主要是对地质对象的多尺度、多时态、多参数、多模态和不确定性特征的适应性、预处理和升维问题。下面对若干常用的地质科学大数据挖掘方法做些说明。

1）基于集合论的数据挖掘方法

集合论研究对象是一般集合，它认为数学的研究对象是带有某种特定结构的集合，例如群、环、拓扑空间等，可以通过集合来定义（如自然数、实数、函数），因而成为整个现代数学的基础。基于集合论的数据挖掘方法有多种，其中包括数理统计方法。这是一种针对属性空间分布的随机性和不确定性的概率论数据挖掘方法。在地质研究的对象空间中，各种地质作用、地质过程和地质现象，及其所呈现出来的可被感知的各种特征，在很大程度上受概率法则的支配和影响。在数学地质领域中常用的各种数理统计方法，都可利用来进行空间数据挖掘。其中包括：回归分析法、因子分析法、判别分析法、聚类分析法、证据权法、趋势分析法、时间序列法，以及地质统计学（克里金）分析法等。在利用基于集合论的数据挖掘进行地质异常定量识别和圈定时，还常用如下计算方法：地质复杂系数（C值）法、组合熵（H值）法、地质相似系数（S值）法、分维（F值）法、地质关联度（R值）法、混沌特征提取法、块褶积滤波、计算几何、多重分形和决策树方法等。

2）基于扩展集合论的数据挖掘方法

地质空间对象的特征在许多方面具有显著的不确定性，仅有基于传统集合论的各种数据挖掘方法还不能满足要求。因此，需要发展一系列基于扩展集合论的空间数据挖掘方法。近年来，这方面的研究成果比较多，诸如模糊数学、粗糙集理论和云理论等。这些新的理论与方法，在地质空间数据挖掘方面的应用有很好的前景。

其中，模糊数学是在模糊集合、模糊逻辑的基础上发展起来的模糊拓扑、模糊测度论等数学领域的统称。它以不确定性的事物为对象，是研究现实世界中许多界限不分明，甚至很模糊的问题的数学工具，在模式识别、人工智能等方面有广泛应用。粗糙集理论是一种刻画不完整性和不确定性的数学工具，能有效地分析不精确、不一致和不完整等各种不完备的信息，还可以对数据进行分析和推理，从中发现隐含的知识，揭示潜在的规律。粗糙集理论的基本思想是利用现有知识库，对不精确或不确定的知识进行近似刻画。粗糙集理论与其他同用途理论的最显著区别，是无须提供所需处理的数据集合之外的任何先验信息，对问题的不确定性描述或处理比较客观。云理论（Li et al.，2000）主要反映宇宙中事物或人类知识中概念的两种不确定性：模糊性（边界亦此亦彼）和随机性（概率制约）。云的数字特征可用期望值 Ex、熵 En、超熵 He 来表征，可弥补模糊数学"貌似模糊而实则清晰"的不足。它研究自然语言中最基本的语言值所蕴含的不确定性的普遍规律，有可能从语言值表达的定性信息中获得定量数据的范围和分布规律，或者从精确数值有效转换为恰当的定性语言值，对于处理成矿预测所面对的大量定性描述数据，具有显著优势。

3）基于仿生学的数据挖掘方法

这是模仿生物的智能行为和遗传规律的一种空间数据挖掘方法。已有的实践表明，这类方法对于从复杂的地质数据中发现潜在的知识，实现对复杂地质结构和地质过程的认知，具有重要的价值。主要方法有：人工神经网络法、蚁群算法和演化算法。目前，作为大数据深度挖掘的基本方法，卷积神经网络的应用十分广泛。

4）基于机器学习的数据挖掘方法

机器学习是一种多学科领域交叉、多技术方法结合的数据挖掘方法。它是一类从数据中自动分析获得规律，进而对未知数据进行预测的算法，主要是设计和分析一些让计算机可以自动"学习"的算法。机器学习过程是一个源于数据的模型训练过程，被认为是人工智能的核心。在机器学习研究中，通常用神经网络（循环神经网络、递归神经网络和卷积神经网络等及其组合）算法来实现深度学习，即通过构建多隐层的机器学习模型和海量的训练数据来进行学习，提升分类或预测的准确性（Hinton et al.，2012；Schmidhuber，2015）。由于成矿预测问题分析和求解具有显著的复杂性和无序性，需要着重研发一些容易处理的近似算法，例如基于统计推断学和神经网络的学习方法等。目前，成矿预测领域的机器学习结合各种学习方法，采用取长补短的多种形式的集成方式，着力解决地质数据处理中知识与技能的获取与预测目标的求精问题。基于机器深度学习的地质大数据挖掘研究和应用，主要集中于岩石、矿物和岩相的识别和分类，以及基于地球化学异常的成矿预测（周永章等，2017；刘艳鹏等，2018；左仁广，2019）。针对基于大数据成矿预测的需求，从便于学习的愿望出发，可采用类比学习与问题求解相结合的方式，研发并建立基于案例的经验学习方法和智能学习系统。就目前情况看，机器学习的算法有归纳学习法、连接学习法、分析学习法和遗传学习法与强化学习法。不同算法有不同的优势，可以用在成矿预测系统的不同部分。例如，归纳学习在地质异常诊断型的专家系统中，连接学习在声图文关联识别系统中，分析学习在成矿谱系分析的专家系统中，遗传算法与强化学习在矿质运移分析中，都将发挥重要作用。同时，与符号系统耦合的神经网络连接学习，在成矿与成藏过程模拟中将发挥重要作用。

5）文本数据的挖掘方法

文本数据挖掘简称为文本挖掘（text mining，TM），是数据挖掘领域的一个重要分支。它以非结构化或半结构化的文本数据作为挖掘对象，利用定量计算和定性分析法，从中寻找信息的结构、关联和模型等潜在知识的过程（Feldman and Dagan，1995）。海量的定性描述和文字记录的存在，是地质数据的一大特点。在以往的地质规律研究和资源预测评价中，只从这些描述性数据中提取少量的"特征参数"来建立各种认知模型，然后凭借模型进行判断和预测。文本挖掘能在全部描述性记录中发现知识，可突破数据量和认知模式的限制，全面揭示文本中隐含的地质时空结构和地质因素相关关系，发现新知识。目前的地质文本数据挖掘已有成功应用实例（陈建平等，2005）。地质数据普遍存在着多时态、多尺度和多主题特性，在一个文本数据集合中往往隐藏着多种特征信息和多种主题知识，需要综合应用多种挖掘技术进行多主题挖掘，才能从中获取完整的知识。文本挖掘的工作流程包括三个主要部分：①数据采集和预处理；②文本分类；③统计分析和可视化。其中，文本分类是文本挖掘中的关键部分。

6）数据的可视化挖掘方法

采用数据可视化方式来进行数据挖掘，主要是可以直观而形象地将空间数据所隐含的特征显示出来，帮助人们通过视觉分析来寻找其中的结构、特征、趋势、异常现象或相关关系等空间知识（吴冲龙等，2011a）。为了确保这种方法行之有效，必须设置功能强大的三维可视化工具和辅助分析工具，其中包括矢量剪切工具和模型透视工具。

在进行地质现象和地质过程分析、地质矿产资源评价和开发利用决策时，对于大量的不确定因素，通常是依靠研究人员本身的知识和经验进行定性理解、定量估算和关系描述，并结合时空数据模型和时空分析模型来进行分析、预测、评估和辅助决策。从数学逻辑的角度看，这是一种半结构化或不良结构化甚至非结构化问题，而数据可视化正是描述、表达和理解各种半结构化甚至非结构化问题的关系和模型的最佳方法和手段。正因为如此，地质科学领域比地理科学领域，更加强调实现"体三维"可视化，即实现地质体内部的结构和成分的三维可视化，而且所涉及的内容更为丰富，表现形式也更为复杂。

地质时空大数据的可视化，集中体现在多维地质模型构建和"玻璃地球"（Core，1998）建设上。"玻璃地球"的关键技术是地质体和地质结构的三维动态可视化建模。地质时空数据可视化从应用角度可分为表达三维可视化、分析三维可视化、过程三维可视化、设计三维可视化和决策三维可视化五类（吴冲龙等，2011b）。其中，表达可视化泛指原始数据和计算成果在屏幕或其他介质上的显示，是空间决策支持认知过程可视化的基础，贯穿于其他各类可视化之中；分析可视化泛指在可视化环境中进行的各种地质空间决策分析，是空间决策支持认知过程可视化的核心；过程可视化是指在体三维环境中开展各种地质过程的可视化动态模拟，以及虚拟仿真，是使三维静态地质模型转变为四维动态地质模型的关键步骤；设计可视化是指在体三维可视化环境中进行各种地质工程设计，是使地质工程设计从二维方式转变为三维方式的基础；决策可视化是指在体三维乃至四维可视化环境中，进行矿产资源潜力预测或工程地质条件评价、矿产开发和地质工程设计的多方案比较选优，以及地质灾害和污染事件的预警、防治决策和应急预案的制定等。

目前，上述各种面向对象、面向过程、具有空间认知能力的可视化技术发展很快，在地质矿产领域的各个方面，特别是矿产资源预测评价中的应用十分普遍，显著地提高了分析、评价和辅助决策水平。今后的发展方向，是进一步研发具有沉浸感的、快速、动态、精细、全息的三维建模和虚拟现实工具，开展盆油气成藏和金属成矿过程的三维动态模拟和仿真。进而，把基于各类地质调查、勘查和勘察数据所构建的三维静态地质模型，与那些来自各类资源开发、环境监测和对地遥感观测的动态地质模型耦合起来，再加上传感器、互联网、云技术和智能计算，使"玻璃地球"向"智慧地球"转化。

时空数据挖掘已经从单机、单库挖掘向在线挖掘发展（李德仁等，2013）。在线数据挖掘以多维视图为基础，强调通过网络执行效率和对用户命令的及时响应；以时空数据仓库为直接数据源，通过在线时空数据查询及与 OLAP、决策分析、数据挖掘等分析工具的配合，可完成时空信息提取和知识发现。其中，海量地质时空数据云计算、互操作和深度挖掘技术，对于成矿预测意义重大，亟待进一步研发和应用。

3. 地质大数据系列算法模型

由于地质体、地质结构、成矿条件和成矿过程本身，以及勘查技术具有显著的高维度、高复杂性和高不确定性的特征，通过矿产勘查大数据进行知识发现的工作方法，应当是一个多源多类异质异构跨界数据广度聚联和深度挖掘的体系；其工作过程，也应当是一个多源多类异质异构跨界数据广度聚联和深度挖掘的复杂过程，即综合利用地物化遥数据，由区域到局部，由面到点，逐步筛选和缩小靶区的知识发现过程。一般认为，实现知识发现的数据挖掘，是一种无模型挖掘（迈尔-舍恩伯格和库克耶，2013）。所谓无模型挖掘，是指不给定研究对象任何预定知识模型和先验评判模型，例如锰矿床成因模型和矿床预测模型，而不是指数据挖掘的算法模型。数据挖掘算法本身是有模型的，因此在开展地质大数据挖掘和找矿预测知识发现之前，首先要进行大数据处理和挖掘的系列算法模型构建，要提供的数据处理和数据挖掘的算法模型，包括地质研究对象认知模型、地质空间数据感知模型、地质空间数据挖掘模型，以及地质矿产资源预测模型和勘查决策模型。

1）地质研究对象认知模型

是指认识地质对象的数据感知、处理和转化模型，以及内在逻辑和算法模型。包括两个方面：一方面是有关地质对象研究的"意象"，即以"目的性"为主导的地质思维"能动性"——以地质领域的"空间关系"和"人地关系"分析为目的，在研究过程中不断调整自己的视角，以"形象思维"为导引，逐渐形成完整的理论与方法论体系，并把思维过程和结果以一定的"形象"（包括图形、图像和图式）表达出来（图 9-7）；另一方面是关于地质对象研究的"意象"，即以知觉经验为基础而超越知觉经验的形象思维结果，例如地质背景、地质演化、成矿系统和找矿模式等。

2）地质空间数据感知模型

是指对反映地质对象信息的数据觉察、领悟和抽取过程的算法模型。例如，野外露头、岩心、薄片和遥感图像的地质现象视觉感知模型；重力、磁力、电法、地震、测地雷达和多光谱高光谱遥感的地球物理场探测感知模型；化学元素、同位素、氧化物、化合物、主要成矿物、次要成矿矿物和蚀变矿物等的地球化学场探测感知模型等。

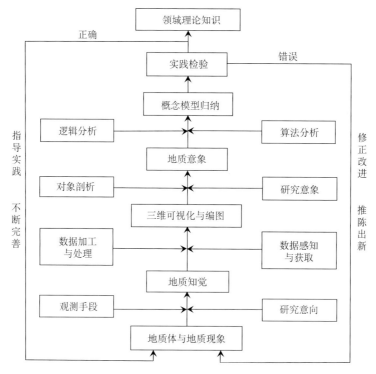

图 9-7　地质研究对象认知模型

3）地质空间数据分析模型

是指在已有地质对象理论模型导引下的空间统计算法模型。例如第七章所述的地质特征空间趋势分析模型、空间变异分析模型、空间有限元分析模型、空间多重分形模型，此外还包括成矿有利度的空间判别分析模型等常用方法模型。

4）地质空间数据挖掘模型

是指在没有地质对象理论模型条件下的空间统计算法模型。包括基于确定集合论、扩展集合论、机器学习、仿生学、可视化和文本等的六大类数据挖掘模型。例如，地质特征空间聚类分析模型、地质异常识别的机器学习模型、找矿标志判定的遗传算法和蚁群算法、地质异常分析的云理论模型和人工神经网络模型等。

5）地质矿产资源预测模型

是指基于数据挖掘的地质矿产资源定位定量预测算法模型。例如，致矿大地构造背景分析模型、致矿地层区系分析模型、致矿控制因素相关分析模型、致矿或矿致多因素证据权法模型、成矿靶区分级评价与优选模型、矿床规模定量预测（吨位-品位）模型，以及深部隐伏矿床预测的机器学习模型和人工神经网络模型等。

6）地质矿产勘查决策模型

是指基于数据挖掘的地质矿产资源勘查开发决策算法模型。例如，基于大数据的勘查开发经济评价算法模型、勘查开发的环境评价算法模型、勘查开发的综合评价算法模型，以及地质矿产资源勘查开发决策的决策树算法模型等。

4. 地质大数据系列模型构建流程

这种知识发现的技术路线、工作流程和计算方法，应当是基于数据融合技术、数据挖掘技术和智能计算技术，通过对勘查工作流程和成矿预测工作流程以及反映不同层次、级别和类型地质异常的深入分析，逐步地建立地质研究对象的认知模型、地质时空数据的感知模型、地质时空数据的分析模型、地质时空数据的挖掘模型、地质矿产资源的预测模型和矿产资源勘查的决策模型（图9-8）。原则上，每一个基于大数据的地质问题研究和探索，都需要经历这样的建模过程。其中，核心的模型就是地质时空数据挖掘模型。针对矿床预测工作流程中的不同环节，分别采用不同模型进行数据采集、存储、管理、融合和处理，就是一个多源多类跨界数据的广度聚联和异质异构复杂数据的深度挖掘过程。

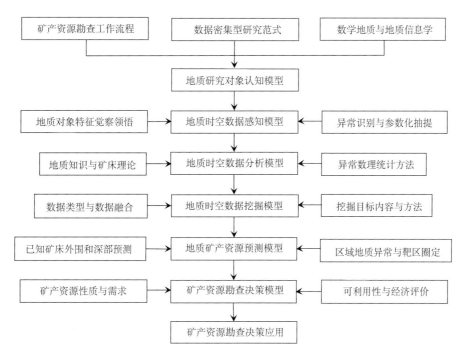

图9-8　矿产勘查大数据系列模型的构建工作流程

5. 用于矿床预测的地质大数据挖掘内容

对于成矿预测而言，这方面的数据挖掘主要针对空间知识，即直接从各类数据库中发现各类型空间知识。其中，主要内容是挖掘与深部成矿及矿床分布相关的空间知识，包括：①空间异常规则；②空间关联规则；③空间分布规律；④空间预测规则。

1）空间异常规则挖掘

主要是挖掘与矿床分布相关的地质异常本身特征及变化规则，包括反映不同深度、层次和级序的构造、地层、岩石、矿床和矿体等的地质异常空间变化规则。

2）空间关联规则挖掘

主要是挖掘不同深度和层位的地质异常与矿床的空间关联关系和关联规则，以及矿床与各种影响因素或控制因素之间的关联关系和关联规则。

3）空间分布规律挖掘

主要是挖掘、综合和归纳各类矿床的空间分布规律、矿床外部矿化或蚀变特征的空间分布规律、矿床及矿体内部各矿相、蚀变带的空间分布规律。

4）空间预测规则挖掘

主要挖掘用于开展矿床定位、定量预测的规则，其中包括：小比例尺的区域预测规则、中比例尺的矿田预测规则和大比例尺的矿床预测规则。

通过这4项内容的挖掘，可以有效地揭示不同范围、不同层次和不同级序的找矿靶区。其中，空间异常规则的挖掘是关键。这是因为只有查明与矿床相关的空间地质异常本身的变化规则，才能进一步挖掘地质异常与矿床空间分布的关联规则，揭示矿床在深部不同层位的空间分布规律，总结矿床空间预测规则并圈定找矿靶区。

9.2.2　地质科学大数据应用的实验

大数据的基本功能是预测，因此地质科学大数据的主要用途，应包括矿产资源、地质环境和地质灾害及其时空分布的预测。其方法要领是在大数据和第四范式支配下，查找和揭示多种地质要素之间的关联关系，通过无模型的大数据挖掘发现矿床，然后在关联关系中探寻矿床成因。这是一项庞大而复杂的系统工程，不是采用几种单纯的算法就能解决的。由于研究刚刚开始，目前尚缺乏系统完整和有说服力的案例，也缺乏可供遵循的规范和流程。鉴于许多重要找矿成果是在无模型背景下直接通过现象观察和分析得到的，为了探索利用地质科学大数据进行预测找矿的可行性，本书采用数据驱动的密集型计算方式，以真实而典型的"无模型"找矿实践为依据，进行过程的分析、追踪、再现和验证，总结和阐释利用地质科学大数据理论、技术和方法进行成矿预测的可行性和工作流程。

9.2.2.1　一个典型的无"模型"矿床预测事例的剖析和启示

一个具代表性的无"模型"找矿的典型事例，是贵州省地矿局一〇三地质大队近期取得的锰矿找矿重大突破，从中可得到有益的启示。

该地质大队自1958年开始至1989年的30年间，在"外生外成"的经典"成因模型"的指导下，累计在黔东北地区提交锰矿资源量4209万吨。随着露头、半露头矿体被发现殆尽，找矿难度越来越大，至2000年前后甚至连续8个勘查钻孔均告失败，新增资源量几乎为零。于是，有人因此而断言，该地区已无锰矿可找。以周琦为代表的研究团队在前人工作基础上，舍弃国内外唯一的锰矿"外生外成"经典成因模型和找矿模式，重新对地面露头、钻孔岩心、化学测试、岩矿鉴定、物探、化探和遥感资料进行全面观察、整理和分析。经过十几年的艰苦努力，终于取得了重大突破，不仅找到了4个超大型锰矿床和10余个大型锰矿床，提交锰矿（332+333）资源量6.7亿吨，而且颠覆了黔东北原有的"大塘坡式"锰矿成因模型和找矿模式，建立了全新的"内生外成"成矿模型和找矿模式。该团队所进行的探索和进展，可大致归纳为以下 10 个方面（周琦等，2019）：

（1）收集并重新检视了全部新、旧勘查报告及图件，发现已知的锰矿床均赋存于走向 NE65°～70°的南华裂谷带中，等间距的同沉积正断层发育（图 9-9）；

（2）重新检视了矿床空间分布与南华裂谷带各级序构造单元的关系，发现已知的锰矿床均赋存于Ⅳ级断陷中，矿床延伸方向均与Ⅳ级断陷相同（图 9-9）；

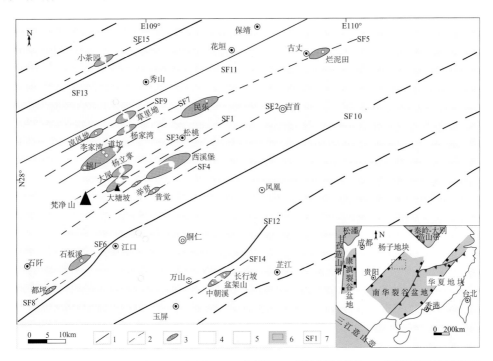

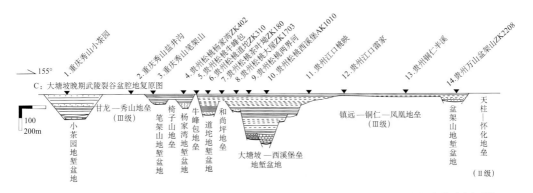

1. 断层；2. 推测断层；3. 矿床；4. Ⅲ级断隆；5. Ⅲ级断陷；6. 区域性裂谷盆地；7. Ⅵ级断陷及其基底断裂

图 9-9　黔东北锰矿矿集区的南华裂谷构造地层格架（周琦等，2019；平面图上白线为剖面线）

（3）通过细致的野外露头考察，发现两界河组作为南华裂谷早期沉积物，与Ⅳ级断陷相依存，其存在与否可作为该裂谷带Ⅳ级断陷存在的依据；

（4）通过露头与岩心的观察，大塘坡组一段上覆大塘坡组二、三段（Nh_1d^{2-3}），以及南沱组和以上地层的厚度越大，锰矿体的厚度、品位也越大；

（5）重新检视资料确认黔东地区的锰矿床，均赋存于南华系大塘坡组一段（Nh_1d^1）含锰岩系中，大塘坡组一段厚度越大，锰矿体厚度、品位越大；

（6）重新观察大量岩心和露头，收集所有与矿体相伴生的现象，发现了沥青充填气泡状构造、透镜状菱锰矿、泥底辟构造和流体底辟构造（图9-10）；

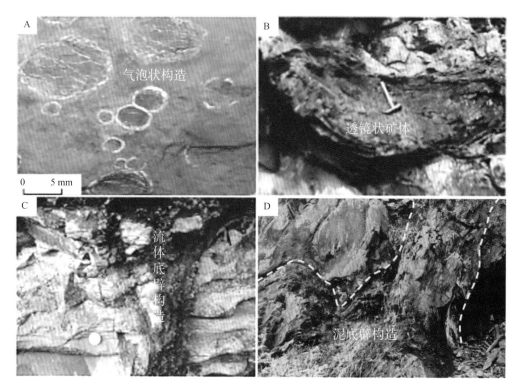

图9-10 黔东北南华系大塘坡组一段的各种锰矿床（矿体）相伴的地质现象

（7）重新检视并补充大量硫同位素数据，发现含矿层底部的黄铁矿硫同位素值异常偏高，且由高到低分别与矿床中心相、过渡相和边缘相相对应；

（8）重新对矿体围岩的结构与组成进行细致观察，发现赋存于两界河组中的"白云岩透镜体"与矿体相伴相随，构成"二位一体"的镜像关系（图9-11）；

（9）重新检视并补充了大量的地球化学数据，在采用传统成矿元素比值进行统计分析的同时，发现浅部Mn/Cr比值为40时，深部必有隐伏锰矿（图9-12）；

（10）重新分析了所涉及的全部物探和地学大断面，补充开展重、磁、电、震和大地电磁探测，发现了AMT剖面上的低阻带与锰矿床有对应关系（图9-13，图9-14）。

于是，通过海量数据的汇聚、分析、归纳和总结，得出了11个与隐伏锰矿床密切相关的重要事实：①形成于南华裂谷带早期的走向NE65°～70°同沉积断层；②南华裂谷带次级裂谷中的Ⅳ级断陷；③两界河组的存在；④两界河透镜状白云岩与锰矿"二位一体"；⑤Nh_1d^1的厚度与锰矿体厚度、品位成正比；⑥大塘坡组上覆层厚度与矿体厚度、品位成正比；⑦含矿层沉积相是矿体分带标志；⑧AMT大地电磁测深剖面出现显著低阻带；⑨含矿层锰铬元素含量比值（Mn/Cr）约等于40；⑩硫同位素值异常高（$\delta^{34}S$+40‰～

图 9-11 黔东北南华系含锰矿岩系下伏的两界河组"白云岩透镜体"

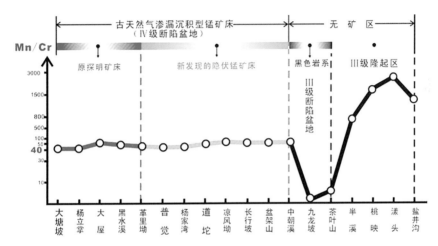

图 9-12 黔湘渝毗邻区锰矿床 Mn/Cr 比值的分区特征（据周琦等，2017；略修改）

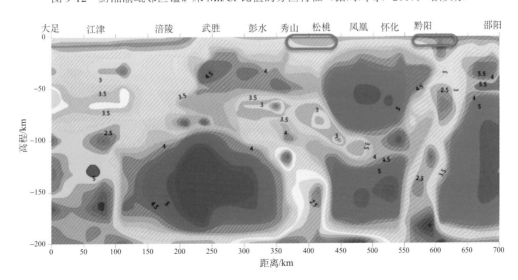

图 9-13 大足－泉州大地电磁测深剖面图（朱介寿等，2005）

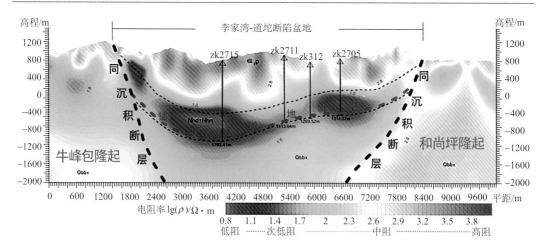

图 9-14　过李家湾-道坨锰矿区的 AMT 剖面结构及其与锰矿的关系（杨炳南等，2015）

+67‰）；⑪在隐伏锰矿床和锰矿体近处，伴生有大量流体底辟构造和包裹沥青质的气泡状构造。

这些事实，有些是前人已经熟知的，但因与传统的"外生外成"成矿模式矛盾而未引起重视，有些则是新发现的，是在摆脱传统锰矿成因模型约束之后，以取全取准第一性资料为原则发现的。这些标志与大地构造格局、深部动力学条件、深源物质供应和含烃含锰流体上涌喷溢作用密切相关，无法用"外生外成"模式来解释。由此，总结出了一个全新的"大塘坡式"锰矿床找矿模式、成因模型和成矿理论（周琦等，2019）。

通过以上剖析可知，周琦等在黔东北地区的锰矿找矿工作方式，与无模式、全数据、大融合的数据密集型的第四范式有异曲同工之处；所处理的数据集合不是有选择的抽样数据而是全体数据，所采用的数据品质不限于精确数据而是包含了不同结构类型的混合数据；所揭示的数据内涵不是刻意追求成因关系，而是侧重于各种因素与矿床存在及规模的关联关系；而其工作结果不仅认识了全新的锰矿找矿模式和全新的锰矿床成因，而且归纳出了全新的矿床知识和理论，与大数据所追求的目标也基本一致。

只是，由于未能采用系统而完整的信息化处理技术，整个数据探索过程花费了多年时间，效率很低，而且海量的地物化遥数据还未充分利用，也未能实现多源异构数据的广度聚联和深度挖掘。为了探索并建立基于地质大数据进行锰矿深部预测的方法体系，需要在跟踪、分析该研究团队的找矿过程、经验和所建立的找矿模式基础上进行归纳和总结，然后采用基于数据驱动的密集型计算，再现其找矿标志和找矿模式的知识发现过程。

9.2.2.2　黔东北锰矿床预测的数据驱动追踪

周琦等在黔东北的锰矿找矿勘探历程，可归结为在实际资料（即数据）驱动下，从区域成矿背景到局部成矿条件、从控矿因素到伴生现象，从致矿地质异常到矿致地质异常的逐步揭示，进而总结预测模型和矿床成因模型的过程。这与大数据方法的思路及追求的目标一致，给了我们采用密集型计算的第四范式进行典型找矿实践追踪和验证的可能。

1. 利用大数据追踪黔东北找矿过程的工作流程

不同的地质异常源自不同的深度和层次。为了追踪周琦等在黔东地区预测勘查隐伏超大型锰矿床的历程，在总结该团队所进行的上述 10 个方面工作的基础上，提出了一个相对应的基于全部地质、物探、化探、遥感数据的无模式挖掘工作流程（图 9-15），开展了锰矿勘查大数据采集、整理、入库和数据融合，并构建其数据挖掘的算法模型，然后依次进行数据挖掘和知识发现，形成了一条完整的预测证据链。

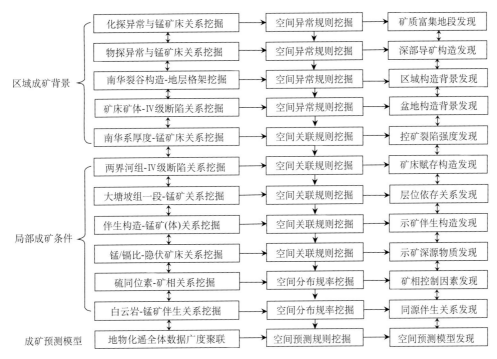

图 9-15　利用大数据追踪、验证黔东北地区隐伏锰矿床预测勘查过程的工作流程

左侧一列代表数据融合和数据挖掘的作业及其顺序，中间一列代表挖掘的内容及其顺序，右侧一列代表挖掘所得知识的序列及其聚联

2. 黔东北锰矿区域成矿背景研究的追踪

主要内容是通过多源多类异质异构数据挖掘来揭示：化探异常与锰矿床的关系（矿质富集地段）、物探异常与锰矿床的关系（深部导矿构造）、控矿的构造-地层格架（区域构造背景）、锰矿床与Ⅳ级断陷关系（盆地构造背景）、南华系厚度与锰矿床关系（控矿裂陷强度）。其中，通过对区内全部化探数据和物探数据进行融合、配比和挖掘，揭示矿床与物化探异常的空间关系，矿质富集地段、矿质来源和导矿构造，是确定成矿地质背景有利度的重要方法。所使用的结构化原始数据，来自各种物化探数据库、样品测试数据库和多主题数据仓库、数据集市；而各种非结构化和半结构化原始数据，来自地质数据湖。

1）黔东北锰矿区域成矿背景研究的追踪思路

（1）化探异常与锰矿床关系挖掘（矿质富集地段的发现）。

主要工作内容是通过区内化探数据，以及露头和岩心样品化学分析数据的融合、配比和挖掘，揭示矿床赋存位置与元素含量的空间关系。其基本思路：利用区域化探异常的空间特征，采用图像处理及线性体提取技术，提取地球化学场中的线性条带和异常孤立点，再采用基于监督分类的典型机器学习算法，以及多重分形计算方法，分别挖掘地球化学场的线性体及孤立点与锰矿矿集区或大型锰矿床的相关关系，以及化学元素配比与锰矿床的相关关系。工作过程包括：首先通过映射或变换方法，把地球化学场中各元素异常的原始特征，变换为"线性体条带"、"线性体条带交叉处"及其"与锰矿矿集区关联关系"等新特征，并分别提取这些新特征；然后采用无监督分类式机器学习算法，分别挖掘这些新特征与锰矿深部来源（导矿通道）的关系。所需的主要数据来自化探数据库。

（2）物探异常与锰矿床关系挖掘（深部导矿构造发现）。

主要工作内容是利用区内全部多源多类异质异构物探数据，挖掘出磁法、重力和音频大地电磁等地球物理异常与锰矿床分布的空间关系。其基本思路：利用磁力、重力和大地电磁方法对不同深度、不同性质区域性基底断裂构造的探测功效，借鉴并采用图像处理及其线性体提取技术，获得各种地球物理场中的线性体构造，再采有监督分类法和典型机器学习算法，分别挖掘不同地球物理场的线性体及其交叉处与锰矿矿集区的相关关系。工作过程包括：通过映射或变换方法，分别把磁法、重力和大地电磁等地球物理场的原始特征，变换为"线性体"、"线性体交叉处"及其"与锰矿矿集区依存关系"等新特征，并分别提取这些新特征；然后采用无监督分类式机器学习算法，分别挖掘这些新特征与锰矿深部来源（导矿通道）的关系。最后以平面和剖面图分别展示磁法、重力、大地电磁和 AMT 异常与隐伏锰矿床的相关关系。所需的主要数据来自物探数据库和物探解释剖面数据库中。

（3）南华裂谷构造与地层格架挖掘（区域构造背景发现）。

调用区内全部钻孔与露头编录文本数据，检索含矿地层大塘坡组一段（Nh_1d^1）的空间分布状况，挖掘燕山构造层之下的区域构造-地层格架。以南华系、大塘坡组一段、Nh_1d^1、炭质页岩、锰、含锰、锰矿化等为特征词和分词依据，采用有监督分类和典型机器学习算法进行文本数据挖掘。然后，采用映射或变换的方法，把地层与构造原始特征，变换为南华裂谷存在与否、同沉积正断层发育与否等新特征；最后，对这些新特征加以提取和组合，进而推定和标绘南华系边界，并且以平面图方式展示含矿地层的走向（大致为 NE65°～70°）及其与南华裂谷带的关系，以及近于等间距的同沉积正断层的空间分布。所需的数据主要来自露头剖面实测和钻孔岩心描述的数据库中。

（4）矿层矿体与Ⅳ级断陷关系挖掘（盆地构造背景发现）。

调用区内全部钻孔和露头编录文本数据，检索含矿地层的岩相和沉积相，挖掘矿床空间分布状况及其与南华裂谷带各级序构造单元的关系。这项挖掘可以与区域构造背景挖掘合并进行。以南华系、大塘坡组、塘坡组一段、Nh_1d^1、地层厚度、炭质页岩、锰、含锰、锰矿化等词汇为特征词和分词依据，采用有监督分类和典型机器学习算法，挖掘含锰矿岩层的盆地构造背景。通过映射或变换的方法把地层与构造原始特征，变换为南华裂谷构造序次、矿床延伸方向等新特征；然后对这些新特征加以提取和组合，推定和标绘南华裂谷各级构造单元的边界，以平面图方式展示已知矿床走向（NE65°～70°）。由此证实，已知的所有锰矿床均赋存于Ⅳ级断陷中，而且各个锰矿床的延伸方向均与Ⅳ级断陷相同。所需的主要数据也来自露头剖面实测和钻孔岩心描述的数据库中。

（5）南华系厚度与锰矿床关系挖掘（控矿裂陷强度发现）。

调用区内全部钻孔编录文本、矿床储量和样品测试数据，挖掘锰矿床赋存状态与南华系各套地层及南华系整体厚度的关系。这项工作与围岩伴生关系挖掘及含矿层位挖掘同步进行。其思路与方法：从数据库中提取所有钻孔中的南华系厚度、南沱组、大塘坡组二段厚度、大塘坡组三段厚度、锰矿床储量（或资源量）、锰矿层（体）厚度和锰矿石品位，并分别对锰矿床储量（或资源量）、锰矿层（体）厚度和锰矿石品位，与南华系厚度、南沱组、大塘坡组二段厚度、大塘坡组三段厚度进行相关分析，然后以相关分析曲线图方式，分别展示其关联关系。所需数据同样来自钻孔编录、储量计算和岩矿测试数据库中。

2）黔东北锰矿区域成矿背景研究的追踪示例

在开展追踪实验初期，通过三维可视化地质建模，揭示了黔东北地区南华系中的一条走向 NW 且与 NEE 向南华裂谷松桃-石阡Ⅲ级地堑斜交的大型隐伏断裂带。经过对比发现，已知的大型和超大型锰矿床，都坐落在该交汇处的松桃-石阡Ⅲ级地堑内（图9-16）。从这些情况看，这一条大断裂有可能是研究区的成矿期导矿断裂，并且在成矿期后仍有明显的活动。由于没有大规模可供方便观测的露头，难以直观地判断这条隐伏断裂带的性质、规模及其对锰矿床形成的地位和作用，更难以了解它与其他同类断裂的空间关系。一个有效的解决方法与途径，是利用各种物探数据来进行挖掘和揭示。

通过物探数据挖掘控矿构造是一种典型的空间数据挖掘方法，可利用各种物探手段对不同深度、不同性质区域性基底断裂有不同探测功效的特点来实现。其要领是：首先根据先验知识，在向上延拓处理的基础上，分别采用图像处理和线性体提取技术（Sobel算子等）进行边缘检测，提取各种地球物理场中的线性体簇，即可能的隐伏断裂；然后采取有监督分类法和典型机器学习算法，挖掘隐伏断裂及其交叉处与锰矿矿集区、矿床的空间关系；最后依据这些相关关系，评判各隐伏断裂对锰矿矿质来源的可能影响和作用。

例如，在向上延拓 10km 的航磁 ΔT 异常图上提取了一组 NW 向、一组 NEE 向和一组 NNE 向强大的线性体构造（图9-17）。其中，NW 向线性构造与串珠状排列的大型、超大型矿床排列方向一致，过铜仁和西溪堡的 NW 向断裂，分别穿过 2 个超大型和多个大型锰矿床；NEE 向线性构造与南华裂谷延伸方向一致，且与大型或超大型锰矿床的长轴延伸方向一致；NNE 向线性构造，与燕山期隔槽-隔挡式构造带的 NNE 走向一致。把这些事实与通过其他物探手段所采集的数据（如布格重力异常等）作进一步的融合与挖掘，并结合区域地质资料和地化资料分析，推断出走向 NW 的大断裂是深部导矿构造，走向 NEE 的大断裂是南华裂谷的配控矿同沉积断裂，而走向 NNE 大断裂可能是燕山期隔槽-隔挡式构造作用所叠加的成分。

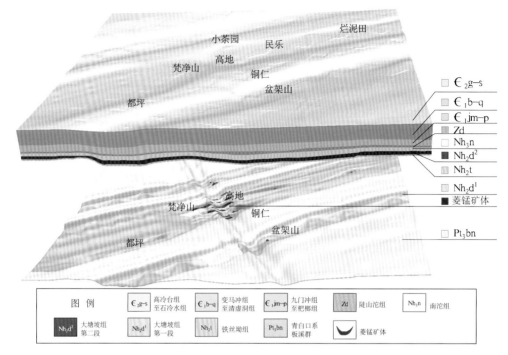

图例 $\boxed{\text{€}_2\text{g-s}}$ 高冷台组
至石冷水组 $\boxed{\text{€}_1\text{b-q}}$ 变马冲组
至清虚洞组 $\boxed{\text{€}_1\text{jm-p}}$ 九门冲组
至杷榔组 $\boxed{\text{Zd}}$ 陡山沱组 $\boxed{\text{Nh}_3\text{n}}$ 南沱组

$\boxed{\text{Nh}_2\text{d}^2}$ 大塘坡组
第二段 $\boxed{\text{Nh}_2\text{d}^1}$ 大塘坡组
第一段 $\boxed{\text{Nh}_2\text{t}}$ 铁丝坳组 $\boxed{\text{Pt}_3\text{bn}}$ 青白口系
板溪群 $\smile$ 菱锰矿体

图 9-16   通过矿集区三维地质建模揭示的南华系中 NW 向大断裂

图 9-17   从航磁 ΔT 异常提取基底线性体（隐伏断裂）

空间数据挖掘还可以综合采用多种方法循序进行。例如，先对向上延拓 10km 的区域布格重力异常做趋势和剩余分析（图 9-18 左），再根据先验知识采用 Sobel 算子进行边缘检测，提取线性体簇。结果得到了 NNE、NE、NW 和 NEE 4 个方向的线性体簇（图 9-18 中），揭示出 4 个方向的基底断裂（图 9-18 右）。结合其他物探、区地和矿床资料，推断 NNE 和 NE 向基底断裂是印支-燕山期构造作用产物，NEE 基底断裂是南华裂谷带及其次级构造单元的边界。NW 向基底断裂是其他线性体簇被截断处的连线，反映了两侧深部重力特征的巨大差异，应是规模较大的基底断裂。布格重力异常与航磁 ΔT 异常所一致揭示的 NW、NEE 向基底断裂，与超大型隐伏锰矿床存在显著的空间与成因联系。

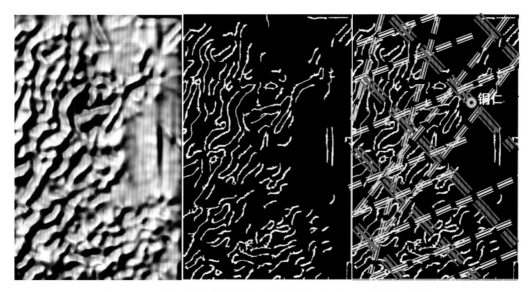

图 9-18　利用布格重力异常挖掘线性体簇并提取深部控矿断裂带

3. 黔东北锰矿局部成矿条件研究的追踪

局部成矿条件可通过矿体伴生现象和矿致地质异常的感知和识别来揭示。一般地说，能用于锰矿成矿条件预测的地物化遥数据，不仅数量巨大、类型繁杂，而且内涵丰富，可挖掘的内容包括：两界河组与Ⅳ级断陷关系（矿床赋存构造）、大塘坡组一段与锰矿关系（层位依存关系）、伴生构造与锰矿床关系、硫同位素与矿相关系（矿相控制因素）、白云岩与锰矿的伴生关系（同源伴生）。这项工作的基本流程是：先根据局部成矿条件判断的需要提取各种原始特征，再按照相应算法规则变换为新特征，最后对这些新特征进行提取、综合和归纳，推定和标绘锰矿集区内深部和外围局部控矿因素和矿致地质异常，进而确定靶区的成矿地质条件。通过调用区内全部地质、物探、化探、遥感数据，进行同化、融合、配比和挖掘，揭示具体控制锰矿床（或锰矿体）形成条件和赋存位置，可以为矿集区的深部和外围隐伏锰矿床（或矿体）预测和勘探靶区筛选，提供较为可靠的依据。所使用的结构化原始数据，来自矿集区地质数据湖中的基础数据库、成果数据库和多主题数据仓库、数据集市；而各种非结构化和半结构化原始数据，来自矿集区地质数据湖中的原始数据库。

1）黔东北局部构造和地层条件研究的追踪示例

（1）两界河组-Ⅳ级断陷关系挖掘（矿床赋存构造发现）。

调用全区钻孔编录文本、露头编录文本和勘探剖面图，检索两界河组及其岩性，挖掘该套地层与南华裂谷早期Ⅳ级断陷的依存关系。这项挖掘也可与含矿岩系的区域构造背景和盆地构造背景挖掘合并进行，所需主要数据同样来自露头剖面实测、钻孔岩心描述和勘探剖面图的数据库中。其思路与方法：以南华系、两界河组、锰矿床、锰矿层等词汇为特征词和分词依据，采用有监督分类和典型机器学习算法，挖掘两界河组与南华裂谷Ⅳ级断陷关系。具体挖掘过程：先通过映射或变换把地层、岩性和岩相等原始特征变换为"南华裂谷早期扩张"新特征；然后通过提取这些新特征，以两界河组存在与否，作为划分南华裂谷Ⅳ级断陷的依据，然后以平面图方式展示已知锰矿床分布与Ⅳ级断陷的空间关系。

（2）大塘坡组一段-锰矿关系挖掘（层位依存关系发现）。

调用区内全部钻孔编录文本、露头编录文本和测试数据，挖掘锰矿床与南华系大塘坡组一段（Nh_1d^1）含锰岩系的依存关系。这项工作与矿床构造挖掘及围岩伴生关系挖掘同步进行，所需的主要数据同样来自露头剖面实测、钻孔岩心描述、勘探剖面图和岩矿测试数据的数据库中。其思路与方法：以南华系、大塘坡组一段（Nh_1d^1）、锰矿床、锰矿层、锰矿体、锰矿化等词汇为特征词和分词依据，采用有监督分类法和典型机器学习算法，挖掘锰矿床或锰矿层或锰矿体与大塘坡组一段（Nh_1d^1）的依存关系。具体挖掘过程是：先通过映射或变换方法把锰矿床、锰矿层、锰矿体、锰矿化等原始特征，变换为"与大塘坡组一段（Nh_1d^1）依存关系"新特征；再提取这些新特征，作为推定锰矿赋存于大塘坡组一段的证据，同时以剖面图方式展示锰矿与大塘坡组一段的依存关系，证明大塘坡一段是锰矿床的唯一赋存层位；然后对大塘坡组一段的厚度与锰矿床储量（或资源量）、矿体厚度、矿石品位的关系，进行统计分析。最后，以地质剖面和相关分析曲线图等可视化形式，表达锰矿与大塘坡组一段的依存关系，以及该组厚度与锰矿床储量（资源量）、矿体厚度和矿石品位均成正比的状况。

（3）伴生构造-锰矿床关系挖掘（示矿伴生构造发现）。

调用区内全部钻孔编录文本、露头编录文本和样品测试数据，挖掘沥青充填气泡状构造、渗漏管构造（流体底劈构造）和菱锰矿透镜体边缘上翘等现象与锰矿体的共生关系。这项工作与矿床赋存构造挖掘及围岩伴生关系挖掘等同步进行，所需的主要数据来自露头剖面编录、钻孔岩心编录和岩矿测试数据的数据库中。其思路与方法：以大塘坡组一段（Nh_1d^1）中包括沥青充填气泡状构造、渗漏管构造（流体底劈构造）和菱锰矿透镜体边缘上翘等在内的各种伴生现象为特征词和分词依据，采用有监督分类法和典型机器学习算法，分别挖掘这些现象及现象组合与锰矿床的依存关系。具体挖掘过程是：先通过映射或变换方法把沥青充填气泡状构造、渗漏管构造（流体底劈构造）和菱锰矿透镜体边缘上翘等原始特征，变换为"与锰矿层（体）依存关系"新特征，并提取这些新特征作为推定锰矿床存在的证据；然后采用无监督分类式机器学习算法，分别挖掘锰矿层（体）中的气泡状构造、块状构造和条带状构造与该处矿层（体）品位的关系，进行中心相、过渡相和边缘相等矿相的划分。最后，以平面图形式，表达锰矿层（体）中各种伴生构造与锰矿的关联关系。

（4）锰/镉比与隐伏矿床关系挖掘（示矿深源物质发现）。

调用区内全部样品的测试数据，采用相关分析法遍历区内全部化探数据，寻找共生伴生元素；采用多种比值分析法，构造元素共生组合模式；采用信息量分析法，确定隐伏矿床与元素共生组合模式的关系；采用层次分析法，遴选研究区隐伏锰矿的预测模式。所需的主要数据来自样品测试数据库中，采用有监督分类和典型机器学习算法，挖掘含矿岩系中锰/镉比与隐伏矿床的关联关系。进而，通过全球锰、镉元素克拉克值研究文献的文本挖掘，揭示锰/镉比在地壳不同层次的差异，并研判成矿锰质的来源证据。

（5）硫同位素与矿相关系挖掘（矿相控制因素发现）。

调用区内全部硫同位素测试结果与矿床矿相的挖掘，挖掘含矿层底部黄铁矿硫同位素值异常状况，及其与矿床中心相、过渡相和边缘相的对应关系，并通过全球硫同位素研究文献的文本挖掘，揭示硫质深源证据。前者所需的主要数据来自样品测试数据库中，采用有监督分类和典型机器学习算法，挖掘锰矿层中的硫同位素值与矿床中心相、过渡相和边缘相的关联关系归属，并进行归类。后者需要对国内外所有硫同位素研究的文献进行文本挖掘，查明硫同位素值高低变化与形成环境的关联关系。然后，以平面模式图的方式加以展示，阐述矿床中的硫质和锰质的同源性。

（6）白云岩与锰矿伴生关系挖掘（同源伴生关系发现）。

调用全区钻孔与露头编录文本数据，挖掘矿体围岩的结构、组成和白云岩透镜体分布特征。这项挖掘与矿床赋存构造挖掘同步进行，所需的主要数据同样来自露头剖面实测、钻孔岩心描述和勘探剖面图的数据库中。其思路与方法：以南华系、两界河组、透镜状白云岩或白云岩透镜体、锰矿床、锰矿层、锰矿体等词汇为特征词和分词依据，采用有监督分类法和典型机器学习算法，挖掘锰矿床或锰矿层或锰矿体与两界河组透镜状白云岩的对应关系。具体挖掘过程是：先通过映射或变换方法把地层、岩性、矿化等原始特征，变换为"与矿层或矿体伴生关系"新特征；再提取这些新特征，作为推定白云岩透镜体与矿床之间存在着"二位一体"镜像关系的依据，然后以剖面图方式展示锰矿与白云岩透镜体的这种对应关系，证明两界河组白云岩透镜体与锰矿床之间存在同源性。

2）黔东北伴生矿物和地化条件研究的追踪示例

（1）基于 ASTER 数据的锰矿化信息提取。

由于黔东北地区的"大塘坡式"锰矿床隐伏于地下，能直接感知主成矿矿物（菱锰矿）和蚀变矿物信息的露头条件不足，只好尝试利用分布更广的锰矿化伴生矿物和菱锰矿地表氧化物的光谱信息，并探索其在局部成矿条件研究和预测中的应用。黄铁矿是分布研究区最广的锰矿化伴生矿物（周琦等，2013）。尽管我们并不知道这些黄铁矿的成因，以及它与南华系中的"大塘坡式"锰矿床之间的成因联系，但只要能从遥感数据中挖掘出黄铁矿的发育强度信息，结合黄铁矿与已知"大塘坡式"锰矿床的空间关系密切程度信息，便有可能据以圈定出锰矿的成矿有利区域并判定其有利等级，甚至能进一步指出隐伏锰矿体赋存的可能位置。同样，在大塘坡组含锰岩层的矿物组分中，还存在绿泥石等其他自生矿物，试验中也尝试将其作为提取辅助找矿信息的遥感数据源。此外，研究区地表有时可见锰矿体和含矿岩系露头，也可以直接从其遥感数据中挖掘并提取锰矿氧化物信息。

试验的数据源是 ASTER 高光谱遥感中对矿物有效的 VNIR 和 SWIR 1-9 波段数据。为了避免时相、云量、植被等的影响，选取了能完整覆盖整个研究区、云量低于 1%的 2 景 14 个波段 ASTER 影像数据（2015 年 11 月 20 日日间）。研究中首先对所采用的 ASTER L1T 级别的遥感影像，进行了植被干扰去除、大气校正和去串扰处理，然后根据锰矿化伴生矿物的光谱曲线特征（图 9-19），利用主成分分析法（PCA）、支持向量机（SVM）和蚁群算法（ACA）构建矿化数据挖掘方法体系，进行研究区锰矿矿化遥感异常信息提取。

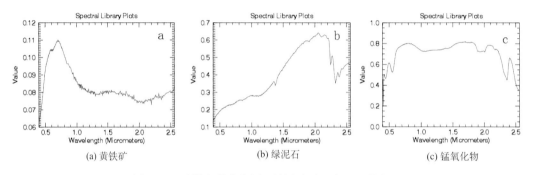

(a) 黄铁矿　　　　　　　(b) 绿泥石　　　　　　　(c) 锰氧化物

图 9-19　反射光谱曲线图（美国地质调查局光谱库）

在具体工作中，先利用 PCA 将原有矿物光谱异常的 N 个特征进行线性组合，建立 M 个主成分，使其相互之间不相关且方差逐渐减小，并通过变换对原有数据进行降维，用 m 维向量涵盖原有的 n 维信息。由于矿化伴生矿物异常属于弱信息，不一定包含在第一主成分中，而可能包含在某些次级主成分中。因此，针对 ASTER 数据的伴生矿物光谱特征，通过 PCA 中提取 1、2、3、4 波段中的铁染信息，提取 1、3、5、6 波段的泥化信息，而提取 1、3、5、8 波段的 Mg-OH 和碳酸盐化信息。

再利用 SVM 的有效分类能力（傅文杰等，2006；刘李，2010），对通过 PCA 获取的伴生矿物样本数据进行模型训练，使像元的分类达到较高精度。在根据与分割平面（函数）的距离进行样本类判别时，为了提高锰矿化伴生矿物样本 SVM 分类模型的精度，有必要引入 ACA 来对 SVM 的 C 与 σ 参数组合进行优化（夏浩东等，2012）。其算法流程见图 9-20。

基于 PCA 和 SVM 分析方法的锰矿化伴生矿物遥感信息提取的步骤如下：①对研究区 ASTER 遥感图像进行预处理，包括辐射定标、大气校正和去串扰处理；②采用 PCA 方法分析，获得锰矿化共生矿物的遥感信息主成分分量；③分别选择黄铁矿、绢云母、绿泥石和锰氧化物主成分，设定合适的阈值实施密度分割等操作，同时和已知矿床进行比较，选取训练 SVM 模型的样本；④利用 ACA 算法优化 SVM 获得的核参数及惩罚因子；⑤使用③获取的训练样本对 SVM 分类器进行训练；⑥利用训练好的 SVM 法分类器处理②中获得遥感矿化蚀变信息主成分分量，以去除其中虚假蚀变信息，获得锰矿矿化蚀变异常信息。

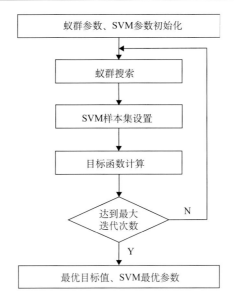

图 9-20　用蚁群算法优化 SVM 参数的流程图

根据黄铁矿的波谱特征，在试验中利用 ASTER 1、2、3、4 波段的 PCA 分析结果，很好地提取了与锰矿化相关的伴生黄铁矿信息。其主分量特征统计表如表 9-3。

表 9-3　锰矿化的共生黄铁矿特征向量

特征向量	Band 1	Band 2	Band 3	Band 4
PC1	−0.651826	−0.429113	−0.501676	−0.373239
PC2	−0.465838	−0.423626	0.640264	0.439997
PC3	−0.230294	0.278649	−0.516590	0.776180
PC4	0.552343	−0.747501	−0.267430	0.254245

在表 9-3 的 PC3 主特征分量中，ASTER 2、4 波段的贡献与 ASTER 3 波段贡献相反，这与黄铁矿的光谱曲线吻合。因此，PC3 主分量满足作为异常主成分的条件，适合作为黄铁矿信息提取的第一主分量，可采用密度分割方式对其进行异常分割。在分割异常阈值时，以标准差 n 倍 σ 作为分割依据，n 分别取 1.5、2.0、2.5。其中，2.5 倍 σ 值为较强异常，定为 3 级；2.0 倍 σ 值为中等异常，定位 2 级，1.5 倍 σ 值为较弱异常，定位 1 级。较强的黄铁矿异常主要分布于研究区中部及东北部（图 9-21）。这种情况符合已探明锰矿床的分布情况。

伴生绿泥石的光谱信息，选择 ASTER 1、2、5、9 波段进行主成分分析，特征向量如表 9-4。经过 PCA 变换后，对应 5 波段为负值，9 波段为正值，对应 PC4 主分量为绿泥石化蚀变信息的代表，同样以 N 值的 1.5、2.0、2.5 倍为阈值进行异常类别分割，其分布状况也与锰矿床分布状况一致（图 9-22）。

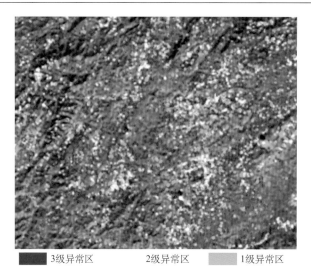

3级异常区　　　　2级异常区　　　　1级异常区

图 9-21　锰矿化伴生黄铁矿遥感信息提取成果

表 9-4　锰矿化伴生绿泥石特征向量表

特征向量	Band 1	Band 2	Band 5	Band 9
PC1	0.769718	0.509436	0.303525	0.236393
PC2	0.419974	0.046570	−0.656628	−0.624734
PC3	−0.479591	0.859177	−0.135698	−0.115730
PC4	0.033888	0.011017	−0.676977	0.735141

3级异常区　　　　2级异常区　　　　1级异常区

图 9-22　锰矿化伴生绿泥石遥感信息提取成果

锰氧化物信息的直接提取，同样使用了 1、3、4、8 波段进行 PCA 分析，所获得的特征向量表如表 9-5 所示。经过主成分变换后，对应 4 波段为负值，8 波段为正值，对应 PC4 主分量为锰氧化物信息的代表。由于锰氧化物信息提取获得的信息较少，没有必要再进行异常分级，而一并表示在图 9-23 上。这种情况进一步说明，单纯靠主成矿矿物及其氧化物的遥感信息，难以有效地提取隐伏锰矿床的预测信息。

表 9-5　锰氧化物特征向量表

特征向量	Band 1	Band 3	Band 4	Band 8
PC1	0.696300	0.540774	0.402912	0.245747
PC2	0.703761	-0.387194	-0.525588	-0.280283
PC3	0.124683	-0.706133	0.373228	0.588669
PC4	-0.065884	0.242940	-0.649708	0.717300

锰氧化物

图 9-23　锰氧化物高光谱遥感信息提取成果

利用上述 PCA 方法获得的 3 类锰矿化伴生矿物和次生矿物信息，结合锰矿矿点实际分布图（图 9-24），获得了研究区每类 100 个锰矿化伴生矿物样本，来训练 SVM 模型。在选取该函数的基础上，对样本数据进行训练，并通过蚁群算法进行 C 与 σ 参数组合优化，以优化后的标准差的 2.2 倍作为阈值，构造出了基于 3 类锰矿化伴生矿物和次生矿物信息的 SVM 分类器模型。然后，对通过 PCA 方法获得的伴生矿物信息进行分类处理，去除其中的虚假信息后叠加成图，便得到了黔东北地区锰矿信息组合异常图。

将圈定的伴（次）生矿物和次生矿物光谱组合异常区与已探明的矿床进行叠加分析（图 9-25），其重合度达到了 70%，道坨、高地、普觉、桃子坪、杨家湾和大塘坡等已探明的主要锰矿床，均落在异常信息最显著的区域内。这种情况说明，在黔东北地区，采用以锰矿化伴生黄铁矿为主、次生锰氧化物和绿泥石为辅的遥感光谱信息组合，进行隐伏的"大塘坡式"锰矿床预测是可行的。另外，在图 9-25 中存在一些没有与已探明矿床重合的异常区域，在与其他数据融合后，可作为圈定寻找隐伏"大塘坡式"锰矿有利区的参考依据。

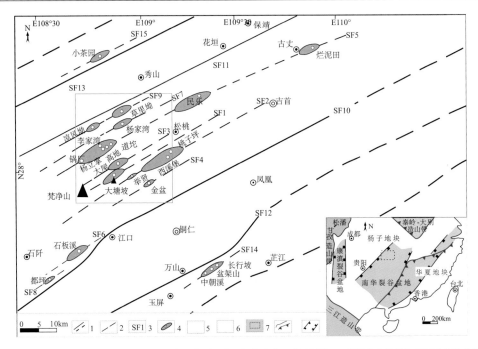

1.南华裂谷带Ⅲ级构造单元边界断裂；2.推测的南华裂谷带Ⅲ级构造单元边界断裂；3.推测的南华裂谷带Ⅳ级构造单元基底断裂；4.已探明大型和超大型锰矿床；5.南华裂谷带Ⅲ级地堑区；6.南华裂谷带Ⅲ级地垒区；7.小方框区域为遥感图像范围

图 9-24　研究区锰矿矿点实际分布图（贵州省地质矿产勘查开发局 103 地质大队）

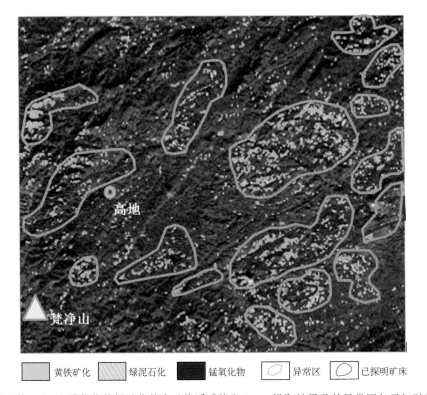

图 9-25　基于 ACA 最优化的锰矿化伴生矿物遥感信息 SVM 提取结果及其异常区与已知矿床对比

综上所述，根据含锰岩系和锰矿床特征，以 ASTER 遥感数据中的锰矿化伴生矿物光谱标型曲线为基础，以黄铁矿、锰氧化物和绿泥石等锰矿化伴生矿物的光谱遥感数据为依据，利用主成分分析法（PCA）、支持向量机法（SVM）和蚁群算法（ACA）等，进行组合式数据挖掘，可有效地提取、处理并划分了遥感地球化学异常级别，进而圈定了锰矿成矿有利区。经与已探明的矿床对比，在空间分布上有较好的一致性，证明以伴生矿物遥感数据挖掘为主的隐伏"大塘坡式"锰矿辅助预测方法，具有显著的可行性和实践意义。

（2）锰镉比值的提取。

在黔东北的隐伏锰矿床预测的实际过程中（周琦等，2013），通过对大量露头和岩心样品测试数据的分析发现，在南华裂谷系III级凹陷区的IV级洼陷中，大塘坡组一段（Nh_1d^1）底部碳质页岩的 Mn 与 Cr 平均含量比值（Mn/Cr）在 40 左右时，与深部的大型或特大型隐伏锰矿床有很好的对应关系。在III级凹陷区的IV级突起上，该层位的 Mn/Cr 比值一般小于 5；而在III级凸起区，该层位的 Mn/Cr 比值一般大于 300。这种变化规律，在黔东北深部大型隐伏锰矿床预测中发挥了重要作用，甚至被用于判断所钻及岩层是否发育于IV级洼陷中。由于他们的研究采用纯人工操作和人机交互方式，这个规律的发现过程经历了数年时间，而且还有海量的地物化遥的多源多类异质异构数据未能加以充分利用。为了简化和加快这个过程，并提高成果的可靠性，在追踪试验中采用了全体测试数据。

基于数据驱动的大数据追踪试验的技术路线是：①采用相关分析法遍历区内全部化探数据，寻找共生伴生元素；②采用多种比值分析法，构造元素共生组合模式；③采用信息量分析法，确定隐伏矿床与元素共生组合模式的关系；④采用层次分析法，遴选研究区隐伏锰矿的预测模式。数据挖掘的结果表明，Mn/Cr≈40 确实可以作为查找和判断黔东地区深部大型-超大型隐伏锰矿存在的重要证据。所采用的数据来自钻孔数据库和样品测试数据库。其中包括：取样地点、钻孔、基岩性质、基岩层位、9 种地化元素含量、钻孔位置 XY 坐标、见矿情况、矿床和矿体位置、区域构造古地理位置等数据。

以杨立掌矿床为例：首先在无约束条件下检视各个钻孔中大塘坡组一段 Mn 含量值的概率分布特征，发现 Mn 含量值变化较大，但多数在 600～6000 之间，仅个别样品出现大于 10000 的奇异值（表 9-6），而 Cr 值稳定在 30～50 之间。因此，Mn/Cr 比值较大者，Mn 含量必定较大。考虑到 Mn 含量值出现超大的正奇异值，是锰元素已经富集成矿的结果，不具代表性，不能作为指示矿化的标志，应将其与对应的 Cr 含量值一并剔除。剔除的办法是对各个钻孔的 Mn 含量值进行 k-mean 聚类分析：以各钻孔 Mn 值作为聚类中心 k（图 9-26 中的实心黑点），然后计算每个数据与 k 的距离，删去距离较远的数据，例如图 9-26 中右边远处的两个 Mn 含量值比其他点的数值高出许多。经过预处理后，剩余的 Mn 含量均值与其最大、最小值之差的比值介于 0.5～3.0 之间，是合理可用的数据。

这个预处理过程可归纳为：第一步，分别对单一钻孔的数据进行处理；第二步，若钻遇含矿层 Mn/Cr 比值大于 100 的数据，便视为异常值加以标记，再对未标记的数据进行 Mn/Cr 比均值计算；第三步，对第二步中无标记数据的 Mn/Cr 均值与其最大、最小值差值求比值，比值在 0.5 与 3 之间数据有效。由此对黔东北锰矿矿集区的全部钻孔中含矿层的 Mn/Cr 比值与隐伏矿床的关系进行遍历和挖掘计算。在完成了全部钻孔和露头测试数据的预处理之后，便可对全部钻孔中含矿岩层的 Mn/Cr 比值与隐伏矿床的关系，分别采用机器学习、卷积神经网络、演化算法和随机森林等进行挖掘处理。

表 9-6　杨立掌矿床某钻孔岩层 Mn、Cr 元素含量

取样地点	基岩性质描述	基岩层位	Mn	Cr	Mn/Cr
杨立掌 ZK-603	含锰炭质页岩	NhL2	142500	15	
杨立掌 ZK-603	炭质杂砂岩	NhL2	5750	33	
杨立掌 ZK-603	炭质页岩	Nhd1	3250	35	
杨立掌 ZK-603	炭质页岩	Nhd1	3000	43	
杨立掌 ZK-603	含炭质黏土岩	Nhd1	2100	38	
杨立掌 ZK-603	炭质页岩	Nhd1	2000	40	
杨立掌 ZK-603	炭质页岩	Nhd1	1550	45	
杨立掌 ZK-603	炭质页岩	Nhd1	1500	30	
杨立掌 ZK-603	炭质页岩	Nhd1	1050	43	
杨立掌 ZK-603	灰色黏土质粉砂岩	Ptbn	925	43	
杨立掌 ZK-603	炭质页岩	Nhd1	925	43	
杨立掌 ZK-603	冰碛砾岩	NhL2	900	50	
杨立掌 ZK-603	灰色黏土质粉砂岩	Ptbn	650	45	
			17850	455	39.23076923

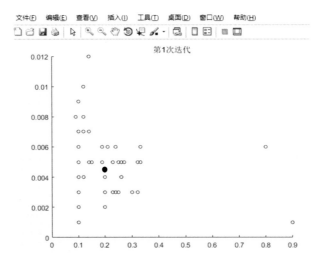

图 9-26　杨立掌矿床某钻孔 Mn 含量 k-mean 聚类示例

结果证明，当钻孔中大塘坡组一段的 Mn/Cr 均值近于 40 时，其Ⅳ级凹陷深部确有隐伏的超大型或大型锰矿床。在上述追踪验证的基础上，结合全部地物化遥数据，对所挖掘信息和所发现知识进行聚联，确认了黔东北地区锰矿床预测模型。值得一提的是，

根据大陆壳地球化学资料（Taylor and McLennan，1985），下地壳的 Mn 克拉克值为 1670，而上地壳的 Cr 克拉克值为 35，二者比值是 47，恰在 40 左右。Mn 的化学活动性较强，可以通过化合作用成为溶质并随地质流体上涌至地面，而 Cr 的化学活动性较弱，难以通过这种方式到达地面。这样的比值，似乎说明了来自下地壳的 Mn 与上地壳的 Cr 相遇，诠释了黔东北地区的锰矿成矿物质是来自下地壳的，从而为其"内生外成"模式提供了佐证。

9.2.3　基于大数据成矿预测方法试验总结

黔东北地区的隐伏锰矿床预测取得了重大突破（周琦等，2013），在回顾和总结这个历程时，发现其所采用的工作方式是数据密集型的，类似于科学研究第四科学范式（Gray，2009）；所处理的数据集合是全体数据，所使用的数据品质是混合数据，所揭示的数据内涵是关联关系，符合大数据方法的基本特点（Mayer-Schönberger and Cukier，2014）；所获取的成果，等价于从新特征和新信息感知，到新内涵和新知识发现，以及新规律和新模型归纳，符合地质科学大数据利用所追求的目标。基于地物化遥大数据进行的隐伏"内生外成"锰矿床预测的技术方法体系，是一个基于数据驱动的无模式（无预设先验成因模式）找矿预测体系。

数据集合中的全体数据与随机样本、数据品质的混杂性与精确性、数据内涵的相关关系与因果关系，这三种矛盾的对立统一，是长期困扰地质资源、地质环境和地质灾害预测、评价和决策领域的难题。在本次实验中，基于案例采用多种数据挖掘算法和人工智能算法的机器学习系统，是一个多方法多技术有机组合的方法体系。该方法体系由区域到局部、由面到点，逐步推进、逐步建立规则、逐步缩小靶区，而非简单地、单一地采用某些数据挖掘技术。这在逻辑学和方法学上，都是合理、可行的。黔东北隐伏锰矿床预测实践，以及对该过程所进行的数据驱动追踪实验，说明在按照传统矿床理论、成矿规律和预测模式找矿而久攻不克的地方，应当考虑另辟蹊径，可按照本方法体系和工作流程，遵从由面到点逐步缩小靶区的准则，沿着数字化→信息化→智能化方向，开展全体地物化遥大数据的汇聚、整合和融合，并提高其智能化水平。这样做，有可能揭示深部隐伏的大型矿床。

基于上述分析和应用试验，得到以下认识：

（1）采用密集型计算方式，在全体数据中挖掘知识，可以突破采样随机性和样本空间狭小，以及仅凭少量观测数据和模型进行判断的限制，而且能基于大型数据库和数据仓库来实现。这对于地质资源、地质环境和地质灾害的预测评价有重大意义。

（2）"玻璃地球"是地质时空大数据的有效载体。开展"玻璃地球"建设，能使非结构化、半结构化的碎片式地质数据，向结构化、集成化转变，并实现数据与模型的一体化存储、管理和可视化，提升对复杂地质体、地质结构和地质过程的认知能力。

（3）地质时空大数据的统合和利用，涉及一系列理论、方法和技术问题。其中包括地质-地理数据一体化的空间参考体系；静态结构勘查模型与动态变化监测模型的耦合；多源异质异构大数据的同化、融合和挖掘，以及地质异常的智能化感知技术。

（4）大数据挖掘算法模型可通过深入分析不同层次、级别和类型的地质异常来逐步建立。其中包括：地质对象认知模型、地质空间数据感知模型、地质空间数据分析模型、地质空间数据挖掘模型、地质矿产资源预测模型和地质矿产勘查决策模型。

（5）地质时空大数据利用的领域十分宽广。采用大数据技术可以有效地揭示隐藏在海量地质时空数据背后的结构、特征和相关关系等未知的知识。基于地质时空大数据及其密集型计算技术，即科学研究的第四范式，有可能导致地质科学重大新发现。

综上所述，基于地质时空大数据的固体矿产预测评价，是一个全新的、有希望的研究领域。但是，目前的研究还处于起步阶段，仍缺乏系统性和完整性，其理论、方法论和技术体系有待进一步研究和形成。本书所介绍的内容只是对自己所进行的探索性试验的总结，以及对未来开展这方面研究和实践的方向的初步探讨。

第十章 矿产勘查数据云服务子系统

随着固体资源探查的难度和深度不断增大，特别是随着大数据时代的到来，对勘查地质数据服务提出了更高的要求，数据采集、管理、处理和应用因此变得越来越复杂。为了应对挑战，实现地质、物探、化探和遥感数据的融合和应用，建设地矿勘查数据中心的任务已经提到各省市地矿局、地勘公司和地质队信息化建设的日程上来了，并开始向云服务方向发展。这是因为地矿勘查趋向多学科多技术协同，要求建立整合跨学科、跨平台的地球科学知识体系，实现多源异质异构数据共享、交流和融合。

10.1 矿产勘查数据云服务基础平台设计

地矿勘查信息化建设的核心工程，是数据中心的建设。采用先进的云计算技术，构建面向多勘查主题的数据中心和一体化数据集成服务平台，是当前地矿勘查信息化的主流方向之一。针对地矿勘查行业中仍存在的数据获取单位数据中心建设薄弱，以及"信息孤岛"和"服务孤岛"并存的问题，在制定解决方案时需要面向多主题，重视在微服务体系下的地质数据模型分类、服务粒度划分和地质数据服务的可扩展性（横向和纵向维度），选择并利用合适的容器引擎，着力开展数据云服务平台的原型研发。

10.1.1 勘查数据云服务平台的概念体系

10.1.1.1 勘查数据云服务平台的总体架构

目前引起普遍关注的地质云（诸云强等，2013；陈建平等，2014；谭永杰，2016a），是一种面向多主题地质大数据的云服务平台，目标是实现地质成果数据的充分和动态共享。该平台从地矿勘查角度看，即为勘查数据云服务平台。为了满足省市级数据中心的地矿勘查数据云服务平台建设的需要，对省地矿局和地质队的数据采集和应用进行了抽象和归纳，提出了一种内网（物理隔离）+外网的"混合云"的概念体系（彭诗杰，2017）。该体系结构由下而上为：基础设施层、功能服务层、数据资源层、业务应用层和服务接口层，外加面向云计算地质信息规范与标准，以及地质云服务管理平台两个模块（图10-1）。

这里仅对基础设施层做个说明，其他各层将在后面的数据服务云平台的结构设计中再做介绍。基础设施层分为物理资源和虚拟资源两个分层。前者是地质云平台系统运行硬件基础设施，包括各类实体服务器（数据服务器、计算服务器）、存储器和网络设备等；后者是将物理资源层中的物理设备进行资源化，主要是基于操作系统、虚拟机和虚拟化工具，利用虚拟化技术将分布式的物理资源整合成资源池，然后以服务的形式提供给用户。运行在资源池中的数据、服务和软件是与物理资源脱离的，即屏蔽了物理资源层的细节，同时集成了物理资源，提高了物理资源利用的便捷性和效率。

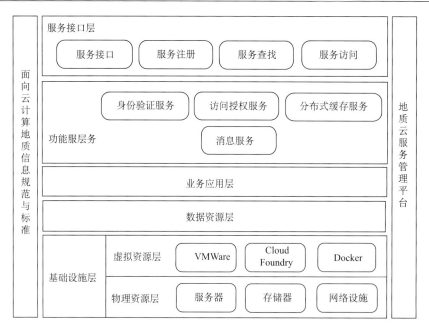

图 10-1　省地矿局和地质队级地质云平台的总体架构

10.1.1.2　虚拟化技术与微服务系统工作原理

云服务可以通过各种服务形式（IaaS、PaaS、SaaS）运行，其基础是云计算资源。在云计算资源的分配过程中，基于服务器虚拟化技术将服务器硬件资源整体虚拟化，形成一个逻辑资源池，这是一个重要的策略方法。虚拟化资源池的功能是配置运行业务应用，根据业务应用的资源消耗需求，动态地分配池中的逻辑资源。这种按需分配模式和动态资源适配机制，能极大提高服务器端整体资源的利用率。虚拟化技术的这种特点，较为完美地契合了云计算的本质特征，因而成为云计算技术的重要组成部分。目前，虚拟化技术在云环境和物联网环境中的应用越来越广泛，其优势在于强化了硬件的独立性、隔离性、用户安全性和扩展性。近期 container-based 虚拟化与 hypervisor-based 虚拟化的提出，为虚拟化技术发展带来了新的方向和思路，也催生了大量商业化解决方案。

1. Docker 容器引擎的逻辑结构

Docker 应用容器引擎是 Docker 公司的一个基于轻量级虚拟化技术的开源容器引擎。该容器引擎基于 Go 语言开发，并遵从 Apache 2.0 协议。目前，Docker 可以在容器内部快速自动化部署应用，并可以通过内核虚拟化技术（namespaces 及 cgroups 等）来提供容器的资源隔离与安全保障等。由于 Docker 通过操作系统层的虚拟化实现隔离，所以 Docker 容器在运行时，不需要类似显著虚拟机（VM）额外的操作系统开销，可以提高资源利用率并提升诸如 IO 等方面的性能。由于众多新特性和项目本身的开放性，Docker 在国际上迅速得到接受和应用，其中包括 Google、Microsoft、VMware 等公司。

Docker 对使用者来讲是一个 C/S 模式的架构，Docker 的后端是一个松耦合的架构，模块各司其职并有机组合，共同支撑 Docker 的运行（图 10-2 所示）。

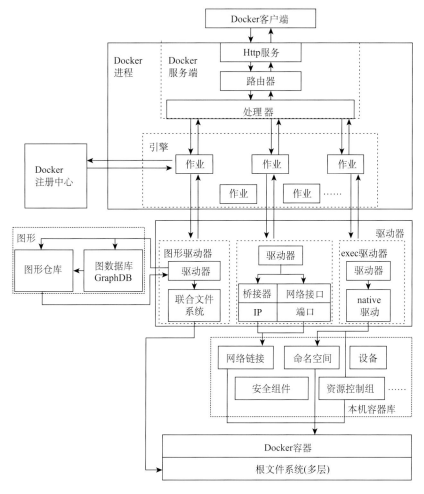

图 10-2 Docker 容器引擎的逻辑结构图

用户通过 Docker Client 与 Docker Daemon 建立通信，并发送请求给后者，而 Docker Daemon 作为 Docker 架构中的主体，提供服务端功能来接受 Docker Client 的请求，随后由 Engine 执行内部的后续工作，并以一个 Job 的形式存续。

在 Job 的运行过程中，当需要容器镜像时，就从 Docker Registry 中下载，并通过镜像管理驱动 graphdriver，将下载镜像以 Graph 的形式存储；当需要为 Docker 创建网络环境时，通过网络管理驱动 networkdriver 创建并配置 Docker 容器网络环境；而当需要限制 Docker 容器运行资源或执行用户指令时，则通过 execdriver 来完成。Networkdriver 和 execdriver，通过 libcontainer 来操作容器。Libcontainer 是一个独立的容器管理包，拥有独立的文件系统。当执行完运行容器的命令后，Docker 容器就进入运行状态。

2. 地质云平台的微服务系统工作过程

微服务是由单一应用程序构成的小服务，拥有自己的行程与轻量化处理，服务依业务功能设计，并以全自动方式部署，与其他服务使用 Http API 通讯。微服务架构则是一种原生云架构，旨在通过一系列小服务的方式实现软件系统。

1）面向勘查主题的微服务系统的结构组成

在大数据背景下，通过地质科学大数据挖掘，寻找并抽取隐含的知识和关系，得到地质科技人员越来越多的关注。循着数据服务的途径来追寻地质应用主题，使单个服务与主题应用形成一一映射（图 10-3）。微服务单元（应用主题）的独立开发和木桶效应的消除，对于面向多勘查主题的数据云服务系统研发具有重要意义（彭诗杰，2017）。例如，开发勘查主题服务本身复杂性不一，有些勘查主题服务（成矿条件评价等）复杂性可能大大高于其他的主题服务（钻孔数据管理等），在以往的单体式应用架构系统中，必须等待所有的模块开发完成之后才能部署，而微服务架构则支持服务单元的独立部署——优先开发完成的服务，可先接入系统中运行，开发滞后的服务可待研发完成后再接入运行。

图 10-3　地矿勘查主题的微服务系统的结构组成（彭诗杰，2017）

2）基于微服务体系架构的资源访问机理

基于微服务建构，各个服务可独立部署于操作系统异构、语言异构的云环境中，并运行在各自独立的进程中，服务之间通过基于 RPC 或 REST 的 API 进行通信（Balalaie et al.，2016）。微服务架构是一种和云计算紧密联系的原生云软件架构，其实现机理是将应用程序细化为在结构上无关联的服务，各服务之间通过通信协议进行交互协同，以完成相对复杂的业务功能（彭诗杰，2017）。微服务架构与云计算按需扩展相结合，若需针对特定业务功能进行扩充，则精准地在相应服务单元上进行，无需对整个应用程序都进行扩充。微服务管理员可视运算资源情况，进行微服务配置，或者配置新的运算资源。

微服务架构的原则是为设计和实现分布式系统应用提供指导方针。遵循这一原则，开发者能够减少同类功能测试，而专注于程序的实现。以微服务架构中的系统资源访问为例，在进行管理授权资源的访问时，应用程序开发人员只需专注于用户的认证方面，即访问资源（access）的授权和数据资源的存储和检索（图 10-4）。

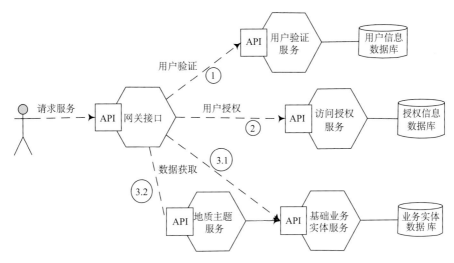

图 10-4　微服务架构体系的资源访问示例（彭诗杰，2017）

　　显然，微服务架构在模块化独立测试、持续集成、系统稳定性、容器化支持、资源消耗和跨语言方面有着显著的优势。微服务的不足之处在于：①编程难度增大，而且分布式模块间的远程调用效率低下并且存在着因为网络连接超时而造成调用失败的风险；②维持分布式系统的强一致性非常困难；③系统操作复杂，需要一个成熟的运营团队来管理众多的服务模块；④构建微服务系统的耗费要超过单体式架构系统。只有当系统的复杂性超过了一定程度，微服务对于生产力的优势才能得到好的体现。

　　在系统中的每一个微服务单元（应用主题）之间边界分明、独立运行，服务的扩展不会对其他服务单元和整体系统造成额外的影响和负担。每个服务单元的开发分开单独进行，开发团队之间的交互基于对外接口。这在一定程度上缩短了整个系统的开发周期，并且由于服务单元独立部署，已开发完成的服务即可接入系统中，不会因为某个模块开发滞后而影响整个系统的部署运行，可消除个别短板造成的"木桶效应"。

10.1.1.3　面向地矿勘查主题的若干微服务技术

　　微服务及微服务体系架构的构架，涉及一系列关键技术，其中包括微服务体系下业务实体的设计及其动态扩展方案，以及业务实体层和主题服务层的接口技术和范式（RESTFul 接口）。同时，也包括矿产资源勘查行业的基础数据模型设计和服务通信机制，以及系统缓存模型和微服务动态扩展的关键技术与方法。这些关键技术对于构建微服务架构，以及面向勘查主题的数据云服务系统，都有重要的实践意义和支撑作用。

1. 地矿勘查主题微服务契约的建立

　　地矿勘查主题微服务模型分为基础业务实体层和主题服务层，目的是为了平滑地完成与现有系统的数据对接和集成。为了完成与现有系统的对接交互，对地矿勘查主题服务提供数据支撑，需要进行服务接口规范设计，其中涉及数据云服务接口和接口网关技术的应用和微服务契约的构建，例如基于超媒体的状态引擎 HATEOAS 约束。

1）REST 接口规范与约束

REST（representational state transfer）是一种服务端接口规范，目前被广泛用于 Web 软件系统接口设计，成为实际上的标准。REST 是由互联网自身架构抽象而来的，包含了一个分布式超文本系统对于组件、连接器和数据的一系列约束（Fielding，2000）。满足了这些约束，就符合了 REST 架构风格。REST 的约束包括：①客户端-服务器结构的约束；②不保存客户端上下文状态信息的无状态约束；③客户端可缓存服务器返回响应的约束；④用中间服务器来处理安全策略和缓存的约束。其中，在用中间服务器处理安全策略和缓存的约束中，以超媒体作为应用状态的引擎（hypermedia as the engine of application state，HATEOAS）进行状态转换，是 REST 架构风格中最复杂的约束，也是构建成熟 REST 服务的核心。其资源表达中的链接信息，可在客户端用来智能地发现可执行的操作。当服务器发生变化时，客户端不必修改，因为资源的 URI 和其他信息都是动态发现的。

显然，实现基于 Richardson 成熟度模型的 HATEOAS 接口约束，可通过遍历该服务下所有的资源，使服务接口通过 URI 智能地发现该服务可执行的操作。

2）平台微服务契约的构建

基于 HATEOAS 数据服务接口规范，可通过 HAL（hypertext application language）超文本应用语言来实现。该规范是个简单的 API 数据格式，以 XML 和 JSON 为基础，可让 API 具有更高的可读性，从而易于根据 HAL API 返回的当前数据，查找与其相关的各种数据。如图 10-5 所示，Resource 代表整个返回的数据资源，分为三个部分，即数据（plain old JSON properties，以 JSON 的格式表示）、链接（Links）和嵌入的资源（embedded resources）。数据部分指该资源所表示的数据内容，在 Web 环境中一般以 JSON 的格式返回给用户；链接部分指与该资源有关系的链接 URI，在图中用 rel 标签来表示资源之间关系的名称，用 href 标签包含链接的地址；嵌入的资源指当所请求多个资源时，数据以类似数组的形式返回，其中单个数据资源体就是嵌入的资源（Yang et al.，2012）。

以地矿勘查微服务架构的地质实体业务数据接口设计为例，基于 HATEOAS 的数据服务接口，是在 Spring-Data-JPA、Spring-Data-REST 和 Spring-Data-HATEOAS 等框架支持下，以 HAL 实现地质实体层的。所谓地质实体业务数据，是指用软件工程领域的面向对象软件开发方法，对地质学科领域相关概念理解和抽象，一般包括地质实体本身、地矿勘查开发数据和管理文档数据。图 10-6 表示的勘查单位中关于矿床勘查模型的数据抽象，其中的 Model 勘查模型是一个虚拟的概念，表示勘查区矿床中的概况，其属性包括位置、大小、地质概况、矿床类型和成矿条件等描述信息。在勘查模型中，还包括地质实体（钻井、岩层、矿体、矿段、品位、构造、地层、围岩、蚀变带等）和地质业务实体（储量、三维地质模型、图件和样品数据等）。在微服务架构的实际应用中，基于 HATEOAS 的接口约束，能将面向对象模型设计状况和路径通过 HAL 方式自动展示给用户。

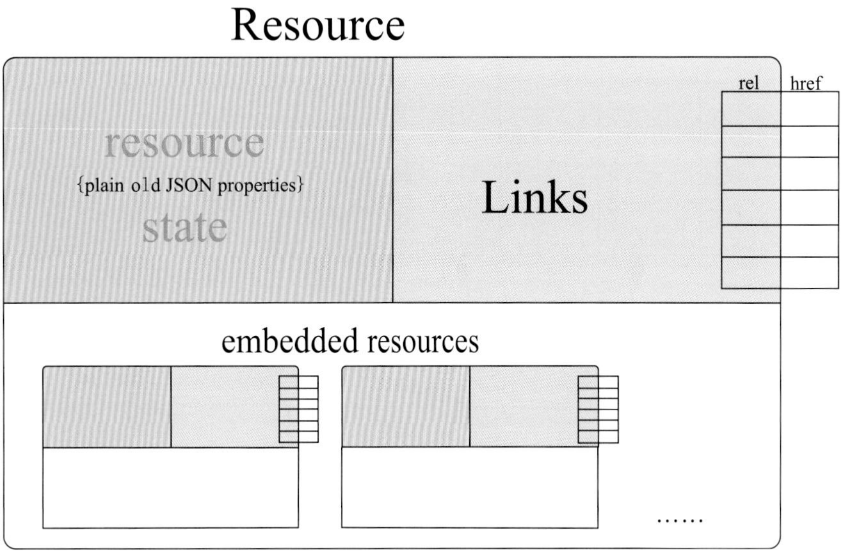

Resource

图 10-5　超文本应用语言结构示意图

综上所述，通过 HAL 语言实现的 HATEOAS 约束接口的构建，能较好地表达地质业务实体数据服务，使服务接口具有良好的结构，可以大大地提升接口的可阅读性和服务效率。只要给终端用户提供一个入口，用户从入口迸发便能根据约束中详尽且程序可读的自描述信息和资源关联关系，遍历并获取所有地质业务实体数据。

2. 数据云服务平台的接口网关

矿产地矿勘查主题的微服务系统由多个服务模块组成。在设计和开发过程中，所面临的问题是：①如何管理这些众多的服务入口?②如何给用户提供统一的服务入口机制?③如何处理微服务单元地址动态变化（服务发现）?这些问题可统一采用微服务接口网关（API Gateway）方案来解决。微服务接口网关作为一个服务器，是进入系统的唯一关口。由接口网关封装内部系统的架构，并提供 API 给各终端用户（图 10-7）。

其运行机制是：终端用户并不直接向地质云服务系统内的微服务单元发起请求，而是通过接口网关中间层做请求转发,然后间接地将请求转发到用户需要的各微服务单元。接口网关通过中间层，实现终端用户与各微服务单元之间的解耦，以及统一的服务入口。接口网关同时还是一个复杂的功能模块组合体，包括服务注册中心、微服务单元、路由器等（图 10-8）。各个模块协同完成微服务单元的服务管理和服务发现。

当路由接收到客户端的请求之后，立即解析出该请求所对应的微服务单元，并启动微服务单元，然后向注册中心进行服务注册，在服务数据库中登录服务的元数据信息，即采用主机 IP、端口号、服务名称和时间戳的四元组，来标识一个微服务单元：

$$Service \ (IP, \ PORT, \ NAME, \ TIME)$$

在服务注册中心完成注册后，即自动查询该服务的实例集合，然后利用负载均衡算法从集合中选取一个微服务单元并转发请求。微服务单元在接收请求后，直接将处理之后的结果集返回给客户端。当服务停止时，微服务单元自动向注册中心进行服务注销。

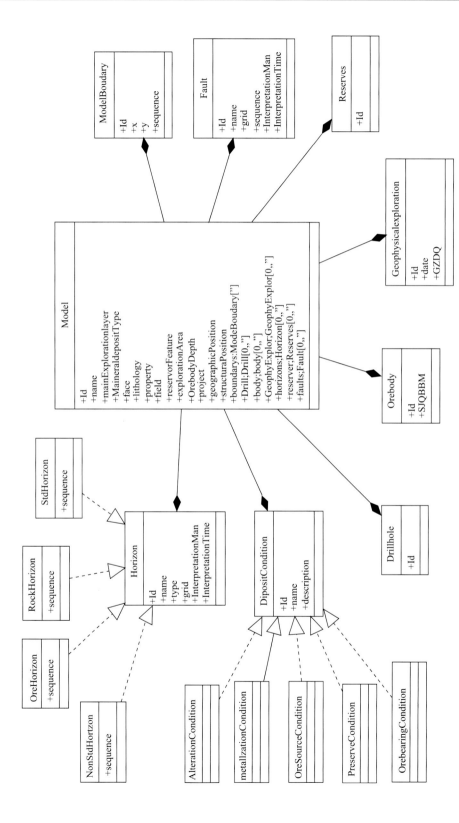

图 10-6 矿床勘查模型微服务资源类图示例

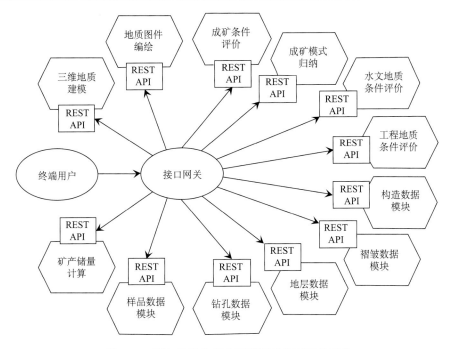

图 10-7　面向地矿勘查主题微服务接口网关示意

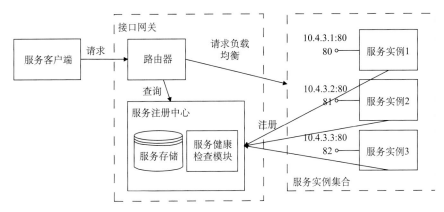

图 10-8　地质数据云服务平台的接口网关功能模块结构（彭诗杰，2017）

在服务单元的存续期间，注册中心的服务健康检查模块，会定期向各服务单元发送心跳检测，确保各服务的健康状态。如果服务处于宕机状态超过一定时限，则将服务单元从记录中移除。在这个过程中，路由器用于处理客户端请求和进行请求转发。

接口网关通过服务注册中心的运行模式，解决了基于微服务架构和面向地矿勘查主题数据服务的分布式服务管理和服务发现（server-side service discovery）问题。基于微服务架构的接口网关，与基于单体式分布式系统的接口网关相比，不同之处在于前者需要管理不同微服务单元中服务实例，而后者只需管理单体服务实例。此外，微服务架构的负载均衡模型也与单体式架构不同。前者需要在不同类型的微服务单元实例间处理负载均衡（图 10-9），客户端发送的 request，首先由接口网关解析对应的微服务单元集合，例如水文地质条件评价服务单元，再将 request 在所有的水文地质条件评价服务实例集合上进行负载均衡；后者则只需在单体服务的实例之间进行负载均衡。

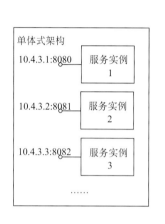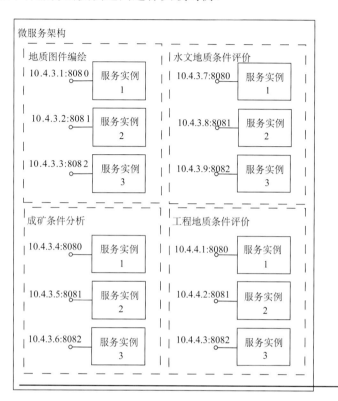

图 10-9　地质数据云服务平台的单体式架构与微服务架构服务管理示意

3. 服务（进程）间通信机制

基于微服务的分布式应用，是运行在多台机器上的。一般地说，每个服务实例都是一个进程。因此，服务之间的交互必须通过进程间通信（IPC）来实现。

1）微服务实例之间的交互模式

微服务实例之间的通信机制涉及交互模式问题，当为服务选择 IPC 时，首先需要考虑服务之间如何交互。这个问题可从两个维度上进行综合。第一个维度是映射关系，即一对一还是一对多：①一对一，每个服务请求有一个服务实例来响应；②一对多，每个服务请求有多个服务实例来响应。第二个维度是同步关系，即交互式同步还是异步：①同步模式，服务请求需要即时响应，但可能由于等待而阻塞；②异步模式，服务请求不会阻塞进程，但响应可能是非即时的，有时间上的滞后。显然，微服务实例之间交互通信的实现机制，必须把映射关系和同步关系这两个维度结合起来，进行归纳和总结。

（1）一对一交互模式的实现方式。

基于以上两个维度的结合，一对一的交互模式可能有以下几种方式。

请求/响应：客户端微服务向服务端发起请求，等待响应。前者期望此响应即时到达。

在一个基于线程的应用中，等待过程可能造成线程阻塞。

通知（单向请求）： 一个客户端微服务请求发送到服务端，但是并不期望响应。

请求/异步响应： 客户端微服务发送请求到服务端，服务端异步响应请求。客户端不会阻塞，而且被设计成默认响应不会立刻到达。

（2）一对多交互模式的实现方式。

基于以上两个维度的结合，一对多的交互模式可能有以下几种方式。

发布/订阅模式： 客户端微服务发布通知，被零个或者多个感兴趣的微服务消费。

发布/异步响应模式： 客户端微服务发布请求，等待从感兴趣的微服务发回响应。

基于微服务架构的分布式系统，每个服务都是上述模式的组合。通过多个交互方式的组合，可有效地完成微服务单元之间模块交互和数据交换的复杂业务。对于某些服务，一个 IPC 机制就足够了；而对另外一些服务，则需要多种 IPC 机制组合。

2）微服务单元的通信机制

在地矿勘查主题数据云服务平台中，所涉及的众多微服务单元交互模式，主要是一对一交互模式中的请求/响应模式，以及一对多交互模式中的发布/异步响应模式。其微服务单元通信机制有两种方式，即接口方式（外方式）与消息队列方式（内方式）。

（1）对外接口方式。

所谓的"接口方式"，就是上述基于 REST 的 Web Service 方式。该方式遵照 HTTP 协议，服务于平台外部的应用，同时还负责微服务单元之间地质业务数据的传输，以及地矿勘查主题层之间微服务单元的纵向扩展。

（2）对内消息队列方式。

所谓"消息队列方式"，是指在分布式系统内各模块间使用基于消息的通信模式，通过分布式队列机制进行进程间通信的方式。这种消息队列方式，支持多编程语言，具有高可靠性、高性能和可扩展性，主要用于系统内微服务单元之间的交互，例如请求授权、数据缓存等。此外，分布式消息队列机制还具有以下特点。

自动解耦： 客户端服务单元只需将消息发送到正确通道中，不必了解具体的服务端单元，更无须一个发现机制来确定服务端单元的位置。

消息缓存： 消息代理将所有写入通道的消息按照队列方式管理，直到被消费者处理。

弹性交互： 消息机制可支持一对一和一对多的所有交互模式。

3）数据云服务平台通信模式

数据云服务平台通信模式有两种：点对点模式（point-to-point）和生产/消费者模式（producer-consumer）。点对点模式为基础模式，只有一个发送者、一个接收者和分布式队列。这是一种同步模式，应用场景为用户请求授权，采用基于分布式消息队列授权模型（图 10-10），来连接主题服务层中的地质业务服务单元和功能服务层中的授权微服务单元。当用户请求主题服务层中某个微服务单元的数据资源时，平台便将用户信息与服务单元信息封装成消息，再通过消息队列发送过去。任何数量的微服务，都可以通过发送消息到消息队列而求得响应。同样，授权微服务单元也从队列中接收消息，并对用户信息和所请求的服务单元进行授权验证，然后将响应结果返回给对应服务单元。

在标准的生产/消费者模型中，发送者和接收者都可以有多个实例，甚至可以有不同的类型，但共用同一个队列。在该模型中，三个角色分别称为生产者（producer）、分布式队列（queue）和消费者（consumer）。在数据云服务平台中，该生产/消费者模型为异步模式，采用分布式缓存机制（图 10-10）。平台采用分布式异步缓存消息队列，一边连接主题服务层中的地质业务服务单元，另一边连接系统功能服务层中的分布式缓存微服务实例。运行过程是：首先，用户向数据云服务平台请求主题服务层中的数据资源，并将数据资源标识封装成消息，通过消息队列发送至分布式缓存服务单元。如果服务单元中的某分布式缓存实例被命中，便会通过队列返回携带数据体的消息，否则返回缓存实例。当分布式缓存未命中的情况下，地质业务服务单元会向数据资源层的数据库获取请求数据，并且在将数据返回给用户的同时，通过异步分布式缓存消息，将数据发送至缓存微服务单元。

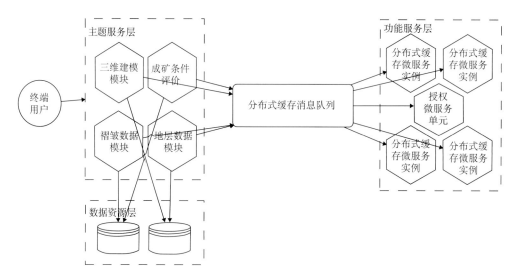

图 10-10　在微服务单元之间基于分布式消息队列的授权模型和缓存模型示例

　　总之，分布式消息队列机制是连接数据云服务平台中各服务单元的消息通道。在各自的消息通道内，不同类型的消息传输组成独立的消息子系统。这些消息子系统可以在平台内的微服务单元之间任意建立，且互不影响，各自独立运行。上述分布式授权消息模型和分布式缓存消息模型，均可用于支持云平台的分布式功能模块建立分布式消息子系统。各分布式消息子系统依据功能主题，可在相应的微服务单元之间进行特定的数据交换或信息交互，并通过系统内连接交互的方式完成平台内服务通信任务。

4. 地质数据云服务平台缓存模型

1）分布式系统的数据缓存模型

　　在云计算环境下，为了应对海量地质科学大数据和 Web 用户请求所带来挑战，需要引入分布式缓存技术（彭诗杰，2017）。基于云环境的分布式缓存技术，是现阶段分布式应用的主流技术。其关键特性是动态扩展性与高可用性。动态扩展性是指缓存平台具有透明的服务扩展能力，能在线为云应用增加或者减少缓存资源，在自动均衡数据分区的同时保障缓存服务持续可用，以适应负载的动态变化。高可用性则是指缓存平台可以在任意单一节点失效的情况下，都不会丢失数据或终止服务，而且缓存服务器能自动发现点故障，并自动进行故障切换。典型分布式缓存系统的工作原理如图 10-11 所示。

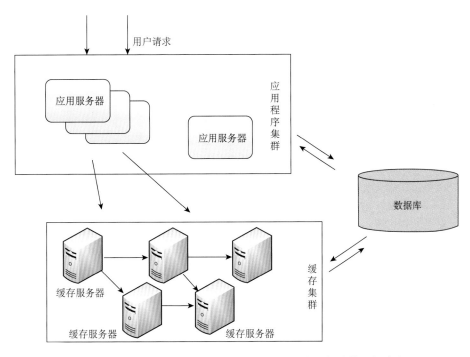

图 10-11　地质科学大数据云服务平台的分布式缓存系统逻辑结构（彭诗杰，2017）

面向地矿勘查主题的云服务系统采用分区（partitioned）缓存策略，即每个缓存节点负责 1/N 份数据，所有的数据更新均在一次网络传输中完成。这样做可避免高通信开销，不足之处在于缓存数据访问包含了网络远程操作，通常会造成数据访问速度不足，并出现大量并发访问，往往会造成局部高网络负载。

根据缓存管理功能的差异，可将其细化为数据访问模式和数据分区两个方面（秦秀磊等，2013）。所谓数据访问模式，是指用户数据请求与缓存及数据源之间的交互模式。微服务的数据访问采用业务/领域驱动的分布式进程，其缓存模型与架构模型一致，呈局部分布结构，与对应微服务单元的数据源紧密结合，以减轻缓存开销。所谓数据分区则是指缓存数据的分布和定位，即采用一致性哈希（consistent hashing）及其改进算法，将缓存数据存储至缓存服务器节点。基于微服务架构系统的数据分区与访问模式一致，都采用业务驱动模式。分区策略依据微服务单元的划分，优点是可根据数据访问量实现数据缓存动态扩展，而且缓存分区与微服务单元的业务数据相对应，通过增强数据调度的局部性来提升缓存性能；不足之处是在数据均衡分布及应对非均匀访问方面较弱。

2）地矿勘查主题微服务混合缓存模型

地矿勘查主题数据云服务平台的缓存模型，借鉴通用的微服务架构缓存技术，结合地质数据特点，针对结构化、半结构化和非结构化数据共存的情况，采用以微服务单元为基础的本地缓存与集中-分布式缓存结合的二级混合缓存模型（图 10-12）。

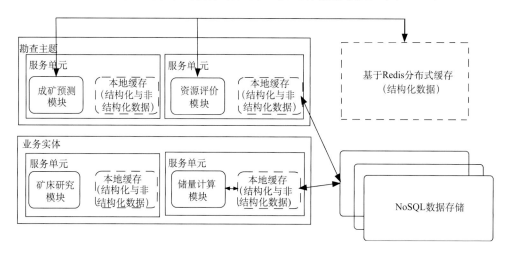

图 10-12　面向地矿勘查主题的数据云服务平台的缓存模型

这种二级混合缓存模型与各服务单元部署在同一服务器上，可存储结构化数据与非结构化数据。其数据获取流程如图 10-13 所示。对于结构化数据，采用二级混合缓存：

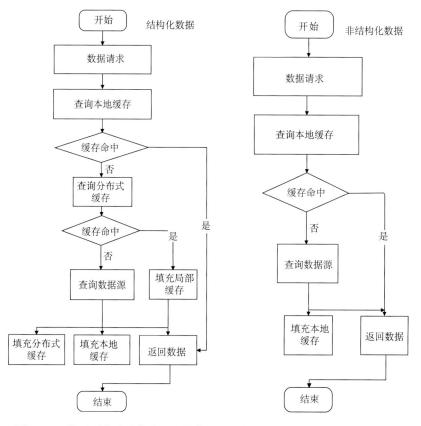

图 10-13　基于面向地矿勘查主题的数据云服务平台缓存模型的数据调用流程

①首先在微服务单元容器中的本地缓存查询，如果缓存命中，则将缓存中数据直接返回给用户；②否则查询分布式缓存，如果命中，则将分布式缓存中的数据填充到本地缓存，同时将数据返回用户；③分布式缓存中没有，则转向数据源查询，并返回给用户，同时将数据填充到分布式缓存和本地缓存。对于非结构化数据，仅采用一级本地缓存：①与结构化数据类似，在容器中的本地缓存查询，缓存命中则将数据直接返回用户；②否则在数据源中查询并返回给用户，同时将数据填充到本地缓存。显然，结构化数据与非结构化数据的不同之处在于，前者采用本地结合集中-分布式两级缓存结构，后者则采用一级本地缓存。这样做可有效地减少分布式缓存体系的远程调用，减少局域网带宽负载。

10.1.2　数据云服务平台的系统设计

地矿勘查主题数据云服务平台的系统设计，需要从实际地矿勘查数据特点出发，结合微服务架构、容器技术和 Web Service 接口技术开展。

10.1.2.1　云平台的主要建设内容与总体设计思路

1. 云平台的主要建设内容

建设地矿勘查数据云服务平台，涉及软件资源管理、系统设计和云计算技术等一系列复杂技术问题。其中，需要着重研发的技术内容包括：

（1）建立能够实现地质云数据集成与共享的平台技术体系；

（2）以现有的硬件资源为基础，开展虚拟化技术研究，搭建地矿勘查数据云存储模型和缓存模型，实现海量地质、物探、化探和遥感数据的组织管理；

（3）研究微服务体系下地质数据模型的分类和服务粒度划分法，使之既合乎现阶段地质信息化建设的数据存储模型，又能发挥微服务结构的可扩展可编排优势；

（4）在微服务体系下地质数据服务的可扩展性，包括横向和纵向维度扩展，以及新旧数据服务编排，为上层维度的地质专题服务提供数据支撑；

（5）研究 Docker 容器引擎技术体系，进而以 Docker 技术为依托，融合 Web Service 及其服动态发现与注册技术体系；

（6）研究区块链技术及其交互接口，利用其去中心化等特性，收集分散的"长尾数据"，为地质勘查实物、资料、数据的溯源管理提供新的手段；

（7）采用 Java EE 和 SpringBoot，实现基于微服务架构的服务端应用方法。

2. 云平台总体设计思路

为了开展以上各项技术研发，云平台总体设计需要遵从下列思路。

1）通过分析对比，寻求较优的容器虚拟化技术

通过云计算框架体系中虚拟化技术的分析对比，把握虚拟化技术发展的方向，寻求更加轻量灵活的容器虚拟化技术。然后，制定基于容器虚拟化的解决方案，建立 Docker 容器应用平台，实现基于容器虚拟化的微服务系统。

2）通过地矿数据云存储资源池，实现弹性扩充

根据勘查地质数据特征，利用服务器磁盘和网络，建立 NoSQL 数据库与分布式 SQL 关系数据库等云存储环境，通过地矿数据存储资源池实现弹性扩充。

3）按地质数据特点构建云服务概念模型和接口

通过分析对比微服务体系中的地矿勘查业务数据模型分类，以及粒度划分机理、方式和方法，建立基于微服务架构的地质数据云服务系统概念模型；基于 RESTFul 服务模式，建立勘查云数据服务资源管理机制及数据服务接口。

4）通过客户端应用模式形成多类数据入口门户

采用基于 JavaScript 等浏览器技术，结合 SpringMVC 框架，建立能集成并图示各项服务的一站式 Web 客户端应用模式，形成一个可访问多数据资源的入口门户。

10.1.2.2 数据服务云平台的技术框架

1. 数据服务云平台的全局视图

矿产勘查云服务平台是省局级地矿数据云服务平台的一个子集（图 10-14）。从图中可以看出数据云服务平台是一个类似资源池结构，存储海量的各类多源、异质、异构地质业务实体的数据库，通过虚拟化及面向服务等技术抽象为独立的服务资源。各个资源

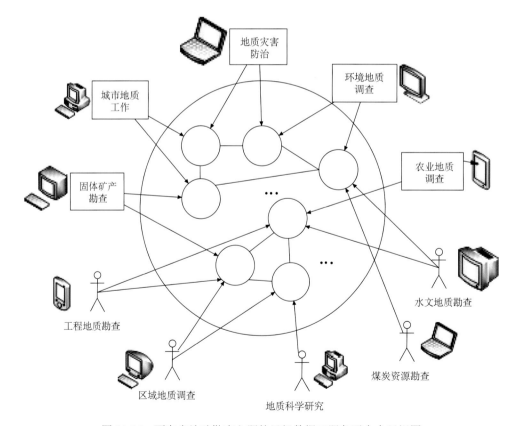

图 10-14 面向多地矿勘查主题的局级数据云服务平台全局视图

在平台内部通过分布式消息队列，实现与外部互联互通。在客户端提取地学资源数据的组件只知数据云服务平台的接口，而不知内部数据的具体格式和存储位置。通过组合不同的地质业务实体数据资源，形成各类地矿勘查主题业务所需的一体化数据。各类不同角色的用户，仅需适应与平台交互的终端，而不必知道地质数据云服务平台的存在。

2. 数据服务云平台的体系结构

根据勘查数据云平台的概念模式，基于微服务的面向地矿勘查主题数据的云服务平台体系结构如图 10-15 所示。平台自上而下为客户端层、接口层、地矿勘查主题服务层、功能服务层、分布式消息队列、业务实体服务层、数据资源层。

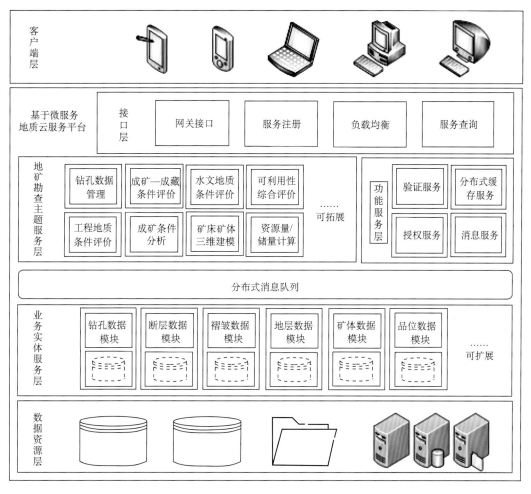

图 10-15　基于微服务的面向多地矿勘查主题数据的云服务平台体系结构（彭诗杰，2017）

1）客户端层

该层将地质云服务平台中经过服务聚合汇拢之后的数据，通过图形化界面和表格等多种形式进行显示。用户可以采用 C/S＋B/S 模式，方便地和数据服务平台进行交互。该层采用一站式门户和多终端设计理念，基于 RIA（rich Interface application）富客户端和多终端思想,建立对地矿勘查多主题数据云服务资源的消费门户。客户端的UI通过HTTP协议，与平台网关接口的地质数据服务进行通信和交互。

2）服务接口层

该层是地质云服务平台对外交互的总枢纽，属于与用户最接近的层次。其职责是承担对各个服务的整合，保障服务的质量和途径的统一。盖层中含有用户访问和获取云平台数据资源的接口网关、服务注册、负载均衡和服务查询 4 个中心组件。接口网关模块采用外观模式（façade pattern）设计思想，聚合多个微服务结果以暴露一个粗粒度 API 给客户端；服务注册模块负责平台内微服务元数据信息（主机 IP，端口号，服务名称）的记录、存储；负载均衡模块将分散的服务模块名称、地址、数量等进行汇总，向中心化组件报告某个服务的状态变化并进行更新；服务查询模块负责将服务注册中心的微服务信息发布给客户端，并提供服务菜单让用户方便地挑选所需要的服务。

3）功能服务层

该层包含两个分层。其中，功能服务层向平台内其他微服务单元提供应用软件及服务模块，主要包括：身份验证服务、访问授权服务、分布式缓存服务以及消息服务，同时也为系统提供有序稳定的服务运行环境和各种必要的功能支撑。地矿勘查主题服务层是平台核心层，提供面向各地矿勘查主题服务，其服务单元以业务实体服务层中服务或本层中其他主题服务为数据支撑，在经过相应的数据解析、融合、汇聚之后形成全新的、定制化的地矿勘查主题服务。此外，该层的服务在横向上和纵向上支持动态扩展。

4）业务实体服务层

这是平台和核心数据支撑层，是数据资源层和终端用户之间的桥梁，用于进行全部业务主题的地质数据的组织和提供，其服务包含实际的地质业务实体数据，地质业务实体是对各类地质矿产勘查、开发活动所获得的数据进行分类和抽象，以及对地质对象和实体的描述，例如，钻孔数据、地层数据、断层数据和矿体数据等。这些数据通常是其他地质应用所需分析、处理的基础数据。该层的微服务单元以地质业务实体为单位基础，构建以 HTTP 协议和 REST 接口风格为基础的 Web 服务。以服务的方式提供给用户的软件工具包括：地质云服务软件、相关算法单元以及各种数据可视化应用软件。

5）数据资源层

负责数据存储、管理与调度，为云平台提供高性能、契约化的数据资源服务。该层采用关系型数据库、NoSQL 数据库和基于局域网分布式文件系统，来存储结构化数据、半结构化数据以及非结构化数据，作为地质云服务平台的数据源。该层再分为数据源分层和数据集成分层。前者负责数据源管理与抽象，其中，数据源管理指数据源的动态添加、删除等操作；数据源抽象是指将数据服务接口和物理数据源隔离开来，使数据访问逻辑与数据源的数据结构、数据格式和数据交换协议解耦。后者负责数据源的聚合，即多源、异质、异构数据的聚合，也包括同构数据的聚合。聚合可以在数据库之间进行，亦可以在数据库和 XML 文档之间进行。因此，该层可实现结构化和半（或非）结构化数据的组合。

10.1.2.3　若干关键技术问题的解决方案

微服务单元的数据分类，与地质矿产勘查数据分类一致。其理论基础是地质矿产勘查数据库模式。有关这方面的内容，已经在第四章中作了详细介绍，这里不再赘述。下面着重介绍微服务单元设计和应用直接相关的若干关键技术。

1. 微服务单元数据转换与主题应用服务划分

针对实际地矿数据模型的多变性、不统一性和地矿勘查业务相关性，需要建立面向动态地矿业务实体的微服务单元。其特点是能够依据数据模式，动态地协同添加微服务单元，并使单元中的数据模式与待添加数据模式保持一致。

1）基于微服务单元的数据转换技术

基于动态地矿勘查业务实体的微服务单元，可以借助地质 ETL 或 SOAP 接口技术，完成数据转存（图 10-16）。通过这种方法，可将地矿勘查数据有效地转入到数据云服务平台中去。其显著的优点是：①在不改变数据模式的情况下，节省了海量转换工作量。其原因是在不改变地质矿产勘查业务实体的方式下，能够把原先建立的应用系统和软件模块，无缝地移植到数据云服务平台上去。②能较好应对数据模型的扩展问题，即当云服务平台面对新增的业务实体模型时，只需构建模式一致的微服务单元便可以了。

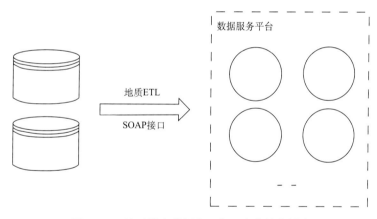

图 10-16　地矿勘查数据向服务平台的转换模式

2）面向地矿勘查主题应用的划分原则

地矿勘查主题应用的划分，是面向地矿勘查主题云服务的依据。地矿勘查主题应用的划分，没有明确的边界但需要遵循相应的准则。

根据业务主题划分。业务主题是业务架构模型中的一个概念。一个业务模型对应于一个业务主题，而业务主题常组织成一个多层模型，例如全部服务主题可划分为勘查地质、矿山设计和矿山开发三个一级应用主题，而勘查地质主题可分解为成矿预测、矿产勘查和矿床成因三个二级应用主题。矿产勘查主题又可以再分为勘查项目设计、二维图件编绘、矿床三维建模、三维储量计算、勘查报告编写和区域地质背景等三级应用主题（图 10-17）。

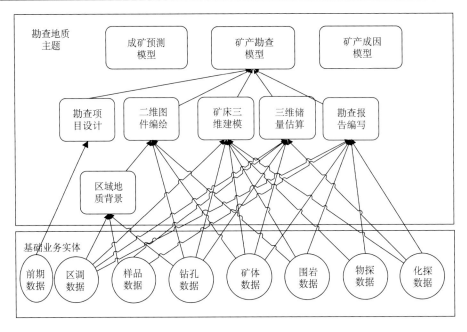

图 10-17　云平台上的地矿勘查多主题模型划分与应用示例

根据地质子域划分。定义对应于领域驱动设计（DDD）的子域的服务。一个领域由多个子域组成，每个子域对应于业务的不同组成部分。这种划分是一种松耦合，其好处是实现了服务之间的协同合作。例如，矿产勘查主题应用中，根据勘查对象的类型可分为构造、蚀变带、矿体、围岩、夹石、第四系和基岩等。

2. 基于基础业务实体横向扩展机制

在地质信息化领域，基础业务实体是指原始数据抽象模型，包括野外数据采集获取的第一手数据资料，既有结构化的，也有半结构化的和非结构化的（吴冲龙等，2016）。面对基于大数据的成矿预测和成矿规律研究，在历次勘查工作进展过程中所获取的原始数据，包括野外露头观测数据、钻孔编录数据和样品测试数据，以及物探、化探和遥感数据，即未经处理和分析过的地质对象描述数据，尤其重要。

基础业务实体通常具有独立性、领域性，实体之间的依赖性较弱、数据耦合性低。因此根据基础业务实体构建微服务单元，可清晰地定义简明统一的服务契约。在依托 Docker 容器虚拟化和 RESTFul 接口约束的 Web Service 堆栈上，借助持续交付、敏捷开发和容器动态部署，可实现基础业务实体服务单元的横向扩展。

图 10-18 展示了基础业务实体横向扩展的逻辑过程。所谓横向，是指服务单元之间没有数据依赖性，服务单元能够原子性的添加到平台的基础业务实体服务层中。从软件工程的角度看，基础业务实体的横向扩展，就是以用户的需求进化为核心，采用迭代、循序渐进的方法进行软件开发。在平台构建初期，平台的基础业务实体服务层被定义成多个子项目（基础业务实体服务单元），各个子项目经过独立测试，具备可视、可集成和可运行的特征。换言之，就是把平台作为一个大项目，分解为多个相互联系但可独立运行

的小项目，然后分别开发完成。在此过程中，系统一直处于可使用状态。当制定了新的基础业务实体以后，就作为独立子项目进行开发，并动态地在系统使用状态中逐步接入。

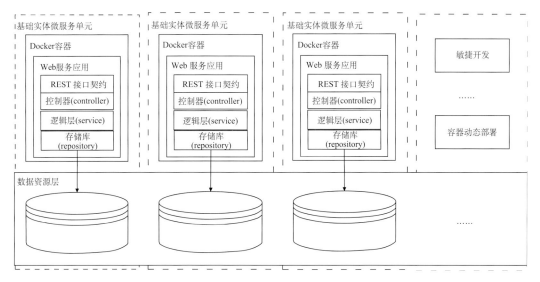

图 10-18　地质云平台基础业务实体服务单元横向扩展示例

然后，采用 Linux 容器技术（LXC）、Namespace、Cgroup 和 UnionFS 等技术实现的 Docker 容器引擎，将 Web 应用、Web 服务器、配置文件和运行环境打包进镜像（image）中。镜像包含容器运行所需要的所有元素，可实现容器及 Web 应用的秒级动态创建（图 10-19），最终实现微服务单元的动态部署，亦即基础业务实体的横向扩展。

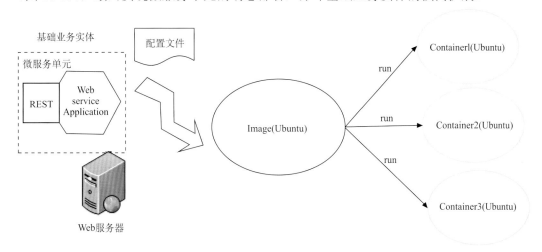

图 10-19　基于 Docker 容器引擎微服务单元动态部署示意图

3. 基于地矿勘查主题的纵向扩展机制

地矿勘查主题应用的纵向扩展，是根据对基础业务实体及其他主题服务单元的数据依赖进行的。换言之，是在其他主题服务单元的数据服务基础之上，构建新的数据服务。纵向扩展与横向扩展相比较，相同之处在于通过 Docker 容器动态地部署服务单元，实现系统运行时的动态增量扩充；不同之处在于纵向扩展除了 Web 应用的容器动态部署之外，还有基于 RESTFul 契约约束的服务编制与编排。

编制（orchestration）面向可执行流程，即使用一个可执行的中心流程来协同内部及外部的 Web Service 交互。通过中心流程来控制总体目标和所涉及的操作，服务于程序和调用。这种集中化管理，使 Web 服务能在不了解彼此影响的情况下进行添加和删除，还允许在出现错误和异常的情况下进行补偿。其结果可以看作一个新的 Web Service——可以执行，只是执行的过程需要调用别的 Web 服务。

编排（choreography）面向合作：强调协同工作和业务合作能力，通过消息的交互序列来控制各部分资源的交互，但参与交互的资源都是对等的，没有集中的控制。

基于地矿勘查主题服务单元的纵向扩展，在某种程度上说是通过对平台中已存在服务的编制与编排，来构建并完成面向特定主题应用的新服务。其中，已存在服务是指集成业务实体服务和地矿勘查主题服务。图 10-20 展示了地矿勘查主题应用服务单元与其他服务单元的依赖关系，以及服务单元内部主题数据融合的通用模式。在这里，主题应用服务单元的依赖关系是指数据的依赖关系。

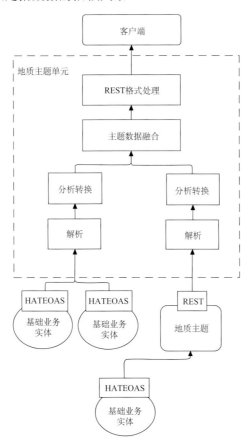

图 10-20　微服务单元纵向扩展的服务编制与编排

10.2　矿产勘查数据云平台应用软件设计

在目前的条件下，基于省局级矿产勘查数据服务云平台的应用，合理的选择是在内部局域网上遵循 TCP/IP、NetEUI 等通信协议，采用 Intranet 架构下的 C/S＋B/S 模式，建立三层或多层结构。由于地矿勘查数据涉密较多，而且各级各方用户的需求也不同，需要为不同用户设定不同的数据访问、查询和检索权限，以便有效避免系统被非法入侵，确保网络系统和数据的安全运行。

10.2.1　基于云服务平台基本访问组件设计

基于省局级矿产勘查数据服务云平台的应用组件，部署在用户单位的内部网络上，形成一个应用子系统。基于这些组件和内部网络，可以通过网关接口，访问云平台上与研究区相关的原始数据库、基础数据库和成果数据库，浏览和调用与权限对应的地物化遥空间数据和属性数据。这个应用子系统的硬件部分包括企业内部服务器和计算机，软件部分包括用于访问各类空间数据、属性数据的控件和浏览器插件。

10.2.1.1　数据云服务平台访问组件的结构与功能

各终端先通过 HTTP 协议与"云端"微服务网关接口进行通信、交互，接着在平台内部进行若干微服务单元的聚合和编排，形成专门主题的数据集，然后将结果返回给终端。各终端对数据服务平台返回的结果进行相应的处理和格式化，并将结果以三维模型、图形和表格等多种格式显示出来。最后，让用户在各个终端同时同步以各种形式和效果，查看和显示各地矿勘查主题数据。如图 10-21 所示，就是基于多终端实现模型从地质数据云服务平台外部调用数据资源，经过多终端程序处理和图形化后显示的结果。

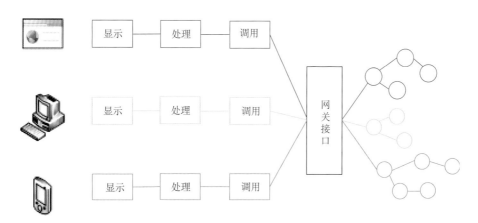

图 10-21　基于多终端的数据服务云平台访问模型

访问组件与数据云服务平台之间采用 TCP/IP 协议通信，而在局域网内部采用 TCP/IP、NetEUI 等协议通信。基于 B/S 体系结构下的三层或多层架构，主要功能模块以服务组件的方式提供调用，配置专用的应用服务器，以提高整个应用系统的性能。勘查单位及其上级管理机构的各功能模块运行于内部局域网上，采用 Internet/Intranet 模式；而经过脱密准备共享的数据，采用广域网方式向公众发布和提交。用户可以随时通过客户端浏览器，检阅云服务平台微服务单元所提供的请求数据。

该组件包含三大模块：勘查区空间与属性数据查询检索模块、各类二维专题图件和三维地质体模型查询检索模块、勘查区数据云服务安全控制模块（图10-22）。以二维图件和三维矿床模型浏览编辑模块为例（图10-23），又包含了二维专题图件浏览编辑模块

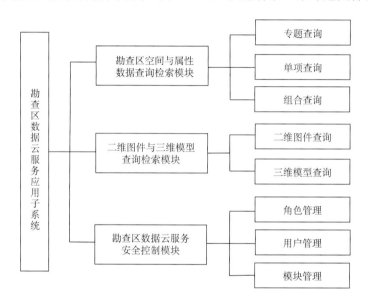

图 10-22　省局级勘查数据云客户端应用子系统的构成

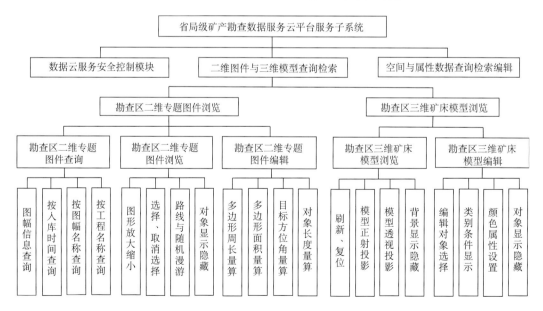

图 10-23　省局级勘查地质云客户端应用子系统二维图件和三维模型浏览编辑模块组成

和三维地质体模型浏览编辑模块。用户可以在的访问权限约束下,通过 HTTP 协议与"云端"微服务网关接口进行通信、交互,下载经云平台内部若干微服务单元聚合和编排后,形成并返回给终端服务器中的数据文件,并在计算机的浏览器中显示。

10.2.1.2 二维专题图件访问模块设计

本模块的目的是提供勘查区各种二维专题图件的网络查询和浏览功能,同时提供一些简单的分析功能。用户可以在任何地方、任何时间借助 Internet 方便地查询以及浏览勘查区各种地质专题图。此外,还提供强大的图幅操作和图层信息显示功能。通过本模块,用户可对整个系统的二维专题图件资料有一个比较全面的了解。

1. 浏览器二维环境的搭建

根据目前的条件,浏览器二维环境可基于 Microsoft(微软)的 COM(component object model,组件对象模型)组件技术和成熟的地质信息系统平台搭建。利用地质信息系统的基础平台或 GIS 平台,结合 COM 组件技术,可开发出一个能在浏览器中加载二维专题图件的 COM 组件,并提供二维专题图件的浏览和简单编辑功能。还可按用户需求的变化,自动更新和升级 COM 组件。

在 COM 的架构下,还可以开发出各种各样的单功能组件,并按照需求组合起来成为复杂的应用系统。COM 组件的优点在于:能用新的组件替换掉应用系统中的旧组件,以便随时进行系统的升级和定制;能在多个应用系统中重复利用同一个组件;能方便地将应用系统扩展到网络环境下。该应用系统可拥有独立的数据格式(标准或专用格式),但应当兼容流行的数据格式。

2. 二维专题图件查询功能子模块设计

利用二维专题图件查询功能,用户可以通过客户端浏览器,对云平台上勘查区主题数据库中的二维图件进行条件查询、浏览,并进行简单编辑和图层管理。

在进行图件查询前,先要配置中间服务组件,以便实现二维专题图实时显示,同时满足对数据库配置、用户权限管理和日志管理的需要(图 10-24)。

二维图件查询模块可以有多种方式,考虑不同人的不同习惯,主要有四种,即图幅信息查询、按图幅名称查询、按工程名称查询和按图幅入库时间查询。合理地选择和使用查询方式,无疑能够有效地提高用户的查询效率。二维图件的查询结果大致可得到两种信息:一种是图幅索引信息,另一种是二维专题图件信息。因为专题图件数据量大、信息丰富,而目标区域只是一个范围,所以在查询过程中,当返回查询范围内的信息时,不必返回所有该范围内的实际图幅数据。为了便于开展进一步查询,图幅索引查询仅返回给定限定范围内的所有图幅目录。而当用户根据图幅目录查询指定图幅时,则返回所需图幅的实际数据。这种分步查询方式,可以在很大程度上提高用户获取所需图幅数据的速度。

图 10-24　二维专题图件查询的中间服务界面配置

3. 二维专题图件浏览编辑子模块设计

用户利用地质信息系统平台提供的图幅浏览控件，可以对云平台通过网关返回的图幅数据进行浏览和编辑。如果应用组件功能完善，还可以直接对访问返回的各种图件进行编绘和修改。勘查区二维专题图件浏览控件，分为图幅控件浏览和图幅图层信息显示两类。只有先得到云平台返回的查询结果后，才能在控件中浏览图幅和显示相关图层数据。这些图幅图层信息来自云平台服务器的数据库（图 10-25）。

图 10-25　云平台数据库中的二维专题图件属性表

浏览专题图件可以通过图幅浏览控件来实现。这个控件提供丰富的操作功能，用形象的按钮图标将某个操作和控件相应的功能关联起来（表 10-1）。将每个图层对应一个灯泡图标，用其亮灭与否指示该图层在图幅中是否显示。

表 10-1　二维图件浏览、编辑操作按钮

功能	图标	备注
放大		点击此按钮后，当鼠标再到控件的浏览区域时单击左键会使浏览对象变大，您可以根据您的需要将图幅放大到您需要的大小
缩小		此按钮的功能和"放大"按钮正好相反
漫游		点击此按钮后，您可以按住鼠标左键将图幅在控件浏览区域里任意移动
全图显示		点击此按钮后，在控件浏览区域里，您将可以看到图幅的整体效果
刷新		刷新整个控件浏览区域
选择		点击此按钮后，您可以根据您的需要选择您要访问的图幅图层图元对象，选中的对象将会在控件浏览区域中闪烁，并且了解相关属性信息
清除选中对象		点击此按钮后，控件浏览区域中之前被选中的对象将会变为未选择状态
长度量算		点击此按钮后，在控件浏览区域连续单击鼠标左键，选择拟计算的线段长度，再以右键结束。之后会在对话框中自动提示单条及所有线段的长度
面积量算		点击此按钮后，在控件浏览区域连续的单击鼠标左键，最后以右键结束，控件会按您点击点的顺序构成一个闭合的区域，之后会以对话框的形式告诉您各线段的长度，所选区域的周长和总面积
方位角量算		点击此按钮后，可以在控件浏览区域里计算任意直线的方位角。逆时针方向为正，最大$180°$，顺时针方向为负，最大$-180°$
对象长度量算		点击此按钮后，在控件浏览区域选取您想要知道其长度的对象，之后会以对话框的形式告诉您所选取对象的长度

查询到目标专题图件之后，所获取的图层都自动列入图层管理菜单栏中。使用相关浏览编辑按钮，用户便可在图层管理栏下选择性地显示目标图层。

4. 二维地质图件浏览模块的实现结果

通过规范的二维专题图查询操作，可从云平台上获取目标研究区点源勘查数据库中的二维专题图件。所得到的钻孔综合柱状图浏览效果，如图 10-26 所示；而所得到的水文地质钻孔指示书浏览效果，如图 10-27 所示。

10.2.1.3　三维地质体模型浏览模块设计

利用地矿勘查云服务平台应用组件，勘查单位及其上级主管部门，以及研究机构的各个用户，还可以通过网关请求、浏览和下载权限所允许的各类三维地质体模型，甚至可以进行各类地质模型的构建、修改和完善。为了能保证敏感图件数据的安全性，需将该应用模块嵌入勘查区点源数据综合管理子系统中，进行严格的权限控制。

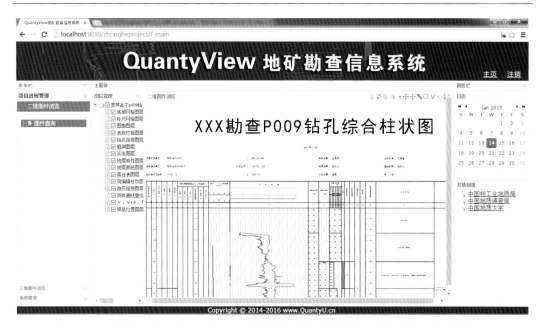

图 10-26　利用地矿勘查信息系统应用组件访问点源成果数据库的钻孔综合柱状图示例

图 10-27 利用地矿勘查信息系统应用组件访问点源成果数据库的水文地质钻孔设计指示书示例

1. 浏览器三维环境的搭建

　　搭建浏览器三维环境的主要方法，是在成熟三维地质信息系统基础平台上，使用 COM 组件技术，开发一个能在浏览器中加载 GVP 格式的 COM 组件。所谓 COM 技术，是指微软公司近期推出的一种新的软件开发技术。在 COM 架构下，可以开发出多样化的单一功能组件，再按照需求进行组合成为复杂的应用系统。其优点是：可用新组件替换旧组件，随时实现系统升级和定制；可实现同一个组件在多个应用系统中重复使用，能将应用系统扩展到网络环境下。只要所开发的 COM 组件性能优异，用户不仅能方便地利用该组件在客户端浏览器中加载三维地质体模型，还能够根据需求的变化，实现服务器中该组件的三维地质体模型浏览功能自动更新。

2. 三维地质体模型下载子模块设计

在通常情况下，精细的三维地质体模型具有巨大的数据量（随着尺度的变化可从几十兆到几百兆，甚至到几千兆）。在网络带宽有较大局限性的环境下，每次查看模型时都要通过网关重新从云服务器中下载三维地质体模型是不合适的。而且，由于基层勘查单位的一般计算机配置较低，在浏览器中实时加载三维地质体模型也有困难。一个可行的办法，是采用 HTTP（hypertext transfer protocol，超文本传送协议）协议并通过 COM 组件，将云平台微服务接口层发布在 Apache-Tomcat 网络服务器中的三维地质体模型文件下载到基层勘查单位本地计算机中。

HTTP 定义了浏览器（即万维网客户端）如何向万维网服务器请求微服务文档，以及服务器如何将文档传送给浏览器，可以用于用户客户端层与云平台服务接口层之间的数据通信和交换。Apache-Tomcat 是一个 Web 服务器，可以运行在几乎所有的计算机平台上，通过部署该服务器，采用 HTTP 协议能让云平台微服务单元返回客户端的三维地质体模型文件下载到客户机上。

3. 三维地质体模型浏览编辑子模块设计

利用三维地质体模型查看组件有两个部分，其一是进行三维地质体模型整体查看，其二是进行三维地质体模型细节查看。通过 COM 组件与微服务接口层工具的交互，不仅能查看三维地质体模型的形态，还能查询相关的属性数据。整体查看的内容，包括地质体模型的俯视图、底视图、左视图、右视图、正视图和后视图，以及在三维空间中旋转、平移、放大、缩小等变换（表 10-2）；细节查看内容，包括根据地质体模型的图层数据选择特定的图层，以及查看图层内三维地质体模型的形态和属性数据。

表 10-2　三维地质体模型浏览编辑操作按钮

功能	图标	备注
选择/取消选择		点击此按钮，鼠标移至三维模型浏览区域形态变化为十字形，可以操作该区域
刷新		点击此按钮，三维模型恢复至初始加载状态
放大		点击此按钮，鼠标移至三维模型浏览器区域后点击左键可放大三维地质体模型
缩小		点击此按钮，鼠标移至三维模型浏览器区域后点击左键可缩小三维地质体模型
旋转		点击此按钮，鼠标移至三维模型浏览器区域，移动鼠标可以旋转三维地质体模型
平移		点击此按钮，鼠标移至三维模型浏览器区域，移动鼠标可以平移三维地质体模型
俯视图		点击此按钮后，三维地质体模型将以俯视图的形态展现
底视图		点击此按钮后，三维地质体模型将以底视图的形态展现

续表

功能	图标	备注
正视图		点击此按钮后，三维地质体模型将以正视图的形态展现
后视图		点击此按钮后，三维地质体模型将以后视图的形态展现
左视图		点击此按钮后，三维地质体模型将以左视图的形态展现
右视图		点击此按钮后，三维地质体模型将以右视图的形态展现
显隐参考背景		点击此按钮后，三维模型浏览区将显示隐藏三维地质体模型的空间参考坐标系

在三维地质体模型的浏览 COM 组件中，还需设置完备的三维模型及其图层管理菜单，便于对所获取的三维地质体模型及其图层进行管理和编辑。图层管理栏需要设置默认显示和选择显示两种方式，其中默认显示是指显示所有图层，而选择显示是指按需要显示个别图层。选择显示所需图层后，还可进一步确定是否显示该图层的细节。

4. 三维地质体模型浏览模块的实现结果

以选择显示和编辑方式为例，下面为客户端浏览器显示的我国某金属矿床 XX 号矿段钻孔三维分布模型（图 10-28）、三维克里金块体模型（图 10-29）和三维地质模型（图 10-30）。

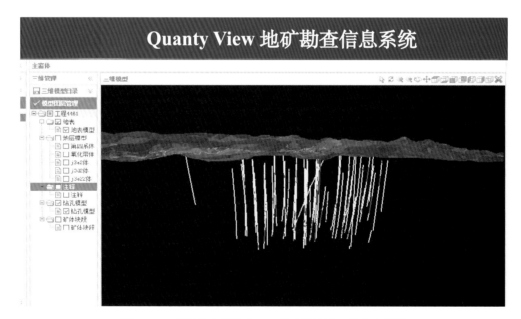

图 10-28　我国某金属矿床 XX 号矿段钻孔三维分布模型

10.2.2　基于云服务平台项目管理组件设计

基于云平台的勘查项目综合管理，是省局级勘查数据云服务平台的又一项重要应用。相连的服务应用组件，是一种基于 Java Web 的 B/S 架构服务子系统，可实现省地矿局和地质队对勘查项目的动态流程管理和上传文档的在线浏览。

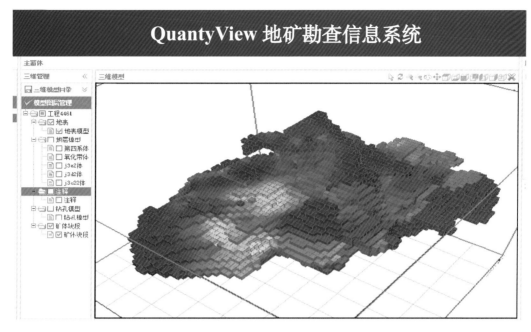

图 10-29　我国某金属矿床 XX 号矿段三维克里金块体模型

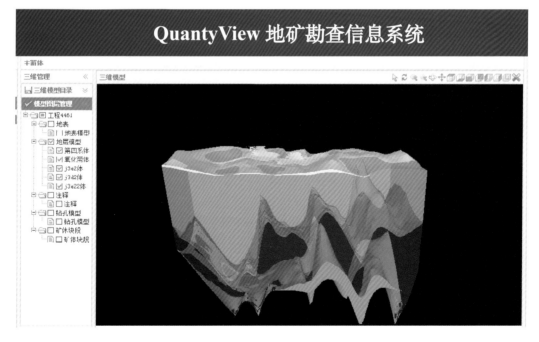

图 10-30　我国某金属矿床 XX 号矿段三维地质模型

10.2.2.1 项目管理子系统结构及工作流程

1. 勘查项目管理子系统的 MVC 结构

该子系统可以有不同的设计方案，但一个简洁而有效的解决方案是：采用当今软件结构的主流设计模式，建立一套基于文档流的地质矿产勘查项目跟踪管理方式，把整个管理子系统架构在 MVC（model view controller）三层结构之上（图 10-31）。其中，View 层为用户交互层，负责用户向微服务单元发出访问请求的操作录入和接受反馈的数据展示；Controller 层为逻辑控制层，负责应用程序行为定义和响应视图选择；Model 层则为业务逻辑层，主要控制系统的业务逻辑、计算和状态信息，是整个架构的核心层。

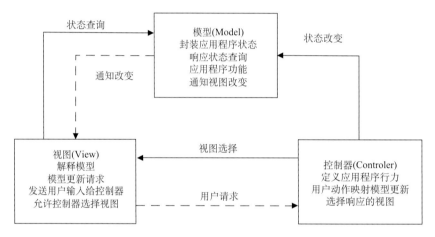

图 10-31 勘查项目管理子系统的 MVC 结构

图 10-32 矿产勘查项目管理子系统技术架构

在该 MVC 架构中，服务器后台采用 SpringMVC 和 Hibernate（Java 基于 ORM 对象持久化框架），底层采用 MySQL 数据库，通过 JPA 的 ORM 对象映射技术和数据库连接池技术，建立缓存机制来提高系统效率（图 10-32）。界面使用基于 EasyUI 的前台框架进行优化，展现良好的用户体验。在信息安全方面，基于 Java 的开源开发框架，数据传输采用 Spring Security 机制和 MD5 加密技术，可在很大程度上保证数据安全性。其中，Spring 框架是整个勘查项目综合管理系统的骨骼，支撑起整个系统的各个模块，并且延伸到系统的各个角落。其他各种框架（Hibernate 及前台的 EasyUI 等）均设置在 Spring 之上，通过 Spring 框架的各个模块，可实现各种数据的传输、处理和信息的传递。

Spring 在它的 AOP 模块中提供了对面向切面编程的丰富支持。为了确保 Spring 与其他 AOP 框架的互用性，Spring 的 AOP 支持基于 AOP 联盟定义的 API。Spring 的 AOP 模块引入了元数据编程，在 Spring 元数据的支持下，可以为源代码增加注释，指示 Spring 在何处以及如何应用切面函数。Spring 的 JDBC 和 DAO 模块抽取了这些重复代码，可以保持数据库访问代码干净简洁，并且可避免因关闭数据库资源失败而引起的问题。总之，Spring 为构建 Web 应用提供了一个功能全面的 MVC 框架，并且通过 IoC 对控制逻辑和业务对象提供了完全的分离，这对于实现勘查项目的动态管理无疑是十分有利的。

2. 勘查项目管理子系统的实现机制与流程

该子系统的功能是实现基于云服务平台的勘查项目管理，其中也包括项目经济效益评估和勘查开发规划成果的管理。研发其应用组件，需要依据中国地质调查局和省地矿局的规范，以及组织机构的设置和分布情况，提供相关业务的协同处理环境。

为了便于各级用户的日常应用，矿产矿勘查项目管理子系统的设计宜直接采用 B/S 模式，必要时也可采用 C/S＋B/S 模式。其实现机制如图 10-33 所示。

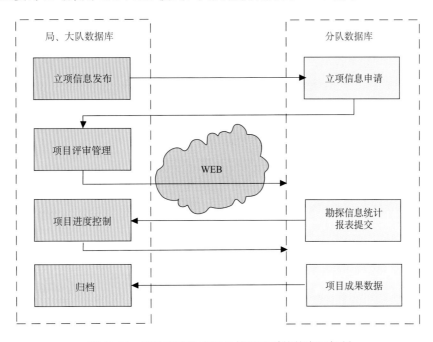

图 10-33　固体矿产勘查项目管理子系统的实现机制

该子系统应当整合从项目立项信息发布、立项申请、项目评审、进度控制、工作报表、成果验收等各个环节产生的数据，并促成一个适合矿产勘查项目管理的网络办公流程，让勘查单位在较大的空间跨度上，基于内网（局域网）或移动互联网终端，按照密级规定分别进行矿产勘查项目状况的查询、检索和过程管理（图 10-34）。

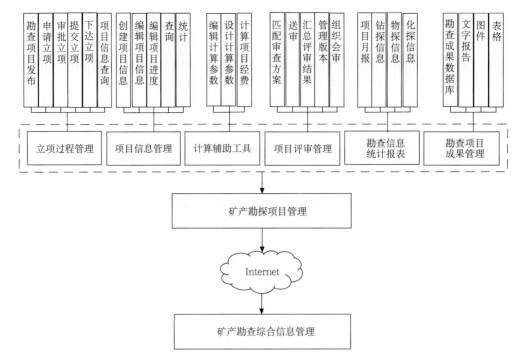

图 10-34　矿产勘查项目管理子系统的工作流程

10.2.2.2　勘查项目管理子系统的模块设计

1. 项目管理子系统的权限模块设计

设置勘查项目管理与数据访问权限的模块，需要定义省地矿局和地质大队两级的管理权限，以及这两级管理机构中不同人员的管理权限。系统管理可以创建部门，部门分为地矿局和地质队（勘查院）两级，分别具有不同的权限。上级部门可以管理下级部门的业务，但不能实施对外单位同级部门的横向管理，更不能越级管理。

对于项目运行的不同环节形成的数据，各级机构及其各部门的管理权也不同，允许进行的操作可能完全不同。例如，只有地矿局用户才能创建项目，并发布立项信息，而队（院）用户只能针对发布的项目，上传项目申请书。地矿局的用户可对项目申请书，在线进行审核或者下载到本地进行审核。当立项请求批准后，地矿局用户再将其转为可立项项目，然后给队级用户下达任务书，并反馈相关的信息（图 10-35）。

权限模块的设计可采用基于 Url 网络地址标识和拦截器。这种联合技术，可有效地实现对部门和角色权限的分类验证。该验证过程是：首先，用户请求经过用户身份拦截器进行身份验证，然后进行权限拦截器的验证，最后，当被确认为拥有相应部门角色的合法用户身份后，微服务单元便响应其请求并反馈所需的服务（图 10-36）。

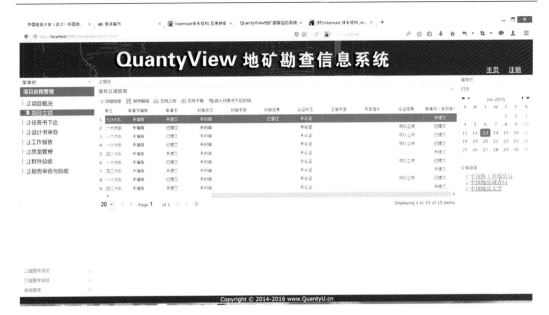

图 10-35 按照权限分级发布的矿产勘查项目申报与审批管理信息示例

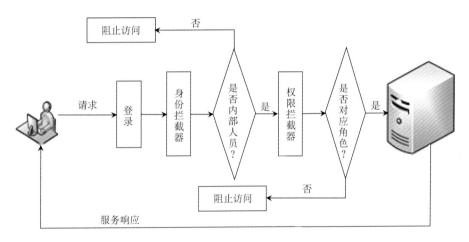

图 10-36 矿产勘查项目管理权限的验证过程示例

2. 项目管理子系统管理模块设计

子系统管理模块是各级系统管理员的特有权限模块。该模块分为部门管理、人员管理和系统日志三部分。部门管理功能是创建部门和删除部门，只有地矿局和地质队（院）两级。创建部门和删除部门的职责和权限，只属于省地矿局一级管理员，地质队（院）级管理员无权自己创建和删除。人员管理功能是创建人员和删除人员。该项目管理子系统，不提供对外注册功能，而是由系统同级管理员创建，然后分配给同级员工使用。

3. 项目信息传输管理模块设计

1）文件上传下载子模块设计

采用 Spring 集成 Apache common file-upload 文件上传工具，可有效地支持各种项目文件的上传与下载，还能控制文件上传的大小和文件上传的类型。在上传的文件中，要求包括一个根据 RFC 1867（在 HTML 中基于表单的文件）编码的选项列表清单。组件 FileUpload 可以解析这个要求，为应用程序提供一份独立上传的项目清单。于是，无论各个项目背后如何执行，都可实现 FileItem 接口的效能。

组件 FileUpload 库的 API 流可根据项目的属性，例如项目名称 name 和内容类型 content type，提供一个便于访问数据的 InputStream。每个用户处理项目的方法可以有所不同，这取决于所处理项目是否属于规则的表单域，即这个数据来自普通的表单文本，还是来自普通的 HTML 域和（或）上传文件。在 FileItem 接口中，提供了处理这些问题的方法，可以更方便地访问数据。组件 FileUpload 还可使用 FileItemFactory 创建新的文件项目，从而赋予组件 FileUpload 很大的灵活性。这个工具拥有怎样创建项目的最终控制权，其执行过程中上传项目文件的临时数据，可以存储在内存中或硬盘上。上传项目的大小（即数据的字节多少和所包含内容的多少），可根据实际需要在应用程序中进行定制。

2）在线浏览子模块设计

矿产勘查项目综合管理子系统的文档在线浏览子模块，可采用基于 Apache Openoffice 和 SWFTools 工具，先将 Office 文件和 PDF 文件转化为浏览器支持的 SWFFlash 文件，然后通过网页播放器 FLEXPAPER 对其进行网页展示（图 10-37）。

图 10-37　矿产勘查项目管理文档在线浏览图

4. 项目进程管理模块设计

项目进程管理模块专用于对项目的实施过程进行跟踪管理。该模块的设计，需要遵照中国地质调查局的相关规范，首先结合地区的实际情况建立科学的分类分级分层管理体制，目标是实现对项目进程各环节的流程式信息化管理。

1）项目概要信息管理子模块设计

该子模块的功能主要是提供查询和浏览当前所有勘查项目及其概要信息。此外，还提供项目创建、项目详情、补充附件、项目报表和项目工作阶段变更等信息。其中，"项目创建"的功能，是导入项目信息或提供创建项目信息的界面，以及项目创建的概要信息；"项目详情"用于进一步提供项目的详细信息，主要工作内容和正在进行的工作现状；同时还可以针对某个项目补充其缺少的相关附件（图 10-38）。

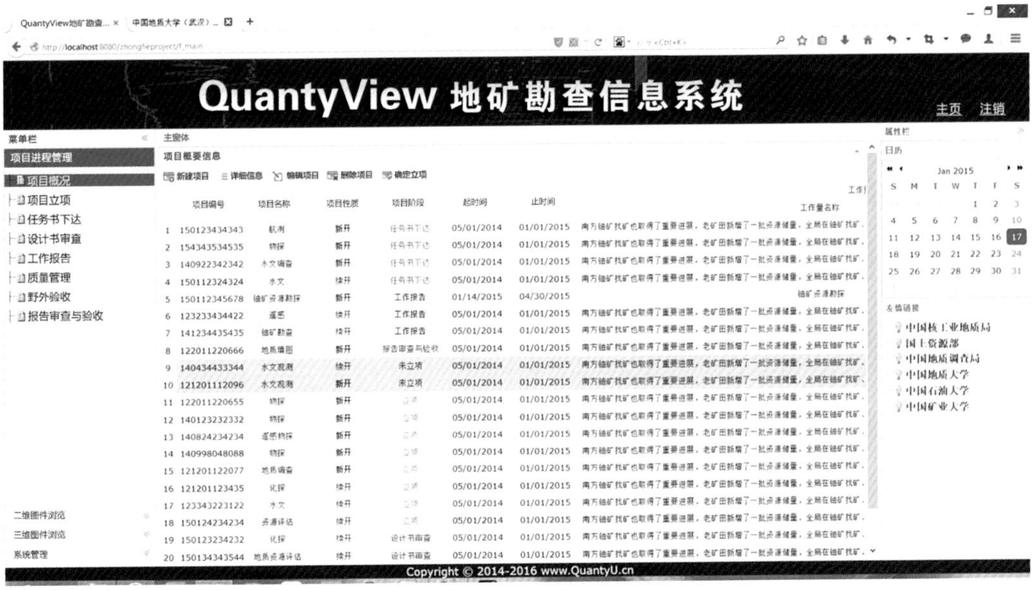

图 10-38 矿产勘查项目管理子系统的概要信息查询与显示

2）业务流程动态管理子模块设计

包括立项论证、计划编制、任务书下达、设计编写与审查、项目实施、勘查报告与项目任务变更、项目质量管理与监督、野外验收、地质报告编写与审查、地质资料归档等环节。通过一系列功能子模块的设置，形成一套基于文档流的项目管理方式，实现对固体矿产勘查项目的流程跟踪，以及对省局和队（院）两级项目业务流的动态管理。动态业务流程管理，可用图片或其他可视化方式展示项目进度，把项目的进程及相关信息，通过动态加载图片或文本的形式进行展示（图 10-39）。

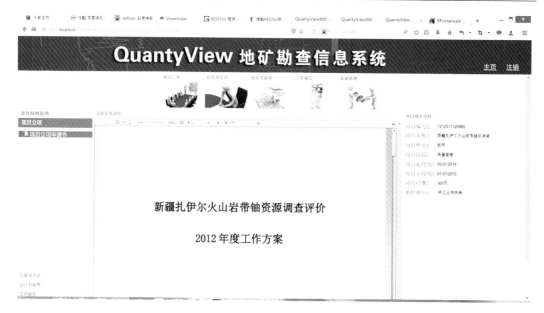

图 10-39　矿产勘查项目管理动态业务流的浏览图示

3）立项论证管理子模块设计

地矿局和地质队两级项目管理员对立项论证的主要管理职责，一是发布每个年度的立项指南，二是控管和审核所属项目的申请。为了保证管理的统一和系统界面的统一，两级用户对项目信息发布和查看界面的设计也应当高度统一，只是具体管理内容和设置权限不同。其中，项目立项论证信息如图 10-40 所示。

	项目编号	项目名称	项目性质	承担单位	申请书编制	申请书	初审状态	初审专家	初审结果	论证状态	主审
1	quantyu13	quantyu13	新开	核工业二四三大队	未编制	未提交	未初审			未论证	
2	quantyu8	quantyu8	新开	核工业二七〇大队	未编制	未提交	未初审			未论证	
3	quantyu10	quantyu10	续开	核工业二零九大队	未编制	未提交	未初审			未论证	
4	quantyu12	quantyu12	续开	核工业二四三大队	未编制	未提交	未初审			未论证	
5	quantyu5	quantyu5	续开	核工业二零八大队	未编制	未提交	未初审			未论证	
6	quanty3	quanty3	新开	核工业二四三大队	已编制	未提交	未初审	user3	已通过	已论证	use
7	quantyu6	quantyu6	新开	核工业一零一大队	未编制	未提交	未初审			未论证	
8	quantyu4	quantyu4	新开	核工业二零九大队	未编制	未提交	未初审			未论证	

图 10-40　矿产勘查项目管理子系统的立项论证信息

省局级用户：①查看所有申报项目的概要；②查看立项申请书、总体立项报告和立项初审意见书，格式为 PDF 格式；②进行审核；③上传审核建议书；④显示各队（院）的项目立项论证概况，以及申报文件的总体信息；⑤下达任务书。单击相应按钮可打开该文件，并进行浏览和阅读。若队级单位未上传该文件，则无该项内容显示。省局根据立项论证结果（立项申请书）提出项目计划方案，提交给地质局部会议室审议，审议通过后向队所下达项目计划和年度地质成果任务书指标。省局级用户依照权限可修改其中审核状态项，并以下拉列表的形式，在"可以立项""经补做某些工作可以立项""暂不能立项""不能立项"四种状态项选择填入。如果单击相应按钮,可以完成审核建议书的上传或浏览。审核建议书一旦上传,两级机构的其他用户可查看审核意见。

队(院)级用户:①查看申报项目的概要信息;②上传立项申请书、总体立项报告、项目建议计划表、立项初审建议书(均为 PDF 格式);③地质队用户需要对上述文件实施内部审查,只有内审通过了,上级(省局级用户)才能看到文件;④申报新项目,单击主界面上的"创建立项"按钮,可增加一行空白新项目记录,自动生成序号。用户只需要填写项目编号、项目名称等信息(具体内容需待与甲方沟通后,根据需要增减)。本模块也可设置并应用于下属项目承担分队。当项目承担分队的计划任务确定后,先完成项目任务书草拟,并提交队部审核通过,再由队部向承担分队下达项目任务书。

4)设计书审查管理子模块设计

设计书编写与审查是在上级立项计划编制与任务书下达的基础上进行的。其用户通常分局和队两级,如果考虑项目承担分队,则用户也可分为三级。

局级用户:组织相关专家对项目设计书进行审查,并将专家们的设计审查意见书反馈给相应的队所。主要任务是:①项目设计书的审查;②项目设计审查意见书的下达;③修改后的设计书和审查专家意见的审核;④设计审批意见书下达,省地矿局对修改了的设计书和专家意见汇总表进行审核,审核合格就向地质队(院)下发设计审批意见书。

队级用户:相关队(院)对所反馈的专家意见进行整理、汇总,然后进行设计书的修改或补充,并得到设计书修改版和专家意见汇总表提交给地质局。主要任务是:①提交项目设计书;②按要求汇总审查专家意见并修改设计书,提交给省地矿局。

5)工作报告管理子模块设计

该子模块用于管理各级用户单位的阶段工作总结,其中包括工作报告与项目任务完成情况统计报表等。对于局级用户,可由技术管理部门设计一套标准的表格,以便用于进行相关的统计分析;对于队级用户,要求:①每月上传工作报告和项目工作量统计报表;②每月上传项目工作报告;③根据实际情况,上传资源年报。

6)项目质量监督管理子模块设计

该子模块用于对项目执行过程中的工作质量进行监督。该项管理采用局、队两级方式,按照质量管理的有关规定和要求执行。

局级用户:负责对项目执行过程中的工作质量状况进行审查,同时上传项目执行人员名单和完成项目质量管理的步骤。主要任务是:①查看申报项目的概要信息,默认内容通常反映在质量管理表与监督信息表上,不同的单位只能看到本单位申报的项目信息;②上传人员名单,如果项目分队申报的某个项目已经上传相应文件,则单击该按钮可以打开该文件进行浏览查看,如果该单位未上传相应文件,则可单击该按钮催促上传相应文件;③对项目质量管理做出评价,分为返回修改、合格、良好、优秀四个状态。

队级用户:队级用户为项目质量管理与监督的中层,负责撰写质量检查报告,对项目进行定期检查,重点项目每年至少 3 次,一般项目每年 2 次。发现问题后应及时采取措施予以解决。主要任务是:①查看申报项目的概要信息,默认内容如质量管理与监督信息表所示,各个单位只能看到本单位申报的项目信息;②上传原始资料检查记录,如果项目分队申报的某个项目已经上传相应文件,则单击按钮可以打开该文件进行浏览查看；如果该单位未上传相应文件，则单击该按钮可以催促上传相应文件；③在审核原始资料检查记录表之后，上传质量检查报告，而在通过内部审核流程之后，将项目质量管理信息通过点击提交，提交之后项目信息将会自动呈现给省地矿局，并等待进一步的审核和处理。

7）野外验收管理子模块设计

该模块用于局、队两级管理机构接收、审核和提交野外验收项目信息（图 10-41），相关内容包括：①提交或接收野外验收申请书；②审核野外验收意见书；③评定验收结果。不同级别的用户需求有所差别，必要时可以增设分队级子模块。

野外验收

≡ 详细信息　📇 保存编辑　⬆ 文档上传　⬇ 文档下载　📑 进入报告审查与验收阶段

	项目编号	项目名称	项目性质	承担单位	验收申请	组织验收单位	验收意见	验收结果	专家组长	验收报告
1	quantyu1	quantyu1	新开	核工业二一六大队	未上传					未上传
2	quanty2	quanty2	续开	核工业二七O大队	未上传					未上传
3	quantyu7	quantyu7	续开	核工业二四三大队	未上传					未上传
4	quantyu9	quantyu9	新开	核工业二一六大队	未上传					未上传
5	quantyu11	quantyu11	新开	核工业二零八大队	未上传					未上传
6	quantyu14	quantyu14	续开	核工业二七O大队	未上传					未上传

图 10-41　省局级用户使用的勘查项目野外验收信息

局级用户：①接收承担地质队提交的野外验收项目信息，组织专家组审核并验收相关资料；②上传野外验收评分表，如果某个项目已经上传申报文件，则单击相应按钮可打开该文件进行浏览；如果相关队、院未上传相应文件，则单击该按钮可催促上传相应文件；③对野外验收项目信息进行二次审核，调用野外验收评分表并由专家组按照评分标准进行评分；④发布申报项目的概要信息，默认的内容如图 10-41 所示。

队级用户：①接收项目承担分队提交的野外验收项目信息，组织队级专家组审核并验收相关资料；②上传野外验收意见书、相关原始资料、人员名单，如果某分队申报的项目已经上传相应文件，则单击相关按钮可打开该文件进行浏览，或者提交给省局部门审核；如果该单位未上传相应文件，则单击该按钮可催促相关分队上传相应文件；③队级用户需对上述文件进行内部审核，只有当项目内审通过了，省级用户才能查看文件。

8）勘查报告编写与审查子模块设计

本模块用于支持具体承担项目的分队级用户进行勘查报告编写，队级用户和局级用户分别按职责和权限进行报告审查和评定。

局级用户对本模块的应用需求是：①接收、查看并存储所有申报项目的概要信息（图 10-42）；②接收、存储和查看项目验收申请文档（地质报告评审申请表、项目计划书、设计书、设计审查意见书、设计审批意见书、任务变更批复意见书、野外验收意见书）；③接收、存储并查看勘查报告文档[项目申请书、结题报告、审查意见书、主审专家、审核结论（优秀、良好、合格、不合格）和复核认定书]；④进行勘查报告审核、界定或修改其中的审核状态项（分为审核通过、未审核、返回修改）；⑤完成地质报告评审意见书与地质报告评审评分表，在入库存储的同时反馈给队级用户，供各种用户访问、查看。

图 10-42 省局级用户使用的勘查报告信息

队级用户对本模块的应用需求是：①查看申报项目的概要信息，同级单位用户只能看到本单位申报的项目信息；②查看项目计划书、设计书、设计审查意见书、设计审批意见书、任务变更批复意见书、野外验收意见书；③接受由项目承担分队上报的勘查报告文档（含项目申请书和结题报告），组织专家开展内部（队级）审查并形成完整的勘查报告文档（含项目申请书、结题报告、队级审查意见书、队级主审专家、队级审核结论和复核认定书）；④上传完整的勘查报告文档，供上级省局用户查看和审核。

分队级用户对本模块的应用需求是：①查看申报项目的概要信息；②查看项目计划书、设计书、设计审查意见书、设计审批意见书、任务变更批复意见书、野外验收意见书；③编制并上报勘查报告文档（含项目申请书、结题报告、队级审查意见书、队级主审专家、队级审核结论和复核认定书），供队级用户查看和评审。

10.3 矿产勘查数据云服务子系统的应用

根据上述设计思路和技术方法，开发出来的矿产勘查项目管理子系统具备 Java Web 和 B/S 模式的特质：其服务器后台有 Java SpringMVC 框架，底层是 MySQL 数据库，对象映射技术采用 JPA（Java Persistence API）的 ORM，通过数据库连接池技术建立缓存机制。其界面使用基于 EasyUI 前台框架进行优化，信息安全用 Java 的开源开发框架保证，数据传输采用 Spring Security 机制和 MD5 加密技术，可实现基于省局级、队级和分队级勘查项目的多层管理机制、动态业务流程管理、文档汇交和图形-文本在线浏览。

1. 矿产勘查数据云服务平台的分级构建

开展省局级矿产勘查数据云服务平台建设，是实现并充分发挥矿产勘查数据云服务子系统作用的基础。为此，一方面应当在省地矿局，构建一个较为完整的地质数据云服务架构，以及集地矿空间数据与属性数据于一体的数据中心；另一方面应当在地质队（勘查院）建立以主题式点源数据库为核心的地矿勘查信息系统（吴冲龙等，2005a）。矿产勘查数据云服务平台应用软件，既是连接省局级矿产勘查数据云服务平台与队（院）级地矿勘查信息系统的中介，也是开展省局级矿产勘查数据云服务的主体。通过内部网络和适当机制，还可以进一步把省局级矿产勘查数据云服务平台，与中国地质调查局的地质数据云服务平台对接，实现加密数据的传输和交换，实现勘查地质时空大数据的汇聚和应用。

1）建设以勘查区为单位的省域分布式点源数据库群

利用矿产勘查数据云服务子系统软件，整合全省域内有勘查史以来的多源、多类、多维、多量、多尺度、多时态、多主题的异质异构地质数据，其中包括：露头和勘查工程地质编录、各种地球物理勘查、地球化学勘查、多光谱高光谱遥感勘查数据。首先应当由各地质队（勘查院）建立队（院）级的点源原始数据库，然后结合当前勘查项目进展建立点源基础数据库和成果数据库。与此同时，省地矿局构建全省域的物探、化探和遥感原始数据库和历年各项目的成果数据库，并以此为基础建立基于 Java Web 的省局级数据中心。该数据中心的数据库可采用 Oracle，Java 框架使用 Spring Boot 结合 SpringMVC、SpringDataJPA 和 Hibernate。省局级数据中心建立后，可基于矿产勘查数据服务云平台，集成全省各队（院）级点源原始数据库、基础数据库和成果数据库，构成省域分布式点源数据库群，为进一步基于云服务平台开展勘查数据服务奠定坚实基础。

2）建设以点源数据库为核心的勘查区地矿信息系统

围绕勘查区主题式点源数据库，采用成熟的三维可视化地矿信息系统软件平台，构建一个可支持勘查地质队（勘查院）的专业技术人员开展日常业务工作和资源评估的勘查区地矿信息系统。在该信息系统中，应当设置多种不同领域和不同类型的专业模型、功能处理模块，除了能够支持专业技术人员开展日常业务工作和资源评估外，还能够支持对来自云服务平台的多源异质异构地质大数据进行融合、同化与挖掘，能够对勘查区地质结构和地质特征进行三维可视化建模。该系统的应用，应贯穿于数据采集、二维图件编绘、三维地质建模、多方法储量估算、深部与外围成矿预测、勘查报告编写、成果汇交和项目管理等各个环节，能有效地推进矿产勘查工作全流程的信息化和智慧化。

3）研发并设置三级地矿产勘查数据云服务子系统

在充分调查、分析省局、队（院）和分队等三级机构及管理和技术人员需求的基础上，按照上述的思路、方法和技术，在微服务体系架构下，采用先进的云计算技术，研发并构建面向多勘查主题的数据中心和空间-属性、地质-地理一体化的数据集成服务平台；同时采用 Java Web 架构下的 C/S＋B/S 模式，建立基于 MFC 室内数据集成子系统和云服务平台应用子系统。其中，省局级云平台基于省局数据中心及网络设施进行构筑，而云服务平台应用子系统可分省局、队（院）和分队进行三级布设。因需求不同，省局级应用子系统，宜基于办公自动化系统进行研发与布设；而队（院）级和分队级应用子系统，宜基于勘查区点源信息系统进行研发与布设。

2. 云服务平台应用子系统的应用实例

针对固体矿产勘查数据的多源异质异构特性，按照采集技术手段将数据分为地质、物探、化探和遥感四大类；而按照应用主题分为构造地质、地层岩石、矿床地质、水文地质、工程地质、灾害地质和资源评价七大类。以此为基础，设计并建立了相关的原始数据库、基础数据库和成果数据库，并且以某大型矿业集团为例（张夏林等，2010；彭诗杰等，2017），构建了相当于省局级规模的勘查数据中心和勘查数据云服务平台，并在其队级和分队级单位设置了相应的应用子系统。实践结果表明，该解决方案具有可行性。

基于该云服务平台和应用子系统，实现了各地质队（勘查院和研究所）的勘查数据汇交、集成、融合，开展二维地质图件编绘、三维矿床地质建模、三维矿体储量估算和勘查报告机助编写。该云服务平台和应用子系统建设和应用，一方面为矿产勘查数据的汇聚、验收、汇交和应用服务（图10-43～图10-45）提供了数据保障，另一方面为实现矿产勘查全流程的计算机辅助化和信息化、智慧化提供了技术支持，不仅提升了矿产勘查数据处理和应用的质量，而且大大地减轻了技术人员的工作量，提高了工作效率。

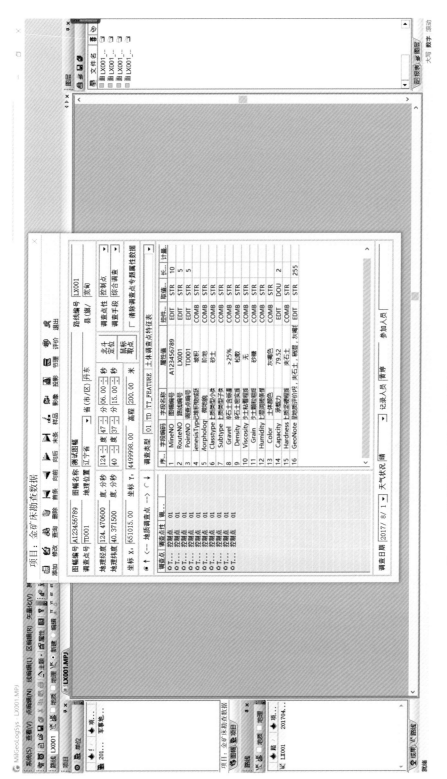

图 10-43　勘查数据云平台客户端的第四系岩性要素数据汇总示意

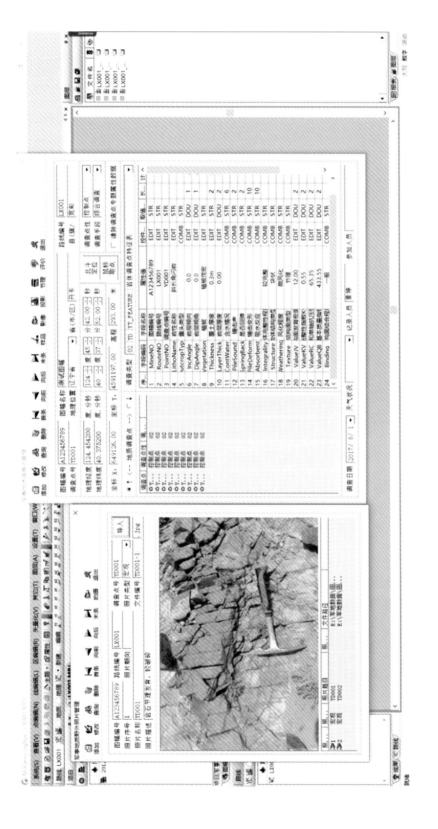

图 10-44　勘查数据云平台客户端的岩石结构要素数据汇总示意

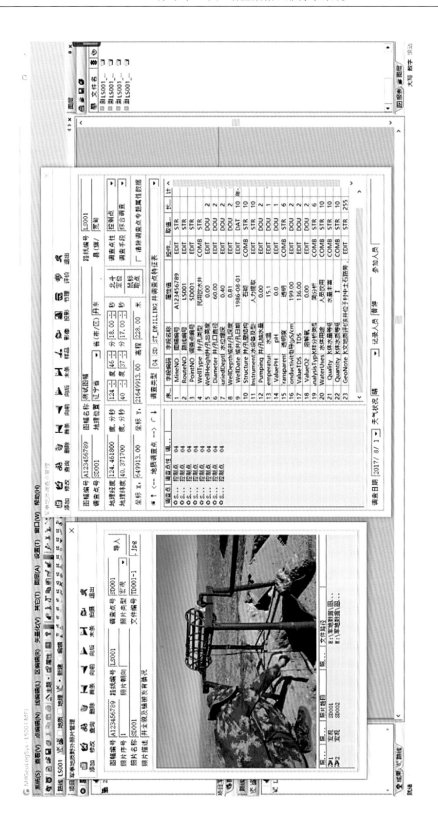

图 10-45 勘查数据云平台客户端的水文地质要素数据汇总示意

参 考 文 献

陈国旭. 2011. 资源储量传统估算法的三维动态可视化原理及关键技术研究. 武汉: 中国地质大学.

陈国旭, 张夏林, 田宜平, 等. 2012. 三维空间传统方法资源储量可视化动态估算及应用. 重庆大学学报, 35(7): 119-126.

陈建平, 陈勇, 曾敏, 等. 2008. 基于数字矿床模型的新疆可可托海 3 号脉三维定位定量研究. 地质通报, 27(4): 552-559.

陈建平, 侯昌波, 王功文, 等. 2005. 矿产资源定量评价中文本数据挖掘研究. 物探化探计算技术, 27(3): 263-266.

陈建平, 李婧, 崔宁, 等. 2015. 数据背景下地质云的构建与应用. 地质通报, 34: 1260-1265.

陈建平, 吕鹏, 吴文, 等. 2007. 基于三维可视化技术的隐伏矿体预测. 地学前缘, 14(5): 54-62.

陈建平, 尚北川, 吕鹏, 等. 2009. 云南个旧矿区某隐伏矿床大比例尺三维预测. 地质科学, 44(1): 324-337.

陈建平, 于萍萍, 史蕊, 等. 2014. 区域隐伏矿体三维定量预测评价方法研究. 地学前缘, 21(5): 211-220.

陈聆, 郭科, 唐菊兴, 等. 2002. 西藏某矿区激电异常的三维趋势分析. 物探化探计算技术, 24(4): 341-344.

陈毓川, 裴荣富, 宋天锐, 等. 1998. 中国矿床成矿系列初论. 北京: 地质出版社, 20-100.

陈毓川, 裴荣富, 王登红, 等. 2006. 三论矿床的成矿系列问题. 地质学报, 80(10): 1501-1508.

陈志德, 蒙启安, 万天丰, 等. 2002. 松辽盆地古龙凹陷构造应力场弹－塑性增量法数值模拟. 地学前缘, 9(2): 483-492.

程裕淇, 陈毓川, 赵一鸣. 1979. 初论矿床的成矿系列问题. 中国地质科学院院报, 1(1): 32-58

成秋明. 2004. 空间模式的广义自相似性分析与矿产资源评价. 地球科学——中国地质大学学报, 29(6): 733-743.

成秋明. 2006. 应用复杂性-非线性理论开展成矿预测——奇异性理论-广义自相似性-分形谱系多重分形理论与应用. 矿床地质, 25(增刊): 463-466.

邓仲华, 李志芳. 2013. 科学研究范式的演化——大数据时代的科学研究第四范式. 情报资料工作, 34(4): 19-23.

邸凯昌, 李德毅, 李德仁. 1999. 云理论及其在空间数据发掘和知识发现中的应用. 中国图象图形学报, 4(11): 930-935.

冯玉才. 1993. 数据库系统基础. 2 版. 武汉: 华中理工大学出版社.

付玉华, 王兴明, 袁海平. 2009. 构造应力场边界载荷反演的有限元逆逼近法. 岩土力学, 30(6): 1850-1855.

傅文杰, 洪金益, 朱谷昌. 2006. 基于光谱相似尺度的支持向量机蚀变信息提取. 地质与勘探, 42(2): 69-73.

龚健雅, 李小龙, 吴华意. 2014. 实时 GIS 时空数据模型. 测绘学报, 43: 226-232.

龚健雅, 夏宗国. 1997. 矢量与栅格集成的三维数据模型. 武汉测绘科技大学学报, 22(1): 7-15.

郭华东, 王力哲, 陈方, 等. 2014. 科学大数据与数字地球. 科学通报, 59: 1047-1054.

郭文惠. 2016. 数据湖——一种更好的大数据存储架构. 电脑知识与技术, 10(12): 4-6.

韩燕波. 2010. 互联网计算的原理与实践. 北京: 科学出版社.

何鹏, 邱宗湉. 1992. 三维趋势分析在九龙山须二储层的应用. 西南石油学院学报, 14(1): 122-127.

何文娜, 王永志. 2014. 地质云计算原型系统. 地球物理学进展, 29(6): 2886-2896.

何珍文. 2008. 地质空间三维动态建模关键技术研究. 武汉: 华中科技大学.

何珍文, 吴冲龙, 刘刚, 等. 2012. 地质空间认知与多维动态建模结构研究. 地质科技情报, 31(6): 46-51.

侯景儒, 等. 1990. 地质统计学的理论与方法. 北京: 地质出版社.

侯景儒, 郭光裕. 1993. 矿床统计预测及地质统计学的理论与应用. 北京: 冶金工业出版社.

侯景儒, 黄竟先. 1982. 地质统计学机器矿产储量计算中的应用. 北京: 地质出版社.

胡光道, 赵鹏大. 1988. 勘探工程地质统计信息法. 地球科学——中国地质大学学报, 13(2): 211-221.

黄少芳, 刘晓鸿, 孙玲, 等. 2016. 初论大数据时代地质资料信息集成与服务. 中国矿业, 25(2): 170-172.

李德仁, 李清泉. 1997. 一种三维 GIS 混合数据结构研究. 测绘学报, 26(2): 128-133.

李德仁, 李清泉. 1999. 地球空间信息学与数字地球. 地球科学进展, (6): 535-540.

李德仁, 王树良, 李德毅. 2013. 空间数据挖掘理论与应用. 2 版. 北京: 科学出版社.

李宏伟, 蔡畅, 李勤超. 2009. 基于 Jena 和地理本体的空间查询与推理研究. 测绘工程, 5: 5-9.

李继亮. 1992. 碰撞造山带的大地构造相. 北京: 科学出版社, 5-30.

李明超. 2006. 大型水利水电工程地质信息三维建模与分析研究. 天津: 天津大学.

李乔, 郑啸. 2011. 云计算研究现状综述. 计算机科学, (4): 32-37.

李伟忠, 吴冲龙, 田宜平, 等. 2006. 一种以 GIS 图形文件为模板的地质勘查柱状图编绘方法. CN: ZL2006101247295.

李星, 吴冲龙, 姚书振. 2009. 盆地地热场和有机质演化动态模拟原理, 方法与实践. 武汉: 中国地质大学出版社.

李学东. 2009. 基于 WEB 的地学数据集成与发布技术研究. 北京: 中国地质大学(北京).

李章林. 2011. 精细三维矿体模型智能化动态构建方法研究. 武汉: 中国地质大学.

李章林, 王平, 李冬梅. 2008a. 实验变差函数计算方法的研究与运用. 国土资源信息化, 10-14.

李章林, 吴冲龙, 张夏林, 等. 2011. 基于三维块体模型的矿体动态构模方法. 矿业研究与开发, 31(1): 60-63.

李章林, 张夏林, 翁正平. 2008b. 指示克里格法在矿体储量计算方面的研究与应用. 矿业快报, (1): 11-15.

李之棠, 李汉菊. 1997. 信息系统工程原理、方法与实践. 武汉: 华中理工大学出版社.

刘刚. 2004. 资源信息系统中参数化图形设计方法研究. 武汉: 中国地质大学.

刘刚, 韩志军, 罗映娟, 等. 2001. 资源勘查信息系统中参数化图形设计方法的应用框架研究. 地球科学——中国地质大学学报, 26(2): 197-200.

刘刚, 田宜平, 吴冲龙. 2005. 可分幅式柱状图的参数化计算机辅助设计. 计算机工程与设计, 26(9): 227-279.

刘刚, 汪新庆, 李伟忠, 等. 2002. 资源勘查图件计算机辅助编绘系统的结构分析与开发策略研究. 地质与勘探, 38(4): 60-63.

刘刚, 吴冲龙, 何珍文, 等. 2011. 地上下 3 维空间数据库模型集成管理的设计和应用. 地球科学——中国地质大学学报, 36(2): 367-374.

刘李. 2010. 基于多光谱和高光谱数据的遥感矿化蚀变信息提取研究. 北京: 中国地质大学(北京).

刘鲁. 1995. 信息系统设计原理与应用. 北京: 北京航空航天大学出版社.

刘仁宁, 李禹生. 2008. 领域本体构建方法. 武汉工业学院学报, 27(1): 46-49, 53.

刘艳鹏, 朱立新, 周永章. 2018. 卷积神经网络及其在矿床找矿预测中的应用研究——以安徽省兆吉口铅锌矿床为例. 岩石学报, 34(11): 3217-3224.

刘远刚, 何贞铭, 龙颖波, 等. 2013. 地质柱状图中测井曲线自动绘制方法探讨. 石油天然气学报, 35(12): 98-101.

娄德波, 肖克炎, 丁建华, 等. 2010. 矿产资源评价系统(MRAS)在全国矿产资源潜力评价中的应用. 地质通报, 29(11): 1677-1684.

陆建江, 张亚非, 苗壮. 2007. 语义网原理与技术. 北京: 科学出版社.

吕霞, 李丰丹, 李健强, 等. 2012. 中国地质调查信息网格平台的分布式空间数据服务技术. 地质通报, 31(9): 1520-1530.

吕霞, 李健强, 龚爱华, 等. 2015. 基于云架构的中国地质调查信息网格平台关键技术研究与实现. 地质通报, 34(7): 1323-1332.

马杏垣, 索书田, 闻立峰. 1981. 前寒武纪变质岩构造的构造解析. 地球科学, (1): 67-74.

毛小平. 2000. 盆地构造三维动态演化模拟系统研制. 武汉: 中国地质大学.

潘懋, 方裕, 屈红刚. 2007. 三维地质建模若干基本问题探讨. 地理与地理信息科学, 23(3): 1-5.

彭诗杰. 2017. 基于微服务体系结构和面向多地质主题的数据云服务关键技术研究. 武汉: 中国地质大学.

秦秀磊, 张文博, 魏峻, 等. 2013. 云计算环境下分布式缓存技术的现状与挑战. 软件学报, 24(1): 50-66.

屈红刚, 潘懋, 王勇, 等. 2006. 基于含拓扑剖面的三维地质建模. 北京大学学报(自然科学版), 42(6): 717-723.

邵燕林, 许晓宏, 郑爱玲. 2008. 基于GIS地质综合柱状图自动化快速成图系统的设计与实现. 计算机时代, 11: 32-34.

邵玉祥. 2009. 三维地质空间点源数据仓库系统构建及关键技术研究. 武汉: 中国地质大学.

孙殿柱, 李心成, 田中朝, 等. 2009. 基于动态空间索引结构的三角网格模型布尔运算. 计算机辅助设计与图形学学报, 21(9): 1232-1237.

谭永杰. 2016a. 地质大数据与信息服务工程技术框架. 地理信息世界, 23(1): 1-9.

谭永杰. 2016b. 地质大数据体系建设的总体框架研究. 中国地质调查, 3(3): 1-6.

唐丙寅, 吴冲龙, 李新川. 2017. 一种基于TIN-CPG混合空间数据模型的精细三维地质模型构建方法. 岩土力学, 38(4): 1218-1225.

唐宇, 何凯涛, 肖侬, 等. 2003. 国家地质调查应用网格体系及关键技术研究. 计算机研究与发展, 40(12): 1682-1688.

田宏, 马朋云. 2011. 基于Jena的城市交通领域本体推理和查询方法. 计算机应用与软件, 8: 57-59, 199.

田善君. 2016. 面向地质大数据存储管理的时空数据模型研究. 武汉: 中国地质大学.

田宜平. 2001. 盆地三维数字地层格架的建立与研究. 武汉: 中国地质大学.

田宜平, 刘海滨, 刘刚, 等. 2000. 盆地三维构造—地层格架的矢量剪切原理及方法. 地球科学——中国地质大学学报, 25(3): 306-310.

田宜平, 刘雄. 2011. 构造应力场三维数值模拟的有限单元法. 地球科学——中国地质大学学报, 36(2): 375-380.

童时中. 2000. 模块化原理设计方法及应用. 北京: 中国标准出版社.

汪新庆, 刘刚, 韩志军, 等. 1998. 地质矿产点源数据库系统的模型库及其分类体系. 地球科学——中国地质大学学报, 23(2): 199-204.

王仁铎, 胡光道. 1988. 线性地质统计学. 北京: 地质出版社.

王世称, 陈永良, 夏立显. 2000. 综合信息矿产预测理论与方法. 北京: 科学出版社, 65-180.

王四龙, 宁书年, 李郴. 1993. 用三维趋势面分析分离位场异常. 煤田地质与勘探, 21(5): 56-60.

维克托·迈尔-舍恩伯格, 肯尼斯·库克耶. 2013. 大数据时代: 生活、工作与思维的大变革. 盛杨燕, 周涛, 译. 杭州: 浙江人民出版社, 261.

魏振华. 2006. 基于GeoView的三维数字地质体曲面组合剪切技术研究. 武汉: 中国地质大学.

吴冲龙. 1984. 阜新盆地古构造应力场研究. 地球科学, (2): 43-52.

吴冲龙. 1998. 地质矿产点源信息系统的开发与应用. 地球科学——中国地质大学学报, 23(2): 193-198.

吴冲龙, 何珍文, 翁正平, 等. 2011a. 地质数据三维可视化属性、分类和关键技术. 地质通报, 30: 642-649.

吴冲龙, 金有渔, 王仁铎, 等. 1992. 聚煤盆地地质信息计算机处理的途径与方法. 北京: 地质出版社.

吴冲龙, 刘刚. 2002. 中国"数字国土"工程的方法论研究. 地球科学——中国地质大学学报, 27(5): 605-609.

吴冲龙, 刘刚. 2015. "玻璃地球"建设的现状、问题、趋势与对策. 地质通报, 34 (7): 1281-1287.

吴冲龙, 刘刚. 2019. 大数据与地质学的未来发展. 地质通报, 38(7): 1081-1088.

吴冲龙, 刘刚, 毛小平, 等. 2007. 地质信息技术导论. 北京: 高等教育出版社.

吴冲龙, 刘刚, 田宜平, 等. 2005a. 地矿勘查信息化的理论与方法问题. 地球科学——中国地质大学学报, 30(3): 359-365.

吴冲龙, 刘刚, 田宜平, 等. 2005b. 论地质信息科学. 地质科技情报, 24(3): 1-8.

吴冲龙, 刘刚, 田宜平, 等. 2014. 地质信息科学与技术概论. 北京: 科学出版社, 18-21.

吴冲龙, 刘刚, 张夏林, 等. 2016. 地质科学大数据及其利用的若干问题探讨. 科学通报, 16: 1797-1807.

吴冲龙, 毛小平, 田宜平, 等. 2006. 盆地三维数字构造-地层格架模拟技术. 地质科技情报, 25(4): 1-8.

吴冲龙, 毛小平, 王燮培, 等. 2001. 三维油气成藏动力学建模与软件开发. 石油实验地质, 23: 301-311.

吴冲龙, 田宜平, 张夏林, 等. 2011b. 数字矿山建设的理论与方法探讨. 地质科技情报, 30(2): 102-108.

吴冲龙, 汪新庆, 刘刚, 等. 1996. 地质矿产点源信息系统设计原理及应用. 武汉: 中国地质大学出版社.

吴冲龙, 翁正平, 刘刚, 等. 2012. 论中国"玻璃国土"建设. 地质科技情报, 31(6): 1-8.

吴立新, 史文中. 2005. 论三维地学空间构模. 地理与地理信息科学, 21(1): 1-4.

吴立新, 殷作如, 钟亚平. 2003. 再论数字矿山: 特征、框架与关键技术. 煤炭学报, 28: 1-7.

武强, 徐华. 2004. 三维地质建模与可视化方法研究. 中国科学——D 辑地球科学, 34(1): 54-60.

夏浩东, 薛云, 邓会娟, 等. 2012. 基于蚁群算法的光谱分解方法剔除植被干扰信息. 地质力学学报, 18(1): 72-78.

夏庆霖, 张寿庭, 赵鹏大. 2003. 幂律度与成矿预测. 成都理工大学学报: 自然科学版, 30(5): 453-456.

肖克炎, 丁建华, 刘锐, 等. 2006. 美国"三步式"固体矿产资源潜力评价方法评述. 地质论评, 52(6): 793-798.

肖克炎, 张晓华, 宋国耀, 等. 1999. 应用 GIS 技术研制矿产资源评价系统. 地球科学, 24(5): 525-528.

肖克炎, 张晓华, 朱裕生, 等. 2000. 矿产资源 GIS 评价系统. 北京: 地质出版社, 87-107.

徐士宏. 1981. 三维趋势分析及其初步应用. 物化探电子计算技术, 14-22.

阎继宁, 周可法, 王金林, 等. 2011. 人工神经网络在成矿预测中的应用. 计算机工程与应用, 47(36): 230-233.

杨炳南, 周琦, 杜远生, 等. 2015. 音频大地电磁法对深部隐伏构造的识别与应用: 以贵州省松桃县李家湾锰矿为例. 地质科技情报, 34(6): 26-32.

杨成杰. 2010. 地学空间三维模型矢量剪切技术研究. 武汉: 中国地质大学.

杨成杰, 吴冲龙, 翁正平, 等. 2010. 矢量剪切技术在地质三维建模中的应用. 武汉大学学报(信息科学版), 3(4): 419-422.

叶天竺, 肖克炎, 严光生. 2007. 矿床模型综合地质信息预测技术研究. 地学前缘, 14(5): 11-19.

殷国富, 陈永华. 2000. 计算机辅助设计技术与应用. 北京: 科学出版社, 115-130.

於崇文. 2006. 矿床在混沌边缘分形生长. 合肥: 安徽教育出版社.

翟裕生, 邓军, 李晓波, 等. 1999. 区域成矿学. 北京: 地质出版社, 60-120.

张达刚, 陈海宁, 陈华, 等. 2019. 环境评估大数据管理平台初探及技术综述. 计算机系统应用, 28(4): 205–211.

张菊明, 张启锐. 1988. 三维趋势分析的图形显示. 地质科学, (2): 178-187.

张夏林, 蔡红云, 翁正平. 2012. 玻璃国土建设中的矿山高精度三维地质建模方法. 地质科技情报, 31(6): 22-27.

张夏林, 汪新庆, 吴冲龙. 2001. 计算机辅助地质填图属性数据采集子系统的动态数据模型. 地球科学——中国地质大学学报, 26(2): 201-204.

张夏林, 吴冲龙, 翁正平, 等. 2010. 数字矿山软件(QuantyMine)若干关键技术的研发和应用. 地球科学——中国地质大学学报, 35(2): 302-310.

张新霞. 2011. 基于 MapGIS 的钻孔柱状图和剖面图自动生成方法研究. 西安: 西安科技大学.

张志庭. 2010. 盆地断块构造三维建模与过程可视化技术研究. 武汉: 中国地质大学.

赵鹏大. 1999. 地质异常与成矿预测 //当代矿产资源勘查评价的理论与方法. 北京: 地震出版社, 98-106.

赵鹏大. 2001. 矿产资源评价理论与方法技术. 北京: 地质出版社, 21-24.

赵鹏大. 2002. 三联式资源定量预测与评价——数字找矿理论与实践探讨. 地球科学——中国地质大学学报, 27(5): 482-489.

赵鹏大. 2013. 大数据时代的数字地质//中国数学地质大会.

赵鹏大. 2014. 大数据时代呼唤各科学领域的数据科学. 中国科技奖励, 183: 29-30.

赵鹏大, 陈建平, 张寿庭. 2003. 三联式成矿预测新进展. 地学前缘, 10(2): 455-462.

赵鹏大, 池顺都, 陈永清. 1996. 查明地质异常: 成矿预测的基础. 高校地质学报, 2(4): 361-373.

赵鹏大, 李紫金, 胡旺亮. 1983. 矿床统计预测. 北京: 地质出版社.

赵鹏大, 孟宪国. 1993. 地质异常与矿产预测. 地球科学——中国地质大学学报, 18(1): 39-47.

赵鹏大, 吴冲龙, 郭彤楼, 等. 2010. 中国南方下古生界油气地质异常分析与评价. 北京: 科学出版社.

郑啸, 李景朝, 王翔, 等. 2015. 大数据背景下的国家地质信息服务系统建设. 地质通报, 7: 1316-1322.

郑祖芳. 2014. 分布式并行时空索引技术研究. 武汉: 中国地质大学.

周琦, 杜远生. 2012. 古天然气渗漏与锰矿成矿——以黔东地区南华纪"大塘坡式"锰矿为例. 北京: 地质出版社, 1-108.

周琦, 杜远生, 等. 2019. 华南古天然气渗漏沉积型锰矿. 北京: 科学出版社.

周琦, 杜远生, 覃英. 2013. 古天然气渗漏沉积型锰矿床成矿系统与成矿模式——以黔湘渝毗邻区南华纪"大塘坡式"锰矿为例. 矿床地质, 32(3): 457-466.

周琦, 杜远生, 颜佳新, 等. 2007. 贵州松桃大塘坡地区南华纪早期冷泉碳酸盐岩地质地球化学特征. 地球科学——中国地质大学学报, (6): 845-852.

周琦, 杜远生, 袁良军, 等. 2016. 黔湘渝毗邻区南华纪武陵裂谷盆地结构及其对锰矿的控制作用. 地球科学, 41(2): 177-188.

周琦, 杜远生, 袁良军, 等. 2017. 古天然气渗漏沉积型锰矿床找矿模型——以黔湘渝毗邻区南华纪"大塘坡式"锰矿为例. 地质学报, 91(10): 2285-2298.

周永章, 黎培兴, 王树功. 2017. 矿床大数据及智能矿床模型研究背景与进展. 矿物岩石地球化学通报, 36(2): 327-344.

朱家成. 2016. 面向智慧矿山的智能型克里格储量估算法研究. 武汉: 中国地质大学.

朱介寿, 宣瑞卿, 刘魁, 等. 2005. 用瑞利面波研究东亚及西太平洋地壳上地幔三维结构. 物探化探计算技术, 27(3): 185-193, 179.

朱裕生. 1984. 矿产预测方法学导论. 北京: 地质出版社, 120-180.

朱裕生. 1992. 建立成矿模式的内容及工作方法. 中国地质, (2): 22-24.

朱裕生. 1993. 论矿床成矿模式. 地质论评, (3): 216-222.

诸云强, 周天墨, 喻孟良, 等. 2013. 中国地质环境信息服务平台研究. 地球科学与环境学报, 35(2): 120-126.

左仁广. 2019. 勘查地球化学数据挖掘与弱异常识别. 地学前缘, 26(4): 67-75.

Dunn F, Parberry I. 2005. 3D 数学基础: 图形与游戏开发. 史银雪, 陈洪, 王荣静, 译. 北京: 清华大学出版社: 7.

Watt A, Policarpo F. 2005. 3D 游戏动画与高级实时渲染技术. 沈一帆, 陈文斌, 朱怡波, 等, 译. 北京: 机械工业出版社.

Agterberg F P. 1974. Geomathematics. Amsterdam: Elsevier Publishing Company.

Agterberg F P. 2014. Geomathematics: Theoretical Foundations, Applications and Future Developments. Heidelberg: Springer.

Balalaie A, Heydarnoori A, Jamshidi P. 2016. Microservices architecture enables devops: Migration to a cloud-native architecture. IEEE Software, 33(3): 42-52.

Boss G, Malladi P, Quan D, et al. 2007. Cloud computing. IBM White Paper. http: //download. boulder. ibm. com/ibmdl/pub/software/dw/wes/hipods/Cloud_computing_wp_ final_8Oct. pdf.

Bowyer A. 1981. Computting Dirichlet tessellations. Computer Journal, 24(2): 162-166.

Brodaric B. 2004. The design of GSC FieldLog: Ontology–based software for computer aided geological field mapping . Computers & Geosciences, 30(1): 5-20.

Busse S, Kutsche R, Leseru, et al. 1999. Federated information systems: Concepts, terminology and architectures. Berlin: Berlin Technichce University.

Campbell A N, Hollister V F, Duda R O, et al. 1982. Recognition of a hidden mineral deposit by an artificial intelligence program. Science, 217: 927-929.

Chaudhuri S, Dayal U. 1997. An overview of data warehousing and OLAP technology. SIGMOD Record, 26(1): 65-74.

Cheng Q M. 1999. Multifractality and spatial statistics. Computer & Geosciences, 25(9): 949-962.

Cheng Q M. 2004. A new technique for quantifying anisotropic scale invariance and for decomposition of mixing patterns. Math. Geol., 36: 345-360.

Core A. 1998. The digital earth: Understanding our piance in the 21st century. The Australian Surveyor, 43(2): 89-91.

Cox D P. 1993. Estimation of undiscovered deposits in quantitative mineral resourceass essments——Examples form Venezuela and Puerto Rico. Nonrenewable Resources, 2(2): 82-91.

Doveton J H, Zhu K A, Davis J C. 1984. Three-dimensional trend mapping uing gama-ray well logs, Simpson gronp, South-Central Kansas. Bull. A. A. P. G, 699-793.

Dragoni N, Giallorenzo S, Lafuente A L, et al. 2017. Microservices: Yesterday, today, and tomorrow. Present and Ulterior Software Engineering, 195-216.

Duda R O, Hart P E, Konolige K, et al. 1979a. A computer–based consultant for mineral exploration: Final Report of SRI project 6415. Artiftial Intelligence Center, SRI International.

Duda R O, Gasehnig J, Hart P E. 1979b. Model Design in the PROSPECTOR Consultant System for Mineral Exploration. Expert Systems in the Microelectronic Age. Edinburge: Edinburge University Press, 153-167.

Eriksson M, Siska P P. 2000. Understanding anisotropy computations1. Mathematical Geology, 32(6), 683-700.

Fayyad U M. 1996 . Advances in Knowledge Discovery and Data Mining. Menlopark CA: AAAI/ MIT Press.

Feldman R, Dagan I. 1995. Knowledge discovery in textual data-bases (KDT)//Usama M F, Ramasamy U. Proceeding of the First International Conference on Knowledge Discovery and Data Mining (KDD-95). Montreal: AAAI, 112-117.

Fielding R T. 2000. Architectural styles and the design of network-based software architectures. Irvine: University of California, Irvine.

Foster I, Kesselman C. 1998. The Grid: Bluep Rint for a New Computing Infrastructure. San Fransisco: Morgan Kaufmann Publishers.

Friedman-Hill E. 2003. Jess, the rule engine for Java platform [2003-11-21].

Fuchs H, Kedem Z M, Naylor B F. 1980. On visible surface generation by a priori tree structure. Computer

Graphics, 14 (3) : 124-133.

Goldberg D E. 1989. Genetic Algorithms in Search, Optimization, and Machine Learning. Reading, Mass: Addison-Wesley Pub. Co. : 412.

Gray J. 2009. On eScience: A transformed scientific method//Hey T, Tansley S, Tolle K. The Fourth Paradigm: Data-intensive scientific discovery. Washington: Microsoft Press.

Green P J, Sibson R. 1978. Computing Dirichlet tessellations in plane. Computer Journal, 20(2): 168-173.

Haarslev V, Moller R. 2001. Racer System Description//Procedings of the International Joint Conference on Automated Reasoning (IJ CAR'2001), Lecture Notes in Artifical Intelligence. Berlin: Springer-Verlag: 701-705.

Han J, Kamber M, Pei J. 2012. Data mining: Concepts and Techniques. 3rd ed. Burlington: Morgan Kaufmann.

Harris D P, Rieber M. 1993. Evaluation of the United States Geological Surveys three-step assessment methodology. U. S. Geological Survey Open-File Report, (258-A): 675- 687.

He Z W, Kraak M J, Huisman O, et al. 2013. Parallel indexing technique for spatio-temporal data. ISPRS Journal of Photogrammetry and Remote Sensing, 78: 116-128.

Hinton G E, Deng L, Yu D, et al. 2012. Deep neural networks for acoustic modeling in speech recognition: The shared views of four research groups．IEEE Signal Processing Magazine, 29(6): 82-97.

Lawson C L. 1972. Generation of a triangular grid with applications to contour plotting. Technical Memo. 299.

Li D Y, Di K C, Li D R, et al. 2000. Mining association rules with linguistic cloud models. Journal of Software, 11(2): 143-158.

Li X, Wu C L, Cai S H, et al. 2013. Dynamic simulation and 2D multiple scales and multiple sources within basin geothermal field. International Journal Oil, Gas and Coal Technology, 6(1/2): 103-119.

Ma X G, Carranza E J M, Wu C, et al. 2012. Ontology–aided annotation, visualization, and generalization of geological time–scale information from online geological map services. Computers & Geosciences, 40: 107-119.

Mark R. 1992. The Changing Face of Geological Maps and Mapping. Christchurch, New Zealand: Geological Society of New Zealand Miscellaneous Publication, 63A: 130.

Moyeed R A, Papritz A. 2002. An empirical comparison of kriging methods for nonlinear spatial point prediction. Mathematical Geology, 34(4): 365-386.

Mayer-Schönberger V, Cukier K. 2014. Big data: A revolution what will transform how we live, work, and think. Am. J. Epidemiol., 179(9): 1143-1144.

McCammon R B, Briskey J A. 1992. A proposed national mineralres ource assessment. Nonrenewable Resources, 1(4): 259-265.

Mena E, Illarramendi A, Kashyap V, et al. 2000. OBSERVER: An approach for query processing in global information systems based on interoperation across pre-existing ontologies. Distributed and Parallel Databases, 8(2): 223-271.

Munshi A A, Mohamed Y A R I. 2018. Data lake lambda architecture for smart grids big data analytics. IEEE Access, 6: 40463-40471.

Nakamoto S. 2008. Bitcoin: A peer-to-peer electronic cash system. https://bitcoin. org/en/bitcoin-paper.

Noy N F, McGuinness D L. 2002. On tology development 101: A guide to creating your first ontology. 2001-08. http: //protege. stanford. edu/publications /ontology developmen t/on tology101. Pdf.

Perez A G, Benjamins V R. 1999. Overview of knowledge sharing and reuse components: Ontologies and problem-solving methods//Stockholm, Sweden: Proceedings of the IJCAI-99 workshop on Ontologies and Problem-Solving Methods(KRR5), 1-15.

Petrie G, Kennei T J M. 1987. Terrain modeling in surveying and civil engineering. Computer-Aided Design, 19(4): 171-187.

Schmidhuber J. 2015. Deep learning in neural networks: An overview. Neural Networks, 261: 85-117.

Schneider P J, Eberly D H. 2005. Geometric Tools for Computer Graphics. Beijing: Pushing House of Electronics Industry: 352-364.

Singer D A. 1993. Basic concepts in three-part quantitative assessments of undiscovered mineral resources. Nonrenewable Resources, 2(2): 69-81.

Singer D A. 1994. The relationship of estimated number of undiscovered deposits to grade and tonnage models in three-part mineral resources assessments//International Association of Mathematical Geology, Geology Annual Conference, Papers and Extended Abstracts: 325-326.

Studer R, Benjamins V R, Fensel D. 1998. Knowledge engineering: Principles and methods. Data & Knowledge Engineering, 25(1-2): 161-197.

The University of Edinburgh. 2009. Applications using OGSA-DAI. http://www.ogsada.iorg.uk/applications/ndex. php.

Taylor S R, McLennan S M. 1985. The Continental Crust: Its Composition and Evolution. The Journal of Geology, 94(4): 632-633.

Thompson J F. 1985. Numerical Grid Generation: Foundations and Applications. New York: Elsevier.

Wache H, Vgela T, Visser U, et al. 2001. Ontology-based integration of information-asurvey of existing approaches// Proceedings of IJCAI'01 Workshop on Ontologies and Information Sharing, 108-117.

Walker C. 2015. Personal data lake with data gravity pull//5th IEEE International Conference on Big Data and Cloud, Computing, 160-173.

Watson D F. 1981. Computing the n-dimension Delaunay tessellation with applications to Voronoi Polytopes. Computer Journal, 24(2): 167-172.

Wu C L, Tian Y P, Mao X P. 2005. Theory and approach of three dimensional visualization modeling of structure-stratigraphic framework of basins. Proceedings of IAMG'05: GIS and Spatial Analysis, Vol. 2, 279-284.

Yang C, Chen N, Di L. 2012. RESTFul based heterogeneous geoprocessing workflow interoperation for Sensor Web Service. Computers & Geosciences, 47(8): 102-110.

Zhang Z T, Wu C L, Mao X P, et al. 2013. A research on method and technique of 3-D dynamic structural evolution modeling of fault basin. International Journal Oil, Gas and Coal Technology, 6(1/2): 40-62.